中等职业学校创新教材

分析技术与操作（Ⅰ）
——分析室基本知识及基本操作

马腾文　主编

化学工业出版社
教材出版中心
·北京·

图书在版编目（CIP）数据

分析技术与操作（Ⅰ）——分析室基本知识及基本操作/马腾文主编．—北京：化学工业出版社，2005.6（2024.9 重印）
中等职业学校创新教材
ISBN 978-7-5025-7280-8

Ⅰ．分…　Ⅱ．马…　Ⅲ．化学分析-专业学校-教材　Ⅳ．065

中国版本图书馆 CIP 数据核字（2005）第 074650 号

责任编辑：陈有华　蔡洪伟　　文字编辑：李姿娇
责任校对：陈　静　边　涛　　装帧设计：于　兵

出版发行：化学工业出版社（北京市东城区青年湖南街 13 号　邮政编码 100011）
印　　装：北京虎彩文化传播有限公司
787mm×1092mm　1/16　印张 22¾　字数 635 千字　2024 年 9 月北京第 1 版第13次印刷

购书咨询：010-64518888　　售后服务：010-64518899
网　　址：http://www.cip.com.cn
凡购买本书，如有缺损质量问题，本社销售中心负责调换。

定　　价：50.00 元　

编写说明

《分析技术与操作》是根据中华人民共和国劳动和社会保障部颁布的《中华人民共和国职业技能鉴定规范》和原化学工业部1999年颁布的、由全国化工技工学校教学指导委员会分析组编制的《全国化工技工学校分析专业教学计划》和《全国化工技工学校分析专业分析技术与操作教学大纲》而编写的。

本教材是一本集当今世界最新教学模式、最新分析技术和手段、最新理论和知识，全部采用法定计量单位的崭新教材，它与传统教材相比有如下特点。

一、先进的教学模式

为适应教育教学改革发展、创新以及经济和科技飞速发展的需要，本教材引进和开发了“模块式技能培训”教学模式。此模式把国际劳工组织（ILO）在20世纪末开发并传入中国的《模块式技能培训教学模式》（MES）和中国的国情以及分析专业的实际和特点相结合，以系统论、控制论和信息论为理论基础，坚持以技能培训为中心，理论为实践服务的原则，对原职业学校分析专业的传统教材体系进行了大胆的改革，将《化学分析》、《化学分析实验》、《仪器分析》、《仪器分析试验》、《工业分析》、《工业分析实验》、《有机定量分析》、《有机定量分析实验》、《实验室管理》的全部内容以及《工业化学》、《无机化学》、《有机化学》等课程的部分内容，进行了整合，删除陈旧内容，合并了重复部分，提炼出其中为职业学校学生以及分析技术人员的技能和必需知识，并以此构成了全新的教材体系。

此模式在重庆市化工高级技校进行了五年的试点和对比实验，效果良好。试点班学生的职业技能鉴定合格率远远高于对比班。实验证明，这是一种适应职业教育特点的很好的教学模式。

二、崭新的教材结构

在重庆市化工高级技校试点的基础上，经全国部分化工技工学校分析专业的教师多次的研讨，不断改进，不断完善，最终把分析专业应用型人才所需要的技能和知识科学地划分成96个模块（MU）和391个学习单元并基本依照分析技术人员对专业技能和知识的认知程序由浅入深，由简单到复杂，由基础到综合进行排列，构成了整个教材的总框架。

关于模块和学习单元的划分原则：每个模块里包含若干学习单元，但其中至少有一个学习单元是技能培训单元，没有技能培训单元，就不能构成模块。每个模块后都有该模块的技能考试内容及评分标准，考试合格，该模块学习任务完成，学员也就获得了一种技能。前一模块考试合格方能进入下一模块学习。

每个模块里包含若干学习单元。每个学习单元都有明确的“学习目标”和与其紧密对应的“进度检查”。“进度检查”题型多样、形式灵活。进度检查合格，本学习单元的学习目标达到。

三、广博的内容、现代的技术

为满足不同行业中相关分析工种人员培训的需要，本教材所列96个模块，不仅涵盖了原职业学校分析专业《化学分析》、《化学分析实验》等十余门课程的重要内容，而且还增加了很多新的分析方法、分析设备和仪器以及新标准等内容，为分析专业有关人员及其培训提供了较为全面的知识和技能储备。

其中，仪器分析的多数方法均已涉及；环保分析和综合分析内容也增加很多。虽然内容增加很多，但总体篇幅仍比原传统教材为小。

四、新颖的体例、规范的格式

本教材由于采用MES模式，故没有传统教材章节的划分，只分模块（MU）和学习单元。每个学习单元都有准确的名称、编号、职业领域、工作范围、课时数等固定项目。其具体内容都按学习目标、所需仪器设备、相关学习单元、学习单元内容、进度检查等依序排列。每个图的图题和图注都非常明确。为方便教学，另配有“模块学习单元选择表”和“模块教学流程图”，为使用者的选用以及教师的教学和学生的学习提供了极大的方便。

五、图文并茂、方便自学

为便于学员自学和对教师自身操作技能不足的弥补，本教材绘制了大量的插图，使师生能按图索骥，尽快学会有关操作，降低了教学的难度，节约了教学时间，提高了教学效率，特别适合自学。

六、灵活的使用性

本教材由于内容广博且采用模块结构安排，故具备了使用灵活的特点。根据不同的培训需求，在“模块学习单元选择表”里可将不同的学习单元进行组合以形成不同的模块，再将不同的模块组合形成不同的培训大纲，因此特别适用于石油、化工、医药、环保、建材、冶金、轻工、食品等行业初、中、高级分析技术人员的培训。

而对职业学校分析专业的学历培训，则可根据本校和本地区教学资源（主要指师资和仪器设备）的实际情况，按“模块学习单元选择表”进行选择，其中MU1～MU51为必修模块。而MU52～MU79的仪器分析部分，则可根据培训目标进行选择，如培训目标是中级工，则可选1～2个仪器分析项目所属的相关模块进行教学；如培训目标为高级工，则可选3～4个仪器分析项目所属的相关模块进行教学。MU80～MU96为综合分析和环保检验模块，可做学生综合训练和环保检测专业培训。

七、知识结构的科学性

本教材虽由96个模块组成，结成一体，但从使用和出版的角度考虑，又把它分成了五个分册出版：第一分册《分析室基本知识及基本操作》，包括37个模块；第二分册《化学分析及基本操作》，包括14个模块；第三分册《电化学与光谱分析及操作》，包括14个模块；第四分册《色谱分析及操作》，包括14个模块；第五分册《综合分析及环保检测》，包括17个模块（主要是水和气的分析检测）。

以上把相似内容集中安排，分册出版，大大地方便了使用，降低教学成本。

在本教材的编审过程中，得到了原化学工业部人事教育司、国家石油和化工管理局教育培训中心、化学工业出版社的帮助和指导，得到了重庆市化工高级技校、陕西兴平化工高级技校、南京化工集团公司技校、大连化学集团有限责任公司技校、江西省化工技校、四川省泸州火炬化工厂技校、泸天化集团公司技校、四川省化工技校、四川化工集团公司技校、云南省化工高级技校、陕西省西安医药化工技校、山西省太原工贸学校、广西南宁石油化工高级技校、广西柳州化工技校、河南省化工高级技校、山东省鲁南化工技校、山东省泰安化工技校等学校的大力支持，在此一并表示感谢。

本教材可作各类职业学校分析专业教材使用，也可作各行业相关分析操作技术人员培训教材使用，还可作为各行业、企事业单位及分析检验和管理工作的有关人员自学或参考。

本教材由于采用了新模式和新结构，而又无前例可循，再加上教材编审者的水平有限，故缺点和问题，甚至错误在所难免，恳切希望使用本教材的读者提出宝贵意见，以利修改再版，使之真正成为一套好教材。

胥朝禔

2005年4月于重庆

前　言

本书是根据中华人民共和国劳动和社会保障部颁布的《中华人民共和国职业技能鉴定规范》和原化学工业部1999年颁布的、由全国化工技工学校教学指导委员会分析组编制的《全国化工技工学校分析专业教学计划》、《全国化工技工学校分析专业分析技术与操作教学大纲》编写的，是分析专业模块教材《分析技术与操作》的第一分册，共37个模块，110个学习单元。

本分册主要介绍分析室的基本知识及基本操作，包括药品、仪器、设备的管理、使用、维护及安全防护知识，玻璃管（棒）的加工以及加热、过滤、溶解结晶、蒸馏回流、萃取、气体净化、纯水制备等物质处理过程的基本操作，误差与分析数据的记录和计算，分析试样的采集与制备，物理常数的测定，滴定分析仪器的校准及其基本操作。每个模块后均设有“技能考试内容及评分标准”。

由于采用新的教学模式，本书特别适合用作各类中等职业学校分析、环保等专业学生以及企事业单位在职初、中、高级分析技术人员职前职后培训的教材，也可作为相关人员的参考书。

本书由马腾文主编，刘朝平副主编，胥朝禔主审。其中MU1～MU5、MU10～MU17、MU28、MU29、MU31、MU32由马腾文编写，MU6～MU9由杨海栓编写，MU18、MU22～MU25由胥朝禔编写，MU19～MU21、MU33～MU37由刘朝平编写，MU26、MU27、MU30由杨兵编写。全书由马腾文、杨兵、杨海栓统稿整理。

参加本教材审稿的有张荣、王波、陈本寿、曾祥燕、张光伟、宁粉英、许廷富、潘学军、朱瑛、巫显会、曾艳、李勇宣、陈辉、丁佐宏、蔡增俐、黄祖海、郭一民、吴兰。

本书在编写过程中得到了原化学工业部人事教育司、国家石油和化工管理局教育培训中心、化学工业出版社的帮助和指导，得到了全国各化工技校的支持，在此一并表示感谢。

由于采用新的教材模式，无先例可循，再加上经验和水平有限，书中不足之处在所难免，恳请广大读者及时提出宝贵意见，不胜感谢。

编　者

2005年4月

目　录

MU1　化学药品的使用

<table>
<tr><td>学　习　单　元
名　　称：化学药品的分类
职业领域：化工、医药、石油、环保、冶金、建材等
工作范围：分析</td><td>编号
课时
日期</td><td>FJC-01-01
3
</td></tr>
</table>

学习目标

完成本单元的学习之后，能够根据化学药品的性质和用途对其进行分类。

所需药品

序号	名称及说明	数量	序号	名称及说明	数量
1	500mL 盐酸、硫酸、硝酸	各 1 瓶	5	250g 金属钾、25g 苦味酸	各 1 瓶
2	500g 氢氧化钠、氢氧化钾，500mL 氨水	各 1 瓶	6	500g 过氧化钠、高锰酸钾	各 1 瓶
3	酚酞、甲基橙、二苯胺磺酸钠	各 1 瓶	7	500mL 发烟硫酸	1 瓶
4	500mL 乙醚	1 瓶			

学习单元内容

一、化学药品的分类

化学药品按性质和用途可分为无机化学药品、有机化学药品、指示剂等。化学药品的类型见表 01-01-01。

表 01-01-01　化学药品的类型

化学药品类型	化学药品名称	化学药品类型	化学药品名称
无机化学药品	酸：盐酸、硝酸、硫酸等 碱：氢氧化钠、氢氧化钾、氨水等 盐：氯化钠、硫酸钾、硝酸铵等 氧化物：氧化钠、氧化钙等	有机化学药品	酮：丙酮、环己酮等 羧酸：甲酸、乙酸、苯甲酸等 胺：丁胺、己二胺等 酯：乙酸乙酯、乙酸戊酯等 硝基化合物：硝基苯等 碳水化合物：葡萄糖、蔗糖等
有机化学药品	烃：环己烷、苯、甲苯等 卤代烃：三氯甲烷、四氯甲烷、氯苯等 醇：甲醇、乙醇、乙二醇、丙三醇等 酚：苯酚、对苯二酚等 醚：甲醚、乙醚、环氧乙烷等 醛：甲醛、乙醛、苯甲醛等	指示剂	酸碱指示剂：酚酞、甲基橙、甲基红、百里酚酞等 氧化还原指示剂：二苯胺磺酸钠、邻苯氨基苯甲酸等 配位滴定指示剂：铬黑 T、二甲酚橙、钙指示剂等 沉淀滴定指示剂：铬酸钾、铁铵钒、荧光黄等

二、危险化学药品的分类

化学药品根据其危险性分为危险品和非危险品。

危险化学药品也称化学危险品，简称危险品，是指具有燃烧、爆炸、腐蚀、毒害、放射性等性质，对人体或财物能造成伤亡或毁损的物质。危险品按特性又分为易燃及爆炸类、剧毒类、强氧化性类、强腐蚀性类、放射性类等。常见化学危险品见表 01-01-02。

表 01-01-02　常见化学危险品

危险品的类型		常见危险品	特性
易燃及爆炸类	易燃类	汽油、乙醚、石油醚、氯乙烷、二硫化碳、苯、甲苯、丙酮、乙醇、乙酸乙酯等	大都极易挥发成气体，遇明火即燃烧
	爆炸类	钾、钠、电石、赤磷、萘、硫化磷、硝化纤维、苦味酸、三硝基甲苯、偶氮或重氮化合物等	受到高温、摩擦、震动等作用或与其他物质接触后能在瞬间发生剧烈反应而产生大量热量
剧毒类		氰化钾、氰化钠、三氧化二砷、氯化汞（升汞）、硫酸甲酯，某些生物碱及毒苷等	少量吸入人体或接触皮肤即能造成中毒甚至死亡
强氧化性类		硝酸钾、高氯酸、高氯酸钾、铬酸酐、高锰酸钾、氯酸钠、过硫酸铵、过氧化钠（钾）等	具有强氧化性，在遇酸、碱，受潮、强热、摩擦、冲击或与易燃物、有机物、还原剂等物质接触即能发生分解而引起燃烧或爆炸
强腐蚀性类		浓硫酸、发烟硫酸、硝酸、盐酸、氢氧化钠、氢氟酸、氢氧化钾、氯磺酸、冰醋酸、三氯化磷、无水氯化铝、苯酚等	具有强腐蚀性，对人体皮肤、黏膜、眼、呼吸器官等有极强的腐蚀性
放射性类		铀-238、钴-60、硝酸钍，含有放射性同位素的酸、碱、盐类等	有放射性，能放射出穿透力强、人体不能觉察到的射线，人体或其他生物体受到过量照射能引起放射病

三、化学试剂的等级规格

目前，我国的化学试剂的等级规格见表 01-01-03。

表 01-01-03　化学试剂的等级规格

项　目	级别				
	基　准	一	二	三	四
中文标志	基准试剂	优级纯	分析纯	化学纯	实验试剂
代号		G. R.	A. R.	C. P.	L. R.
标签颜色	绿色	绿色	红色	蓝色	棕色
纯度标准	纯度极高	纯度高	纯度较高	较差	杂质较多
适用范围	标定或直接配制标准溶液	精密分析及科研	一般分析	一般实验	实验辅助试剂

目前，我国化学试剂标准有：①国家标准代号“GB”或“GB/T”（推荐性标准）；②化工行业标准，代号“HG”；③企业标准，标以各试剂厂的企业标准代号，也有一些企业的化学试剂标有地方标准的代号，如沪 Q××××—××等。

关于化学试剂的标准有国家标准的只能用国家标准，无国家标准的才允许用行业标准或企业标准。

进度检查

一、填空题

1. 化学药品按性质和用途分有__________、__________、__________等。

2. 化学危险品按其特性可分为__________、__________、__________、__________、放射性类等。

3. 目前我国化学试剂标准有__________标准、__________标准、企业标准等，但有__________标准的不能用其他标准。

二、判断题（正确的在括号内划“√”，错误的划“×”）

1. 标签蓝色代表的是一级品。（　）

2. 基准试剂用于标定或直接配制标准溶液。（　）

3. 化学试剂标准可以从国家标准、行业标准、企业标准中任意选定。（　）

4. 在剧毒物中除氰化物外，还包括三氧化二砷及部分砷化物、汞及部分汞盐等。（　）

5. 碳水化合物属于无机化学药品。（　）

三、选择题（将正确答案的序号填入括号内）

1. 下列符号代表优级纯的是（　），代表化学纯的是（　）。

A. L.R.　B. A.S.　C. G.R.　D. C.P.

2. 下列符号代表国家标准的是（　）。

A. GB/T　B. GB　C. HGB　D. HG

3. 分析纯化学试剂的标签颜色为（　）。

A. 绿色　B. 深绿色　C. 红色　D. 蓝色

4. 下列化学药品属于有机化学药品的是（　）。

A. 硫酸　B. 氯化钠　C. 乙醇　D. 氢氧化钾

四、连线题（将下列化学危险品与其对应的类型用细线连接起来）

易燃类	氰化钾
剧毒类	氢氟酸
强氧化性类	石油醚
爆炸类	硝酸钍
强腐蚀性类	高锰酸钾
放射性类	硝化纤维

学　习　单　元	编号	FJC-01-02
名　　称：化学药品的包装及贮存 职业领域：化工、医药、石油、冶金、环保、建材等 工作范围：分析	课时	3
	日期	

学习目标

完成本单元的学习之后，能够了解化学药品包装的基本知识，掌握化学试剂的保管及贮存方法。

相关学习单元

——化学药品的分类　FJC-01-01

学习单元内容

一、化学药品的包装

1. 化学药品包装的一般要求

盛装固态、液态化学试剂的容器一般有玻璃、塑料和金属等3类。对盛装容器的基本要求是容器不能与被盛装的试剂发生化学反应。

对化学药品的包装一般要求如下。

① 固体药品（试剂）一般应装在易于拿取的广口瓶中。

② 液体试剂则应盛在容易倒取的小口试剂瓶或滴瓶内。

③ 见光易分解的试剂应放在棕色瓶中，有的试剂如碘、碘化钾、硝酸银等应用红纸或黑纸将瓶子包好。

④ 对玻璃有腐蚀的试剂，如碱液、氢氟酸等应盛于塑料瓶中，盛碱液的试剂瓶要用橡

皮塞。

⑤ 易潮解、挥发、升华的试剂要注意密封。

⑥ 试剂瓶上均应贴上标签，标明试剂的名称、纯度、生产日期，并在标签外面涂上一层薄蜡。

2. 包装单位

化学药品（试剂）的包装单位是指包装容器内盛装化学药品（试剂）的质量（固体）或体积（液体）。它是根据化学药品（试剂）的性质、用途、使用要求及经济价值来划分的。包装单位的大小是根据实际工作中需要量的大小来确定的，如一般无机盐多以500g包装，而一些贵重药品、指示剂、稀有金属等多采用小包装，如5g、10g、25g等。

3. 包装规格

国产化学试剂的包装规格一般规定为5类。

第一类为贵重试剂，包装单位为0.1g、0.25g、0.5g、1g及0.5mL、1mL数种。

第二类为较贵重试剂，包装单位为5g、10g、25g（或mL）等3种。

第三类为基准试剂等用途较窄的试剂，包装单位为50g、100g（或mL）2种。以安瓿瓶包装的液体化学试剂则增加20mL包装单位。

第四类为用途较广的试剂，包装单位为250g、500g（或mL）2种。

第五类为酸类及纯度较差的实验试剂，包装单位为1kg、2.5kg、5kg（或L）。

随着我国试剂工业的发展和国产试剂的外销，上述包装规格势必有所扩大。

合适的标签与正确地选用试剂容器的材料一样，在防止分析事故中具有重要作用。在试剂容器的标签上，至少应提供如下信息。

① 试剂的名称及化学组成。

② 用简单的文字或图案指明本品的危险性（如危险、警告或注意等字样）。

③ 指出最危险的化学性质。

④ 列出避免本品伤害事故的方法。

⑤ 说明发生事故时的紧急处理方法。

常见危险化学品标志见附录。

二、化学药品的贮存

大量化学药品应贮存在专用仓库或药品贮藏室内，由专人保管；危险品和贵重物品应按国家公安部门的规定管理。药品贮藏室要阴凉通风、干燥，避免阳光直射和室温过高或过低，严禁明火。

1. 常用化学试剂的贮存

常用化学试剂的贮存一般按照无机物、有机物、指示剂等分类后，整齐地排列在有玻璃门的台橱内；所有试剂瓶上的标签要保持完好；过期失效的试剂要及时妥善处理；无标签的试剂不准使用。

有些药品要低温存放，如过氧化氢、液氨（存放温度要求在10℃以下）等，以免变质或发生其他事故。

对装在滴瓶里成套的试剂可制作阶梯试剂架或专用橱，以便于取用。

对于一些小包装的贵重药品、稀有贵重金属等的贮存，一般与其他试剂分开由专人保管。

2. 化学危险品的贮存

化学危险品按其性质及贮存要求分为易燃易爆品、剧毒品、强氧化性物品、强腐蚀性物品、放射性物品等，其贮存方法如下。

(1) 易燃易爆品的贮存　对于易燃、易爆的试剂应分开贮存，存放处要阴凉、通风，贮存温度不能高于30℃，最好用防爆料架（由砖和水泥制成）存放，并且要和其他可燃物和易发生火花的器物隔离放置。

（2）剧毒品的贮存　剧毒品（如 KCN、As_2O_3 等）的贮存要由专人负责，存放处要求阴凉、干燥，与酸类隔离放置，并应专柜加锁，且应建立发放使用记录。

（3）强氧化性物品的贮存　强氧化性物品的存放处要阴凉、通风，要与酸类、木屑、炭粉、糖类等易燃、可燃物或易被氧化的物质隔离。

（4）强腐蚀性物品的贮存　强腐蚀性物品的存放处要阴凉、通风，并与其他药品隔离放置，应选用抗腐蚀性的材料（如耐酸陶瓷）制成的架子放置此类药品，料架不宜过高，以保证存取安全。

（5）放射性物品的贮存　放射性物品由内容器（磨口玻璃瓶）和对内容器起保护作用的外容器包装。存放处要远离易燃、易爆等危险品，存放要具备防护设备、操作器、操作服（如铅围裙）等以保证人体安全。

进度检查

一、填空题

1. 固体化学试剂应装在__________瓶中；液体试剂应盛在__________或滴瓶内。

2. 在对易潮解、挥发、升华的试剂包装时要注意__________。

3. 贮存化学试剂时瓶上的__________要保持完好，新配制的溶液要在瓶上贴好__________，标明试剂的__________、__________和__________并在标签外面涂上一层__________。

4. 包装单位是指______________________________；它的大小是根据实际工作中__________的大小来确定的。

二、判断题（正确的在括号内划“√”，错误的划“×”）

1. 氢氟酸、氢氧化钾可直接保存在玻璃瓶中。（　　）

2. $AgNO_3$、H_2O_2 等见光易分解的试剂应装在棕色瓶中并置于冷暗处。（　　）

3. KCN、As_2O_3 等剧毒试剂应特别保管，以免发生中毒事故。（　　）

4. 易燃及爆炸类物品应直接贮存于有玻璃门的台橱里。（　　）

三、选择题（将正确答案的序号填入括号内）

1. 贮存易燃易爆品、强氧化性物品时，最高温度不能高于（　　）。

A. 20℃　　B. 10℃　　C. 30℃　　D. 0℃

2. 下面药品要用专柜由专人负责贮存的是（　　）。

A. KOH　　B. KCN　　C. $KMnO_4$　　D. 浓 H_2SO_4

四、问答题

1. 强氧化性物品应如何贮存？

2. 一些小包装贵重药品应怎样贮存？

3. 碘、碘化钾等为什么要盛在棕色瓶中并用红纸或黑纸包好贮放在暗橱里？

学　习　单　元	编号	FJC-01-03
名　　称：化学药品的取用		
职业领域：化工、医药、石油、环保、冶金、建材、轻工等	课时	4
工作范围：分析	日期	

学习目标

完成本单元的学习之后，能够掌握化学药品的取用规则与操作。

所需仪器和药品

序号	名称及说明	数量	序号	名称及说明	数量	序号	名称及说明	数量
1	试管	3支	4	量筒	1个	7	NaCl	若干
2	药匙	1个	5	烧杯	1个	8	锌粒	若干
3	滴管、滴瓶	各1个	6	玻璃棒	1根	9	0.1mol/L盐酸	若干

相关学习单元

——化学药品的分类　　FJC-01-01

——化学药品的包装及贮存　　FJC-01-02

学习单元内容

一、试剂的取用原则

① 取用试剂前应先看清标签。

② 取用时先打开瓶塞，将瓶塞倒放在实验台上。如果瓶塞上端不是平顶而是扁平的，可用食指和中指将瓶塞夹住（或放在清洁的表面皿上），绝不能横置在桌上，以免玷污。

③ 不能用手接触化学试剂。

④ 应根据用量取用化学试剂，这样既能节约药品，又能取得好的分析结果。

⑤ 试剂取完后，一定要把瓶塞及时盖严，绝不允许将瓶塞搞混。

⑥ 取完试剂后应把试剂瓶放回原处。

二、固体试剂的取用

① 取用固体试剂一般使用清洁、干净的药匙或镊子，切忌用手直接触拿药品。应专匙专用。用过的药匙或镊子必须洗净擦干后才能再用。由试剂瓶中取固体试剂见图01-03-01。

② 取用时不要超过指定用量，多取的药品要放入指定容器内（可供他人使用），而不能倒回原瓶中。

③ 要求取用一定质量的固体试剂时，可把固体放在干燥的纸上称量，具有腐蚀性或易潮解的固体应放在表面皿上或玻璃容器内称量。

④ 往试管中加入粉末状固体试剂时，可用药匙直接加入，见图01-03-02。或将取出的药品放在对折的纸（纸槽）上，伸进试管约2/3处，然后将试管竖立，见图01-03-03。

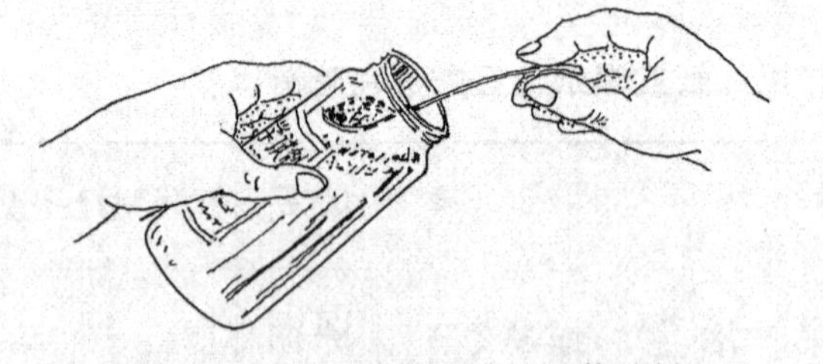

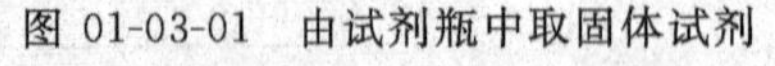

图 01-03-01　由试剂瓶中取固体试剂

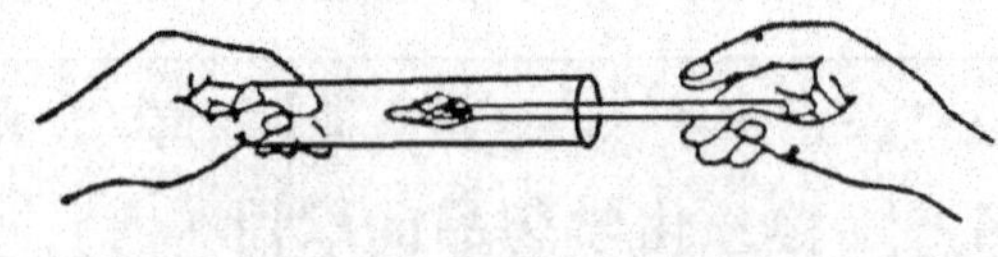

图 01-03-02　往试管中加入固体试剂（粉末）

加入块状固体时，应将试管倾斜，使其沿管壁慢慢滑下，以免碰破管底，见图01-03-04。

⑤ 固体的颗粒较大时，可在清洁而干燥的研钵中研碎，研钵中所盛固体的量不能超过研钵容积的1/3。

⑥ 有毒药品的取用要在教师的指导下进行。

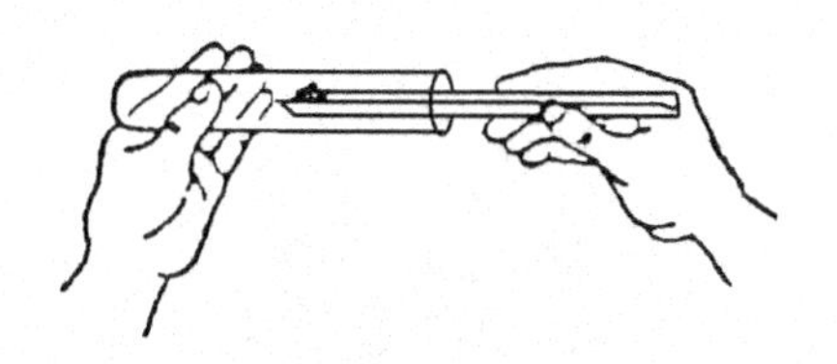

图 01-03-03 用纸槽往试管中加入固体试剂（粉末）

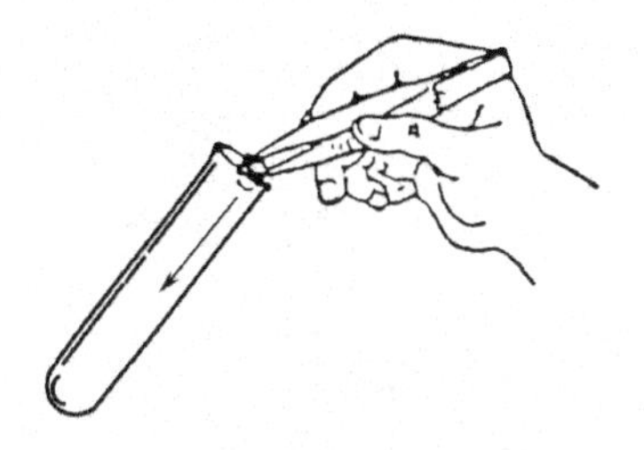

图 01-03-04 块状固体沿管壁慢慢滑下

三、液体试剂的取用

取用液体试剂一般用滴管、量筒、量杯、移液管等，其中移液管主要用于液体试剂的定量取用。

1. 从滴瓶中取用液体试剂

① 试剂瓶应按次序排列，取用试剂时不得将瓶自架上取下，以免搞乱顺序，寻找困难。

② 用滴瓶中的滴管滴加液体试剂时，滴管的尖端应略高于所用容器（如试管、烧杯等），一般距容器口约 2～3mm，不得触及所用容器内壁，以免玷污试剂，见图 01-03-05。

③ 试剂瓶上的滴管除取用时拿在手中外，不得放在原瓶以外的任何地方，更不能将装有试剂的滴管横置或滴管口向上斜放，以免液体流入滴管的胶皮头。

④ 取用试剂后应及时将滴管放回原瓶中，并注意试剂瓶的标签与所取试剂是否一致，以免把滴管放混、玷污试剂。

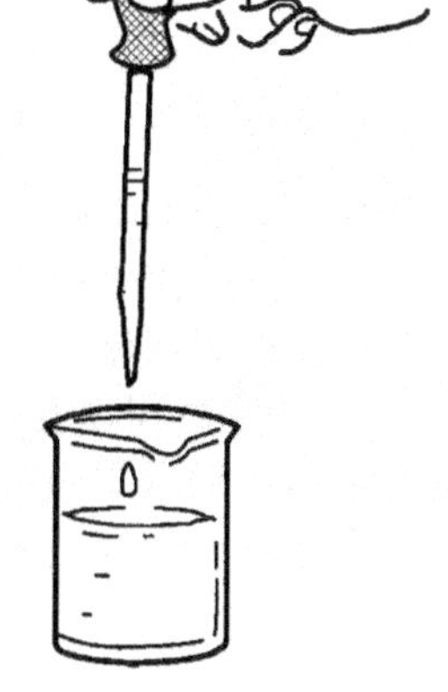

图 01-03-05 用滴管滴加试剂

2. 从细口瓶中取用液体试剂

从细口瓶中取用液体试剂时，用倾注法。

① 先将瓶塞取下（有挥发性气体的液体，取瓶塞时不能直接用手，一般应戴防护手套或在通风橱中进行），反放在桌面上。

② 若用量筒取液体试剂时，应用左手持量筒，并以大拇指指示所需体积的刻度处，右手持试剂瓶，注意将试剂瓶的标签握在手心中，逐渐倾斜试剂瓶，缓缓倒出所需量试剂，再将瓶口的一滴试剂碰到量筒内，以免液滴沿着试剂瓶外壁流下，见图 01-03-06。

若用烧杯取液体试剂，应用左手持玻璃棒，右手握住试剂瓶上贴标签的一面，逐渐倾斜瓶子，让试剂沿着洁净的玻璃棒注入烧杯中，注入所需量后，瓶子边直立，瓶口边沿玻璃棒上移，以免遗留在瓶口的液滴流到瓶的外壁，见图 01-03-07。

③ 取完液体后盖紧瓶塞，放回原处（瓶的标签向外）。

3. 定量取用液体试剂

（1）用量筒移取　量筒用于量度一定体积的液体试剂，可根据需要选用不同容量的量筒。量取液体试剂时，使视线与量筒内液体试剂的弯月面（凹面）的最低处保持水平，偏高或偏低都会造成较大误差。用量筒量取液体试剂见图 01-03-06，观看量筒中液体试剂的体积见图 01-03-08。

（2）用移液管移取　移液管是准确移取一定体积液体试剂的玻璃仪器，移取时操作如下。

① 用右手的拇指、食指和中指持洗净的移液管，将移液管插入盛被移取液体试剂的容器中，使管下端伸入试剂的下部。

② 左手捏住一个排出了空气的洗耳球，使洗耳球尖嘴对准移液管管口。

③ 吸液时左手放松，液体试剂就沿着移液管上升，当液面稍超过刻度时，右手食指立

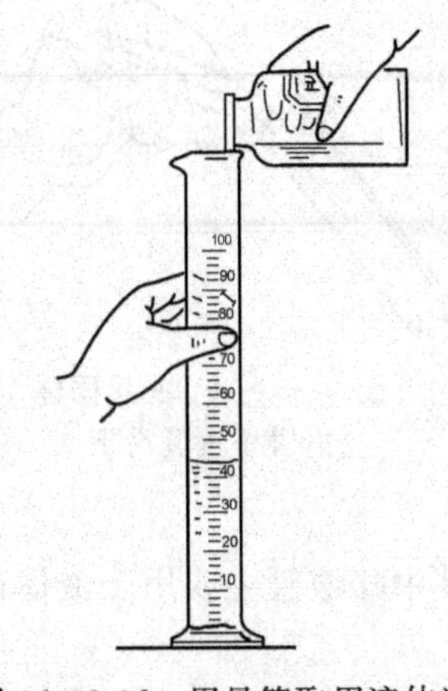

图 01-03-06　用量筒取用液体试剂

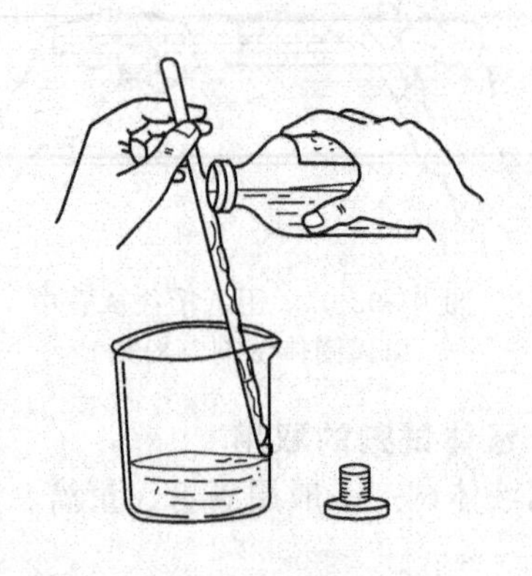

图 01-03-07　用烧杯取用液体试剂

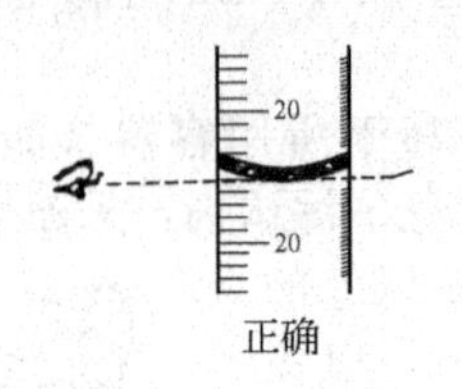

正确

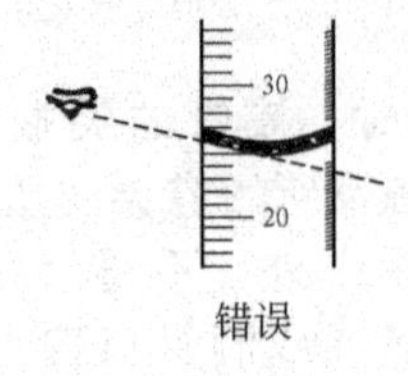

错误

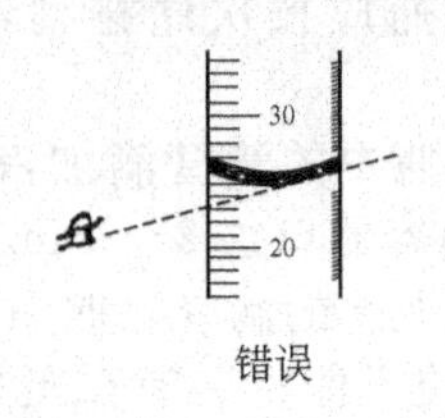

错误

图 01-03-08　观看量筒中液体试剂的体积

即按住移液管上部管口，并将移液管提出盛液体试剂的容器。

④ 用滤纸擦去移液管下部外面蘸的液体试剂，稍松食指用拇指和中指缓慢转动管身，使液体试剂逐滴流出。同时使视线与移液管刻度线在同一水平位置。

⑤ 当液面和刻度线相切时，立即按紧食指，同时将移液管插入盛受器（锥形瓶）中，垂直的移液管下端和稍倾斜的锥形瓶上部内壁接触，此时松开食指，液体试剂迅速流出。用移液管移取（吸取、放出）液体试剂的操作见图 01-03-09。

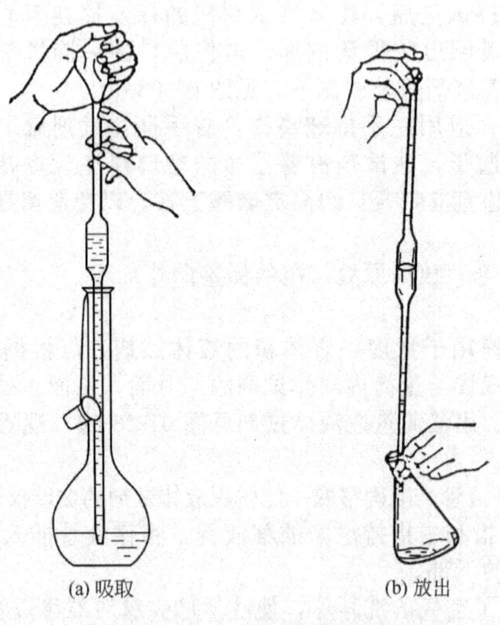

(a) 吸取　　(b) 放出

图 01-03-09　用移液管移取液体试剂

进度检查

一、填空题

1. 取用固体试剂时，一般用清洁干燥的__________或__________。

2. 液体试剂的取用一般用__________、__________、量杯和__________等，其中__________主要用于液体试剂的定量取用。

3. 取用较大颗粒的固体试剂时，要用研钵将其研碎，研钵中所盛固体的量不能超过研钵容积的__________。

4. 用滴管滴加液体试剂时，滴管的尖端应__________试管，一般距试管口约__________，不得触及试管内壁，以免玷污试剂。

二、判断题（正确的在括号内划“√”，错误的划“×”）

1. 应按下列方法取用固体试剂：

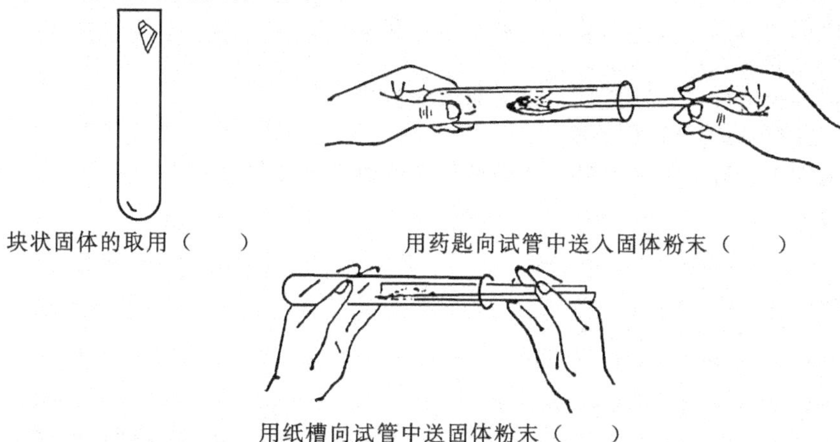

块状固体的取用（　）　　用药匙向试管中送入固体粉末（　）

用纸槽向试管中送固体粉末（　）

2. 移取液体试剂时按下列方法进行：

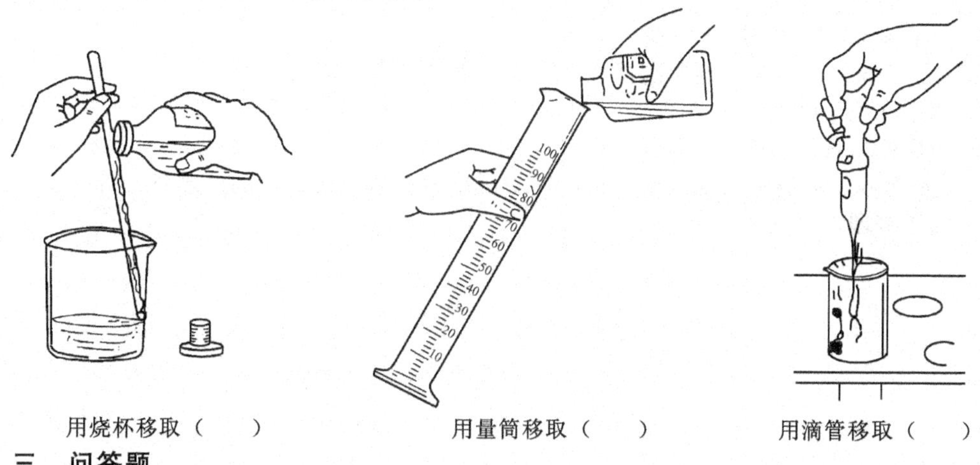

用烧杯移取（　）　　用量筒移取（　）　　用滴管移取（　）

三、问答题

1. 试剂取用的原则有哪些？

2. 如何用滴管从滴瓶中取用液体试剂？

四、操作题

1. 用药匙取少量固体 NaCl 于试管中。

2. 用镊子取几粒锌粒于试管中。

3. 用量筒量取 0.1mol/L HCl 20mL。

4. 用烧杯量取 0.1mol/L HCl 50mL。

化学药品的使用技能考试内容及评分标准

一、考试内容：固体药品的取用和液体药品的取用

（一）用药匙或镊子各取一份固体试剂放入试管中

1. 检查药匙或镊子是否洁净，检查试剂瓶标签。
2. 取用时量要适当。多取的药品不能倒回原瓶中，要放入指定容器内。
3. 用药匙将固体药品直接加入到试管中。
4. 用镊子取出的固体药品放在对折的纸上，送进试管。
5. 将药匙和镊子擦洗干净，将试剂瓶盖盖好，放回原处。

（二）用滴管、量筒和烧杯各取一份液体试剂

1. 所需器皿洗涤干净。
2. 用滴管从试剂瓶中取用药品。
3. 将滴管洗净放好，将试剂瓶盖盖好，放回原处。
4. 倾注法用量筒取用液体试剂。
5. 将试剂瓶盖盖好，放回原处。将量筒洗净放好。
6. 倾注法用烧杯取用液体试剂。
7. 将试剂瓶盖盖好，放回原处，将烧杯、玻璃棒洗净放好。

二、评分标准

（一）固体试剂的取用（40 分）

共 5 步操作，每步 8 分。

（二）液体试剂的取用（60 分）

1. 洗涤仪器。（3 分）
2. 用滴管取液体试剂。（15 分）

滴管尖端在试剂瓶中的位置、在盛装液体药品所用容器的位置和滴管的放置各 5 分。

3. 洗涤整理。（4 分）
4. 用量筒取液体试剂。（15 分）

取试剂瓶塞、量筒及试剂瓶的持法、最后一滴试剂的处理各 5 分。

5. 洗涤整理。（4 分）
6. 用烧杯取液体试剂。（15 分）

取试剂瓶塞、玻璃棒及试剂瓶的持法、最后遗留在瓶口的试剂的处理各 5 分。

7. 洗涤整理。（4 分）

MU2　分析室的火灾与爆炸的预防与处理

学　习　单　元	编号	FJC-02-01
名　　称：燃烧与爆炸的原理及分析室防火防爆措施 职业领域：化工、医药、石油、环保、冶金、建材等	课时	6
工作范围：分析	日期	

学习目标

完成本单元的学习之后，能够预防分析室的火灾与爆炸事故的发生。

相关学习单元

——化学药品的分类　FJC-01-01
——化学药品的包装及贮存　FJC-01-02
——化学药品的取用　FJC-01-03

学习单元内容

一、分析室火灾与爆炸的原理

易燃性物质达到着火温度或遇到明火即会燃烧引起火灾。爆炸是由于器皿内和大气之间的压力差逐渐加大，器壁承受不住气体压力而发生的。有时是由于化学药品发生剧烈放热反应，骤然放出大量气体或细粒状物而产生的。

易燃性物质包括易燃气体、易燃液体、易燃固体。可燃性气体在空气中都有一定的爆炸极限，当它们在空气中的浓度达到爆炸极限范围之内时，遇到明火就会立即发生爆炸。

常见易燃性物质的爆炸极限见表 02-01-01。

表 02-01-01　常见易燃性物质的爆炸极限

化合物	蒸气相对密度(空气=1)	沸点/℃	蒸气压(20℃)/kPa	闪点/℃	着火温度/℃	空气中爆炸极限(体积分数)/%	
						低	高
乙醛	1.52	21	101.325	−27	185	4	57
丙酮	2.00	56.5	24.66	−18	538	2.0	13
乙炔	0.91	−84	—	气体	335	2.5	80
氨	0.60	−33.4	—	气体	650	15	26
苯胺	3.22	184	<0.07	75	538	—	—
蒽	1.15	340	—	121	472	0.63	—
苯	6.77	80	9.99	−11	438	1.4	8.0
二硫化碳	2.64	46	39.73	−30	100	1.0	50
一氧化碳	0.97	−190	—	气体	650	12.5	74
环己烷	2.90	80	10.27	−17	296	1.3	8.4
乙烷	1.05	−88	—	气体	510	3.0	12.5
乙烯醇	1.59	78	5.87	13	371	3.5	19
乙醚	2.56	35	58.93	−45	180	1.9	37
乙酸乙酯	3.04	77	9.73	−4	427	2.2	11.5

续表

化合物	蒸气相对密度（空气=1）	沸点/℃	蒸气压（20℃）/kPa	闪点/℃	着火温度/℃	空气中爆炸极限（体积分数）/%	
						低	高
乙烯	0.98	−103	—	气体	450	2.8	29
环氧乙烷（氧化乙烯）	1.52	11	—	—	430	3.0	80
煤气	—	—	—	气体	650	5.3	31
煤气油	—	—	—	65	338	6.0	13.5
氢氰酸	0.9	26	—	−32	538	6	40
氢气	0.07	−203	—	气体	585	4	74
硫化氢	1.19	−60	—	气体	260	4.3	46
甲烷	0.55	−162	—	气体	537	5	15
甲醇	1.11	64.7	12.80	11	427	6	36.5
萘	4.42	218	—	80	559	0.9	5.9
硝基苯	4.25	211	—	88	482	—	—
石油（轻）	4.00	125	—	−43	257	1.3	7.5
石油（重）	4.80	140～200	—	—	—	—	—
吡啶	2.73	115	—	20	482	1.8	12.5
邻二甲苯	3.66	144	1.33	17	482	1.0	5.8

易燃性液体容易挥发，它们的蒸气遇明火甚至电火花即会发生燃烧或爆炸。易燃性固体如磷、木炭、硫等，当温度达到其着火点或遇明火时，即发生燃烧或爆炸。

二、分析室产生火灾与爆炸的原因

分析室产生火灾与爆炸的原因主要有以下几种。

① 易燃、易爆危险品贮存、使用或处理不当。如贮存易燃性物质时，贮温升高到燃点；银氨溶液在受光、热等外界条件的作用下，易分解放热而引起爆炸。使用乙炔银、三硝基甲苯等易爆炸品时，若操作不慎，使其受到摩擦、碰撞或震动；将遇水能发生燃烧和爆炸的钾、钠等存放在潮湿的地方或不慎与水接触；贮存白磷的瓶口封闭不严密，长久放置，水分蒸发而使白磷外露等都可能引起燃烧和爆炸。

② 加热、蒸馏、制气等分析装置安装不正确、不稳妥、不严密，产生蒸气泄漏，或由于操作不规范产生迸溅现象，遇到加热的火源极易发生燃烧与爆炸。如用油浴加热蒸馏或回流有机化合物时，常常由于橡皮管在冷凝管的侧管上套得不紧密、冷凝水流得过猛，把橡皮管冲出来，冷凝水溅入热的油浴中，将油外溅到热源上引起火灾。

③ 对分析室火源管理不严，违反操作规则。对火源，主要是明火如未熄灭的火柴梗、电器设备因接触不良而引起的电火花，对这些火源控制不严，管理不当。在使用煤气、液化气、酒精灯、酒精喷灯、煤气喷灯、电炉等加热设备时，违反操作规则。如使用煤气、液化气时用明火试漏，气源离炉具太近；酒精灯、酒精喷灯、煤气喷灯的酒精和煤油加得过多等都易引起燃烧或爆炸。

④ 强氧化剂与有机物或还原剂接触混合。如高氯酸及其盐、硝酸、硝酸钴或亚硝酸与有机物混合，磷与硝酸混合，活性炭与硝酸铵混合，抹布与浓硫酸接触，木材或织物等与浓硝酸接触，铝与有机氯化物混合，液氧与有机物混合等都极易引起火灾或爆炸。

⑤ 电器设备使用不当。如使用电器功率过大；电线接头外露；电线老化；随意更换保险丝；随意加大负荷，烧坏仪器引起火灾。

⑥ 易燃性气体或液体的蒸气在空气中达到了爆炸极限范围，与明火接触时，易发生燃烧和爆炸。

分析室发生火灾的原因尽管很多，但火源是引起燃烧、导致火灾的重要条件之一，所以必须对火源严加控制、科学管理，有效地预防火灾的发生。

三、防火、防爆的措施

分析室防火、防爆的措施主要有以下几种。

① 分析室内易燃、易爆品应妥善保存，放在通风、阴凉和远离火源、电源及热源的位置，并且贮存量不宜过大。易燃性物质应保存在小口瓶内，盖紧瓶塞（保存有机溶剂的瓶塞不能用橡皮塞），切勿放置在敞口容器内。

② 蒸馏或回流易燃、低沸点液体时，应注意如下几点。

a. 加热前应在烧瓶内放数粒沸石或一端封口的毛细管，以防液体因过热暴沸冲出。

b. 严禁用明火直接加热烧瓶，应根据加热液体沸点的高低选用石棉网、水浴、油浴或砂浴。

c. 蒸馏烧瓶内的液量，不能超过烧瓶容量的1/3（极限1/2），加热时温度不宜升高太快，以免因局部过热而引起蒸馏液暴沸冲出。

d. 蒸馏前应先开冷凝水，然后再加热，而且冷凝水要始终保持畅通。

e. 蒸馏或回流的装置应稳妥正确，不能漏气，在加热中如发现漏气，应立即停止加热，认真检查漏气原因。若因塞子被腐蚀而发生漏气，则应待液体冷却后，才能换掉塞子。若漏气不严重时，可用石膏封口；但绝不能用蜡涂抹封口，因为蜡受热时易熔化，不仅不能起到密封作用，还会溶解于有机物中，引起火灾。从蒸馏装置接受器出来的尾气应远离火源，最后用导气管引到分析室外或通风橱内。

f. 蒸馏或回流有机溶剂时，应远离火源，并应先将酒精、高氯酸钾等易燃、易爆危险品移走。

③ 在处理大量的可燃性液体时，应在通风橱或指定地方进行，室内应无火源。因为易燃性的有机溶剂，特别是沸点较低的有机物，在室温条件下易挥发，当它们的蒸气在空气中达到爆炸极限的浓度范围内时，遇明火即发生爆炸。通常有机溶剂的蒸气密度大于空气密度，它们一般都沉聚在地面或低洼处，并在地面上向远处移动，因此，不能将有机溶剂倒在废液缸或下水道中，更不得在分析室内将燃着或有火星的木条、纸条等乱抛乱扔，也不得丢入废液中，否则很容易发生火灾爆炸事故。

④ 加热易燃性有机溶剂时，不能将有机溶剂放在广口瓶（如烧杯）内直接加热；加热必须在水浴中进行，切勿使容器密闭，否则会造成爆炸。当附近有露置的易燃物质时，应先将其移开，再点火加热。

⑤ 制取或使用易燃、易爆气体（如氢气、乙炔等）时，要保持室内空气畅通，严禁明火，防止一切火星、火花的产生。检查气体纯度时，应取少量远离制气装置方可点燃，否则若气体纯度较差时，因遇明火会发生燃烧、爆炸事故。

⑥ 强氧化剂（如氯酸钾、过氧化物、浓硝酸、高氯酸钾等）不能与有机物、还原剂接触。沾有氧化剂的工作服应立即洗净。

⑦ 对具有爆炸性的危险品，如干燥的重氮盐、硝酸酯、金属炔化物、三硝基甲苯、雷酸盐等，使用时必须严格遵守操作规则，不能使其受到高热、重压、碰撞或震动，以免引起严重的爆炸事故。

⑧ 白磷应保存在水中；金属钾、金属钠等应保存在煤油中；过氧化钠保存在封盖的铁盒里，且不要沾水。

⑨ 使用乙醚时，必须检查有无过氧化物存在，如果发现有过氧化物存在，应用还原剂（如硫酸亚铁等）还原除去后才能使用。蒸馏乙醚时，切勿蒸干，否则会发生爆炸或燃烧事故。

⑩ 银氨溶液久置后极易爆炸，所以不能长期保存。各种化学药品不能任意混合，特别是某些强氧化剂如氯酸盐、高锰酸盐、硝酸盐、高氯酸盐等绝不能混在一起研磨，否则将会引起爆炸。

⑪ 进行可能发生燃烧或爆炸的试验时，应在专设的防爆现场进行。同时必须采取安全措施，如穿防护服、戴防护眼镜和防护面罩等。使用可能发生爆炸的化学药品时，必须在不碎玻璃的通风橱中进行操作，并设法减少药品的用量或降低试液浓度进行小量试验。对未知物料进行试验时，必须先了解清楚再进行试验，切不可大意。

⑫ 马弗炉、定碳炉、烘箱应放在水泥台上，电炉、电水浴等低温加热器可放在实验台上，但下面须铺有石棉板。分析室内的电器设备应装有地线和保险开关。

总之，应根据具体的分析项目、分析方法、分析条件及各种化学危险品的物理、化学性质，采取相应的防火、防爆措施。

进度检查

一、填空题

1. 可燃性气体在空气中都有一定的__________，当它们在空气中的浓度达到__________范围之内时，遇到__________就会立即发生爆炸。

2. 易燃性液体容易__________，它们的__________遇到明火甚至电火花就可燃烧爆炸。

3. 易燃性固体如__________、__________、__________等，当温度达到其着火点或遇__________时即发生燃烧爆炸。

4. 将强氧化剂与__________或__________混存在一起，容易引起燃烧或爆炸。

5. 使用乙醚时，必须检查有无__________存在，如果有应用还原剂除去后再使用。

二、连线题（将下列物质彼此混合，特别容易引起火灾的用细线连起来）

活性炭	浓硝酸
可燃性物质（如木材、织物等）	硝酸铵
液氧	有机氯化物
铝	有机物

三、简答题

1. 举例说明哪些危险品因贮存、使用或处理不当容易引起燃烧和爆炸。

2. 分析室引起火灾和爆炸的原因主要有哪些？

3. 为避免分析室火灾的发生，在蒸馏或回流低沸点液体时应注意哪些问题？

4. 如何预防分析室火灾（或爆炸）的发生？

学 习 单 元	编号	FJC-02-02
名　　称：灭火器材 职业领域：化工、医药、石油、环保、冶金、建材等 工作范围：分析	课时	6
	日期	

学习目标

完成本单元的学习之后，能够熟悉常用灭火器材的类型、结构、使用范围及使用方法。

所需仪器和设备

序号	名称及说明	数量	序号	名称及说明	数量
1	手提贮压式四氯化碳灭火器	1台	4	外装式 MF8 型干粉灭火器、内装式 MF4 型干粉灭火器	各1台
2	MP8 型泡沫灭火器	1台	5	手提式 1211 灭火器	1台
3	手轮式二氧化碳灭火器、鸭嘴式二氧化碳灭火器	各1台	6	砂箱、砂袋、石棉布、防火毯等	若干

相关学习单元

——燃烧与爆炸的原理及分析室防火防爆措施　　FJC-02-01

学习单元内容

一、灭火器材的类型及适用范围

分析室火灾因起火原因及着火物质性质不同，所使用的灭火器材和方法也就不同。分析室常用灭火器材的类型及适用范围见表 02-02-01。

表 02-02-01　分析室常用灭火器材的类型及适用范围

类型	药液成分	适用范围
四氯化碳灭火器	液体 CCl_4	电器设备着火
泡沫灭火器	$Al_2(SO_4)_3$、$NaHCO_3$	油类着火
二氧化碳灭火器	液体 CO_2	电器着火、精密仪器着火
干粉灭火器	粉末主要成分为 $NaHCO_3$ 等盐类物质，加入适量润滑剂、防潮剂	油类、可燃气体、电器设备、精密仪器、文件记录和遇水燃烧物品等的着火
1211 灭火器	CF_2ClBr	油类、有机溶剂、高压电器设备、精密仪器等着火
砂箱、砂袋	清洁干燥的砂子	各种火灾

另外，水是常用的灭火剂，CS_2 及易溶于水的物质燃烧时，都可用水灭火。但在扑救分析室发生的火灾时应十分慎重，对不溶于水的易燃物（如汽油、苯等）或与水作用会加剧燃烧的物质（如过氧化钠）切记不要用水，而要用砂、石棉布或灭火器等去灭火。

二、灭火器材的结构及使用方法

1. 四氯化碳灭火器的结构及使用方法

（1）结构　常用的四氯化碳灭火器为手提贮压式灭火器，它主要由筒身、横梁、旋钮和喷嘴构成。其筒身由薄钢板卷焊而成，上部为悬挂用的横梁，下部为旋钮和喷嘴。最低贮量为 1L，最高贮量为 10L，筒内装的是四氯化碳灭火剂和压缩空气。

（2）灭火原理　四氯化碳是一种密度大、沸点低、不助燃、不导电、遇热易挥发为蒸气的液体，其蒸气密度为空气的 4.5 倍。当四氯化碳喷到燃烧物表面后，遇热迅速气化形成很重的蒸气，包围住燃烧物，使其与空气隔绝。同时，四氯化碳在气化过程中能吸收大量的热，降低了燃烧区的温度，起到冷却的作用。当空气中四氯化碳蒸气的体积分数达到 10%时，燃烧的火焰即可被熄灭。

（3）使用方法　四氯化碳灭火器的使用方法非常简单。在使用时，只要旋开旋钮，四氯化碳就会从喷嘴喷出。迅速将喷嘴对准火源，左右扫射，向前推进，将火扑灭。然后关闭旋钮，停止喷射。注意：在使用时，操作者一定要站在上风方向，以免中毒。

在狭窄或通风不良的分析室中不能使用四氯化碳灭火器。

由于四氯化碳毒性较大，灭火后残留在空气中的四氯化碳气体对动植物危害较大，污染环境，现已逐步被淘汰。

2. 泡沫灭火器的结构及使用方法

（1）结构　泡沫灭火器主要由筒身、筒盖、喷嘴、瓶胆、瓶胆盖、螺母等构成。其外形结构以 MP8 型泡沫灭火器为例，见图 02-02-01。

MP8 型泡沫灭火器是用薄钢板卷焊成的圆筒，筒内壁镀锡并涂有防锈漆，筒中央吊挂着盛有硫酸铝溶液的聚乙烯塑料瓶，瓶胆口用瓶胆盖封闭，瓶胆与筒壁之间充装着加有少量发泡剂和泡沫稳定剂的碳酸氢钠饱和溶液，筒盖是用钢板或塑料压制成的，内装滤网、垫圈、喷嘴，筒盖与筒身之间有密封垫圈，筒盖借助垫圈和螺母紧固在筒身上。

（2）灭火原理　泡沫灭火器筒内硫酸铝和碳酸氢钠饱和溶液互相混合，迅速发生化学反应，生成氢氧化铝和二氧化碳泡沫。这种化学泡沫具有黏性，能附着在燃烧物的表面，使燃烧物与空气隔绝而熄灭火焰。

（3）使用方法　使用时，左手握住提环，右手抓住筒体底部，喷嘴对准火源，迅速将灭火器颠倒过来，轻轻抖动几下，灭火筒内压强迅速增大，大量的泡沫从喷嘴喷出，将火焰扑灭。

提取泡沫灭火器时不能用肩扛或倾斜，以防止两种溶液混合。

3. 二氧化碳灭火器的结构及使用方法

（1）结构　二氧化碳灭火器按开关方式的不同分为手轮式和鸭嘴式两种，它们主要由钢瓶、开关、虹吸管、喷筒等构成，其结构分别见图 02-02-02 和图 02-02-03。

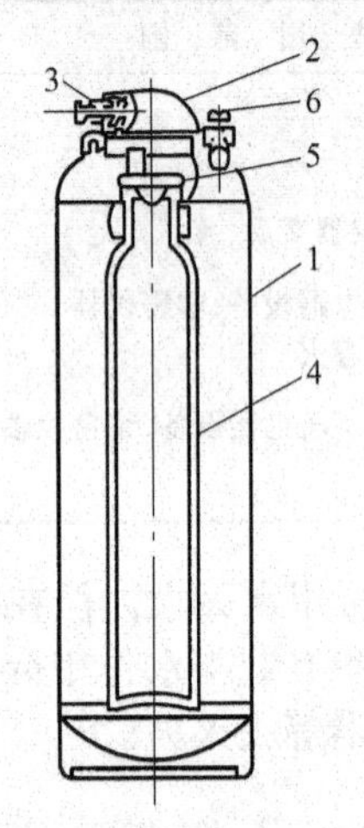

图 02-02-01　MP8 型泡沫灭火器

1—筒身；2—筒盖；3—喷嘴；4—瓶胆；5—瓶胆盖；6—螺母

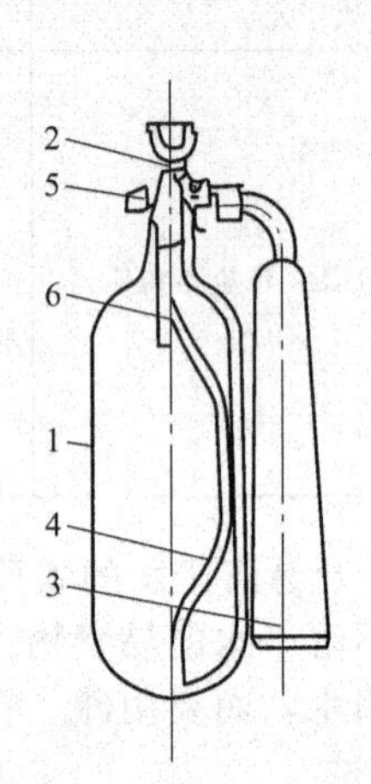

图 02-02-02　手轮式二氧化碳灭火器

1—钢瓶；2—开关；3—喷筒；4—虹吸管；5—安全膜；6—手柄

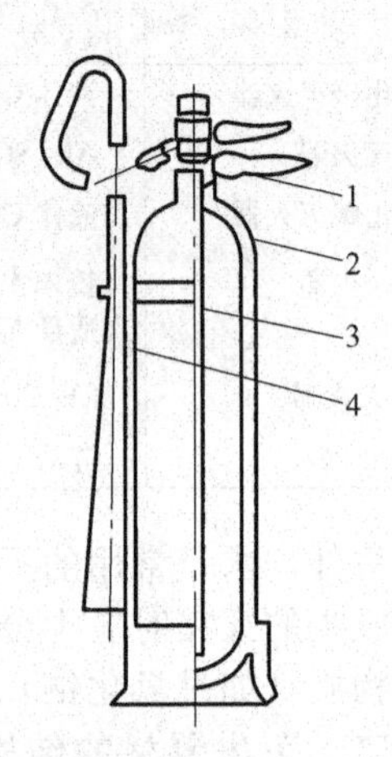

图 02-02-03　鸭嘴式二氧化碳灭火器

1—开关；2—钢瓶；3—虹吸管；4—喷筒

（2）灭火原理　二氧化碳灭火器开始喷出的是雪花状的干冰，因吸收燃烧区空气中的热量很快变成二氧化碳气体，从而使燃烧区的温度大幅度降低，起到了冷却作用。同时大量的二氧化碳气体笼罩着燃烧物，使其与空气隔绝。当燃烧区空气中二氧化碳的体积分数达到36%～38%时，火焰很快被熄灭。

（3）使用方法　使用时，一手握着喇叭形喷筒的把手将其对准火源，另一手打开开关即可喷出二氧化碳。

如果是鸭嘴式开关，右手拔出保险销，紧握喇叭形喷筒木柄；左手将上面的鸭嘴向下压，二氧化碳即从喷嘴喷出。

如果是手轮开关，向左旋转，即可喷出二氧化碳将火焰扑灭。

4. 干粉灭火器的结构及使用方法

（1）结构　干粉灭火器是以高压二氧化碳作为动力喷射固体干粉的新型灭火器材。主要由进气管、出粉管、二氧化碳钢瓶、喷嘴（或喷枪）、干粉筒、提柄（把）等构成。按二氧化碳钢瓶安装的位置可分为外装式（如 MF8 型）和内装式（如 MF4 型）两种，其结构分别见图 02-02-04 和图 02-02-05。

干粉筒是用优质钢板制成的，耐压强度高，内装固体碳酸氢钠等钠盐或钾盐，并有适量的润滑剂和防潮剂。二氧化碳钢瓶内装有的高压二氧化碳气体作为喷射干粉的动力。

（2）使用方法　使用时，将干粉灭火器上下颠倒几次，在距离着火处 3～4m 处，撕去

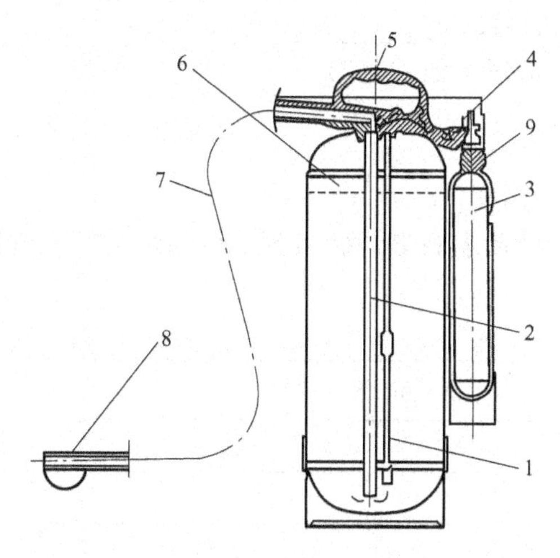

图 02-02-04　外装式 MF8 型干粉灭火器

1—进气管；2—出粉管；3—二氧化碳钢瓶；4—筒身与钢瓶的紧固螺母；5—提柄；6—干粉筒；7—胶管；8—喷嘴；9—提环

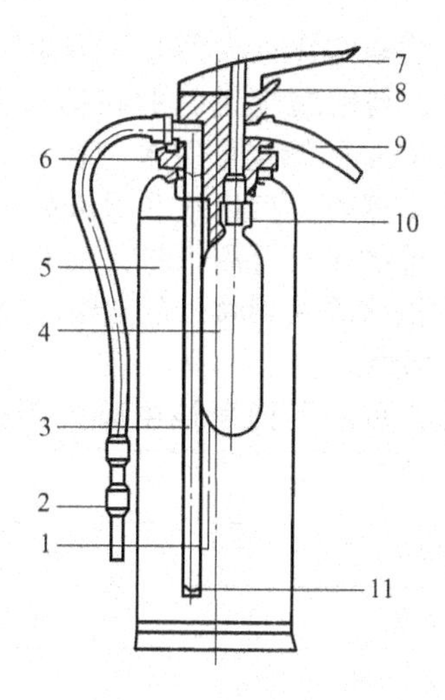

图 02-02-05　内装式 MF4 型干粉灭火器

1—进气管；2—喷枪；3—出粉管；4—二氧化碳钢瓶；5—筒体；6—筒盖；7—压把；8—保险销；9—提把；10—钢字；11—防潮堵

灭火器上的封记，拔出保险销，一手握住喷嘴并对准火源，另一手的大拇指将压把按下，干粉即可喷出。迅速摇摆喷嘴，使粉雾横扫整个火区，即可将火扑灭。

5.1211 灭火器的结构及使用方法

(1) 结构　1211 灭火器主要由喷嘴、保险卡、提把、盖头、密封机构、筒身、吸管等构成。其结构见图 02-02-06。

(2) 使用方法　使用手提式 1211 灭火器时，首先拔掉铅封和安全销，手提灭火器上部，不要把灭火器放平或颠倒。用力紧握压把，开启阀门，贮压在钢瓶内的灭火剂即可喷射出来。

灭火时，将喷嘴对准火源，左右扫射，向前推进，将火扑灭。当手放松时，压把受弹力作用恢复原位，阀门封闭，喷射停止。

使用以上各种灭火器材时，应注意维护保养，定期和不定期地检查其完好性。灭火器都应放在干燥、通风、取用方便的地方。

分析室除备有上述灭火器外，还应备有砂箱、砂袋、石棉布、防火毯等灭火器材，以备扑灭各种类型的火灾。

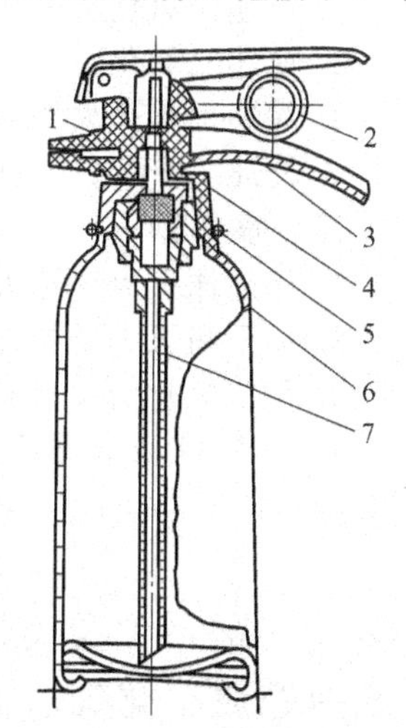

图 02-02-06　手提式 1211 灭火器

1—喷嘴；2—保险卡；3—提把；4—盖头；5—密封机构；6—筒身；7—吸管

进度检查

一、填空题

1. 分析室为预防火灾、常用的灭火器有__________、__________、__________、__________、1211 灭火器等。

2. 分析室除备有灭火器外，还应备有__________、__________、__________、防火毯等灭火器材。

3. 泡沫灭火器主要由__________、__________、__________、__________、瓶胆盖、螺母等构成。

4. 二氧化碳灭火器主要由__________、__________、__________、__________和手柄构成。

5. 在使用四氯化碳灭火器时，为避免中毒，操作者一定要站在__________方向。

6. 提取泡沫灭火器时，不能用肩扛或倾斜，以防止________。

二、判断题（正确的在括号内划“√”，错误的划“×”）

1. CS_2 的燃烧可用水、砂等扑救。(　　)

2. 电器着火可用水和泡沫灭火器扑救。(　　)

3. 油类着火可用干粉灭火器及1211灭火器扑救。(　　)

4. 泡沫灭火器喷出的化学泡沫具有黏性，能附着在燃烧物表面，使燃烧物与空气隔绝而使火焰熄灭。(　　)

三、写出下列表格中灭火器的适用范围

类　型	适　用　范　围
四氯化碳灭火器	
泡沫灭火器	
二氧化碳灭火器	
干粉灭火器	
1211灭火器	

四、问答题

1. 简述四氯化碳灭火器的灭火原理。
2. 简述二氧化碳灭火器的灭火原理。
3. 简述干粉灭火器的使用方法。
4. 简述1211灭火器的使用方法。

五、操作题

1. 用泡沫灭火器扑灭油类火灾（模拟）。
2. 用干粉灭火器扑灭油类火灾（模拟）。
3. 用二氧化碳灭火器扑灭火场（模拟）。
4. 用1211灭火器扑灭油类或有机溶剂火场（模拟）。

学　习　单　元	编号	FJC-02-03
名　　称：火灾现场的处理	课时	4
职业领域：化工、医药、石油、环保、冶金、建材等		
工作范围：分析	日期	

学习目标

完成本单元的学习之后，能够采取有效措施对火灾现场进行及时处理。

所需仪器和设备

序号	名称及说明	数量	序号	名称及说明	数量
1	MP8型泡沫灭火器	1台	4	外装式MF8型干粉灭火器	1台
2	手轮式二氧化碳灭火器	1台		内装式MF4型干粉灭火器	1台
	鸭嘴式二氧化碳灭火器	1台	5	砂箱、砂袋、石棉布、防火等	若干
3	手提式1211灭火器	1台	6	部分可燃物(柴草、柴油、火柴等)	若干

相关学习单元

——燃烧与爆炸的原理及分析室防火防爆措施 FJC-02-01

——灭火器材 FJC-02-02

学习单元内容

分析室一旦发生火灾，在场的所有人员都应积极而有秩序地参加灭火。灭火时要根据起火原因和火场周围的实际情况，立即采取相应的措施对火灾现场进行处理。

一、火灾现场处理的措施

火灾现场处理的主要措施如下。

① 首先应切断电源，立即熄灭附近所有火源，并移开附近的易燃物品，关闭煤气、液化气等。

② 室内局部小火，可用石棉板、石棉布、湿抹布将着火物盖起来，使之隔绝空气而熄灭，绝对不能用嘴吹。

③ 如果火势较大，应根据起火原因和周围的具体情况，立即选用相应的灭火器材灭火。使用灭火器材灭火时，应从四周向中心扑灭。在全力以赴、互相配合、奋力扑救的同时，应首先向消防部门报告，以便采取更有效的措施，减少损失。

④ 大量的油类物质或有机溶剂着火，可用砂子或灭火器扑灭，也可洒上干燥的碳酸氢钠粉末扑灭；但绝不能用水，否则将会引起更大的火灾。少量的有机溶剂着火，只要不向四周蔓延，可任其燃烧完；如果是在可燃实验台上着火，应立即用灭火毡、湿抹布、砂子等盖熄。

⑤ 如果电器设备着火，必须先切断电源，然后再用二氧化碳灭火器、干粉灭火器或四氯化碳灭火器（四氯化碳蒸气有毒，空气不流通的地方不能使用）灭火。禁止用水灭火，因为水能导电，电流会沿水柱导向消防器械上，使操作人员触电或造成电器设备短路烧毁。

⑥ 如在灭火时不慎衣服着火，切勿慌乱奔跑。若火势较大，应立即在地上打滚，或躺在地上用防火毯紧紧包住身体，使火焰熄灭。若附近有自来水或淋浴，也可用自来水或沐浴将火浇灭或淋熄。

由于分析室的许多化学药品易与水反应，所以在灭火时，一般不能用水或含有水的物质灭火，否则会引起更大的火灾。如金属钠、钾、钙等遇水发生剧烈反应，产生火球及爆炸，增大火势。浓硫酸遇水会急剧放热而使强酸迸溅，甚至发生爆炸。

二、使用灭火器进行火场扑救时应注意的问题

使用灭火器进行火场扑救时应注意的问题如下。

① 使用灭火器灭火时，灭火器的筒底和筒盖不能对着人，以防喷嘴堵塞导致机体爆破，使灭火人员遭受伤害。泡沫灭火器不能和水一起灭火，因为水能破坏泡沫，使其失去覆盖燃烧物的作用。

② 使用二氧化碳灭火器时，手一定要握在喇叭形喷筒的把手上。因为喷出的二氧化碳压力突然下降，温度也骤降，手若握在喇叭形喷筒上易被冻伤。

③ 使用灭火器时，一定要注意安全。如使用四氯化碳灭火器时，因蒸气有毒，火灾现场若通风不良，会使在场人员中毒；使用二氧化碳灭火器时，当空气中二氧化碳的含量高达20％～30％时，会使人精神不振、呼吸衰弱，严重时会因窒息而死亡。

④ 灭火时，应迅速、果断，不遗留残火，以防复燃。扑灭容器内流体的燃烧时，不要直接冲击液面，以防燃烧的液体溅出或流散出容器使火势扩大。

三、火灾现场的扑救（模拟）

1. 在远离建筑物的地方准备好柴草等可燃物代替火场，用不同的灭火器进行扑救。

2. 将燃烧槽放在安全的地方倒入柴油（或汽油）代替火场，用灭火器扑救。

进度检查

一、填空题

1. 对火灾现场进行处理时，首先应立即熄灭附近所有的__________，切断__________，并移开附近的__________，关闭煤气、液化气等。

2. 对于大量油类物质或有机溶剂着火，要用__________或__________扑灭；也可洒上干燥的__________粉末扑灭。

3. 电器设备着火，必须先__________，然后再用__________、__________或四氯化碳灭火器扑救。

4. 使用灭火器材灭火时，应从__________扑灭，或从火势蔓延的方向开始向__________扑灭。

5. 使用二氧化碳灭火器时，当空气中二氧化碳的含量高达__________时，会使人精神不振，严重时会因__________而死亡。

二、判断题（正确的在括号内划“√”，错误的划“×”）

1. 分析室内发生的局部小火，可直接用嘴吹灭。（　）
2. 电器设备着火可用水或泡沫灭火器扑灭。（　）
3. 灭火时如果不慎衣服着火，火势较小时，可用湿布裹住着火部位，使火熄灭。（　）
4. 如果少量有机溶剂着火，只要不向四周蔓延，可任其燃烧完。（　）

三、问答题

1. 分析室为什么一般不用水或含有水的物质灭火？
2. 使用灭火器进行火场扑救时，应注意哪些问题？

分析室的火灾与爆炸的预防与处理技能考试内容及评分标准

一、考试内容：使用灭火器现场扑灭火灾（模拟）

（一）用泡沫灭火器现场扑灭油类火灾（模拟）

1. 左手握住灭火器提环，右手抓住筒体底部，喷嘴对准火源。
2. 将灭火器颠倒过来并轻轻抖动几下。
3. 将灭火器喷出的泡沫喷向火焰，逐渐向前推进，直至火焰熄灭。

（二）用干粉灭火器现场扑灭油类火灾（模拟）

1. 手提灭火器，上下颠倒几次，撕去灭火器上的封记，拔出保险销。
2. 左手握住喷嘴对准火源，右手用拇指按下压把。
3. 迅速摇摆喷嘴，使粉雾横扫火区，由近而远向前移动，直至火焰熄灭。

二、评分标准

（一）用泡沫灭火器现场扑灭油类火灾（模拟）（50分）

1. 灭火器抓握姿势、喷嘴方向各5分，共10分。
2. 灭火器颠倒、抖动方式各10分，共20分。
3. 泡沫喷射位置（6分）、向前推进速度（6分）、火焰扑灭效果（8分），共20分。

（二）用干粉灭火器现场扑灭油类火灾（模拟）（50分）

1. 提握灭火器方式、上下颠倒、撕去封记、拔出保险销各3分，共12分。
2. 手握位置、方式、喷嘴方向、右手按下压把各4分，共16分。
3. 摇摆姿势（5分）、粉雾横扫位置（5分）、粉雾均匀程度（6分）、推进速度（6分），共22分。

MU3　中毒的预防与处理

<table>
<tr><td colspan="1">学　习　单　元</td><td>编号</td><td>FJC-03-01</td></tr>
<tr><td rowspan="1">名　　称：常见毒物及防毒措施
职业领域：化工、医药、石油、环保、冶金、建材等</td><td>课时</td><td>3</td></tr>
<tr><td>工作范围：分析</td><td>日期</td><td></td></tr>
</table>

学习目标

完成本单元的学习之后，能够对常见毒物的中毒进行有效预防。

所需药品

序号	名 称 及 说 明	数　量
1	有毒气体（如 Cl_2、H_2S 等）	各1瓶
2	有毒液体（如汞、溴、硫酸、有机酚类、液氯等）	各1瓶
3	有毒固体（如汞盐、砷化物、氢氧化钠或氢氧化钾、氰化物等）	各1瓶

相关学习单元

——化学药品的分类　FJC-01-01

——化学药品的包装及贮存　FJC-01-02

——化学药品的取用　FJC-01-03

学习单元内容

一、常见毒物及其毒性

1. 常见毒物

毒物是指凡能侵入人体，使人的正常生理机能受到损伤或功能障碍的物质。毒物按照存在的状态不同分为三类，即有毒气体、有毒液体和有毒固体。常见毒物见表 03-01-01。

表 03-01-01　常见毒物

类　型	名　　　称
有毒气体	一氧化碳、氯气、硫化氢、氮的氧化物、二氧化硫、三氧化硫等
有毒液体	汞、溴、硫酸、硝酸、盐酸、高氯酸、氢氟酸、有机酚类、苯及其衍生物、氯仿、四氯化碳、乙醚、甲醇等
有毒固体	汞盐、砷化物、氢氧化物（钠或钾）、氰化物等

2. 常见毒物的毒性

分析室常见毒物的品种很多，不同的毒物对人体的危害因其性质不同而不同。一些常见毒物的主要毒性见表 03-01-02。

表 03-01-02 常见毒物的主要毒性

序号	名 称	主 要 毒 性
1	一氧化碳(CO)	低浓度时使人头痛、恶心、四肢无力;高浓度时使人不省人事、窒息死亡
2	氯气(Cl_2)	气体刺激或损伤呼吸道及肺部。重者因肺内化学灼烧而立即死亡
3	硫化氢(H_2S)	低浓度时使人头痛、昏迷,刺激眼睛及呼吸道;吸入高浓度气体使人突然中毒、虚脱而昏迷不醒
4	氮的氧化物(N_nO_m)	损伤呼吸道及深部呼吸器官(肺),中毒初期咳嗽、气喘,吸入高浓度时,迅速出现窒息、痉挛而死亡(有时不呈现症状,有 2~10h 的潜伏期)
5	二氧化硫(SO_2) 三氧化硫(SO_3)	刺激黏膜和呼吸道。低浓度时使人头痛、呼吸急促;高浓度时刺激眼睛,能引起结膜炎、气管炎及支气管炎直至死亡
6	硫酸(H_2SO_4) 硝酸(HNO_3) 盐酸(HCl)	蒸气剧烈刺激眼睛黏膜和呼吸系统,浓溶液可使眼睛和皮肤严重烧伤
7	氢氟酸(HF) 高氯酸($HClO_4$)	能使黏膜和皮肤严重烧伤,溶液能灼伤所有组织,产生剧痛
8	氢氧化钠($NaOH$) 氢氧化钾(KOH)	能烧伤皮肤,重者可引起糜烂,误服可使口腔、食道、胃黏膜糜烂
9	氨气(NH_3)	刺激眼、鼻、呼吸道及黏膜
10	氰化物(KCN 等) 氢氰酸(HCN)	剧毒且作用极快。少量吸(侵)入人体就会唇舌麻木、乏力、头昏、呼吸增快、意识丧失,甚至死亡
11	砷化物	剧毒且作用极快。吸入少量会剧烈刺激鼻、咽部黏膜,引起咳嗽气喘、呼吸困难及黄胆、肝硬化、肝脾肿大。侵入皮肤会使皮肤脱落且不易愈合
12	汞及其化合物	剧毒品,损伤消化系统和神经系统且不能复原,有些化合物使肾损伤,有的导致皮炎
13	铅及其化合物	吸入粉尘或吞入使体内严重受损伤,是体内可长期积累的剧毒品
14	氯仿($CHCl_3$)	具有强麻醉性,吸入会出现催眠、呕吐、神志不清。液体及气体都刺激眼睛,吞入损害心脏、肾、肝
15	四氯化碳(CCl_4)	吸入气体时头痛、精神紊乱。液体及气体都刺激眼、鼻,损害心脏、肝、肾及神经系统,能致皮炎
16	乙醚($C_2H_5OC_2H_5$)	蒸气是强麻醉剂,使人失去知觉。低浓度时使人头昏
17	甲醇(CH_3OH)	吸入少量时,刺激黏膜,使人头晕、呼吸短促;吸入高浓度气体或吞入液体时,使神经损伤,特别是视神经,甚至会导致失明
18	苯及其同系物	引起系统(神经、呼吸等)性操作损伤,损害造血器官,扰乱人体内部生理过程
19	苯酚(C_6H_5OH)	刺激皮肤神经系统及黏膜,吸入出现恶心、呕吐、心悸、昏迷甚至死亡。固体灼伤皮肤使变白
20	苯胺($C_6H_5NH_2$) 硝基苯($C_6H_5NO_2$)	血中毒。嘴唇呈紫绀,毒害神经
21	甲醛(CH_2O)	刺激眼、鼻、肺。有时头痛

二、分析室预防中毒的措施

① 使用有毒气体或能产生有毒气体的操作,都应在通风橱中进行,操作人员应戴口罩。如发现有大量毒气逸至室内,应立即关闭气体发生器,打开门窗使空气畅通,并停止一切实验,停水、停电离开现场。

② 汞在常温下易挥发,其蒸气毒性很强。在使用、提纯或处理汞时必须在通风橱中进行。防止将汞洒落在分析台面或地板上,一旦洒落,立即收集,并用硫黄粉盖在洒落的地方,使其转化为不挥发的硫化汞。

③ 使用煤气的分析室,应注意检查管道、开关是否漏气,用完后要立即关闭,以免煤气散入室内而引起中毒。检查漏气的方法是用肥皂水涂在可疑处,如有气泡就说明

漏气。

④ 使用和贮存剧毒化学药品时，应注意的事项如下。

a. 剧毒药品应指定专人负责收发与保管，密封保存，并建立严格的领用与保管制度。

b. 取用剧毒药品必须做好安全防护工作。穿防护工作服，戴防护眼镜和橡皮手套，切勿让毒物沾及五官或伤口。

c. 剧毒药品的使用应严格遵守操作规则。

d. 使用过剧毒药品的仪器、台面均应用水清洗干净。手和脸更应仔细洗净，污染了的工作服也须及时换洗。

e. 对有毒药品的残渣必须作善后有效处理。如含有氰化物的残渣可用亚铁盐在碱性介质中销毁，不许乱丢乱放，不准随意倒入废液缸水槽或下水道中。

⑤ 使用强酸、强碱等具有强腐蚀性的药品时，应注意的事项如下。

a. 取用时，须戴好防护眼镜和防护手套。配制酸碱溶液必须在烧杯中进行，不能在小口瓶或量筒中进行，以防骤热破裂或液体外溅出现事故。

b. 移取酸或碱液时，必须用移液管或滴管吸取或用量筒量取，绝不能用口吸取。

c. 强酸、强碱等强腐蚀性药品若不慎洒落在地上或分析台上，可用沙土吸取，然后再用水冲洗。切不可用纸、木屑、抹布等去清除。

d. 开启氨水瓶时，须事先用自来水冷却，然后在通风橱内慢慢旋开瓶盖，瓶口不要对准人。

⑥ 禁止用分析室器皿作饮食工具。

进度检查

一、填空题

1. 毒物指________________________。根据存在的状态不同，毒物分为__________、__________、__________等三大类。

2. 一氧化碳是一种有毒气体，当吸收低浓度时，会使人感到__________、__________、__________；吸入高浓度时会使人不省人事、窒息死亡。

3. 氮的氧化物能损伤呼吸道及深部呼吸器官。中毒初期出现__________、__________等；吸入高浓度时，迅速出现__________、痉挛而死亡。

4. 氰化物是一类作用极快的剧毒物质，少量吸（侵）入人体就会__________、__________、__________、呼吸增快、意识丧失，甚至死亡。

5. 氯仿具有强麻醉性，吸入会出现__________、__________、神志不清；液体和气体都刺激__________，吞入损害心脏、__________、__________等。

6. 使用有毒气体或能产生有毒气体的操作，都应在__________中进行，操作人员应__________。

二、连线题（将下列毒物与对应的类型用细线连起来）

氢氰酸　　　　有毒气体

苛性钠（钾）

硫化氢　　　　有毒液体

砷化物

汞　　　　　　有毒固体

二氧化硫

三、简答题

1. 简述下列物质的主要毒性。

名　称	主　要　毒　性
氢氟酸	
砷化物	
氨气	
汞及其化合物	
硫化氢	
甲醇	

2. 分析室中汞的使用应注意什么？

3. 使用和贮存剧毒化学药品时，应注意什么？

4. 使用强酸、强碱等具有强腐蚀性的药品时，应注意什么？

学　习　单　元	编号	FJC-03-02
名　　称：防毒器材的使用	课时	3
职业领域：化工、医药、石油、环保、冶金、建材等		
工作范围：分析	日期	

学习目标

完成本单元的学习之后，能正确使用防毒器材。

所需仪器和设备

序号	名称及说明	数量	序号	名称及说明	数量
1	AHG2 型氧呼吸器、HSG-79 型生氧器	各 1 个	2 3	过滤式防毒面具 防毒口罩	1 个 若干个

相关学习单元

——常见毒物及防毒措施　　FJC-03-01

学习单元内容

一、防毒器材的类型及防护范围

防毒器材主要包括防毒面具和防毒口罩。防毒面具根据防毒原理分为隔离式防毒面具和过滤式（滤毒式）防毒面具。

① 隔离式防毒面具根据供氧方式的不同分为氧呼吸器和生氧器。氧呼吸器是由氧气瓶提供氧气；而生氧器则是靠人呼出的二氧化碳、水汽与生氧剂发生化学反应，产生氧气，供人体呼吸。它们的共同特点是供氧系统与现场空气隔离，可以在含毒浓度很高或缺氧的环境中使用，生氧器还可以在高温场所或火灾现场使用。

② 过滤式（滤毒式）防毒面具的防护范围随滤毒罐内所装吸附剂的种类、作用、预防对象的不同而不同，一般是根据滤毒罐外涂有的不同颜色来识别的。所以，防护人员必须根据防护的对象正确选择防毒面具。

二、防毒器材的结构及使用方法

1. AHG2 型氧呼吸器

（1）结构　AHG2 型氧呼吸器的结构见图 03-02-01。

(2) 工作原理　人体呼出的气体经面罩、呼气软管、呼气阀进入清净罐，呼出气体中的二氧化碳被清净罐中的氢氧化钠吸收后，再进入气囊。同时，氧气瓶中贮存的高压氧气经高压导管、减压器也进入气囊，互相混合重新组成适合于人体呼吸的含氧气体。

吸气时，适量含氧气体由气囊经吸气阀、吸气软管、面罩被人体吸入，完成了整个呼吸循环。由于呼气阀和吸气阀都是单向阀，因此，整个气流的方向是一致的。

(3) 使用方法

① 氧呼吸器是左侧腰部悬挂式呼吸器，佩戴时，将悬挂皮带穿过左臂和头部，挎在右肩上，氧呼吸器悬挂在左侧腰部，皮带的长短可按身材高低作必要的调整，再用紧身皮带把氧呼吸器固定在左侧腰部。

② 打开氧气阀门，检查氧压强（19.61～1.96MPa）。按压手动氧气补给钮，检查是否好用，并驱除气囊等部分的污气。将面罩翻起，擦拭眼镜玻璃，然后用深吸气的办法检查自动补给器是否启动，并通过鼻孔将气呼出。

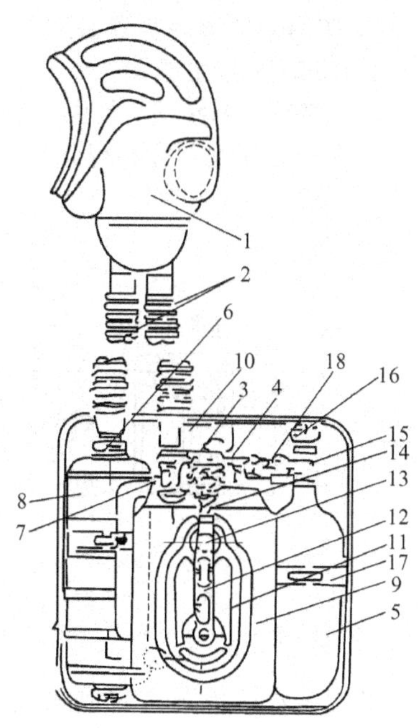

图 03-02-01　AHG2 型氧呼吸器
1—面罩；2—呼吸软管；3—减压器；4—高压导管；5—氧气瓶；6—呼气阀；7—吸气阀；8—清净罐；9—气囊；10—气压表；11—硬壁；12—杠杆；13—排气阀锁母；14—手动氧气补给钮；15—启闭阀；16—把手；17—紧定片；18—管口

③ 把选好的面罩由头顶戴起套向下颚，校正眼镜框位置，使之适合视线，面罩的大小以既能保持气密又不太紧为宜。

④ 面罩佩戴好后再检查氧气压强，便于估计工作时间，同时做几个深呼吸，确认氧呼吸器内各部件的良好程度，方可进入毒区工作。

⑤ 工作结束后，离开毒区，在新鲜的空气中脱下面罩，关闭氧气瓶。

氧呼吸器的清洁与否直接关系到工作人员的健康，因此，用完后必须消毒，特别是气囊、面罩和呼吸软管。

消毒步骤如下。

① 卸下气囊上的吸气阀和自动排气阀，把气囊中的积水倒出，放置于酒精中，晒干后，装上吸气阀和自动排气阀。

② 将面罩和呼吸软管从呼（吸）气阀上端卸下，按上述方法消毒处理。其他零部件也应经常保持清洁，避免灰尘和油类的玷污。

③ 消毒后根据需要充填氧气，换装清净罐中的药剂。

④ 检查其他部件有无异常情况，及时清除隐患，使氧呼吸器尽快恢复到备用状态。

(4) 使用和保管时的注意事项

① 使用人员必须经过严格训练，操作熟练、规范。

② 使用氧呼吸器时，要防止碰撞和损伤，避免与油类和火源接触，以免引起氧呼吸器燃烧或爆炸。

③ 工作强度大时，感到吸入的气体温度升高，属正常现象。在使用中可根据清净罐发热的部位判断吸收剂的反应情况。如上部发热，说明吸收剂刚开始反应；如下部发热，说明吸收剂很快反应完毕；若不发热并能闻到微酸味，说明吸收剂已失效，应立即离开毒区，予以更换。

④ 在毒区作业时，必须有两人同行，互相配合和监护，以免发生危险。有事应以信号或手势进行联系，严禁在毒区工作时摘下面罩讲话。

⑤ 使用后的氧呼吸器必须尽快恢复到备用状态。

2. HSG-79 型生氧器

(1) 结构　HSG-79 型生氧器主要由面罩、外壳、气囊、生氧罐、快速供氧盒、散热器、排气阀、导气管等构成。其结构见图 03-02-02。

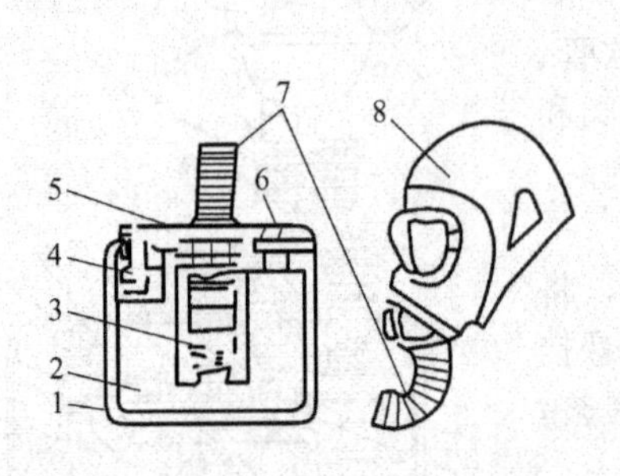

图 03-02-02　HSG-79 型生氧器

1—外壳；2—气囊；3—生氧罐；4—快速供氧盒；5—散热器；6—排气阀；7—导气管；8—面罩

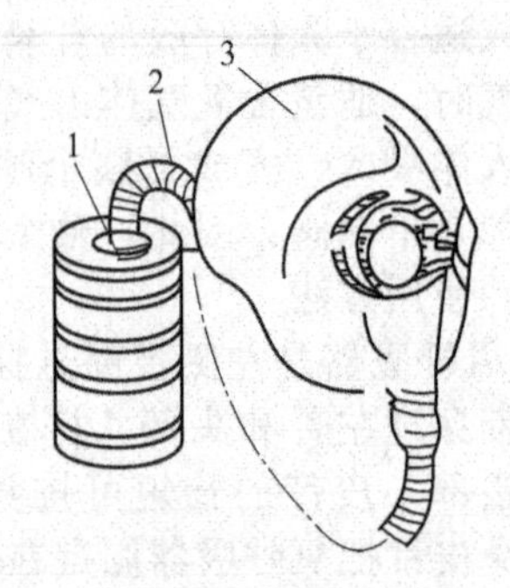

图 03-02-03　过滤式防毒面具

1—滤毒罐；2—导气管；3—面罩

其中生氧罐内装有特别的化学生氧剂，快速供氧盒内装有快速启动药，以确保防护性能。

(2) 工作原理　人体呼出的二氧化碳和水分经导气管进入生氧罐与化学生氧剂发生反应产生人体呼吸所需要的氧气，将产生的氧气贮存于气囊中，使呼出的气体达到净化再生的目的。

当人体吸气时，气囊中的气体经散热器、导气管、面罩而被吸入，完成了整个呼吸循环。

(3) 使用方法

① 将面罩、导气管、生氧罐等部件连接好，装入启动药盒和玻璃安瓿，检查气密性，确认良好后，存放在清洁、干燥、没有太阳直射的地方备用。

② 使用时，打开面罩堵气塞，戴好面罩，面罩的上部要紧贴鼻梁上，下部应在下颚下沿处。如镜片上有水雾出现，说明阻水罩与面部贴得不够紧密，需调整重戴。

③ 戴好面罩后，应立即用手按快速供氧盒供氧，即可开始工作。

④ 使用完毕，生氧罐因反应放出大量热而烫手，换取时要小心。用过的生氧罐、快速供氧盒及玻璃安瓿，需重新装新药或更换后才能再使用。

3. 过滤式防毒面具

(1) 结构　过滤式（滤毒式）防毒面具主要由滤毒罐、导气管、面罩等构成。其结构见图 03-02-03。

(2) 防毒原理　过滤式（滤毒式）防毒面具是靠滤毒罐对毒物进行过滤、吸附来达到净化的目的。净化过程是先将空气中的有毒粉尘阻止在过滤网外，除去粉尘的空气再经过滤毒罐中的化学药品、活性炭等的化学吸附和物理吸附而被净化。净化后的空气供人体呼吸。

4. 防毒口罩

防毒口罩的防毒原理及采用的吸收剂和过滤式防毒面具基本相同，只是结构形式、使用范围和大小有所不同。防酸口罩采用碱性吸收剂，防碱口罩采用酸性吸收剂，其他防毒口罩采用能与预防对象迅速发生有效反应的物质作吸收剂。

防毒口罩的型号随着吸收剂的种类、防护范围的不同而不同。使用时，一定要注意防毒口罩的型号和预防的毒气相一致，同时，还要注意毒气与氧的浓度以及使用的时间。戴上防毒口罩时，若能闻到轻微的毒气气味，应立即离开毒区，更换吸收剂或使用新的防毒口罩。

进度检查

一、填空题

1. 防毒器材主要包括__________和__________。

2. 防毒面具根据防毒原理分为________________________________和__________。

3. 氧呼吸器和生氧器的__________方式不同，但它们的共同特点是供氧系统与现场空气隔离，可以在含毒浓度很高或__________的环境中使用。

4. 过滤式防毒面具的防护范围一般是根据__________来识别的。

5. 使用氧呼吸器时要防止__________和__________，避免与油类和__________接触，以免引起氧呼吸器燃烧或爆炸。

6. 过滤式防毒面具主要由__________、__________、__________等构成。其防毒原理是靠__________对毒物进行过滤、吸附来达到净化的目的。净化后的空气供人体呼吸。

二、简答题

1. 简述 AHG2 型氧呼吸器的工作原理。

2. 简述 HSG-79 型生氧器的工作原理。

3. 使用后的氧呼吸器应如何进行消毒及处理?

三、操作题（任选两题）

1. AHG2 型氧呼吸器的使用操作。

2. HSG-79 型生氧器的使用操作。

3. 过滤式防毒面具的使用操作。

学　习　单　元	编号	FJC-03-03
名　　称：中毒急救 职业领域：化工、医药、石油、环保、冶金、建材等 工作范围：分析	课时	4
	日期	

学习目标

完成本单元的学习之后，能够根据中毒症状进行有效急救。

相关学习单元

——常见毒物及防毒措施　　FJC-03-01

——防毒器材的使用　　FJC-03-02

学习单元内容

一、中毒及其分类

1. 中毒

中毒是指毒物侵入人体引起局部刺激或整个机体功能障碍的疾病。中毒由毒物引起，而毒物又是相对的，某些毒物只有在一定的条件下达到一定的量时才能发挥毒效引起中毒。

人在中毒后常常出现一定的症状，如头痛、头晕、恶心、呕吐、呼吸困难、流泪、抽搐、精神紊乱、昏迷、四肢无力、皮肤出现异样等明显症状。也有些毒物引起的中毒不易被察觉，如一氧化碳等，所以在制取和使用这类物质时应特别注意。

2. 中毒的分类

根据中毒者显示的症状及中毒时间，中毒可分为急性中毒、亚急性中毒和慢性中毒三类。

(1) 急性中毒　指大量的毒物突然进入人体内，迅速中毒。其特征是毒物量多，作用时间短，反应剧烈，很快引起全身症状甚至造成死亡。如氰化物、一氧化碳中毒等。

(2) 亚急性中毒　指毒物进入人体后，发作症状不如急性中毒明显，且在短时间内会逐渐出现中毒症状的中毒现象。如有机酚类的中毒等。

(3) 慢性中毒（积累性中毒）　长期受毒物的作用，日积月累，毒物逐渐侵入人体而引起的中毒现象。长期接触少量毒物，不仅能引起慢性中毒，而且能降低人体抵抗力，感染其他疾病。如重金属及其盐类（如汞、铅及其盐等）的中毒。

3. 影响中毒的因素

影响中毒的因素很多，主要与毒物的物理化学性质、侵入人体的数量、作用时间及侵入人体的部位等有关。同时与受害人本身的生理状况也有密切关系。

二、毒物侵入人体的主要途径

1. 通过呼吸系统侵入人体

呼吸系统是气体毒物进入人体的主要途径。有毒气体随人的呼吸进入人的肺部，通过肺部的毛细血管被人体吸收，随血液分布到全身各个器官而造成中毒。这类毒物如各种挥发性有机溶剂，各种有毒气体、蒸气、烟雾及粉尘等。

2. 通过消化系统侵入人体

消化系统一般是固体毒物和液体毒物侵入人体的主要途径。除误食毒物外，使用贮存或处理剧毒药品时，不遵守安全操作规则，不戴防护手套，手上沾染了毒物，工作结束后没能认真洗手便饮食，使毒物侵入人体内而中毒。用被毒物污染的器皿作为饮水、进食的餐具而引起中毒。这类毒物如汞盐、氰化物、砷化物、有机磷等。

3. 通过皮肤及黏膜吸收侵入人体

毒物沾染在皮肤或黏膜上，易被皮肤及黏膜表面的汗水所溶解并由毛细孔进入人体，随毛细血管流向人体的各器官，引起中毒；或毒物溶解皮肤脂肪层，经皮脂腺渗入人体。被损伤的皮肤是毒物侵入人体的最好途径，各类毒物只要触及患处，都可以侵入人体。这类毒物如二硫化碳、汞、苯胺、硝基苯等。

毒物无论以何种途径进入人体，都是随血液流入人体的各器官而中毒。一般毒物通过呼吸和消化系统侵入人体引起的中毒症状明显、发作较快；而由皮肤及黏膜侵入人体而引起的中毒症状时间较长、发作较慢。

毒物在人体内经过各种物理、化学等复杂变化并经过肝脏的解毒作用后，大部分通过肾脏随尿排出体外。挥发性气体可由呼吸道排出。有些毒物还随皮肤汗腺、皮脂腺、唾液、乳汁等排出。没有或不能及时排出的毒物，在人体内会造成不同程度的中毒症状，甚至导致死亡。

三、中毒后的急救

1. 经呼吸系统急性中毒

① 使中毒者迅速离开现场，转移到通风良好的环境中，呼吸新鲜空气（或吸氧）。

② 若出现休克、虚脱或心脏机能不全症状，必须先作抗休克处理，如进行人工呼吸、给予氧气、喝兴奋剂。但氮的氧化物、氨、氯气、硫酸酸雾等中毒不能施行人工呼吸。

③ 心脏跳动停止者，进行体外心脏按摩，同时服用呼吸兴奋剂和强心剂。

2. 经口服而中毒

① 立即用3%～5%小苏打（碳酸氢钠）溶液或1∶5000的高锰酸钾溶液洗胃。洗胃时要一边喝，一边呕吐。最简单的呕吐办法是用手指或筷子压住舌根或服用少量（15～25mL）催吐剂（1%的硫酸铜或硫酸锌溶液），使之迅速将毒物吐出。

② 洗胃要反复多次进行，直至吐出物中基本无毒物为止。

③ 再服解毒剂，常用的解毒剂有鸡蛋清、牛奶、淀粉糊、橘子汁等。而有些解毒剂专用于某种中毒，如氰化物中毒时用硫代硫酸钠，磷中毒时用硫酸铜，钡中毒时用硫酸钠等。

3. 皮肤、眼睛、鼻、咽喉受毒物侵害时，应立即用大量的自来水冲洗，然后送医院急救。

一些常见毒物中毒后的急救方法见表03-03-01。

表03-03-01 常见毒物中毒后的急救方法

序号	名称	侵入途径	急救方法
1	一氧化碳(CO)	R	转移至新鲜空气处；呼吸困难应进行人工呼吸并给予氧气；输入5%葡萄糖水1500～2000mL，同时呼吸衰竭时遵医注射强心剂(可拉明等)
2	氯气(Cl_2)	R、S	转移至新鲜空气处；吸少量氧气；饮鲜牛奶；静脉注射50%葡萄糖40～100mL。眼、皮肤用水及2%小苏打水洗
3	硫化氢(H_2S)	R、S	迅速远离现场，呼吸新鲜空气或吸氧；如停止呼吸，立即进行人工呼吸，吸入氧气；眼部受刺激可用水或2%小苏打水冲洗
4	氮氧化物(NO_n)	R	立即离开现场，呼吸新鲜空气或吸氧，禁做人工呼吸；静脉注射50%葡萄糖20～60mL
5	二氧化硫(SO_2) 三氧化硫(SO_3)	R、S	立即离开现场，呼吸新鲜空气，如肺水肿应输氧气；眼受刺激用水或2%小苏打水冲洗
6	硫酸(H_2SO_4) 硝酸(HNO_3) 盐酸(HCl)	R、S	皮肤受伤，先用清水然后用饱和碳酸钠溶液冲洗；眼、鼻、咽喉受伤可用大量热水或2%碳酸氢钠溶液冲洗或含之漱口
7	氢氟酸(HF) 高氯酸($HClO_4$)	R、S	腐蚀皮肤用大量清水冲洗或将灼伤部位侵入3% $NH_3 \cdot H_2O$或10% $(NH_4)_2CO_3$溶液中；误服时用2%氯化钙或稀氨水洗胃；静脉注射10%葡萄糖酸钙或氧化钙等
8	氢氧化钠($NaOH$) 氢氧化钾(KOH)	S、D	接触皮肤，迅速用水和2%醋酸或硼酸溶液冲洗；如误服，避免洗胃和用催吐剂，应服用稀醋酸、酸果汁等
9	氨气(NH_3)	R、S	呼吸新鲜空气；皮肤用水或2%醋酸冲洗
10	氰化物(KCN等) 氢氰酸(HCN)	R、S	迅速移至新鲜空气处，呼吸停止时立即做人工呼吸；误服时用1%硫代硫酸钠解毒；还需用2%小苏打洗胃；侵入皮肤，用清水和2%小苏打水冲洗
11	砷化物	R、S、D	立即离开现场，吸入氧气或新鲜空气；注射二巯基丙醇并立即用炭粉、硫酸铁或氧化镁悬浮液洗胃；静脉注射葡萄糖、氧化钙或生理盐水
12	汞及其化合物	R、S、D	眼及皮肤用水冲洗；吞入用活性炭粉悬浮液洗胃，饮牛奶解毒，立即注射二巯基丙醇
13	铅及其化合物	R、S	若吞入，立即洗胃；饮解毒剂；服泻药
14	氯仿($CHCl_3$)	R、S	移至新鲜空气处，如停止呼吸立即做人工呼吸；皮肤用大量水冲洗后再用肥皂水冲洗
15	四氯化碳(CCl_4)	R、S	移至新鲜空气处，如停止呼吸立即做人工呼吸；皮肤用大量水冲洗后再用肥皂水冲洗
16	乙醚($C_2H_5OC_2H_5$)	R	呼吸新鲜空气或吸入氧气
17	甲醇(CH_3OH)	R、D	呼吸新鲜空气；眼用水冲洗；若吞入，洗胃，严重时送医院
18	苯及其同系物	R、S、D	若吸入，移至新鲜空气处，进行人工呼吸和吸氧；若吞入，用水洗胃，静脉注射维生素C和葡萄糖醛酸
19	苯酚(C_6H_5OH)	R、S、D	呼吸新鲜空气；眼用水冲洗；皮肤用2%碳酸氢钠和生理盐水冲洗，涂甘油；若吞入，用炭粉、氧化镁或3%硫酸钠溶液洗胃，必要时吸氧
20	苯胺($C_6H_5NH_2$) 硝基苯($C_6H_5NO_2$)	R、S	若吸入，呼吸新鲜空气或吸氧；皮肤用水冲洗后再用肥皂水洗
21	甲醛(CH_2O)	R	呼吸新鲜空气；皮肤用水冲洗；若吞入，洗胃，饮牛奶

注：R—呼吸系统；S—皮肤；D—消化系统。

进度检查

一、填空题

1. 中毒是指______________________________。根据中毒者显

示的症状及中毒时间，中毒可分为__________、__________、__________等三类。

2. 影响中毒的因素很多，主要与毒物的物理化学性质、__________、__________及侵入的部位等有关。

3. 毒物侵入人体主要有以下三种途径，即__________、__________、__________。

4. 毒物无论以何种途径进入人体，都是随__________流入人体的各器官而中毒。

二、问答题

1. 什么是慢性中毒？
2. 毒物是怎样通过消化系统侵入人体的？
3. 呼吸系统急性中毒如何急救？
4. 毒物经口服而中毒如何急救？

三、指出下列毒物中毒后主要的急救方法

名　称	急　救　方　法
一氧化碳	
硫化氢	
氮氧化物	
氢氟酸	
氰化物	
汞及其化合物	
氯仿	
甲醇	
苯酚	
苯及其同系物	

中毒的预防与处理技能考试内容及评分标准

一、考试内容：AHG2型氧呼吸器的使用；HSG-79型生氧器的使用

（一）AHG2型氧呼吸器的使用

1. 佩戴氧呼吸器，调整，用紧身皮带固定于左侧腰部。
2. 检查氧压强，驱除气囊等部分的污气，擦拭眼镜玻璃，检查自动补给器。
3. 戴好面罩。
4. 再检查氧压强以及氧呼吸器内各部件，进入毒区。
5. 工作结束，离开毒区，在新鲜的空气中脱下面罩，关闭氧气瓶。
6. 清洁消毒。

（二）HSG-79型生氧器的使用

1. 连接面罩、导气管、生氧罐。
2. 装入起动药盒和玻璃安瓿，检查气密性。
3. 打开面罩堵气塞，戴好面罩，若镜片上有水雾，需调整重戴。
4. 面罩戴好后立即用手按快速供氧盒供氧，即可进入毒区。
5. 工作完毕，装新药或更换生氧罐、快速供氧盒及玻璃安瓿。

二、评分标准

（一）AHG2型氧呼吸器（50分）

共6步，前5步每步8分，第6步10分。

（二）HSG-79型生氧器（50分）

共5步，每步10分。

MU4　化学灼伤的预防与处理

<table>
<tr><td colspan="1">学　习　单　元
名　　称：常见腐蚀性药品及灼伤作用
职业领域：化工、医药、石油、环保、冶金、建材等
工作范围：分析、贮运、化工操作等</td><td>编号
课时
日期</td><td>FJC-04-01
4
</td></tr>
</table>

学习目标

完成本单元的学习之后，能够了解常见腐蚀性药品及其对人体的危害。

所需药品

序号	名 称 及 说 明	数 量
1	腐蚀性酸类：硫酸、硝酸、盐酸、氢氟酸、石炭酸（苯酚）、甲酸等	各1瓶
2	腐蚀性碱类：氢氧化钠、氢氧化钾、氢氧化钙、氨等	各1瓶
3	腐蚀性盐类：碳酸钠、碳酸钾、硫化钠、氰化物、磷化物、铬化物等	各1瓶
4	腐蚀性单质：溴、钾、钠、磷等	各1瓶
5	腐蚀性有机物：苯及其同系物、苯酚、卤代烃等	各1瓶

相关学习单元

——化学药品的分类　FJC-01-01
——化学药品的包装及贮存　FJC-01-02
——化学药品的取用　FJC-01-03

学习单元内容

一、常见腐蚀性药品

腐蚀性药品是指对人体的皮肤、黏膜、眼睛、呼吸器官等有腐蚀性的物质，一般为液体或固体。如硫酸、硝酸、盐酸、磷酸、氢氟酸、苯酚（俗名石炭酸）、甲酸、氢氧化钠、氢氧化钾、硫化钠、碳酸钠、无水氯化铝、苯及其同系物、氰化物、磷化物、溴、钾、钠、磷、重金属化合物等。

二、腐蚀性药品的类型

腐蚀性药品按性质和形态分类，大致分为以下几种类型。见表04-01-01。

表04-01-01　腐蚀性药品的类型

类型	常 见 药 品
酸类	硫酸、盐酸、硝酸、磷酸、氢氟酸、甲酸、乙酸、草酸等
碱类	氢氧化钠、氢氧化钾、氢氧化钙、氨等
盐类	碳酸钾、碳酸钠、硫化钠、无水氯化铝、氰化物、磷化物、铬化物、重金属盐等
单质	钾、钠、溴、磷等
有机物	苯及其同系物、苯酚、卤代烃、卤代酸（如一氯乙酸）、乙酸酐、无水肼、水合肼等

三、常见腐蚀性药品对人体的危害

化学灼伤是由化学试剂对人体引起的损伤。因为不同物质的性质和腐蚀性不同，所以灼伤时引起的症状和腐蚀机理也就不同。

部分常见腐蚀性药品灼伤的机理及症状见表 04-01-02。

表 04-01-02　常见腐蚀性药品灼伤的机理及症状

化学药品名称	灼伤的机理及症状
硫酸、盐酸、硝酸、磷酸、甲酸、乙酸、草酸	主要是对皮肤、黏膜的刺激与腐蚀。轻者出现红斑、黄斑、红肿等，重者会出现水泡、皮肤糜烂、脱皮等，有时会伤及骨骼
氢氧化钠、氢氧化钾、氨、氧化钙、碳酸钠、碳酸钾	主要是对皮肤、黏膜的腐蚀。腐蚀症状一般是皮肤逐渐发干、紧皱、发痒、红肿、疼痛、脱皮、起泡，重者会逐渐糜烂
有机物	一般是通过皮肤、黏膜渗透到皮下组织，引起发红或起泡。其症状一般为起初疼痛不显著，皮肤慢慢变红，随后疼痛加剧，皮肤组织深部溃烂，同时伴有肌肉痉挛、抽搐等
氢氟酸及氟化物	主要由皮肤、黏膜侵入人体，作用于骨骼，使骨骼疏松、变脆、变黑。主要症状为起初疼痛不显著，数小时后剧痛，透入组织，形成深部溃烂
氢氰酸及氰化物	刺激皮肤、黏膜，并由皮肤的汗腺及毛细孔渗入，被皮肤吸收，使细胞坏死，造成皮肤溃烂和灼伤
溴	直接侵入皮肤、黏膜并渗入皮下，产生剧痛，使皮肤或黏膜红肿，继而脱皮、溃烂
磷及含磷化合物	直接接触皮肤黏膜时，渗入并溶于皮下组织，使皮肤变红、起水泡，有灼热疼痛，并引起深部糜烂
苯酚	作用于皮肤、黏膜时，能与皮肤及皮下组织中的蛋白质作用，使蛋白质变性，从而破坏皮肤的结构组成，使细胞急剧坏死，造成皮肤溃烂

进度检查

一、填空题

1. 常见腐蚀性药品是指对人体的__________、__________、__________、__________等有腐蚀性的物质。

2. 化学灼伤是由化学试剂对人体引起的损伤，主要包括__________、__________、__________、部分盐及单质灼伤等。

3. 酸类物质的灼伤，主要是对皮肤、黏膜的__________与__________，轻者出现红斑、黄斑、__________等，重者出现__________、皮肤糜烂、__________，有时会伤及骨骼。

4. 有机物的灼伤一般是通过皮肤、黏膜渗透到皮下组织，引起__________或__________。其症状一般为起初疼痛不显著，皮肤慢慢变__________，随后疼痛加剧，皮肤组织深部__________，同时伴有肌肉痉挛、抽搐等。

二、简答题（指出下列物质灼伤的腐蚀机理及症状）

1. 氢氧化钠、氢氧化钾灼伤。
2. 溴灼伤。
3. 氢氟酸及氟化物灼伤。
4. 磷灼伤。
5. 苯酚灼伤。
6. 氢氰酸及氰化物灼伤。

学习单元	编号	FJC-04-02
名　　称：烧伤与化学灼伤的预防与急救 职业领域：化工、医药、石油、环保、冶金、建材等	课时	4
工作范围：分析	日期	

学习目标

完成本单元的学习之后，能够对烧伤与化学灼伤进行有效的预防与救治。

所需仪器和药品

序号	名称及说明
1	急救用具(品)：药棉、胶布、绷带、胶管、镊子、剪刀、洗眼杯
2	急救药品：红汞、酒精、甘油、双氧水、硼酸溶液、碳酸氢钠溶液、高锰酸钾溶液、烫伤油膏、硼酸膏、凡士林、磺胺药物、药用蓖麻油
3	防护用品：防护服、橡皮手套、护目镜、绝缘鞋

相关学习单元

——化学药品的分类　FJC-01-01
——化学药品的包装及贮存　FJC-01-02
——化学药品的取用　FJC-01-03
——常见腐蚀性药品及灼伤作用　FJC-04-01

学习单元内容

一、烧伤的预防与急救

1. 烧伤及分类

烧伤包括烫伤和火伤，它是由灼热的气体、液体、固体、电热等对人体引起的损伤。烧伤按程度不同分为三度，即一度烧伤、二度烧伤、三度烧伤。

(1) 一度烧伤（轻微烧伤）　只损伤表皮，皮肤呈红斑，微痛，微肿，无水泡，感觉过敏。

(2) 二度烧伤（中度烧伤）　损伤表皮和真皮层，皮肤起水泡，疼痛，水肿明显。

(3) 三度烧伤（重度烧伤）　损伤皮肤全层，包括皮下组织、肌肉骨骼，烧伤面呈灰白色或焦黄色，无水泡，无疼痛感，感觉消失。

2. 预防措施

① 遵守安全操作规则，严格管理和控制火源，避免火灾发生。

② 分析室电器、线路要经常检查，使其保持完好，并按规范操作和使用。

③ 合理使用、贮存、处理易燃、易爆危险品。

④ 在使用煤气、液化气、电器等进行加热和实验时，要遵守操作规程，使用后及时关掉气源和电源。

⑤ 分析室应按规定安装配置必要的防火设施及器材，并定期、不定期地检查其完好程度。

3. 烧伤的急救

分析室一旦发生烧伤事故，要立即进行救治，并根据伤势轻重分别进行处理，以减轻患者痛苦，并使之免受感染。急救方法见表 04-02-01。

表 04-02-01　一般烧伤的急救方法

烧伤的程度	急　救　方　法
一度烧伤	立即用冷水浸烧伤处，减轻疼痛，最后用1＋1000新洁而灭水溶液消毒，保持创面不受感染
二度烧伤	先用清水或生理盐水，再用1＋1000的新洁而灭水溶液消毒。不要将水泡挑破以免感染。也可以用浸过碳酸氢钠溶液(0.29～0.36mol/L)的纱布覆盖在烧伤处，再用绷带轻轻地包扎。如果皮肤表面完好，则可用冰或冷水镇静
三度烧伤	在送医院前主要防止感染和休克，可用消毒纱布轻轻扎好，给伤者保暖和供氧气。若患者清醒，可令其口服烧伤饮料和盐水，防止失水休克。应注意防寒、防暑、防颠，必要时输液

二、化学灼伤的预防与急救

1. 化学灼伤的预防措施

分析室中造成化学灼伤事故的原因很多，所以分析人员在分析前要认真做好准备，分析时严格按照操作规程进行，才能防止灼伤事故的发生。为防止化学灼伤事故的发生，对分析室内的化学药品在贮存和使用过程中应严格遵守有关规定及操作规范。

① 分析室内人员应穿工作服，取用化学药品应戴防护手套，用药匙或镊子，切忌用手去拿。取强腐蚀性类药品时，除戴防护手套外，还应戴防护眼镜、口罩等。从大瓶中取浓硫酸应用虹吸法。

② 打开氨水、盐酸、硝酸、乙醚等药瓶封口时，应先盖上湿布，用冷水冷却后，再开动瓶塞，以防溅出引发灼伤事故。

③ 无标签的溶液不能使用，否则可能造成灼伤事故。

④ 稀释浓硫酸时，应将浓硫酸缓慢倒入水中，同时搅拌。切忌将水倒入浓硫酸中，以免骤热使酸溅出伤害皮肤和眼睛。

⑤ 使用过氧化钠或氢氧化钠进行熔融时，注意使坩埚口朝向无人的方向，而且不得把坩埚钳放在潮湿的地方，以免黏附的水珠滴入坩埚内发生爆炸和灼烧脸部，桌上要垫石棉板。

⑥ 在进行蒸馏等加热操作时，应将蒸馏等加热装置安装牢固，酸、碱及其他试剂的量应严格按要求加入，且要规范操作。

⑦ 分析用过的废液应专门处理，特别是能对人体发生危害的废液，更不能任意乱倒。

2. 化学灼伤的急救

化学灼伤是由化学试剂对人体引起的损伤，急救应根据灼伤的原因不同分别进行处理。发生化学灼伤时，首先应迅速解开衣服，清除皮肤上的化学药品，用大量的水冲洗，再以适合于消除这种化学药品的特种试剂、溶剂或药剂仔细处理伤处。分析室化学灼伤的一般急救方法见表 04-02-02。

表 04-02-02　分析室化学灼伤的一般急救方法

引起灼伤的化学药品名称	急　救　方　法
硫酸、盐酸、硝酸、磷酸、甲酸、乙酸、草酸	先用大量水冲洗患处，然后用2%～5%的碳酸氢钠溶液洗涤，最后再用水冲洗，拭干后消毒，涂上烫伤油膏，用消毒纱布包扎好
氢氧化钠、氢氧化钾、氨、氧化钙、碳酸钠、碳酸钾	立即用大量水冲洗，然后用2%乙酸冲洗或撒以硼酸粉，最后再用水冲洗，拭干、消毒后，涂上烫伤油膏，再用消毒纱布包扎好。氧化钙灼伤时，可用任一种植物油洗涤伤处
碱金属、氢氰酸、氰化物	立即用大量水冲洗，再用高锰酸钾溶液洗，之后用硫化铵溶液漂洗
氢氟酸	先用大量冷水冲洗或将伤处浸入3%氨水或10%碳酸铵溶液中，再以2＋1甘油及氧化镁悬乳剂涂抹，或用冰冷的饱和硫酸镁溶液洗
溴	先用水冲洗，再用1体积浓氨水＋1体积的松节油＋10体积95%的乙醇混合液处理。也可用酒精擦至无溴存在为止，再涂上甘油或烫伤油膏

续表

引起灼伤的化学药品名称	急救方法
磷	不可将创面暴露于空气或用油质类涂抹，应先以10g/L硫酸铜溶液洗净残余的磷，再用0.1%高锰酸钾溶液湿敷，外涂以保护剂，用绷带包扎
苯酚	先用大量水洗，再用4体积70%乙醇和1体积27%氯化铁的混合液洗，用消毒纱布包扎(或用10%硫代硫酸钠注射，内服和注射大量维生素C)
氯化锌、硝酸银	先用大量水洗，再用50g/L碳酸氢钠溶液漂洗，涂油膏及磺胺粉

在分析室内如果灼伤眼睛，急救应分秒必争。眼睛若被溶于水的化学试剂灼伤，应立即用水冲洗，冲洗时应避免水流直射眼球，也不要揉搓眼睛。在用细细的流水冲洗大约15min后，根据不同化学药品的灼伤，用不同的方法处理。若酸灼伤，用水冲洗后再用1%～3%的碳酸氢钠溶液淋洗；若碱灼伤，用水冲洗后再用1%～2%的硼酸溶液淋洗。如果眼睛受到溴蒸气的刺激，暂时不能睁开时，可对着盛有氯仿或酒精的瓶内注视片刻；若是溴水灼伤眼睛，也可用1%的碳酸氢钠溶液淋洗。

三、分析室其他伤害的急救

1. 创伤的急救

割伤（如玻璃割伤）是分析室最常见的创伤，受伤后要仔细观察伤口有无异物（如玻璃碎粒等）。若伤势不重，用消毒镊子取出伤口中的异物后，伤口先用蒸馏水清洗，再用硼酸水或双氧水淋洗，擦上3%～5%的碘酒，最后用消毒药棉、纱布及绷带包扎。

若伤势较重、伤口很深、流血不止，可在伤口上、下约10cm处用纱布扎紧，减慢流血。不论是毛细血管出血、静脉出血（暗红色、流出慢），还是动脉出血（鲜红、喷射状、出血多），都要立即用手指压迫止血，或在四肢伤口的上方扎止血带，并用消毒纱布或洁净的手帕等覆盖在伤口上，迅速将患者送医院救治。

2. 炸伤的急救

分析室内人员炸伤，其急救方法与烧伤基本相同。一般处理方法是先用消毒镊子或消毒纱布把伤口清理干净，并将3%～5%的碘酒涂在伤口四周。对于较轻的毛细管出血，伤口消毒后即可撒止血粉；但炸伤后伤口往往大量出血，这时应立即将伤口上方扎紧，防止流血过多。如发现昏迷、休克等症状，应立即进行人工呼吸，供给氧气，并送医院抢救。

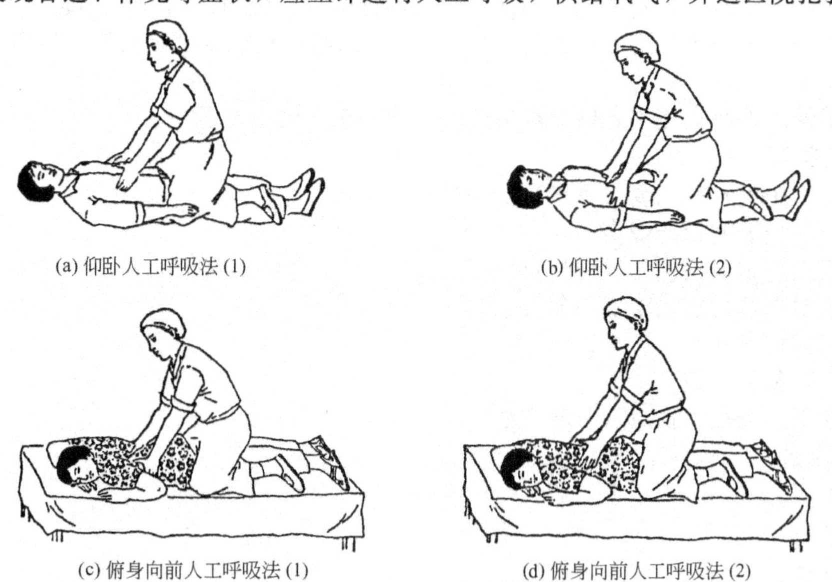

(a) 仰卧人工呼吸法(1)　(b) 仰卧人工呼吸法(2)

(c) 俯身向前人工呼吸法(1)　(d) 俯身向前人工呼吸法(2)

图 04-02-01　人工呼吸操作

3. 电击伤的急救

电击伤是电流通过人体而造成的损伤，严重时能引起休克、呼吸停止甚至死亡。急救时首先使触电者与电源立即脱离，即救护者立即拉下电闸或用绝缘性良好的工具切断电线或将触电者从电源上拨开。救护时救护者必须穿上绝缘鞋，戴绝缘手套。断开电源后，迅速将伤者转移到空气新鲜处，进行人工呼吸。心脏停止跳动者要同时进行心脏挤压，皮肤因高热或电火花烧伤者要防止感染，并迅速送医院抢救。人工呼吸操作见图 04-02-01。

进度检查

一、填空题

1. 烧伤包括烫伤和火伤，它是由灼热的_________、_________、_________、电热等对人体引起的损伤。烧伤按深度不同分为三度，即_________、_________和_________。

2. 分析人员在取用化学药品时，为防止化学灼伤应戴防护手套，用药匙或镊子，切忌_________。取强腐蚀性类药品时，除戴防护手套外，还应戴上_________、_________等。

3. 打开氨水、盐酸、硝酸、乙醚等药瓶封口时，应先_________，用_________冷却后，再开动瓶塞，以防溅出引发灼伤事故。

4. 化学灼伤是由_________对人体引起的损伤，急救应根据_________进行处理。

5. 发生化学灼伤时，首先应迅速解开衣服，清除皮肤上的_________，用大量的_________冲洗，再以适合于消除这种_________的特种试剂、溶剂或药剂仔细处理伤处。

6. 分析室若发生割伤（如玻璃割伤）且伤势不重，救治时用镊子取出_________中的固体物质（如玻璃碎粒等）后，伤口先用_________清洗，再用_________或_________淋洗，擦上________________，最后用消毒药棉、纱布及绷带包扎好。

二、判断题（正确的在括号内划“√”，错误的划“×”）

1. 三度（重度）烧伤指损伤表皮和真皮层，皮肤起水泡，疼痛，水肿明显。(　　)

2. 一度（轻微）烧伤后应立即用冷水浸烧伤处，再用0.1%新洁而灭消毒，以保护创伤面不受感染。(　　)

3. 稀释浓硫酸时，为避免化学灼伤应将水慢慢倒入硫酸中，同时不断搅拌。(　　)

4. 酸灼伤后先用大量水冲洗患处，然后用2%乙酸冲洗或撒上硼酸粉，最后用消毒纱布包扎。(　　)

5. 氢氰酸灼伤后，先用高锰酸钾溶液洗，再用硫化铵溶液漂洗。(　　)

三、问答题

1. 二度（中度）或三度（重度）烧伤如何急救？

2. 分析室应如何预防烧伤？

3. 分析室应如何预防化学灼伤？

4. 分析室内若灼伤眼睛应如何急救？

5. 炸伤如何急救？

6. 电击伤如何急救？

7. 简述下列物质灼伤后的急救方法。

(1) 氢氟酸

(2) 溴

(3) 磷

(4) 苯酚

四、操作题

1. 酸灼伤的急救。

2. 碱灼伤的急救。

化学灼伤的预防与处理技能考试内容及评分标准

一、考试内容：酸碱灼伤的急救

分清酸、碱灼伤的原因和部位，根据伤势轻重迅速进行处理，减轻患者的痛苦，并使之免受感染。

二、评分标准

（一）酸灼伤的急救（50分）

1. 迅速解开衣服，清除皮肤上的化学药品。(10分)
2. 用水冲洗患处。(5分)
3. 用2%～5%的碳酸氢钠溶液洗涤患处。(5分)
4. 患处的拭干和消毒。(10分)
5. 涂烫伤油膏。(10分)
6. 用消毒纱布包扎好。(10分)

（二）碱灼伤的急救（50分）

1. 迅速解开衣服，清除皮肤上的化学药品。(10分)
2. 用水冲洗患处。(5分)
3. 用2%的乙酸冲洗患处。(5分)
4. 患处的拭干和消毒。(10分)
5. 涂烫伤油膏。(10分)
6. 用消毒纱布包扎好。(10分)

MU5 化学器皿的使用

学 习 单 元	编号	FJC-05-01
名　　称：化学器皿的分类与规格	课时	4
职业领域：化工、医药、石油、环保、冶金、建材等		
工作范围：分析	日期	

学习目标

完成本单元的学习之后，能够确认常用化学器皿的种类及规格。

所需仪器

序　号	名称及说明	序　号	名称及说明
1	常用玻璃器皿	3	常用塑料器皿
2	常用瓷器皿	4	常用金属器皿

学习单元内容

分析室所用化学器皿按材质不同一般分为玻璃器皿、瓷器皿、塑料器皿、金属器皿等。

一、玻璃器皿与规格

玻璃器皿是分析室最常见、最常用的分析仪器之一，是以玻璃为原料加工而成的。其特点是具有化学稳定性和热稳定性，具有良好的绝缘性能和较高的透明度，具有一定的机械强度等。

分析室常用玻璃器皿的名称及规格见表 05-01-01。

表 05-01-01　常用玻璃器皿的名称及规格

序号	名称及图示	规格	序号	名称及图示	规格
1	烧杯	容量（mL）：10，15，25，50，100，150，200，250，300，400，500，1000，2000，3000，5000	3	碘量瓶（碘瓶）	容量（mL）：50，100，150，250，500
2	锥形瓶（三角烧瓶） 无塞　具塞	容量（mL）： 无塞　25，50，100，150，250，300，500，1000，3000 具塞　50，100，150，250，500，1000	4	烧瓶 平底烧瓶　圆底烧瓶	容量（mL）：250，500，1000，2000，3000，5000

续表

序号	名称及图示	规格
5	支管蒸馏烧瓶 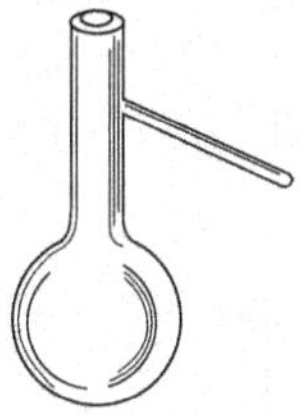	容量(mL)：50，100，250，500,1000
6	凯氏烧瓶(克氏烧瓶)　三口烧瓶 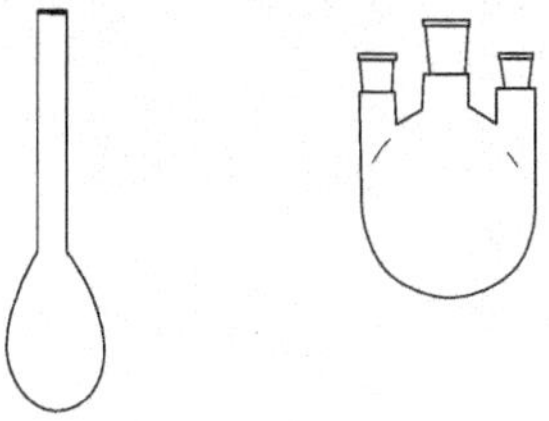	凯氏烧瓶(mL)：50，100，125，150，300，500 三口烧瓶(mL)：50，100，250,500,1000
7	洗瓶 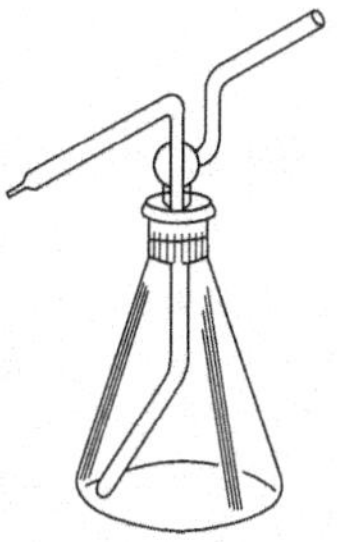	容量(mL)：250,500,1000
8	试管 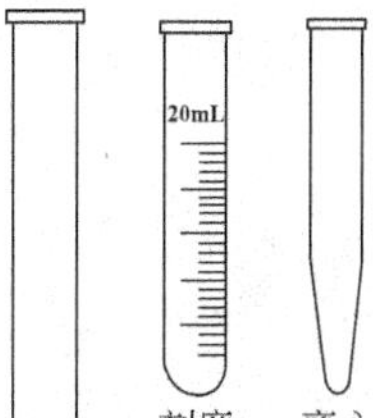 试管　刻度试管　离心试管	试管容量(mL)：70，100，120，150，2000，3000,5000 离心试管容量(mL)：5,10,15 刻度试管容量(mL)：10，15，20,25
9	细口瓶 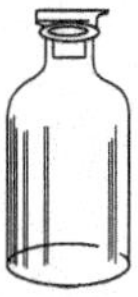	容量(mL)：30,60,100,125,250,500,1000,10000。分无色、棕色
10	广口瓶 	容量(mL)：30,60,100,125,150，250，500，1000,2000
11	称量瓶 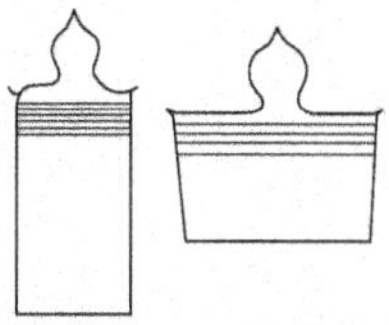 高型　矮型	高型：$\phi25\times40$，$\phi30\times50$ 等 矮型：$\phi20\times20$，$\phi30\times20$，$\phi40\times25$，$\phi50\times30$，$\phi60\times40$ 等
12	下口瓶 	容量(mL)：500，1000，2000，2500，5000,10000
13	滴瓶 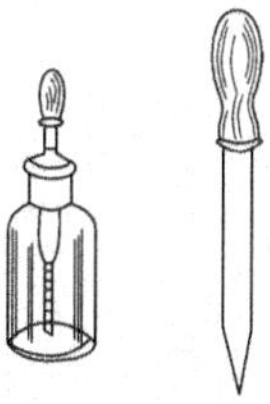 滴瓶　胶头滴管	容量(mL)：30，60,100,125
14	漏斗 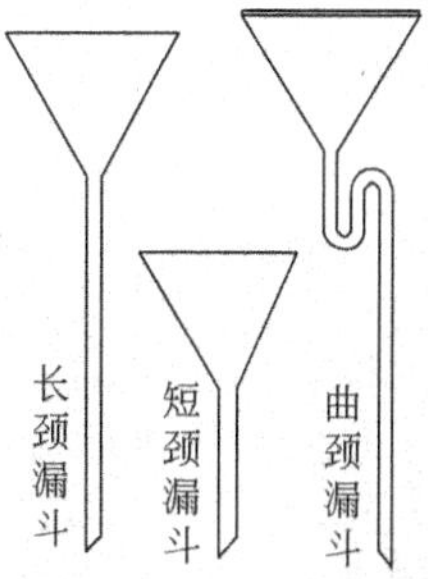 长颈漏斗　短颈漏斗　曲颈漏斗	长颈漏斗：颈长(mm)150；上口径(mm)$\phi50$，$\phi60$，$\phi75$ 短颈漏斗：颈长(mm)90；上口径(mm)$\phi50$，$\phi60$，$\phi90$ 等 曲颈漏斗：颈长(mm)200～300；上口径(mm)$\phi50$～60 锥体角度均为60°，短颈漏斗还有波纹漏斗
15	玻璃砂芯漏斗　玻璃砂芯坩埚 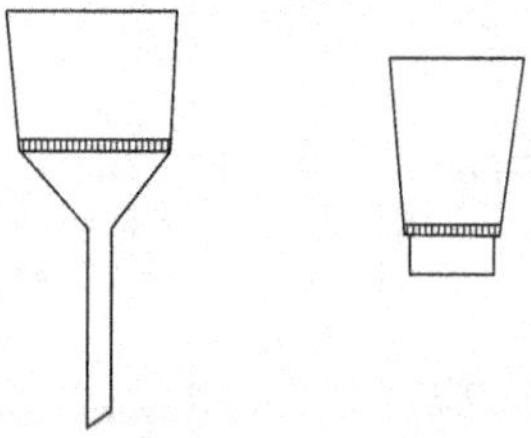	砂芯漏斗容量(mL)：30,60,140,500

续表

序号	名称及图示	规格	序号	名称及图示	规格
16	分液漏斗 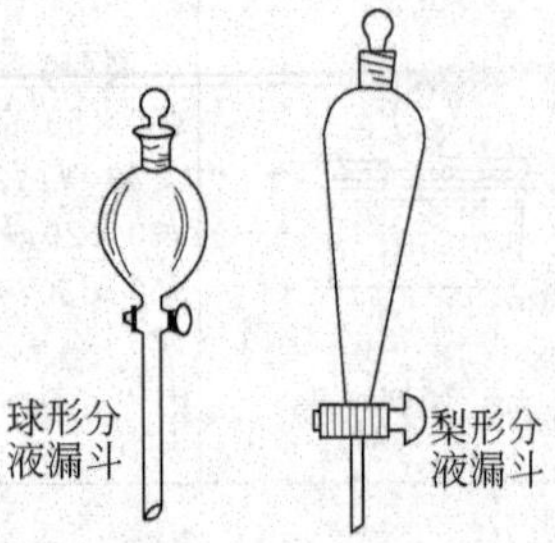球形分液漏斗 梨形分液漏斗	容量(mL):50,60,100,125,250,500,1000或1000以上 有梨形、球形、筒形等	21	表面皿 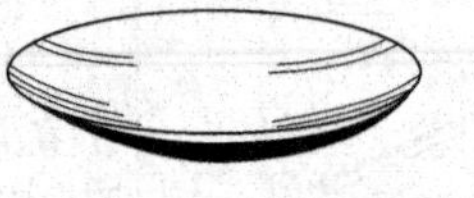	直径(mm):ϕ45,ϕ50,ϕ60,ϕ75,ϕ90,ϕ100,ϕ120,ϕ150,ϕ200等
17	抽滤瓶 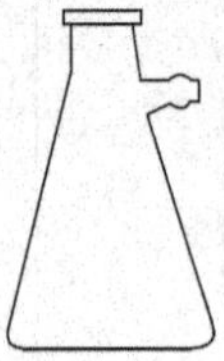	容量(mL):250,500,1000,2000	22	冷凝管 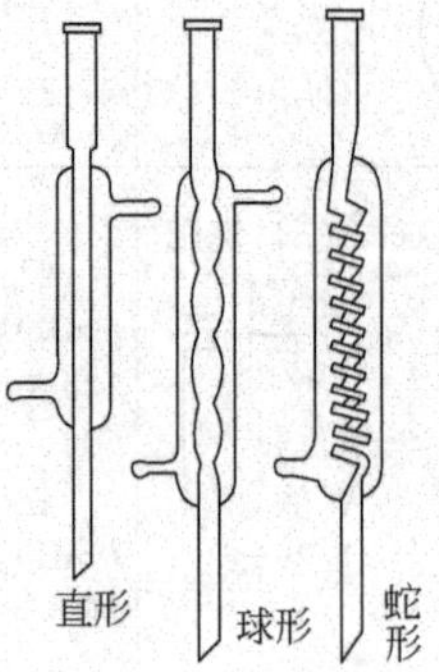直形 球形 蛇形	全长(mm):320,370,420 分直形、球形、蛇形,还有空气冷凝管等
18	抽气管(抽气泵) 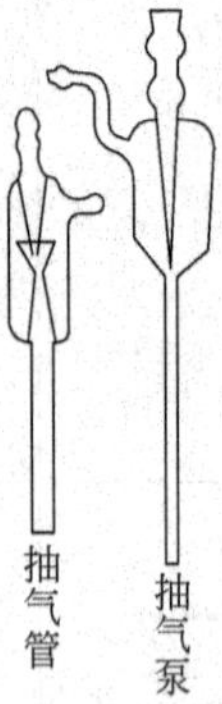抽气管 抽气泵	分伽式、爱式、孟式、改良式等	23	标准磨口组合仪器 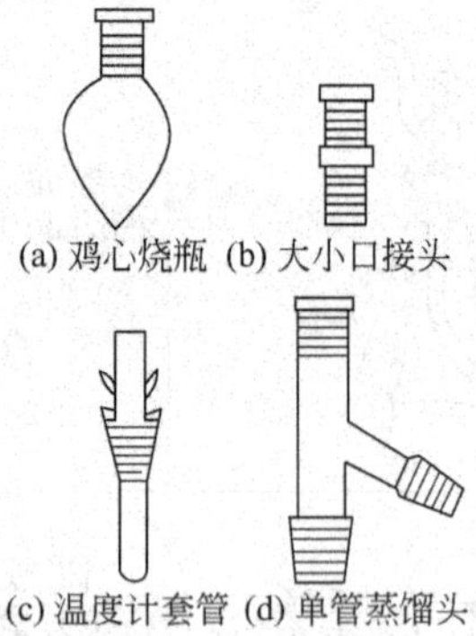(a) 鸡心烧瓶 (b) 大小口接头 (c) 温度计套管 (d) 单管蒸馏头	磨口表示方法:上口内径/磨面长度 长颈系列:ϕ10/19,ϕ14.5/23,ϕ19/26,ϕ29/32
19	干燥器 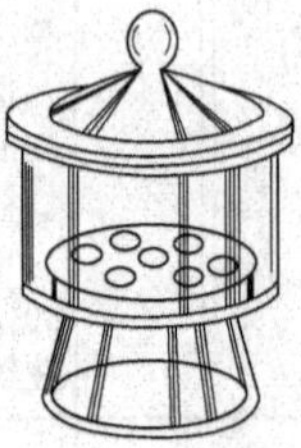	直径(mm):ϕ150,ϕ210,ϕ250,ϕ300,ϕ350。分无色和棕色	24	U形管 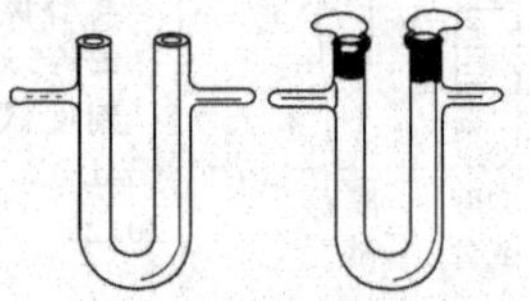	分具塞和不具塞、支管和无支管等
20	真空干燥器 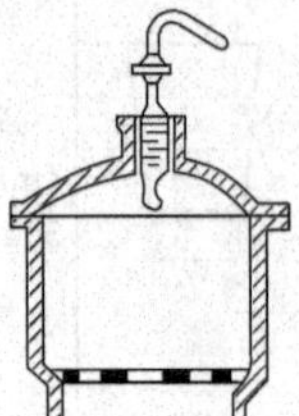	外径(mm):ϕ150,ϕ200,ϕ250。分无色和棕色	25	吸收管 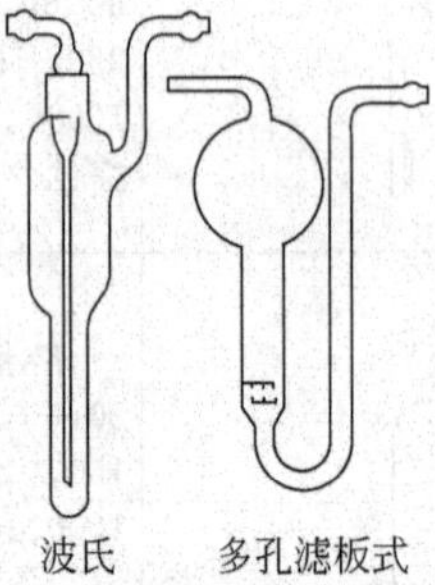波氏 多孔滤板式	长度(mm):173,233 多孔滤板式吸收管长185mm,1#滤片

续表

序号	名称及图示	规格
26	洗气瓶 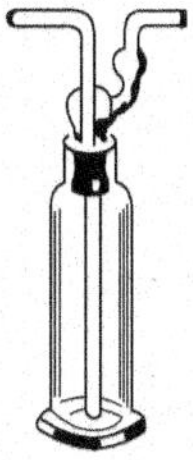	有大、小之分，可根据需要选择
27	启普发生器 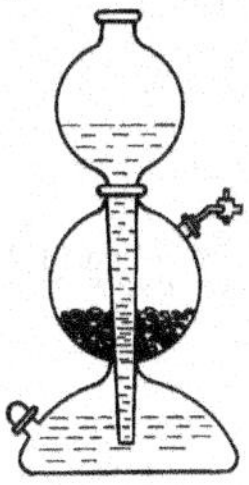	有大、小之分
28	玻璃研钵 	口径（mm）：ϕ80～150
29	酒精灯 	有大、小之分
30	单标线容量瓶 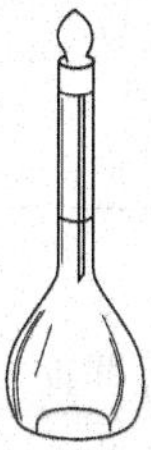	容量（mL）：10，25，50，100，200 有无色和棕色两种
31	滴管（碱式滴定管、酸式滴定管） 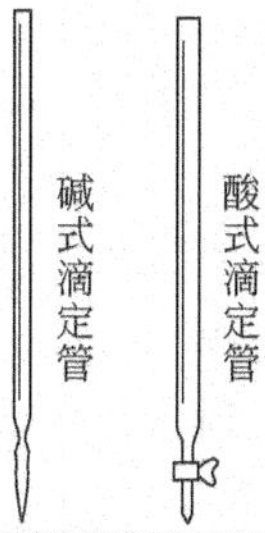	容量（mL）：5，10,25,50,100 有无色、蓝线、棕色滴定管
32	微量滴定管 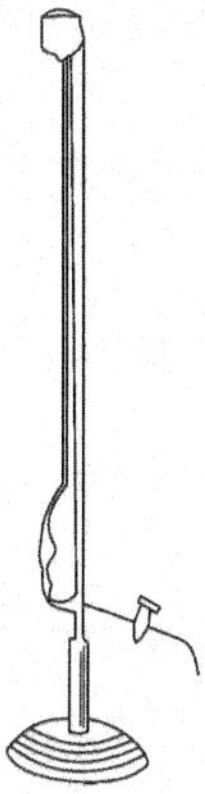	容量(mL)：1,2,5
33	吸管（分度吸管、单标线吸管；20、20 mL） 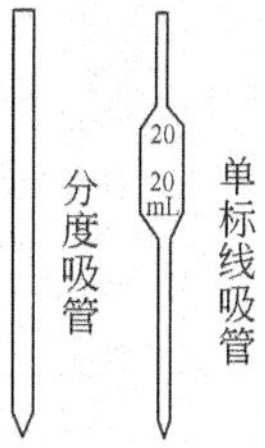	分度吸管容量(mL)：1，2，5，10，20 单标线吸管容量(mL)：2，5，10，15，20，25，50，100
34	量筒 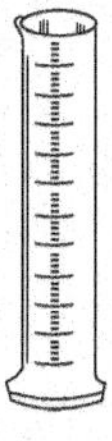	容量（mL）：5，10，15，20，500，1000，2000
35	量杯（mL、20V、20、10、2、1） 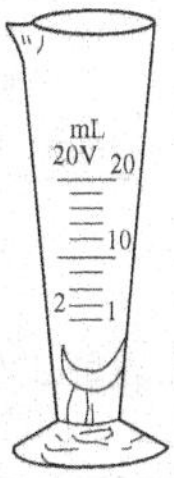	容量（mL）：5，10，15，20，25，50，100，200，250，500

续表

序号	名称及图示	规格	序号	名称及图示	规格
36	分度比色管 分度比色管　双分度比色管　单分度比色管 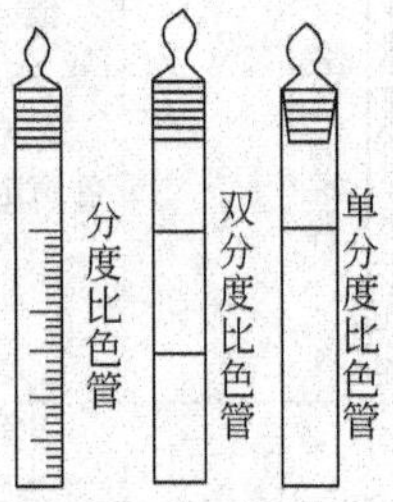	容量(mL):5,10,25,50,100	37	自动调零滴定管 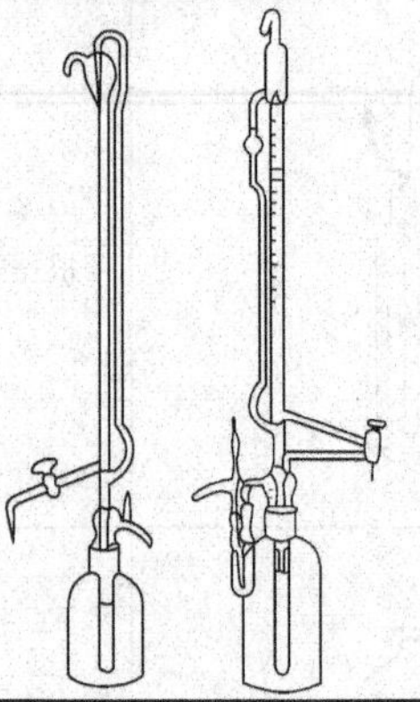	容量(mL):2,5,10,20

二、瓷器皿与规格

瓷器皿与玻璃器皿相比具有耐高温、耐化学腐蚀的优点，且比玻璃器皿坚固，在分析室中经常用到。

分析室常用瓷器皿的名称及规格见表05-01-02。

表05-01-02　常用瓷器皿的名称及规格

序号	名称及图示	规格	序号	名称及图示	规格
1	蒸发皿 	涂釉 规格用直径(mm)×皿高(mm)表示,常见的有60×30,90×40,120×45	5	研钵 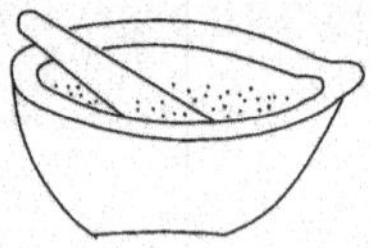	除研磨面外均上釉,规格用内径(mm)×钵高(mm)表示,常见的有75×40、90×50、120×60等,也有的直接用直径(mm)表示,如ϕ60、ϕ100、ϕ150、ϕ200
2	坩埚	涂釉 容量(mL):10,15,20,25,30,40,50 常用的一般为20～30mL	6	古氏坩埚及滤板	除底面外均涂釉 容量(mL):20,25,30
3	瓷管(燃烧管)	不涂釉 一般有直管式和缩口式两种 内径(mm):ϕ18～20 长度(mm):600、760	7	点滴板	除底部外均涂釉。有白色、黑色两种
4	瓷舟	有上釉和不上釉两类 1# 瓷舟长67mm、宽7mm、高8mm 2# 瓷舟长72mm、宽9mm、高9mm	8	布氏漏斗	上釉 直径(mm):ϕ51,ϕ67,ϕ85,ϕ106

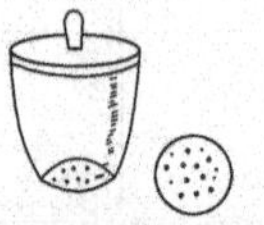

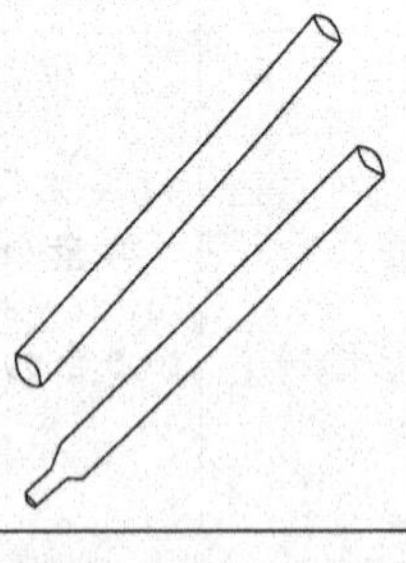

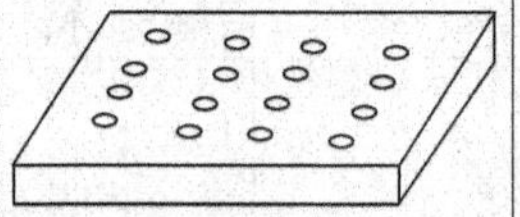

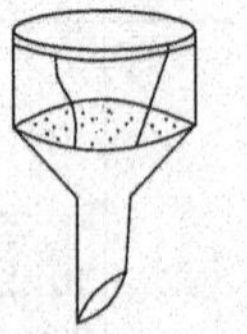

三、塑料器皿

塑料是一种具有独特物理化学性质的新型高分子材料。目前，塑料器皿越来越多，在分析室中的用途越来越广泛，有的可以代替玻璃器皿、金属器皿等，而有些不能使用玻璃器皿的，必须在塑料器皿中进行。

分析室常用的塑料器皿按材料一般分为聚乙烯器皿和聚四氟乙烯器皿等。常用的聚乙烯器皿有聚乙烯烧杯（规格有 50mL、100mL、250mL、500mL 等）、洗瓶（规格有 250mL、500mL 等）、细口瓶（规格有 100mL、125mL、250mL、500mL、1000mL 等）、气体取样袋、方桶等。常用的聚四氟乙烯器皿有聚四氟乙烯烧杯、坩埚等。

四、金属及其他非金属器皿

1. 金属器皿

分析室常用的金属器皿一般是指由铂、金、银、铁、镍等材料制成的器皿，如铂坩埚、金坩埚、银坩埚、铁坩埚、镍坩埚等，这些坩埚常用的容积大都在 20～30mL，还有铂蒸发皿（规格有 60mm×30mm、90mm×40mm、120mm×45mm）、铁研钵（规格有 75mm×40mm、90mm×50mm、120mm×60mm 等）。

2. 其他非金属器皿

除以上器皿以外，分析室还常用到其他一些非金属器皿，如玛瑙研钵、玛瑙坩埚、石英坩埚、难溶氧化物坩埚（刚玉坩埚和二氧化锆坩埚等）、高温裂解石墨坩埚等。

五、用于分析操作的常用用品

分析室内进行分析操作时除需要以上各类化学器皿外，还需要配备一些与玻璃仪器及其他仪器配合使用的用品，如夹持器械、台架及小工具类等。用于分析操作的常用用品见表 05-01-03。

表 05-01-03　用于分析操作的常用用品

序号	名称及图示	规格	序号	名称及图示	规格
1	铁架台 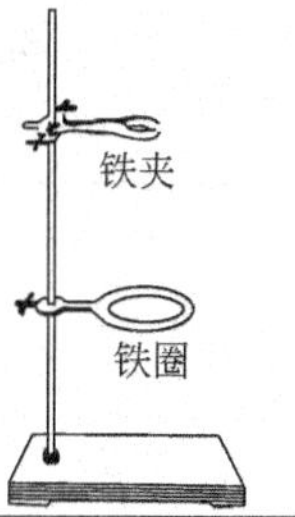	铁圈内径（mm）：$\phi50$，$\phi70$，$\phi100$ 铁架台底座为铸铁，可自制	5	坩埚钳 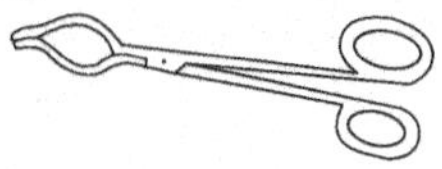	有长、中、短 3 种规格，分一般镀铬和包有铂尖两种
2	三角架 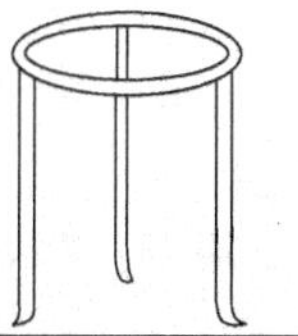	可自制，直径、高度可自选	6	铁叉 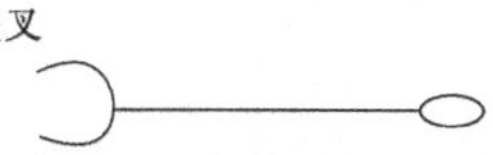	可根据高温炉的大小自制
3	石棉网 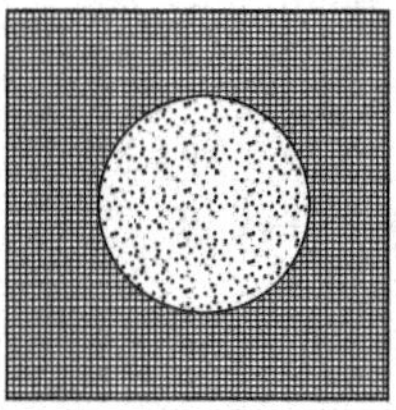	长（mm）×宽（mm）：100×100，150×150，200×200	7	烧杯夹 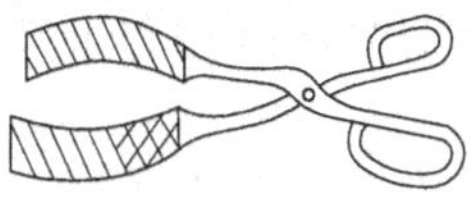	镀镍、铬的钢制品，头部可缠石棉绳，也可用竹片自制
4	泥三角 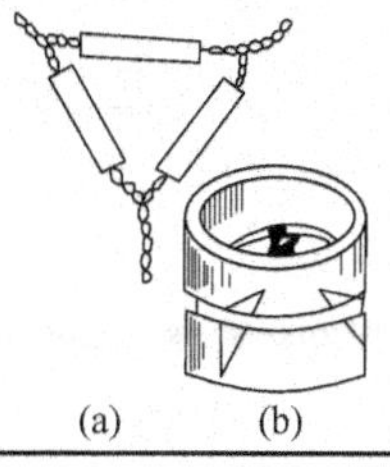	(a)由铁丝弯成，套有瓷管或陶土管 (b)陶土烧制而成，内有 3 个正对圆心的尖角	8	试管夹 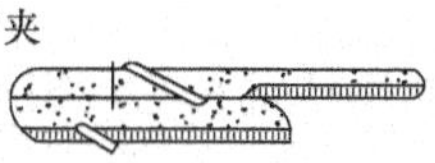	由木、竹和钢丝制成
			9	镊子 	有镀铬、不锈钢、塑料、骨质尖等不同材质
			10	漏斗架 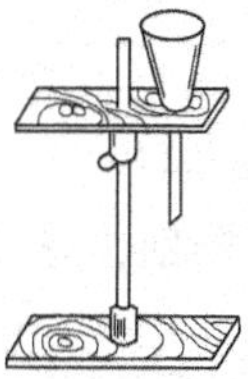	有木制和塑料两种，分 2 孔、4 孔、6 孔架
			11	试管架 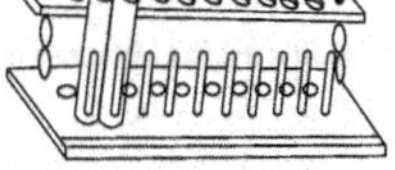	有木制、塑料或金属等不同材质，孔径可大可小

续表

序号	名称及图示	规格
12	滴定管架 滴定管夹	支架在底盘中央板面，有白瓷板、大理石或乳白玻璃等不同材质，滴定管夹有铝制、塑料两种
13	移液管架 横置型　竖置型	有木制和塑料两种，分横置型和竖置型
14	比色管架	有木制或塑料两种，孔径及孔数可根据需要选择或自制
15	pH 试纸	分广泛 pH 试纸和精密 pH 试纸。广泛 pH 试纸为1～14；精密 pH 试纸分若干段，准确至 0.2
16	滤纸	分定性、定量两种；滤纸按孔径及过滤速率又分为快、中、慢 3 种，分别以白、蓝、红条表示；直径(mm)有 $\phi70$、$\phi90$、$\phi150$、$\phi200$ 等
17	石蕊试纸	分红、蓝两种型号

进度检查

一、填空题

1. 分析室所用化学器皿按材质不同一般分为__________、__________、__________、__________等。

2. 瓷、铂等蒸发皿的规格用直径（mm）×皿高（mm）表示。常见的规格的__________、__________、__________。

3. 瓷、铂、玛瑙研钵常见的规格有 75×40、90×50、120×60，其中，75、90、120 表示研钵的__________，40、50、60 表示研钵的__________。

4. 分析室常用的坩埚除瓷坩埚、玛瑙坩埚外，还有金属坩埚，如__________、__________、__________、镍坩埚、铁坩埚等。

5. 分析室常用的塑料器皿按材料一般分为聚乙烯器皿和__________等。常用的聚乙烯器皿有聚乙烯__________、__________、__________、气体取样袋、方桶等。

6. 分析室常用的一些非金属器皿有__________、__________、__________、难溶氧化物坩埚和高温裂解石墨坩埚等。

二、写出下列化学器皿的名称并指出 2～3 种常用规格

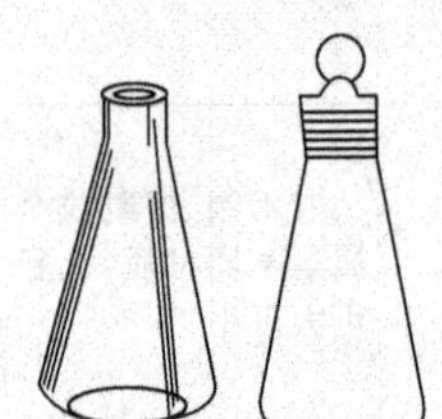
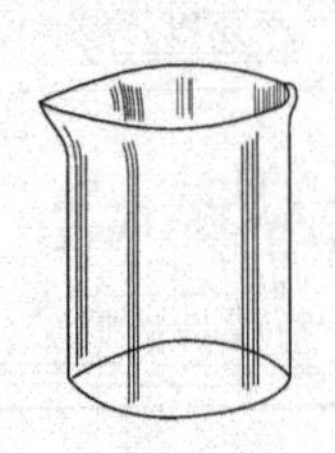
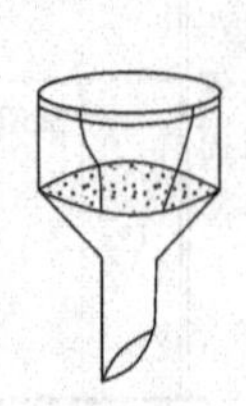

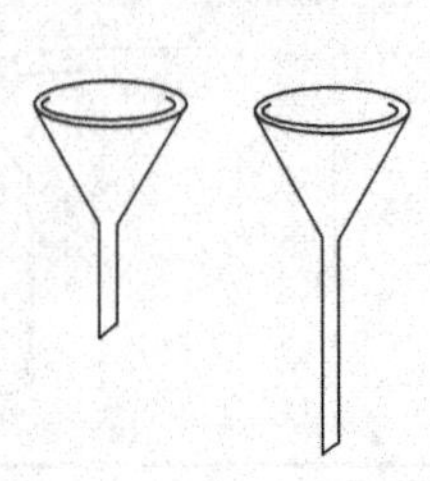

三、问答题

1. 指出分析室5种常用瓷器皿及该器皿的常用规格。

2. 指出下列化学器皿或用品的规格。

(1) 碘量瓶

(2) 洗瓶

(3) 广口瓶

(4) 分液漏斗

(5) 量杯

(6) 瓷管

(7) 石棉网

(8) pH试纸

(9) 滤纸

(10) 坩埚

学　习　单　元	编号	FJC-05-02
名　　称：化学器皿的存放	课时	4
职业领域：化工、医药、石油、环保、冶金、建材等		
工作范围：分析	日期	

学习目标

完成本单元的学习之后，能够对化学器皿进行正确存放及管理。

所需仪器

序号	名称及说明	序号	名称及说明
1	常用玻璃器皿	3	常用塑料器皿
2	常用瓷器皿	4	常用金属器皿

相关学习单元

——化学器皿的分类与规格　　FJC-05-01

学习单元内容

化学器皿中大部分为玻璃器皿，所以玻璃器皿的存放在化学器皿的管理中占有重要地位。在分析室，只有对化学器皿进行科学合理的管理与存放，才能保证器皿的完好性，使分析工作得以顺利进行。

一、化学器皿的管理

① 分析室应设专门人员管理玻璃器皿，同时建立玻璃器皿的出入制度及破损登记制度，贵重金属器皿（如铂器皿）要严格登记，由专人负责，存放在指定位置（如专柜内）。

② 分析室的玻璃器皿要实行计划管理，每日由班（组）长负责统计器皿的破损及需添置器皿的种类、规格、数量，并报管理人员，由管理人员汇总提取购买计划、报分析室负责人审批后再采购添置。

③ 分析室器皿的添置应在满足分析需要的前提下尽量节约，对损坏、丢失器皿的人员视情节给予必要的经济处罚。

④ 分析室应储备少量的常用玻璃器皿，以供急需时使用。不常用的玻璃器皿应存放在

贮藏室的专用架上，由专门管理人员负责保存。

⑤ 分析室内的计量器具应由专人管理，此人同时负责器具的登记并按规定送计量检定机构检定。

⑥ 分析室使用的基本玻璃量器（如容量瓶、移液管、滴定管等）经计量检定部门检定合格后，要登记建卡并将检定卡片妥善保管。

二、玻璃器皿的存放

① 常用的玻璃器皿存放前要洗净和干燥，然后置于干净的器皿橱内，橱内可设带孔的隔板，以便插放仪器，器皿橱的隔板上应衬垫干净的定性滤纸或其他洁净的白纸。器皿上覆盖清洁的纱布，以防止落尘。

② 杯、皿等容器应倒置存放，避免落尘，常用小型器皿可用小玻璃罩盖好。

③ 比色皿存放时，应在小瓷盘或培养皿中垫上滤纸，将洗净的比色皿倒置在滤纸上，控干后收入比色皿专用盒内。若继续使用，可放在培养皿中盖上盖子。

④ 滴定管存放时，应先洗净再倒置在滴定管架上控干。滴定管长期不用时，酸式滴定管拔出活塞，擦净，在活塞与活塞套中间夹纸，套上橡皮圈保存；碱式滴定管长期不用时，应先用稀酸稍洗一下，再用自来水冲洗干净，拔下胶管，在管端涂些滑石粉保存。

⑤ 长期不用的非标准口的具塞玻璃器皿，如容量瓶、比色管、碘量瓶等，存放时应在瓶口处垫一干净的小纸条，以防黏结。

⑥ 存放移液管应先洗涤干净，再用滤纸包好两头，然后置于专用架上。

⑦ 石英玻璃器皿外表与一般玻璃器皿相似，无色透明，所以存放时应与一般玻璃器皿分开，妥善保管，以免混淆。

⑧ 专用组合仪器，如气体分析仪、定氮组合装置及蒸馏设备等，用完洗净后，如连续使用，不必拆卸存放，可安装在原处，加罩防尘即可；如较长时间不用，应拆卸后放在专用盒内存放。此时应在各磨口处垫纸，以防磨口塞固结。

⑨ 玻璃器皿的存放要注意防尘、防潮、防震、防腐、防强光等，根据其材质、形状、用途进行合理存放。

另外，瓷器皿、塑料器皿及其他非金属器皿的存放与玻璃器皿相似，存放时应严格按照其存放原则进行。

三、金属器皿的存放

分析室常用的金属器皿主要指由铂、金、银、镍、铁等制成的器皿，存放时应注意以下几方面。

① 防尘、防潮，特别应防止酸等物质对金属器皿的腐蚀。

② 金属器皿存放前应先清理干净后，再按要求存放在器皿架、盒或柜内。

③ 铂坩埚（尤其是热坩埚）等存放时，必须用铂钳或头上包有铂的铁钳及镍钳夹取。

进度检查

一、填空题

1. 玻璃器皿在存放前要__________和干燥，然后置于干净的器皿橱内，橱内可设带__________的隔板，便于__________仪器，器皿橱的隔板上应衬垫干净的__________或其他干净的白纸。器皿上覆盖清洁的__________，以防止落尘。

2. 杯、皿等容器在存放时应倒置，其目的是__________，常用小型器皿可用__________盖好。

3. 存放移液管应先洗涤干净，再用__________包好两头，然后置于__________上。

4. 石英玻璃器皿外表与一般玻璃器皿相似，无色透明，所以存放时应__________，妥善保管，以免混淆。

5. 玻璃器皿的存放要注意防尘、__________、__________、__________、防强光等，

根据其材质、__________、__________进行合理存放。

二、问答题

1. 分析室内如何存放滴定管？
2. 专用组合仪器如何存放？
3. 金属器皿存放时应注意哪些问题？
4. 分析室内玻璃器皿应如何管理？

三、操作题

容量瓶、滴定管、移液管、比色皿、石英比色皿、石英蒸发皿的存放。

<table>
<tr><td rowspan="3">学　习　单　元
名　　称：一般化学器皿的洗涤与使用
职业领域：化工、医药、石油、环保、冶金、建材等
工作范围：分析</td><td>编号</td><td>FJC-05-03</td></tr>
<tr><td>课时</td><td>6</td></tr>
<tr><td>日期</td><td></td></tr>
</table>

学习目标

完成本单元的学习之后，能对一般化学器皿进行洗涤、规范操作及维护保养。

所需仪器

序号	名称及说明	序号	名称及说明
1	常用玻璃器皿(如试管、烧瓶、容量瓶)	3	常用塑料器皿(如洗瓶、细口瓶)
2	常用瓷器皿(如蒸发皿、坩埚、研钵)	4	常用金属器皿(如铂坩埚、铁坩埚、银坩埚)

相关学习单元

——化学器皿的分类与规格　　FJC-05-01

——化学器皿的存放　　FJC-05-02

学习单元内容

一、一般化学器皿的洗涤

1. 分析室常用洗涤剂（液）的种类及使用范围

分析室常用的洗涤剂及洗涤液一般有去污粉、肥皂、碳酸氢钠、合成洗涤剂及其他化学洗涤剂。

去污粉、肥皂、碳酸氢钠等碱性去污物质可除去多种污垢，但去污能力不强并有损玻璃，所以比色器及玻璃量器（如滴定管）不能用此类洗涤剂（液）洗涤。

合成洗涤剂目前发展较快，品种多，数量大，去污能力强且无毒、无腐蚀作用，洗净的仪器倒置时水流出后不挂水珠，所以应用范围较广。

分析室针对玻璃器皿所沾染污垢的性质不同，采用不同的洗涤剂（液）洗涤，会达到最佳的洗涤效果。这类洗涤剂（液）均为化学洗液，常用化学洗液的配方及用法见表 05-03-01。

用化学洗液洗涤时，若采用多种洗液，一定要把前一种洗涤剂（液）冲洗干净后再用另一种洗涤剂（液）洗涤，以免相互作用，生成新的污垢。

表 05-03-01　常用化学洗液的配方及用法

洗　液	洗涤液及其配方	使用方法及注意事项
铬酸洗液	有各种配方，常用的有如下两种。 ① 20g 研细的重铬酸钾，溶于 40mL 水中，缓缓加入 360mL 浓硫酸 ② 25g 研细的重铬酸钾，加入 50mL 水，加热溶解，冷至室温（有部分重铬酸钾析出），缓缓加入 500mL 浓硫酸	用于除去器皿上残留的油污，将器皿用少量洗液浸润或浸泡一段时间后，将洗液放回原瓶，用大量水冲洗器皿。配制和使用时应注意安全，配制时最好将溶有重铬酸钾的烧杯放在冷水浴中，再缓缓倒入浓硫酸，同时用玻璃棒搅拌
碱洗液	每升含 100g 氢氧化钠的水溶液或乙醇溶液	水溶液可加热使用，去油能力强，但腐蚀玻璃，不可用于玻璃量器的洗涤 碱-乙醇溶液不要加热
碱性高锰酸钾溶液	4g 高锰酸钾，溶于水中，加入 10g 氢氧化钠，用水稀释至 100mL	清洗油污或其他有机物质，洗后容器有污垢处会有褐色的 MnO_2 析出，可用草酸洗液或硫酸亚铁洗液除去
草酸洗液、硫酸亚铁洗液	① 称 5～10g 草酸，溶于 100mL 水中，加入少量浓盐酸 ② 称 5～10g 硫酸亚铁，溶于水中，加入 10mL 浓硫酸，稀释至约 100mL	清洗用高锰酸钾洗液后产生的二氧化锰。必要时可加热使用
工业盐酸	用浓盐酸或 1＋1 盐酸溶液	用以洗去碱性污垢及大多数无机残渣。混有氯酸钾的热浓盐酸可洗掉铁锈斑
碘-碘化钾溶液	称 1g 碘和 2g 碘化钾，溶于水中，用水稀释至 100mL	洗涤长时间使用硝酸银溶液后的容器上留下的黑褐色沾污物
有机溶剂	苯、乙醚、丙酮、氯仿（三氯甲烷）、二氯乙烷、石油醚等	可洗去油污或可溶于该溶剂的有机物质。用时注意其毒性和可燃性
乙醇-浓硝酸（70%）	不可事先混合于容器中。加入不多于 2mL 的乙醇，加入 10mL 浓硝酸，静置片刻，立即发生剧烈反应，放出大量热及二氧化氮，反应停止后再用水冲洗	用一般方法很难洗净的有机物可用此法。操作应在通风橱中进行，要敞开容器，做好防护工作
浓硝酸（98%）	可用具磨口塞的广口瓶盛装，置于通风橱中远离火源处	用一般方法很难洗净的矿物油脂类可用浓硝酸浸泡后冲洗干净。操作时应戴胶皮手套
浓硫酸（98%）		100℃的浓硫酸可溶解硫酸钡残渣。操作时戴胶皮手套

2. 化学器皿的洗涤

分析室所用化学器皿在使用前后均须仔细洗涤干净，洗净的标准是器皿内壁被水均匀地润湿，而无任何条纹和水珠存在。其洗净标准见图 05-03-01。

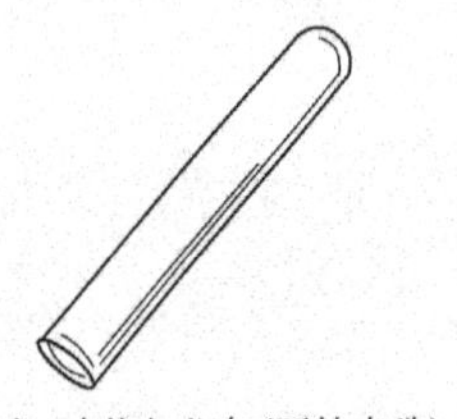

(a) 洗净：水均匀分布（不挂水珠）

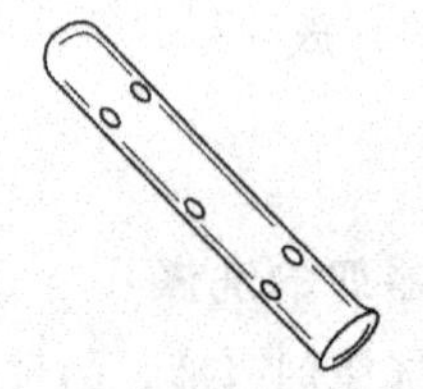

(b) 未洗净：器壁附着水珠（挂水珠）

图 05-03-01　洗净标准

分析室玻璃器皿的洗涤方法很多，在洗涤时，应根据分析要求、器皿上污物的性质及沾污的程度来选用洗涤方法。

① 若器皿上附着的污物为可溶性物质，可注入少量水，稍用力振荡后，把水倒掉，如此反复洗涤数次至干净为止，操作见图 05-03-02。

② 沾有油污的玻璃器皿，可用去污粉、肥皂或合成洗涤剂刷洗，操作见图 05-03-03。刷洗后，再用水连续振荡数次，必要时还应用蒸馏水淋洗 3 次。

③ 内壁附有尘土和不溶性物质，可用毛刷刷洗，操作见图 05-03-03。

④ 沾有油污的玻璃量器，如滴定管、移液管、容量瓶等可用铬酸洗液洗涤。洗涤步骤如下。

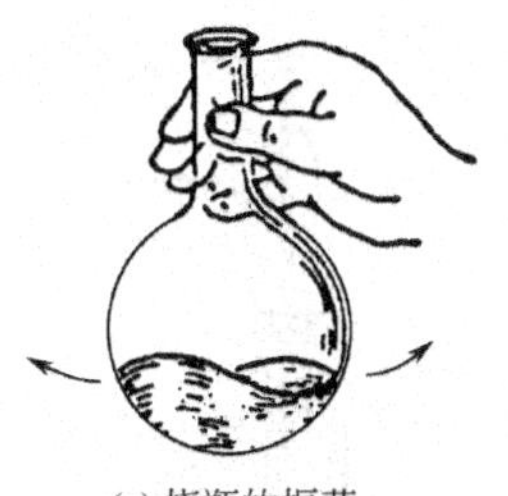
(a) 烧瓶的振荡

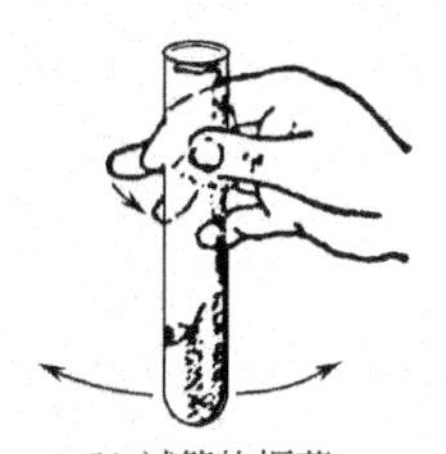
(b) 试管的振荡

图 05-03-02　用水振荡洗涤器皿

(a) 倒废液

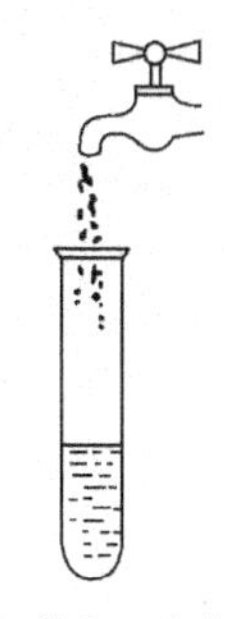
(b) 注入一半水

(c) 选好毛刷，确定手拿部位

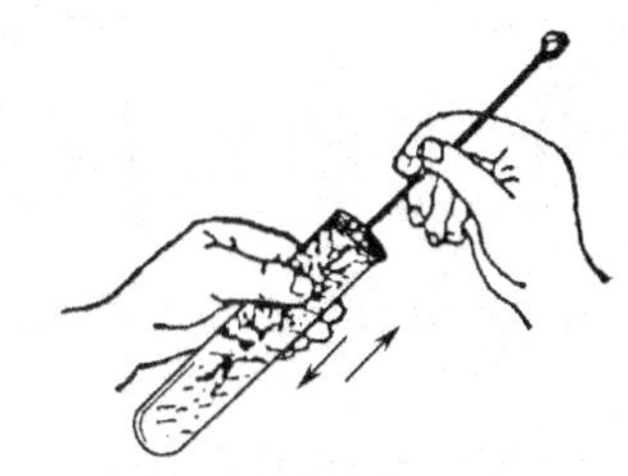
(d) 来回柔力刷洗

图 05-03-03　用毛刷刷洗

a. 先把仪器内的水倒净。

b. 再往仪器内加入少量洗液，并慢慢倾斜转动仪器，使其内壁全部被洗液湿润。

c. 将仪器转动几圈后，将洗液倒回原来瓶中。

d. 然后用自来水冲洗器壁上残留的洗液，再用蒸馏水冲洗 3～4 次。

在洗涤器皿时要禁止如图 05-03-04 所示的洗涤操作。

3. 化学器皿的干燥

(1) 自然风干（晾干）　见图 05-03-05。

(2) 烤干　见图 05-03-06。烤干时，仪器外壁擦干后，用小火烤干，同时要不断地摇动使受热均匀。

(3) 吹干　见图 05-03-07。先用冷风吹 1～2min，再用热风吹至干燥，最后用冷风吹去残留的蒸汽。

(4) 烘干　见图 05-03-08。将洗净的玻璃器皿控去水分后，口向上置于温度为 105～110℃的电热恒温干燥箱内干燥 1h 左右。取出冷至室温备用。带磨口活塞的玻璃仪器，必须将活塞取出后进行干燥。

(5) 快干　见图 05-03-09。此法是先用少量丙酮淋一遍倒出（应回收），然后晾干或吹干。

二、一般玻璃器皿的使用

一般玻璃器皿的使用见表 05-03-02。

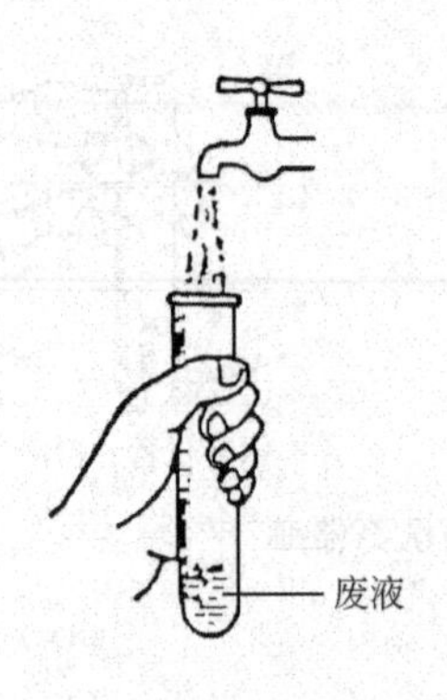

(a) 未倒废液就注水

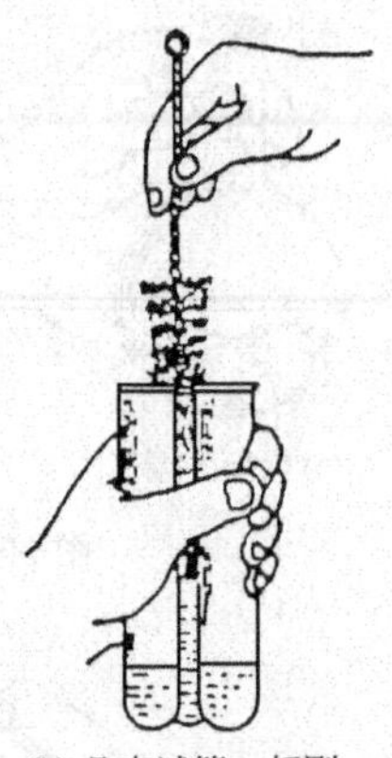

(b) 几支试管一起刷

图 05-03-04　洗涤的错误操作

图 05-03-05　器皿的自然风干

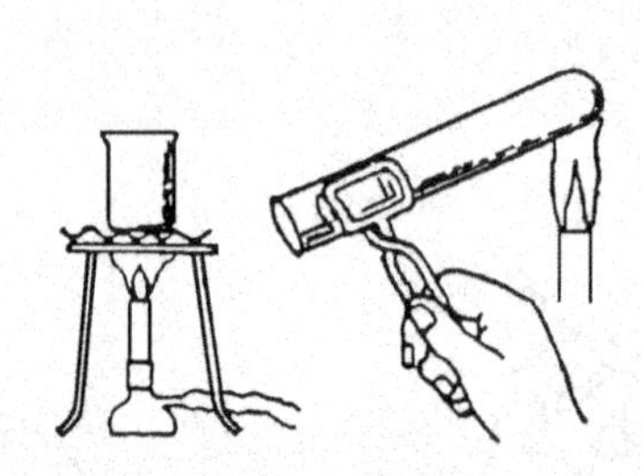

图 05-03-06　烤干

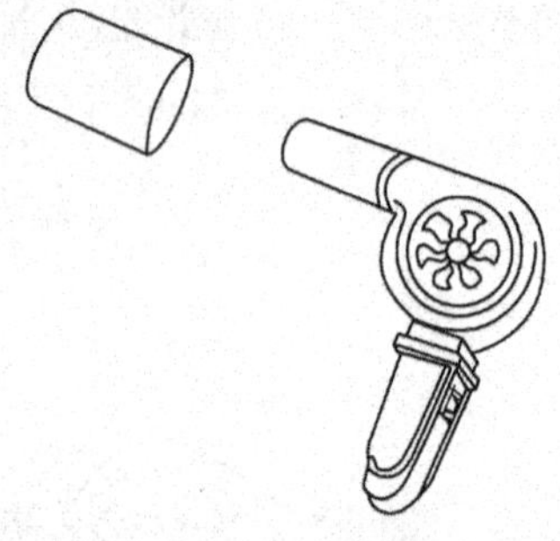

图 05-03-07　吹干

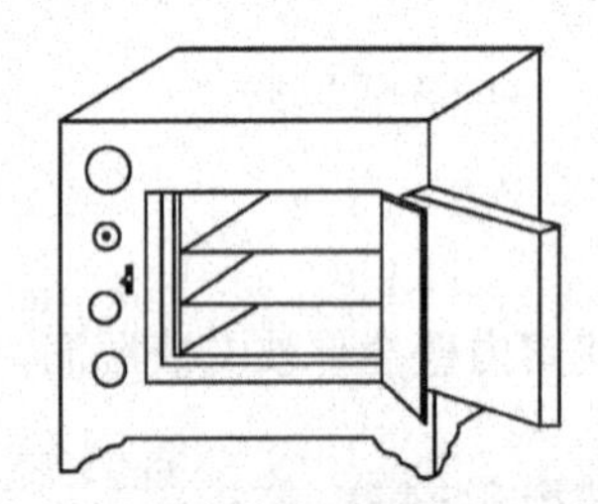

图 05-03-08　烘干

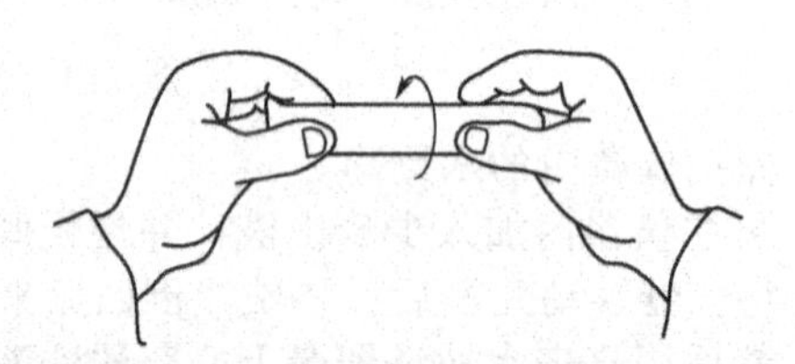

图 05-03-09　快干（有机溶剂法）

表 05-03-02　一般玻璃器皿的使用

序号	名　称	主要用途	使用注意事项
1	烧杯	配制溶液、溶解样品、加热	(1)加热时应垫石棉网,不可干烧 (2)加热时杯内溶液体积不可超过总容积的 2/3 (3)加热时杯口应盖表面皿
2	锥形瓶	(1)加热处理试样 (2)滴定分析时滴定用	(1)加热时要垫石棉网 (2)具塞锥形瓶加热时要打开盖塞 (3)非标准磨口的塞子要保持原配,不用时磨口处要夹纸
3	碘量瓶(碘瓶)	用于碘量法分析或其他挥发性物质的滴定分析	(1)为防止内容物的挥发,瓶口处应用水封 (2)可垫石棉网加热 (3)同锥形瓶(2)、(3)
4	烧瓶	加热或蒸馏液体或用作反应皿,平底烧瓶可自制洗瓶	不能直接加热,需垫石棉网或用各种热浴、加热套加热

续表

序号	名　称	主要用途	使用注意事项
5	支管蒸馏烧瓶	蒸馏，也可作少量气体发生器	应根据待蒸馏样品的沸点选用。 (1)低沸点，选用支管在上部 (2)一般沸点，选用支管在中部 (3)高沸点，选用支管在下部
6	凯氏烧瓶(克氏烧瓶)、三口烧瓶	凯氏烧瓶：消解有机化合物 三口烧瓶：蒸馏瓶	凯氏烧瓶：不可直接加热，应置石棉网上或砂浴中加热，加热时瓶口不可对人 三口烧瓶：小瓶宜用斜口，以便安装温度计等；大瓶应选用直口，以便安装搅拌器
7	洗瓶	装纯水洗涤仪器或装洗涤液洗涤沉淀	玻璃洗瓶可置石棉网上加热；塑料洗瓶装热水不得超过60℃，不能直接加热
8	试管	试管：进行一般的定性、定量化学反应 刻度试管：同上，可代替量筒 离心试管：离心分离用，一般用于定性分析	(1)一般试管可干烧，但加热前要擦干外壁 (2)加热液体时，内容物不得超过容积的2/3，加热要均匀，试管口应倾斜45° (3)离心试管不能直接加热
9	细口瓶	存放液体试剂、标准溶液、纯水；棕色瓶用于存放见光易分解的溶液	(1)不能用于存放浓碱液；存放稀碱液时另配胶皮塞，磨口塞要原配 (2)不能加热，不要在瓶内直接配制能放出大量热量的溶液
10	广口瓶	用于存放固体试剂或样品	同细口瓶
11	称量瓶	用于称量基准物、样品等	(1)平时要洗净、烘干、保存于干燥器中，以备随时取用 (2)称量时戴手套或垫洁净纸条拿取 (3)不可盖紧塞盖烘烤
12	下口瓶	用于盛装液体试剂或标准溶液、纯水等	(1)不能加热，不能在瓶内配制操作过程中放出大量热量的溶液 (2)磨口塞要原配 (3)具磨口塞的下口瓶不要盛装碱溶液
13	滴瓶	滴瓶用于盛装需滴加的液体试剂 胶头滴管用于滴加溶液用	滴瓶不能加热，不能长期存放浓碱液和与橡胶能起作用的溶液 胶头滴管用毕应洗净
14	漏斗	长颈漏斗、曲颈漏斗用于重量分析，过滤沉淀、分离不溶物；短颈漏斗用于一般过滤	(1)选择漏斗大小应以沉淀量为依据 (2)滤纸铺好后应低于漏斗上缘5mm (3)可过滤热溶液，但不可用火直接加热
15	玻璃砂芯漏斗、玻璃砂芯坩埚	过滤溶液，小型漏斗和坩埚式滤器用于重量分析中过滤并烘干沉淀	不能过滤浓碱及含HF的溶液；不能骤冷、骤热；用毕洗净，清洗必须抽滤
16	分液漏斗	分开两种互不相溶的液体，用于萃取分离及富集；在制备反应中加溶液	磨口旋塞及磨口塞盖必须原配，不能漏水；用于萃取时旋塞不能涂油 不可加热，长期不用时磨口处均需垫纸条
17	抽滤瓶	抽滤时接滤液用，与抽气泵或真空泵配套使用	厚壁容器，能耐负压，不可加热
18	抽气管(抽气泵)	上端接自来水管，利用射水造成负压；倒端接抽滤瓶，进行抽滤、减压蒸馏等	(1)正在进行抽滤时不可突然关闭水门，以免造成水倒流进入抽滤瓶；如停止抽滤，应先拔下倒管，再关水门 (2)如用于减压蒸馏，应于抽气管和实验装置间串联一缓冲瓶
19	干燥器	下室装干燥剂，用于保持物料及器皿的干燥	不可将红热的物体放入干燥器内；热的物体放入后应将盖子错开几次，以免盖子跳起。揭开或盖上盖子时要沿水平方向推动；取下盖子时要仰放
20	真空干燥器	用于干燥某些在常压下加热时易分解或起变化的物质，如某些含结晶水物料中结晶水的脱除	所有磨口处均应涂油脂，使用前应检查其密闭性，其他同干燥器

续表

序号	名　称	主要用途	使用注意事项
21	表面皿	盖烧杯及漏斗等，有时也可作容器	直径应略大于所盖容器，从容器上拿下放在实验台上时应使其凸面朝上；不可在火上直接加热
22	冷凝管	用于冷却蒸馏出的液体，一般直形冷凝管效率差，蛇形冷凝管效率最高 空气冷凝管不用冷却水，适用于高沸点液体的蒸馏	不可骤冷、骤热；冷却水应从下口进上口出；蒸馏过程中注意不可断流，蛇形冷凝管只可直立使用，不能倾斜使用
23	标准磨口组合仪器	有机化学及有机半微量分析中制备及分离	磨口处无需涂润滑剂，安装时不可受热
24	U形管	(1)内装干燥剂，干燥气体 (2)元素分析时吸收 CO_2、水等	具塞U形管装碱、石棉等吸收剂时磨口应涂油脂，经常活动，以免腐蚀而固结；不用时应立即将吸收剂倒出，洗净
25	吸收管	吸收气体中的被测组分	(1)不可直接加热 (2)磨口塞要原配 (3)气体的流量要控制适当 (4)波氏管右串联使用，注意不要接错，以防溶液吹出；多孔滤板式吸收管吸收效率较高，可单独使用
26	洗气瓶	用于洗涤、干燥气体	洗气瓶中加装浓硫酸时，要注意进气管和出气管不要接反，用量勿过多
27	启普发生器	用于固体与液体作用生成气体的装置	勿使固体试剂落入最下部半球内，否则会使反应持久进行而发生事故
28	玻璃研钵	用于研磨固体物质、可根据固体的性质和硬度选择不同材质的研钵	不能用火加热，不能在高温烘箱中烘烤，用完后洗净倒置控干
29	酒精灯	用于500℃以下加热	(1)酒精不要装得太满 (2)不要在加热过程中添加酒精 (3)不能用嘴吹灭，熄灭时用盖扣 (4)忌两灯对燃
30	量筒	粗略量取一定体积的溶液	不能加热，不能在其中配制溶液
31	量杯	粗略量取一定体积的溶液	不能加热，不能在其中配制溶液
32	分度比色管	目视比色分析用	不可直接用火加热，非标准磨口必须原配，不可用去污粉刷洗，注意保持管壁透明

三、常用坩埚的使用

1. 铂坩埚的使用与维护

① 铂是一种贵重金属，质软，其熔点为1773.5℃。铂坩埚在使用时，不能用手捏，也不能用玻璃棒捣（或刮）铂坩埚内壁，以免变形和损伤。

② 铂坩埚在加热和灼烧时，均应在垫有石棉板或陶瓷板的电炉或电热板上进行，也可以在煤气灯的氧化焰上进行，不能直接与电炉丝、铁板及还原焰接触。

③ 热的铂坩埚要用包有铂尖的坩埚钳夹取。红热的铂坩埚不能放入冷水中骤冷。

④ 对铂坩埚有侵蚀、损坏作用及与铂能形成合金的物质不能在铂坩埚内灼烧或熔融。

⑤ 组分不明的试样不能使用铂坩埚加热或熔融。

⑥ 铂坩埚内外壁应经常保持清洁和光亮。使用过的铂坩埚可用1∶1盐酸溶液煮沸清洗。

⑦ 铂坩埚变形时，可放在木板上，一边滚动，一边用牛角匙压坩埚壁整形。

2. 铁坩埚的使用与维护

① 铁坩埚在使用前应先进行钝化处理。即先用稀盐酸洗，后用细砂纸将坩埚擦净，再用热水洗净，然后放入5% H_2SO_4 和1% HNO_3 混合液中浸泡数分钟，再用水洗净，烘干后在300～400℃马弗炉中灼烧10min。

② 铁的熔点约1300℃，由于铁坩埚价廉，当铁的存在不影响分析工作时，尽量采用铁

坩埚。

③ 铁坩埚的清洗用冷的稀盐酸即可。

3. 瓷坩埚的使用与维护

① 瓷坩埚耐热温度在1200℃左右。

② 适用于以焦硫酸钾（$K_2S_2O_7$）等酸性物质作熔剂熔融样品；一般不能用于以$NaOH$、Na_2O_2、Na_2CO_3等碱性物质作熔剂熔融，以免腐蚀瓷坩埚。瓷坩埚不能与氢氟酸接触。

③ 瓷坩埚一般用稀盐酸煮沸清洗。

4. 聚四氟乙烯坩埚的使用与维护

① 聚四氟乙烯耐热近400℃，但一般控制在200℃左右使用，最高不要超过280℃。

② 能耐酸、碱，不受HF侵蚀，主要用于以含氢氟酸的熔剂熔样，如$HF-HClO_4$等。

③ 聚四氟乙烯坩埚表面光滑耐磨，不易损坏，机械强度较好。最大的优点是溶样时不会带入金属杂质。

常用熔剂所适用的坩埚见表05-03-03。

表05-03-03 常用熔剂所适用的坩埚

熔剂名称	适用坩埚						
	铂坩埚	铁坩埚	镍坩埚	银坩埚	瓷坩埚	刚玉坩埚	石英坩埚
碳酸钠	+	+	+	−	−	+	−
碳酸氢钠	+	+	+	−	−	+	−
碳酸钠-碳酸钾(1∶1)	+	+	+	−	−	+	−
碳酸钾-硝酸钾(6∶0.5)	+	+	+	−	−	+	−
碳酸钠-硼酸钠(3∶2)	+	−	−	−	+	+	+
碳酸钠-氧化镁(2∶2)	+	+	+	−	+	+	+
碳酸钠-氧化锌(2∶1)	+	+	+	−	+	+	+
碳酸钾钠-酒石酸钾钠(4∶1)	+	−	−	−	+	+	−
过氧化钠	−	+	+	−	−	+	−
过氧化钠-碳酸钠(5∶1)	−	+	+	+	−	+	−
过氧化钠-碳酸钠(4∶2)	−	+	+	+	−	+	−
氢氧化钠(钾)	−	+	+	+	−	−	−
氢氧化钠(钾)-硝酸钠(钾)(6∶0.5)	−	+	+	+	−	−	−
碳酸钠-硫黄(1∶1)	−	−	−	−	+	+	+
碳酸钠-硫黄(1.5∶1)	−	−	−	−	+	+	+
硫酸氢钾	+	−	−	−	+	−	+
焦硫酸钾	+	−	−	−	+	−	+
焦硫酸钾-氟化氢钾(10∶1)	+	−	−	−	−	−	−
氧化硼	+	−	−	−	−	−	−
硫代硫酸钠(212℃熔干)	−	−	−	−	+		+

注：1. “＋”表示可以使用；“－”号表示不宜使用。

2. 碳酸钠和碳酸钾均为无水。

进度检查

一、填空题

1. 分析室常用的洗涤剂及洗涤液一般有__________、__________、__________、__________及其他化学洗涤剂。

2. 分析室所用化学器皿洗净的标准是__________________。

3. 化学器皿的干燥常有__________、__________、__________、__________、__________五种。

二、判断题（正确的在括号内划“√”，错误的划“×”）

1. 沾有油污的玻璃器皿可用多种洗液重复洗涤。（　）

2. 带磨口活塞的玻璃仪器，必须将活塞取出后再放入电热恒温干燥箱内进行干燥。（　）

三、操作题

1. 配制 500mL 铬酸洗液。
2. 用铬酸洗液洗涤一只移液管。
3. 配制 500mL 0.1mol/L 的 NaOH 溶液。

化学器皿的使用技能考试内容及评分标准

一、考试内容：配制 500mL 铬酸洗液；洗涤沾有油污的滴定管

（一）配制 500mL 铬酸洗液

1. 仪器洗涤。
2. 用托盘天平称取 25g 研细的重铬酸钾。
3. 加入 50mL 水。
4. 加热溶解。
5. 冷至室温后将溶有重铬酸钾的烧杯放在冷水浴中。
6. 缓缓加入 450mL 浓硫酸，搅拌均匀。
7. 善后处理。

（二）洗涤沾有油污的滴定管

1. 用自来水冲洗。
2. 把滴定管内的水倒净，用洗液洗涤。
3. 洗液倒回原瓶中。
4. 用自来水冲洗。
5. 用蒸馏水冲洗 3～4 次。
6. 善后工作。

二、评分标准

（一）配制铬酸洗液（60 分）

1. 仪器洗涤。（9 分）

包括烧杯、量筒、玻璃棒等。

2. 称取重铬酸钾。（16 分）

检查托盘天平、调零、称取、天平回零。

3. 用量筒加入 50mL 水。（4 分）

4. 加热溶解。（16 分）

加热装置安装、点燃酒精灯、搅拌、熄灭酒精灯。

5. 将重铬酸钾放入冷水浴中。（4 分）

6. 量取 450mL H_2SO_4，加入 H_2SO_4。（8 分）

7. 善后处理。（3 分）

（二）洗涤滴定管（40 分）

1. 自来水冲洗。（2 分）

2. 洗液洗涤。

若为碱式滴定管，需先把尖嘴部分取掉，橡皮管及玻璃珠仍留在滴定管上，然后将滴定管倒置，用抽气泵将洗液抽至接近胶管处停止。（10 分）

若为酸式滴定管，关闭活塞，倒入 10～15mL 铬酸洗液，两手平端滴定管，竖起，放出

洗液。(10 分)

3. 洗液倒回原瓶中。(4 分)

4. 用自来水冲洗。(4 分)

5. 蒸馏水冲洗 3～4 次。(6 分)

6. 善后处理。(4 分)

将滴定管倒置于滴定管架上，整理。

MU6　分析室常用测量仪表及使用

<table>
<tr><td colspan="1">学　习　单　元
名　　称：秒表及其应用
职业领域：化工、石油、冶金、医药、环保、建材等
工作范围：分析</td><td>编号</td><td>FJC-06-01</td></tr>
<tr><td></td><td>课时</td><td>4</td></tr>
<tr><td></td><td>日期</td><td></td></tr>
</table>

学习目标

完成本单元的学习之后，能够确认秒表，并能使用秒表进行时间测量。

所需仪器

电子秒表1块。

学习单元内容

秒表是一种用以测量时间间隔的精密计时仪器。秒表的规格型号较多，按其机芯构造不同可分为机械秒表和电子秒表两类。现在常用的是电子秒表。因此，这里只介绍电子秒表。

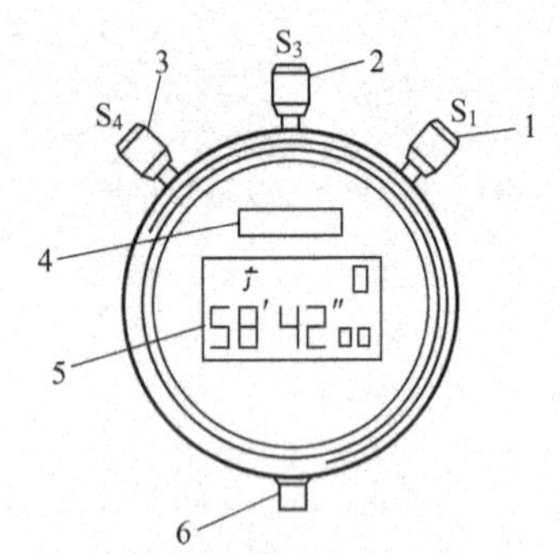

图 06-01-01　电子秒表外形示意图

1—启动停止按钮；2—状态选择按钮；3—复零按钮；4—太阳能电池；5—显示屏；6—转环柄

一、电子秒表及其结构

电子秒表是利用石英振荡器的振荡频率作为时间基准、采用八位数的液晶显示器，具有精度高、显示清楚、使用方便、功能较多等优点，有的还装有太阳能电池，可延长表内氧化银电池的使用寿命。

电子秒表的外形如图 06-01-01 所示。其中状态选择按钮 S_3 可作计时计历、闹时、秒表3种状态选择（如图 06-01-02 所示）。当它处于秒表状态时，显示屏能显示时、分、秒、1/100秒，并出现八位数字、秒表指示的分标“′”和秒标“″”。当计时时，秒表指示闪烁。计时停止，闪烁也停止，并呈显示状态。分标“′”和秒标“″”在计时时呈显示状态，而在分段计时时闪烁。

二、电子秒表的用途及其操作

现以国产SJ9-1型石英液晶电子秒表为例，说明电子秒表的用途及操作方法。

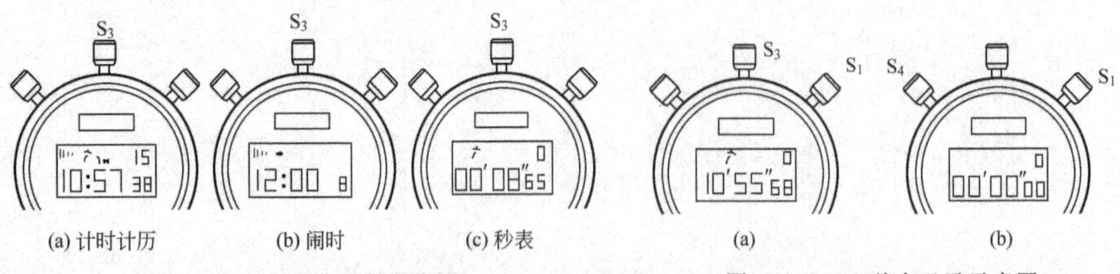

图 06-01-02　状态选择示意图　　图 06-01-03　秒表显示示意图

1. 基本秒表显示（相当于机械秒表的单针功能）

① 当 S_3 在秒表状态时，应先复零。

② 按 S_1 秒表开始计时，再按 S_1 秒表计时停止［如图 06-01-03（a）所示］，再按 S_4 即复零［如图 06-01-03（b）所示］。

2. 累加计时

按一下 S_1 秒表计时开始，再按一下 S_1 秒表计时停止，若再按一下 S_1 即累加计时，如此可以重复断续累加。

3. 分段计时（相当于机械秒表的双针功能）

① 第一次按 S_1，秒表开始计时。

② 当需要给甲计时时，按 S_4 表面上出现“SPLIT”，其读数为甲的成绩，而秒表内部继续在计时，且“′”、“″”同时闪烁，如图 06-01-04（a）所示。

③ 当需要给乙计时时，按一下 S_1 秒表停止计时，且“′”、“″”都停止闪烁。记录下甲的成绩，再按一下 S_4 出现乙的成绩，如图 06-01-04（b）所示。

④ 再按一下 S_4，秒表复零。

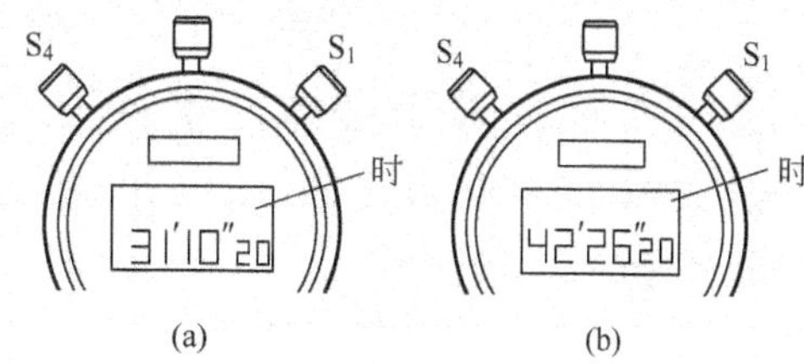

图 06-01-04　分段计时示意图

三、秒表的维护与保养

① 经常用软布轻轻擦去表壳上的污物和汗渍，保持镀层光亮清洁。

② 避免进水和受潮，万一进了水，可用工具把后盖打开，用电灯泡或低于 60℃的热源烘干。

③ 秒表应保存在有柔软衬垫的盒子里，存放在温度正常、干燥的地方，避免受激烈的震动和高温，防磁化、防腐蚀。

④ 电子秒表应及时更换电池。更换方法是：打开后盖，松开电池上的压簧，取出旧电池，换上相同规格的新电池（勿用金属镊子，以防新电池短路），盖好后盖。

⑤ 太阳能电池组不宜用强光长时间直射，以防充电过量而损坏电池。

进度检查

一、填空题

1. 秒表按其机芯构造不同可分为__________和__________两类。

2. 秒表是用以测量__________的精密计时仪器。

3. 电子秒表是以石英振荡器的振荡频率作为__________基准，并采用八位数的__________。

二、判断题（正确的在括号内划“√”，错误的划“×”）

1. 电子秒表中若装有太阳能电池，可延长表内氧化银电池的使用寿命。（　　）

2. 当秒表计时时，秒表指示闪烁。（　　）

3. 当秒表计时时，分标“′”和秒标“″”呈显示状态，而在分段计时时闪烁。（　　）

4. 电子秒表更换新电池时，必须使用金属镊子。（　　）

5. 电子秒表具有防震、防高温、防磁化、防腐蚀的能力。（　　）

三、选择题（将正确答案的序号填入括号内）

1. 电子秒表的优点是（　　）。

A. 液晶显示、精度高　　B. 使用方便、功能多

C. 精度高、显示清楚、使用方便、功能较多等

2. 国产电子秒表的计时精度是（　　）。

A. 1/10s　　B. 1/100s　　C. 1/1000s

3. 电子秒表若进了水，可用以烘干的热源是（　）。

A. 电灯泡　B. 低于60℃的热源　C. 烘箱

4. 下列关于电子秒表的太阳能电池组充电的描述正确的是（　）。

A. 不宜用强光　B. 不宜用强光直射　C. 不宜用强光长时间直射

四、操作题（下列操作可全部或抽取其中的两个进行考核，但必须正确、熟练）

1. 基本秒表显示操作。
2. 累加计时操作。
3. 分段计时操作。

要求：①计时卡表动作要迅速、准确；②数据记录正确无误。

学　习　单　元	编号	FJC-06-02
名　　称：玻璃液体温度计及其使用	课时	4
职业领域：化工、石油、冶金、医药、环保、建材等		
工作范围：分析	日期	

学习目标

完成本单元的学习之后，能够确认分析室常用的玻璃液体温度计，并能使用温度计进行温度测量。

所需仪器和药品

序号	名称及说明	数量	序号	名称及说明	数量
1	水银温度计(量程 0～100℃)	1支	4	烧杯(300mL)	2只
2	酒精温度计(量程－50～50℃)	1支	5	冰水	200mL
3	电接点式温度计	1支	6	热水(80℃以上)	200mL

学习单元内容

一、玻璃液体温度计及其结构

玻璃液体温度计也称液体膨胀式温度计。它是一种可以直接显示物体温度的测量仪表。分析室常用的玻璃液体温度计有水银温度计、酒精温度计、电接点式温度计等。玻璃液体温度计由玻璃感温泡、毛细管和刻度标尺三部分组成。其测温原理是利用感温液体受热后体积膨胀的特性，通过刻度标尺把物体的冷热程度指示出来。工作液体的膨胀系数越大，液体体积随温度升高而增加的数值越大。因此，选用膨胀系数大的工作液体，可以提高温度计的测量精度。

1. 水银温度计

水银温度计是以金属汞为工作液体的玻璃液体温度计。其结构如图 06-02-01 所示。

水银温度计的测温范围一般为－30～300℃。若采用加压氮气提高水银的沸点，测温上限可达600℃。水银的膨胀系数虽然不大，但却有许多优点，如不粘玻璃、不易氧化、易提纯、在－38～356.66℃范围内为液态、在200℃以下体积膨胀和温度成线性关系。

2. 酒精温度计

酒精温度计是用酒精作为工作液体的玻璃液体温度计。它一般用于低温测量，测温下限为－80℃。其结构与外形和水银温度计相同。

酒精温度计的特点是灵敏性好，缺点是因酒精易粘玻璃而使其测量精度降低、热容大、热惯性大、线性不好等。

3. 电接点式温度计

电接点式温度计以水银为工作液体，因此也叫电接点式水银温度计，俗称导电表。它除能指示温度外，还可用于控制温度（恒温控制器）、信号指示和报警装置。其结构如图 06-02-02 所示。

温度计的测温范围不仅取决于工作液体的沸点、凝固点，而且还取决于玻璃材料的性质。用硬质玻璃制作的水银温度计可测至 360℃，用高铝硅硼玻璃制作的水银温度计可测至 400℃以上，600℃以上用石英玻璃制作的水银温度计。目前我国已制成 1200℃高温水银温度计。

二、玻璃液体温度计的使用

① 使用玻璃液体温度计时，应当由低温到高温逐渐升温，降温也应当由高到低逐渐降低。

② 读数时应在刻度正面读取，并保持视线、刻度线和工作液基准线在同一水平线上，以保证读数的正确性，如图 06-02-03 所示。

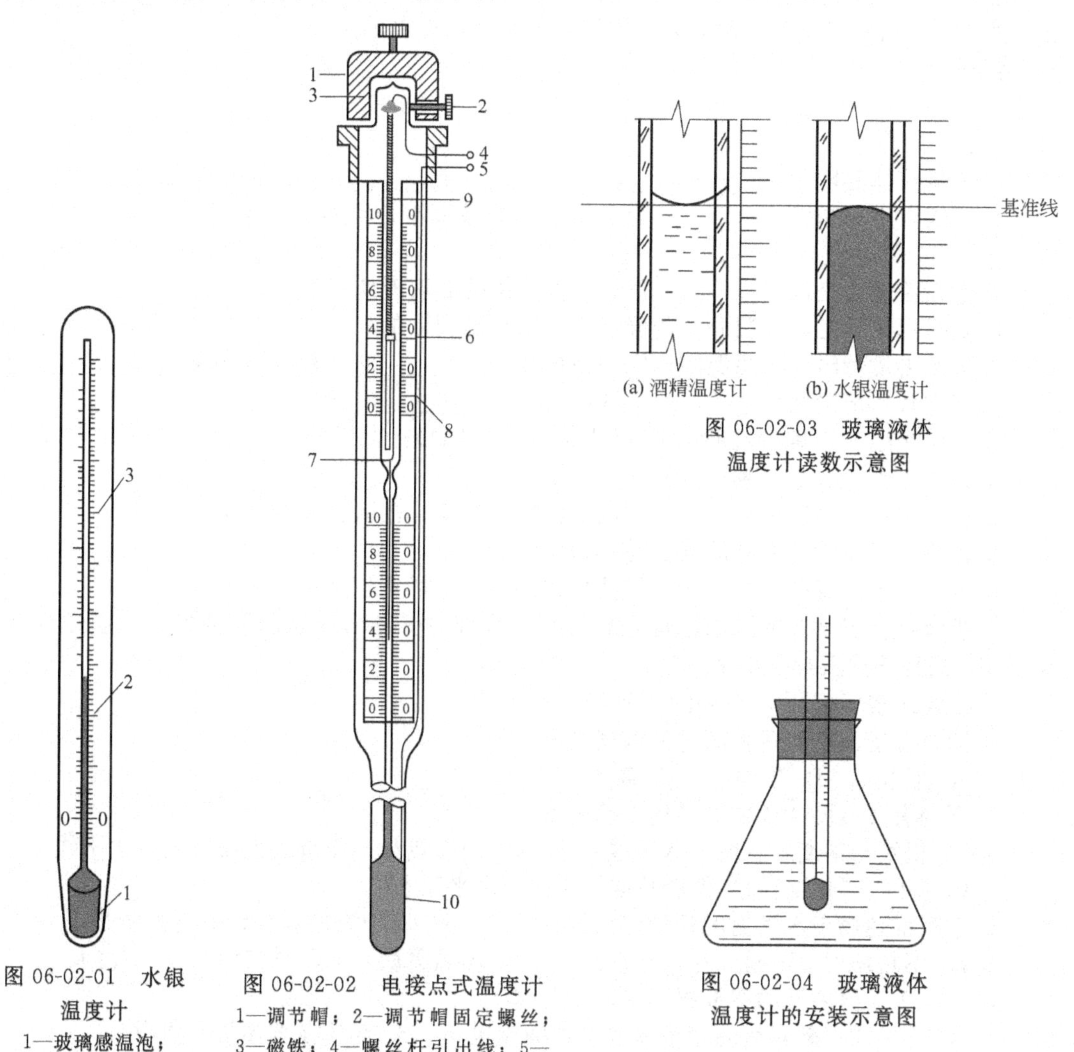

图 06-02-01 水银温度计
1—玻璃感温泡；
2—毛细管；
3—刻度标尺

图 06-02-02 电接点式温度计
1—调节帽；2—调节帽固定螺丝；3—磁铁；4—螺丝杆引出线；5—水银槽引出线；6—指示铁；7—触针；8—刻度板；9—调节螺丝杆；10—水银槽

图 06-02-03 玻璃液体温度计读数示意图

图 06-02-04 玻璃液体温度计的安装示意图

③ 电接点式温度计在转动调节帽时，要松开固定螺丝，调好后固定好螺丝，避免因震动引起温度接点的变化。

④ 工作状态应避免剧烈的震动或移动。

三、玻璃液体温度计的使用注意事项与维护

① 温度计应存放在有柔软衬垫的盒子里或专用抽屉里，不应放在硬的物体上或加热设备附近。

② 根据测量要求选择合适的温度计，被测介质的温度应包括在温度计的量程之内。

③ 温度计的感温泡应完全浸没在被测介质中，且以不浸没刻度示值为宜，其安装如图06-02-04 所示。

④ 安装电接点式温度计时，标尺以下的部分应完全浸没在被测介质中。

⑤ 正确选择测温点，安装位置应便于观察、维修、检验和拆装，不应安装在死角区，更不能水平安装。

⑥ 温度计应保持清洁，用毕不应留有污迹。

⑦ 温度计发生水银中断现象时，将其插入冷冻剂中，迫使毛细管中的水银全部回缩到感温泡中，然后撤去冷冻剂使其升温膨胀，反复几次即可消除。

进度检查

一、填空题

1. 玻璃液体温度计由__________、__________和__________三部分组成。

2. 水银温度计是以__________为工作液体的玻璃液体温度计，它测量温度的范围一般为__________℃。

3. 酒精温度计是以__________作为工作液体的玻璃液体温度计。

4. 选择温度计时，被测介质的温度应包括在温度计的__________之内。

5. 安装温度计时，其感温泡应完全浸没在__________中，且以不浸没__________为宜。

6. 温度计不应安装在__________区，更不能__________安装。

二、判断题（正确的在括号内划“√”，错误的划“×”）

1. 使用温度计应避免骤冷与骤热。（　　）

2. 使用电接点式温度计时，标尺以下的部分应全部浸入被测介质中。（　　）

3. 温度计发生水银中断的现象是不可消除的。（　　）

4. 温度计的测温范围取决于工作液体的沸点、凝固点以及玻璃材质。（　　）

5. 玻璃液体温度计的测温原理是利用其工作液体受热后体积膨胀的特性，通过刻度标尺把物体的冷热程度指示出来。（　　）

三、选择题（将正确答案的序号填入括号内）

1. 酒精温度计一般适宜测量的温度是（　　）。

A. 低温　　B. 中温　　C. 高温

2. 下列有关温度计读数的描述正确的是（　　）。

A. 视线与刻度线在同一水平线上　　B. 刻度线与工作液基准线在同一水平线上

C. 视线、刻度线和工作液基准线在同一水平线上

3. 下列描述属于水银温度计的优点的是（　　）；属于酒精温度计的优点的是（　　）。

A. 不粘玻璃，不易氧化，线性好　　B. 测温灵敏　　C. 热容大、热惯性大

4. 下列关于温度计的存放描述正确的是（　　）。

A. 存放在有软衬垫的盒子里或专用抽屉里　　B. 存放在被加热介质中

C. 放在硬物上或加热设备旁

四、操作题

1. 用酒精温度计在烧杯中测量冰水的温度。

2. 用水银温度计在烧杯中测量热水的温度。

要求：①温度计应吊装在烧杯中，并符合安装要求；②读数方法要正确，读数要准确。

学　习　单　元	编号	FJC-06-03
名　　称：气压计及其使用	课时	4
职业领域：化工、石油、冶金、医药、环保、建材等		
工作范围：分析	日期	

学习目标

完成本单元的学习之后，能够确认气压计，并使用气压计进行大气压力测量。

所需仪器

气压计（悬挂式）1支。

学习单元内容

一、气压计及其构造

气压计是一种用来测量大气压力的仪器。常见的有悬挂式和盒式两种类型。这里只介绍悬挂式气压计。

1. 构造

以动槽式水银气压计为例，其构造见图 06-03-01。

① 感压系统。包括水银柱管、水银杯。

② 基准面调节机构（即调零机构）。包括调节螺丝、象牙针等。

③ 读数部分。包括齿轮、齿条、外管、游尺及游尺调节手柄等。

④ 附属温度表。

⑤ 保护部分。包括玻璃套筒和护筒等。

⑥ 安装支承部分。包括挂柱、挂板及定心装置、吊环、锥形套等。

2. 工作原理

动槽式水银气压计是借助于一端封闭、另一端插入水银槽内的玻璃管中的水银柱高度来测量大气压力的。当大气压力发生变化时，水银杯和水银柱的水银面高度将发生相应的变化，以象牙针尖作标尺零点，拧动水银杯底部的调节螺丝，可使水银杯中的水银面复原到标尺零点基准面上，此时水银柱端面在标尺上的示值经修正后即为当时的气压值。DYM-1 型动槽式水银气压计的技术参数见表 06-03-01。

表 06-03-01　DYM-1 型动槽式水银气压计的技术参数

工作温度－15～45℃	器差校正值≤40Pa
测量范围 81000～107000Pa	测量精度 40Pa
分度值 10Pa	气泡直径≤1×10^{-3}m

二、气压计的安装

气压计应安装在温度变化缓慢、太阳不直射、无震动、通风、干燥的房间，要远离火炉和门窗。盒式气压计无需特殊安装即可使用；悬挂式气压计的安装步骤如下。

(1) 安装挂柱和定心装置　挂柱安装在白色衬面板上方，定心圈安装在挂板下方，并使铅垂定心圈中心与挂柱的切口中心成一垂直线（用铅垂线检查），如图 06-03-02 所示。

(2) 固定挂板　选择适当地方打孔，并用胀塞和螺母将挂板上下两端垂直地固定在墙上，

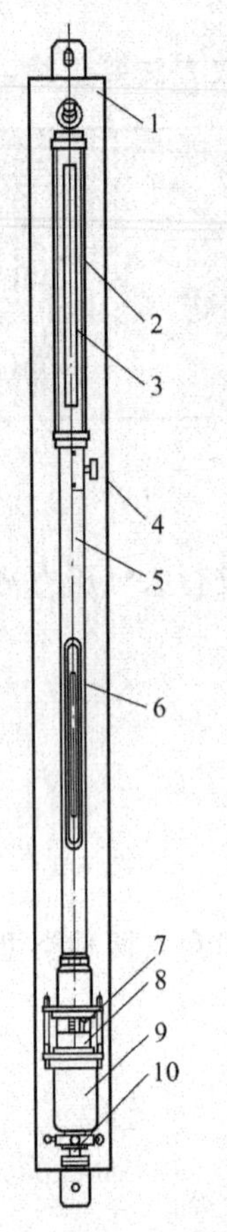

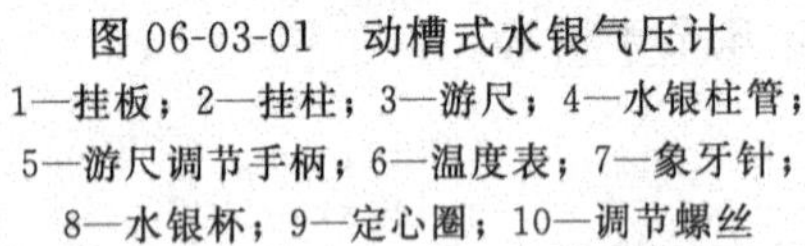

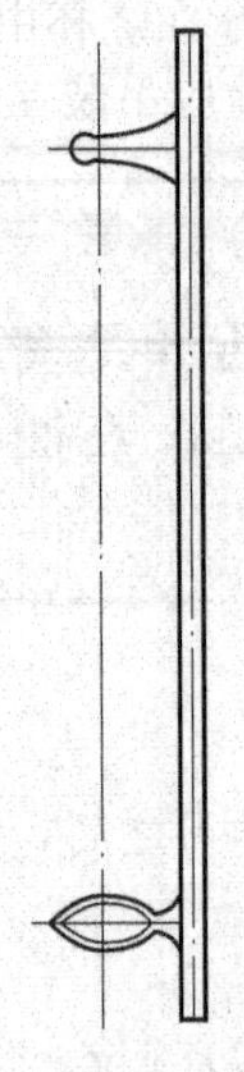

图 06-03-02　挂柱与定心装置安装示意图

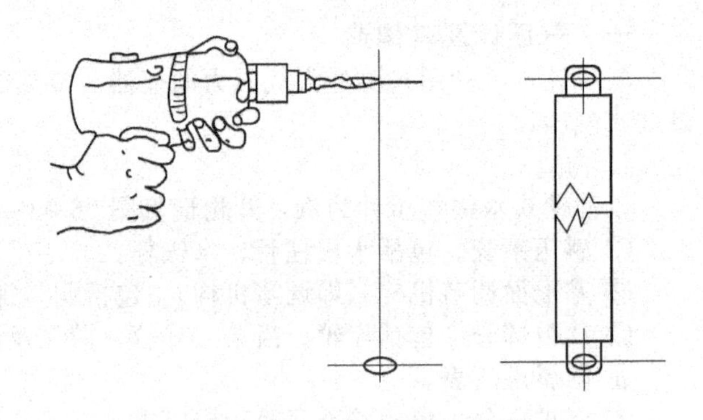

图 06-03-03　固定挂板示意图

如图 06-03-03 所示。其悬挂高度应以便于直立观测读数为宜。

（3）正立气压计　先微微拧紧水银杯底部的调节螺丝，再把气压计缓慢地正立起来。

（4）悬挂气压计　先将水银杯底部放在铅垂定心圈中，再把气压计吊环挂在挂柱上，使其自然下垂。其操作如图 06-03-04 所示。

（5）固定气压计　用定心圈上的 3 个定心螺丝固定好气压计，使其不左右或前后摆动，并使气压计保持垂直。固定气压计的方法如图 06-03-05 所示。

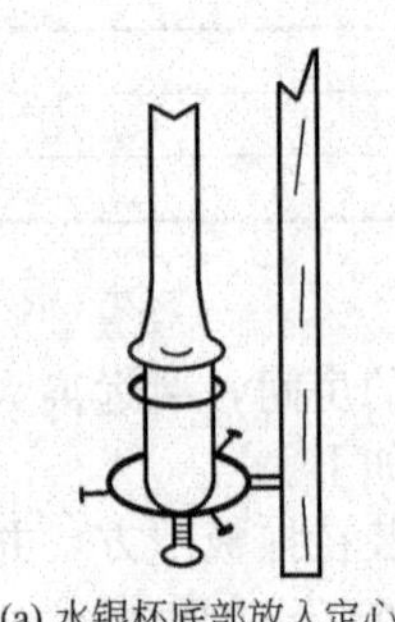

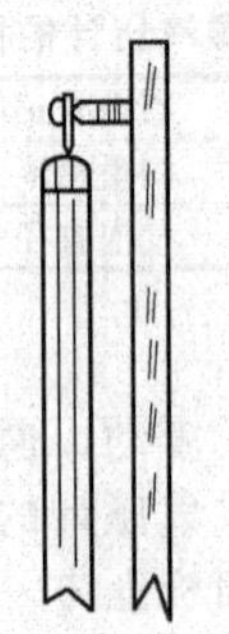

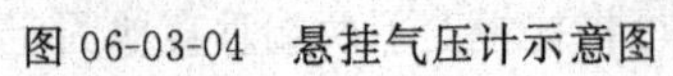

图 06-03-04　悬挂气压计示意图

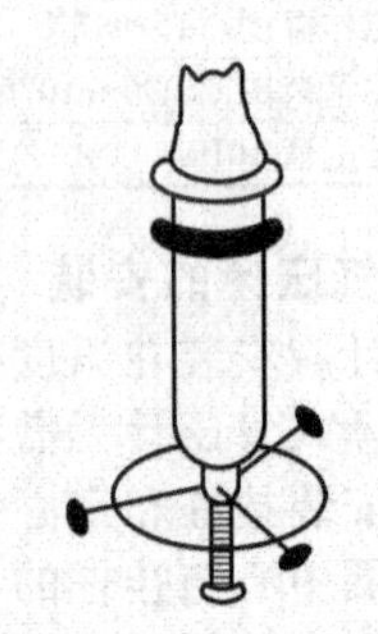

图 06-03-05　固定气压计示意图

(6) 调节水银基准面　慢慢旋松水银杯底部的调节螺丝，使水银基准面降至离象牙针尖2～3mm，如图06-03-06所示。

三、气压计的使用操作

(1) 观测温度　观测附属温度表的示值，先读小数（准确到0.1℃），后读整数。

(2) 气压计调零　旋转水银杯底部调节螺丝，使象牙针尖与其在水银中的倒影尖部刚好接触，如图06-03-07所示。

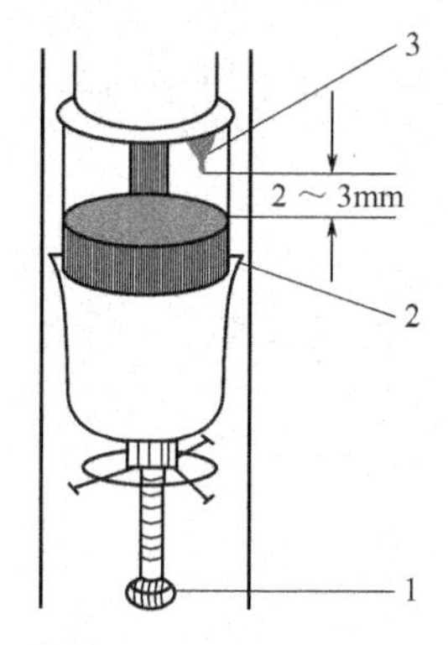

图06-03-06　调节水银基准面

1—调节螺丝；2—水银基准面；3—象牙针

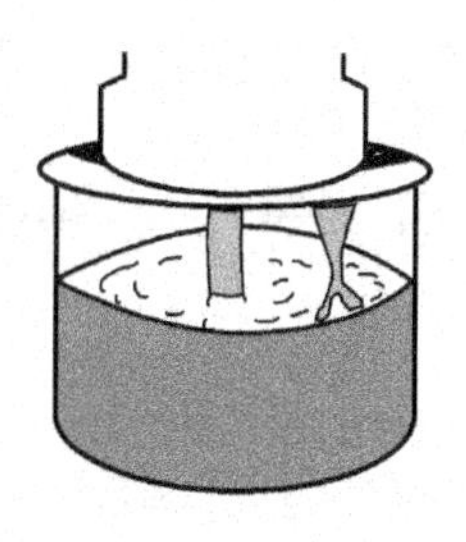

图06-03-07　气压计调零示意图

(3) 调节游尺　转动游尺调节螺丝，先使游尺基面向上或向下滑动至稍高出水银柱端面，再缓慢地把游尺调下，使游尺零线与水银柱基准面相切，如图06-03-08所示。

(4) 读数　先读靠近游尺零线以下标尺上的整数值，再从游尺上读出正好与标尺某一刻度相吻合的小数值，如图06-03-09所示。

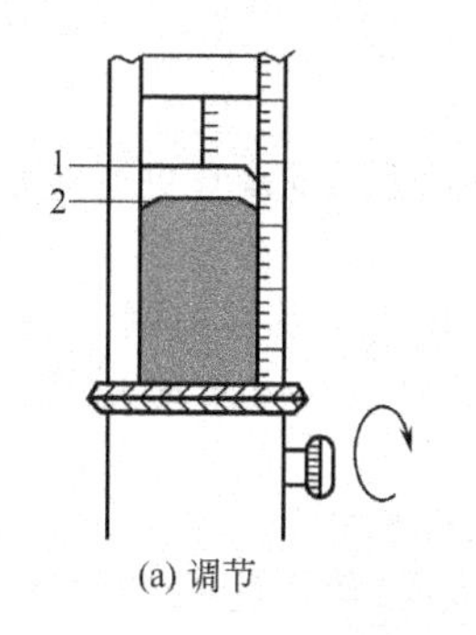

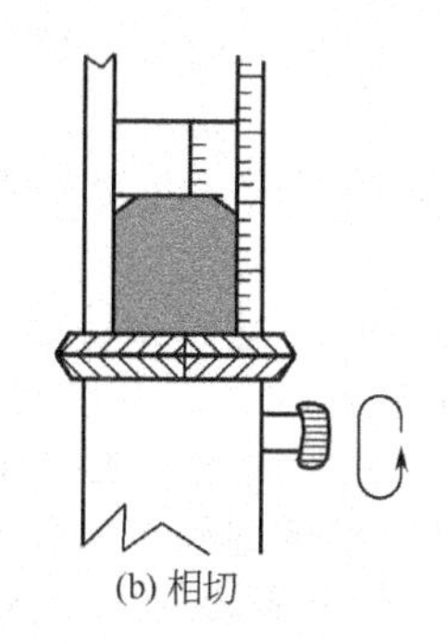

图06-03-08　调节游尺示意图

1—游尺基面；2—水银柱基面

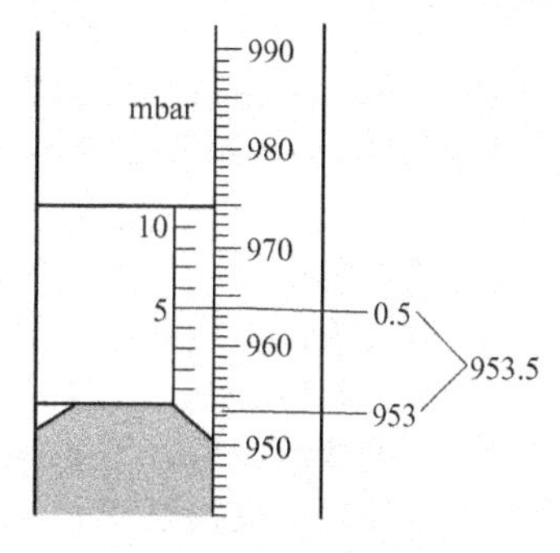

图06-03-09　气压计读数示意图

(5) 调节水银基准面　读数完毕，转动水银杯底部的调节螺丝，使水银基准面离开象牙针尖2～3mm，如图06-03-06所示。

应当注意的是，从表上读取的气压值，需要经过对仪器的器差、温度、重力校正以后，才能得出当时的气压值。

查取校正值时，若无气象常用表，可按下列公式计算。

① 重力校正。包括纬度校正和高度校正。

a. 纬度校正：是将气压计读数值校正到相当于纬度45°时的气压值。

即
$$\Delta B_{\psi} = -0.00265 B_{\psi} \cos 2\psi \quad (06\text{-}03\text{-}01)$$

式中　B_{ψ}——气压计的气压读数，Pa[1]；

[1] 气压计读数为mbar，应换算为帕（Pa），1mbar=100Pa。

ψ——观测地点的纬度。

从式（06-03-01）中可以看出，校正值的正负决定于 $\cos 2\psi$，当纬度从 0°到 45°时校正值为负值，当纬度从 45°到 90°时校正值为正值。

b. 高度校正：是将气压计读数值校正到相当于海平面的气压值。

即
$$\Delta B_h = -1.96\times 10^{-7} B_h h \qquad (06\text{-}03\text{-}02)$$

式中 B_h——气压计的气压读数值，Pa；

h——气压计安装地的海拔高度，m。

当气压计处于海平面以上时，校正值为负值；当气压计处于海平面以下时，校正值为正值。

c. 如果将重力校正整理为一项，并用 ΔB_g 表示，则
$$\Delta B_g = \Delta B_\psi + \Delta B_h \qquad (06\text{-}03\text{-}03)$$

② 温度校正。是将气压计读数值校正到相当于 0℃时的气压值。

即
$$\Delta B_t = \frac{1.634\times 10^{-4} t}{1+1.818\times 10^{-4} t} B_t$$

式中 B_t——气压计的气压示值；

t——气压计的温度值。

例如，温度 t 为 20℃、纬度 ψ 为 60°、海拔 h 为 140m 时，气压计的器差校正值（ΔB_w）为 10Pa，而气压计示值为 101520Pa。

根据计算或查表得：

$$\begin{aligned}\Delta B_{总} &= \Delta B_\psi + \Delta B_h + \Delta B_t + \Delta B_w \\ &= 135-3-331+10 \\ &= -189\ (\text{Pa})\end{aligned}$$

$$\begin{aligned}校正后气压值 &= 101520-189 \\ &\approx 101331\ (\text{Pa})\end{aligned}$$

四、气压计的维护与保养

气压计如果使用和保管不当，很容易被损坏。在使用和保管气压计时，要经常进行维护与保养，并应注意以下几点。

① 如果发现有空气进入气压计玻璃管中，应停止使用，经排气泡和校正后再使用。

② 当气压计调换悬挂位置时，应垂直移动，不得平放在地板或平台上，更不能猛烈晃动或震动，避免碰撞，以防空气进入水银柱管内或造成内玻璃管折断。

③ 在正常使用后，不要随意拆卸和拧动零部件，以免水银流出和影响精确度。

④ 存放时，应按要求包装好，存放在干燥、通风、无腐蚀性气体和化学物品的室内，以防腐蚀。

进度检查

一、填空题

1. 气压计主要由________、调零机构、________、附属温度表、保护部分和安装支承部分构成。

2. 用气压计测量完毕后，应调节水银基准面离开象牙针尖________mm。

3. 气压计的悬挂________应以便于直立观测读数为宜。

4. 当气压计正常使用后，不要随意拆卸和拧动________。

二、判断题（正确的在括号内划“√”，错误的划“×”）

1. 水银气压计的标尺是以象牙针尖作零点。（　）

2. 水银气压计是通过插入水银槽内的玻璃管中的水银柱高度来测量大气压力的。（　）

3. 在安装和使用气压计的操作中，都要调节水银基准面，并且方法相同。（　　）

4. 从气压计标尺和游尺上读取的数值即为当时的气压值。（　　）

三、选择题（将正确答案的序号填入括号内）

1. 以下关于气压计的安装操作顺序正确的是（　　）。

A. 安装挂柱、固定挂板、悬挂气压计　　B. 固定挂板、安装挂柱、正立气压计

C. 安装定心圈、调节水银基准面、固定气压计

2. 下列有关气压计的使用操作顺序正确的是（　　）。

A. 气压计调零、观测温度、读数　　B. 游尺调节、调零、调节基准面

C. 调零、调节游尺、调节基准面

3. 当空气进入气压计玻璃管后，以下做法正确的是（　　）。

A. 停用，经排气泡和校正后使用　　B. 报废　　C. 继续使用

4. 下列关于气压计因调换悬挂位置而移动时的描述正确的是（　　）。

A. 横置移动　　B. 垂直移动　　C. 不得移动

四、操作题

用悬挂式气压计进行大气压力测量。

要求：①操作方法正确；②能对气压计示值进行校正。

学　习　单　元	编号	FJC-06-04
名　　称：湿式气体流量计及其使用	课时	4
职业领域：化工、石油、冶金、医药、环保、建材等		
工作范围：分析	日期	

学习目标

完成本单元的学习之后，能够确认湿式气体流量计，并能使用湿式气体流量计进行气体流量计量。

所需仪器和药品

序号	名称及说明	数量	序号	名称及说明	数量
1	湿式气体流量计	1台	4	烧杯（容积1000mL）	1只
2	U形压力计	1支	5	漏斗	1只
3	水银温度计（量程0～100℃）	1支	6	蒸馏水	若干

相关学习单元

——秒表及其应用　FJC-06-01

——玻璃液体温度计及其使用　FJC-06-02

学习单元内容

一、湿式气体流量计及其结构

湿式气体流量计是用来计量气体流量的仪器，其结构如图06-04-01所示。它的外壳是一个金属圆筒，筒内是一金属鼓轮，鼓轮轴与表盘指针相连。计量时，在筒内装入半筒水，使鼓轮的下半部浸没在水中，通入的气体推动鼓轮按顺时针方向转动，鼓轮带动表盘指针同步转动而实现气体流量的计量。

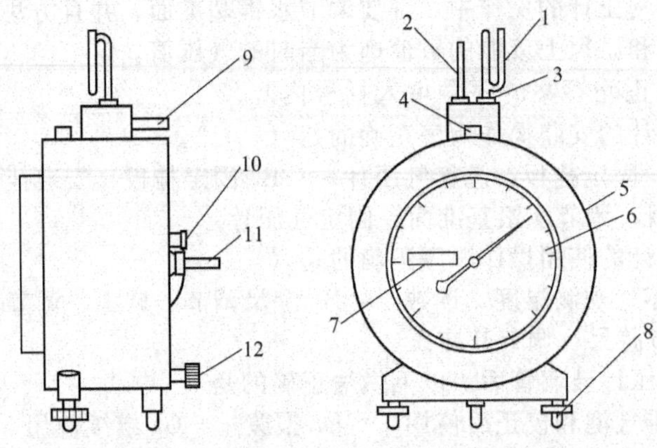

图 06-04-01　湿式气体流量计结构示意图

1—U 形压力计；2—温度计；3—橡皮塞；4—水平仪；5—外壳圆筒；6—表盘；7—计数器；8—可调地角螺钉；9—出气管；10—水位控制器；11—进气管；12—放水阀

湿式气体流量计分普通型和防腐型两种类型。LML 型为普通型，采用黄铜材质，一般用于测量无腐蚀性气体；LMF 型为防腐型，采用不锈钢材质，可测量腐蚀性气体。不同型号湿式流量计的主要技术参数列入表 06-04-01 中。

表 06-04-01　湿式流量计的主要技术参数

技术指标	型号			
	LML-1 LMF-1	LML-2 LMF-2	LML-3	LML-4
鼓轮每转气体流量/m^3	0.002	0.005	0.01	0.02
额定流量/(m^3/h)	0.2	0.5	1	2
最高流量记录/m^3	100	100	1000	1000
超额流量/(m^3/h)	0.3	0.75	1.25	2.5
最小刻度值/m^3	0.1×10^{-4}	0.25×10^{-4}	1×10^{-4}	2×10^{-4}
正常压力值/Pa	1000	1000	1000	1000

二、湿式气体流量计的使用操作

（1）调水平　将流量计摆放在工作台上，调整可调地角螺钉使水平仪水泡位于中心，如图 06-04-02 所示。

（2）控制水位　旋开水位控制器密封螺帽，并拉出毛线绳，如图 06-04-03 所示。

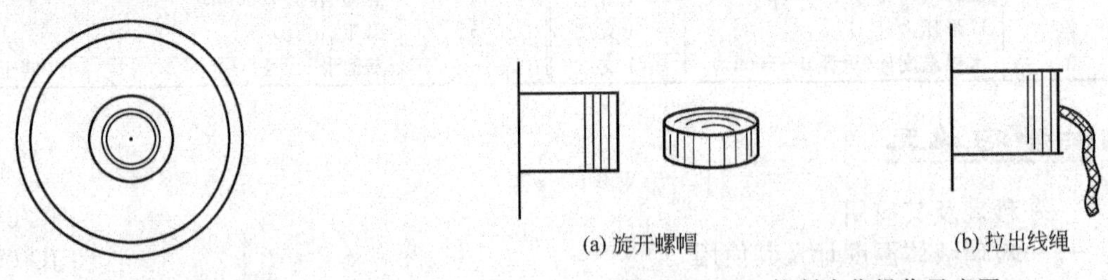

图 06-04-02　调水平示意图

(a) 旋开螺帽　(b) 拉出线绳

图 06-04-03　控制水位操作示意图

（3）装蒸馏水　用漏斗从温度计（或压力计）的安装孔向流量计内注入蒸馏水（如图 06-04-04 所示），待蒸馏水从水位控制器孔内流出时即停止注水，当多余的蒸馏水顺毛线绳流尽（很久流出一滴）时，将毛线绳收入水位控制器密封螺帽内，拧紧密封螺帽。

（4）安装温度计和压力计　将事先配好橡皮塞的温度计和 U 形压力计安装在各自的安装孔中（见图 06-04-01）。

（5）连接气路　按流量计进出气方向连接好气路，并且使气路保持密封。

(6) 调节气体流速　开启采样气路阀门（逆时针旋动阀门手轮），按要求调节气体流速（通过湿式流量计的表盘指针和秒表显示一定时间内流过气体的体积，如 300mL/min）。调节好气体流速之后，记录流量计的体积起始读数。

(7) 流量计量　让气体以规定流速通过湿式流量计，当流过的气体达到要求体积时，关闭采样气路阀门（顺时针旋动阀门手轮），记录表盘终了体积读数，以及计量时的温度和压力。

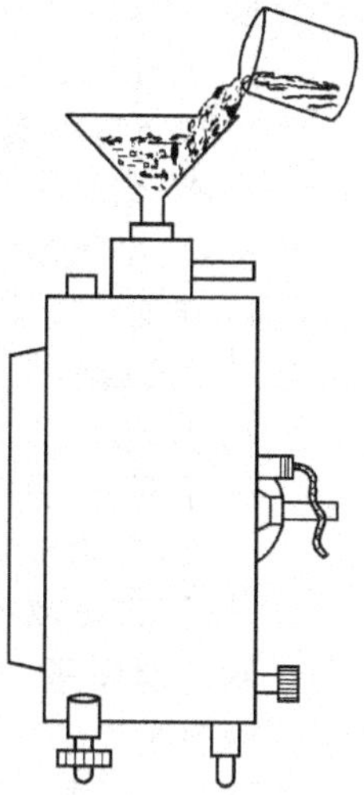

三、使用注意事项

① 使用中，要经常注意流量计内水位的保持，否则将影响测量精度。

② 使用中，温度应保持在 15～25℃之间，气体温度与室温相同，其温差≤2℃。

③ 记录湿式流量计的起始体积时，最好在表盘指针运转数周后再进行读数。

④ 当被测气体的压力超过流量计的正常压力值 1～6 倍（1～6kPa）时，仪器仍然可以进行工作，此时应将 U 形压力计取下，用无孔皮塞堵住压力计安装孔。

图 06-04-04　湿式流量计装水示意图

⑤ 当被测气体的流量超过额定流量至超额流量范围内使用时，仪器仍然可以进行工作，但此时测量精度将会有所降低。

⑥ 流量计在长期不使用时，应将流量计内的水排放干净。排水时先使用放水阀，然后将表头向下，再将出气管向下，这样反复几次，才能将鼓轮内的水放完。

⑦ 冬季流量计不宜在过冷的室内安装，以免内部结冰将流量计冻裂。

⑧ 在正常使用情况下，至少每年检验一次精度。

进度检查

一、填空题

1. 湿式气体流量计是用来计量气体__________的仪器，它分__________型和__________型两种类型。

2. 湿式气体流量计内部的鼓轮轴与__________相连。

3. 湿式气体流量计的鼓轮由通入的气体推动，按__________方向转动，鼓轮带动__________同步转动。

4. 在使用湿式气体流量计的过程中，要经常注意流量计内__________的保持，避免影响测量精度。

5. 记录流量计的起始体积时，最好在表盘指针运转数周后再进行__________。

6. 湿式气体流量表在长期不使用时，应将流量计内的水__________。

二、判断题（正确的在括号内划“√”，错误的划“×”）

1. 湿式气体流量计中的鼓轮与表盘指针的转动，既同时又同步。（　　）

2. LML 型湿式气体流量计不适用于腐蚀性气体的测量。（　　）

3. 湿式气体流量计的起始读数，应当在调节好气体流速之后进行。（　　）

4. 当湿式气体流量计在超额流量范围内使用时，测量精度会降低。（　　）

三、选择题（将正确答案的序号填入括号内）

1. 用来调整和显示湿式气体流量计水平的部件是（　　）。

A. 水平仪　　B. 可调地角螺钉　　C. 水平仪和可调地角螺钉

2. 下列关于湿式气体流量计的操作顺序排列正确的是（　　）。

①调水平②装蒸馏水③安装温度计和压力计④控制水位⑤调节气体流速⑥连接气路⑦流

量计量

A. ①②③④⑤⑥⑦ B. ①②④③⑥⑤⑦ C. ①④②③⑥⑤⑦

3. 以下有关湿式气体流量计装水的描述正确的是（ ）。

A. 借助于漏斗，且只能从温度计的安装孔注入蒸馏水 B. 水加至浸没鼓轮为止

C. 当蒸馏水从水位控制器孔内流出时即停止注水

4. 在湿式气体流量计使用中，当被测气体的压力超过流量计的正常压力值1～6倍时，应当采取的措施是（ ）。

A. 拆下压力计 B. 停止使用 C. 拆下压力计，并用无孔皮塞堵住其安装孔

5. 下列有关湿式气体流量计排水的描述正确的是（ ）。

A. 先由放水阀排水，再将出气管向下 B. 将表头向下进行排水

C. 先由放水阀排水，然后将表头向下，再将出气管向下

四、操作题

用湿式气体流量计进行气体流量计量。

要求：①调节气体流速300mL/min；②计量气体体积5L；③操作步骤和方法正确。

分析室常用测量仪表及使用技能考试内容及评分标准

一、考试内容

（一）电子秒表的基本操作

1. 基本秒表显示。
2. 累加计时。
3. 分段计时。

（二）水银温度计的基本操作

1. 温度计的选择。
2. 温度计的安装。
3. 温度测量。

（三）气压计的使用操作

1. 观测温度。
2. 调零。
3. 调节游尺。
4. 读数。
5. 调节水银基准面。

（四）湿式气体流量计的基本操作

1. 安装与调试。
2. 流量计量。

二、评分标准（满分100分）

内容	操作步骤		技能要求	评分标准	配分	得分
电子秒表的基本操作	基本秒表显示	回零 开表 停表 记录	回零操作正确 动作迅速、灵敏 动作敏捷 记录正确、完整	对一项得2分，错一项扣2分，步骤错扣1～3分	8	
	累加计时	回零 开停表 累加 记录	回零正确 开停表敏捷 累加计时达30s 记录正确、完整	对一项得1分，错一项扣1分，累加计时不达30s扣1分	6	

续表

内　容	操作步骤	技能要求	评分标准	配分	得分
电子秒表的基本操作	分段计时 给甲计时 S_1—S_4—S_1 给乙计时 按 S_4 复零	按钮操作正确、敏捷，读数、记录正确	步骤清楚，操作正确，记录无误得满分，错一项扣 2 分	8	
水银温度计的基本操作	选择温度计 安装温度计 温度测量	温度计的量程应满足测量要求 感温泡浸没在介质中，而不浸没刻度示值 ①升温由低到高渐升 ②正面读数，保持视线、刻度线、工作液基准线在同一水平线上	对一项得 2 分，错一项扣 2 分	8	
气压计的使用操作	观测温度	由附属温度表读出温度示值，先读小数，后读整数	读数方法正确得 2 分；记录正确得 2 分；错一项扣 2 分	4	
	气压计调零	旋转水银杯底部调节螺丝，使象牙针尖与其在水银中的倒影尖部刚好接触	调节错误不得分，调节不到位扣 3 分	6	
	调节游尺	①转动游尺调节手柄，使游尺基面向上或向下滑动至稍高出水银柱端面；②再缓慢地把游尺调下，使游尺零线基面与水银柱基准面相切	错一项扣 4 分	8	
	读数	先读靠近游尺零线以下标尺上的整数值，再从游尺上读出正好与标尺某一刻度相吻合的小数值	读数方法错不得分；读数不准确扣 4 分	10	
	调节水银基准面	转动水银杯底的调节螺丝，使水银基准面离开象牙针尖 2～3mm	调节不到位扣 3 分	6	
湿式气体流量计的使用操作	调水平	将流量计放在工作台上，调整可调地角螺钉，使水平仪水泡位于中心	不水平扣 2 分	2	
	打开水位控制器密封螺帽	旋开水位控制器密封螺帽，拉出毛线绳	不拉出毛线绳扣 1 分，拉断毛线绳不得分	2	
	装蒸馏水	①用漏斗从温度计或压力计安装孔注入蒸馏水至水从水位控制器孔流出 ②多余水顺毛线绳流尽 ③毛线绳放入螺帽内，并拧紧	错、漏一项扣 2 分	6	
	安装温度计和压力计	将温度计和 U 形压力计安装在各自的安装孔中	错一项扣 1 分	2	
	连接气路	按进出气方向连接好气路，并保持密封	错误不得分，密封不好扣 1 分	2	
	调节气体流速	①开启采样气路阀门，按要求调节气体流速 ②记录流量计的体积起始读数	错、漏一项扣 3 分	6	
	流量计量	①当流过的气体达到要求体积时，关闭气路阀门 ②记录终了体积读数	错、漏一项扣 3 分	6	
	记录温度及大气压力	①记录温度 ②记录压力 ③拆下温度计和 U 形压力计	错、漏一项扣 1 分	4	
	排水	①从放水阀放水 ②将表头和出气管向下排水，反复几次，直至将鼓轮内水放干为止	错一项扣 3 分	6	

MU7　分析室常用电加热设备及使用

<table>
<tr><td rowspan="2">学　习　单　元
名　　称：分析室安全用电常识</td><td>编号</td><td>FJC-07-01</td></tr>
<tr><td rowspan="2">课时</td><td rowspan="2">1</td></tr>
<tr><td rowspan="2">职业领域：化工、石油、冶金、医药、环保等
工作范围：分析</td></tr>
<tr><td>日期</td><td></td></tr>
</table>

学习目标

完成本单元的学习之后，能够掌握分析室安全用电常识。

学习单元内容

在分析中，总要用到一些常用的电器和分析仪器，使用这些电器和仪器都离不开电。因此，分析化验人员除了要具备分析的基础知识外，还必须具备基本的电工知识，特别是应掌握安全用电常识，以防止因电器使用不当造成人员的伤害和仪器设备的损坏。为保证用电安全，必须做到以下几点。

① 在使用电动机械设备前，应检查开关、线路、安全地线等各部分设备、零件是否安全妥当，运转情况是否良好。

② 一切电器线路应有良好的绝缘性，各种电器的金属外壳必须安装地线。

③ 经常对电器进行检查，如发现温度过高或突然下降以及使用不正常，立即找电工修理。

④ 严禁用铁柄毛刷或湿布清扫电器与开关。严防将水洒在电器上和线路上，禁止将湿物放在电器上，以免漏电。

⑤ 更换保险丝时，应按规定选用，不可用铜、铝等金属丝代替，以免烧坏仪器或发生火灾等事故。

⑥ 使用高压设备时，应有防护措施，如戴胶皮手套、穿胶鞋、铺垫橡胶板等。

⑦ 检查、修理电器时，应切断电源，严禁带电操作。

进度检查

一、填空题

1. 在使用电动机械设备前，应检查__________、__________、__________等各部分设备、零件是否安全妥当，运转情况是否良好。

2. 更换保险丝时，应按规定选用，不可用__________、__________等金属丝代替，以免烧坏仪器或发生火灾等。

3. 使用高压设备时，应有防护措施，如戴__________、穿__________、铺垫橡胶板等。

二、判断题（正确的在括号内划“√”，错误的划“×”）

1. 各种电器必须安装地线。（　　）

2. 检修电器时，应切断电源，严禁带电操作。（　　）

三、选择题（将正确答案序号填入括号内）

1. 清扫电器与开关时，禁止使用的是（　　）。

A. 铁柄毛刷、湿布　B. 木柄毛刷　C. 干毛巾

2. 防止洒落在电器上和线路上的是（　）；电器上严禁放置的物品是（　）。

A. 湿物　B. 水　C. 绝缘纸

学　习　单　元 名　　称：分析室常用电炉及其使用 职业领域：化工、石油、冶金、医药、环保、建材等 工作范围：分析	编号	FJC-07-02
	课时	6
	日期	

学习目标

完成本单元的学习之后，能够确认分析室常用电炉，并能用电炉进行加热或灼烧。

所需仪器和设备

序号	名称及说明	数量	序号	名称及说明	数量	序号	名称及说明	数量
1	可调电炉	1台	4	干埚钳	1把	7	瓷坩埚	1个
2	箱式炉	1台	5	干埚架	1个	8	泥三角	1个
3	管式炉	1台	6	干燥器	1个			

相关学习单元

——分析室安全用电常识　FJC-07-01

——一般化学器皿的洗涤与使用　FJC-05-03

学习单元内容

一、普通电炉及其使用

1. 电炉及其结构

电炉是分析室常用的一种加热设备。它是靠一根镍铬合金电阻丝通电产生热量的。这条电阻丝常称为电炉丝。根据电炉的构造和功能可将其分为圆盘式电炉和可调式电炉两种。

（1）圆盘式电炉　它是将一根电炉丝嵌在耐火泥炉盘的凹槽中，炉盘固定在一个铁盘座上，电炉丝两头套上多节小瓷管连接到接线柱上与电源线相连，即构成一个普通的圆盘式电炉，其外形如图 07-02-01 所示。用薄钢板盖严的圆盘式电炉叫做暗式电炉，用于不能用明火加热的试验。

（2）可调式电炉　它是一种能调节不同发热量的电炉，其外形如图 07-02-02 所示。炉壳的前面板上装有选温标牌和调温旋钮。炉盘下安装了一个单刀多位开关，此开关由调温旋

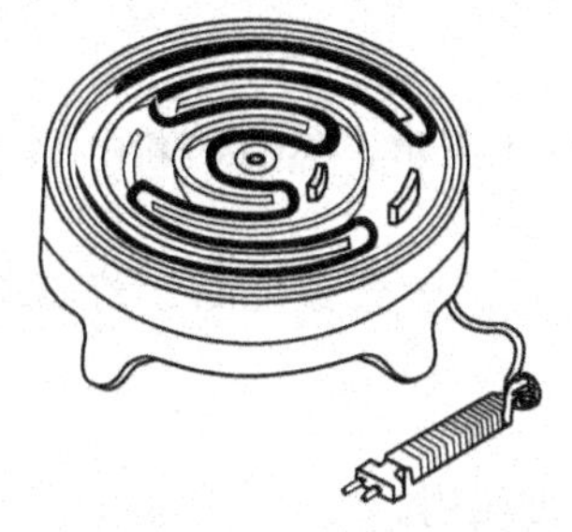

图 07-02-01　圆盘式电炉

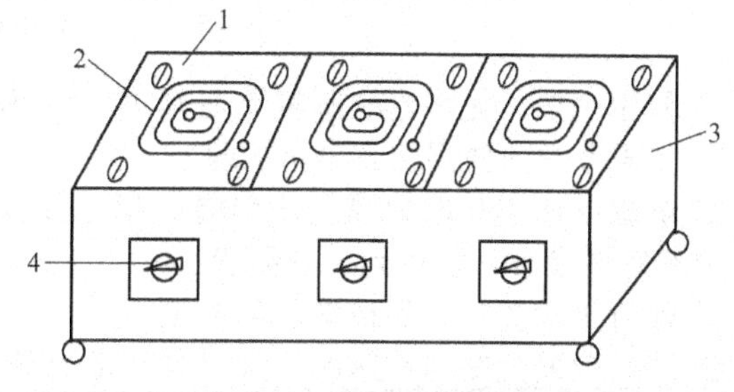

图 07-02-02　可调式电炉

1—炉盘；2—炉丝；3—炉壳；4—调温旋钮

钮来控制。开关上有几个接触点，每两个接触点之间装有一段附加电阻。多位开关是借助滑动金属片的转动来改变与炉丝串联的附加电阻的大小，以调节通过电炉丝的电流强度，达到调节电炉发热量的目的。其线路如图 07-02-03 所示。当滑动金属片 2 位于断电点 3 时，电路不通，电炉处于关闭状态；当滑动金属片转至接触点 4 时，全部附加电阻与炉丝串联，这时电路的总电阻最大，电流最小，炉丝发热量也最小；当滑动金属片转至接触点 8 时，附加电阻为零，电路中电流强度最大，电炉发热量也最大。

电炉按其功率大小可分为 500W、600W、800W、1000W、1500W 等规格，其功率大小主要由电炉丝的电阻值而定。同样材质同样长度的电炉丝，粗的发热量大，细的发热量小。

2. 可调式电炉的使用操作

在使用前，应先检查电炉丝、电炉插头及电源线是否完好。可调式电炉的操作如下。

① 将电炉开关逆时针旋至关的位置“0”位，如图 07-02-04 所示。

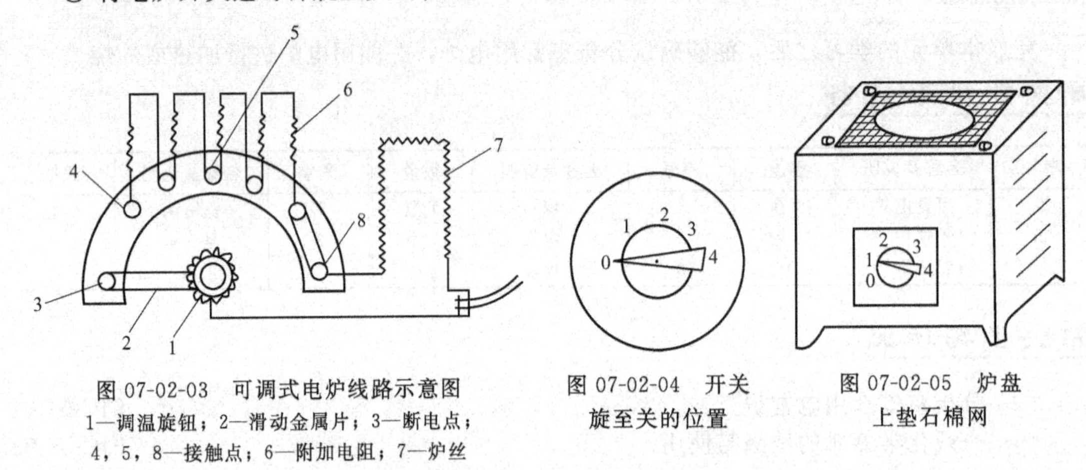

图 07-02-03　可调式电炉线路示意图

1—调温旋钮；2—滑动金属片；3—断电点；4，5，8—接触点；6—附加电阻；7—炉丝

图 07-02-04　开关旋至关的位置

图 07-02-05　炉盘上垫石棉网

② 将电炉的三足插头插入规定电源插座。

③ 将受热容器放在炉盘中央。若加热金属容器，应在炉盘上垫一块石棉网，如图 07-02-05 所示。

④ 开启电炉。顺时针旋转调温旋钮至低挡位，当受热容器被预热后，再将调温旋钮调至高挡位，如图 07-02-06 所示。

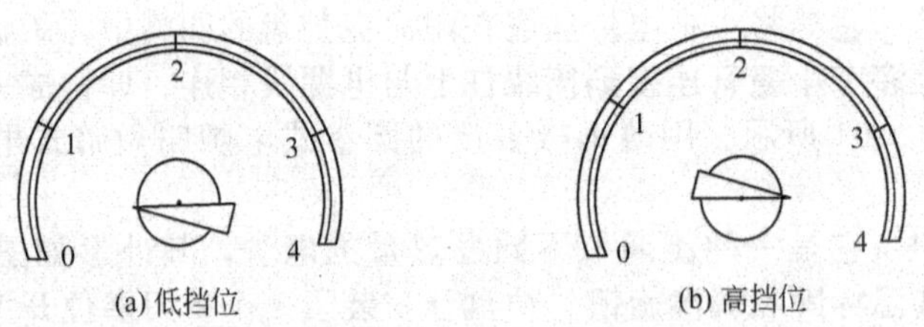

图 07-02-06　开启电炉示意图

⑤ 使用完毕，先将电炉调温旋钮调至“0”位，如图 07-02-04 所示，然后切断电源。

3. 普通电炉的使用注意事项及维护

① 电源电压应与电炉规定使用电压相符。若超过规定电压，炉丝会被烧断；若电压过低，炉丝发热量小，达不到加热要求。

② 保持炉盘清洁，保证炉丝导电良好。

③ 若炉丝发生断路或短路，应立即切断电源，排除故障后再使用。

④ 使用中严防将溶液洒入炉盘，以免发生蒸气灼伤或炉盘骤冷而破裂。

⑤ 电炉连续使用时间不应过长，以免缩短炉丝使用寿命。

⑥ 电炉不用时，应将其放在通风干燥处，以免影响电炉丝的使用寿命。

二、高温电炉及其使用

分析室常用的高温电炉有箱式高温炉、管式高温炉和高频感应炉。按发热元件不同可将其分为电阻丝式、硅碳棒式等高温炉。

1. 箱式炉

箱式高温炉简称箱式炉，又称马弗炉。它常用于称量分析中沉淀的灼烧、灰分测定等。电阻丝式箱式炉的发热元件是炉体内的电阻丝，最高使用温度为1000℃，常用工作温度为950℃。硅碳棒式箱式炉常用工作温度为1300℃，最高可达1350℃。

（1）构造　箱式炉的型号规格较多，但结构基本相似，一般由炉体、自动温度控制器和热电偶三部分组成。

① 炉体。箱式炉的外形如图07-02-07所示。它是以角钢为骨架，外壳用薄钢板焊接成方形体，炉膛用耐火砖砌成，炉膛与外壳之间填充绝热保温材料，炉门上有一云母片小圆窗，供观察炉内升温情况。炉门附有压锤，向下开启时，炉门可代替工作台，向上关闭时缝隙严密。有的炉门上装有限位开关，当炉门打开时电炉自动断电，只有在炉门关闭时才能加热。

发热元件为电阻丝的高温炉，电阻丝串嵌在炉膛内外壁之间的空槽中。因为炉膛四周都有电炉丝，整个炉膛被均匀加热而产生高温。硅碳棒式高温炉是将发热元件硅碳棒分布在炉膛顶部，炉体两侧设防护罩。

② 自动温度控制器。主要由一块毫伏表和一个继电器组成，它连接一支相匹配的热电偶控制温度。当热电偶的检测端在电炉内被加热时，输出端就产生电压信号（mV），并传送至自动温度控制器，通过指针反映出炉内温度值。当温度上升，指示温度的指针（上指针）与事先设定好的控制温度的指针（下指针）相遇时，继电器立即切断电路，停止加热。当温度下降，上下指针分开时，继电器又接通电路，电炉又继续加热。如此反复动作，就可达到自动控制温度的目的。自动温度控制器的面板结构如图07-02-08所示。

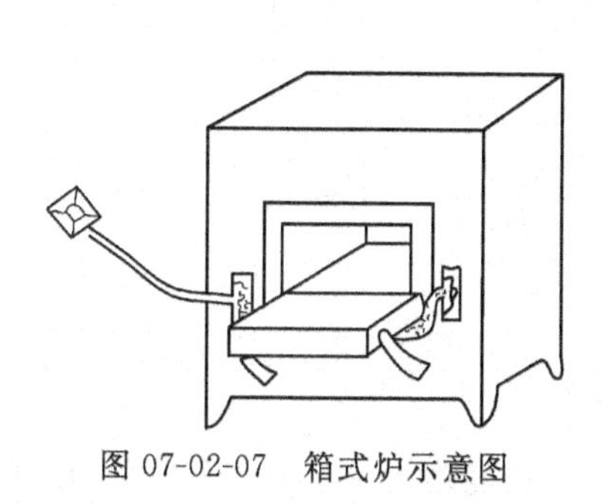

图 07-02-07　箱式炉示意图

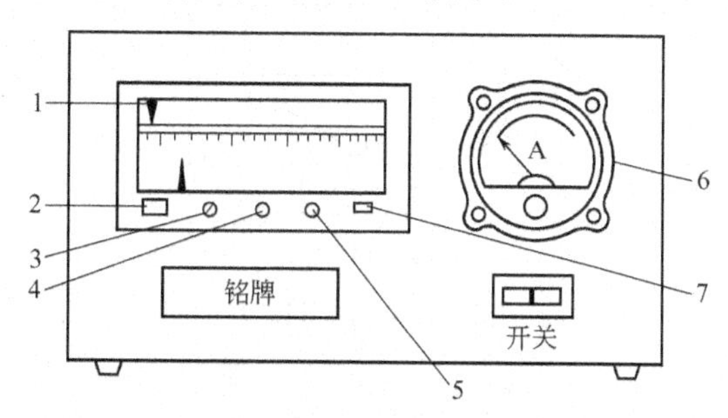

图 07-02-08　自动温度控制器的面板结构

1—温度指示针；2—通电指示灯；3—灵敏度调节螺钉；4—温度调零螺钉；5—设定温度调节螺钉；6—电流表；7—恒温指示灯

③ 热电偶。它是由两条不同金属导线或合金丝焊接一端而制成的。使用时，将其装在一根耐高温的瓷管中，把检测端（焊接端）从高温炉的背部小孔伸进炉膛，输出端（未焊接端）与自动温度控制器接线柱相接（注意正负极不要接错）。

（2）操作方法　以SRJX-4-13型箱式炉灼烧瓷坩埚为例，其操作步骤如下。

① 空箱试验。即在不灼烧物品的情况下，试验高温炉能否正常工作。

a. 调整机械零点。用螺丝刀反时针方向轻轻旋动温度指示仪下端中间的螺钉，将指示温度的指针（上指针）调至“0”刻度（使用补偿导线和输出端补偿仪时，调至基准温度），如图07-02-09所示。

b. 设定温度。用螺丝刀顺时针方向轻轻旋动温度指示仪右下角的螺钉，将控温指针

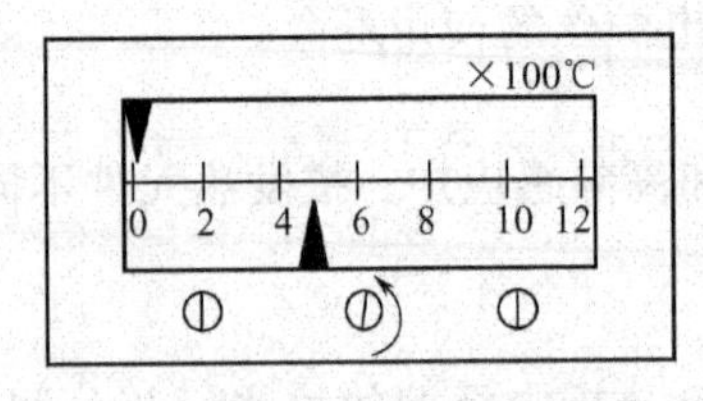

图 07-02-09　调整机械零点

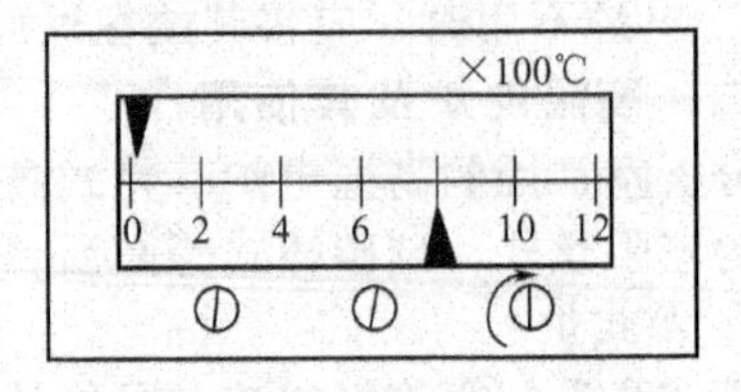

图 07-02-10　设定指示仪温度

（下指针）调至所需温度位置（如 800℃），如图 07-02-10 所示。

c. 通电启动。接通电炉电源，打开自动温度控制器上的电源开关，绿灯亮，电炉启动加热。此时，温度指示仪的上指针偏离零点（如图 07-02-11 所示），表明温度在上升，电炉和自动温度控制器进入工作状态。

d. 升温。电炉不断加热，使温度升至设定温度（如 800℃）。当温度升至设定温度时，温度指示仪的升温指针与控温指针相遇（如图 07-02-12 所示），红灯亮，继电器自动切断电源，停止加热，并进入恒温状态。

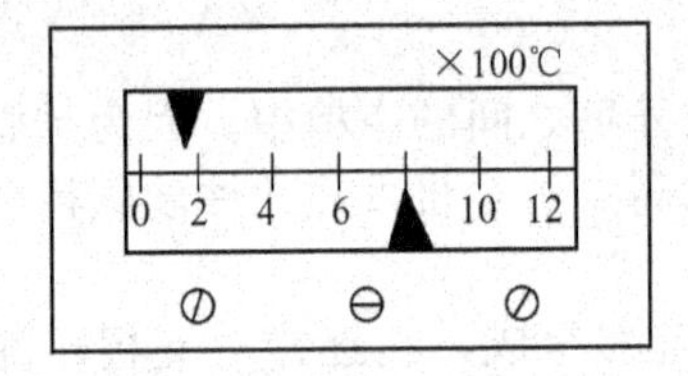

图 07-02-11　上指针偏离零点示意图

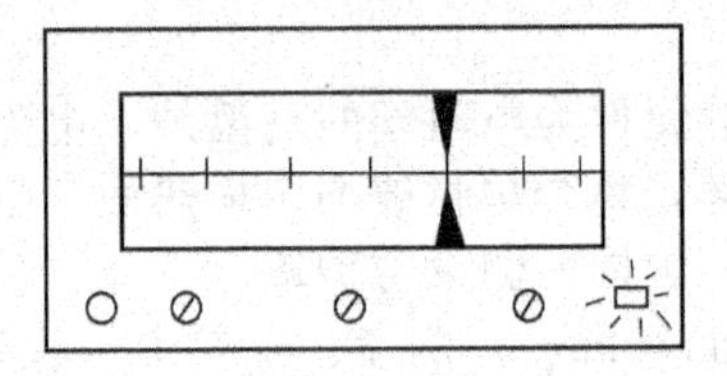

图 07-02-12　恒温状态示意图

② 放入坩埚。当炉温升至 800℃时，打开炉门，将坩埚用坩埚钳送至炉门口预热，然后再放入炉膛中央，如图 07-02-13 所示。

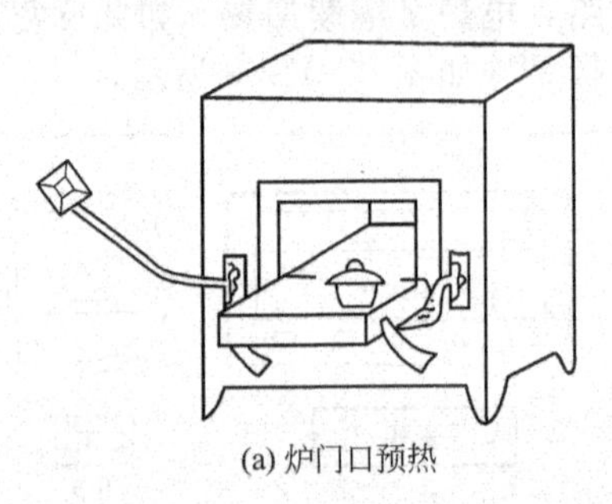

(a) 炉门口预热

(b) 放入炉膛中央

图 07-02-13　放入坩埚示意图

③ 恒温灼烧坩埚。将温度控制在 800～950℃范围，灼烧瓷坩埚 45min（新坩埚烧 1h）。恒温表现为自动温度控制器红绿灯交替闪亮，继电器频繁跳动，上下指针交替分合。

④ 开启炉门。恒温灼烧结束时，先关闭自动温度控制器电源开关，再将炉门开一条小缝，待炉膛红热稍退后再全部开启炉门，如图 07-02-14 所示。

⑤ 取出坩埚。开启炉门，先将坩埚钳在炉膛预热，再把坩埚移至炉门口，待其红热稍退后取出，放在坩埚架（或洁净的耐火瓷板）上，在空气中冷却 5min 后移入干燥器中，如图 07-02-15 所示。坩埚放入干燥器之后，应连续推开干燥器盖子 1～2 次，然后冷却至室温（约需 30～60min）。

⑥ 二次灼烧。将冷却至室温的坩埚再按上述操作方法送入 800～950℃的高温炉中灼烧 20min 左右，灼烧后，仍按以上方法进行冷却处理。

⑦ 灼烧完毕。灼烧结束后，切断电源，关闭自动温度控制器开关，关闭炉门。

2. 管式炉

管式高温炉简称管式炉。它一般和温度控制器、调压变压器、热电偶配套使用。管式炉

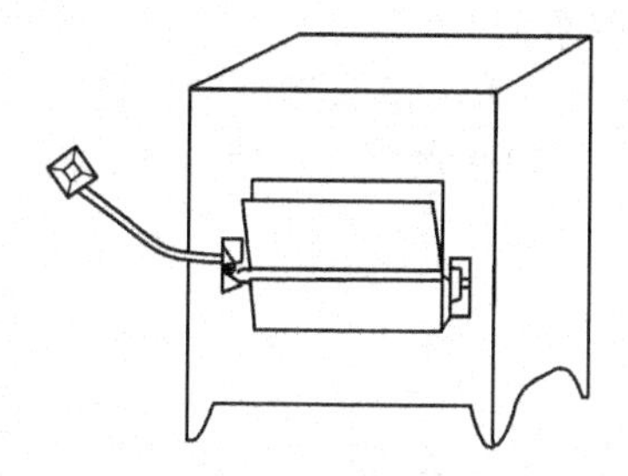

图 07-02-14　炉门开一条小缝示意图

(a) 坩埚放在瓷板上

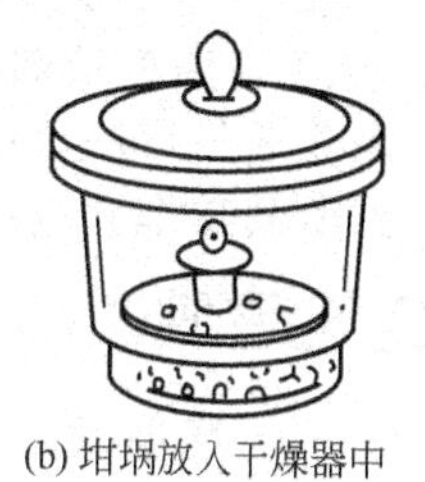

(b) 坩埚放入干燥器中

图 07-02-15　热坩埚的放置示意图

常用作矿样、金属或合金中气体成分（如碳、硫）的分析。

管式炉炉体外壳是由薄钢板卷焊成封闭式的圆柱体，炉膛采用耐高温的刚玉管，发热元件是电阻丝或硅碳棒，炉外壳与炉膛之间用保温材料填充。管式炉的外形如图 07-02-16 所示。其操作方法同箱式炉基本相同。

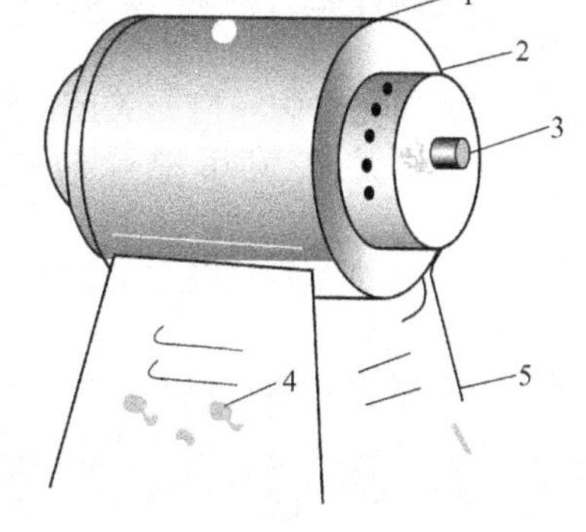

图 07-02-16　管式炉

1—炉体；2—保护罩；3—金属管；4—接线柱；5—炉座

3. 高温炉的使用注意事项与维护

① 高温炉不需特殊的安装，只需平放在稳固、平坦的水泥台上。炉前地面铺块橡皮板，以保证安全。它不宜与其他电器同室安装，一般安装在专用的高温室内，且不得存放易燃易爆物品。

② 自动温度控制器的位置与炉体不宜靠得太近，以防止因过热而使电子元件不能正常工作。

③ 根据高温炉的额定电压，配置功率相当的插头、插座、保险丝，并使用专用电源，炉体和自动温度控制器的外壳应接好地线。

④ 高温炉第一次使用或长期停用后再次使用必须进行烘炉，以驱除炉膛内的潮气。其型号不同，烘炉时间也不相同。表 07-02-01 列出了不同型号高温炉的烘炉参数。

表 07-02-01　不同型号高温炉的烘炉参数

炉　型	控制温度/℃	烘炉时间/h	炉　型	控制温度/℃	烘炉时间/h
SRJX-4-13 型	20～200	1	SRJX-4-13 型	800～1200	2
	200～500	2	SRJX-12-9 型	20～200	4
	500～800	3		200～600	4

⑤ 在炉内灼烧或熔融试样时，必须将试样置于耐高温的瓷坩埚或瓷皿中，严格控制操作条件，并在炉膛内衬垫耐火薄板以防熔液飞溅腐蚀和黏结炉膛，并应及时清除耐火板上的熔渣金属氧化物或其他杂质，以保持炉膛的平整清洁。

⑥ 灼烧普通坩埚时，盖子不要盖严，应留一条缝隙，灼烧结束立即盖上。灼烧挥发分坩埚时，应盖好盖子。

⑦ 用坩埚钳从炉内取出热坩埚时，坩埚钳应预热且不可触及炉壁。坩埚在空气中冷却时间一般为 5min。

⑧ 热电偶在高温下很容易脆裂折断，因此，在放置或取出坩埚等物品时，切勿碰及热电偶。

⑨ 高温炉升温时，必须采取逐渐提高电压的办法升温，炉膛工作温度不得超过最高使用温度，以免烧毁电热元件。

⑩ 灼烧完毕，应立即切断电源，但不能立即打开炉门，以免炉膛因骤冷而碎裂。

⑪ 使用中要经常照看，防止自控失灵而造成炉丝烧断等事故。

⑫ 高温炉长期使用后，若电压升至最高值仍达不到所需功率，说明热电偶已老化，可按老化后的接法重新接好，继续使用。在改变接法时，不必拆卸硅碳棒，以防折断。若仍达不到所需功率，则应更换新的热电偶。

进度检查

一、填空题

1. 马弗炉一般由__________、__________、__________三部分组成。

2. 可调式电炉是一种能调节不同__________的电炉。

3. 可调式电炉上的多位开关是用以改变和炉丝串联的__________的大小，以调节通过电炉丝的电流强度，达到调节电炉__________的目的。

4. 用普通电炉加热金属容器，应在电炉盘上垫一块__________，防止发生短路或触电事故。

5. 用完电炉，应先关闭电炉__________，后切断__________。

6. 电炉在使用中严防将溶液洒入__________，以免发生蒸气灼伤或炉盘骤冷而__________。

7. 自动温度控制器的安装位置与炉体不宜__________，以防止因过热而使电子元件不能正常工作。

8. 高温室不宜存放__________物品。

9. 马弗炉第一次使用或长期停用后再次使用，必须进行__________。

二、判断题（正确的在括号内划“√”，错误的划“×”）

1. 电炉的功率大小主要由电炉丝的电阻值而定。（ ）

2. 热电偶的检测端被加热，而输出端则将信号传至自动温度控制器。（ ）

3. 自动温度控制器的绿灯亮，表明电炉在升温；若红灯亮，表明电炉在恒温。（ ）

4. 高温炉自动温度控制器的机械零点，是指指示温度的指针处在“0”刻度线上。（ ）

5. 灼烧坩埚时，可将坩埚直接送入红热的炉膛。（ ）

6. 坩埚灼烧完毕后，可从炉内直接取出放在工作台面上进行冷却。（ ）

三、选择题（将正确答案的序号填入括号内）

1. 电阻丝式箱式炉的最高使用温度为（ ），常用工作温度是（ ）；硅碳棒式箱式炉最高温度达（ ），常用工作温度是（ ）。

A. 1000℃　B. 1300℃　C. 1350℃　D. 950℃

2. 下列有关高温炉的空箱试验的操作顺序排列正确的是（ ）。

A. 调节调压开关、调整零点、设定温度　B. 调整零点、升温、设定温度、通电启动

C. 调整零点、设定温度、通电启动、升温

3. 下列有关操作的描述错误的是（ ）。

A. 从炉膛夹取红热的坩埚前，坩埚钳应先预热　B. 灼烧结束，可立即将炉门打开

C. 灼烧普通坩埚时，盖子不应盖严　D. 坩埚应先预热，再放入炉膛

4. 下列有关描述错误的是（ ）。

A. 取放坩埚等物品时，切勿碰及热电偶

B. 用干燥器冷却坩埚等物品时，切勿打开盖子

C. 从炉膛取出物品时，切勿触及炉壁

5. 下列有关灼烧操作的顺序排列错误的是（ ）。

A. 放入被灼烧物、恒温灼烧、开门取物　B. 开启炉门、取出物品、灼烧完毕

C. 放入物品、取出物品、恒温灼烧

四、操作题

1. 箱式炉的空箱试验。

要求：①操作方法与步骤正确；②控制温度至800℃。

2. 坩埚的灼烧。

要求：①操作方法正确，步骤清楚；②在800～950℃灼烧45min；③进行二次灼烧；④按规定方法冷却。

学　习　单　元	编号	FJC-07-03
名　　称：电热恒温干燥箱及其使用 职业领域：化工、石油、冶金、医药、环保等 工作范围：分析	课时	4
	日期	

学习目标

完成本单元的学习之后，能够确认干燥箱并能使用干燥箱进行加热干燥。

所需仪器和药品

序号	名称及说明	数量	序号	名称及说明	数量
1	电热恒温干燥箱	1台	4	水银温度计(200℃)	1支
2	红外线快速干燥箱	1台	5	吸湿后的变色硅胶	若干
3	方形搪瓷盘	1个			

相关学习单元

——分析室安全用电常识　FJC-07-01

——一般化学器皿的洗涤与使用　FJC-05-03

——玻璃液体温度计及其使用　FJC-06-02

学习单元内容

一、电热恒温干燥箱

电热恒温干燥箱简称干燥箱或烘箱。它是以电阻丝为发热元件，对物体进行隔层加热的电热设备。一般配有自动恒温控制器，以达到调节控制温度的目的。大型干燥箱还配有鼓风装置，以促使工作室内冷热空气对流，温度均匀。它适用于比室温高5～300℃范围的恒温烘焙、干燥、热处理和温度老化等。其技术参数因烘箱的规格型号不同各有差异。如DHG-50型烘箱的技术参数见表07-03-01。

表07-03-01　DHG-50型烘箱的技术参数

额定功率	3kW	额定电压	220V±22V
频率	500Hz	温度范围	15～250℃
恒温灵敏度	±1℃	环境温度	0～40℃

1. 干燥箱的构造

电热恒温干燥箱一般是由箱体、电热系统、自动恒温控制系统三部分组成，其结构如图07-03-01所示。

(1) 箱体　干燥箱外壳是一个隔热的铁皮箱，喷涂平光绝缘漆，内壁为薄钢板制成的空

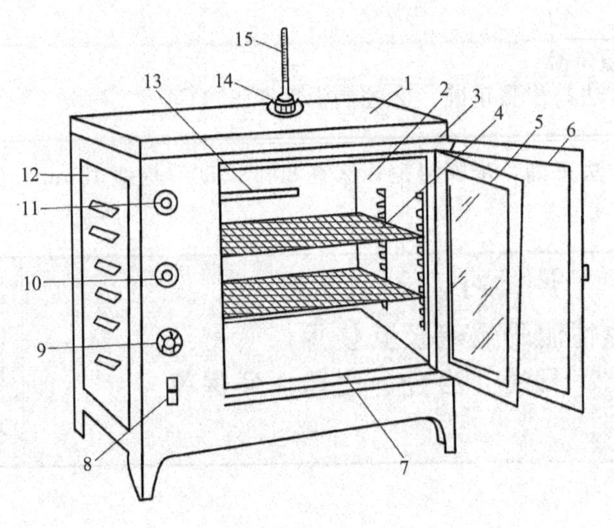

图 07-03-01 电热恒温干燥箱

1—箱外壳；2—工作室；3—保温层；4—搁板；5—玻璃门；6—箱门；7—散热板；8—鼓风开关；
9—电源开关；10—指示灯；11—温控器旋钮；12—箱侧门；13—感温钢管；14—排气孔；15—温度计

气对流壁，内外壁之间填充绝热保温材料。由内壁所围成的箱腔叫工作室，室内有两层网状搁板，用以搁放试品；箱顶有排气孔，排气孔中央备有温度计插孔；箱底有进气孔，用以换气。它有内外两道箱门，即钢化玻璃内门和填充有绝热层的金属外门，打开外门便可通过玻璃观察工作室内的情况。箱侧室装有指示灯、温控器、鼓风机、电热开关及电器线路等部件。侧室门可以启卸，以便进行检修。工作室左壁与保温层之间设有风道，内装鼓风风叶，开启鼓风开关，可使鼓风机工作，促使箱内冷热空气对流，使得温度均匀。

(2) 电热系统　烘箱的电热部分多为外露式电热丝，装于瓷盘之中或绕于瓷管上，固定在箱底夹层中。大型烘箱电热丝分为两组，一组为恒温电热丝，是主发热体，与温控器相连，受温控器控制；另一组为辅助电热丝，直接与电源相连接，用于短时间升温和 120℃以上恒温时辅助加热。两组加热系统连接在一个旋钮上，常见为四挡旋钮开关，除零挡时烘箱不工作外，其他四挡的升温、恒温使用参数如下。

① 60℃以下，Ⅱ挡升温，Ⅰ挡恒温。

② 60～120℃，Ⅲ挡升温，Ⅱ挡恒温。

③ 120～200℃，Ⅳ挡升温，Ⅲ挡恒温。

④ 200～300℃，Ⅳ挡升温，Ⅳ挡恒温。

有的烘箱为两挡开关，即“预热”和“恒温”。旋钮在预热挡，烘箱升温；旋钮在恒温挡，进行恒温。

(3) 自动恒温控制系统　其多数采用差动棒式或电接点式水银温度计控制器，还有的用高灵敏继电器配合控温，控温精度更高。

2. 干燥箱的操作方法

在使用前，应先检查电路有无断路及漏电现象。现以变色硅胶的再生为例，其操作步骤如下。

(1) 空箱试验

① 将温度计插入其箱顶插孔；

② 旋开箱顶排气孔约 10mm；

③ 接通电源，开启箱体电源开关；

④ 将调温旋钮旋至“0”位，绿灯亮，电源接通，同时开启鼓风开关，如图 07-03-02 所示。

⑤ 升温。将调温旋钮按顺时针方向从“0”旋至Ⅲ挡，绿灯灭，红灯亮，开始加热升温，如图 07-03-03 所示。

⑥ 恒温。按逆时针方向将调温旋钮从Ⅲ挡调回Ⅱ挡。若升温结束，应当是红灯灭而绿灯亮，表示进入恒温状态，如图 07-03-04 所示。

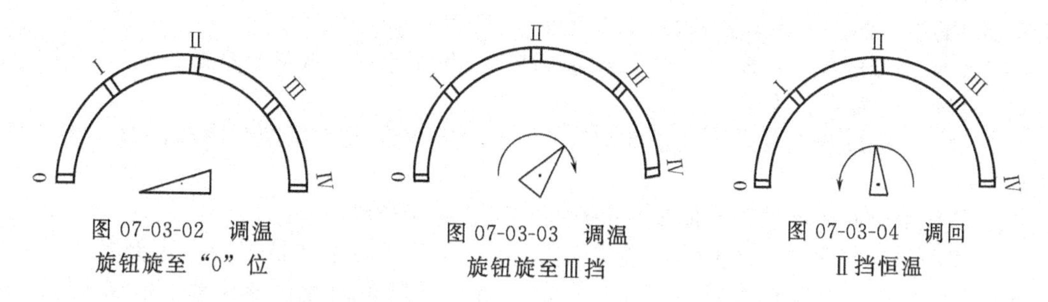

图 07-03-02 调温旋钮旋至“0”位

图 07-03-03 调温旋钮旋至Ⅲ挡

图 07-03-04 调回Ⅱ挡恒温

空箱试验结束，若烘箱工作正常，即可投入使用。

(2) 干燥（或烘焙）试品

① 打开箱门，将试品放在搁板上。例如，将吸湿后的变色硅胶倾入方形搪瓷盘中，铺成 25mm 以下的薄层，置于搁板上，如图 07-03-05 所示。

② 接通电源，开启箱体电源开关。

③ 升温加热。把调温旋钮按顺时针方向旋至Ⅲ挡（见图 07-03-03），打开鼓风开关，加热升温使箱温升至 120℃。

④ 恒温干燥。通过箱顶温度计观测箱内温度。当温度升至比所需温度低 2～3℃（如 118℃）时，将调温旋钮按逆时针方向旋回Ⅱ挡（或红绿灯继熄点）恒温（如图 07-03-04 所示）。例如，变色硅胶的再生要在 120℃时恒温鼓风干燥 1～1.5h，直至其全部变为蓝色为止。

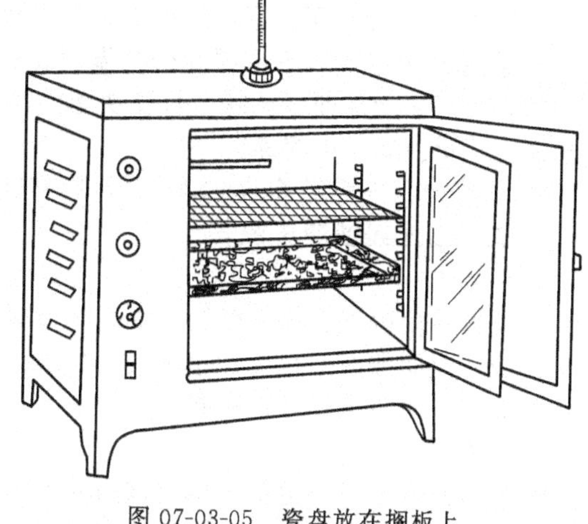

图 07-03-05 瓷盘放在搁板上

(3) 干燥（或烘焙）结束　当干燥时间到达时，将调温旋钮调至“0”位（见图 07-03-02），关闭鼓风开关，切断电源。

(4) 从箱中取出试品　开启箱门，待箱温稍降后，用坩埚钳或干布衬手取出试品，放入干燥器中或垫有绝热板的工作台上冷却备用。

(5) 使用完毕　操作结束后，应关闭箱门，取下温度计并存放，旋闭排气孔。

3. 干燥箱的使用注意事项及维护

① 干燥箱应安放在平稳、坚固的水泥台上，防止颠倒倾斜，避免震动，不能靠近火源或隙风吹入处，不宜受日光暴晒。

② 干燥箱安装室的相对湿度（体积分数）应不超过 75%，周围环境无腐蚀，没有易燃易爆物品，通风良好。

③ 根据其功率，应在其供电线路中安装一只专用电源闸，电源电压符合其额定值，并用比电源线粗一倍的导线作地线。

④ 干燥箱一般无防爆功能，故不得在箱内烘焙易燃易爆、易挥发以及有腐蚀性的物品。

⑤ 在向箱内放置试品时，切勿太拥挤，应留出鼓风流向空间，以利空气回旋流动，使潮湿空气从箱顶排出。散热板上不得放置物品，以免影响热空气向上流动。

⑥ 取放试品时，切勿撞击箱内左上侧感温元件，以免影响温控器的灵敏度。

⑦ 被烘焙的试品应置于适当的器皿中放置在箱内搁板上，最好将相同性质的试品放在同一烘箱中烘烤。

⑧ 放置玻璃仪器时，要自上而下依次放置，以免残留的水珠流下使已烘热的器皿炸裂。玻璃器皿的烘干温度一般应控制在110℃左右，干燥时间不少于1h。

⑨ 烘干带盖的玻璃器皿时，盖子不能盖严，应留条小缝（或横置在瓶口上）；否则不易烘干，且冷却后盖子不易打开。

⑩ 烘干后的玻璃仪器在空气中冷却时，可用电吹风吹入冷风助其冷却，防止水汽在器壁上冷凝。

⑪ 使用中要有人照看，不能长时间远离，防止温控失灵。

⑫ 使用时应尽量少开箱门，以免影响恒温。若需观察箱内情况时，可开启外门，通过玻璃内门观察。当箱内温度升至200℃以上时，开启箱门有可能使玻璃门因骤冷而破裂。此时，应先关闭控温开关，继续鼓风，将外门打开一条缝隙，待温度降低后再开启箱门。

⑬ 非检修时，不得随意卸下侧门，更不能随意改变原有电器线路。

⑭ 通电后，若控制部分正常但箱温不升，应打开箱门，取下散热板，检查电热丝有无断开或接触不良的情况，若有，应更换电热丝或拧紧松动的螺丝。

⑮ 棒式温控器用久了，接触点易发生接触不良的现象，用细砂纸轻轻擦拭即可消除。

⑯ 棒式温控器和继电器配合控温时，若继电器有间歇的啪啪声，用清洁的干布将温控器的银触点擦干净即可消除；若发现继电器有连续的啪啪声或有抖动时，说明电容器失效或短路，应更换新的电容器。

⑰ 箱内箱外应经常保持清洁，以防锈蚀。

二、红外线快速干燥箱

1. 结构

红外线快速干燥箱是以红外线灯泡为热源进行干燥和蒸发的箱形加热设备。外壳用薄钢板制成，表面敷有平光漆，起防氧化和绝缘作用。内衬石棉板，防止热量散失。箱内红外灯泡的高度可由箱顶螺母自由调节。

2. 操作方法

(1) 打开箱门，把要干燥的试品放入箱内。

(2) 调节箱顶螺母，将红外灯泡调至所需高度，关好箱门。

(3) 接通电源，打开电源开关。

(4) 控制一定时间，烘烤试品。

(5) 取出被干燥的试品，按规定冷却备用。

(6) 使用完毕，关闭电源开关，切断电源，关闭箱门。

3. 使用注意事项

(1) 接通电源前，首先应检查电源电压是否符合干燥箱的额定电压。

(2) 箱体外壳必须有良好的接地线，以免通电后箱体带电，发生危险。

(3) 不可震动、横放、倒置，以免灯泡损坏。

进度检查

一、填空题

1. 电热恒温干燥箱一般由__________、__________、__________三部分组成。

2. 电热恒温干燥箱是以__________为发热元件，对物体进行__________的电热设备。它适用于比室温高5～300℃范围的恒温__________、__________、__________和温度老化等。

3. 烘箱的玻璃门用以__________；鼓风机的作用是促使箱内__________对流。

4. 恒温电热丝是主发热体，受__________控制。

5. 烘箱应安装在平稳、坚固的__________，防止__________，避免__________。

6. 烘箱的操作分为__________、__________、__________、__________、__________五个步骤。

7. 在烘箱内不得烘焙__________、__________以及__________的物品。

8. 取放试品时，切勿撞击箱内左上侧__________，以免影响温控器的灵敏度。

9. 造成控制部分正常但烘箱温度不上升的原因可能是电热丝__________或__________不良。

10. 红外线快速干燥箱以__________为热源，其箱内红外灯泡的高度可由__________自由调节。

二、判断题（正确的在括号内划“√”，错误的划“×”）

1. 烘箱的发热体是电炉丝。（　　）

2. 烘箱因加热的温度高，故电源的电压就调得高。（　　）

3. 烘箱所用电源线应与其功率相符，线路可随意布置。（　　）

4. 烘箱正常工作过程中，可随意开启箱门。（　　）

三、选择题（将正确答案的序号填入括号内）

1. 下列有关电热恒温干燥箱空箱试验的操作顺序排列正确的是（　　）。

A. 插温度计、开排气孔、通电

B. 通电、插温度计、调零

C. 通电、恒温、升温、调零

2. 下列有关恒温干燥的描述错误的是（　　）。

A. 当箱温升至低于所需温度 2～3℃时，将调温旋钮调低一挡

B. 恒温干燥的同时要鼓风

C. 恒温的温度一般控制在 120℃，时间控制在 1～1.5h

3. 下列有关向烘箱中放置试品的描述错误的是（　　）。

A. 试品切勿太拥挤，应留出鼓风流向空间

B. 当空间不够时，可将试品放在散热板上

C. 放置玻璃仪器时，应自上而下依次放置

4. 棒式温控器出现触点接触不良现象时，应采取的措施是（　　）。

A. 用细砂纸轻轻擦拭　　B. 用干布擦拭　　C. 更换新的温控器

5. 若继电器有间歇的啪啪声，消除的方法是（　　）。

A. 用清洁的干布将银触点擦干净

B. 用清洗剂清洗银触点

C. 更换新的电容器

6. 防止烘箱玻璃门骤冷破裂的方法是（　　）。

A. 不开箱门　　B. 不使用或不升温　　C. 开条缝隙降温

四、操作题

1. 电热恒温干燥箱空箱试验。

要求：①操作步骤和方法正确；②恒温温度 120℃。

2. 用电热恒温干燥箱再生变色硅胶。

要求：①操作正确；②恒温控制在 120℃；③变色硅胶全部变为蓝色。

学　习　单　元 名　　称：电热恒温水浴锅（箱）及其使用 职业领域：化工、石油、冶金、医药、环保、建材等 工作范围：分析	编号	FJC-07-04
	课时	2
	日期	

学习目标

完成本单元的学习之后，能够确认电热恒温水浴锅（箱）并能使用水浴锅（箱）进行蒸发和加热。

所需仪器和药品

序号	名称及说明	数量	序号	名称及说明	数量
1	电热恒温水浴锅(箱)	1个	5	试管夹	1个
2	离心试管	1支	6	水银温度计(0～100℃)	1支
3	圆底烧瓶(300mL)	1个	7	铁架台	1个
4	烧瓶夹	1个	8	蒸馏水	若干

相关学习单元

——分析室安全用电常识　FJC-07-01
——一般化学器皿的洗涤与使用　FJC-05-03
——玻璃液体温度计及其使用　FJC-06-02

学习单元内容

一、电热恒温水浴锅（箱）及其结构

电热恒温水浴锅（箱）用于蒸发和恒温加热，特别适用于加热易挥发、易燃的有机物，以及恒温条件下的浸渍实验等。恒温范围一般为37～100℃，当被加热的物质要求受热均匀，加热温度不超过100℃时均可使用。电热恒温水浴锅（箱）的发热体是装有电炉丝的电热管，温度的调控采用差动棒式温度控制器。

常用的电热恒温水浴锅（箱）有单孔（300W）、双孔（500W）、四孔（1000W）、六孔（1500W）、八孔（2000W）等规格。每个圆孔都具有一套圈盖，加热时可依器具直径的大小进行选择。电热恒温水浴锅（箱）的外形均为矩形，如图07-04-01所示。其外壳由薄钢板制成，内壁由铝板或不锈钢板制成，外壳与内壁之间填充保温材料，水箱底部安装浸入式棒形铜质电热管和托架，电热管内装电炉丝并用绝缘材料填实，电炉丝与控制器相连。

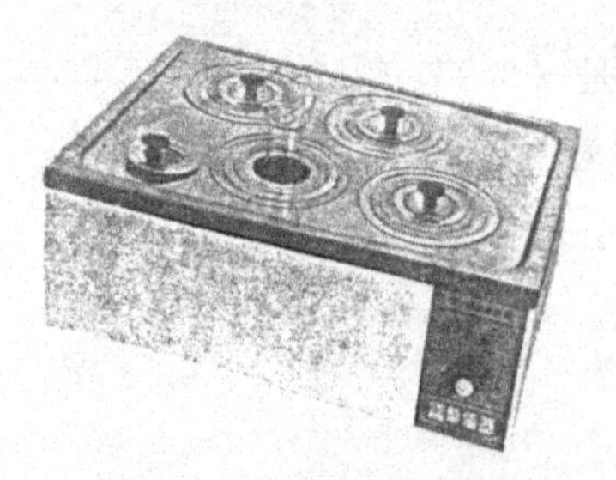

图07-04-01　电热恒温水浴锅(箱)

控制器由加热开关、差动棒式温度控制器及线路组成，全部电器部件均在控制箱内，箱外有可开启的侧门，以备检查维修。控制箱面板上装有电源开关、调温旋钮、指示灯等，用以调节控制温度。在水箱前面板左下侧有放水阀门；箱盖上插有温度计，用以测量水温。

电热恒温水浴锅（箱）的性能随型号规格的不同略有差异。如HHS11-2型电热恒温水浴锅（箱）的性能如下：额定电压220V；恒温范围37～100℃；恒温灵敏度±1℃；升温速度50min（20～100℃）。

二、电热恒温水浴锅（箱）的操作方法

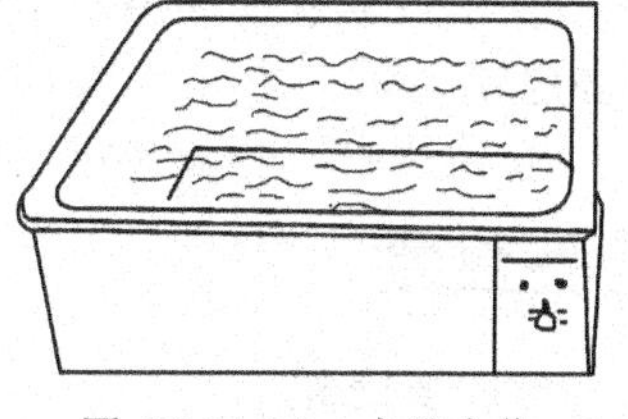

图 07-04-02　水浴水位示意图

（1）加水　关闭放水阀；取下箱盖，向水箱中加清水或蒸馏水至其容积的 2/3 处（如图 07-04-02 所示），盖上箱盖。

（2）安装温度计　将水银温度计安装在箱盖上的温度计插孔之中。

（3）放置受热容器　将受热容器套入合适的套圈中置于水浴锅（箱）内，并以适当的方法将其固定。

（4）接通电源　将水浴锅（箱）的插头插入电源插座上；打开水浴锅（箱）面板电源开关（绿灯亮）。

（5）升温　按顺时针方向旋转调温旋钮至红灯亮绿灯灭（见图 07-04-03），电炉丝接通，开始加热，水温上升。

（6）恒温　当锅（箱）中水温上升到低于所需温度 2℃时，逆时针旋转调温旋钮至红灯灭绿灯亮（见图 07-04-04 所示）。当红、绿灯交替熄亮时，表示自动控温正常，待温度稳定后，再稍加调节，即可达到所需的恒定温度。恒温时间从此计算。

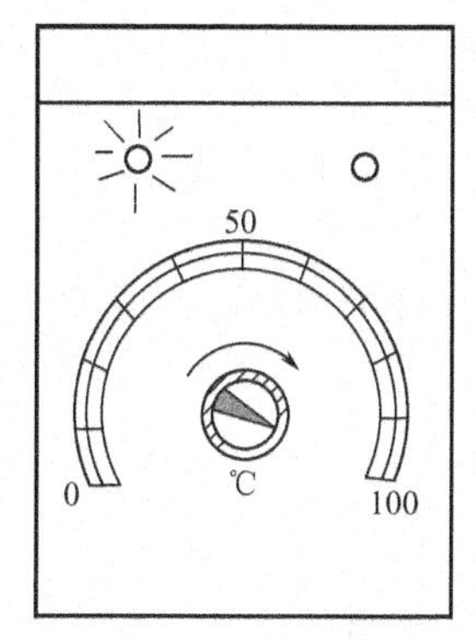

图 07-04-03　升温调节示意图

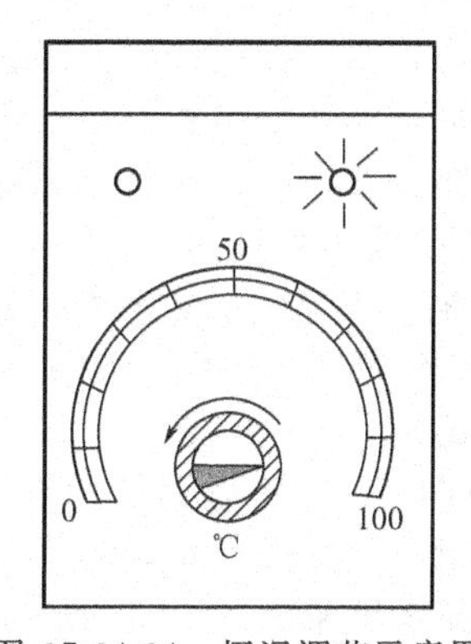

图 07-04-04　恒温调节示意图

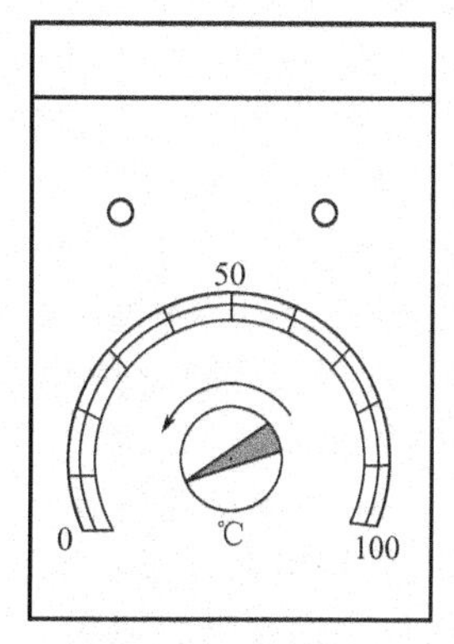

图 07-04-05　调温旋钮调回“0”位

（7）加热结束　关闭水浴锅（箱）面板电源开关，将调温旋钮调回“0”位（见图 07-04-05），切断电源。

（8）取下受热容器　用夹持器具或干布衬手取下受热容器备用。

（9）结束工作　使用完毕，将水浴锅（箱）中的水放掉，并把锅（箱）内的水迹擦干，盖好锅（箱）盖及套圈，套上防尘罩，置于通风干燥处。

三、电热恒温水浴锅（箱）的使用注意事项与维护

① 电热恒温水浴锅（箱）应安放在铺有隔热垫板的操作台上，远离火源和腐蚀性物质。

② 使用额定电压，以防烧毁电热管。电源插座要采用接地三孔安全插座。

③ 使用时，要先加水后通电，最低水位不得低于电热管，否则，电热管易爆损或使锅壁焊锡熔化，造成漏水。使用中要随时观察有无渗漏现象和水位情况。

④ 受热容器中的液位不应超过其容积的 1/2。

⑤ 调温过程中，要随时记录调温旋钮的位置与实际温度的关系，以便掌握快速调控温度的技巧。水浴锅（箱）的实际温度由温度计指示。恒温时间应从达到所需温度时计算。

⑥ 若在水浴上加热圆底烧瓶中的液体，圆底烧瓶的颈部必须用烧瓶夹固定在铁架台的铁杆上。

⑦ 恒温加热结束后，从水浴锅（箱）中取下受热容器时，必须使用夹持器具（如试管夹、烧瓶夹、坩埚钳等）或衬上干布，以防烫伤。

⑧ 不得随意拆卸控制箱门或改变电器线路。使用中切勿使控制箱内电器部件受潮，以防漏电或损坏。

⑨ 使用中，套盖要定点放置，用完随时盖上，以防丢失。

进度检查

一、填空题

1. 电热恒温水浴锅（箱）用于__________和__________，恒温范围一般为__________。它的发热体是装有电炉丝的__________，温度的调控采用__________温度控制器。

2. 电热恒温水浴锅（箱）的控制器由__________、__________及__________组成。

3. 电热恒温水浴锅（箱）的电源插座应使用__________安全插座。

4. 水浴锅（箱）应安放在平坦的操作台上，下面应衬垫__________，以保安全。

5. 水浴锅（箱）的加水量不宜超过其容积的__________，水位不得低于__________。

6. 水浴锅（箱）不用时，应放完锅（箱）内__________，并擦拭干净。

二、判断题（正确的在括号内划“√”，错误的划“×”）

1. 在水浴锅（箱）上加热的受热容器，应以适当方式加以固定。（　　）

2. 要求受热均匀的加热操作，可在电热恒温水浴锅（箱）上进行。（　　）

3. 在从水浴锅（箱）上取下受热容器之前，切断电源的目的仅在于停止加热。（　　）

三、选择题（将正确答案的序号填入括号内）

1. 在使用电热恒温水浴锅（箱）时，下列表现属升温的是（　　）；属正常恒温的是（　　）。

A. 红、绿灯交替熄亮　　B. 红灯亮　　C. 无反应

2. 指示水浴锅（箱）实际温度的是（　　）。

A. 调温旋钮位置　　B. 温度计　　C. 信号指示灯

3. 使用电热恒温水浴锅（箱）时，下列操作正确的是（　　）。

A. 先通电后加水　　B. 先加水后通电　　C. 加水、通电同时进行

四、操作题

1. 用电热恒温水浴锅（箱）加热离心试管中的水。

2. 用电热恒温水浴锅（箱）加热圆底烧瓶中的水。

要求：①操作正确；②试管和烧瓶要以适当的方法固定；③水浴锅中水的温度恒定在80℃；④恒温时间20min。

<table>
<tr><td colspan="2">学　习　单　元</td><td>编号</td><td>FJC-07-05</td></tr>
<tr><td colspan="2">名　　称：电热板和电热砂浴及其使用</td><td>课时</td><td>2</td></tr>
<tr><td colspan="2">职业领域：化工、石油、冶金、医药等</td><td rowspan="2">日期</td><td rowspan="2"></td></tr>
<tr><td colspan="2">工作范围：分析</td></tr>
</table>

学习目标

完成本单元的学习之后，能够确认电热板和电热砂浴并能用其进行加热。

所需仪器和药品

序号	名称及说明	数量	序号	名称及说明	数量
1	水银温度计(120℃)	1支	3	电热砂浴	1台
2	电热板	1台	4	黄砂	若干

相关学习单元

——分析室安全用电常识　FJC-07-01

——玻璃液体温度计及其使用　FJC-06-02

学习单元内容

电热板和电热砂浴是分析室常用的均匀加热设备，一般用于不能用明火、受热均匀的加热情况。对有机物和易燃物加热尤为适用。

一、电热板

1. 电热板及其结构

电热板实际就是一个封闭式可调式电炉，其结构与可调式电炉相似，只是将电炉丝封闭起来，如图 07-05-01 所示。它的外壳用薄钢板制作，散热面由铸铁板制成，表面涂有耐高温漆，外壳夹层填充绝热材料。发热体是装在壳体内的镍铬合金电炉丝，分三组绕在瓷件上并联组成，并与调温旋钮相连接。外壳面板装有调节旋钮开关和指示灯，用以调控温度。由于发热体的底部和四周都填充有绝热材料，所以热量全部由铸铁平板向上散发，达到均匀加热的目的。

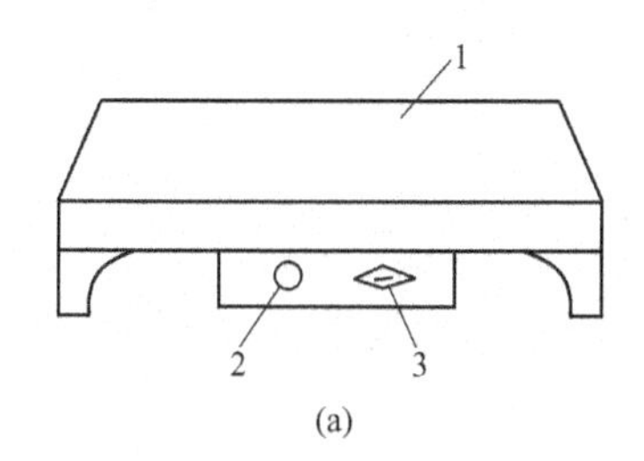

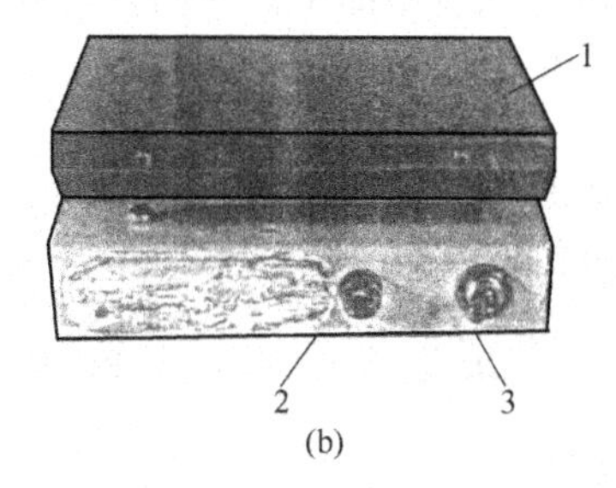

图 07-05-01　电热板

1—散热板；2—指示灯；3—电源开关

2. 电热板的使用

(1) 放置受热容器　将受热容器以适当的方式置于电热板上。

(2) 接通电源，指示灯亮。

(3) 加热　顺时针旋转调温旋钮，根据所需温度调至一定"挡位"，如图 07-05-02 所示，并通过受热容器中的温度计来观测温度。

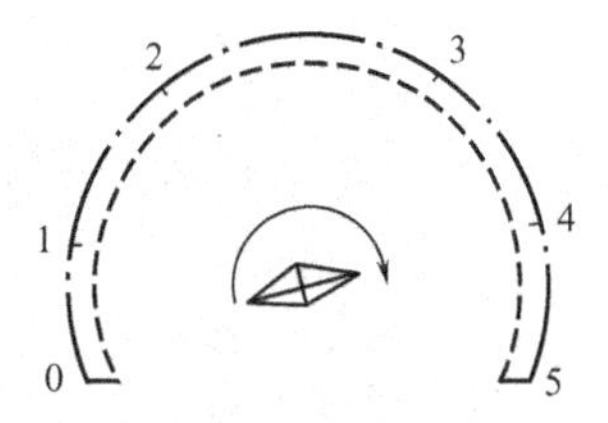

图 07-05-02　顺时针旋转调温旋钮

(4) 使用完毕　关闭电热板开关，切断电源。

3. 电热板的使用注意事项及维护

① 根据其额定电压（220V），配置相应功率的插头、插座，接好地线。

② 电热板应安置在平坦的工作台上，台面应铺垫隔热板。

③ 电炉全部功率开足时，连续使用不得超过 4h，以免影响其寿命。

④ 检修发热体时，将铸铁板上的螺钉旋下，取下铸铁板，检修线路或开关。

⑤ 电热板应存放在通风、干燥处，以利保养。

二、电热砂浴

1. 电热砂浴的结构

电热砂浴的结构与电热板基本相同，不同的是电热砂浴有一个盛装热媒剂的媒剂槽。

2. 电热砂浴的使用方法

(1) 在媒剂槽内盛放热媒剂（如黄砂）。

(2) 将受热容器埋入热媒剂中，并将温度计埋在一边或安装在容器中。

(3) 接通电源，指示灯亮。

(4) 顺时针旋转调温旋钮，根据需要调节加热挡位（见图07-05-02）。

(5) 使用完毕，关闭电热砂浴开关，切断电源，清除热媒剂。

3. 电热砂浴的使用注意事项及维护

电热砂浴的使用注意事项及维护与电热板相同，只是在清除热媒剂时，应待其冷却后进行，以防烫伤。

进度检查

一、填空题

1. 电热板是分析室常用的均匀加热设备，对__________和__________加热尤为适用。

2. 电热板和电热砂浴的发热体是镍铬合金__________。外壳面板装有__________和__________。

3. 电热板和电热砂浴的热量全部由铸铁平板发热面__________。

二、判断题（正确的在括号内划“√”，错误的划“×”）

1. 电热板和电热砂浴的结构相同。(　　)

2. 电热板和电热砂浴的功率开足时，连续使用不得超过4h。(　　)

三、操作题

用电热砂浴加热（空浴试验）。

要求：①操作正确；②黄砂温度达110℃。

分析室常用电加热设备及使用技能考试内容及评分标准

一、考试内容

（一）可调式电炉的基本操作

1. 用前检查。
2. 接通电源。
3. 受热容器的放置。
4. 开炉加热。
5. 使用结束。

（二）马弗炉的基本操作

1. 空箱试验。

(1) 调整机械零点。

(2) 设定温度。

(3) 通电启动。

2. 放入坩埚。
3. 恒温灼烧坩埚。
4. 开启炉门。
5. 取出坩埚。
6. 二次灼烧。
7. 灼烧完毕。

（三）电热恒温干燥箱的基本操作

1. 空箱试验。
2. 干燥试品。
3. 干燥结束。

4. 取出试品。

(四) 恒温水浴箱的基本操作

1. 加水。
2. 固定受热容器。
3. 通电加热。
4. 加热结束。

(五) 电热板的基本操作

1. 放置受热容器。
2. 通电加热。
3. 使用完毕。

二、评分标准(满分100分)

内容	操作步骤	技能要求	评分标准	配分	得分
可调式电炉的基本操作	用前检查	①检查炉丝、插头及电源线;②将电炉开关逆时针旋至关的位置("0"位)	错、漏一项扣1分	2	
	接通电源	将电炉的三足插头插入插座	插头与插座不对应扣1分	2	
	受热容器放在炉盘上	将盛有半杯水的烧杯放在炉盘中央	杯中水超过1/2扣1分;杯不在中央扣1分	2	
	开炉加热	①顺时针旋转调温旋钮至"低挡位";②当受热容器被预热后,再调至"高挡位"加热	错、漏一项扣1分	2	
	使用结束	①调温旋钮回"0"位;②切断电源	漏一项扣1分;顺序错扣1分	2	
马弗炉的基本操作	空箱试验	①调整机械零点。用螺丝刀反时针方向轻轻旋动温度指示仪温度调零螺钉,将温度指示针(上指针)调至"0"位。②设定温度。用螺丝刀顺时针方向轻轻旋动温度指示仪右下角的设定温度调节螺钉,将控温指针(下指针)调至所需温度。③接通电炉电源。④打开温度控制器面板电源开关,电炉进入工作状态	错一项扣2分;操作顺序错扣2分	8	
	放入坩埚	①当炉温升至800℃时,打开炉门;②将坩埚放至炉门口预热;③放入炉膛中央	错、漏一项扣2分	6	
	恒温灼烧坩埚	①温度控制在800~950℃;②灼烧坩埚45min	错一项扣2分	4	
	开启炉门	灼烧结束后:①关闭自动温度控制器电源开关;②将炉门开条小缝;③炉膛红热稍退后全部开启炉门	错、漏一项扣2分	6	
	取出坩埚	①预热坩埚钳;②将坩埚移至炉门口;③坩埚红热稍退后取出;④坩埚放在坩埚架(或耐火瓷板)上;⑤在空气中冷却5min;⑥移入干燥器中;⑦连续推开干燥器盖子1~2次;⑧使坩埚冷却至室温	错、漏一项扣1分	8	
	二次灼烧	①按上述方法将坩埚送入800~950℃的炉膛中灼烧20min;②按上述方法冷却处理	错一项扣3分	6	
	灼烧完毕	①关闭自动温度控制器开关;②切断电炉电源;③关闭炉门	少一项扣2分;顺序错扣2分	6	

续表

内容	操作步骤	技能要求	评分标准	配分	得分
电热恒温干燥箱的基本操作	空箱试验	①将温度计插入其箱顶插孔；②旋开箱顶排气孔约10mm；③接通电源，开启箱体电源开关；④将调温旋钮旋至“0”位；⑤开启鼓风开关；⑥将调温旋钮按顺时针方向从“0”位旋至Ⅲ挡加热；⑦当温度计升至规定值时，逆时针方向将调温旋钮从“Ⅲ”挡调回Ⅱ挡恒温，若烘箱工作正常，试验结束，切断电源	错、漏一项扣1分；顺序错扣3分	7	
	干燥试品	①打开箱门，将盛放在搪瓷盘中的吸湿后的变色硅胶放在搁板上，关闭箱门；②接通电源，开启箱体电源开关；③把调温旋钮旋至“Ⅲ”挡，打开鼓风开关，使箱温升至120℃；④当温度升至118℃时，将调温旋钮旋回“Ⅱ”挡，恒温1～1.5h	错、漏一项扣1分；顺序错扣2分	4	
	干燥结束	①将调温旋钮调至“0”位；②关闭鼓风开关；③切断电源	错、漏一项扣1分；顺序错扣2分	3	
	取出试品	①取出试品，冷却备用；②关闭箱门；③取下温度计并存放；④旋闭排气孔	错、漏一项扣1分	4	
恒温水浴箱的基本操作	加水	①关闭放水阀门；②取下箱盖，向水箱中加清水至其容积的2/3处；③盖上箱盖；④将温度计插入其安装孔中	错、漏一项扣1分；顺序错扣2分	4	
	固定受热容器	①将受热容器套入合适的套圈中置于水浴箱内；②以适当的方法将容器固定	错、漏一项扣1分	2	
	通电加热	①接通电源；②打开箱体面板电源开关；③顺时针方向旋转调温旋钮至红灯亮绿灯灭；④恒温，水温升至低于所需温度2℃时，逆时针旋转调温旋钮至红灯灭绿灯亮；⑤当红、绿灯交替熄亮时，开始记时	顺序错扣3分；漏一项扣1分	5	
	加热结束	①关闭箱体面板开关；②将调温旋钮旋至“0”位；③切断电源；④取下受热容器；⑤放出箱中水；⑥拆下温度计；⑦擦干箱内水迹；⑧盖好箱盖及套圈，套上防尘罩	错、漏一项扣1分；顺序错扣4分	8	
电热板的基本操作	放置受热容器	将受热容器放在电热板上，必要时加以固定	被加热溶液洒在电热板面上扣1分	1	
	通电加热	①接通电源；②顺时针旋转调温旋钮至合适的“挡位”；③通过受热容器中的温度计观测温度	顺序错扣3分；少一项扣2分	6	
	使用完毕	①关闭电热板开关；②切断电源	错、漏一项扣1分；顺序错扣1分	2	

MU8　常用固体制样设备及使用

<table>
<tr><td colspan="1">学　习　单　元</td><td>编号</td><td>FJC-08-01</td></tr>
<tr><td rowspan="1">名　　称：破碎机及其使用
职业领域：化工、石油、冶金、环保、建材等</td><td>课时</td><td>4</td></tr>
<tr><td>工作范围：分析</td><td>日期</td><td></td></tr>
</table>

学习目标

完成本单元的学习之后，能够确认破碎机并能用其进行样品破碎。

所需仪器和药品

破碎机 1 台；焦炭若干。

相关学习单元

——分析室安全用电常识　　FJC-07-01

学习单元内容

一、破碎机及其结构

破碎机是分析室用来制备固体试样的机械设备，主要用于煤、焦炭、矿石及其他中等硬度物料的粗碎和中碎。

颚式破碎机是分析室常用的一种制样设备。它的规格以给料口的宽度和长度来表示，如规格为 100×125 的颚式破碎机表示给料口宽度为 100mm，长度为 125mm。分析室常用的颚式破碎机一般为小型破碎机，其规格不同，给料粒度不同，排料粒度也不同。

颚式破碎机主要由机座、机体、偏心轴、颚衬板、拉杆、排料口调节装置、电机等部分组成。其结构如图 08-01-01 所示。

颚式破碎机的工作原理是：电机通过三角皮带轮带动偏心轴转动，动颚衬板时而向固定颚

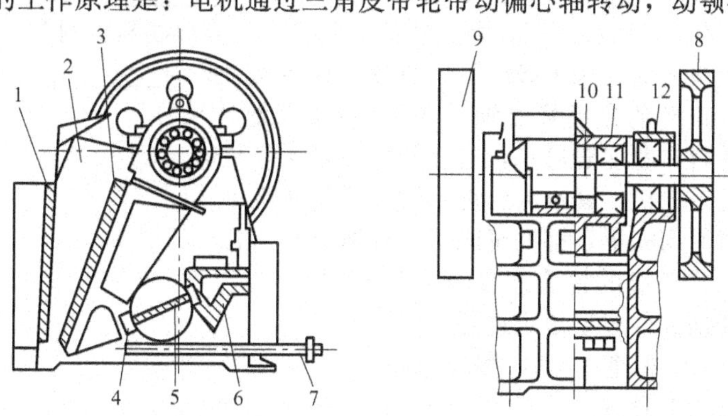

图 08-01-01　颚式破碎机结构示意图

1—固定颚衬板；2—侧衬板；3—动颚衬板；4—推力板支座；5—推力板；6—排料口调节装置；7—拉杆；8—皮带轮；9—飞轮；10—偏心轴；11—动颚；12—机架

方向运动，时而远离固定颚，从而达到挤压、破碎物料的目的。经破碎的物料由排料口排出。

二、颚式破碎机的使用

在使用之前，必须检查各紧固部件是否松动、皮带轮是否灵活、安全罩是否可靠、破碎腔内有无物料或异物等，并向注油杯注入适量润滑油。

① 空载试车。接通电源，启动电机，使破碎机进入无负荷运转状态。启动后若无异常现象，试车成功，可投料使用；否则应停车检查。

② 调节排料口宽度。通过排料口调节装置调节排料口宽度，使排料粒度在5～6mm。

③ 接通电源，打开开关，启动破碎机。

④ 给料。将粒径一定的物料从给料口投入破碎腔内。物料经破碎后，即从排料口自动排出。

⑤ 破碎完毕，关闭面板开关，切断电源，并将破碎后的物料收集备用。

三、颚式破碎机的使用注意事项及维护

① 破碎机应安装在坚固、水平的水泥地面上。为了排料方便，安装时可适当提高整机的安装高度。

② 在启动前应检查破碎腔内有无物料或异物，如果有，必须清除干净方可启动。

③ 待破碎物料的最大粒度必须与破碎机的允许粒度相符，如EP-Ⅱ型（100×60）颚式破碎机的给料粒度应小于60mm。

④ 在使用时，如有卡塞停车现象，必须立即切断电源，将料清出后方可再行使用。

⑤ 机器运转时，不允许进行清理修整工作，绝对禁止矫正大块物料在颚腔中的位置，或者从破碎机中取出不能通过的物料。

⑥ 排料口的宽度不得小于其最小宽度，否则将发生堵塞等故障。

⑦ 使用结束后，应停机清除机器内外的残留物料和粉尘，经常保持清洁。

⑧ 要定期检查各部件是否完好、稳固，转动部件应按规定进行润滑保养。

进度检查

一、填空题

1. 破碎机主要用于________、________、________以及其他中等硬度物料的________和________。

2. 颚式破碎机主要由机体、机座、________、________、________、________、排料口调节装置等部分组成。

3. 颚式破碎机的电机通过三角皮带轮带动________转动，动颚衬板时而向________方向运动，时而远离固定颚，从而达到挤压、破碎物料的目的。

4. 在使用破碎机之前，如果破碎腔内有物料或异物，必须________方可启动。

二、判断题（正确的在括号内划“√”，错误的划“×”）

1. 破碎机的排料口宽度若过小，有可能发生堵塞等故障。（　　）

2. 不同规格的破碎机，其给料粒度不同，排料粒度也不同。（　　）

3. 破碎机每次使用完毕，都要清除机内残留物料。（　　）

三、选择题（将正确的答案序号填入括号内）

1. 破碎机的转动部件应按规定进行（　　）。

A. 检修　　B. 检查　　C. 润滑保养

2. 下列描述正确的是（　　）。

A. 破碎机的给料粒度必须与其允许粒度相符

B. 破碎机的给料粒度应小于60mm

C. 破碎机的给料粒度不受限制

3. 下列有关破碎机运转时的描述错误的是（　　）。

A. 不允许进行清理修整　　B. 禁止矫正大块物料在颚腔中的位置

C. 取出不能通过的物料

四、操作题

用颚式破碎机破碎焦炭

要求：①操作正确、安全；②给料粒径≤60mm；③排料粒度≤60mm。

学　习　单　元	编号	FJC-08-02
名　　称：粉碎机及其使用 职业领域：化工、冶金、医药、环保、建材等 工作范围：分析	课时	2
	日期	

学习目标

完成本单元的学习之后，能够确认粉碎机并能用其进行样品粉碎。

所需仪器和药品

粉碎机1台；焦炭（粒径≤12mm）若干。

相关学习单元

——分析室安全用电常识　　FJC-07-01

学习单元内容

一、粉碎机及其结构

粉碎机是将粗碎或中碎后的试样进一步加工粉碎，使之成为所需粒度的固体制样设备。

不同类型的粉碎机其构造不同。这里介绍一种振动粉碎机，它主要由机体、料钵、研磨体、偏心动力臂、支承弹簧、电动机等组成。料钵是可卸下的圆筒体，带有料钵盖，料钵内盛装有击环、击块等研磨体，料钵通过机架上的压紧装置加以固定。

振动粉碎机的工作原理：当电动机带动偏心动力臂转动时产生离心甩力，使粉碎装置产生振动，迫使击环、击块在料钵内作复杂运动，对料样进行撞击辊压、研磨加工，达到粉碎的目的。如国产的GJ-Ⅰ型密封式化验制样粉碎机即属于一种振动粉碎机，其结构如图08-02-01所示。其装料量为100g，给料粒度≤12mm，加工时间为1～3min，出料粒度为75～125μm。

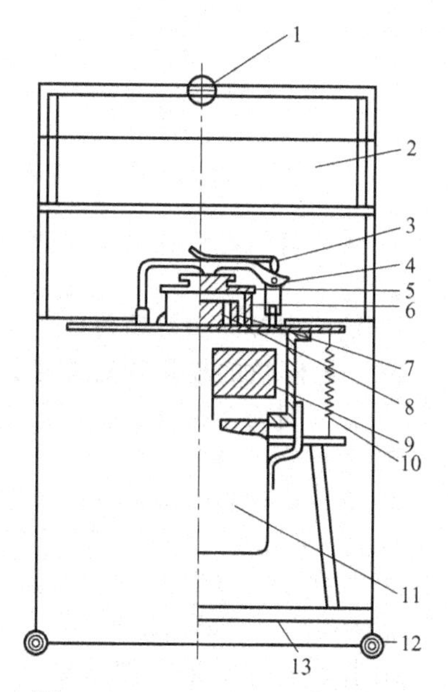

图08-02-01　GJ-Ⅰ型密封式化验制样粉碎机结构示意图

1—手把；2—箱盖；3—压把；4—压杆；5—料钵盖；6—料钵；7—击环；8—击块；9—偏心动力臂；10—支承弹簧；11—电动机；12—装箱螺栓；13—机底

二、粉碎机的操作方法（以GJ-Ⅰ型密封式化验制样粉碎机为例）

① 打开粉碎机箱盖，如图08-02-02所示。

② 加料样。开启料钵压紧装置，打开料钵盖，向料钵中加入规定量的料样（或取出料钵加入料样，如图08-02-03所示）。

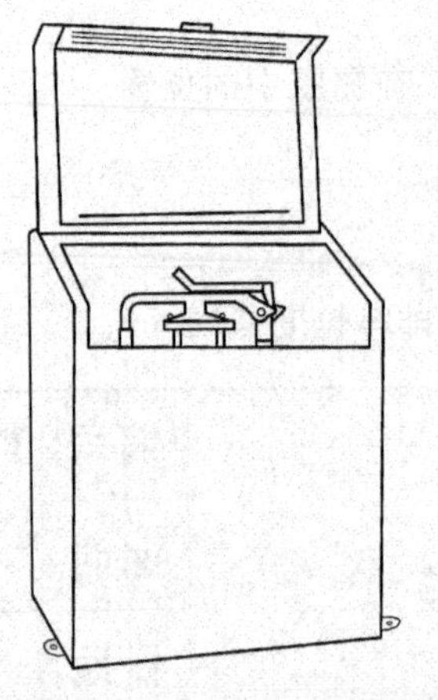

图 08-02-02　打开粉碎机箱盖

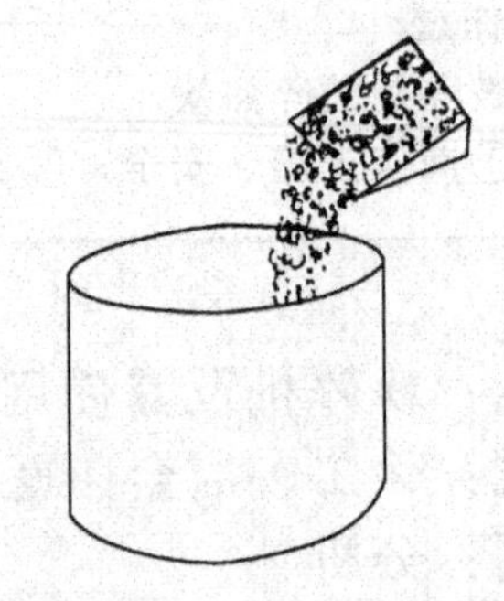

图 08-02-03　取出料钵加入料样

③ 盖上料钵盖，按动压紧装置并盖好粉碎机箱盖。

④ 定时。调节时间控制器旋钮，将定时指针旋到所需的时间刻度，如图 08-02-04 所示。

⑤ 接通电源，按下启动开关。接通电源后，红色指示灯亮；按下绿色启动开关（见图 08-02-05），绿色指示灯亮，同时机器开始工作。若机器发生异常情况，按一下红色制动开关，机器即刻停止工作。

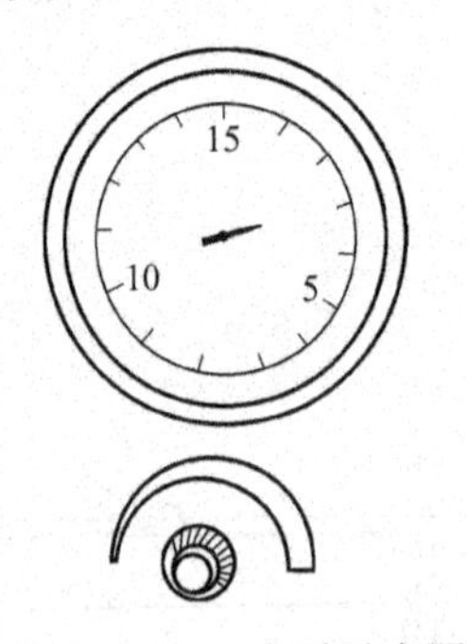

图 08-02-04　定时示意图

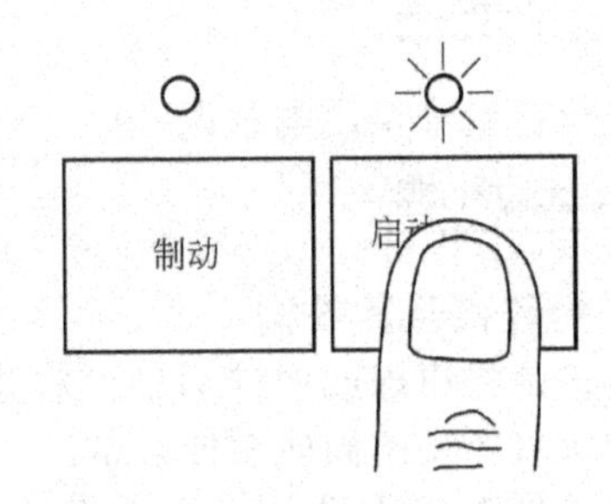

图 08-02-05　按下启动开关

⑥ 待绿灯熄红灯亮时（粉碎完毕，机器停止转动），切断电源，打开箱盖，取出试样备用。

⑦ 清洁料钵，盖好箱盖。

三、粉碎机的使用注意事项及维护

① 粉碎机无需特殊安装，安放平稳即可，也可将装箱螺栓作为地角螺栓安装孔，打基础安装。

② 为保证密封性能良好，除橡胶密封圈完好并安放平整外，还需使压杆对料钵盖有足够的压力，若压力不够造成密封不严，可在压杆和料钵盖之间增垫薄片。

③ 一般需将料样预先在 105℃左右烘 3h。否则，料样含水分太多会降低粉碎效果，易产生粘钵现象，不易清理干净。一般料样愈干，粉碎效果愈好。

④ 振动粉碎机还可湿法粉碎，如料样需粉碎至 75μm 以下时，可在料样中加酒精等溶剂。

进度检查

一、填空题

1. 振动粉碎机主要由机体、__________、__________、偏心动力臂、__________、

__________等组成。

2. 当电动机带动偏心动力臂转动时产生__________，使粉碎装置产生振动，迫使__________、__________在料钵内作复杂运动，对料样进行__________、研磨加工，达到粉碎的目的。

3. GJ-Ⅰ型密封式化验制样粉碎机的装料量为__________g，给料粒度__________mm，加工时间为__________min。

二、判断题（正确的在括号内划"√"，错误的划"×"）

1. 料钵是可卸下的部件。（　）

2. 击环和击块起研磨体的作用。（　）

3. GJ-Ⅰ型密封式化验制样粉碎机的出料粒度为75～125μm。（　）

4. GJ-Ⅰ型密封式化验制样粉碎机既可用于干法粉碎，又可用于湿法粉碎。（　）

三、操作题

焦炭的粉碎操作。

要求：①操作正确；②给料粒度≤12mm；③出料粒度75～125μm；④定时3min。

学　习　单　元	编号	FJC-08-03
名　　称：分样器及其使用	课时	2
职业领域：化工、冶金、医药、环保、建材等		
工作范围：分析	日期	

学习目标

完成本单元的学习之后，能够确认分样器并能用其进行试样缩分。

所需仪器和药品

分样器1台；粉碎煤样（≤12mm）若干。

学习单元内容

一、分样器及其结构

分样器是一种不改变物料的平均组成而将试样量缩小的制样设备。常见的分样器有格槽式分样器、格型分样器等。

格槽式分样器适用于粒径在2.5～5mm之间的固体，是一种非机械型分样器，其结构如图08-03-01所示。

格型分样器可把0.5m^3的样品缩减至0.05m^3，其结构如图08-03-02所示。

二、分样器的操作方法

1. 格槽式分样器的操作方法

① 用铁铲将试样铲入加料斗，如图08-03-03所示。

② 将加料斗中的试样倾入进料口，试样由两侧的格槽流出而进入收集槽，被平分为两份，如图08-03-04所示。

③ 将收集到的两份试样一份舍弃或保存，另一份则按同样的方法继续循环操作，直至达到符合要求的量为止。

2. 格型分样器的操作方法

① 将需要缩分的样品装入漏斗，盖上盖子，如图08-03-05所示。

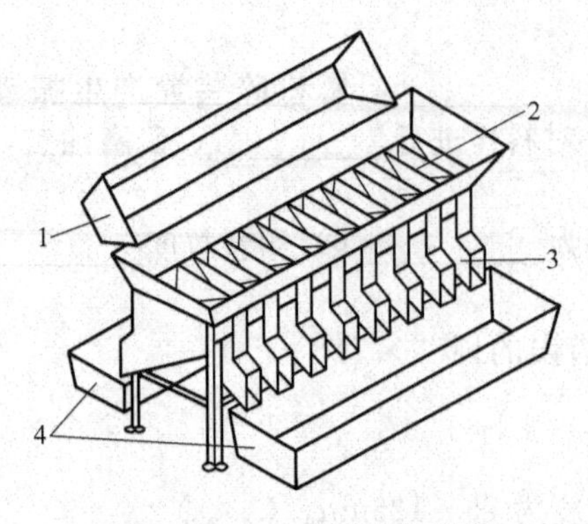

图 08-03-01 格槽式分样器

1—加料斗；2—进料口；3—格槽；4—收集槽

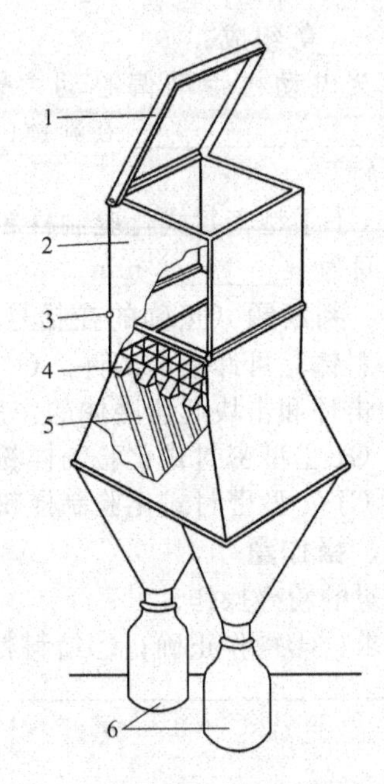

图 08-03-02 格型分样器

1—盖；2—漏斗；3—摆动门；
4—格子；5—格条；6—样品收集器

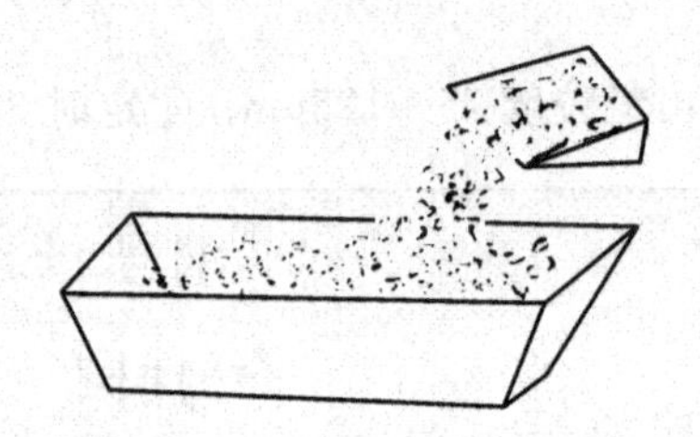

图 08-03-03 将试样铲入加料斗

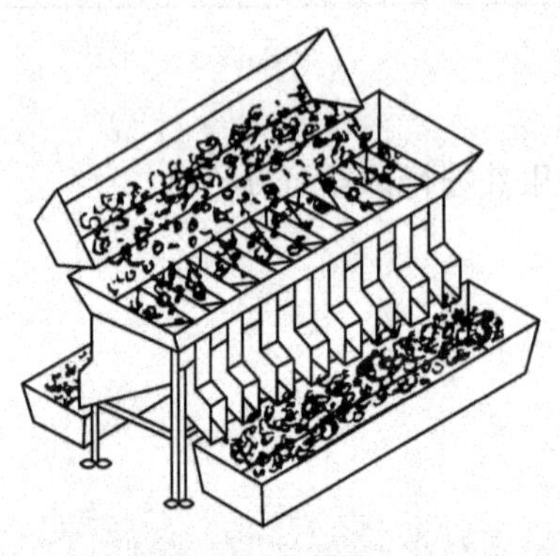

图 08-03-04 试样流入收集槽

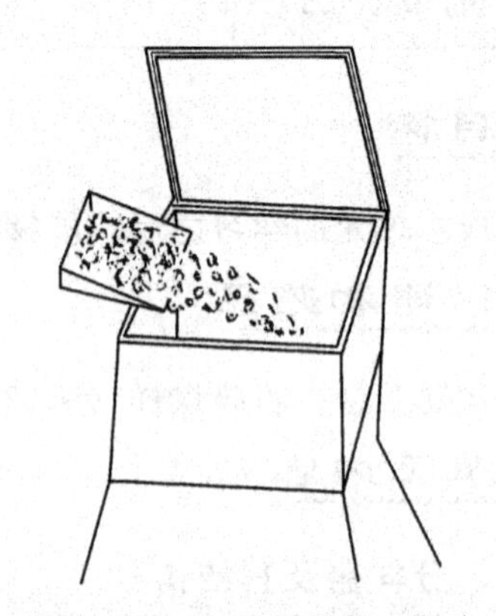

图 08-03-05 将样品装入漏斗

② 打开摆动门，待全部样品分别进入两个收集器后，取一舍一。

③ 按同样方法循环操作，直至达到符合要求的量为止。

三、分样器的使用注意事项

① 分样器应安置在通风干燥的专用室内，每次用毕，应严格清理残留样渣，以防造成样品污染。

② 选用分样器，格槽宽度应为物料中最大粒度的 2.5～3 倍，最小宽度不小于 5mm。

进度检查

一、填空题

1. 分样器是一种不改变物料的__________而将试样量缩小的制样设备。
2. 常见的分样器有__________和__________等。
3. 格槽式分样器适用于粒径在__________mm 之间的固体。

4. 格型分样器可把 0.5m^3 的样品缩减至__________ m^3。

二、简答题

简述格型分样器的操作方法。

三、操作题

用分样器缩分煤样的操作。

要求：①将 5kg 粒度在 2.5～5mm 的煤样缩减至小于 500g；②操作正确。

<table>
<tr><td rowspan="3">学　习　单　元
名　　称：试验筛（分样筛）及其使用
职业领域：化工、冶金、医药、环保、建材等
工作范围：分析</td><td>编号</td><td>FJC-08-04</td></tr>
<tr><td>课时</td><td>2</td></tr>
<tr><td>日期</td><td></td></tr>
</table>

学习目标

完成本单元的学习之后，能够确认试验筛（分样筛）并能使用其进行筛分操作。

所需仪器和药品

试验筛 1 套；分样铲 1 把；粉煤样品若干。

学习单元内容

分析室在分析颗粒状及粉状固体物料时，为了制备一定粒度的试样以及对物料进行粒度测定，经常进行筛分操作。筛分操作就是用一个或多个试验筛，通过分离混合颗粒，进行固体物料粒度分析的方法。试验筛（分样筛）是筛分操作的基本设备之一。

一、试验筛及其结构

试验筛是分析室制备一定粒度的试样以及对物料进行粒度测定的筛分设备。它主要由筛面和筛框组成，按筛面的结构可分为金属丝编织网试验筛、金属穿孔板试验筛、电成型薄板试验筛。国家标准对我国生产的试验筛的规格标记方法作了统一规定。

（1）金属丝编织网试验筛　标记（单位 mm）为“筛面直径×筛框高/筛孔孔径　编号”，如 ϕ200×50/1.40　GB 6003—97。

（2）金属穿孔板试验筛　标记（单位 mm）为“筛面直径×筛框高/筛孔孔径-孔形　编号”，如 ϕ200×50/20.0-方孔　GB 6003—97，ϕ200×50/20.0-圆孔　GB 6003—97。

图 08-04-01 为金属丝编织网试验筛，其结构较简单，筛框以金属合金制成，筛网用一定规格的铜丝布制作。

二、试验筛的操作方法

在进行筛分操作前，首先要根据对试样粒度的要求选择适当规格的试验筛。试验筛的操作方法如下。

① 将物料用分样铲铲入试验筛，如图 08-04-02 所示。

② 筛分操作。双手紧持筛框，按一定方向作圆周（或直线往复）运动，将物料筛至接样容器或接样纸上，如图 08-04-03 所示。

③ 未通过筛网的物料经粉碎后继续过筛，直至全部通过筛网为止。

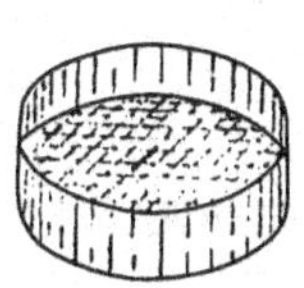
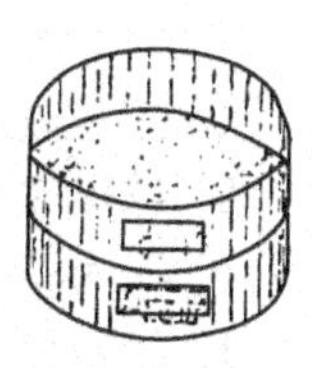

图 08-04-01　金属丝编织网试验筛

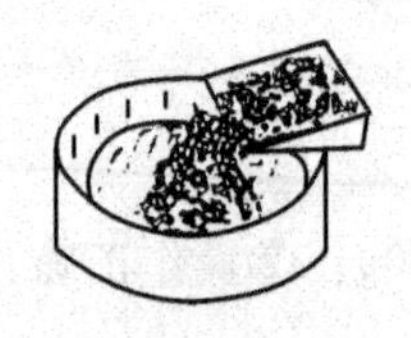

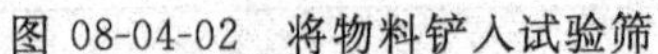

图 08-04-02　将物料铲入试验筛

图 08-04-03　筛分操作示意图

④ 筛分结束，用软毛刷仔细清扫试验筛并妥善保管。

三、试验筛的使用注意事项及维护

① 每次使用完毕，应及时用软毛刷仔细清除筛中的残留物料，以防腐蚀筛网，同时也避免下次使用造成试样污染。

② 禁止用水等溶剂清洗筛网，以免锈蚀。

③ 严禁用硬物在筛网上划动，以防筛网破损或改变网孔直径，影响筛分质量。

④ 试验筛应保存在通风、干燥、无腐蚀的环境中。

进度检查

一、填空题

1. 试验筛是分析室制备一定粒度的__________以及对物料进行__________测定的筛分设备。

2. 试验筛主要由__________和__________组成。

3. 筛框规格为 $\phi200\times50$、筛孔基本尺寸 1.40mm 的金属丝编织网试验筛，应标记为____________________。

4. 在进行筛分操作之前，首先应按筛分要求__________规格的试验筛。

5. 未通过筛网的物料经粉碎后继续__________，直至全部通过筛网为止。

6. 试验筛使用完毕，应用__________仔细清除其中残留的样品，禁止用__________清洗。

7. 禁止用__________在筛网上划动，防止筛网破损或改变筛孔直径。

二、操作题

用试验筛对煤样进行筛分操作。

要求：①选筛适当；②操作正确。

常用固体制样设备及使用技能考试内容及评分标准

一、考试内容

（一）颚式破碎机的使用操作

1. 开车准备。

2. 空载试车。

3. 调节排料口宽度。

4. 开车破碎。

5. 破碎完毕。

（二）粉碎机的使用操作

1. 加料样。

2. 开车粉碎。

3. 停车取样。

(三) 格槽式分样器的使用操作

1. 向加料斗中加试样。

2. 将试样倾入进料口。

3. 循环缩分。

(四) 试验筛的基本操作

1. 筛分准备。

2. 筛分。

3. 筛分结束。

二、评分标准(满分100分)

内容	操作步骤	技能要求	评分标准	配分	得分
颚式破碎机的使用操作	开车准备	①检查各部件是否完好、正常;②检查破碎腔内有无物料或异物;③向注油杯注入适量润滑油	少一项扣2分	6	
	空载试车	空载启动,试验破碎机能否正常运转	试车正确得4分	4	
	调节排料口宽度	调节排料口宽度,使排料粒度在5~6mm	调节正确得满分,否则扣1~3分	4	
	通电启动	①接通电源;②打开面板开关启动	顺序错扣2分	4	
	给料破碎	①将接样容器放置在排料口准备接样料;②将物料从给料口投入破碎腔内	少一项扣2分;顺序错扣2分	4	
	破碎完毕	①关闭面板开关;②切断电源	顺序错扣2分;少一项扣2分	4	
粉碎机的使用操作	加料样	①打开箱盖;②开启料钵压紧装置,打开料钵盖,向料钵中加入规定量的料样,盖上料钵盖;③按动压紧装置,固定料钵,盖好箱盖	错一项扣3分	9	
	开车粉碎	①调节时间控制器旋钮,设定粉碎时间;②接通电源,按下启动开关	顺序错扣3分	6	
	停车取样	①定时粉碎结束,切断电源;②打开箱盖,取出试样;③清洁料钵,盖好箱盖	少一项扣3分	9	
格槽式分样器的使用操作	向加料斗中加试样	用铁铲将试样铲入加料斗中	试样分布不均匀或洒落地上扣3分	6	
	将试样倾入进料口	将加料斗中的试样倾入进料口,试样流下一分为二	倾倒试样不均匀扣1~3分,洒落地面扣2分	8	
	循环缩分	①将收集到的两份样品,取一舍一;②留下的一份试样继续缩分至符合要求为止	少一项扣5分	10	
试验筛的基本操作	筛分准备	①选择适当规格的试验筛;②将物料用分样铲铲入试验筛中	错一项扣4分	8	
	筛分	①铺置接样纸或接样容器;②双手紧持筛框,作圆周运动,将试样筛分	错一项扣5分	10	
	筛分结束	①收集试样;②用软毛刷清扫试验筛并妥善保管	少一项扣4分	8	

MU9　分析室常用电动设备及使用

学　习　单　元	编号	FJC-09-01
名　　称：搅拌器及其使用 职业领域：化工、石油、环保、冶金、医药等 工作范围：分析	课时	4
	日期	

学习目标

完成本单元的学习之后，能够确认搅拌器并能使用其进行搅拌操作。

所需仪器和设备

序号	名称及说明	数量	序号	名称及说明	数量
1	搅拌电动机(串激式)	1台	6	三颈反应瓶(1000mL)	1只
2	调速器	1台	7	烧杯(250mL)	1只
3	铁架台	1个	8	搅拌棒	1支
4	磁力加热搅拌器	1台	9	反应器支架(三角架)	1个
5	烧瓶夹	1个			

相关学习单元

——分析室安全用电常识　FJC-07-01

——一般化学器皿的洗涤与使用　FJC-05-03

学习单元内容

搅拌器常用于有机分析中油类物质、油水混合物或具有一般黏度的胶体溶液的搅拌。根据其结构和原理的不同，它可分为电动搅拌器和磁力加热搅拌器两类。

一、电动搅拌器

电动搅拌器是利用单相串激式电动机带动搅拌棒转动而完成搅拌任务的设备，通常和调速器配套使用。其特点是搅拌运转稳定，转速可以任意调节，搅拌扭力大，具有使反应和受热温度均匀的作用。

1. 构造

电动搅拌器一般由电动机、调速器、机座三大部分组成。电动机安装在垂直的铁柱上，铁柱固定在铸铁机座上，电动机沿铁柱可以任意升降以调节高度。电动机主轴配有搅拌棒轧头，用以轧牢各式搅拌棒。调速器可以调节电动机的转速。电动搅拌器的构造如图09-01-01所示。

2. 电动搅拌装置的组装

电动搅拌器可以按下列方式进行组装。

① 将反应器放置在支架上。

② 用适当的夹具夹牢反应器并固定在铁柱上。

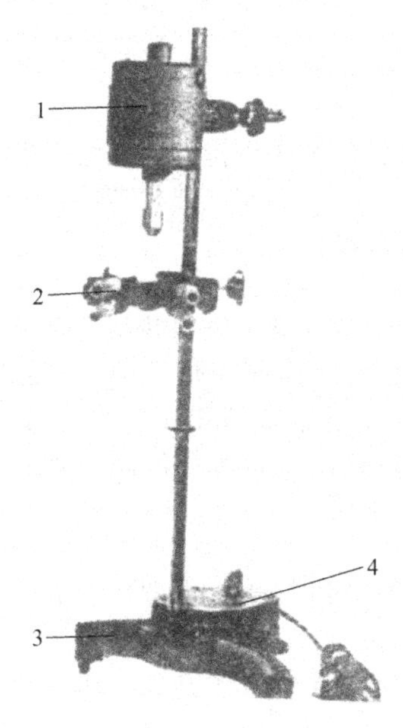

图 09-01-01　电动搅拌器

1—电动机；2—烧瓶夹；

3—机座；4—调速器

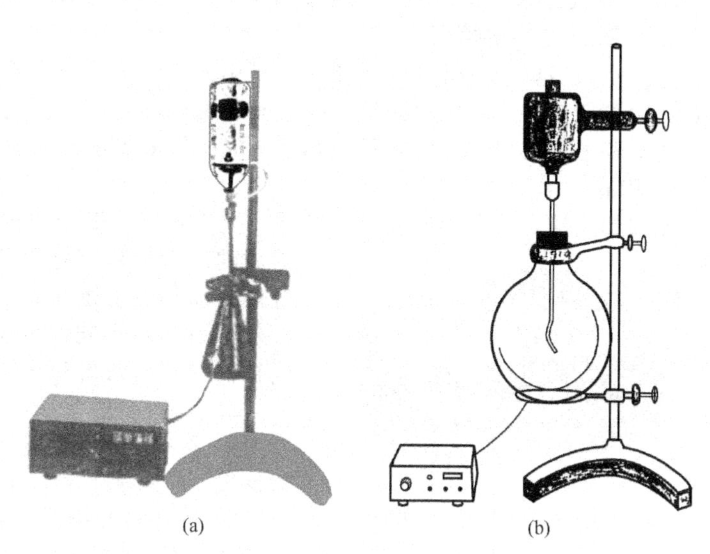

图 09-01-02　电动搅拌装置示意图

③ 将电动机固定在铁柱上（反应器上方）。

④ 将搅拌棒插入反应器中心并轧牢在电动机轧头上。

⑤ 调整电动机的位置，使电动机轴芯、搅拌棒、反应器三者的中心轴线在同一直线上。

⑥ 将调速器与电动机串联。

电动搅拌装置如图 09-01-02 所示。

3．操作方法

① 将调速旋钮调到“低位”（或“0”位），如图 09-01-03 所示。

② 接通电源，打开调速器电源开关，红灯亮，电源接通，但搅拌器不转动。

③ 将调速旋钮按顺时针方向由“低位”缓慢旋向“高位”（绿灯亮），使搅拌器低速转动，如图 09-01-04 所示。

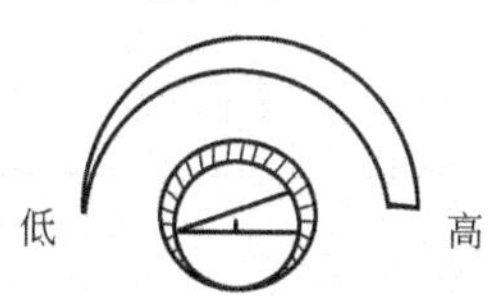

图 09-01-03　将调速旋钮调到“低位”

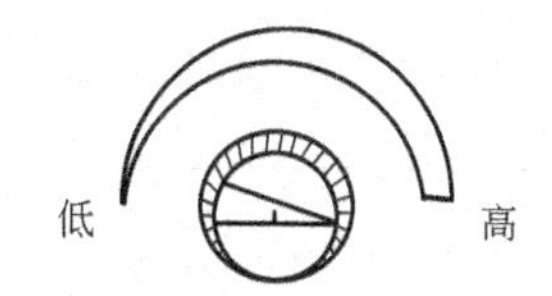

图 09-01-04　将调速旋钮旋向“高位”

④ 逐渐旋转调速旋钮，加快搅拌速度，直至达到要求转速。搅拌时间从转速稳定后开始计算。

⑤ 搅拌结束，将调速旋钮调回“低位”（或“0”位），如图 09-01-03 所示。关闭调速器电源开关，拔下电源插头。拆下搅拌棒，洗净、干燥后备用。

4．使用注意事项与维护

① 串激式电动机空载时转速快，负荷越重转速越慢，不能长时间超负荷使用，以免烧坏。在玻璃容器内搅拌时，转速应控制在 1000r/min 之内。

② 电动机、调速器应经常保持清洁、干燥，严禁与腐蚀性化学药品接触或一起存放。

③ 电机轴承应保持润滑，每日需加一次润滑油，但不宜多加。加油时，用螺丝刀拧下

前油杯，撬开上端油盖，在油毡上加油数滴。

④ 使用前必须接好地线，以保证安全。

二、磁力加热搅拌器

它是由微型电动机带动磁钢转动，利用磁钢转动所产生的旋转磁场带动搅拌器托盘上玻璃容器内的搅拌转子来完成搅拌任务。其转速因型号的不同而不同。它采用电热板加热，分为普通式和恒温式两类。用它可在容器内对不同黏度的溶液进行调混。

1. 构造

磁力加热搅拌器是由电动机、磁钢、搅拌转子、搅拌器托盘、调速装置及电热板等部分组成的。面板装配有调速旋钮、控温加热开关、指示灯等，以实现接通电源、控制磁钢转动和加热的目的。其外形因型号不同而各有差异，78-2 型双向磁力加热搅拌器的外形如图 09-01-05 所示。

图 09-01-05 78-2 型双向磁力加热搅拌器

1—托盘；2—方向开关；3—调速旋钮；4—控温加热开关；5—电源开关

2. 操作方法

① 将搅拌转子放入盛有欲搅拌物的容器中，并将容器置于搅拌器托盘上，如图 09-01-06 所示。

② 接上电源插头，开启搅拌器电源开关，绿色指示灯亮，电源接通。

③ 搅拌。将调速旋钮顺时针缓慢旋动，启动搅拌器，直至达到所需转速，见图 09-01-04 所示。

④ 加热。开启加热开关，或将调温旋钮旋至所需温度挡位，如图 09-01-07 所示。

⑤ 加热搅拌结束，将调速旋钮旋回“0”位，同时将控温旋钮调回“0”挡（见图 09-01-08），关闭电源开关，拔下电源插头。

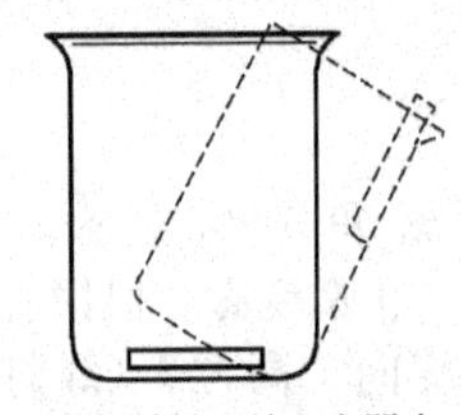

(a) 将搅拌转子放入容器中

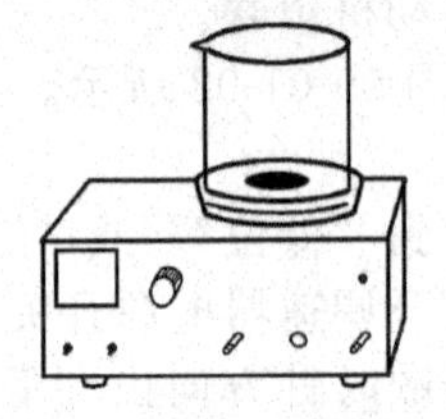

(b) 将容器置于托盘上

图 09-01-06 放搅拌转子和容器

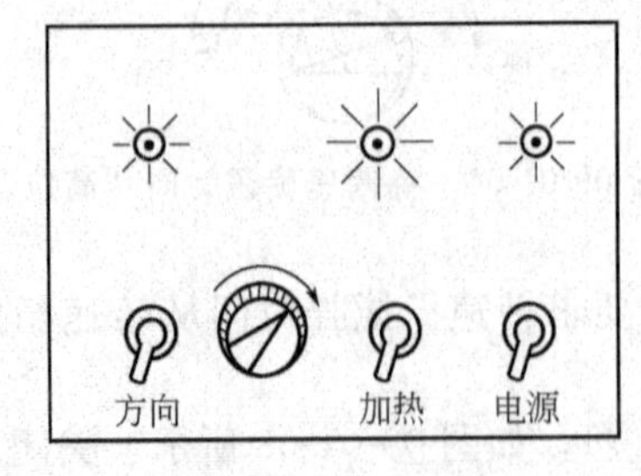

图 09-01-07 加热

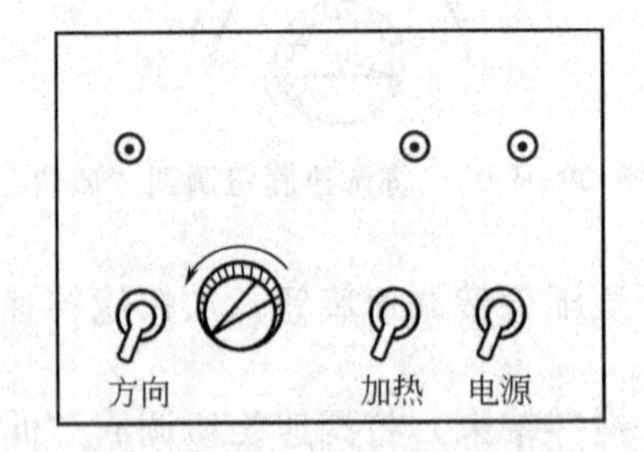

图 09-01-08 停止搅拌与加热

⑥ 用夹具或干布衬手取下托盘上的容器。

3. 使用注意事项及维护

(1) 使用前必须接好地线。

(2) 搅拌时应缓慢加速，加速过快会使搅拌转子不停地跳跃，此时，应立即将转速调回

“低位”，待转子停止跳动后再缓慢加速。

（3）当液体洒在托盘上时，应立即断电清除，以免腐蚀或影响电热元件和电机正常工作。

进度检查

一、填空题

1. 电动搅拌器是由__________、__________、__________三部分组成的。

2. 磁力加热搅拌器是由____________、____________、____________、__________、__________及电热板等部分组成的。

3. 安装电动搅拌器，应使电动机轴芯、搅拌棒和反应器三者的__________在同一直线上。

4. 调整搅拌速度，应按__________方向由低向高调节，调至达到要求转速为止。

5. 搅拌时间从__________后开始计算。用毕应将调速器旋钮调回__________，切断电源。

6. 磁力加热搅拌器可以在容器中对不同__________的溶液进行调混。

7. 磁力加热搅拌器面板上配有__________、__________、__________等装置。搅拌时应缓慢加速，加速过快会造成搅拌转子__________。

二、判断题（正确的在括号内划“√”，错误的划“×”）

1. 电动搅拌器是由电动机来完成搅拌任务的。（　　）

2. 调速器可以任意调节电动机的转速。（　　）

3. 搅拌器空载转速大于负载转速。（　　）

4. 搅拌转子的作用和搅拌棒的作用相同。（　　）

三、选择题（将正确答案的序号填入括号内）

1. 下列有关电动搅拌装置组装的描述正确的是（　　）。

A. 组装的步骤可任意调换

B. 搅拌棒应插入反应器的中心底部

C. 电动机、搅拌棒、反应器三者的中心轴线应在同一直线上

2. 使用电动搅拌器的第三步操作是（　　）。

A. 调整转速至要求速度

B. 将调速旋钮由“低位”旋向“高位”，启动电机

C. 接通电源，打开调速器开关

3. 磁力加热搅拌器的作用是（　　）。

A. 搅拌　　B. 加热　　C. 搅拌和加热

4. 磁力加热搅拌器的第三步操作是（　　）。

A. 搅拌　　B. 加热　　C. 加热搅拌结束

四、操作题

1. 电动搅拌装置的组装。

要求：①以三颈烧瓶为反应器；②操作正确；③电动机轴芯、搅拌棒、反应器三者的中心轴线在同一直线上。

2. 电动搅拌器的搅拌操作。

要求：①步骤正确；②以水代替反应物；③搅拌 10min，转速应小于 1000r/min。

3. 磁力加热搅拌器的使用操作。

要求：①步骤清楚正确；②以水代替反应物；③水温加热至 50℃。

学　习　单　元	编号	FJC-09-02
名　　称：真空泵及其使用 职业领域：化工、石油、冶金、环保、医药等	课时	4
工作范围：分析	日期	

学习目标

完成本单元的学习之后，能够确认真空泵并能使用其抽送气体或抽真空。

所需仪器和设备

序号	名称及说明	数量	序号	名称及说明	数量	序号	名称及说明	数量
1	真空泵(旋片式)	1台	4	布氏漏斗(滤板直径大于150mm)	1个	7	橡皮管(抽真空用管)	3m
2	电动机	1台	5	安全瓶	1个	8	三通管	1支
3	抽滤瓶(2000mL以上)	1个	6	干燥塔(500mL)	1个	9	螺旋夹	1个

相关学习单元

——分析室安全用电常识　FJC-07-01

——一般化学器皿的洗涤与使用　FJC-05-03

学习单元内容

一、真空泵及其结构

真空泵是分析室用来抽送气体的设备。它由泵体和电动机两部分组成。真空泵的种类很多，分析室常用的是旋片式真空泵。旋片式真空泵有单级和双级之分。单级旋片式真空泵的结构如图09-02-01所示。双级旋片式真空泵是两个单机串联而成的，其结构如图09-02-02所示。

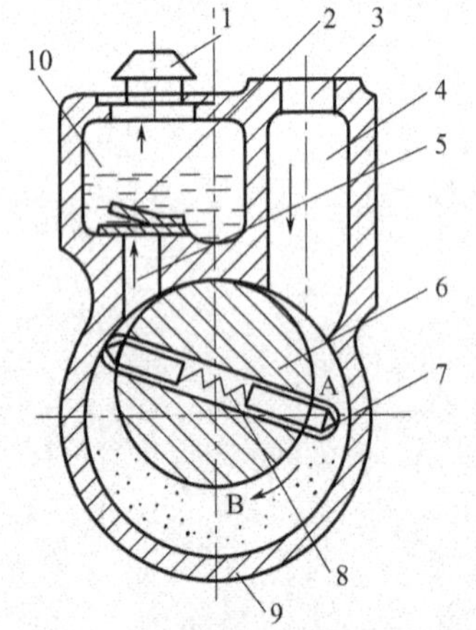

图09-02-01　单级旋片式真空泵结构示意图

1—排气口；2—排气阀片；3—吸气口；4—吸气管；5—排气管；6—转子；7—旋片；8—弹簧；9—泵体；10—泵油

二、真空泵的操作

① 将泵油加至油标横线处（或油标中心）。

② 旋转三通阀，使泵的吸气管路与大气相通，而与被抽空容器隔绝。打开排气口。

③ 上好泵轮皮带。

④ 接通电源，启动电机。

⑤ 待泵运转正常后，缓慢旋转三通阀，使泵的吸气管路与被抽空容器相通而与大气隔绝。

⑥ 停止使用时，先旋转三通阀，使泵的吸气管路与被抽空容器隔绝而与大气相通。切断电源，停止运转。

⑦ 用胶塞堵住排气口，盖严泵盖。

⑧ 卸下泵轮皮带。

三、使用注意事项及维护

① 真空泵应安装在干燥、通风、清洁、无尘埃的场所，环境温度在10～40℃范围内。安装地面必须平坦、坚实，使之运转均匀、不受震动。

② 连接被抽容器的管路宜短，弯头宜少，并选用厚壁真空橡皮管作连接管，管内应无灰尘和杂物。管道连接要严密，防止漏气。真空抽气装置如图09-02-03所示。

③ 在连接管路上安装真空三通阀，以便使泵与抽空容器隔绝而与大气相通。根据实际

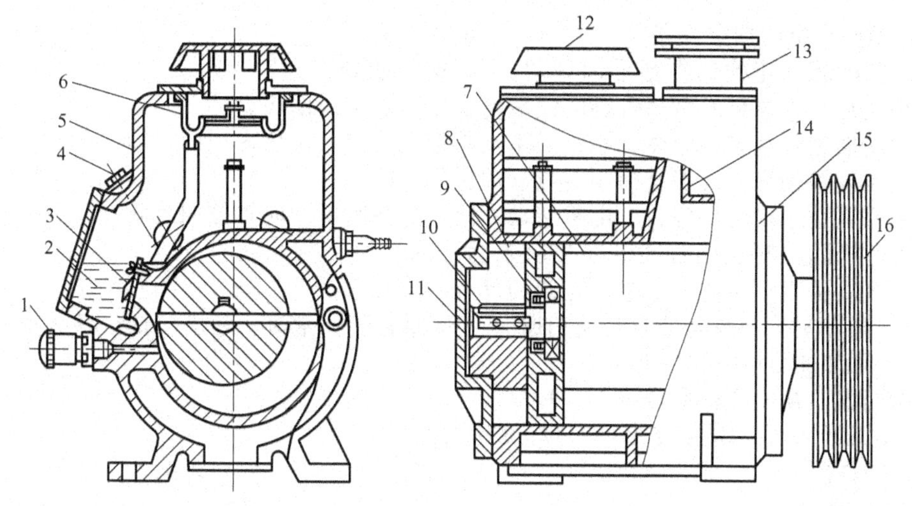

图 09-02-02　双级旋片式真空泵结构示意图

1—气填阀；2—泵油；3—排气阀片；4—六角盘；5—泵体；6—油气分离器；7—大转子；8—小转子；9—油封；10—轴；11—端盖；12—排气口；13—吸气口；14—过滤网；15—阀盖；16—槽带轮

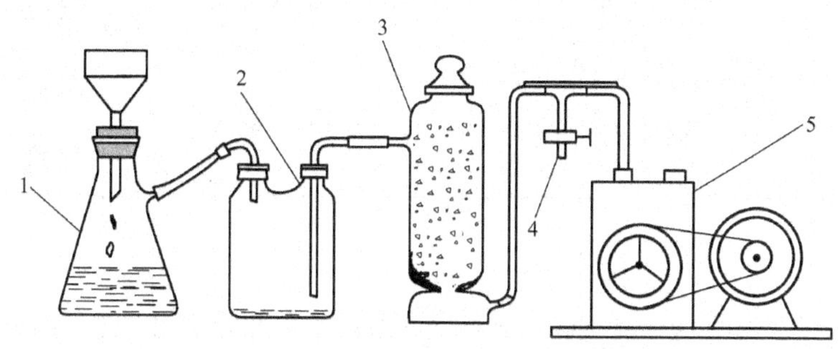

图 09-02-03　真空抽气装置示意图

1—抽滤瓶；2—安全瓶；3—干燥塔；4—三通管；5—真空泵

情况，在进气管路上设置气体吸收、干燥、冷却、净化、缓冲等保护装置，防止腐蚀性气体、潮湿气体、温度过高的气体、含有尘埃或其他杂质的气体进入泵体之内，以确保泵的性能，延长泵的使用寿命。

④ 在启动真空泵之前，应先试验电动机皮带轮的旋转方向是否与泵轮标示方向一致，一致后再上好三角皮带。一般泵轮应为顺时针旋转。

⑤ 泵油清洁与否对泵的真空度有很大影响，新泵一般工作半个月即应更换新油，若使用条件不好（泵的真空度下降）应酌情缩短换油期限。

⑥ 使用完毕后，要盖好进气口盖和出气口盖，防止灰尘、杂物、潮气进入泵体内，影响泵的性能。

进度检查

一、填空题

1. 真空泵是分析室用来__________的设备。

2. 分析室常用的真空泵由__________和__________两部分组成。

3. 真空泵应安装在干燥、__________、__________、无尘埃的场所。

4. 在连接管路上除安装三通阀外，还应根据实际情况，设置气体__________、__________、__________、净化、缓冲等保护装置。

5. 真空泵内油箱液面应在油窗的__________。

6. 真空泵开始运转时，泵应与被抽空容器__________而与大气__________，待泵运转正常后，则应是泵与抽空容器________而与大气________。

二、判断题（正确的在括号内划“√”，错误的划“×”）

1. 停机后，真空泵的吸气管路必须破空，以防止泵油倒吸。（ ）
2. 严防腐蚀性气体、液体、水、灰尘及其他杂物进入泵体内。（ ）
3. 若发现泵油变质及混有污物时应立即更换。（ ）
4. 启动真空泵之前，应注意电机转动方向，使泵轮以顺时针方向旋转。（ ）

三、选择题（将正确答案的序号填入括号内）

1. 下列有关真空泵的操作描述正确的是（ ）。

A. 启动前，使泵与抽空容器相通　B. 泵运转正常时，它应与抽空容器相通

C. 泵油加至油标线以上

2. 分析室常用的真空泵是（ ）。

A. 离子泵　B. 扩散泵　C. 旋片式真空泵

四、操作题

真空泵的操作。

要求：①如图 09-02-03 所示安装真空抽气装置；②真空泵的操作步骤要清楚、正确。

<table>
<tr><td rowspan="3">学　习　单　元
名　　称：分析室常用通风设备及其使用
职业领域：化工、石油、环保、冶金、医药、建材等
工作范围：分析</td><td>编号</td><td>FJC-09-03</td></tr>
<tr><td>课时</td><td>4</td></tr>
<tr><td>日期</td><td></td></tr>
</table>

学习目标

完成本单元的学习之后，能够确认分析室的通风设备并能使用其进行通风换气。

所需仪器和设备

排风扇 1 台；通风柜 1 台；排气罩 1 台。

学习单元内容

一、分析室通风系统

在样品处理和分析工作中经常会产生各种有毒、有腐蚀性或易燃易爆的气体，这些气体必须通过通风设备及时排出室外。分析室的通风系统主要分通风柜、排气罩、全室通风三类。

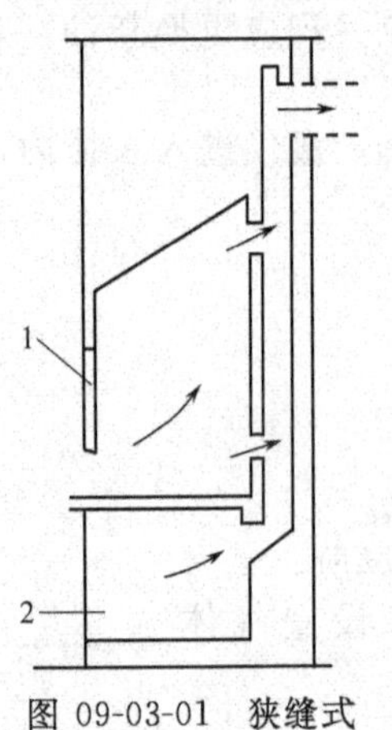

图 09-03-01　狭缝式通风柜简图

1—活动前门；2—贮酸碱或溶剂

1. 通风柜

通风柜也叫通风橱，长 1.5～1.8m，深 800～850mm，空间高度大于 1.5m。前门及侧壁安装玻璃，前门的式样有推拉式、插挡式和吊装式，开启方便灵活。通过前门和侧壁可观察柜内试验情况。当使用易燃有机溶剂及有毒气体或进行能产生有毒气体的试验时，必须在通风柜内操作。图 09-03-01 是一种效果较好的狭缝式通风柜简图。

2. 排气罩

若分析仪器较大或无法在通风柜中操作时，在有害气体上方设排气罩，通过排风管道将有害气体用风机排出室外。

3. 全室通风

安装排风扇通过机械通风进行室内换气。也可在室内设通风

竖井进行自然通风换气。

二、通风设备的使用注意事项

① 通风柜应安装在铺有瓷砖的水泥台上，管道设计应考虑通风效率。

② 通风柜内应设置照明装置、加热装置、冷却水装置。排气管要用不燃性材料制作，内壁涂防腐涂层。

③ 排气出口应高于屋顶 2m 以上，必要时排气口应安装抽风机。抽风机应有减震和减少噪音的措施。

④ 分析室的墙壁上应安装排风扇，以便全室通风换气。

⑤ 在通风柜中工作时，开启通风设备，排出有毒有害气体。

⑥ 分析室应当经常开启换气扇换气，以保证室内空气新鲜。

⑦ 分析结束，应关闭通风设备。

⑧ 做好通风设备的日常检查与维护，不可长期超负荷运行，损坏时要及时修理或更换，确保分析室正常通风换气。

进度检查

一、填空题

1. 分析室的通风系统主要分__________、__________、__________三类。

2. 当使用易燃有机溶剂及有毒气体或进行能产生有毒气体的试验时，必须在__________内操作。

3. 若分析仪器较大或无法在通风柜中操作时，在有害气体上方设__________，通过排风管道将有害气体用__________排出室外。

4. 排气管道要用__________制作，内壁涂刷__________涂层。

二、判断题（正确的在括号内划“√”，错误的划“×”）

1. 排气出口应高于屋顶 2m 以上。（　　）

2. 通风柜内应设置照明装置、加热装置、冷却水装置。（　　）

3. 分析室可设通风竖井进行自然通风。（　　）

4. 离开分析室时，应关闭通风设备。（　　）

分析室常用电动设备及使用技能考试内容与评分标准

一、考试内容

（一）电动搅拌器的基本操作

1. 电动搅拌装置的组装。

2. 电动搅拌器的使用操作。

（二）磁力加热搅拌器的基本操作

1. 搅拌准备。

2. 搅拌与加热。

3. 加热搅拌结束。

（三）真空泵的基本操作

1. 开泵准备。

2. 开泵运行。

3. 抽气结束。

二、评分标准（满分100分）

内容	操作步骤	技能要求	评分标准	配分	得分
电动搅拌器的基本操作	组装电动搅拌装置	①将反应器放置在支架上；②用烧瓶夹将反应器固定在铁柱上；③将搅拌电动机固定在反应器上端的铁柱上；④将搅拌棒插入反应器中心，并轧牢在电动机轧头上；⑤调整电动机的位置，使电动机轴芯、搅拌棒和反应器三者的中心轴线在同一直线上；⑥串联调速器与电动机	每项3分；错、漏一项扣3分；顺序错扣6分	18	
	准备与搅拌	①将调速旋钮调至“0”位；②接通电源；③打开调速器电源开关；④将调速旋钮按顺时针方向由“低位”缓慢旋向“高位”；⑤转速稳定后，记录时间	每项3分；少一项扣3分；顺序错扣5分	15	
	搅拌结束	①将调速旋钮调回“0”位；②关闭调速器电源开关；③切断电源	每项3分；顺序错扣3分	9	
磁力加热搅拌器的基本操作	搅拌准备	①将搅拌转子放入盛有欲搅拌物的容器中，并将容器置于搅拌器托盘上；②接通电源；③开启搅拌器电源开关	每项2分；顺序错扣3分	6	
	搅拌与加热	①将调速旋钮顺时针缓慢旋动，启动搅拌器至达到所需转速；②开启加热开关；③将调温旋钮旋至所需温度挡位	每项2分；顺序错扣3分；转子跳动扣3分	6	
	加热搅拌结束	①将调速旋钮旋回“0”位；②将控温旋钮调回“0”挡；③关闭面板电源开关；④切断电源	每项2分；顺序错扣3分；少一项扣2分	8	
真空泵的基本操作	开泵准备	①将泵油加至油标中心（或油标横线处）；②调节泵的吸气管路与大气相通，而与被抽空容器隔绝；③打开排气口；④上好泵轮皮带	每项5分；少或错一项扣5分	20	
	开泵运行	①接通电源，启动电机；②运转正常后，缓慢旋转三通阀，使泵的吸气管路与被抽空容器相通而与大气隔绝	每项5分；错一项扣5分	10	
	抽气结束	①旋转三通阀，使泵的吸气管路与被抽空容器隔绝而与大气相通；②切断电源，停止运转；③用胶塞堵住排气口；④卸下泵轮皮带	每项2分；错、漏一项扣2分；顺序错扣4分	8	

MU10　玻璃管（棒）的加工

学　习　单　元	编号	FJC-10-01
名　　称：玻璃材料的识别与选择 职业领域：化工、石油、医药、环保、建材等 工作范围：分析	课时	2
	日期	

学习目标

完成本单元的学习之后，能够识别和选择分析室常用玻璃加工材料。

所需仪器

序号	名称及说明	数量	序号	名称及说明	数量
1	软质玻璃管、棒	若干	3	石英玻璃管、棒	若干
2	硬质玻璃管、棒	若干			

学习单元内容

一、玻璃的化学组成和一般性质

1. 玻璃的化学组成

玻璃的主要化学成分有 SiO_2、CaO、Na_2O、K_2O 等，可根据需要加入一些其他物质，如 B_2O_3、Al_2O_3、ZnO、PbO、BaO、TiO_2 等。玻璃的组成不同，其性质和用途也就不同。

2. 玻璃的一般性质

（1）物理性质　组成中 B_2O_3、SiO_2 含量较高的高硼硅酸盐类玻璃，其硬度高，具有较高的热稳定性和较好的透明度。一般玻璃的热稳定性和硬度稍差。

（2）化学性质　玻璃的化学稳定性较好，耐酸、耐水但能被热的磷酸侵蚀，氢氟酸也能强烈地腐蚀玻璃，所以不能用玻璃器皿进行含有 F^- 或生成 HF 的试验。

玻璃的耐碱性较差，特别是浓碱液或热碱液对玻璃有强烈的腐蚀作用，因此不能用玻璃器皿盛装浓碱液。

二、玻璃的种类及特点

玻璃材料因组成不同，品种很多，但分析室常用的玻璃加工材料一般分为三类，即软质玻璃、硬质玻璃、石英玻璃。

1. 软质玻璃（普通玻璃）

软质玻璃主要包括钠钙玻璃和钾玻璃两种，其中钾玻璃比钠钙玻璃在硬度、耐热、耐腐蚀和透明度等方面都好。该类玻璃的热稳定性差，软化点低，耐碱性好，易于灯焰加工熔接，应用较为广泛，主要用于制作一般玻璃仪器。

2. 硬质玻璃（高硼硅玻璃）

硬质玻璃具有耐高温高压、耐腐蚀、耐温差变化，膨胀系数小，导热性好且机械强度高等优点，具有良好的灯焰加工性能，主要用于制作烧器类耐热产品及各种玻璃仪器。

3. 石英玻璃

石英玻璃的化学成分是二氧化硅，具有优良的物理化学性质。此类玻璃软化点很高，膨胀系数很小，能透过紫外线，是一种制造化学仪器的特种材料。

三、玻璃材料的选择与鉴别

1. 玻璃材料的选择

分析室用于加热吹制的玻璃材料要质地良好，其粗细厚薄均匀，组织清晰而透明，表面没有气泡和条纹，化学性质稳定，不易被其他化学药品侵蚀。玻璃加工所选择的材料必须满足以下条件。

① 软化点和工作温度不宜过高，以免造成设备或工作上的困难。

② 能经受温度的剧变而不破裂。

③ 相互熔接的玻璃管（棒）必须是同一类玻璃或性质（特别是膨胀系数）相近的玻璃。

④ 玻璃与其他物质（如金属、瓷等）熔接时，其膨胀系数应基本一致。

分析室所用若干玻璃材料中，软质玻璃较易加工，是练习吹制技术较合适的材料。

2. 玻璃的鉴别

玻璃因组成不同，有软、硬之分。软质玻璃易加工但质量较差，硬质玻璃坚固耐热却难加工。软、硬两种玻璃因膨胀系数不同而不易熔接。所以分析室在加工玻璃管（棒）之前要对玻璃质料进行鉴别。其鉴别方法如下。

① 将玻璃管（棒）放在酒精灯火焰上，很快软化且火焰微显黄色为钠钙玻璃，若火焰微显紫色为钾玻璃，钠钙玻璃和钾玻璃均为软质玻璃。

② 若玻璃管（棒）在酒精灯火焰上不易软化，软化后一经离开火焰就立刻变硬则为高硼硅玻璃（硬质玻璃）。

③ 同质玻璃的鉴别：选择干燥、洁净、粗细厚薄大致一样而且又无气泡和条纹等缺陷的材料试接，熔接后经退火冷却，在平整的台面上轻轻丢掷数次，若无断裂，则为同质玻璃材料。

进度检查

一、填空题

1. 玻璃的主要化学成分有 SiO_2、__________、__________、__________等，可根据需要加入一些其他物质，如__________、__________、ZnO、PbO、BaO、TiO_2 等。玻璃的组成不同，其性质和用途也就不同。

2. 组成中 B_2O_3、SiO_2 含量较高的高硼硅酸盐类玻璃，其__________高，具有较高的__________和较好的__________。

3. 分析室常用的玻璃加工材料一般分为三类，即________、________、________。

4. 相互熔接的玻璃管（棒）必须是__________或__________（特别是__________）相近的玻璃。

二、判断题（正确的在括号内划“√”，错误的划“×”）

1. 软质玻璃比硬质玻璃易于拉制。（　　）

2. 硬质玻璃的膨胀系数大于软质玻璃。（　　）

3. 硬质玻璃可制成能加热的仪器，而软质玻璃多制成不能加热的仪器。（　　）

三、问答题

1. 质地良好的玻璃具有什么特征？

2. 软质玻璃和硬质玻璃各有什么特点？

3. 分析室如何选择玻璃材料？

四、操作题

1. 软质玻璃和硬质玻璃的鉴别。

2. 同质玻璃的鉴别。

学 习 单 元	编号	FJC-10-02
名　　称：一般玻璃加工用具及使用	课时	6
职业领域：化工、石油、医药、环保、冶金、建材等		
工作范围：分析	日期	

学习目标

完成本单元的学习之后，能够确认玻璃加工用具，掌握其使用方法。

所需仪器

序号	名称及说明	数量	序号	名称及说明	数量
1	酒精灯	1	4	锉刀、灯工钳、钨钢针、石棉网、拍板、扩口器、卡尺、钢尺	各1
2	煤气灯	1			
3	酒精喷灯	1			

相关学习单元

——玻璃材料的识别与选择　FJC-10-01

学习单元内容

一、加工用具的种类

一般玻璃加工用具包括加热用具和其他小型工具。加热用具主要有酒精灯、酒精喷灯和煤气灯。酒精灯的加热温度一般为400～500℃，其构造见图10-02-01。

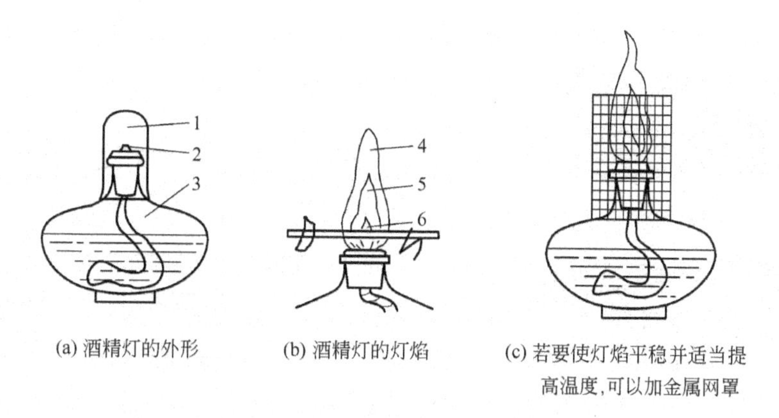

(a) 酒精灯的外形　(b) 酒精灯的灯焰　(c) 若要使灯焰平稳并适当提高温度,可以加金属网罩

图10-02-01　酒精灯的构造

1—灯帽；2—灯芯；3—灯壶；4—外焰；5—内焰；6—焰心

酒精喷灯有座式和挂式两种，见图10-02-02。

煤气灯加热温度为1000℃左右，其构造见图10-02-03。其灯焰的性质见图10-02-04。

一般玻璃加工用其他小型工具有锉刀、灯工钳、钨钢针、石棉网、拍板、扩口器、卡尺、钢尺等，见图10-02-05。

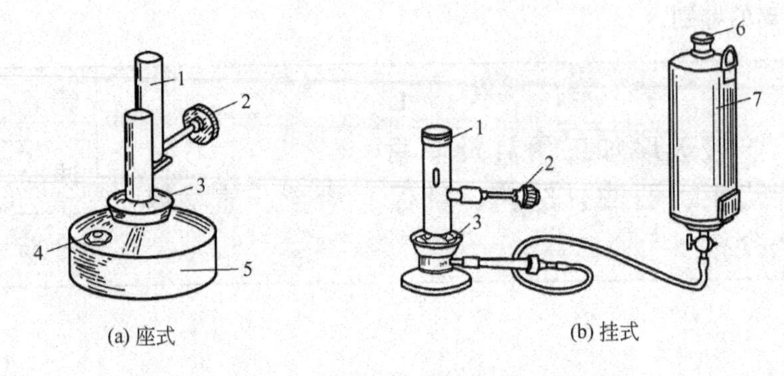

(a) 座式　　(b) 挂式

图 10-02-02　酒精喷灯的类型和构造

1—灯管；2—空气调节器；3—预热盘；4—铜帽；5—酒精壶；6—盖子；7—酒精贮罐

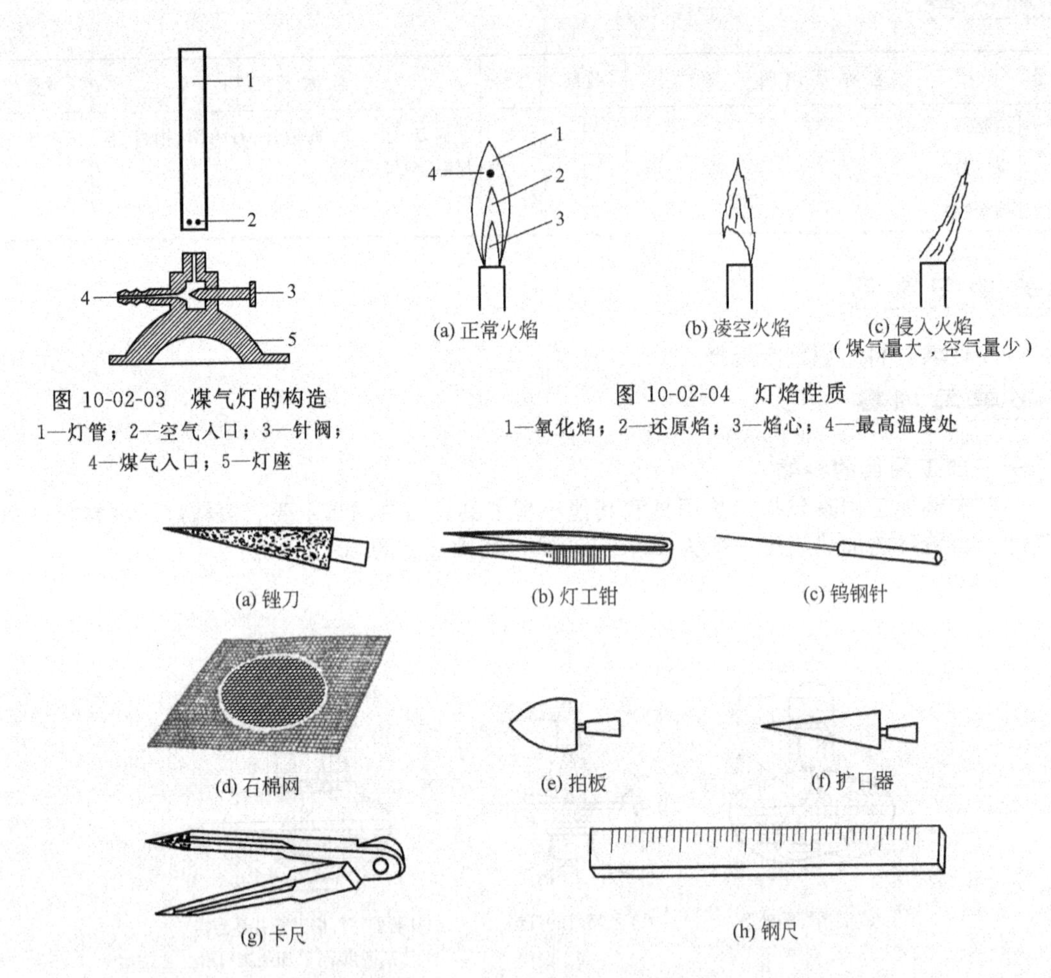

图 10-02-03　煤气灯的构造

1—灯管；2—空气入口；3—针阀；4—煤气入口；5—灯座

(a) 正常火焰　　(b) 凌空火焰　　(c) 侵入火焰（煤气量大，空气量少）

图 10-02-04　灯焰性质

1—氧化焰；2—还原焰；3—焰心；4—最高温度处

(a) 锉刀　　(b) 灯工钳　　(c) 钨钢针　　(d) 石棉网　　(e) 拍板　　(f) 扩口器　　(g) 卡尺　　(h) 钢尺

图 10-02-05　玻璃加工用小型工具

二、加热用具的使用方法

1. 酒精灯的使用（见图 10-02-06）

2. 酒精喷灯的使用（见图 10-02-07）

座式酒精喷灯连续使用不能超过 0.5h，如果要超过 0.5h，必须到 0.5h 时暂先熄灭喷灯，冷却，添加酒精后再继续使用。挂式喷灯用毕，酒精贮罐的下口开关必须关闭好。

3. 煤气灯的使用（见图 10-02-08）

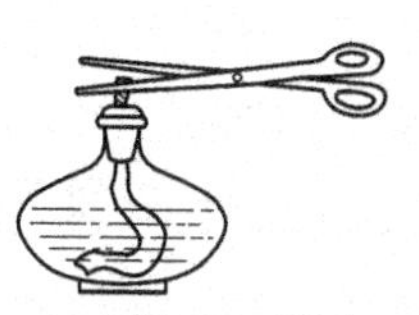

(a) 灯芯不齐或烧焦
用剪刀修剪

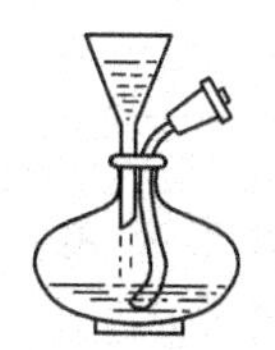

(b) 添加酒精
（加入酒精量为 1/2~2/3 壶）

(c) 点燃

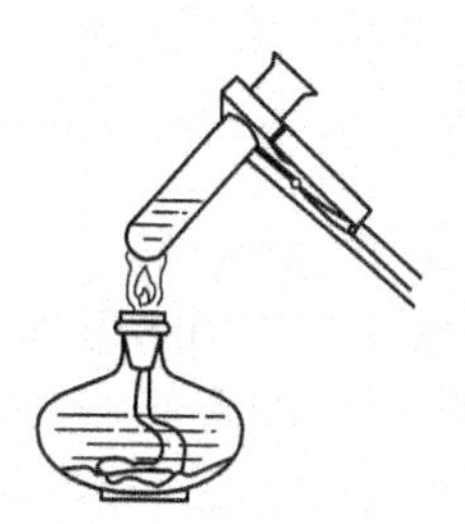

(d) 加热

(e) 熄灭

图 10-02-06　酒精灯的使用

(a) 添加酒精
（注意关好下口开关，座式酒精
喷灯内贮酒精量不能超过 2/3 壶）

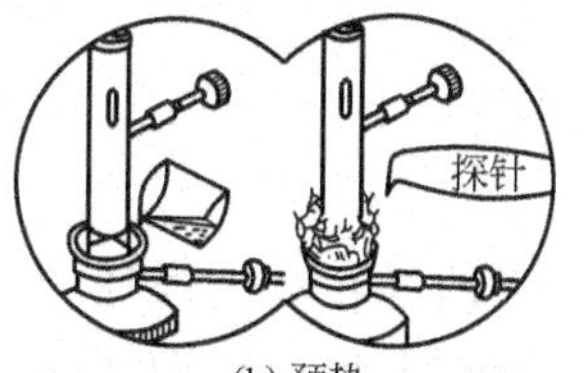

(b) 预热
（预热盘中加少量酒精点燃；可多次
预热，但若两次不出气，必须在火焰
熄灭、冷却后加酒精并用探针疏通酒
精蒸气出口后方可再预热）

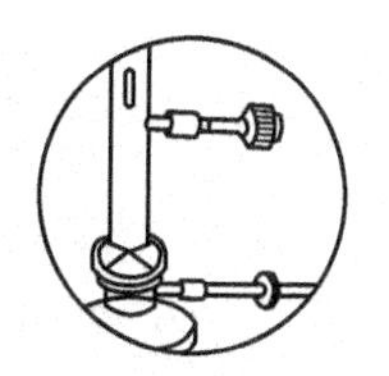

(c) 调节火焰
（旋转空气调节器）

(d) 火焰熄灭
（可盖灭，也可旋转空气调节器熄灭）

图 10-02-07　酒精喷灯的使用

(a) 点燃
（先划火，后开气）

(b) 调节
（上旋灯管，空气进入量增大；
向里拧针阀，煤气进入量减少）

(c) 加热
（氧化焰加热）

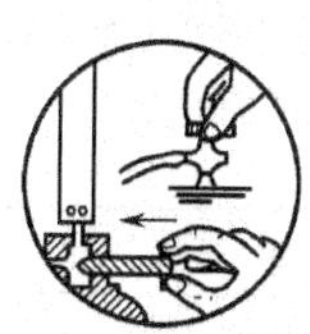

(d) 关闭
（向里拧针阀开
关、煤气开关）

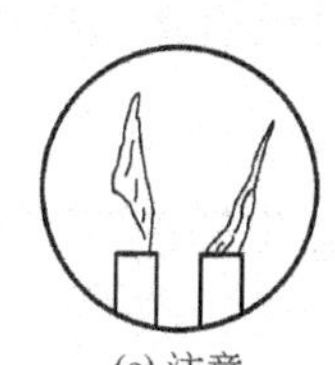

(e) 注意
（遇不正常火焰应把灯关闭，
冷却后，重新调节）

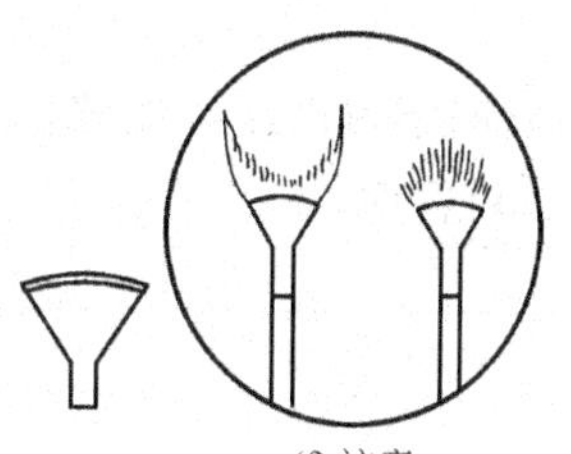

(f) 注意
（若要扩大加热面
积，可加鱼尾灯头）

图 10-02-08　煤气灯的使用

进度检查

一、填空题

1. 一般玻璃加工用具包括__________用具和其他__________。

2. 一般玻璃加工所用加热用具主要有__________、__________、__________等。

3. 座式酒精喷灯连续使用不能超过__________，如果要超过__________，必须到__________时暂先__________，冷却，添加酒精后再继续使用。

4. 指出下图煤气灯的正常火焰、凌空火焰和侵入火焰。

二、判断题（正确的在括号内划"√"，错误的划"×"）

指出下列酒精灯使用过程中添加酒精、点燃酒精灯、加热、熄灭酒精灯的操作哪个是正确的，哪个是错误的。

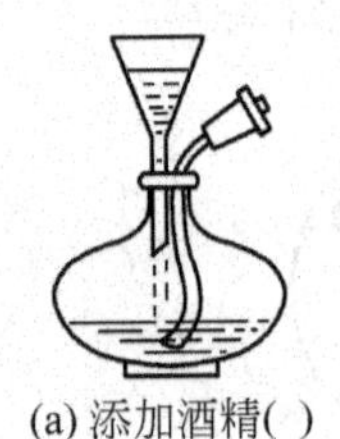
(a) 添加酒精( )

(b) 点燃( )

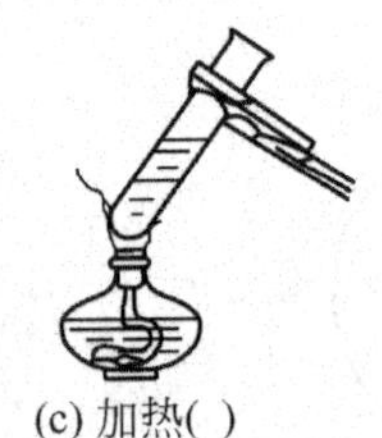
(c) 加热( )

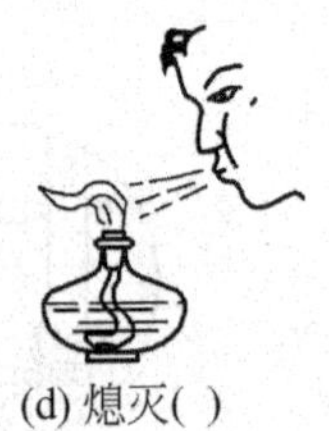
(d) 熄灭( )

三、操作题

1. 酒精喷灯的操作。

2. 煤气灯的操作。

学　习　单　元	编号	FJC-10-03
名　　称：玻璃管（棒）的加工操作	课时	12
职业领域：化工、石油、医药、环保、冶金、建材等	日期	
工作范围：分析		

学习目标

完成本单元的学习之后，能够正确进行玻璃管（棒）的简单加工操作。

所需仪器和设备

序号	名称及说明	数量	序号	名称及说明	数量
1	酒精灯	1	4	锉刀、灯工钳、钨钢针、拍板、扩口器、卡尺、钢尺	各1
2	煤气灯	1			
3	酒精喷灯	1	5	一般玻璃管(棒)	若干

相关学习单元

——玻璃材料的识别与选择　　FJC-10-01

——一般玻璃加工用具及使用　　FJC-10-02

学习单元内容

一、玻璃管（棒）的截割与熔光

1. 锉痕

用锉刀在玻璃管（棒）的同一位置向同一方向划痕，不能往复锯。见图 10-03-01。

2. 截断

拇指齐放在划痕的背后向前推压，同时食指向外拉。见图 10-03-02。

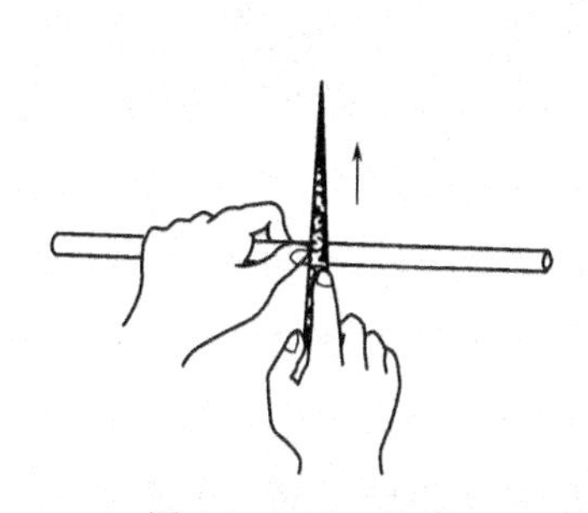

图 10-03-01　锉痕

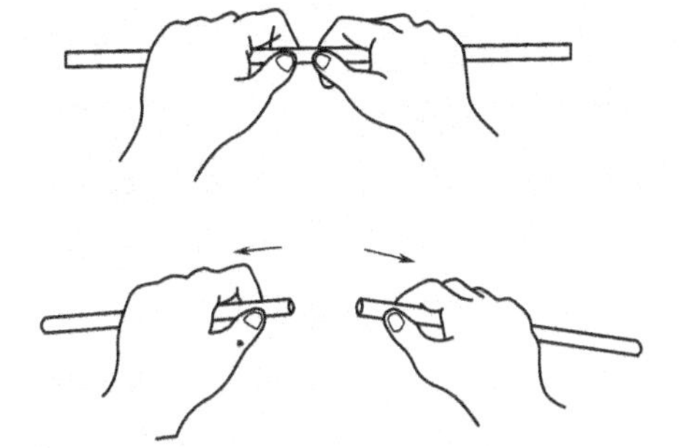

图 10-03-02　截断玻璃管（棒）

3. 熔光

玻璃管（棒）的截断面一般很锋利，不仅易割破手指，而且难以插进胶管或塞子的圆孔内，所以截断的玻璃管（棒）需熔光，以平整断面。熔光的方法：点燃酒精喷灯或煤气灯，玻璃管（棒）的截断面在外焰处稍向下倾斜，见图 10-03-03，前后移动并慢慢转动，熔光截断面。

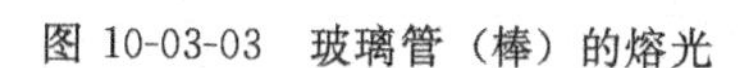

图 10-03-03　玻璃管（棒）的熔光

二、滴管的拉制（见图 10-03-04）

三、弯曲玻璃管

1. 烧管（见图 10-03-05）

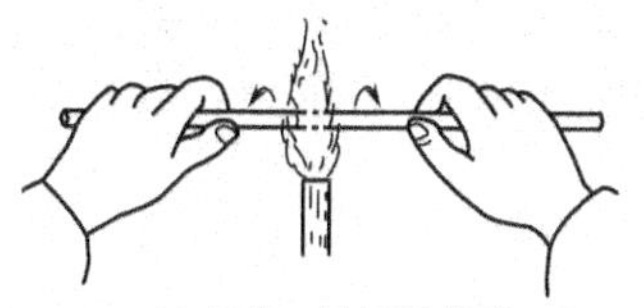

(a) 加热，旋转玻璃管

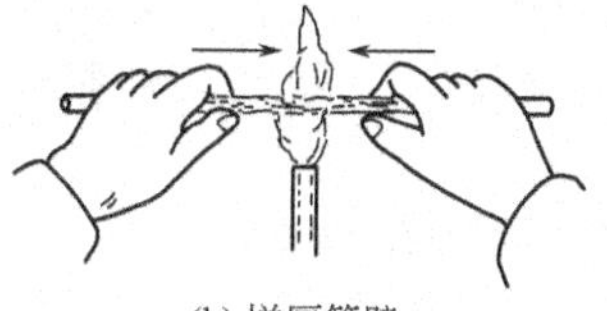

(b) 增厚管壁

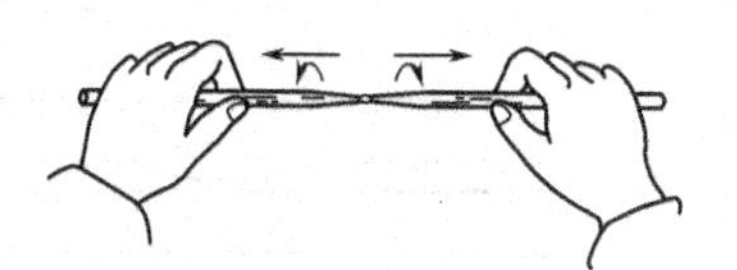

(c) 拉细时，边旋转边拉开，将狭部拉到所需粗细

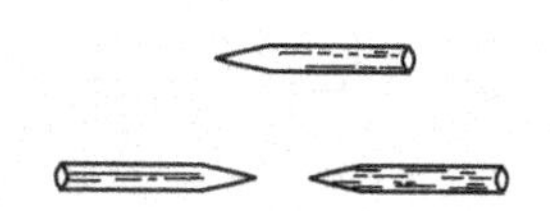

(d) 拉细的玻璃管

图 10-03-04　拉制滴管

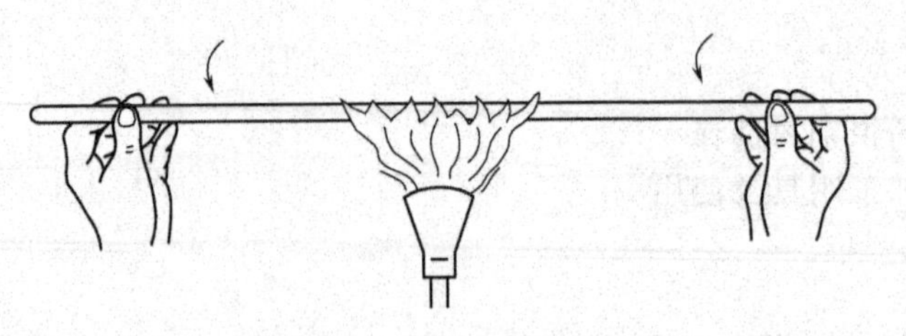

图 10-03-05　烧管

（均匀转动，左右移动用力匀称，稍向中间渐推）

2. 弯管

(1) 吹气法　玻璃管均匀受热、发黄变软时，取离火焰，堵管吹气，迅速弯管。见图 10-03-06（a）。

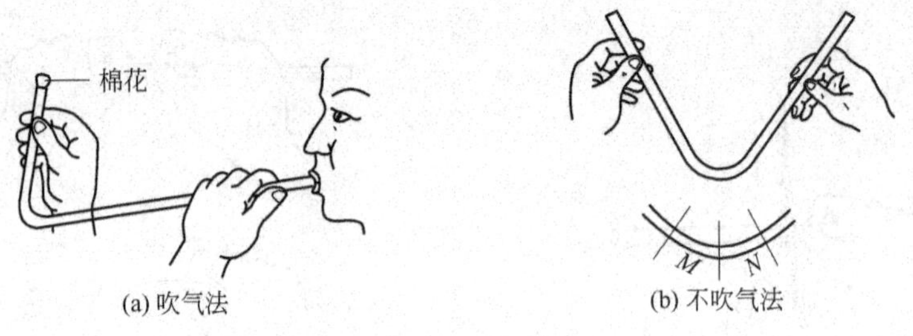

图 10-03-06　弯曲玻璃管

(2) 不吹气法　见图 10-03-06（b）。掌握火候，取离火焰用“V”字形手法，弯好后冷却变硬才撤手（弯小角管时可多次弯成，如图先弯成 M 部位的形状，再弯成 N 部位的形状）。

弯管好坏的比较和分析见图 10-03-07。

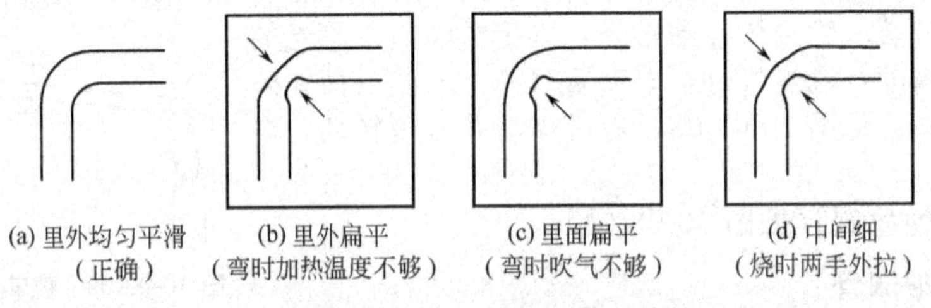

图 10-03-07　弯管好坏的比较和分析

四、拉细玻璃管

(1) 烧管　见图 10-03-05，但要烧的时间长，玻璃软化程度大一些。

(2) 拉管　边旋转，边拉动，控制温度，将狭部拉到所需粗细，可拉成毛细管或胶头滴管。见图 10-03-08。

拉管好坏的比较见图 10-03-09。

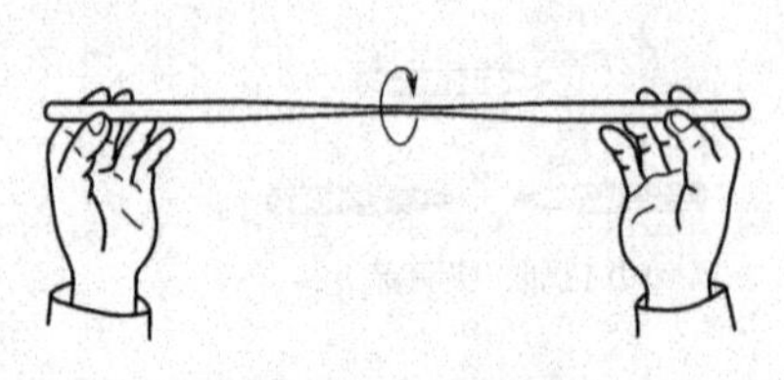

图 10-03-08　拉管

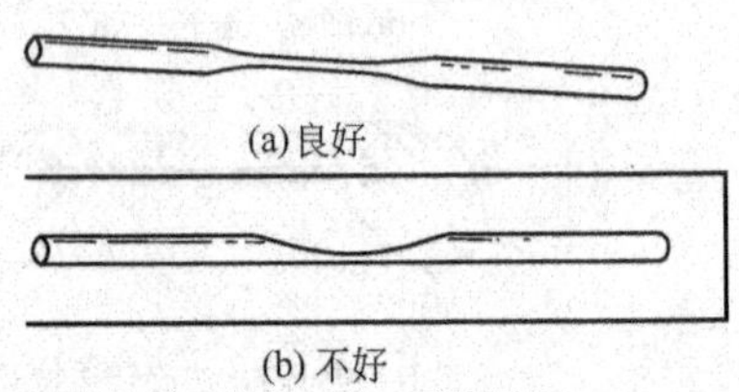

图 10-03-09　拉管好坏的比较

（3）扩口（例如制滴管） 管口灼烧至红热后，用扩口器放入管口内，迅速而均匀旋转，见图 10-03-10。

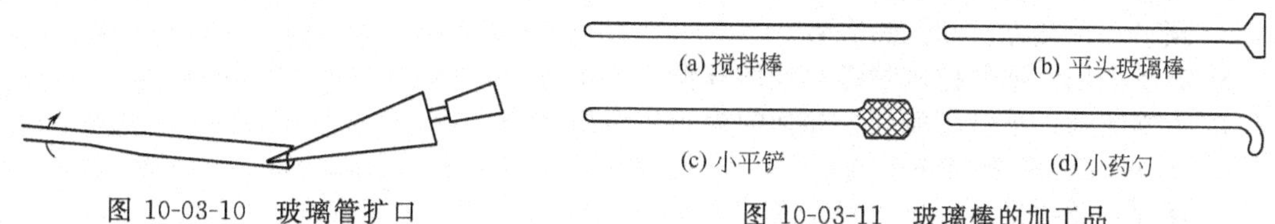

图 10-03-10 玻璃管扩口

图 10-03-11 玻璃棒的加工品

五、玻璃棒的加工

玻璃棒的加工品一般有搅拌棒、平头玻璃棒、小平铲和小药勺等，见图 10-03-11。

（1）搅拌棒的加工 将长玻璃棒截成所需长度，把两截端在火焰边缘烧圆即可。搅拌棒的长度和直径要和烧杯的大小相适应，搅拌棒的长度一般为烧杯高度的 1.5 倍为宜。

（2）平头玻璃棒的加工 将玻璃棒的一端在火焰上烧熔后，在石棉板上轻按，即可做成平头玻璃棒。平头玻璃棒一般用于压碎样品。

（3）小平铲和小药勺的加工 将玻璃棒一端烧软，同时将平口灯工钳的钳中加热，把烧软的玻璃棒移离火焰，用平口灯工钳轻夹即成小平铲。若做成小药勺，将小平铲加以弯曲即可。

进度检查

一、判断题（正确的在括号内划“√”，错误的划“×”）

1. 判断下面玻璃管锉痕的正误。

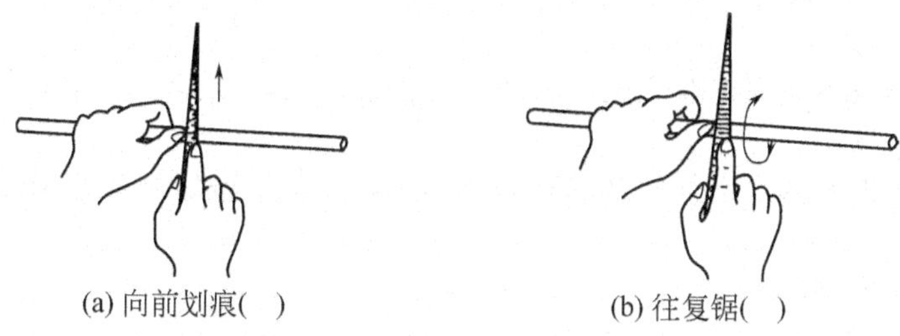

(a) 向前划痕( )　　(b) 往复锯( )

2. 弯曲玻璃管时，正确操作弯曲的玻璃管应该是（　　）。

(a) 里外扁平　　(b) 里外均匀平滑

二、问答题

1. 截断的玻璃管（棒）为什么要进行熔光后才能使用？
2. 分析室如何加工搅拌棒和平头玻璃棒？

三、操作题

1. 玻璃管（棒）的截割与熔光操作。
2. 弯曲玻璃管的操作。
3. 用细玻璃管制作小滴管。

玻璃管（棒）的加工技能考试内容及评分标准

一、考试内容

（一）同质玻璃的鉴别

鉴定两根粗细厚薄大致一样而且又无气泡和条纹等缺陷的玻璃管（棒）是否同质。

（二）酒精喷灯的使用

1. 检查喷灯内的酒精量。

2. 预热：预热方法和预热次数。

3. 调节火焰：如何控制喷灯火焰的高低、大小。

4. 火焰熄灭：喷灯用完后，如何熄灭。

（三）用细玻璃管制作小滴管

1. 玻璃管的灼烧。

持管和灼烧方式。

2. 玻璃管的拉制。

玻璃管灼烧程度和拉制方法。

3. 制成小滴管。

玻璃管的截断和小胶帽的套入。

二、评分标准

（一）同质玻璃的鉴别（25分）

（1）将两根玻璃管（棒）的某一端同时在喷灯火焰上灼烧、熔化并焊接在一起。（10分）

（2）退火冷却。（5分）

（3）将焊接好的玻璃管（棒）在平整的台面上轻轻丢掷数次，若无断裂，则为同质玻璃材料，否则，玻璃材料不同。（10分）

（二）酒精喷灯的使用（35分）

1. 检查喷灯内的酒精量。（10分）

喷灯内贮酒精量不能超过2/3壶，太少，应添加酒精，太多，应取出少许酒精。

2. 预热。（15分）

可多次预热，但两次不出气，必须在火焰熄灭、冷却后再加酒精并用探针疏通酒精蒸气出口后方可再预热。

3. 调节火焰。（5分）

4. 火焰熄灭。（5分）

（三）用细玻璃管制作小滴管（40分）

1. 玻璃管的灼烧。

（1）持管方式。（5分）

（2）灼烧方法，由低温到高温缓缓灼烧并不断转动。（10分）

2. 玻璃管的拉制。

（1）玻璃管灼烧程度。（5分）

（2）玻璃管拉制方法及是否均匀。（10分）

3. 小滴管的制备。

（1）毛细管部位的切断。（5分）

（2）小胶帽的套入方法。（5分）

MU11　加热操作

<table>
<tr><td colspan="1">学　习　单　元</td><td>编号</td><td>FJC-11-01</td></tr>
<tr><td rowspan="2">名　　称：直接加热装置及操作
职业领域：化工、石油、医疗、环保、冶金、建材等
工作范围：分析</td><td>课时</td><td>6</td></tr>
<tr><td>日期</td><td></td></tr>
</table>

学习目标

完成本单元的学习之后，能够利用直接加热装置进行加热操作。

所需仪器和设备

序号	名称及说明	数量	序号	名称及说明	数量
1	酒精灯、酒精喷灯、煤气灯	各1	4	不同类型(铂、镍、瓷、石英)的坩埚	各1
2	铁架台	1	5	石棉网、泥三角	各1
3	试管、烧杯、烧瓶、蒸发皿	各1			

学习单元内容

一、直接加热装置

直接加热是分析室常用的加热方式之一，一般为非易燃易爆的化学药品在明火上直接进行加热处理。加热时由于选用的仪器不同，加热药品的状态及性质不同，加热的方法及装置也稍有差别。给液体加热可以用试管、烧杯、烧瓶、蒸发皿等；给固体加热可用干燥的试管、烧瓶、坩埚等。

1. 用试管进行直接加热的装置

（1）加热试管内的液体　见图 11-01-01。

（2）加热试管内的固体　见图 11-01-02。

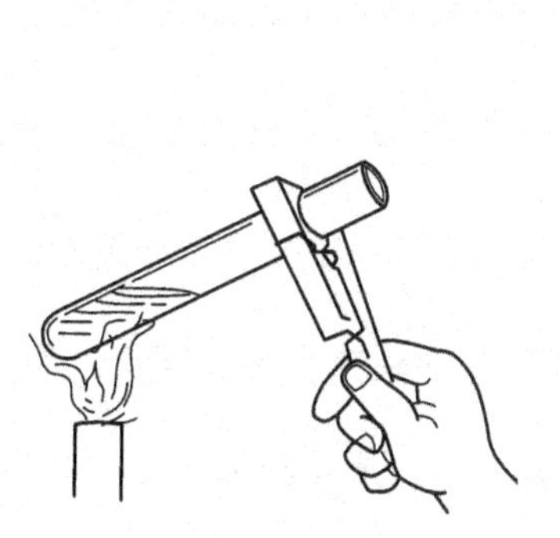

图 11-01-01　加热试管内的液体

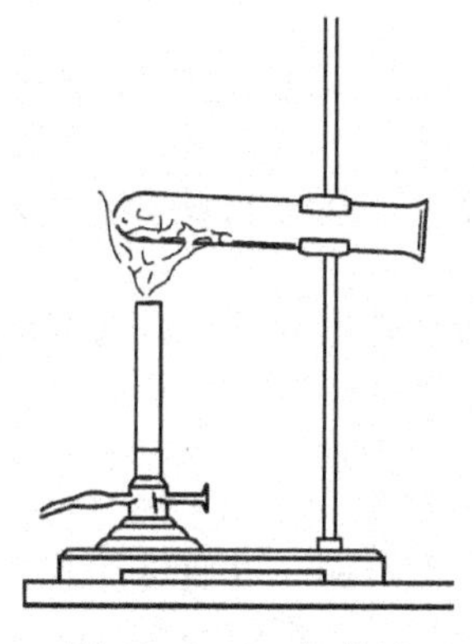

图 11-01-02　加热试管内的固体

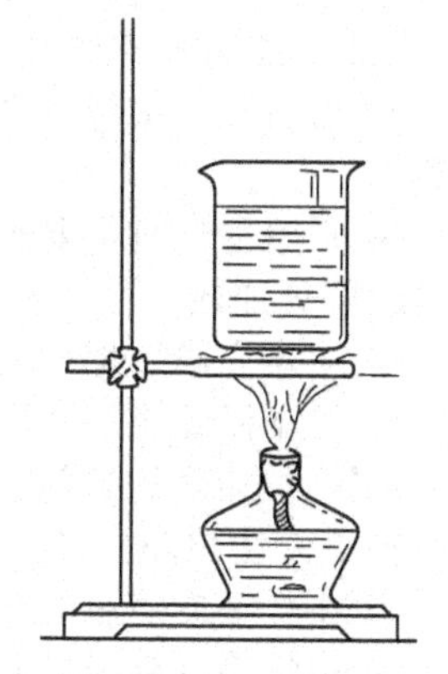

图 11-01-03　加热烧杯内的液体

2. 用烧杯或烧瓶进行直接加热的装置

(1) 加热烧杯内的液体　见图 11-01-03。

(2) 加热烧瓶内的物质（液体或固体）　见图 11-01-04。

3. 用蒸发皿加热

用蒸发皿加热见图 11-01-05。

4. 用坩埚加热

用坩埚加热见图 11-01-06。

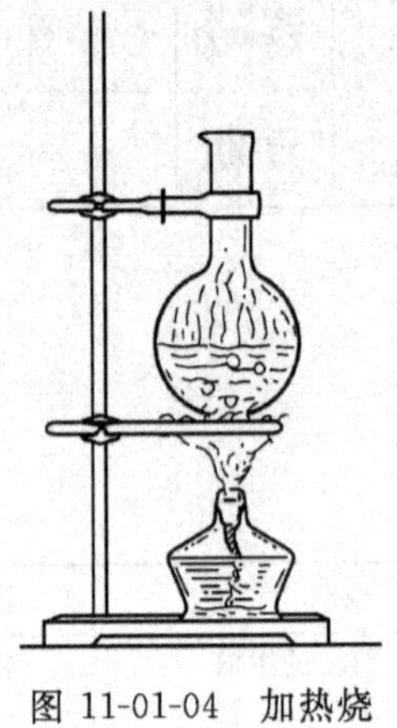

图 11-01-04　加热烧瓶内的物质

图 11-01-05　用蒸发皿加热

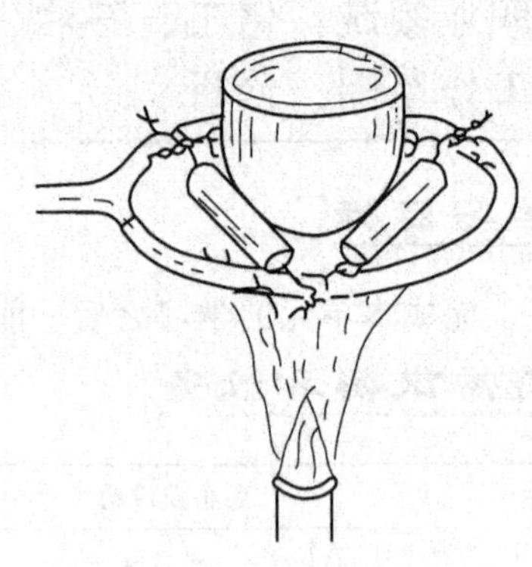

图 11-01-06　用坩埚加热

二、直接加热操作

1. 试管中液体的加热操作

① 将需加热的液体加入试管中，液体的体积一般不能超过试管容积的 1/3。

② 用试管夹夹持盛液体的试管中上部，移向火焰加热。加热时，试管向上倾斜（跟桌面成 60°角），应把受热液体放在外焰部分。加热装置见图 11-01-01。

③ 为避免试管内的液体沸腾喷出伤人，加热时切不可将试管口对着自己或别人。

④ 要先加热液体的中上部，慢慢移动试管热及下部，然后不时地移动或振荡试管，从而使液体各部分受热均匀，避免试管内液体因局部沸腾而迸溅，引起烫伤。

⑤ 加热完毕，关闭火焰，待试管冷却后，将液体倒掉，将试管洗涤干净后放回原处。

2. 试管中固体的加热操作

① 将固体试剂装入试管底部，然后将装有固体试剂的试管固定在铁架台上（装置见图 11-01-02）或用试管夹夹持。

② 加热时，试管口要略向下倾斜，防止管口冷凝水珠倒流到试管的灼烧处而使试管炸裂。

③ 开始加热时，要逐渐移动火焰或移动试管，待试管均匀受热后，再将火焰固定在放固体的部分加热。

④ 加热完毕，熄灭火焰，待试管冷却后将试剂倒出，再将试管洗涤干净后放回原处。

3. 用烧杯或烧瓶进行直接加热的操作

① 将被加热的试剂加入烧杯或烧瓶内，然后将烧杯或烧瓶放在铁架台的铁圈上（烧瓶要用夹子夹住颈部）。加热装置见图 11-01-03 和图 11-01-04。

② 在烧杯或烧瓶的底部垫上石棉网，以使烧杯或烧瓶受热均匀，不致破裂。

③ 将灯焰（外焰）固定在烧杯或烧瓶的底部直接加热。

④ 加热完毕，熄灭灯焰，待烧杯或烧瓶冷却后，从铁架台上取下，将试剂倒出后洗涤干净放回原处。

4. 用蒸发皿加热的操作

① 将试剂加入蒸发皿后，把蒸发皿放在铁架台上大小适宜的铁圈上。

② 将灯焰移向蒸发皿，开始要逐渐移动灯焰，待均匀受热后，将灯焰（外焰）固定在蒸发皿底部直接加热。

③ 加热完毕将灯焰熄灭，蒸发皿不要直接用手拿，要用坩埚钳夹取。

5. 用坩埚加热的操作

坩埚由于制作材料不同，性能和使用范围也不相同，首先要根据被加热的固体试样选用相应的坩埚。

① 将固体试样加入坩埚后，用坩埚钳把它放在泥三角上。

② 将灯焰（氧化焰）固定在坩埚底部由小火到大火直接加热，如需移动坩埚，必须用干净的坩埚夹住。

③ 坩埚钳在使用前先在火焰旁预热其尖端，然后再夹取。坩埚钳在使用后，应平放在桌上，尖端向上，以保证坩埚钳尖端的洁净。

④ 加热完毕，熄灭灯焰，用坩埚钳从泥三角上将坩埚取下。

进度检查

一、填空题

1. 给液体加热可以用__________、__________、__________、蒸发皿等。

2. 加热试管中的液体时，要先加热液体的__________，慢慢地移动试管热及__________，然后不时地移动或振荡试管，从而使液体各部分__________，避免试管内液体因局部沸腾而迸溅，引起烫伤。

二、选择题（将正确答案的序号填入括号内）

1. 直接加热试管中液体的装置为（　　）。

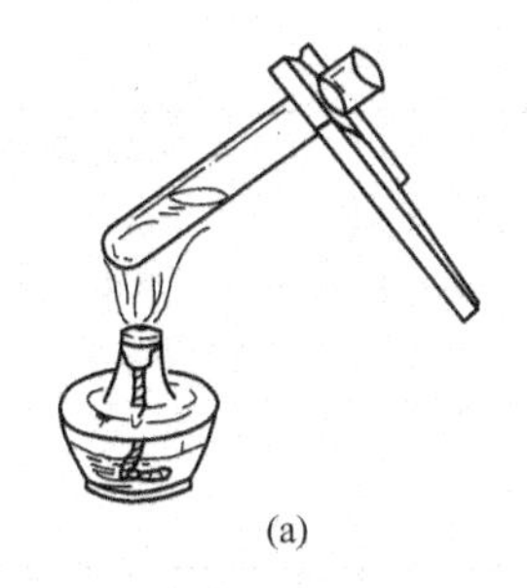
(a)

(b)

2. 直接加热试管中固体的装置为（　　）。

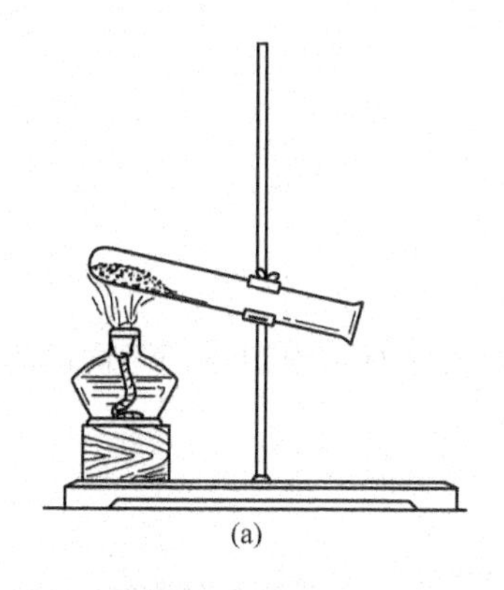
(a)

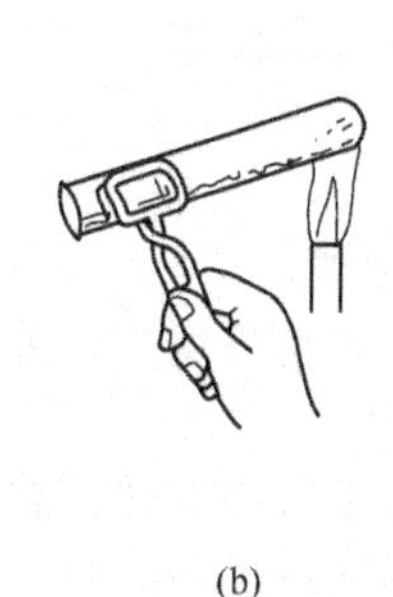
(b)

3. 用坩埚加热的装置为（　　）。

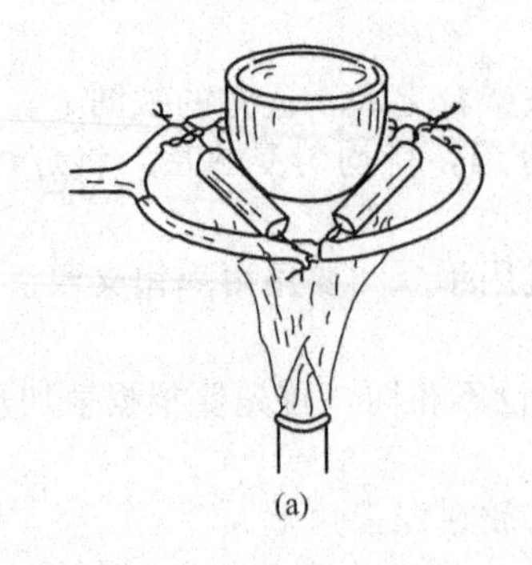
(a)

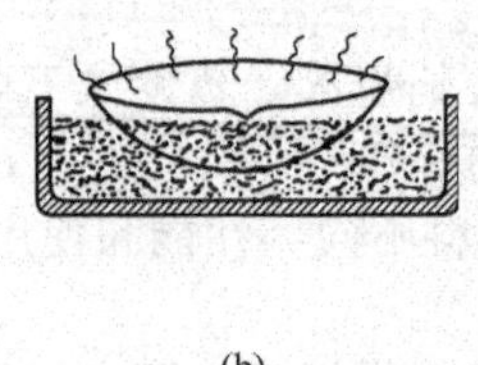
(b)

三、操作题

1. 烧杯或烧瓶中试剂的加热操作。
2. 用蒸发皿加热的操作。
3. 用坩埚加热的操作。

学　习　单　元	编号	FJC-11-02
名　　称：间接加热装置及操作	课时	6
职业领域：化工、石油、医药、环保、冶金、建材等		
工作范围：分析	日期	

学习目标

完成本单元的学习之后，能够利用间接加热装置进行加热操作。

所需仪器、设备和药品

序号	名称及说明	数量	序号	名称及说明	数量
1	电热恒温水浴锅	1	5	油浴受热容器	1套
2	烧杯、试管、温度计、铁架台	各1	6	载热体(液体石蜡、甘油、石蜡、有机硅油)	若干
3	提勒热浴装置(提勒管、毛细管、主温度计、辅助温度计)	1套	7	温度计、电加热铸铁盘	各1
4	双浴式热浴管装置(圆底烧瓶、大试管、温度计、辅助温度计、毛细管等)	1套	8	砂子	若干

相关学习单元

——电热恒温水浴锅（箱）及其使用　　FJC-07-04

——直接加热装置及操作　　FJC-11-01

学习单元内容

一、间接加热装置

为了使被加热物体受热均匀，分析室常常根据具体情况采用不同的间接方式加热。

1. 水浴加热装置

（1）用电热恒温水浴锅加热装置　见图 11-02-01。

（2）烧杯代替水浴锅加热装置　见图 11-02-02。

（3）提勒管热浴装置　见图 11-02-03。

（4）双浴式热浴管装置　见图 11-02-04。

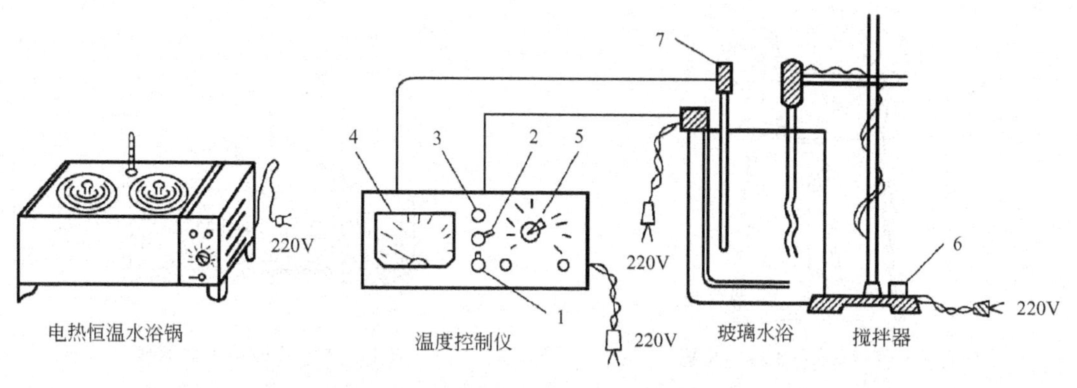

图 11-02-01　用电热恒温水浴锅加热装置

1—电源开关；2—测温满程转换开关；3—测温满程调节；4—测温指示电表；5—温控选择盘；6—变速开关；7—感温探头

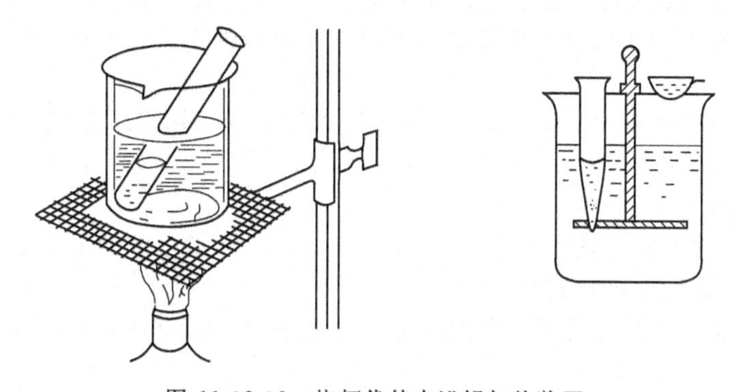

图 11-02-02　烧杯代替水浴锅加热装置

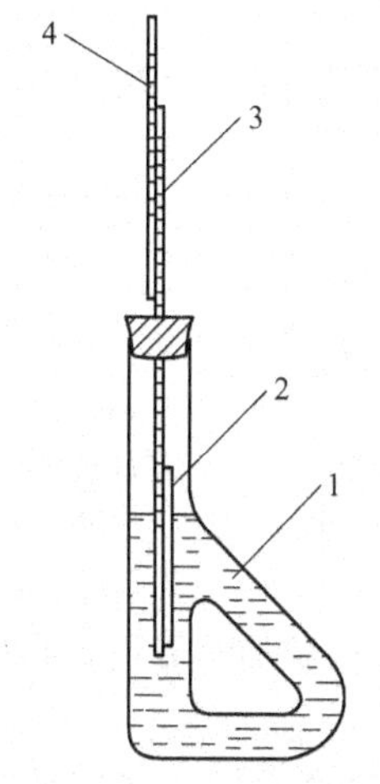

图 11-02-03　提勒管热浴装置

1—提勒管（b 形管）；2—毛细管；3—主温度计；4—辅助温度计

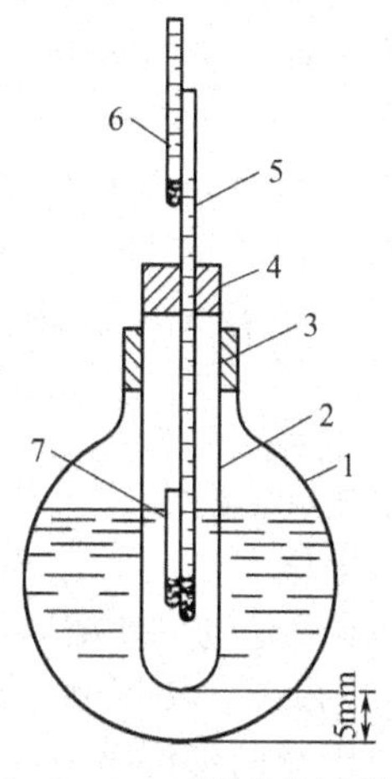

图 11-02-04　双浴式热浴管装置

1—圆底烧瓶；2—大试管；3，4—橡皮塞（外侧有排气槽）；5—主温度计；6—辅助温度计；7—毛细管

2. 油浴加热装置

油浴加热装置见图 11-02-05。

3. 砂浴加热装置

砂浴加热装置见图 11-02-06。

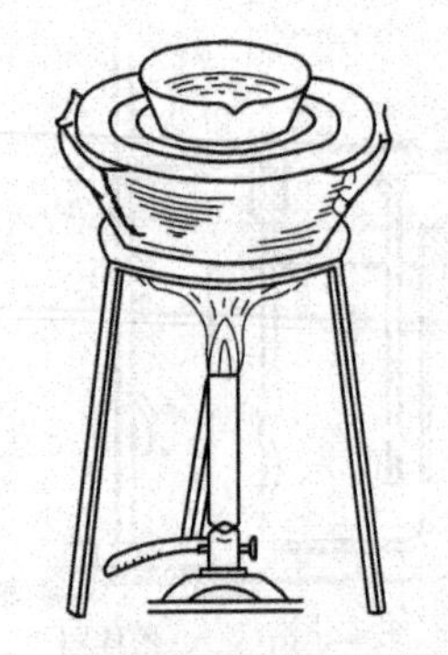

图 11-02-05　油浴加热装置

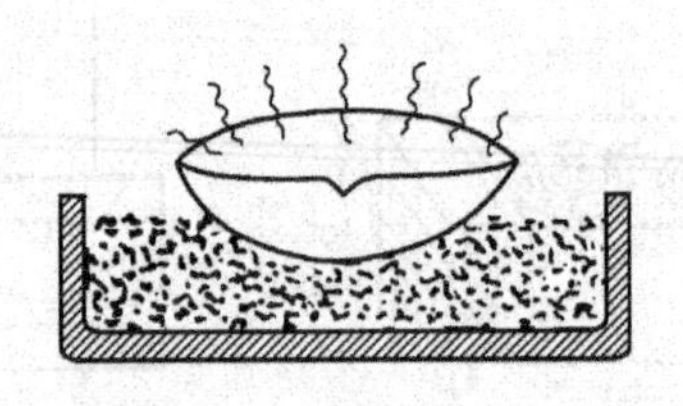

图 11-02-06　砂浴加热装置

二、间接加热操作及注意事项

1. 水浴加热操作

① 先在水浴锅（或烧杯、提勒管、圆底烧瓶等）中加入洁净的水，再加热。

② 当温度在 80℃以下时，可将受热容器浸入加热容器中，切勿使容器触及水浴锅壁和底部。

③ 水浴加热一般为 98℃以下。若要加热到 100℃时，可用沸水浴或水蒸气浴。

常见的水浴加热装置见图 11-02-01、图 11-02-02、图 11-02-03、图 11-02-04。

2. 油浴加热操作

常用油浴加热的温度一般在 100～250℃之间，油浴所能达到的最高温度取决于所用油液的种类。用油浴进行加热时的操作如下。

① 在加热容器（如油浴锅等）中加入油浴液，油量不宜过多，否则受热后容易溢出而引起火灾。

② 油浴中应挂一支温度计，随时观察油浴的温度，以便调节火焰。

③ 当油受热到冒烟时，应立即停止加热。

④ 加热结束，取出受热容器，应仍用铁夹夹住使其离开液面悬置片刻，待容器上附着的油滴完后，用纸和干布揩干。

在应用油浴加热时，载热体应根据需要来选用，目前被广泛使用的是有机硅油，其优点是无色透明、热稳定性好、对一般化学试剂稳定、无腐蚀性、比相同黏度的液体石蜡的闪点高、不易着火以及黏度在相当宽的温度范围内变化不大。以下是几种常用的载热体。

载热体	液体石蜡	甘油	石蜡	有机硅油
最高使用温度/℃	230	230	250～350	350

3. 砂浴加热操作

目前使用的砂浴是电热砂浴，电热砂浴既使用方便，又能控制加热温度。砂浴加热的温度要求达到数百度以上。使用砂浴加热时的操作如下。

① 将清洁、干净的细海砂或河砂平铺在铸铁盘上，将盛有液体的受热容器半埋入砂中加热。

② 砂浴中应插入温度计，温度计的水银球要靠近受热容器。

③ 加热完毕，将受热容器从砂浴中取出，关闭电源。

使用砂浴加热时应注意以下问题。

① 电热板和砂浴内不能直接放入液体或低温熔化的物品。

② 接通电源时，应确保接地良好，以免机壳带电危及人身安全。

③ 连续使用切勿超过 4h。

进度检查

一、填空题

1. 为了使被加热物体__________，分析室常常根据具体情况采用不同的__________方式加热。

2. 水浴加热的温度一般在__________以下，油浴加热的温度一般在__________之间，砂浴加热的温度要求达到__________以上。

3. 在用油浴加热时，载热体应根据__________来选用，目前被广泛使用的是__________，其优点是无色透明、__________好、对一般化学试剂稳定、无__________性、比相同黏度的液体石蜡的__________高、不易着火以及黏度在相当宽的温度范围内变化不大。

4. 指出下列载热体的最高使用温度。

石蜡____________________；液体石蜡____________________；

甘油____________________；有机硅油____________________。

二、问答题

1. 使用电热恒温水浴锅加热应注意什么问题？

2. 使用电热砂浴加热应注意哪些问题？

三、操作题

1. 水浴（用电热恒温水浴锅、烧杯代替水浴、提勒管、双浴式热浴）加热操作。

2. 油浴加热操作。

3. 砂浴加热操作。

加热操作技能考试内容及评分标准

一、考试内容

（一）硝酸钾 100℃时溶解度的测定

1. 仪器装置的安装。

安装顺序和烧杯内试剂的加入。

2. 加热。

加热部位和硝酸钾的加入操作。

3. 善后处理。

（二）毛细管法测定酚酞的熔点

1. 毛细管的制备和装样。

如何制备毛细管及毛细管中试样的加入操作。

2. 热浴的选择和试验装置的安装。

选择何种热浴方式及载热体，如何安装试验装置。

3. 加热过程及试验现象的观察。

加热速度控制，始熔、全熔温度的记录。

4. 善后处理。

二、评分标准

（一）硝酸钾 100℃时溶解度的测定（40 分）

1. 仪器装置的安装。

（1）仪器安装顺序。（10 分）

（2）铁架台铁圈上要垫石棉网。（5 分）

（3）烧杯中加入 100mL 蒸馏水。（5 分）

2. 加热。

(1) 灯焰（外焰）要固定在烧杯的底部直接加热。(5分)

(2) 硝酸钾的加入。(5分)

(3) 溶液的搅拌。(5分)

3. 善后处理。(5分)

(二) 毛细管法测定酚酞的熔点 (60分)

1. 毛细管的制备和装样。

(1) 毛细管的制备　参考玻璃管的拉制。(5分)

(2) 毛细管的装样　将毛细管开口一端插入试样，然后将毛细管开口向上，上下弹跳，样品被振落至毛细管底部。如此反复处理数次至毛细管内装入样品为2～3mm高的小柱为止。(10分)

2. 热浴的选择和试验装置的安装。

(1) 载热体的选择　酚酞熔点为265℃，因此载热体选择有机硅油。(5分)

(2) 热浴方式选择及载热体的加入。(5分)

(3) 实验装置的安装。(10分)

3. 加热过程及试验现象的观察。

(1) 加热温度控制　开始每分钟升高5～6℃，接近熔点，每分钟升高1℃左右。(10分)

(2) 熔点观察　开始熔化为始熔温度，完全熔化时为全熔温度。(10分)

4. 善后处理。(5分)

MU12　过滤操作

<table>
<tr><td>学　习　单　元
名　　称：常压过滤装置及操作
职业领域：化工、医药、石油、冶金、环保、建材等
工作范围：分析</td><td>编号

课时

日期</td><td>FJC-12-01

6

</td></tr>
</table>

学习目标

完成本单元的学习之后，能够用常压过滤装置进行固态、液态物质的分离。

所需仪器和药品

序号	名称及说明	数量	序号	名称及说明	数量
1	铁架台	1个	5	玻璃棒	1根
2	漏斗	1个	6	洗瓶	1个
3	烧杯	2个	7	$BaCl_2$、H_2SO_4、蒸馏水等	适量
4	滤纸	适量			

学习单元内容

过滤是将沉淀与溶液分离的过程，是分析中常见的操作。过滤由于操作方法的不同，通常分为常压过滤、减压过滤、热过滤等。

一、常压过滤的仪器

常压过滤是最简单的过滤方法，所使用的仪器是滤纸和漏斗。

1. 滤纸

分析化学中的滤纸有定性滤纸和定量滤纸两种。称量分析法中，过滤分离沉淀需用定量滤纸（无灰滤纸）。定量滤纸是用盐酸和氢氟酸处理过的，大部分杂质已被除去，每张滤纸灼烧后灰分很少（在0.1mg以下），质量可忽略不计。定量滤纸常制成圆形，直径有7cm、9cm、11cm等。

定量滤纸的疏密度不尽相同，根据沉淀的性质选择合适的滤纸进行过滤。胶状沉淀应选用质松孔大的滤纸；晶形沉淀应用致密孔小的滤纸；沉淀越细，所用滤纸应越致密。滤纸规格和用途见表12-01-01。

表12-01-01　滤纸规格和用途

滤纸类型	标签色别	孔径/μm	纤维紧密程度	用　途
快速	蓝	3.5～10	疏松	无定形沉淀，如 $Fe(OH)_3$ 等
中速	白	3	中等	粗晶形沉淀，如 $MgNH_4PO_4$
慢速	红	1～2.5	紧密	微细形沉淀，如 $BaSO_4$、CaC_2O_4 等

滤纸的大小应与沉淀量相适应，过滤后，沉淀一般不应超过滤纸圆锥高度的1/3，最多不得超过1/2。

2. 漏斗

漏斗应选用锥体角为60°、颈口倾斜处磨成45°角的长颈漏斗，颈长为15～20cm，颈的内径不宜过大，以3～5mm为宜，否则不易保留水柱。漏斗的大小应与滤纸的大小相适应。见图12-01-01。

二、常压过滤操作

1. 滤纸的折叠

滤纸放入漏斗前，一般用四折法折叠，一个半边是三层一个半边是一层，在三层的一面撕去一个小角，以使与漏斗更好地贴合，然后把圆锥形滤纸放入干的漏斗中，三层的一面应放在漏斗颈末端短的一边，使滤纸与漏斗壁靠紧。见图12-01-02。

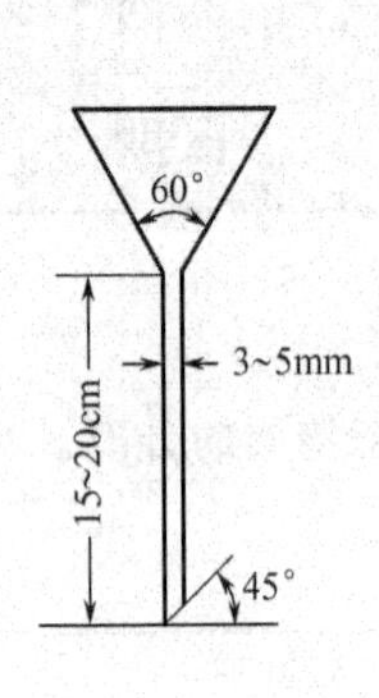

图12-01-01 漏斗

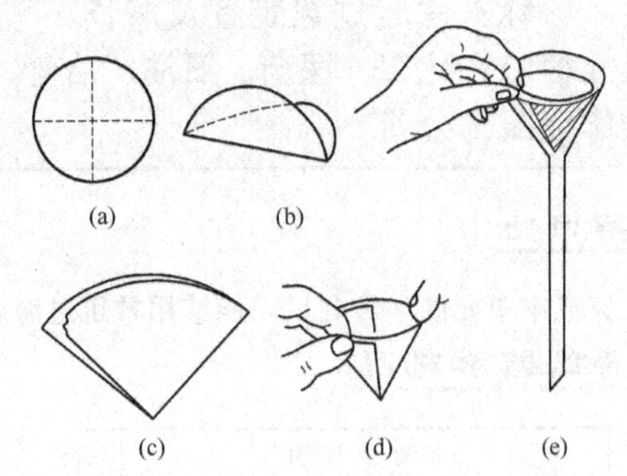

图12-01-02 滤纸的折叠与装入漏斗

2. 放好滤纸及形成水柱

把叠好的滤纸放入漏斗中，滤纸边缘一般应低于漏斗边缘0.5～1.0cm左右。先用左手食指将滤纸三层的一边按紧，右手持洗瓶吹入（或挤出）少量蒸馏水将滤纸润湿，然后用手指或玻璃棒轻轻地按压滤纸边缘，使滤纸锥体上部与漏斗之间没有空隙（应特别注意三层与一层接界处与漏斗的密合），而滤纸锥体下端与漏斗之间应留有缝隙。安放好后，再加水至滤纸边缘，此时滤纸锥形下部与漏斗颈内部之间的空隙和漏斗颈内应全部被水充满，当漏斗中水流尽后，漏斗颈内仍能保留水柱且无气泡。若不能形成完整的水柱，可用手指堵住漏斗的下口，稍微掀起滤纸三层的一边，用洗瓶向滤纸与漏斗之间的空隙里加水，直到漏斗颈与滤纸锥体的大部分被充满，最后按紧滤纸边缘，放开堵住漏斗颈出口的手指，此时水柱即可形成。

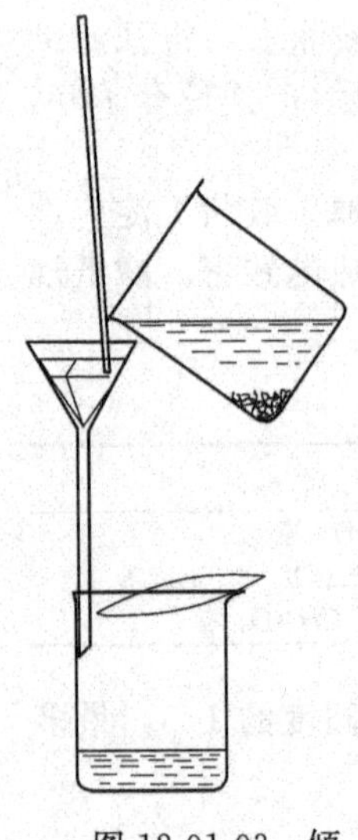

图12-01-03 倾泻法过滤

3. 仪器的安装

将准备好的漏斗放在固定于铁架台的漏斗架上，把接受滤液的干净烧杯放在漏斗下面，并使漏斗末端长的一边紧靠烧杯内壁，这样，滤液可以沿烧杯壁留下，不致外溅。

4. 倾泻法过滤

过滤时，为避免沉淀堵塞滤纸的空隙、影响过滤速度，采用倾泻法过滤。沉淀下沉后先将沉淀上层清液沿玻璃棒倾入漏斗中。具体操作方法见图12-01-03。玻璃棒下端应对着三层滤纸的一边，倾入漏斗中的溶液应低于滤纸约5mm，切勿超过滤纸边缘。

5. 沉淀的洗涤与转移

留在烧杯中的沉淀应先在烧杯中洗涤。在盛有沉淀的烧杯中，用洗瓶沿内壁加入少量的蒸馏水，用玻璃棒充分搅拌，待沉淀沉降后，用倾泻法过滤，一般在烧杯中洗涤4～5次，每次尽可能把清液倾尽。进行最后一次洗涤时用洗涤剂将沉淀搅混，把沉淀连同溶液一起倾入漏斗中。这一操作常用淀帚进行。淀帚是在玻璃棒一端套上一个扁平橡皮头，也可以是一端用树脂胶黏附的猪鬃或羽毛小刷。再用洗涤剂洗涤烧杯及玻璃棒2～3次，将洗涤液也倾入漏斗中。最后用洗涤剂由滤纸边缘稍下方呈螺旋形向下移动冲洗滤纸和沉淀1～2次。见图12-01-04。

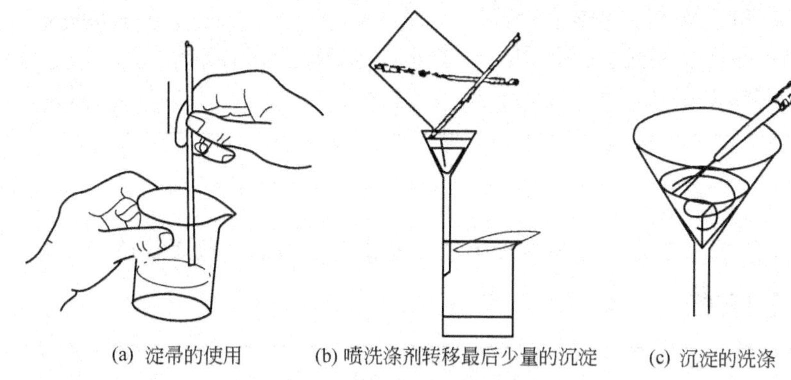
(a) 淀帚的使用　(b) 喷洗涤剂转移最后少量的沉淀　(c) 沉淀的洗涤

图12-01-04　沉淀的转移和洗涤

采用倾泻法过滤和洗涤沉淀的优点是沉淀容易洗涤而且节省时间。遵循“少量多次”原则，每次使用的洗涤剂量要少一些，洗涤次数要多一些，这样就可取得良好的效果。

溶解度很小的沉淀一般用蒸馏水作洗涤剂；若沉淀的溶解度较大，用沉淀剂的稀溶液洗涤，但沉淀剂必须是在烧干或灼烧时易挥发或易分解除去的物质；若沉淀的溶解度较小而又可分散成胶体，应用易挥发的电解质溶液作洗涤剂；对于某些易水解的沉淀，可用有机溶剂作为洗涤剂。

洗涤效果的好坏可用表面皿接几滴洗涤液，用灵敏反应检查。例检查洗涤液中有无 Cl^-，常用 $AgNO_3$ 检查，如无白色的 $AgCl$ 沉淀，证明沉淀已洗净。

常压过滤操作过程中应注意以下几点。

① 形成水柱时，滤纸与漏斗之间不能有气泡。

② 沉淀的过滤和洗涤过程中，要细心认真，防止溶液的溅失现象。

③ 过滤过程中，液面不应过高，否则沉淀会越过滤纸，造成损失。

④ 过滤过程中，漏斗颈末端不要和液面接触。

进度检查

一、填空题

1. 过滤一般分为__________、__________、__________三种。

2. 选择滤纸时，滤纸的致密程度与沉淀的__________相适应，滤纸的大小应与__________相适应。过滤后，沉淀一般不超过滤纸圆锥高度的__________，最多不得超过__________。

3. 选择漏斗时，漏斗的大小应与__________相适应，滤纸的边缘应低于漏斗边缘__________，应选用锥体角为__________、颈口倾斜处磨成__________角的长颈漏斗，颈长为__________ cm，颈的内径不宜过大，以__________ mm左右为宜。

4. 过滤沉淀常用的方法为__________，遵循__________原则。

5. 对于溶解度很小的沉淀，一般用__________作洗涤剂；若沉淀的溶解度较大，用__________作洗涤剂。

二、问答题

1. 常压过滤操作中应注意哪些问题？

2. 如何选择滤纸？

三、操作题

用常压过滤法进行 $BaSO_4$ 沉淀的过滤操作。

学 习 单 元	编号	FJC-12-02
名　　称：减压过滤装置及操作 职业领域：化工、医药、石油、冶金、环保、建材等 工作范围：分析	课时	4
	日期	

学习目标

完成本单元的学习之后，能够用减压过滤装置进行固态、液态物质的分离。

所需仪器和设备

序号	名称及说明	数量	序号	名称及说明	数量
1	布氏漏斗	1个	4	水压真空抽气泵	1台
2	抽滤瓶	1个	5	玻璃管及橡胶管	适量
3	安全瓶	1个			

相关学习单元

——常压过滤装置及操作　　FJC-12-01

学习单元内容

一、减压过滤装置

减压过滤又称吸滤或抽滤。为使结晶和母液迅速有效地分离，常用抽气方法减压过滤。其优点是过滤和洗涤的速度快，母液与沉淀分离较完全，沉淀易干燥。其装置见图 12-02-01，主要由抽滤瓶、布氏漏斗、安全瓶、水压真空抽气泵组成。

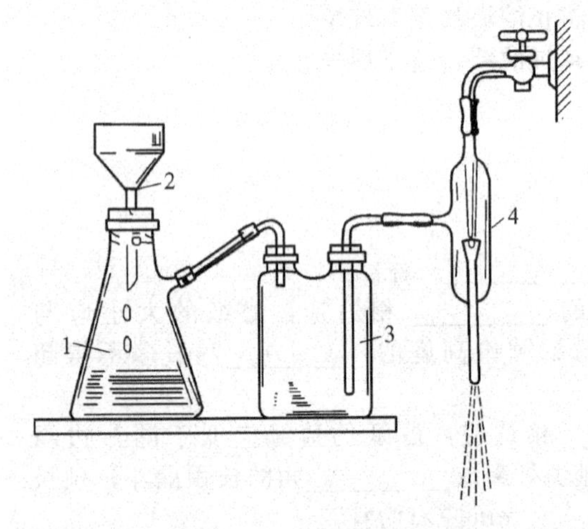

图 12-02-01　减压过滤装置
1—抽滤瓶；2—布氏漏斗；3—安全瓶；
4—水压真空抽气泵

（1）抽滤瓶　是具有侧管的厚壁锥形瓶，用来接受滤液。抽滤瓶的侧管用橡皮管和安全瓶相接，布氏漏斗下端斜口应正对抽滤瓶的侧管，以免滤液被吸进侧管。

（2）布氏漏斗　抽滤常用瓷质的布氏漏斗，底部有许多小孔，上面铺一直径略小于漏斗内径的滤纸，以能紧贴于漏斗底部恰好盖住所有滤孔为宜，否则易造成缝隙使结晶漏入母液。

（3）安全瓶　安全瓶是上端带有两磨口的玻璃瓶或塑料瓶。一端与抽滤瓶的支管相连，另一端与水压真空抽气泵相连。它的作用是防止水泵中的水倒流入抽滤瓶中。

（4）水压真空抽气泵　它的支管与安全瓶相连，上端与阀门相连。它的作用是带出空气，使抽滤瓶内的压力降低，产生负压，加快过滤和洗涤的速度。

二、减压过滤操作

① 检查安全瓶的长管是否与水泵相接，短管是否与抽滤瓶相接，布氏漏斗的颈口是否与抽滤瓶的支管相对，全部装置是否严密、不漏气。

② 贴好滤纸。滤纸的大小应剪得比布氏漏斗的内径略小，以恰好能盖住布氏漏斗瓷板

上所有小孔为宜，把滤纸放入漏斗内，用少量蒸馏水将滤纸润湿，微开阀门，使滤纸紧贴在漏斗的瓷板上，然后开始过滤。

③ 沉淀的过滤。过滤时，应采用倾泻法，先将上层清液沿玻璃棒倒入漏斗中，注意倾入漏斗中的溶液不应超过漏斗容量的 2/3，待溶液漏完后，再将沉淀移入滤纸的中间部分，并在漏斗中铺平。

④ 沉淀的洗涤、干燥。在布氏漏斗中，用少量洗涤剂洗涤沉淀，以除去附着于结晶表面的母液。洗涤时，先从抽滤瓶上拔去橡皮管，再关掉阀门暂停抽气。然后再加入少量洗涤剂，使沉淀均匀浸透，抽滤至比较干燥。如此重复洗涤两次。

减压过滤时应注意以下几点。

① 过滤时，抽滤瓶内的滤液面不能达到支管的水平位置，否则，滤液将被水泵抽出。因此，当滤液快上升到抽滤瓶的支管处时，应拔去抽滤瓶支管上的橡皮管，取下漏斗。从抽滤瓶口倒出滤液后，再继续抽滤。必须注意，从抽滤瓶的上口倒出滤液时，抽滤瓶的支管必须向上，不要从侧面的支管倒出，以免带进杂质。

② 在抽滤过程中，不能突然关闭水泵。如欲取出滤液或需要停止抽滤，应先将抽滤瓶支管上的橡皮管拆下，然后再关上水泵，以防止倒吸。

③ 为了尽快抽干漏斗上的沉淀，最后可用一个干净平顶试剂瓶挤压沉淀。应选择管壁较厚的橡皮管连接抽滤瓶、安全瓶和水泵，否则，连接管可能被大气压扁而影响抽气。

④ 过滤完毕，应先将抽滤瓶支管上的橡皮管拆下，关闭水泵，再取下漏斗。将漏斗的颈口向上，轻轻敲打漏斗边缘，使沉淀脱离漏斗，倒入预先准备好的滤纸或容器中。

如果滤液具有强酸性或强氧化性，为避免溶液与滤纸作用，可采用玻璃砂芯漏斗；但砂芯漏斗不能用于强碱性溶液的过滤。

进度检查

一、填空题

1. 减压过滤装置主要由__________、__________、__________、__________四部分组成。

2. 减压过滤法的优点是______________________________。

3. 过滤完毕，应先将____________________拆下，关闭______________，再取下漏斗。

4. 布氏漏斗内滤纸的直径应略小于____________________，以能紧贴于漏斗底部恰好盖住____________________为宜。

5. 安全瓶的作用是____。

二、判断题（正确的在括号内划“√”，错误的划“×”）

1. 洗涤沉淀的目的是除去附着于结晶表面的母液。（　　）

2. 可以从抽滤瓶的支管倒出滤液。（　　）

3. 布氏漏斗可用于强碱性滤液的过滤。（　　）

4. 倾入漏斗中的溶液不应超过漏斗容量的 2/3。（　　）

三、问答题

1. 减压过滤操作时应注意什么问题？

2. 在布氏漏斗中，用洗涤剂洗涤沉淀时，应注意哪些问题？

四、操作题

用减压过滤法进行氯化银沉淀的过滤操作。

学　习　单　元	编号	FJC-12-03
名　　称：热过滤装置及操作	课时	4
职业领域：化工、医药、石油、冶金、环保、建材等		
工作范围：分析	日期	

学习目标

完成本单元的学习之后，能够用热过滤装置进行固态、液态物质的分离。

所需仪器和药品

序号	名称及说明	数量	序号	名称及说明	数量
1	热水漏斗	1个	4	酒精灯	1个
2	铁架台	1台	5	洗瓶	1个
3	烧杯	2个	6	蒸馏水等	适量

相关学习单元

——常压过滤装置及操作　　FJC-12-01

——减压过滤装置及操作　　FJC-12-02

学习单元内容

一、热过滤装置

热过滤一般在热水漏斗中进行。热过滤装置见图 12-03-01。

为除去热溶液中的不溶性杂质而又避免溶解物质在过滤过程中因冷却而结晶，必须采用热过滤。

1. 热水漏斗

热水漏斗是把玻璃漏斗装入一个特制的金属套中，套内约盛放 2/3 的水，然后在侧管处加热至所需温度，见图 12-03-01。

2. 滤纸

为尽量利用滤纸的有效面积以加快过滤速度，过滤热饱和溶液时常用菊花形折叠滤纸，其折叠方法见图 12-03-02。

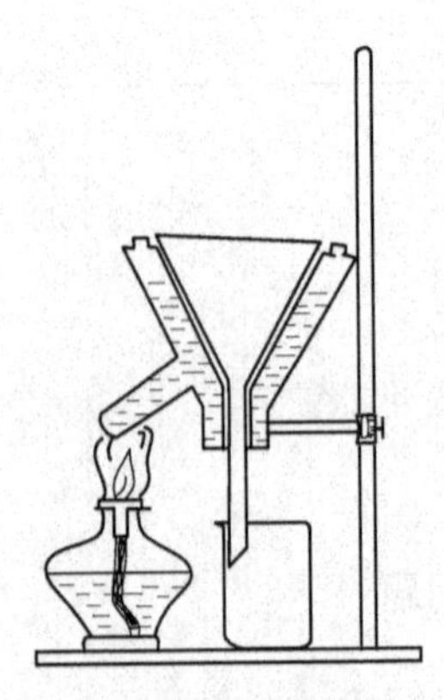

图 12-03-01　热过滤装置

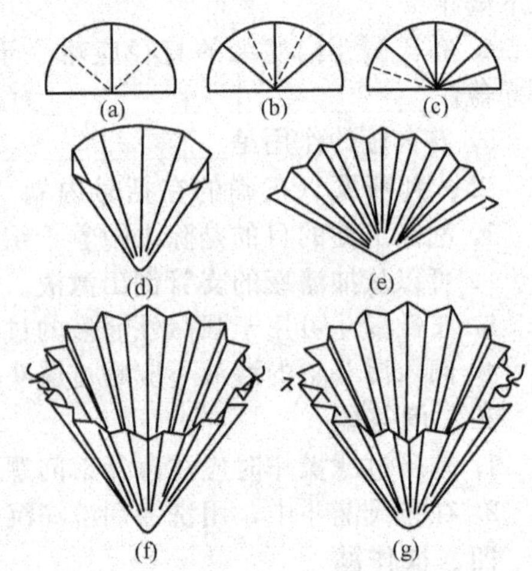

图 12-03-02　菊花形折叠滤纸的折叠方法

（1）将圆形滤纸对折成半圆形。

（2）将对折后的双层半圆形滤纸，向同一方向等分成8份。

（3）再将所分8等份按与上述折痕相反的方向对折成16等份，即得一扇形。注意折线集中的圆心外折时，切勿手压，以免磨损。

（4）展开后，在原扇形两端各有一个折面，将此两折面向内方向对折，即得菊花形折叠滤纸。

二、热过滤操作

① 仪器的安装。把热水漏斗固定在铁架台上，见图12-03-01，应选用一颈短的漏斗，避免过滤操作中晶体在漏斗颈部析出而造成阻塞，且应在过滤前把漏斗在烘箱内预热。

② 在热水漏斗中加入热水，加热，放入预先叠好的滤纸，滤纸向外突出的棱边紧贴在漏斗的内壁上，用少量的热水润湿，以免干滤纸吸收溶液的溶剂，使结晶析出，堵塞滤纸孔。

③ 过滤。把热溶液加入热水漏斗中进行过滤，过滤过程中，热水漏斗和尚未过滤的溶液应分别保持小火加热，以防冷却、析出结晶，妨碍过滤。滤毕，用少量（1～2mL）热蒸馏水洗涤滤渣一次。

热过滤操作时应注意以下几点。

① 承接滤液的烧杯或锥形瓶的内壁紧贴漏斗颈末端处，过滤过程中漏斗的颈末不应与液面接触。

② 过滤时，滤纸上若有少量的结晶析出，若结晶在热溶剂中的溶解度很大，可用热溶剂冲洗下去。若结晶较多，则必须用刮刀刮回原来的瓶中，加适量溶剂溶解并过滤。

③ 热过滤中若遇到易燃的溶剂，一定要熄灭火焰后再过滤。

进度检查

一、填空题

1. 热过滤一般在__________中进行，过滤热饱和溶液常用__________滤纸。

2. 热水漏斗是把玻璃漏斗装入一个特制的金属套中，套内约盛2/3的水，然后在__________处加热至所需温度。

3. 热过滤选择的玻璃漏斗颈越__________越好。

二、问答题

热过滤操作时应注意哪些问题？

过滤操作技能考试内容及评分标准

一、考试内容：硫酸钡沉淀的生成及过滤操作

1. H_2SO_4 溶液的配制。

（1）用量筒量取分析纯 H_2SO_4。

（2）H_2SO_4 溶液的配制。

2. $BaCl_2 \cdot 2H_2O$ 的称取及 $BaCl_2$ 溶液的配制。

（1）用递减法在分析天平上称取 $BaCl_2 \cdot 2H_2O$（精确至0.0001g），放入500mL烧杯中。

（2）$BaCl_2$ 溶液的配制。

3. $BaSO_4$ 沉淀的生成和陈化。

（1）在 $BaCl_2$ 溶液中逐渐加入 H_2SO_4 溶液并不断搅拌，使沉淀完全。

（2）陈化。边加热，边用玻璃棒搅拌。

4. 过滤操作。

（1）滤纸的折叠及放入。

(2) 形成水柱。
(3) 仪器的安装。
(4) 倾泻法过滤。
(5) 沉淀的洗涤和转移。

二、评分标准

1. H_2SO_4 溶液的配制。(12分)
H_2SO_4 的量取，溶液的配制、定容，错一步扣4分。
2. $BaCl_2 \cdot 2H_2O$ 的称取及 $BaCl_2$ 溶液的配制。(18分)
(1) $BaCl_2 \cdot 2H_2O$ 的称取。(10分)
分析天平称量前的准备、加减砝码、转移样品、记录数据，错一步扣3分。
(2) $BaCl_2$ 溶液的配制。(8分)
3. 沉淀的生成。(20分)
(1) $BaSO_4$ 沉淀的生成。(10分)
沉淀剂的加入、玻璃棒搅拌、检查沉淀是否完全，错一步扣4分。
(2) 陈化。(10分)
加热、搅拌，错一步扣5分。
4. 过滤操作。(50分)
(1) 滤纸的折叠及放入。(10分)
(2) 形成水柱。(10分)
(3) 仪器的安装。(8分)
漏斗的安装、烧杯的放入，错一步扣4分。
(4) 倾泻法过滤。(12分)
玻璃棒的放置、沉淀上层清液的倾入、漏斗中溶液的液面高度，错一步扣4分。
(5) 沉淀的洗涤和转移。(10分)
沉淀的洗涤、倾泻法过滤、淀帚的使用、烧杯及玻璃棒的洗涤，错一步扣3分。

MU13 固体的溶解与重结晶操作

学 习 单 元	编号	FJC-13-01
名　　称：溶剂的种类		
职业领域：化工、医药、石油、环保、冶金、建材等	课时	2
工作范围：分析	日期	

学习目标

完成本单元的学习之后，能够熟悉溶剂的种类及选择规律。

学习单元内容

一、溶剂的种类和性质

溶剂是能溶解其他物质的物质。由于不同的物质具有不同的性质，在不同溶剂中的溶解度有较大的差别，因此在配制物质的溶液时应选择合适的溶剂。溶剂的分类方法如下。

1. 根据物质的性质分类

根据物质的性质可将溶剂分为以下两大类。

（1）无机溶剂　无机化合物大部分是极性较强的离子型化合物，尽管溶解度不尽相同，但多数可以溶于水或经适当处理后就可制成水溶液。常用的无机溶剂有水、盐酸、硫酸、硝酸、氢氧化钠溶液等。

（2）有机溶剂　有机化合物多数是极性不大或非极性的共价型化合物，分子结构又千差万别，性质各异。因此不同的有机化合物对不同的溶剂的溶解能力表现出很大差异。绝大多数有机化合物不溶于水而易溶于有机溶剂，而有机溶剂的溶解能力也有很大差异，因此，选择合适的溶剂是配制有机化合物溶液的关键。常用的有机溶剂有甲醇、乙醇、乙二醇、丙酮、乙醚、三氯甲烷、四氯化碳、甲苯、氯苯、冰醋酸、乙酸酐、吡啶、乙二胺、二甲基甲酰胺等。这些溶剂可以单独使用，也可以混合使用。

2. 根据质子理论分类

根据质子理论，按照溶剂的性质对酸或碱的强度的影响，将溶剂分为以下四类。

（1）酸性溶剂　给出质子能力较强的溶剂称为酸性溶剂，又叫疏质子溶剂，如甲酸、冰醋酸、丙酸、无水硫酸等。

（2）碱性溶剂　接受质子能力较强的溶剂称为碱性溶剂，又叫亲质子溶剂，如液氨、乙二胺、丁胺、吡啶、四氢呋喃、二甲基甲酰胺等。

（3）两性溶剂　既能给出质子又能接受质子的溶剂称为两性溶剂，如水、甲醇、乙醇、乙二醇、乙酸酐等。

（4）惰性溶剂　既不给出质子也不接受质子的溶剂称为惰性溶剂，如苯、甲苯、三氯甲烷、四氯化碳、乙腈等。

二、溶剂选择的一般规律

（1）配制溶液时，要根据被溶解的化合物的性质选择溶剂。溶剂选择的一般规律如下。

① 极性化合物易溶于极性溶剂，非极性化合物易溶于非极性溶剂。

② 化合物和溶剂分子结构越相似，则化合物在溶剂中的溶解度越大。

③ 化合物分子和溶剂分子以及溶剂分子间若能发生氢键缔合效应，则溶解度增大。

④ 有机弱酸或有机弱碱可选用碱性溶剂或酸性溶剂进行溶解。

总之，以上规律不是绝对的，也不是孤立的，绝不能只用某一规律推断化合物的溶解行为，而应同时考虑其他因素的影响，从而选择出最佳溶剂，配制成相应的溶液。

(2) 在进行重结晶时，选择合适的溶剂是关键，否则将达不到纯化的目的或效率甚低。重结晶时溶剂必须符合下列条件。

① 不与重结晶的物质发生化学反应。

② 被提纯物质在溶剂中的溶解度在高温时较大，而在低温时则很小。

③ 使杂质在热溶剂中不溶或难溶，通过热过滤易于除去；或使杂质在冷溶剂中易溶，而留在母液中将其分离。

④ 溶剂本身易挥发（沸点较低），以便与结晶分离除去。

⑤ 对要提纯的物质能生成较整齐的晶体。

重结晶常用的溶剂有水、乙醇、丙酮、乙酸乙酯、醋酸、乙醚、石油醚、苯等。选择溶剂时要考虑被测物质的性质，根据“相似相溶”原理进行选择。除查阅化学手册外，也可用试验的方法：取几个小试管，各放入约 0.2g 需提纯的物质，分别加入 1mL 不同种类的溶剂，加热到完全溶解，冷却后能析出最多量结晶的溶剂一般认为是最合适的溶剂；如被提纯的物质在 3mL 热溶剂中不能全溶或在小于 1mL 热溶剂中全溶，则认为该溶剂不适用。

进度检查

一、填空题

1. 根据质子理论，将溶剂分为__________、__________、__________、__________四大类。

2. 进行重结晶时，选择__________是关键，否则将达不到纯化的目的或效率甚低。

二、问答题

1. 配制溶液时，选择溶剂的一般规则是什么？

2. 重结晶时溶剂必须符合什么条件？

学　习　单　元	编号	FJC-13-02
名　　称：溶解操作	课时	6
职业领域：化工、医药、石油、环保、冶金、建材等		
工作范围：分析	日期	

学习目标

完成本单元的学习之后，能够熟练掌握固体物质溶解的基本操作。

所需仪器和药品

序号	名称及说明	数量	序号	名称及说明	数量
1	烧杯	2个	3	试管	1个
2	玻璃棒	1根	4	KNO_3、浓 H_2SO_4、乙醇、蒸馏水等	适量

相关学习单元

——溶剂的种类　　FJC-13-01

学习单元内容

一、溶解的基本知识

溶解就是溶质分子扩散到溶剂分子中去的过程。溶解存在着两个过程。一个过程是溶剂对溶质作用，使溶质的粒子（分子、离子）间作用力减弱，使溶质的离子以热运动的形式进入溶液，这一过程吸收热量，是物理过程；另一个过程是溶质的粒子与溶剂作用形成溶剂化合物，这一过程往往要放出热量，是化学过程。整个溶解过程是吸热还是放热，取决于两过程的热效应的代数和。因此不同的物质在溶解过程中有的吸热，有的放热。

有些物质溶解过程中的热效应非常明显。例如氢氧化钠固体或浓 H_2SO_4 溶于水时放热，而硝酸钾或硝酸铵溶于水时要吸热。把 KNO_3 或 NH_4NO_3 溶解在水中，溶液的温度显著地降低；而把 NaOH 固体或浓 H_2SO_4 溶解在水中，溶液的温度显著升高。

有些物质溶解过程中的热效应较小，是因为这些物质溶解过程中，溶质粒子扩散过程中吸收的热量与溶剂化过程中放出的热量相当，所以热效应较小，如 NaCl 溶于水的热效应较小。

二、溶解操作的步骤

（1）计算　根据所配制溶液的量，计算出所需固体的质量（g）。

（2）称量　准确称取所需固体。首先在托盘天平上粗称，然后在分析天平上准确称取物质的量，称准至 0.0001g。

（3）溶解　将称取的物质置于烧杯中，加入适量的水（或其他溶剂），并用玻璃棒不断搅拌，使其溶解。对于常温下不溶于水的固体物质，可加热使其溶解。

（4）转移　把溶液定量地移入容量瓶中，见图 13-02-01。

图 13-02-01　转移操作

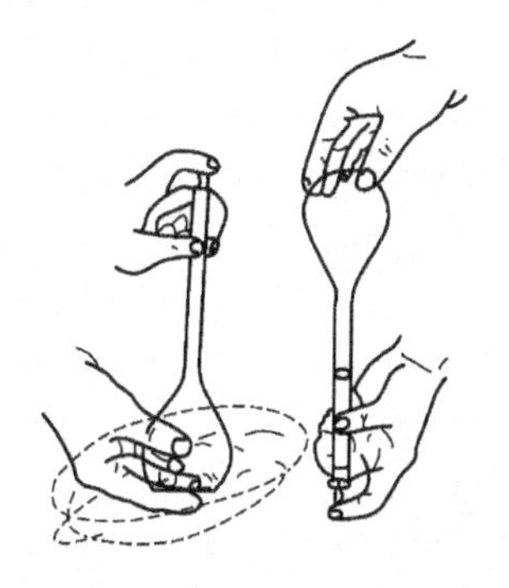

图 13-02-02　摇匀溶液

（5）洗涤　残留在烧杯中和玻璃棒上的少许溶液，可用少量蒸馏水（或相应溶剂）洗 3～4 次，洗涤液全部转移到容量瓶中。

（6）定容　用水（或相应溶剂）稀释，在接近刻度线时，逐滴加入蒸馏水使弧形液面的最低点与刻度相切。将瓶塞塞好，用一手指压住瓶塞，另一手的手指托住瓶底部，如图 13-02-02 所示，将瓶倒转并摇动，再倒转过来，使气泡上升到顶，如此反复 10～20 次，使溶液充分混合均匀。

（7）在容量瓶上标明溶液的名称、浓度及配制日期。

进度检查

一、填空题

1. 溶解是____的过程。

2. 洗涤过程中，残留在烧杯中的少量溶液，可用少量蒸馏水洗______次，洗涤液全部转移到容量瓶中。

二、问答题

1. 溶解操作步骤有哪些?
2. 固体溶解应注意哪些问题?
3. 溶解时如何控制溶剂的用量?

三、操作题

配制 1000mL 0.1000mol/L NaOH 溶液。

学 习 单 元	编号	FJC-13-03
名　　称：重结晶操作	课时	6
职业领域：化工、医药、石油、环保、冶金、建材等		
工作范围：分析	日期	

学习目标

完成本单元的学习之后，能够利用重结晶操作进行物质的分离和提纯。

所需仪器和药品

序号	名称及说明	数量	序号	名称及说明	数量
1	漏斗	1个	5	抽滤瓶	1个
2	烧杯	2个	6	酒精灯	1个
3	玻璃棒	1根	7	滤纸、溶剂、粗盐等	适量
4	铁架台	1台			

相关学习单元

——溶剂的种类　FJC-13-01

——溶解操作　FJC-13-02

学习单元内容

一、原理

重结晶是纯化固体化合物的一种重要方法，当第一次结晶所得到的晶体产品的纯度不合乎要求时，可进行重结晶除去杂质。重结晶的原理是利用晶体化合物在溶剂中的溶解度一般随温度的升高而增大以及溶剂对被提纯物质和杂质的溶解度不同，将被提纯物质在热的溶剂中达到饱和，因此在冷却时因溶解度降低，溶液变成过饱和溶液而被提纯物质从溶液中析出结晶，使杂质全部或大部分仍留在溶液中（或杂质在热溶液中不溶而趁热过滤除去），从而达到提纯目的。

二、重结晶的主要步骤

1. 固体的溶解

将固体物质置于锥形瓶中，加入较需要量稍少的适宜溶剂，边加入边搅拌，同时加热至沸腾，若未完全溶解，可再分次逐量加入溶剂，每次加入后仍需加热至溶液沸腾，直到固体物质完全溶解。要使重结晶得到的产品纯净且回收率高，溶剂的用量是个关键，一般用量可比需要量多加 20%左右。

为了避免溶剂的挥发、可燃溶剂着火或有毒溶剂中毒，应在锥形瓶上装置回流冷凝管，添加溶剂可由冷凝管上端加入，同时，应根据溶剂的沸点和易燃性，选择适当的热浴。

2. 过滤

将热溶液趁热过滤以除去不溶性杂质，若溶液中含有有色杂质可先移去热源，使溶液冷却，然后加活性炭，继续煮沸5～10min，即可脱色，脱色后，再进行过滤，见图12-03-01。

3. 冷却滤液，析出结晶

将盛有滤液的容器浸到冷水浴或冰浴中，迅速冷却并剧烈搅动，可得到颗粒很小的晶体，小晶体内包含的杂质较少，但因其表面积较大而吸附了较多的杂质，所以冷却滤液时不宜过快；若希望得到均匀而较大的晶体，可将滤液置于室温或将盛滤液的容器置于温浴中静置使之缓慢冷却。但冷却滤液也不宜太慢，否则，将形成过大的晶体颗粒，也会因颗粒内包含有较多的母液而影响晶体的纯度。搅拌滤液、摩擦器壁有利于结晶的生成，静置滤液有利于大晶体的生成，特别是加入一小晶种时，更有利于晶体的生成。所以当滤液冷却至室温时，若仍不见晶体析出，可用玻璃棒轻轻摩擦容器内壁以形成粗糙面，因为溶质在粗糙面上形成结晶的过程比在平滑面上迅速；或者向滤液中投入极少量的晶种（同一种物质的晶体），并用玻璃棒将其小心地拨到接近液面的容器内壁上供给定型晶核，使晶体迅速形成；还可以将滤液加热浓缩，重新在室温下冷却。

4. 将结晶与母液分离

为使结晶与母液有效地进行分离，通常采用布氏漏斗进行减压过滤，见图12-02-01。

5. 干燥晶体

抽滤和洗涤后的结晶表面上附有少量溶剂，需用适当的方法进行干燥。固体的干燥方法很多，可根据重结晶所用的溶剂及结晶的性质来选择。常用的干燥方法有以下几种。

（1）空气晾干　将抽干的晶体连同滤纸一并取出，置于表面皿上铺成薄薄一层，再用一张滤纸覆盖以免沾污灰尘，然后在室温下放置。一般要经过几天后才能彻底干燥。

（2）烘干　对热稳定性较好的固体化合物，将其置于烘箱中，在低于该化合物熔点的温度下进行烘干。由于溶剂的存在，晶体可能在较其熔点低很多温度下就开始熔化了，因此必须注意控制温度并经常翻动晶体。

（3）用滤纸吸干　若晶体吸附的溶剂在过滤时很难抽干，此时，将晶体放在两三层滤纸上，上面再用滤纸挤压以吸出溶剂。此法的缺点是晶体上易沾污一些滤纸纤维。

结晶干燥后，测其熔点。如纯度不合要求，可重复上述操作直到熔点符合要求为止。

重结晶法只适用于提纯杂质含量在5%以下的固体化合物。对于杂质含量较高的固体物质，必须先用其他方法进行初步提纯，例如萃取、水蒸气蒸馏、减压蒸馏等，然后再用重结晶法提纯。

进度检查

一、填空题

1. 重结晶是利用混合物中各组分在某溶剂中__________不同，进行分离和提纯固体化合物的重要方法。

2. 化工生产中，通常采用________________________或________________________的方法，使溶液变成过饱和溶液而析出晶体。

3. 干燥晶体常用的方法有__________、__________、__________。

二、问答题

1. 重结晶操作的主要步骤有哪些？

2. 进行重结晶操作时应注意哪些问题？

三、操作题

1. 用重结晶法提纯粗盐。

2. 用重结晶法提纯$CuSO_4 \cdot 5H_2O$。

固体的溶解与重结晶操作技能考试内容及评分标准

一、考试内容：粗盐的提纯

1. 粗盐的溶解。

(1) 称取5g（精确至0.1g）粗盐置于烧杯中。

(2) 加入适量的水使粗盐完全溶解，配成近于饱和溶液。

2. 过滤。

过滤除去不溶性杂质，若滤液还浑浊，应再过滤一次。

3. 滤液的蒸发。

(1) 滤液倒入蒸发皿里，置于铁架台的铁圈上。

(2) 加热并用玻璃棒不断搅拌，待析出多量固体，停止加热。

4. 结晶与母液的分离。

(1) 将结晶与母液置于布氏漏斗中。

(2) 用布氏漏斗进行减压过滤。

5. 干燥晶体。

将晶体置于烘箱中烘干。

二、评分标准

1. 粗盐的溶解。(15分)

(1) 称量。(5分)

(2) 溶解。(10分)

2. 过滤。(25分)

(1) 过滤装置的安装。(15分)

(2) 过滤操作。(10分)

玻璃棒的使用、溶液的倾入、控制漏斗内滤液的液面，错一步扣3分。

3. 滤液的蒸发。(25分)

(1) 滤液的转移及仪器的安装。(10分)

(2) 蒸发。(15分)

加热、玻璃棒的使用、晶体析出过程的控制、停止加热，错一步扣4分。

4. 结晶与母液的分离。(25分)

(1) 结晶的转移。(10分)

(2) 过滤操作。(15分)

漏斗下端斜口正对抽滤瓶的侧管、滤纸的湿润、抽气泵抽气过滤，错一步扣5分。

5. 干燥晶体。(10分)

MU14　蒸馏与回流操作

<table>
<tr><td colspan="2" align="center">学　习　单　元</td><td>编号</td><td>FJC-14-01</td></tr>
<tr><td colspan="2" rowspan="3">名　　称：常压蒸馏装置及操作
职业领域：化工、医药、石油、环保、冶金、建材等
工作范围：分析</td><td>课时</td><td>10</td></tr>
<tr><td>日期</td><td></td></tr>
</table>

学习目标

完成本单元的学习之后，能够利用蒸馏的方法进行物质的分离和提纯。

所需仪器和药品

序号	名称及说明	数量	序号	名称及说明	数量
1	温度计	1支	5	铁架台	2个
2	蒸馏烧瓶	1个	6	酒精灯	1个
3	冷凝管	1支	7	可用于蒸馏的物质(酒精、乙酸乙酯)	适量
4	接受器	1个			

相关学习单元

——一般化学器皿的洗涤与使用　　FJC-05-03

——一般玻璃加工用具及使用　　FJC-10-02

学习单元内容

所谓蒸馏是根据液体中各组分沸点不同而进行分离、提纯混合物的一种方法，一般分为常压蒸馏和减压蒸馏。其过程是将液态物质加热至沸腾，沸点低的先蒸出，沸点高的后蒸出，不挥发的仍留在蒸馏器中，这样就可达到分离和提纯的目的。

蒸馏仅能分离沸点有显著不同（至少沸点相差30℃以上）的两种或两种以上的混合物。若混合物各组分的沸点差别不大而又要求得到较好的分离效果时，就要采取分馏的方法。

一、常压蒸馏装置

1. 常压蒸馏装置的组成

常压蒸馏装置见图14-01-01所示，主要由温度计、蒸馏烧瓶、冷凝管、接受器四部分组成。

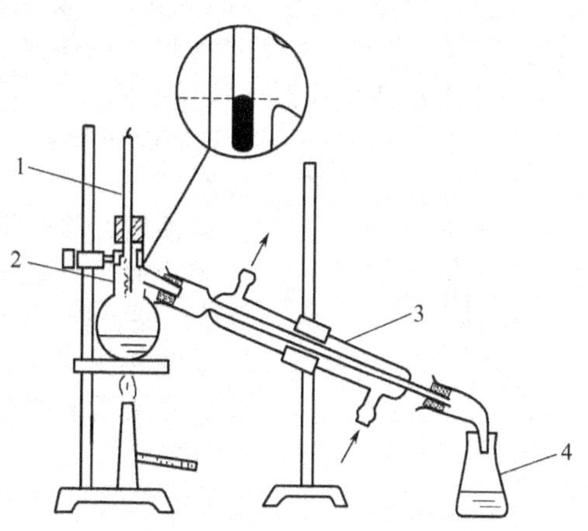

图14-01-01　常压蒸馏装置

1—温度计；2—蒸馏烧瓶；3—冷凝管；4—接受器

（1）温度计　温度计用于测量蒸馏烧瓶内蒸气的温度。温度计一般选择最高量程较被蒸馏液体的沸点高出10～20℃（当蒸馏混合液体时，温度计应以沸点高的组分为准），不宜高出过多，因为温度计的测量范围越大，准确度越差。在安装蒸馏装置时，温度计水银球与毛细管的结合点恰好在蒸馏烧瓶支管的中心轴线上，见图14-01-01。

温度计的误差需要校正时，可增加一辅助温度计。辅助温度计的水银球要在温度计水银柱可能外露段的中部。

(2) 蒸馏烧瓶　蒸馏烧瓶用来盛放和加热被蒸馏的液体，一般应选用具有支管的圆底烧瓶。液体在烧瓶中受热气化，蒸气经支管进入冷凝管，支管与冷凝管靠单孔软木塞子相连，支管伸出塞子外约2～3mm。

如果在普通圆底烧瓶瓶口配一双孔软木塞，一孔插入温度计，另一孔插入蒸气导出管，也可作蒸馏烧瓶用。常用的圆底烧瓶有长颈式和短颈式两种。长颈式蒸馏烧瓶适于蒸馏沸点较低的液体化合物；短颈式蒸馏烧瓶适于蒸馏沸点较高（120℃以上）的液体化合物。

(3) 冷凝管　冷凝管用来把蒸气冷凝成液体，冷却水不断地从下部管口进入，热水从上部管口流出，带走热蒸气的热量，从而起到冷却作用。当液体蒸馏物的沸点在150℃以下时，应选用直形冷凝管，用冷水冷却最为适宜。直形冷凝管的长短和粗细一方面取决于液态蒸馏物沸点的高低，即沸点越低，蒸气越不易冷凝，应选择较长较粗的冷凝管；相反，沸点越高，蒸气越容易冷凝，应选择较短较细的冷凝管。另一方面取决于液体蒸馏物的多少，蒸馏物的量越多，蒸馏烧瓶的容量就应越大，烧瓶的受热面积也相应地增加，单位时间内从蒸馏烧瓶中排出的蒸气量也就越多，选择的冷凝管也应当长一些、粗一些。

在蒸馏大量的低沸点液体时，为加快蒸馏速度，可选用蛇形冷凝管进行冷却。使用时，需垂直装置，切不可斜装，以防止冷凝液停留在蛇形冷凝管内，阻塞通路，使蒸馏烧瓶内压力增大而发生事故。当液体蒸馏物的沸点在150℃以上时，必须采用空气冷凝管，空气冷凝管的粗细和大小也视蒸馏物的沸点及蒸馏烧瓶的容积而定。如果分析室没有空气冷凝管，可用直径在0.7～1cm、长度在40cm以上的玻璃管代替。

(4) 接受器　接受器用于收集冷凝后的液体，一般由接液管和接受瓶（锥形瓶）两部分组成。接液管和接受瓶之间不可用塞子塞住，而应与外界大气相通。如果蒸馏易挥发的有毒物质，则全过程应在通风橱内进行。

2. 常压蒸馏装置的安装

安装蒸馏装置一般先从热源开始（酒精灯或电炉），然后遵循“自下而上，由左到右”的顺序，依次在铁架台上安好铁圈，放好石棉网和水浴，再把装有温度计的蒸馏烧瓶用铁夹垂直夹好。把冷凝管固定在铁架台上时，应先调整好它的位置和倾斜角度，使之与蒸馏烧瓶支管同轴，然后使冷凝管沿此轴和蒸馏烧瓶支管相接，最后安装接受器。

在安装过程中应特别注意以下几点。

① 整个蒸馏装置中的各部分（除接液管与接受器之间外）都应装配严密，即气密性好，防止有蒸气漏出而造成产品损失或其他危险。

② 固定玻璃仪器的铁夹不应夹得太紧或太松，以夹住后稍用力尚能转动为宜。且铁夹内一定要垫以橡胶等软性物质，绝不允许铁器与玻璃仪器直接接触，以防夹坏仪器。

③ 接液管与接受器之间不能密封。

④ 整个装置安装后要求准确端正，无论是从正面观察还是从侧面观察，全套仪器各部分的轴线都要在同一平面内。

⑤ 避免接受器与火源靠得太近，以防着火等危险。

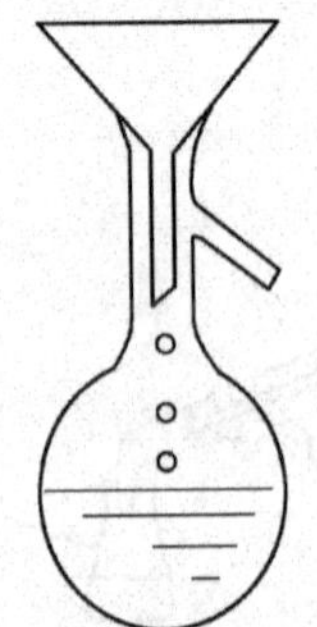

图14-01-02　向蒸馏烧瓶中加入液体的操作

二、常压蒸馏操作

1. 加料

将蒸馏液通过玻璃漏斗或直接沿着面对支管的瓶颈壁小心地倒入蒸馏烧瓶中，见图14-01-02。要注意不能使液体从支管流出；液体加入量应为烧瓶容量的1/2～2/3，超过此量，沸腾时溶液雾有被蒸气带至接受系统的可能，同时，沸腾剧烈时，液体容易冲出。

蒸馏低沸点液体时，往往发生暴沸现象，使蒸馏烧瓶内压力突然增大，轻则使液体涌出容器，重则使烧瓶炸裂，酿成事故，所以，加热前应加入沸石（或无釉碎瓷片、毛细管），以防止暴沸。若加热前忘记加沸石，在接近沸腾温度时不能补加，必须使液体稍冷后补加沸石再重新加热。

将配有温度计的塞子塞入蒸馏烧瓶瓶口后，再一次仔细检查装置是否稳妥正确，各仪器连接是否紧密，有无漏气现象。

2. 加热

加热蒸馏前，应先接通冷却水，从冷凝管的下口进水，上口出水，不要接反。然后开始加热，最初用小火，以免蒸馏烧瓶因局部过热而破裂，慢慢增大火力使烧瓶内的液体逐渐沸腾。记录第一滴馏出液滴入接受器时的温度。此时应控制加热，使蒸馏速度不应太快或太慢。使馏出液滴出的速度为1～2滴/s为宜。在蒸馏过程中，应始终保持温度计水银球上有一稳定的液滴，这是气液两相平衡的象征。此时温度计的读数就是液体的沸点。

3. 观察沸点和收集馏出液

蒸馏前，至少准备两个接受器，因为在达到需要物质的沸点之前，常有沸点较低的液体先蒸出，这部分馏出液称“前馏分”，前馏分蒸完，温度趋于稳定后蒸出的就是较纯的物质，此时应更换一个洁净而干燥的接受器接受馏出液。记下这部分液体开始馏出时和最后一滴馏出时的温度，即为该馏分的沸程。

在所需要的馏分蒸出后，若维持原来的加热温度，就不会再有馏出液蒸出，温度计读数会急剧下降，这时应停止蒸馏。即使杂质含量较少，也不要蒸干，以免蒸馏烧瓶破裂而发生意外事故。

4. 停止加热、拆卸仪器

蒸馏完毕，停止加热，待温度下降至40℃左右时，关闭冷却水，拆卸仪器，其顺序与装配时相反，即依次取下接受器、接液管、冷凝管和蒸馏烧瓶等。将馏出液倒入指定容器中，以备测定。将圆底烧瓶中的残液倒入回收瓶内，将卸下的仪器洗净、干燥以备下次使用。

三、常压蒸馏过程中应注意的事项

在常压蒸馏过程中，除遵守分析室有关的防火防爆措施外，还应注意以下几点。

① 蒸馏液体有机物时，应当选用适当加热浴进行间接加热。液体的沸点在85℃以下用水浴或水蒸气浴；液体沸点在85～200℃之间，可以用油浴；液体沸点超过200℃时可选择砂浴或其他热浴。蒸馏烧瓶在加热浴中应浸入至接近蒸馏液面；烧瓶底部与加热浴底部保持一定的距离；测量加热浴温度的温度计水银球应浸于加热浴介质的一半深度处；加热的温度必须高出蒸馏液的沸点，但一般不能比蒸馏液的沸点高出30℃，否则，会因蒸馏速度太快，导致蒸馏烧瓶炸裂，甚至引起燃烧、爆炸等事故，同时蒸馏物也因过热而发生分解。

② 蒸馏低沸点液体（沸点接近室温）时，通过冷凝管的水必须经冰水冷却，并将接受器浸在冰浴中。沸点在70℃以下时，冷水通过冷凝管的速度要快；沸点在100℃上下时，通过冷凝管的水流为中等流速；沸点在100～120℃时，通过冷凝管的水流应减慢，太冷太快的水流可能导致冷凝管的炸裂；沸点在120～150℃时，通过冷凝管的水流应当很慢，以冷凝管外壳微温为宜；沸点接近150℃时，可考虑改用空气冷凝管。

进度检查

一、填空题

1. 蒸馏是根据液体中各组分__________而进行分离、提纯混合物的一种常用方法，一般分为__________和__________。

2. 常压蒸馏装置主要由__________、__________、__________、__________四部分组成。

3. 蒸馏烧瓶中蒸馏液最多不能超过此瓶容积的________，最少不能少于________。

4. 蒸馏过程中，蒸馏速度以每秒钟从接液管滴________滴为宜。

二、问答题

1. 进行常压蒸馏时，冷凝管的作用是什么？如何选择冷凝管？

2. 常压蒸馏装置的安装过程中应注意哪些问题？

3. 常压蒸馏操作过程中，从安全和效果两方面考虑，主要应注意哪些问题？

三、操作题

1. 工业酒精的提纯操作。

2. 水蒸气的蒸馏操作。

学　习　单　元	编号	FJC-14-02
名　　称：回流装置及操作	课时	6
职业领域：化工、医药、石油、环保、冶金、建材等		
工作范围：分析	日期	

学习目标

完成本单元的学习之后，能够利用回流的方法完成某些反应。

所需仪器和设备

序号	名称及说明	数量	序号	名称及说明	数量
1	直形冷凝管或球形冷凝管	2支	4	烧杯	2个
2	铁架台(带铁夹)	2台	5	锥形瓶	2个
3	圆底烧瓶	2个	6	玻璃管、橡皮管等	适量

相关学习单元

——常压蒸馏装置及操作　　FJC-14-01

学习单元内容

一、回流装置

许多制备反应或精制操作（如重结晶）中，为防止加热过程中液体的挥发损失，确保产物产率，常常在反应烧瓶上竖直地安装冷凝管。反应过程中产生的蒸气经冷凝管冷却，又流回到原来的反应器中，这种连续不断地沸腾气化与冷凝流回的过程叫作回流。

回流装置主要由反应器和冷凝管组成。反应器有锥形瓶、圆底烧瓶、双颈瓶或三颈瓶等，根据反应的需要选择所需反应器。冷凝管分为球形冷凝管、直形冷凝管和蛇形冷凝管等，根据反应混合物沸点高低选择冷凝管。一般采用球形冷凝管，因其冷凝面积较大，冷凝效果较好。通常用自来水冷却，当被加热的液体的沸点高于140℃时，用空气冷凝管冷凝。

1. 普通回流装置

普通回流装置由圆底烧瓶和冷凝管组成，见图14-02-01，适用于一般的回流操作。

2. 带有干燥管的回流装置

带有干燥管的回流装置是在普通回流装置冷凝管的上端装配有干燥管，以防止空气中的水汽进入反应瓶，见图14-02-02。

干燥管内不得填装粉末状干燥剂，以免体系被封闭。在干燥管底部塞上脱脂棉或玻璃棉，然后加入颗粒状或块状干燥剂，最后塞上脱脂棉或玻璃棉。

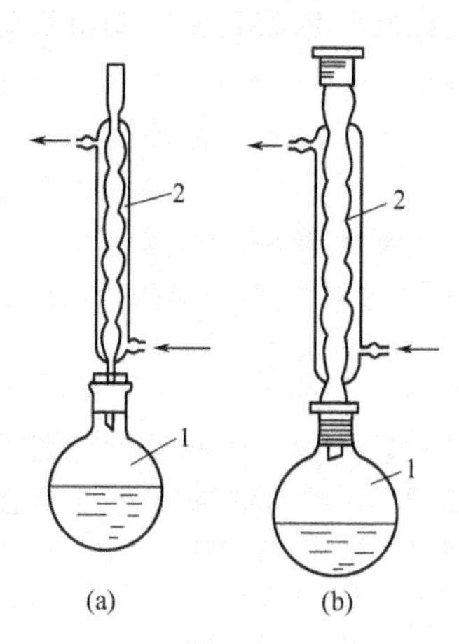

图 14-02-01　普通回流装置

1—圆底烧瓶；2—冷凝管

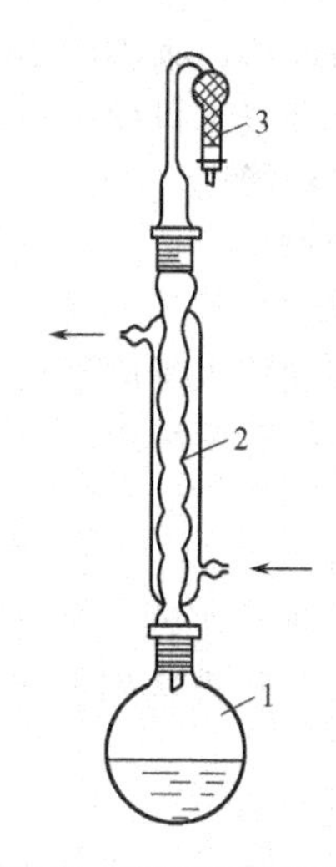

图 14-02-02　带有干燥管的回流装置

1—圆底烧瓶；2—冷凝管；3—干燥管

此种回流装置适用于水汽的存在影响反应进行的实验。

3. 带有气体吸收的回流装置

带有气体吸收的回流装置是在普通回流装置冷凝管的上端安装了一气体回流装置，见图 14-02-03。

在使用此种回流装置时，漏斗口不得完全浸入水中，停止加热前应先将盛有吸收液的容器移去，以防倒吸。

此种装置适用于反应时有水溶性有害气体产生的实验。

4. 能滴加液体的回流装置

能滴加液体的回流装置是在圆底烧瓶上安装 Y 形双口接管，用于安装冷凝管和滴液漏斗，见图 14-02-04。

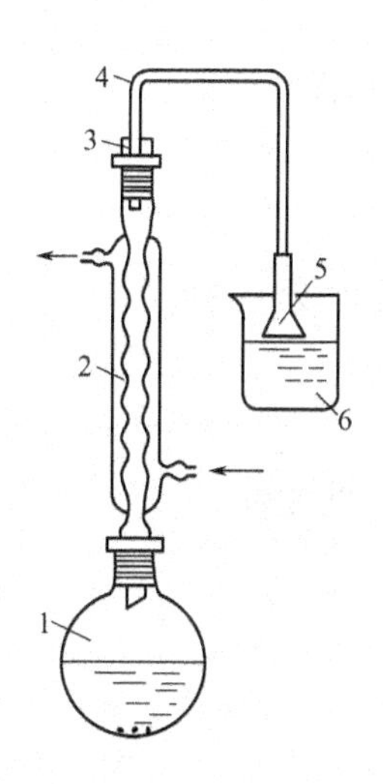

图 14-02-03　带有气体吸收的回流装置

1—圆底烧瓶；2—冷凝管；3—单孔管；4—导气管；5—漏斗；6—烧杯

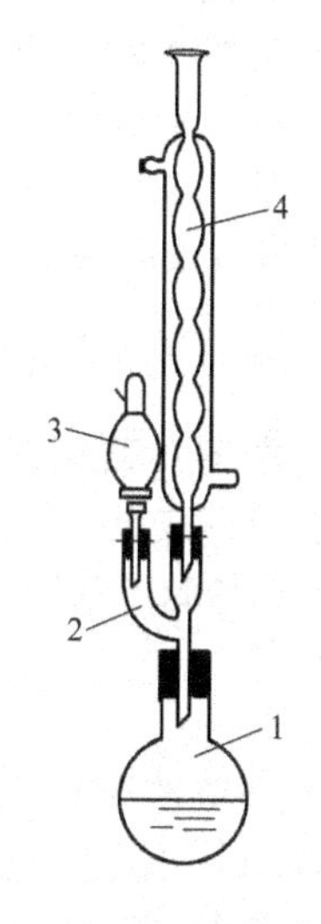

图 14-02-04　能滴加液体的回流装置

1—圆底烧瓶；2—Y 形双口接管；3—滴液漏斗；4—冷凝管

二、回流装置的安装

以热源的高度为基准，在铁架台上安装好铁圈，放好石棉网和水浴（或油浴），用铁夹夹住圆底烧瓶的颈部，垂直固定于铁架台上，然后按由下到上的顺序安装冷凝管等仪器。铁夹一般夹在冷凝管进水口偏上一些。所有仪器尽可能固定在同一铁架台上。整套装置要求正确、严密、整齐和稳当。

三、回流操作

1. 物料的加入

反应物及溶剂加入反应器后，同时加入几粒沸石，防止液体暴沸；再安装冷凝管等其他仪器。也可在装配完毕后由冷凝管上口加入液体物料。一般物料占反应器容积的 1/2 左右，最多不超过 2/3。

2. 加热回流

检查装置的严密性后，先自下而上通入冷却水，然后开始加热。最初应缓慢加热，然后逐渐加热使液体沸腾或达到要求的反应温度。反应时间以第一滴回流液落入反应器中开始计算。

3. 控制回流速度

调节冷却水流量及加热温度来控制回流速度，以蒸气浸润不超过两个球为宜。

4. 停止回流

停止回流，应先停止加热，待冷凝管中没有蒸气后再停冷却水，然后按由上而下的顺序拆除装置。

进度检查

一、填空题

1. 回流装置主要由__________和________________________两部分组成。
2. 回流低沸点的物质用__________冷凝，回流高沸点的物质用__________冷凝。
3. 回流的速度应控制在____________________________________为宜。

二、问答题

1. 如何安装回流装置？
2. 进行回流操作时，应注意哪些问题？
3. 为什么在回流装置中要用球形冷凝管而不用直形冷凝管？

三、操作题

用带有气体吸收的回流装置制备 1-溴丁烷。

蒸馏与回流操作技能考试内容及评分标准

一、考试内容：蒸馏苯的水溶液

1. 蒸馏装置的安装。

依次安装好热源、铁圈、石棉网、圆底烧瓶、冷凝管、接受器。

2. 蒸馏操作。

(1) 加料。

① 把苯的水溶液加入蒸馏烧瓶中。

② 加入沸石作止沸剂。

③ 检查装置是否正确及其气密性。

(2) 加热。

① 向冷凝管中自下向上通入冷却水。

② 先小火加热，慢慢增大火力使之沸腾。

③ 蒸馏速度控制在每秒流出 1～2 滴馏出液为宜。

(3) 蒸馏完毕，先熄火，后停止通水。

(4) 拆卸仪器，其程序与安装相反。

二、评分标准

1. 仪器安装。(30 分)

热源、铁圈、石棉网、圆底烧瓶、冷凝管、接受器的安装，错一步扣 5 分。

2. 蒸馏操作。(70 分)

(1) 加料。

① 蒸馏液的加入。(8 分)

② 沸石的加入。(4 分)

③ 安装及气密性检查。(8 分)

(2) 加热。

① 向冷凝管中通冷却水。(10 分)

② 加热操作。(12 分)

③ 蒸馏操作控制。(12 分)

(3) 蒸馏完毕操作。(8 分)

先停火、后停水操作，错一步扣 4 分。

(4) 善后工作。(8 分)

拆卸仪器，错一步扣 2 分。

MU15 萃取操作

<table>
<tr><td>学　习　单　元</td><td>编号</td><td>FJC-15-01</td></tr>
<tr><td rowspan="3">名　　称：萃取原理和萃取剂的选择
职业领域：化工、医药、石油、环保、冶金、建材等
工作范围：分析</td><td>课时</td><td>3</td></tr>
<tr><td>日期</td><td></td></tr>
</table>

学习目标

完成本单元的学习之后，能够掌握萃取原理，正确选择某些萃取剂。

相关学习单元

——溶剂的种类　　FJC-13-01

学习单元内容

萃取是用适宜的溶剂把指定物质从固体或液体混合物中提取出来的操作。

萃取分离法包括液液萃取分离法、固液萃取分离法和气液萃取分离法等。目前应用最广泛的是液液萃取分离法，也称溶剂萃取分离法。

溶剂萃取分离法既可用于常量元素的分离，又适用于痕量元素的分离与富集，而且方法简单快速。

一、萃取分离法的基本原理

1. 相似相溶规则

大量的实践表明，极性化合物易溶于极性溶剂中，非极性化合物易溶于非极性溶剂中，这一规律称为相似相溶规则。如 I_2 是非极性物质，水是极性溶剂，CCl_4 是非极性溶剂，所以 I_2 易溶于 CCl_4 而难溶于水，因此，可用 CCl_4 从碘水中萃取碘。当用等体积的 CCl_4 从 I_2 水溶液中提取 I_2 时，萃取率可达到 98.8%。

2. 分配比

某一溶质 A 分配在互不相溶的水相和有机相中，在多数情况下，溶质在水相和有机相中以多种形式存在，达到平衡后，溶质在两相中的总浓度之比，叫分配比，在 D 表示：

$$D=\frac{\text{溶质在有机相中的总浓度}}{\text{溶质在水相中的总浓度}}$$

3. 分配系数和分配定律

在一定温度下，某一物质 A 以相同的化学组成分配在互不相溶的水相和有机相中，当分配达到平衡后，该溶质在两相中的浓度比是常数，叫分配系数，用 K_D 表示：

$$K_D=\frac{[A]_{有}}{[A]_{水}}$$

从此式看出，分配系数大的物质绝大部分进入有机相中，分配系数小的物质仍留在水中，因而将物质彼此分离，称为分配定律，它是萃取法的基本原理。例如，碘在 CCl_4 和水中的分配系数 K_D 等于 85。

若溶质在两相中存在一种形态，此时分配比等于分配系数。

4. 萃取率

对于物质萃取效率的大小，常用萃取率（E）表示。用一种与水不互溶的有机溶剂去萃取水溶液中的A物质，萃取到有机相中A物质的量与A物质的总量之比，叫萃取率。

$$E=\frac{\text{被萃取物质在有机相中的总量}}{\text{被萃取物质总量}}\times 100\%$$

当被萃取物质D值较小时，通过一次萃取，往往不能满足分离或测定的要求，则可采用连续萃取的办法，以提高萃取效率。每次用$V_{有}$（mL）有机溶剂，从$V_{水}$（mL）水溶液中萃取物质，萃取n次后，水相中剩余被萃取物的质量m_n的计算公式为

$$m_n=m_0\left(\frac{V_{水}}{DV_{有}+V_{水}}\right)^n$$

式中　m_n——萃取后水相剩余被萃取物质的质量，g；

m_0——萃取前水相中含被萃取物质的质量，g；

$V_{水}$——水溶液的体积，mL；

$V_{有}$——每次用萃取剂的体积，mL；

D——分配比；

n——萃取次数。

例1　有100mL含I_2 10mg的水溶液，用90mL CCl_4分别按下列情况萃取：(1) 全量一次萃取；(2) 每次用30mL分三次萃取。求萃取率各是多少？(已知$D=85$)

解　(1) 全量一次萃取时，

$$m_1=10\times\frac{100}{85\times 90+100}=0.13\ (\text{mg})$$

$$E=\frac{10-0.13}{10}\times 100\%=98.7\%$$

(2) 每次用30mL分三次萃取时，

$$m_2=10\left(\frac{100}{85\times 30+100}\right)^3=5.4\times 10^{-4}\ (\text{mg})$$

$$E=\frac{10-5.4\times 10^{-4}}{10}\times 100\%=99.995\%$$

显然，用同样体积的有机溶剂，萃取次数越多，效果越好；但是萃取次数越多，萃取操作越麻烦。所以要根据萃取率的要求决定萃取次数。萃取次数一般为3～5次，在实际生产中，一般对微量元素的分离，要求E达到95%甚至85%以上就可以了，对常量元素的分离通常要求达到99.9%以上。

二、常用的萃取溶剂

与水不相溶的有机溶剂都可作萃取溶剂。

主要的萃取溶剂有苯、汽油、环己烷、戊醇、环己醇、甲基异丁基酮、丙酮、环己酮、乙醚、乙二醇、二硫化碳、氯仿、四氯化碳、乙酸乙酯、乙酸戊酯等。按性质分为四大类，即酸性溶剂、碱性溶剂、两性溶剂、惰性溶剂，在MU13中已讲述。

三、萃取溶剂的选择

根据被萃取物质的溶解能力及萃取溶剂的性质选择萃取剂。

① 根据被萃取物质的水溶性，一般地讲，难溶于水的物质用石油醚等萃取；较易溶于水的物质用苯或乙醚等萃取；水溶性大的物质用乙酸乙酯或类似溶剂来萃取。

② 萃取溶剂对被萃取物质的溶解能力要大而对杂质的溶解度要小。

③ 萃取溶剂的沸点不宜过高，否则溶剂不易回收，并可能使产品在回收溶剂时被破坏。

④ 萃取溶剂的毒性要小或者无毒性。

⑤ 萃取溶剂的稳定性要好，挥发性小，不易燃烧。

⑥ 萃取溶剂的密度与水的密度差别要大，黏度要小。

溶剂萃取分离法设备简单，方法简便，是应用广泛的分离和富集物质的方法。缺点是人工操作的劳动强度大，有些萃取溶剂有一定的毒性且价格较贵，这些问题影响了溶剂萃取分离法的应用，有待于今后研究解决。

进度检查

一、填空题

1. 液液萃取分离的理论依据是__________。萃取率是指__________。

2. 选择萃取剂时要根据被萃取物质的水溶性而定，一般难溶于水的物质用__________萃取；较易溶于水的物质用__________萃取；水溶性大的物质用__________萃取。

3. 萃取操作中，萃取次数一般为__________次。

4. 分配比越大，则萃取率__________，萃取效率__________。

二、问答题

1. 什么是分配系数？什么是分配比？

2. 萃取法的基本原理。

3. 正确选择萃取剂应注意哪些问题？

三、计算题

某溶液中含 Fe^{3+} 10mg，将它萃取入某有机溶剂中，分配比 $D=99$，问用等体积溶剂萃取 1 次、2 次，各剩余 Fe^{3+} 多少毫克？萃取率各为多少？

学　习　单　元	编号	FJC-15-02
名　　称：萃取装置及操作 职业领域：化工、医药、石油、环保、冶金、建材等 工作范围：分析	课时	5
	日期	

学习目标

完成本单元的学习之后，能够用萃取的方法从混合物中分离提取指定物质。

所需仪器和药品

序号	名称及说明	数量	序号	名称及说明	数量
1	球形分液漏斗	1个	4	烧杯或锥形瓶	2个
2	梨形分液漏斗	1个	5	碘的水溶液及四氯化碳萃取剂等	适量
3	铁架台(带铁圈)	2台			

相关学习单元

——萃取原理和萃取剂的选择　　FJC-15-01

学习单元内容

一、萃取装置

1. 分液漏斗的选用

常见的分液漏斗有球形分液漏斗和梨形分液漏斗（见图 15-02-01）。

从球形分液漏斗到长的梨形分液漏斗，其漏斗越长，振摇后，两相分层所需时间越长。故两相密度相近时，宜采用球形分液漏斗。在实际操作中通常使用 60～125mL 的梨形分液

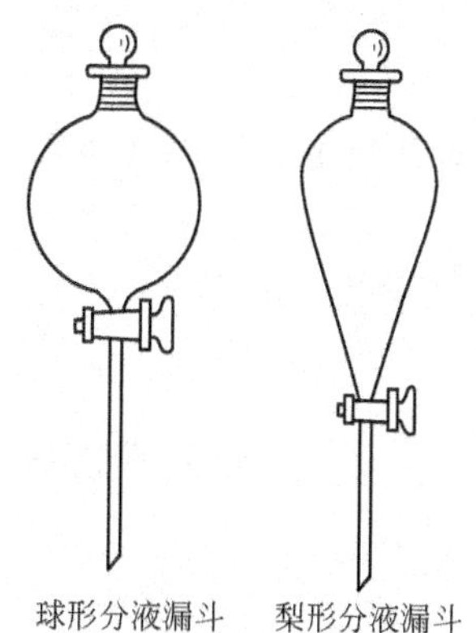

图 15-02-01 分液漏斗

漏斗。

使用分液漏斗，加入全部液体的总体积应占其容积的约 1/3，最多也不得超过 2/3。

2. 分液装置的安装

(1) 检查塞子和活塞是否与分液漏斗配套。

(2) 需干燥的分液漏斗时，检查活塞是否洁净、干燥。

(3) 把凡士林均匀地涂在活塞孔的两侧，转动活塞使其均匀透明，注意不要堵塞塞孔。漏斗上口的塞子不得涂凡士林。

(4) 在活塞的凹槽处套上橡皮筋，防止操作过程中因活塞的松动而漏液或因活塞的脱落造成实验失败。

(5) 用橡皮绳将分液漏斗的塞子系在其上口颈上，防止塞子污染或失落打碎。

(6) 将分液漏斗放在用石棉绳或塑料绳缠扎好的铁圈上，将铁圈牢固地固定在铁架台的适当高度，见图 15-02-02。

二、萃取操作

1. 萃取的操作步骤

(1) 在分液漏斗中加入被萃取液和萃取剂，盖上塞子。

(2) 将分液漏斗从支架上取下，用右手按住玻璃塞，左手握住下端的活塞，如图 15-02-03。小心振荡，并不时将漏斗尾部向上倾斜。开启活塞排气，放出因振荡产生的气体，以降低分液漏斗内的压力。重复上述操作，直到放气时压力很小为止。

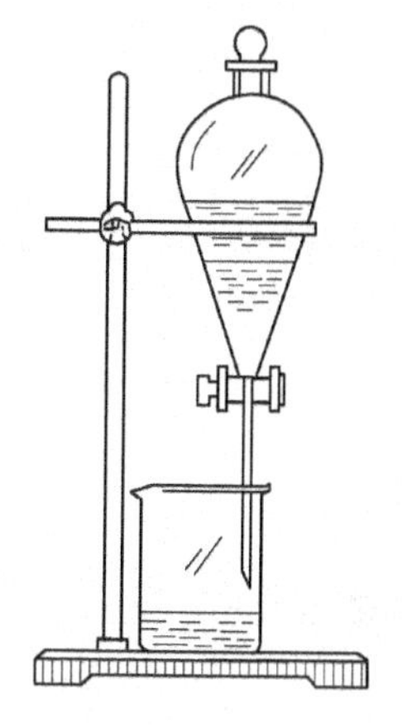
图 15-02-02 萃取装置

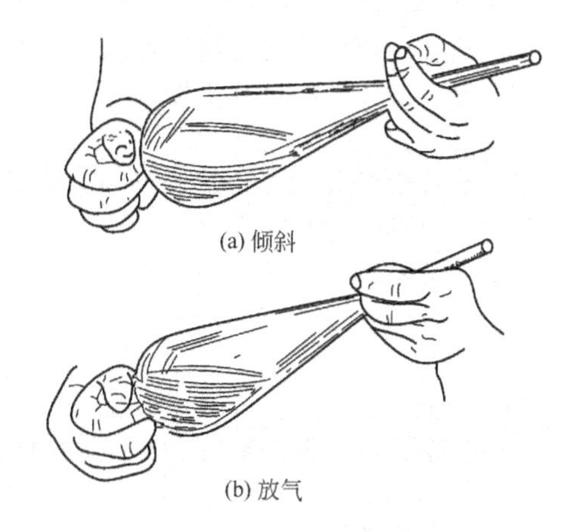

图 15-02-03 萃取操作

2. 分液

把分液漏斗放在铁架台上，静置片刻，当溶液分成两层后，先打开上口玻璃塞，再缓缓地旋开下端活塞，将下层液缓缓放出，而上层液则需从漏斗颈上口倒出。

使用分液漏斗，应防止以下几种错误的操作方法。

(1) 用手拿住分液漏斗进行液体分离。

(2) 上口玻璃塞未打开就转动活塞。

(3) 上层液体也经漏斗的下端放出。

分液漏斗若与 NaOH 或 Na_2CO_3 等碱性溶液接触后，必须冲洗干净。若较长时间不用，玻璃塞与活塞需用薄纸包好后再塞入，否则易粘在漏斗上而扭不开。

3. 多次萃取

将放出的水溶液倒回分液漏斗中，加入新的萃取剂，用同样的方法进行第二次萃取。萃取次数一般为3～5次。

4. 干燥和纯化

把所有萃取液合并，加入合适的干燥剂干燥，蒸去溶剂。再把萃取所得的物质视其性质用蒸馏、重结晶等方法纯化。

进度检查

一、填空题

在萃取分离时，加入分液漏斗中的全部液体应占其容积的约__________，最多不能超过__________。

二、问答题

1. 如何选择及装配分液漏斗？

2. 用分液漏斗进行萃取操作时，为什么要振摇其内混合液？使用分液漏斗要注意哪些事项？为什么？

3. 萃取操作应注意哪些问题？

三、操作题

用 CCl_4 从 I_2 的水溶液中萃取 I_2。

萃取操作技能考试内容及评分标准

一、考试内容：用 CCl_4 从 I_2 的水溶液中萃取 I_2

（一）仪器的安装

1. 检查分液漏斗的上口玻璃塞及活塞是否配套。
2. 分液漏斗的洗涤和干燥。
3. 涂凡士林。
4. 将分液漏斗固定在铁架台的铁圈上。

（二）萃取操作步骤

1. 向分液漏斗中加入 I_2 的水溶液及 CCl_4。
2. 小心振荡分液漏斗使液体分层。
3. 排气。
4. 分液。

将分液漏斗置于铁架台上，将下层液缓缓放出，上层液从颈口放出。

5. 善后工作。

仪器的洗涤和放置。

二、评分标准

（一）仪器的安装（40分）

1. 仪器的配套检查。（6分）

2. 分液漏斗的洗涤和干燥。（12分）

检查分液漏斗是否洁净，如不洁净，洗涤、干燥，错一步扣4分。

3. 涂凡士林。（10分）

涂凡士林，转动活塞使之均匀透明，错一步扣5分。

4. 分液漏斗置于铁圈上。（12分）

铁圈高度适宜，用塑料绳缠扎铁圈，放置分液漏斗。

（二）萃取操作（60分）

1. 被萃取液及萃取液的加入。（12分）

2. 分液。（18分）

分液漏斗的拿取，右手按玻璃塞、左手握活塞，振荡操作。错一步扣 5 分。

3. 排气。(12 分)

开启活塞排气，重复操作 2～3 次，每次 4 分。

4. 分液。(12 分)

分液漏斗高度适宜，玻璃塞打开，上层液的放出，下层液的倒出。错一步扣 4 分。

5. 善后工作。(6 分)

仪器的洗涤及放置，错一步扣 4 分。

MU16　气体的净化

学　习　单　元	编号	FJC-16-01
名　　称：气体的净化 职业领域：化工、医药、石油、环保、冶金、建材等 工作范围：分析	课时	6
	日期	

学习目标

完成本单元的学习之后，能够完成气体的净化。

所需仪器和药品

序号	名称及说明	数量	序号	名称及说明	数量
1	洗瓶	3个	4	干燥塔	1个
2	U形管	2支	5	浓 H_2SO_4	若干
3	干燥管	2支	6	玻璃棉	若干

相关学习单元

——一般化学器皿的洗涤与使用　　FJC-05-03

学习单元内容

一、常见气体的净化

1. 气体的净化与干燥的基本原理

在一定条件下，用一种或几种不与被净化和干燥的气体发生作用的难挥发的固体或液体物质，吸收气体中的水分、酸雾、粉尘以及一些对生产或分析有害的其他气体或固体物质，从而使气体得到净化与干燥。

实验室制备的气体中常含有酸雾和水汽，酸雾可用水或玻璃棉除去，水汽可用浓硫酸、无水氯化钙或硅胶吸收。

如实验室制备氢气时，由于锌粒中含有硫、砷等杂质，故在气体的发生过程中常夹杂有硫化氢等气体杂质，可通过高锰酸钾氧化、醋酸铅溶液吸收除去，然后再通过盛有无水氯化钙的干燥管除去其中的水分。

2. 常见气体的干燥剂

由于不同气体的性质不同，所以在干燥气体时，应该根据具体情况，分别采用不同的洗涤液和干燥剂进行处理。表16-01-01列出了一些常见气体及其干燥剂。

3. 常见气体的净化剂

在进行气体净化时，一般是根据杂质气体的性质，选择适当的净化剂，将杂质从被测气体中吸收出来，以达到净化气体的目的。

气体的净化剂必须满足以下条件。

① 不与被净化的气体发生任何化学反应。

② 能吸收气体中的一种或几种杂质。

表 16-01-01　常见气体及其干燥剂

气　体	干　燥　剂	气　体	干　燥　剂
H_2	$CaCl_2$、P_2O_5	NH_3	CaO 或 CaO 与 KOH 的混合物
O_2	H_2SO_4(浓)、$CaCl_2$、P_2O_5	NO	$Ca(NO_3)_2$
Cl_2	$CaCl_2$	HCl	$CaCl_2$
N_2	H_2SO_4(浓)、$CaCl_2$、P_2O_5	HBr	$CaBr_2$
CO	$CaCl_2$、P_2O_5	HI	CaI_2
CO_2	H_2SO_4(浓)、$CaCl_2$、P_2O_5	SO_2	H_2SO_4(浓)、$CaCl_2$、P_2O_5
H_2S	$CaCl_2$、P_2O_5		

③ 本身无挥发性。

④ 与杂质反应后生成的产物无挥发性。

一些常见杂质气体及其净化剂见表 16-01-02。

表 16-01-02　一些常见杂质气体及其净化剂

杂质气体	净　化　剂	杂质气体	净　化　剂
CO_2	CaO 或 CaO 与 KOH 混合	HCl	CaO 或 CaO 与 KOH 混合
H_2O(气)	$CaCl_2$、P_2O_5、H_2SO_4(浓)、CaO 等	HBr	CaO 或 CaO 与 KOH 混合
NH_3	浓 H_2SO_4	HI	CaO 或 CaO 与 KOH 混合
H_2S	$Pb(CH_3COO)_2$、$Zn(CH_3COO)_2$、$Cd(CH_3COO)_2$	O_2	焦性没食子酸与 KOH 的混合液
SO_2	CaO 或 CaO 与 NaOH 混合	不饱和烃	H_2SO_4(浓)、Ag_2SO_4
CO	P_2O_5 与 KOH 混合	N_nO_m	H_2O_2 的 KOH 溶液

4. 气体的净化与干燥常用的仪器及设备

(1) 洗气瓶　洗气瓶的结构如图 16-01-01 (a) 所示。常用于盛装液态的洗涤液或干燥剂，如浓硫酸、水、高锰酸钾溶液等。

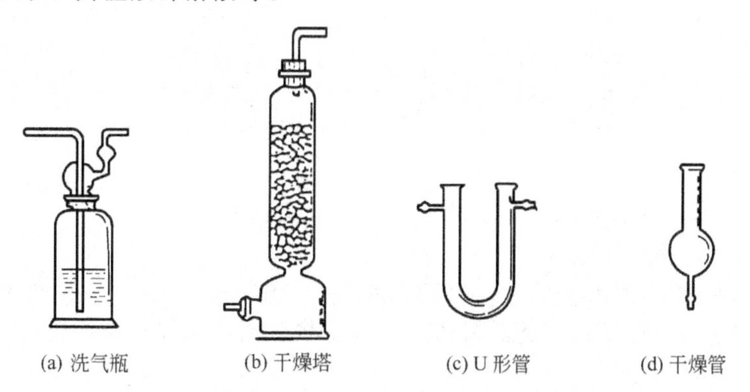

图 16-01-01　气体的净化与干燥常用的仪器及设备

(2) 干燥塔　干燥塔的结构如图 16-01-01 (b) 所示。常用于盛装固态的气体吸收剂或干燥剂，如硅胶、无水氯化钙、碱石灰、五氧化二磷、碘化钙、硝酸钙等。

(3) U 形管与干燥管　U 形管与干燥管的结构如图 16-01-01 (c) 和 (d) 所示。常用于盛装固态的气体吸收剂或干燥剂，如硅胶、无水氯化钙、碱石灰、五氧化二磷、碘化钙、硝酸钙等；也可用于盛装玻璃棉，用于过滤气体中的粉尘等固体杂质。

二、气体净化的实际操作

1. 实验室中氮气的净化

实验室在制备氮气的过程中，由于 $NaNO_2$ 中含有少量的磷、砷等化合物，所以在生成的氮气中往往含有少量的磷化氢、砷化氢等杂质气体，为得到纯净的氮气需将这些杂质气体除去。氮气的净化与干燥装置如图 16-01-02 所示。

首先，使制得的气体通过盛有 NaOH 溶液的洗气瓶，除去其中的磷化氢、砷化氢等酸

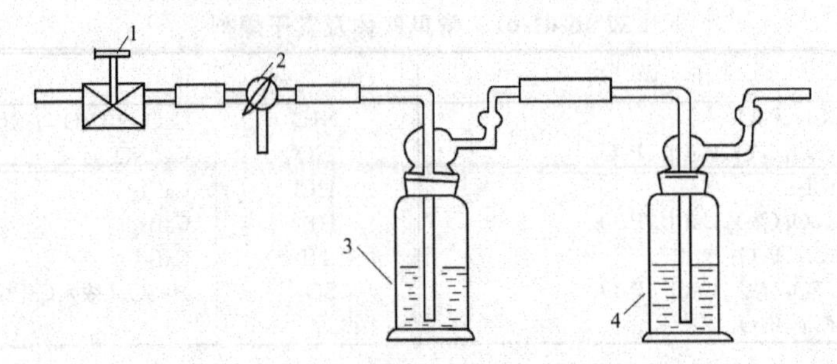

图 16-01-02 氮气的净化与干燥装置

1—采样阀；2—三通旋塞；3—NaOH 溶液洗气瓶；4—浓 H_2SO_4 溶液洗气瓶

性气体，然后再使气体通过盛有浓 H_2SO_4 溶液的洗气瓶，除去气体中的氨气、水蒸气，最后得到纯净、干燥的氮气。

2. 烟道气的净化

烟道气中除含有 CO_2、CO 及其他一些待测气体外，还含有烟尘和水蒸气。为正确测定烟道气中各组分的含量，需将其中的烟尘和水蒸气除去。

除去烟道气中烟尘和水蒸气的装置见图 16-01-03。

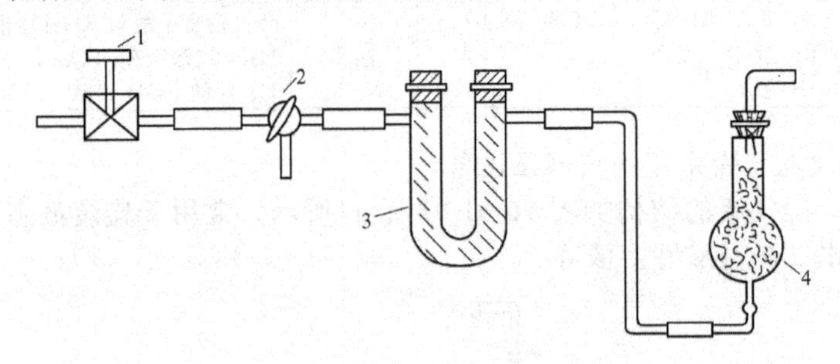

图 16-01-03 除去烟道气中烟尘和水蒸气的装置

1—采样阀；2—三通旋塞；3—U 形石棉管；4—$CaCl_2$ 干燥管

首先，使烟道气通过盛有石棉的 U 形管，过滤除去气体中的烟尘，然后再通过盛有 $CaCl_2$ 的干燥管，除去气体中的水分，余气流入分析器进行项目分析。

3. 水煤气或半水煤气的净化

水煤气或半水煤气中除含有 CO_2、CO、N_nO_m、O_2、H_2、CH_4、N_2 等气体外，还带有一定的粉尘和水蒸气，分析前应将其除去。除去水煤气或半水煤气中的粉尘和水蒸气的装置见图 16-01-04。

首先，使气体通过气水分离瓶，将大部分水蒸气除去，再通过装有石棉的 U 形管，除去气体中的粉尘和剩余少量的水汽，余气进入分析器进行项目分析。

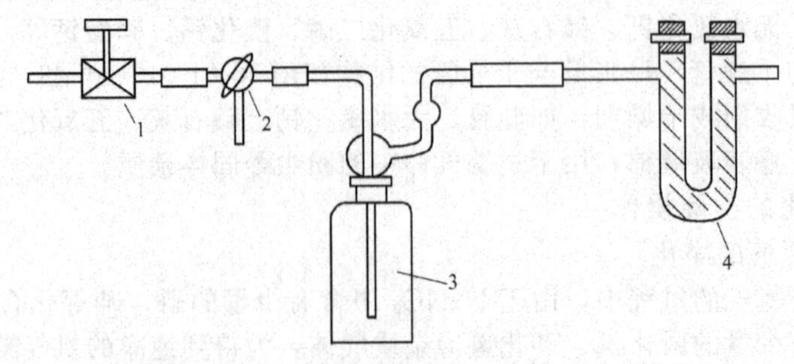

图 16-01-04 水煤气或半水煤气的净化装置

1—采样阀；2—三通旋塞；3—气水分离瓶；4—U 形石棉管

进度检查

一、填空题

1. 写出用下列干燥剂能够干燥的气体。

$CaCl_2$ ______________________________

$CaBr_2$ ______________________________

P_2O_5 ______________________________

CaI_2 ______________________________

H_2SO_4 ______________________________

KOH 或 CaO ________________________

硅胶______________________________

$Ca(NO_3)_2$ ________________________

2. 在一定条件下，用一种或几种不与被净化和干燥的气体________________的固体或液体物质，吸收气体中的__________、__________、__________以及一些对生产和分析有害的________________________，从而使气体得到净化和干燥。

3. 实验室制备的气体常常带有酸雾和水汽。为得到纯净的气体，酸雾可用__________或______________除去，水汽可用______________、______________或______________吸收。

二、操作题

1. 氮气的净化与干燥。

2. 烟道气的净化与干燥。

气体的净化技能考试内容及评分标准

一、考试内容：实验室气体的净化与干燥

（一）实验室中氮气的净化

1. 打开氮气采样阀，旋转三通旋塞，使气样通大气。
2. 旋转三通旋塞，使气样流经 NaOH 洗气瓶，再通过浓 H_2SO_4 洗气瓶。
3. 调节采样阀，控制气流速度。
4. 采样完毕后，关闭采样阀。

（二）烟道气的净化

1. 打开烟道气采样阀，调节三通旋塞，使气样通大气。
2. 旋转三通旋塞，使气样通过 U 形石棉管和氯化钙干燥管。
3. 调节采样阀，控制气流速度。
4. 采样完毕后，关闭采样阀。

（三）水煤气或半水煤气的净化

1. 打开水煤气采样阀，调节三通旋塞，使气样通大气。
2. 旋转三通旋塞使气样流经气水分离瓶和 U 形石棉管。
3. 调节采样阀，控制气流速度。
4. 采样完毕后，关闭采样阀。

二、评分标准

（一）实验室中氮气的净化（33 分）

1. 打开采样阀、旋转三通旋塞。（各 4 分，共 8 分）
2. 旋转三通旋塞位置及熟练程度。（7 分）
3. 调节采样阀方法，气流速度大小控制。（各 6 分，共 12 分）
4. 关闭采样阀。（6 分）

（二）烟道气的净化（33分）

1. 打开采样阀，调节三通旋塞。（各4分，共8分）
2. 调节三通旋塞位置及熟练程度。（7分）
3. 调节采样阀操作方法，气流速度大小控制。（各6分，共12分）
4. 关闭采样阀。（6分）

（三）水煤气或半水煤气的净化（34分）

1. 开启采样阀，调节三通旋塞。（各4分，共8分）
2. 调节三通旋塞位置及熟练程度。（8分）
3. 调节采样阀操作方法，气流速度大小控制。（各6分，共12分）
4. 关闭采样阀。（6分）

MU17　纯水的制备

<table>
<tr><td colspan="2">学　习　单　元</td><td>编号</td><td>FJC-17-01</td></tr>
<tr><td>名　　称：</td><td>蒸馏法制纯水</td><td rowspan="2">课时</td><td rowspan="2">6</td></tr>
<tr><td>职业领域：</td><td>化工、医药、石油、环保、冶金、建材等</td></tr>
<tr><td>工作范围：</td><td>分析</td><td>日期</td><td></td></tr>
</table>

学习目标

完成本单元的学习之后，能够用蒸馏法制纯水。

所需仪器和设备

序号	名称及说明	数量	序号	名称及说明	数量
1 2	电热蒸馏器 水接收器(有机玻璃、塑料石英等材质制成)	1	3	乳胶管	若干

相关学习单元

——常压蒸馏装置及操作　　FJC-14-01

——回流装置及操作　　FJC-14-02

学习单元内容

一、分析室用水的基本知识

1. 蒸馏水

蒸馏水是利用水与杂质的沸点不同，用蒸馏器经蒸馏而制得的。蒸馏法制备纯水能除去水中的非挥发性杂质，但不能除去易溶于水的气体。同是蒸馏而得到的纯水，由于蒸馏所用容器的材质不同，所带的杂质也不同。化学分析用蒸馏水，通常是经过一次蒸馏得到的。对高纯物质的分析必须用高纯水，为此，可以增加蒸馏次数，减慢蒸馏速度，采用高纯材料作蒸馏器等。实验室所用的二次、三次蒸馏水等就是通过二次、三次蒸馏而得到的。高纯水应贮存在有机玻璃、塑料、石英等材质的容器内。

2. 纯水的等级（标准）

在分析工作中，根据实际工作的需要，应选用不同的水作为实验用水。根据 GB 6682—92 规定，分析实验用水共分为三个等级：一级水、二级水、三级水。

(1) 一级水　一级水用于有严格要求的分析实验，包括对颗粒有要求的试验。如高效液相色谱用水。

一级水可用二级水经过石英设备蒸馏或离子交换混合床处理后，再经 0.2μm 微孔滤膜过滤来制取。

(2) 二级水　二级水用于无机痕量分析等试验。如原子吸收光谱分析用水。

二级水可用多次蒸馏或离子交换等方法制取。

(3) 三级水　三级水用于一般化学分析试验。

三级水可用蒸馏或离子交换等方法制取。

3. 纯水的技术规格要求

根据 GB 6682—92 规定，分析实验室用水应符合表 17-01-01 所列的规格要求。

表 17-01-01 分析实验室用水的规格要求

名 称	一级	二级	三级
pH 范围(25℃)	—	—	5.0～7.5
电导率(25℃)/(mS/cm)	0.01	0.10	0.50
可氧化物质(以 O 计)/(mg/L)	—	0.08	0.04
吸光度(25mm, 1cm 光程)	0.001	0.01	—
蒸发残渣(105℃±2℃)/(mg/L)	—	1.0	2.0
可溶性硅(以 SiO_2 计)/(mg/L)	0.01	0.02	—

注：1. 由于在一级水、二级水的纯度下，难于测定其真实的 pH，因此，对一级水、二级水的 pH 范围不作规定。

2. 一级水、二级水的电导率需用新制备的水“在线”测定。

3. 由于在一级水的纯度下，难于测定可氧化物质和蒸发残渣，因此对其限量不作规定。可用其他条件和制备方法来保证一级水的质量。

4. 蒸馏法制纯水的特点

蒸馏法制纯水操作简单，成本低，效果好（可除去离子杂质和非离子杂质），适用于中、小厂矿和实验室使用。

由于蒸馏法制纯水的产量低，水质电阻率较低，因此对于用水量大、水的纯度较高的分析工作，可以采用离子交换法制取纯水。

二、电热蒸馏器的构造

蒸馏法制纯水所使用的仪器是电热蒸馏器。目前使用的电热蒸馏器主要是由铜、硬质玻璃、石英等材料制成的。电热蒸馏器由蒸发锅、冷却器、电热装置三部分组成，其结构见图 17-01-01。

1. 蒸发锅

蒸发锅由薄紫铜板制成，内壁涂纯锡。锅内的水超过水位线时，能自行从排水管溢出。顶盖中央装有挡水帽，锅身与顶盖开启方便，便于洗刷。右侧装有放水龙头，可随时放去存水。

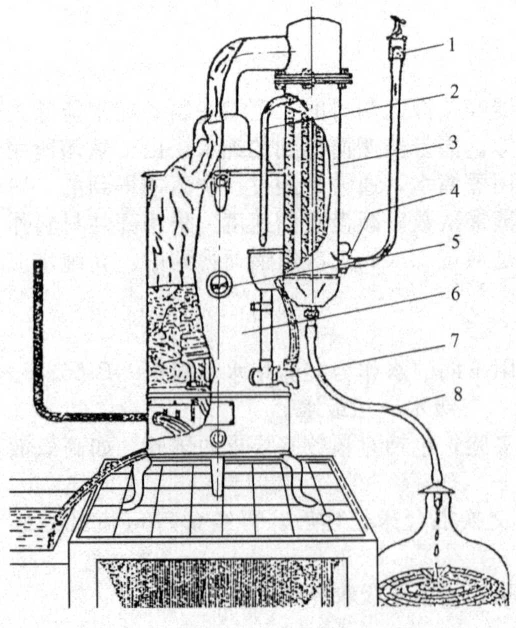

图 17-01-01 电热蒸馏器

1—水源龙头；2—回水管；3—冷却器；4—进水控制龙头；5—玻璃水位孔；6—蒸发锅；7—放水龙头；8—蒸馏水皮管

2. 冷却器

冷却器是由紫铜板和紫铜管制成的。冷凝管内壁涂以纯锡，结构采用拆卸式，以便洗刷内部水垢。水蒸气在冷凝管中冷却成蒸馏水，同时也使冷却水得到预热，冷却水预热后，流入蒸发锅中，这样既充分利用了热量，加快了煮沸速度，又使水在预热时除去部分挥发性杂质，有利于提高蒸馏水的质量。

3. 电热装置

电热蒸馏器的发热元件是由几支浸入式的电热管组成的，安装在蒸发锅的底部，使用时全部浸没于水中，因与水直接相接触，所以电热管所放出的热量能全部被利用。

三、电热蒸馏器的操作

（1）关闭放水龙头，开启水源龙头，使水源从进水控制龙头进入冷却器，再由回水管流入漏斗，最后流入蒸发锅中，直至水位上升到玻璃水位孔处。待水位停止上升时，暂时关闭水源龙头。

(2) 打开电源开关，待蒸发锅内的水开始沸腾并且流出蒸馏水时，再开启水源龙头。水源流量不宜过大或过小，调节时可由冷却器外壳的温度来确定水流量的大小，一般底部温度为 38～40℃（微温）、中部温度为 42～45℃（较热）或上部温度为 50～55℃（烫手）时为宜。

(3) 导出蒸馏水的橡皮管不宜过长，切勿插入容器内的蒸馏水中，应保持顺流畅通，以防止因蒸汽窒塞而造成漏斗溢水。

进度检查

一、填空题

1. 蒸馏法制备纯水，能除去水中的__________杂质，但不能除去__________。同是蒸馏而得到的纯水，由于蒸馏所用容器的材质不同，所带的__________也不同。

2. 目前使用的电热蒸馏器主要是由__________、__________、__________等材料制成的。

3. 化学分析用蒸馏水，通常是经过一次蒸馏得到的。对高纯物质的分析必须用高纯水，为此，可以增加__________________，减慢__________，采用__________作蒸馏器等。高纯水应贮存在有机玻璃、__________、__________等材质的容器内。

二、问答题

简述蒸馏法制纯水时应注意哪些问题？

三、操作题

用电热蒸馏器制备纯水。

学　习　单　元	编号	FJC-17-02
名　　称：离子交换法制纯水	课时	12
职业领域：化工、医药、石油、环保、冶金、建材等		
工作范围：分析	日期	

学习目标

完成本单元的学习之后，能够利用离子交换法制备纯水。

所需仪器和药品

序号	名称及说明	数量	序号	名称及说明	数量
1	离水交换装置	1套	5	盐酸溶液(7%)	5L
2	阴离子交换树脂	若干	6	氢氧化钠溶液(8%)	5L
3	阳离子交换树脂	若干	7	铬黑 T	50mL
4	乙醇(95%)	250mL	8	1%的 $AgNO_3$ 溶液	50mL

相关学习单元

——蒸馏法制纯水　　FJC-17-01

学习单元内容

一、离子交换法制纯水的基本原理

离子交换法是应用离子交换树脂来分离出水中的杂质离子的方法，因此，用此法制得的水通常称为“去离子水”。去离子水的纯度高，一般适用于准确度要求较高的分析工作（特殊用水去 CO_2、O_2 等）。

离子交换树脂是一种半透明或不透明的球状高分子化合物，颜色有浅黄色、黄色、棕色等，不溶于水、醇、酸或碱，对有机溶剂、氧化剂、还原剂及其他化学试剂具有一定的稳定性，其热稳定性也较好。离子交换树脂分为阳离子交换树脂与阴离子交换树脂。

最简单的离子交换柱如图 17-02-01 所示。当水流过装有离子交换树脂的交换柱时，水中的杂质离子被离子交换树脂所截留，与树脂中网状骨架上的能与离子起交换作用的活性基团发生交换作用。阳离子交换树脂中的 H^+ 与水中的 Na^+、Ca^{2+}、Mg^{2+} 等阳离子进行交换：

$$R{-}SO_3H+Na^+ \longrightarrow R{-}SO_3Na+H^+$$

$$2R{-}SO_3H+Ca^{2+} \longrightarrow (R{-}SO_3)_2Ca+2H^+$$

$$2R{-}SO_3H+Mg^{2+} \longrightarrow (R{-}SO_3)_2Mg+2H^+$$

阴离子交换树脂中的 OH^- 与水中的 Cl^-、SO_4^{2-}、CO_3^{2-} 等阴离子进行交换：

$$R_4NOH+Cl^- \longrightarrow R_4NCl+OH^-$$

$$2R_4NOH+SO_4^{2-} \longrightarrow (R_4N)_2SO_4+2OH^-$$

$$2R_4NOH+CO_3^{2-} \longrightarrow (R_4N)_2CO_3+2OH^-$$

交换出来的 H^+ 和 OH^- 结合形成水：

$$H^- + OH^- \rightleftharpoons H_2O$$

离子交换过程如图 17-02-02 所示。

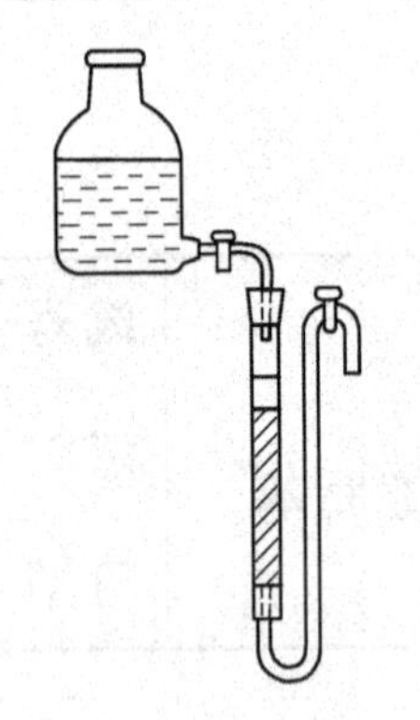

图 17-02-01　最简单的离子交换柱

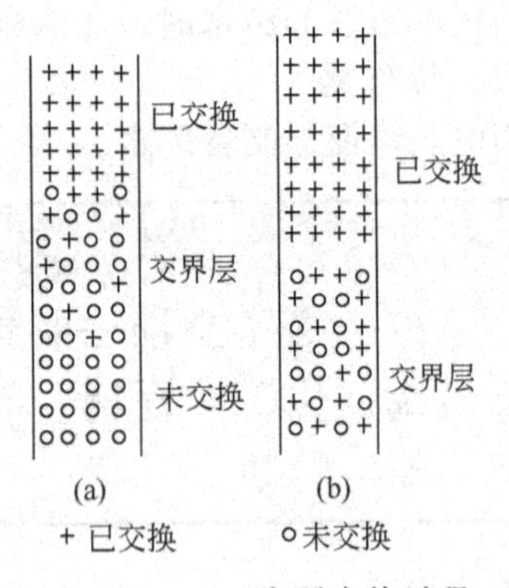

图 17-02-02　离子交换过程

交换后的阳离子树脂变为钠型，阴离子树脂变为氯型，若分别用 HCl 和稀 NaOH 溶液处理，变换反应向着相反的方向进行，阳离子树脂又转变为氢型，阴离子树脂又转变为氢氧型，这就是离子交换树脂的再生。

二、离子交换树脂的预处理

市售的树脂为工业品，在使用前必须进行预处理，以除去树脂中的无机和有机杂质，并将树脂转变为所需要的型式。其处理程序和实施办法如下。

(1) 水漂洗　将树脂放在塑料盆中，用自来水反复漂洗，以除去其中的色素、水溶性杂质和灰尘等，直至洗出液不浑浊为止。随即用蒸馏水浸泡 24h，使其充分膨胀。

(2) 醇浸泡　当用来浸泡树脂的蒸馏水中无明显混悬物时，把树脂中的水排尽，加入95%的乙醇至浸没树脂，搅拌均匀后，浸泡 24h，以除去醇溶液杂质。将乙醇排尽后再用自来水洗至排出液为无色，无醇味为止。

(3) 酸碱反复处理　将水漂洗、醇浸泡过的树脂与干净的水一起移入干净的交换柱中，按下述步骤进行酸碱处理。

① 阳离子交换树脂。将水排尽后，加入 7%的盐酸溶液至浸没树脂层，使树脂浸泡 2～4h，并不断搅动，然后再将酸排尽，用低纯水自上而下洗涤树脂，直至流出的 pH 为 3～4。

换用8%的氢氧化钠溶液依上述方法操作，处理后用水洗至流出液pH为9～10为止。再一次用7%的盐酸溶液浸泡4h并不时搅动，最后用纯水反复洗至流出液pH约为4，经检验无Cl^-即可。

② 阴离子交换树脂。整个操作步骤与阳离子交换树脂基本相同，但应先用8%的氢氧化钠溶液浸泡，用水洗至流出液的pH为9～10，再换上7%的盐酸溶液进行处理，用水洗至pH约为3～4，最后再以8%的氢氧化钠溶液浸泡，并用纯水洗至pH约为8。

三、离子交换法制纯水

1. 离子交换树脂的装柱方法和交换顺序

(1) 装柱方法　将装配好的离子交换柱用纯水冲洗干净，柱中先装入半柱水，然后将树脂和水一起倒入杯中。单柱装入柱高的2/3，混柱装入柱高的3/5。混柱中阴离子交换树脂与阴离子交换树脂装入的体积比约为1∶2。然后将阴、阳离子树脂充分混匀。装柱时应注意动作连续，切勿使柱中的水漏干，使树脂始终没入水面以下，否则会在树脂间形成空气泡，影响交换量和流速。

(2) 交换顺序　整个交换装置由三支内径为4cm、长约60cm的有机玻璃管串联而成。

第一支玻璃管内装填阳离子交换树脂，为阳离子交换柱（简称阳柱）；第二支管内装填阴离子交换树脂，为阴离子交换柱（简称阴柱）；第三支管则是阴、阳离子混装的混合交换柱（简称混合柱）。操作中的交换顺序是自来水（一次蒸馏水）从高位槽进入阳离子交换柱顶部，阳柱底部的流出液进入阴柱顶部，阴柱底部的流出液进入混合柱顶部，从混合柱底部流出的水即为去离子水。

在阴离子交换柱后串联一个阴、阳离子交换树脂混合柱，其作用相当于多级交换，以便进一步提高水质。在间歇接取纯水时，开始15min接取的水应弃去。出水流速应控制适当，流速过低，出水水质较差；流速过高，交换反应来不及进行，出水水质也下降而且容易使柱子穿透。

2. 离子交换法制纯水的操作步骤

(1) 仪器的安装

① 取三支内径为4cm、长约60cm的有机玻璃管，用洗衣粉刷洗后，再用自来水、去离子水依次冲洗干净。在三支玻璃管下端用乳胶管分别连接一根T形玻璃管，T形管下端与取样管连接，侧管与下一支玻璃管连接，取样时拧松取样管上的螺丝夹，水样即可流出。

② 选择三个大小适合于玻璃管口的橡皮塞，在塞子中央钻一个孔，并分别插入一根短玻璃管。把配有短玻璃管的橡皮塞分别塞入装有离子交换树脂的有机玻璃管管口，然后用滴定管夹子把三支玻璃管固定在铁架台上，用套有粗橡皮管的乳胶管把高位水槽（或桶）和三支玻璃管按如图17-02-03所示的装置依次连接起来，并在连接玻璃的乳胶管上分别装上螺丝夹。

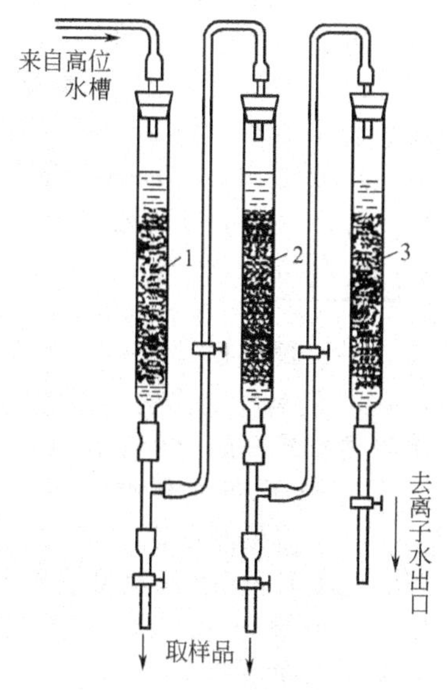

图17-02-03　离子交换柱
1—阳离子交换柱；2—阴离子交换柱；3—阴、阳离子混合交换柱

(2) 装柱　拧紧各玻璃管下端取样管上的螺丝夹及玻璃管之间的螺丝夹，在玻璃管底部分别塞入少量支承树脂用的玻璃纤维，然后向玻璃管中分别加入数毫升去离子水，小心将阳离子交换树脂和水一起倒入第一支玻璃管中，树脂层高度为40cm左右，即为阳离子交换柱。将阴离子交换树脂和水一起小心倒入第二支玻璃管中，树脂层高度也是40cm左右，即为阴离子交换柱，将体积比为1∶2的阳离子交换树脂和阴离子交换树脂在水中充分混匀后，连同水一

起倒入第三支玻璃管中，树脂层高度为36cm左右，即为阴、阳离子混合交换柱。装树脂时，应尽可能使树脂紧密，不留气泡，否则必须重装。

(3) 制取去离子水　拧开高位水槽及各交换柱间的螺丝夹，让自来水（或一次蒸馏水）依次流经阳离子交换柱，阴离子交换柱，阴、阳离子混合交换柱。

调节每支交换柱底部的螺丝夹，使流出液先后以每分钟25～30滴的流速通过交换柱，开始流出的约30mL水应弃去，然后重新控制流速为每分钟15～20滴。用烧杯分别收集水样约30mL待检。

四、离子交换树脂的再生

离子交换树脂使用失效后，可用酸碱再生，重新将其转变为氢型和氢氧型。再生的完全与否关系到出水的水质和出水量。树脂再生的方法有两种，即动态再生法和静态再生法。

下面主要介绍动态再生法的三步操作过程。

1. 逆洗

使自来水从柱底进入柱中，废水从顶部排出。其目的是将使用中被压紧的树脂层抖松，洗去树脂碎粒及其中杂质。排除树脂层内的气泡，以利用树脂与再生液的接触。逆洗时间通常为30min，以洗出的水不浑浊、清澈透明为合格。逆洗后从下部放水至液面高出树脂层约10cm处。

对于混合柱，因为需使阴、阳离子交换树脂分开，所以逆洗时间延长。如果再达不到分离的要求，可将树脂倒入20%的氢氧化钠溶液中，此时阴离子交换树脂将漂浮在上面，而阳离子交换树脂将沉在底部，分开后再按阴、阳离子交换柱中树脂的逆洗操作处理。

2. 再生

(1) 对逆洗后的阳离子交换柱，将5%～7%的盐酸从柱顶加入，让盐酸慢慢流经树脂，流速控制在50～60mL/min，直到流出液的浓度与所加酸的浓度差不多时为止（约需1h）。

(2) 对于逆洗后的阴离子交换柱，则从柱顶注入6%～8%的氢氧化钠溶液，以大约50～60mL/min的速度流经树脂，直至流出液中碱的浓度相当于所加碱的浓度（大约1h）。

3. 洗涤

交换柱再生层需将柱中多余的再生剂淋洗干净。阳离子交换柱的淋洗最好用去离子水，水从柱顶部注入，废水从下端流出，开始流速与再生剂流速相同，待柱中大部分酸替换出来后，可将流速加快至80～100mL/min，至流出液的pH为3～4，用铬黑T检验应无阳离子（不变红）。阴离子交换柱最好也用去离子水洗涤，水从柱顶部进入，下端放出废水。开始流速控制在50～60mL/min，待柱中大部碱被替换出来后，可将流速加快至80～100mL/min，至洗出液的pH为8～9，用硝酸银检验无氯离子存在（不变浑）。

静态再生的办法适用于小型交换柱，其操作步骤可参照动态再生法。

进度检查

一、填空题

1. 用离子交换法制取的纯水叫__________，该法制备的纯水__________高，适用于准确度要求较高的分析工作（特殊用水去CO_2、O_2等）。

2. 离子交换树脂分为阳离子交换树脂与阴离子交换树脂。阳离子交换树脂经__________处理后成为氢型（RSO_3H），阴离子交换树脂__________经处理后成为氢氧型（R_4NOH）。当水流经交换柱时，阳离子交换树脂上的__________与水中的Na^+、Mg^{2+}、Ca^{2+}等阳离子交换，交换式为______________________________；阴离子交换树脂上的__________与水中的Cl^-、SO_4^{2-}、CO_3^{2-}等阴离子进行交换。阴阳离子交换后产生的OH^-和H^+结合成H_2O，$H^+ + OH^- = H_2O$。

二、问答题

1. 离子交换法制纯水有哪些特点？

2. 简述离子交换法制纯水的操作步骤。

3. 如何进行离子交换树脂的再生？

三、操作题

用离子交换法制备去离子水。

学　习　单　元	编号	FJC-17-03
名　　称：纯水检验	课时	4
职业领域：化工、医药、石油、环保、冶金、建材等		
工作范围：分析	日期	

学习目标

完成本单元的学习之后，能对纯水的水质进行检验。

所需仪器和药品

序号	名称及说明	数量	序号	名称及说明	数量
1	DDS-11A 型电导率仪	1	9	1.0mol/L 的 HCl 溶液	200mL
2	DJS-0.1 型电导电极	1	10	1.0mol/L 的 $BaCl_2$ 溶液	200mL
3	试管	5	11	pH=10 的 NH_3-NH_4Cl 缓冲溶液	200mL
4	10.0mL 移液管	3	12	0.5%的铬黑 T 指示剂溶液	100mL
5	1mL 移液管	3	13	1%的钼酸铵溶液	200mL
6	0.1%的甲基红溶液	100mL	14	草酸-硫酸混合溶液（4% $H_2C_2O_4$ ∶ 4mol/L H_2SO_4=1∶3)	200mL
7	0.1%的溴百里酚蓝溶液（或 pH 试纸）	100mL（或若干）	15	1%硫酸亚铁铵溶液（临用时配制）	200mL
8	0.1mol/L 的 $AgNO_3$ 溶液	200mL	16	1mol/L 的 HNO_3 溶液	200mL

相关学习单元

——蒸馏法制纯水　FJC-17-01

——离子交换法制纯水　FJC-17-02

学习单元内容

纯水检验的方法很多，归结起来可分为物理法体检和化学法检验。

1. 电导率的测定

(1) 测定原理　在外加电场中，水中的杂质离子能发生定向移动而导电，其导电能力与水中杂质离子的数量有关。杂质离子越多，水的纯度越低，电导率越高；杂质离子越少，水的纯度越高，电导率越低。

(2) 需用仪器　DDS-11A 型电导率仪（图 17-03-01）；DJS-0.1 型电导电极。

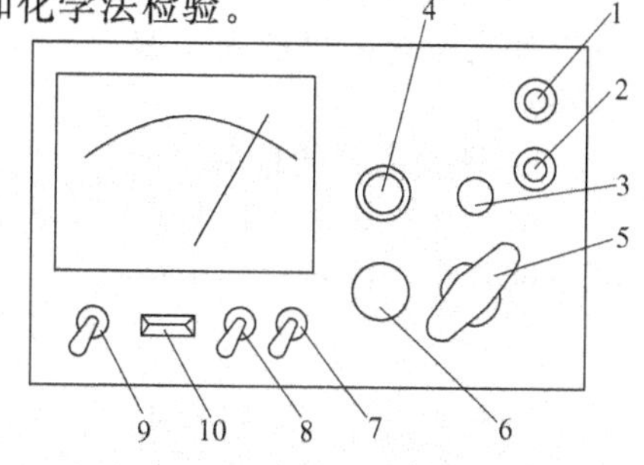

图 17-03-01　DDS-11A 型电导率仪板面示意图

1—10mV 输出插口；2—电极插口；3—电容补偿调节器；4—电极常数调节器；5—量程选择开关；6—样正调节器；7—校正、测量选择开关；8—高、低周选择开关；9—电源开关；10—电源指示灯

(3) 测定过程　仪器在未开电源开关以前，调节表头机械零点，将高、低周选择开关扳在所需的频率上，校正、测量开关扳到“校正”。再将电极插头插入电极插口，并使电极浸入待测液体里，最后打开电源开关预热数分钟后，把电极常数旋钮调节在与所用的电极常数相对应的位置上。调节校正调节器旋钮使表头指示正好

满度。此后，将校正、测量开关扳向“测量”，这时表头指示读数乘以量程选择开关的倍率，即为被测液体的实际电导率。

2. pH 的测定

（1）测定原理　根据不同指示剂在不同范围 pH 条件下的颜色不同，向水样中加入不同的指示剂，根据水样显示的颜色判断水样的 pH 范围。

	酸色	碱色
甲基红	红色（$pH<4.4$）	黄色（$pH>6.2$）
溴百里酚蓝	黄色（$pH<6.0$）	蓝色（$pH>7.6$）

（2）需用仪器及试剂　试管、10.0mL 移液管、0.1%的甲基红溶液、0.1%的溴百里酚蓝溶液（或 pH 试纸）。

（3）测定过程　用移液管准确移取 10.0mL 水样于干净的试管中，加入两滴 0.1%的甲基红溶液，以不显红色为合格。再用移液管准确移取 10.0mL 水样于另一只干净的试管中，加入 5 滴 0.1%的溴百酚蓝指示剂溶液，以不显蓝色为合格（注：用 pH 试纸检验时，pH 在 6～7 范围内为合格）。

3. 氯离子的检验

（1）测定原理　在硝酸酸性溶液中，氯离子能与银离子形成不溶于硝酸的白色硝酸银沉淀，使溶液变浑浊。

$$Ag^{+}+Cl^{-}=\!=\!=\underset{\text{(白色)}}{AgCl}\downarrow$$

（2）需用仪器及试剂　试管、1mL 移液管、1mol/L 的 HNO_3 溶液、0.1mol/L 的 $AgNO_3$ 溶液。

（3）测定过程　用移液管准确称取 1mL 水样于干净的试管中，加入 1 滴 1mol/L 的 HNO_3 溶液使之酸化，再加入 1 滴 0.1mol/L 的 $AgNO_3$ 溶液，摇匀。若溶液无白色浑浊产生为合格。

4. 硫酸根离子的检验

（1）测定原理　在盐酸酸性溶液中，硫酸根离子与钡离子作用形成不溶于盐酸的白色硫酸钡沉淀，使溶液变浑浊。

$$Ba^{2+}+SO_4^{2-}=\!=\!=\underset{\text{(白色)}}{BaSO_4}\downarrow$$

（2）需用仪器及试剂　试管、1mL 移液管、1.0mol/L 的 HCl 溶液、1.0mol/L 的 $BaCl_2$ 溶液。

（3）测定过程　用移液管准确移取 1mL 水样于干净的试管中，加入 1 滴 1.0mol/L 的 HCl 使之酸化，再加入 1 滴 1.0mol/L 的 $BaCl_2$ 溶液，摇匀。若溶液中无白色浑浊产成为合格。

5. 钙镁离子的检验

（1）测定原理　在 pH＝10 的缓冲溶液中，铬黑 T 与钙离子、镁离子等金属离子形成酒红色配合物，溶液颜色由铬黑 T 自身的纯蓝色变为配合物的酒红色。

$$Mg^{2+}+\underset{\text{(纯蓝色)}}{HIn^{2-}}=\underset{\text{(酒红色)}}{MgIn^{-}}+H^{+}$$

（2）需用仪器及试剂　试管、10.0mL 移液管、pH＝10 的 NH_3-NH_4Cl 缓冲溶液、0.5%的铬黑 T 指示剂溶液。

（3）测定过程　用移液管准确移取 10.0mL 水样于试管中，加入 2～3 滴 pH＝10 的 NH_3-NH_4Cl 缓冲溶液，再加入 2～3 滴 0.5%的铬黑 T 指示剂溶液，若溶液呈紫红色，表示有 Ca^{2+}、Mg^{2+} 存在，不合格，若呈蓝色说明水样合格。

6. 可溶性硅的检验

（1）测定原理　水中可溶性硅常以 H_2SiO_4 的形式存在，在酸性溶液中，能够与钼酸铵作用形成黄色的硅钼杂多酸（硅钼黄）。

$$7H_4SiO_4+12Mo_7O_{24}^{6-}+72H^+ = 7H_4SiMo_{12}O_{40}+36H_2O$$

硅钼杂多酸与还原剂硫酸亚铁铵作用，生成蓝色的硅钼蓝。

$$[SiMo_{12}O_{40}]^{4-}+4e+4H^- = \underset{(蓝色)}{[H_4Si(Mo_2O_5)(Mo_2O_7)_5]^{4-}}$$

(2) 需用仪器及试剂　试管、10.0mL 移液管、1%的钼酸铵溶液、草酸-硫酸混合溶液（4% $H_2C_2O_4$ ∶ 4mol/L H_2SO_4 =1∶3）、1%硫酸亚铁铵溶液（临用时配制）。

(3) 测定过程　用移液管准确移取 10.0mL 水样于干净的试管中，加入 1%钼酸铵溶液 15 滴、草酸-硫酸混合溶液 8 滴，摇匀。放置 10min，加 5 滴 1%硫酸亚铁铵溶液，摇匀。如溶液呈蓝色，则表示有可溶性硅；如溶液不呈蓝色，则表示无可溶性硅。

进度检查

一、填空题

物理法检验纯水的质量，最简单的方法是测定水的电阻率，水的电阻率越高，表示水中所含的杂质离子越＿＿＿＿＿＿，水的纯度越＿＿＿＿＿＿。

二、问答题

纯水的水质检验时应注意哪些问题？

三、操作题

1. 用电导率仪测水的电导率。
2. 用化学检验法测水样中的 Cl^- 、Ca^{2+} 、Mg^{2+} 、SO_4^{2-} 等。

纯水的制备技能考试内容及评分标准

一、考试内容：电热蒸馏法和离子交换法制纯水

（一）电热蒸馏法制纯水

1. 用胶管连接水源和蒸馏器，将蒸馏水皮管插入蒸馏水容器中。
2. 向电热蒸馏器中加水。
3. 打开电源，用电热蒸馏器加热蒸馏，用容器收集蒸馏出的水，直至需用量。
4. 关闭电源，将蒸馏器冷却至室温，放出残留水，取下胶皮管，擦干蒸馏器。

（二）离子交换法制纯水

1. 仪器的安装。

取三支洁净的玻璃管用乳胶管和 T 形玻璃管及橡皮塞等连接在一起。

2. 装柱。

分别将阳离子交换树脂，阴离子交换树脂，阴、阳离子混合交换树脂依次装入第一支、第二支、第三支玻璃管内。

3. 制取去离子水

打开螺丝夹，使自来水依次流经三个离子交换柱，弃去每支交换柱最初流出的 30mL 水，控制水流速度，收集每支交换柱下流出的约 30mL 水样，检定合格后，关闭前两根交换柱下的螺丝夹，制取去离子水。

二、评分标准

（一）电热蒸馏法制纯水（50 分）

1. 仪器连接方法，橡皮管连接位置，熟练程度。（各 4 分，共 12 分）
2. 加水操作。（10 分）

(1) 关闭放水龙头，开启水源龙头。（各 2 分，共 4 分）

(2) 观察水位上升位置，水位停止上升时，关闭水源龙头。（6 分）

3. 蒸馏操作。（18 分）

(1) 打开电源。(4分)
(2) 锅内水开始沸腾且有蒸馏水流出时，打开水源龙头。(8分)
(3) 控制水流速度。(6分)
4. 善后处理。(10分)
(1) 切断电源。(2分)
(2) 冷却蒸馏器及水至室温后，放出残留水。(4分)
(3) 擦干蒸馏器，取下橡皮管，重新安装好蒸馏器。(4分)
(二) 离子交换法制纯水 (50分)
1. 仪器的安装。(15分)
(1) 依次用洗衣粉、自来水、去离子水刷洗三支玻璃管。(3分)
(2) 用乳胶管连接玻璃管和T形玻璃管。(2分)
(3) 在三个橡皮塞上钻孔，并插入短玻璃管。(4分)
(4) 将三支玻璃管分别固定在三个铁架台上。(2分)
(5) 用乳胶管将高位水槽及三支玻璃管连接起来，并在乳胶管上安装螺丝夹。(4分)
2. 装柱。(15分)
(1) 拧紧螺丝夹，在每支玻璃管底部装入少量玻璃纤维，并用水冲洗至流出液无纤维为止。(3分)
(2) 向第一支玻璃管内装入阳离子交换树脂 (约40cm)。(4分)
(3) 向第二支玻璃管内装入阴离子交换树脂 (约40cm)。(4分)
(4) 向第三支玻璃管内装入阴、阳离子混合交换树脂 (约36cm)。(4分)
注意：装树脂时，应使树脂紧密，不得有气泡，否则扣4分。
3. 制取去离子水。(20分)
(1) 打开高位水槽及各交换柱的螺丝夹。(3分)
(2) 调节每支交换柱底部的螺丝夹，调节流出液的流速 (25～30滴/min)。(5分)
(3) 弃去每支交换柱开始流出的约30mL水。(3分)
(4) 重新调节每支交换柱底部的螺丝夹，将流出液的流速调为15～20滴/min，使分别流出约30mL水 (收集检定)。(5分)
(5) 关闭前两支交换柱底部的螺丝夹，使水流经三支交换柱，制取去离子水，直至需用量。(4分)

MU18 误差与分析数据处理

<table>
<tr><td>学　习　单　元
名　　称：误差
职业领域：化学、石油、环保、医药、冶金、建材等
工作范围：分析</td><td>编号</td><td>FJC-18-01</td></tr>
<tr><td></td><td>课时</td><td>4</td></tr>
<tr><td></td><td>日期</td><td></td></tr>
</table>

学习目标

完成本单元的学习之后，能够掌握误差的概念和计算方法。

学习单元内容

分析测定的结果都用数据表示，但这些测定数据和客观真实值之间都有差距，即存在着误差。为了对测定值相对于真实值（简称真值）的准确程度作出估计，就需要对测得的数据进行处理。本单元学习数据处理的一些基本知识。

一、误差与偏差

1. 分析结果的准确度——误差

（1）分析结果的准确度　分析结果的准确度是指试样多次测定的平均值与真值接近的程度。平均值与真值越接近，则准确度越高；反之，准确度越低。准确度的高低用误差表示。

（2）误差　误差是指测定值与真值的差值。误差越小，准确度越高；误差越大，准确度越低。分析工作要求误差越小越好。

分析结果的误差是客观存在的，人们只能设法减小误差，但不能消除误差。在实际分析工作中，人们即使采用最精密的仪器，用最可靠的方法，由最熟练的操作人员在完全相同的条件下，对同一样品进行多次重复测定，也不可能得到完全相同的分析结果。

（3）误差的表示方法　误差的表示方法有两种——绝对误差和相对误差。绝对误差（ε）是指测定值（x）与真值（μ）的代数差值；相对误差是指绝对误差与真值之比，通常以百分数表示。

$$\text{绝对误差}(\varepsilon_i)=\text{测定值}-\text{真值}=x_i-\mu\quad(i=1,2,\cdots,n)$$

$$\text{相对误差}=\frac{\text{绝对误差}}{\text{真值}}\times100\%=\frac{\varepsilon}{\mu}\times100\%$$

以上两式中均出现真值，但真值是无法测出的。为解决真值的问题，在实际分析工作中，人们用标准分析方法对同一物质进行多次重复测定，把各种测定结果的算术平均值（称为均值）作为真值。这里所谓的算术平均值，是指各测定值相加后平均所得的数值，即把各测定值相加后再除以测定次数所得的数值。有了这个真值，代入以上两式即可计算绝对误差和相对误差。

绝对误差和相对误差均有正负之分。正值和负值分别表示分析结果偏高和偏低。

2. 分析结果的精密度——偏差

（1）分析结果的精密度　分析结果的精密度是指在同一测定条件下，重复测定的数值之间相互接近的程度。重复测定的数值之间越接近，则精密度越高；反之，精密度越低。精密度的高低用偏差表示。

（2）偏差　偏差是指对同一样品进行重复测定时，某次测定值与各次测定的算术平均值之间的差值。偏差越小，精密度越高；反之，精密度越低。

(3) 偏差的表示方法　偏差的表示方法有两种：绝对偏差（d）和相对偏差。绝对偏差是指某次测定值与算术平均值的差值。绝对偏差有正、负之分。相对偏差是指绝对偏差与算术平均值之比，通常以百分数表示。

$$\text{绝对偏差}(d_i)=\text{某次测定值}-\text{算术平均值}=x_i-\overline{x}\quad(i=1,2,\cdots,n)$$

$$\text{相对偏差}=\frac{\text{绝对偏差}}{\text{算术平均值}}\times100\%=\frac{d}{\overline{x}}\times100\%$$

绝对偏差和相对偏差都只能表示某次测定结果对算术平均值的偏离程度，而不能表示出多次平行测定的总结果对算术平均值的偏离程度。为此，人们提出了平均偏差的概念。

(4) 平均偏差（$\overline{d}$）　平均偏差是指各绝对偏差的绝对值相加后平均得到的数值，即各次的测定值与算术平均值的偏差（取绝对值）之和除以测定次数所得的值：

$$\text{平均偏差}\overline{d}=\frac{|\text{偏差}1|+|\text{偏差}2|+\cdots+|\text{偏差}n|}{\text{测定次数}}=\frac{|d_1|+|d_2|+\cdots+|d_n|}{n}$$ [1]

$$\text{相对平均偏差}=\frac{\text{平均偏差}}{\text{算术平均值}}=\frac{\overline{d}}{\overline{x}}\times100\%$$

平均偏差没有正、负之分，而个别测定值的偏差有正、负之分。相对平均偏差可以表示出多次平行测定的总结果对算术平均值的偏离程度。

例1　下列数据是用某种分析方法对某一样品进行多次测定的结果：37.40%、37.30%、37.20%、37.50%、37.30%。试计算：

① 测定结果的算术平均值$\overline{x}$；

② 平均偏差$\overline{d}$；

③ 相对平均偏差。

解　① 算术平均值

$$\begin{aligned}\overline{x}&=\frac{x_1+x_2+\cdots+x_n}{n}\\&=\frac{37.40\%+37.30\%+37.20\%+37.50\%+37.30\%}{5}\\&=37.34\%\end{aligned}$$

② 平均偏差

$$\begin{aligned}\overline{d}&=\frac{|d_1|+|d_2|+\cdots+|d_n|}{n}\\&=\frac{|+0.06\%|+|-0.04\%|+|-0.14\%|+|+0.16\%|+|-0.04\%|}{5}\\&=\frac{0.44\%}{5}\\&=0.088\%\end{aligned}$$

③ 相对平均偏差

$$\begin{aligned}\text{相对平均偏差}&=\frac{\overline{d}}{\overline{x}}\times100\%\\&=\frac{0.088\%}{37.34\%}\times100\%\\&=0.24\%\end{aligned}$$

用平均偏差表示精密度比较简单，但是在对样品的一系列测定值中，小偏差测定值总是占多数，而大偏差测定值占少数，如果用上面求平均偏差的方法求出结果，这个结果会偏小，大偏差在平均偏差中得不到充分反映。为了反映较大偏差和测定次数对精密度的影响，

---

[1] 式中|偏差1|、…、|偏差n|分别指第一次测定值、…、第n次测定值与算术值平均值之差的绝对值。也可用$|d_1|$、…、$|d_n|$表示。

人们提出了标准偏差的概念。这是一种对精密度更可靠的表示方法。

（5）标准偏差（s）

$$标准偏差(s)=\sqrt{\frac{各次测定的绝对偏差平方之和}{测定次数-1}}=\sqrt{\frac{(x_1-\overline{x})^2+\cdots+(x_n-\overline{x})^2}{n-1}}$$

$$相对标准偏差=\frac{标准偏差}{n\ 次测定结果的算术平均值}\times 100\%=\frac{s}{x}\times 100\%$$

相对标准偏差代表多次测定的标准偏差对算术平均值的相对值，用百分数表示。

例 2 有两组测定值，各次测定值对算术平均值的偏差分别为下列数值：

① +0.2、−0.2、+0.3、+0.4、−0.4、0.0、+0.1、−0.3、+0.2、−0.3；

② 0.0、+0.1、−0.7、+0.2、+0.1、−0.2、+0.6、+0.1、−0.3、+0.1。

求两组测定值的平均偏差和标准偏差。

解 （1）平均偏差 $\overline{d}=\frac{|d_1|+|d_2|+\cdots+|d_n|}{n}$

第一组的平均偏差

$$\overline{d}_1=\frac{|+0.2|+|-0.2|+|+0.3|+|+0.4|+|-0.4|+|0.0|+|+0.1|+|-0.3|+|+0.2|+|-0.3|}{10}$$

$$=0.24$$

第二组的平均偏差

$$\overline{d}_2=\frac{|0.0|+|+0.1|+|-0.7|+|+0.2|+|+0.1|+|-0.2|+|+0.6|+|+0.1|+|-0.3|+|+0.1|}{10}$$

$$=0.24$$

$$(2)\ 标准偏差\ s=\sqrt{\frac{各次测定的绝对偏差平方之和}{测定次数-1}}$$

$$第一组的标准偏差\ s_1=\sqrt{\frac{(+0.2)^2+(-0.2)^2+\cdots+(-0.3)^2}{10-1}}=0.28$$

$$第二组的标准偏差\ s_2=\sqrt{\frac{(0.0)^2+(+0.1)^2+\cdots+(-0.1)^2}{10-1}}=0.34$$

从上面的计算看出，这两组测定值的平均偏差相同，均为 0.24，但是标准偏差相差较大。这是因为在第一组测定值中，数据比较集中，而第二组测定值则比较分散，尤其是 +0.6 和 −0.7 这两个数据偏差较大。标准偏差就能够把这些较大偏差的影响反映出来。从标准偏差的公式可以看出，根号内分子代表个别测定值绝对偏差的平方和，由于把每个绝对偏差平方起来，这就突出了较大偏差在标准偏差中的作用，反映出较大偏差对精密度的影响。这也就是引入标准偏差的原因。

3. 准确度与精密度的关系

准确度是指测定值与真实值相符的程度，而精密度是指多次平行测定的结果之间彼此相符的程度，二者是有明显区别的。但是，二者之间也有一定联系，这些关系分三种情况（见图 18-01-01）。

① 几次测定结果很接近，但其均值和真值相差很大，此时准确度很低。如图 18-01-01 中 A 所示的情况。

② 几次测定结果相差较大，此时准确度也不高。如图 18-01-01 中 B 所示的情况。

③ 几次测定结果很接近并接近真值，此时精密度高，准确度也高。如图 18-01-01 中 C 所示的情况。

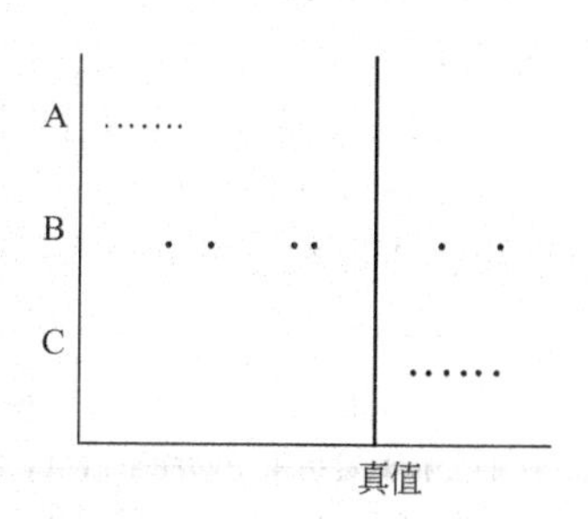

图 18-01-01 准确度与精密度关系示意图

从以上三种情况可以看出，精密度高是准确度高的前提，即准确度要高则首先要精密度高。但精密度高了，准确度不一定高。

4. 公差

前面已经知道，误差是以真值为标准，偏差是以算术平均值为标准，但真值是无法测定的，人们只能用多次平行测定的平均结果代替它，因此这样计算出的误差还是一种偏差。所以，一般生产部门并不太强调误差和偏差的区别，统统把它们称为误差，并由国家机关或生产部门对各种情况下的分析结果规定出一套允许的误差（绝对误差和相对误差）范围，这个规定的误差范围叫公差，也叫允许误差。

如果实际分析结果超出公差，称为“超差”，则此项分析应该重做。由此可见，公差是有关部门对分析结果进行质量管理的一项重要指标。

公差的确定依不同情况而定，一般首先考虑需要和可能，其次考虑试样的组成和含量。比如一般工业分析规定公差在千分之几到万分之几之间，而元素原子量的测定，其公差就规定为十万分之几，甚至百万分之几。在这里，首先考虑的就是需要。由于不同的方法达到的准确度不一样，因而对它们规定的公差也就不一样。在这里主要考虑的就是可能。另外，试样组成越复杂，引起误差的可能性就大，因此规定的公差就大一些，即允许的误差范围就宽一些；反之，试样组成越简单，则规定的公差就小一些。测量含量低的组分时，规定的公差就大一些；反之，测量含量高的组分时，规定的公差就小一些。

在一般分析中，若 x_1 和 x_2 分别为对同一试样的两次平行测定的结果，d 为公差，则当 $|x_1-x_2| \leqslant 2d$ 时，两次分析结果有效；而当 $|x_1-x_2| > 2d$ 时，则为超差，说明 x_1 和 x_2 这两个分析结果中至少有一个是不可靠的，分析必须重做。

二、误差的种类、产生的原因及减免方法

分析中的误差分为两类：系统误差和随机误差。

1. 系统误差

（1）系统误差　系统误差是指在一定的测定条件下，由于某种确定的原因引起的、有一定规律性的、对测定值的影响比较固定且能够校正的误差。这种误差在重复测定时会重复出现，使测定结果固定偏高或固定偏低。这种误差是可以测定的，因此，也称可测误差。系统误差可以按其作用规律减少到可以忽略的程度。系统误差影响分析结果的准确度。

（2）系统误差的分类　按其产生的原因，系统误差可以分为下列几类。

① 仪器误差。由于使用的仪器、量器不准而引起的误差。如使用未校正的滴定管、移液管、天平砝码等，使得量取值和真实值不相符引起的误差。

② 试剂误差。由于使用的试剂、蒸馏水不纯而引起的误差。

③ 方法误差。由于分析方法本身的缺陷而引起的误差。

④ 操作误差。由于操作不当而引起的误差。如操作不熟练、操作者的不良习惯、操作者对指示剂变色不敏感、取样缺乏代表性等均可引起操作误差。

⑤ 环境误差。由于分析测定时外界环境因素引起的误差。如大气污染、温度、湿度、振动和照明等环境因素均可引起环境误差。

（3）减免系统误差的方法　根据产生系统误差的原因，可以采取一系列措施减少或免除系统误差，如对仪器、量器进行校正以消除仪器误差；做空白试验[1]以减少试剂误差；做对照试验[2]以校正测定结果（还可检查有无系统误差）；熟练操作以减少操作误差；改善环境

---

[1] 空白试验——不加试样，但用与有试样时同样的操作进行的试验。空白试验所得结果的数值，称为空白值。从试样的分析测定结果中扣除空白值，将可得到较可靠的分析结果。

[2] 对照试验——用标样代替试样，但用测定试样的同样方法、在同样的条件下进行的平行试验。标样中待测组分的含量已知且和试样相近。用对照试验的测定结果与标样中待测组分的已知含量相比，求出校正系数（标样中待测组分的标准含量除以用标样测得的含量），将试样的测定结果乘以校正系数，即可得到试样中被测组分的含量。

因素使之符合测定条件以减少环境误差等。

2. 随机误差

随机误差是指分析测定中由于某些难以控制的偶然因素而造成的误差，也叫偶然误差。随机误差有大小的变化，一般小误差出现的机会多于大误差，而正、负误差出现的机会相等。随机误差不可避免，无法校正，只能减小，不能消除。减小随机误差影响的主要办法是多做几次重复测定，使正、负误差相互抵消。

随机误差影响分析结果的精密度。

3. 提高分析结果准确度的方法

要提高分析结果的准确度，就要千方百计地减小或消除误差，因此提高分析结果准确度的方法就是减少或消除误差的方法。

(1) 减少或消除系统误差　系统误差是影响分析结果准确度的重要原因，所以应采取一切办法尽力消除，如校正仪器、做空白实验、做对照实验等。

(2) 增加平行测定的次数　在一定范围内，增加平行测定次数，可以减少随机误差。平均测定的次数以 3～5 次为宜。

(3) 选择合适的分析方法　主要根据组分含量的多少及对准确度的要求来选择分析方法。一般来说，仪器分析灵敏度高，但误差较大，适合测定低含量组分；化学分析灵敏度较高，对高含量组分的测定能得到较准确的结果，所以适合测定高含量组分。

进度检查

一、选择题（将正确答案的序号填入括号内）

1. 分析结果的准确度用（　　）表示。

A. 偏差　　B. 误差　　C. 多次测定结果的算术平均值

2. 绝对误差是指（　　）。

A. 测定值的绝对值与真值的绝对值的差值

B. 测定值与真值的差的绝对值

C. 测定值与真值的代数差值

3. 没有正、负之分的是（　　）。

A. 绝对误差和相对误差　　B. 绝对偏差和相对偏差

C. 平均偏差　　D. 标准偏差

4. 精密度高，准确度（　　）。

A. 不一定高　　B. 一定不高　　C. 一定高

二、填空题

1. 误差是指测定值与__________的差值。误差越大，则准确度__________。误差不能消除，但可以____________________。

2. 误差的两种表示方法为__________和__________。

3. 偏差的两种表示方法为__________和__________。

4. 相对平均偏差可以表示出多次平行测定的总结果对__________的偏离程度。

5. 算术平均值是指把各次测定值相加后，再除以__________所得的数值。

6. 对同一样品进行多次平行测定，所得的一系列测定值中，小偏差测定值占________数，而大偏差测定值占__________数。为了反映较大偏差和测定次数对精密度的影响，需用__________这种对精密度更可靠的表示方法。

7. 系统误差按其产生原因，可以分为____________、____________、____________、____________和__________。

三、判断题（正确的在括号内划"√"，错误的划"×"）

1. 系统误差是由确定的原因引起的，有一定的规律性，但是无法测定。（　　）

2. 相对标准偏差代表多次测定的标准偏差对算术平均值的相对值，用百分数表示。(　　)

3. 有两组测定值，已经计算出它们的平均偏差相同，由此可以得出结论：它们的标准偏差也一定相同。(　　)

四、计算题

1. 用分析天平称得某一样品的质量为 0.5253g，若真实值为 0.5255g，求称量的绝对误差和相对误差。

2. 某化验员对某一样品进行了 4 次平均测定，得出了 4 个测定值：24.46、24.56、24.52、24.50。试计算：

① 算术平均值；

② 第三次测定的绝对偏差和相对偏差；

③ 平均偏差；

④ 相对平均偏差；

⑤ 标准偏差。

学　习　单　元	编号	FJC-18-02
名　　称：数据的记录和运算 职业领域：化学、石油、医药、冶金、建材、环保等 工作范围：分析	课时	4
	日期	

学习目标

完成本单元的学习之后，能够对分析测定的数据进行正确的记录和运算。

学习单元内容

分析测定中要准确地测量各种数据，对这些数据一是要记录，二是要正确运算。因为数据大多由数字和数字后的单位组成，因此这里所说的正确记录和运算就是指数字及其单位的正确记录和运算，核心是数字的正确记录和运算。

数字的正确记录是指对分析测定结果的数字位数的正确记录，因为数字的位数既反映测定结果的大小，又反映测定结果的准确程度。

数字的正确运算是指运用正确的运算规则计算出正确的结果，核心是有效数字的保留。

一、有效数字

所谓有效数字是指分析测定中实际能测量到的数字。它是除最末一位数不准确而其余位数都准确的数字。

比如用万分之一的分析天平称出某物质的质量为 0.2347g，这个数字中小数点后的 2347 是有效数字，但由于受天平准确度的限制，它只能保证到小数点后第三位是准确的，而第四位的数字 4 是可疑的（称为不定数字）。又如用滴定管量得某溶液的体积为 12.35mL，12.35 有 4 位有效数字，但由于滴定管的读数只能读准至±0.1mL，故 12.35 中最末一位数 5 是可疑的。

在实际分析测定时，有效数字究竟记录多少位数，这要看仪器或量器的准确度，记录时必须使保留的有效数字中，只有最末一位是不定数字。如上所述，万分之一的分析天平，由于它能称准至±0.001g，因此其称量结果的有效数字保留到小数点后第四位。而感量为百分之一克的台秤，由于它能称准至±0.1g，因此称量结果的有效数字保留到小点后第二位。

二、分析数据中“0”的作用和意义

分析数据中，经常有“0”出现。分析数据中的“0”有两种作用：定位作用和作有效数字。

① 具体数字前的“0”只起定位作用，本身不作有效数字。比如称得某两物质的质量分别为0.3388g和0.0426g，这两个数中共有三个“0”，它们都只起定位作用，因而这两个数分别有4位和3位有效数字。

② 具体数字中间或后面的“0”都作有效数字。比如称得某两物质的质量分别为1.2015g和1.3200g，这两个数中共有三个“0”，它们都是有效数字，因此这两个数均有5位有效数字。

需要说明，以“0”结尾的正整数，其有效数字是不确定的。如1200这个数，其有效数字可能是2位、3位或4位。如有效数字为2位，则写成1.2×10^3；如有效数字为3位，则写成1.20×10^3；如有效数字为4位，则写成1.200×10^3。

三、有效数字的修约规则

分析测定所得的各种数据的有效位数不尽相同，但往往又需要将它们放在一起进行运算，为了减小运算结果的误差和节约运算时间，就必须先对这些有效数字进行修约，把它们修约到误差接近的有效位数后再进行计算。按国家规定，有效数字的修约按“四舍六入五成双”的法则进行。即当有效数字位数确定后，其余数字（尾数）按下列规则处理。

“四舍”指当尾数小于或等于4时，舍去尾数。“六入”指当尾数大于或等于6时，向左进一位。“五成双”指当尾数等于5时，5后有数就向左进一位，5后没有数时看单双。例如要将2.452、2.2501均修约成两位有效数字时，因为这两个数的第3位数均为5，且5后均有数，故修约时均向左进一位，修约结果为2.5和2.3；“5后没有数看单双”是指尾数为5或5后全为“0”的情况，此时5是舍还是进，则要看保留下来的末位数是奇数还是偶数，若是偶数则将5舍去，若是奇数，则将5进一位，总之，应保留偶数。例如，将下列数字修约为两位有效数字，结果为：

0.205→0.20（0视为偶数，5舍去）

0.315→0.32（1为奇数，5进位）

0.325→0.32（2为偶数，5舍去）

在对有效数字进行修约时，还必须注意，只能将原数字一次性修约到要求的位数，而不能将原数字进行分次的连续修约。例如，12.5065修约到两位有效数字时，一次性的修约结果为13，这是正确的结果。如进行多次连续修约，则为12.5065→12.506→12.51→12.5→12，这是错误的结果。

四、有效数字的运算规则

有效数字的运算规则是指进行加、减、乘、除运算时，有效数字的保留规则。

（1）加、减法运算规则　几个有效数字相加或相减，其和或差的有效数字的位数以参与运算的数字中小数点后位数最少的数字（即绝对误差最大）为准。

例1　求23.36+5.1201+3.05843。

解　在参与运算的三个有效数字中，以23.36小数点后的位数最少，仅为两位，绝对误差最大。因此，三个有效数字之和的有效数字的位数应以它为准，即保留到小数点的第二位。在相加之前先将其他2个数进行修约，修约到小数点后2位，然后再相加。即

① 先修约：

5.1201→5.12

3.0584→3.06

② 再相加：23.36+5.12+3.06=31.54

例2　求21.25−3.206−4.275。

解 ① 先修约：

3.206→3.21

4.275→4.28

② 再相减：21.25－3.21－4.28＝13.76

（2）乘除法运算规则 几个有效数字相乘或相除，其积或商的有效数字的位数以参与运算的数字中位数最少的数字（即相对误差最大）为准。

例 3 求 5.42×0.12×2.1681。

解 在相乘的三个数中，以 0.12 的有效数字的位数最少（2 位），相对误差最大。因此三个数相乘之积的有效数字的位数应以它为准，即保留 2 位。在相乘之前应将其他两个数进行修约，修约成 2 位有效数字，然后再相乘，其积保留相同的位数。

① 先修约：5.42→5.4

2.1681→2.2

② 再相乘：5.4×0.12×2.2＝1.4

除法和乘法一样，也是先修约，后相除，其商保留相同位数。

例 4 求 4.054÷0.250。

解 ① 先修约：4.054→4.5

② 再相除：4.05÷0.250＝16.2

（3）其他运算

① 在对数运算中，所取对数的位数应与真数的有效数字的位数相同。例如：lg143.7＝2.1575，其中真数 143.7 是 4 位有效数字，故对数也应取四位有效数字，即 2.1575。注意：2.1575 的首数 2 只起定位作用，它不是有效数字。

② 在乘方、开方运算中，其结果的有效数字的位数应与参与运算的有效数字的位数相同。例如：

$$121^2=146\times10^2$$

$$\sqrt{0.049}=0.22$$

③ 所有计算机中的 π、e 等数学常数的数值以及乘除因子如$\sqrt{2}$、$\frac{1}{3}$等，因为它们是非测量所得到的数，是自然数，其有效数字位数，可视为无限，计算过程中需要取几位就取几位。

在分析测定的计算中，对化学平衡的有关计算结果，习惯保留 2～3 位有效数字；绝对误差和相对误差保留 1～2 位有效数字；滴定分析和称量分析的结果一般保留 4 位有效数字；各种分析测量数据不足 4 位有效数字时，按最少的有效数字保留有效数字。此外，填报分析结果的标准是：对于高含量组分（＞10％）的分析测定，要求分析结果为 4 位有效数字；对于中等含量组分（1％～10％）的分析测定，要求分析结果有 3 位有效数字；对微量组分（＜1％）的分析测定，要求分析结果有 2 位有效数字。

进度检查

一、选择题（将正确答案的序号填入括号内）

1. 有效数字是指（ ）。

A. 位数为 4 的数字　　B. 最末一位数不准确的数字

C. 分析测定中实际能测量到的数字

2. 下列数中，有效数字为 4 位的是（ ）。

A. 0.0203　B. 0.02040　C. 0.0030

3. 某一正整数若已被正确表示为 3.100×10^3，则表示有效数字为（ ）。

A. 2 位　B. 3 位　C. 4 位

4. 将有效数字 0.5455 修约成 3 位，正确结果是（　　）。

A. 0.546　　B. 0.545　　C. 0.55

二、填空题

1. 分析数据中的“0”有__________和__________两种作用。

2. 有效数字的修约规则是____舍________入________成双。

3. 几个有效数字相加或相减，其和或差的有效数字的位数以参与运算的数字中小数点后位数________的数字为准；而几个有效数字相乘或相除，其积或商的有效数字的位数以参与运算的数字中位数__________的数字为准。

4. 在分析测定的计算中，滴定分析和称量分析结果一般保留________位有效数字；填报分析结果时，对大于 10%的高含量组分，要求有________位有效数字，而对小于 1%的微量组分，则要求有______位有效数字。

5. 相对误差保留________位有效数字；化学平衡计算的有关结果习惯保留________位有效数字。

三、计算题

1. 某化验员称得某物质的两份样品的质量如下，分别求出两份样品称量的绝对误差和相对误差。

第 1 份：称量结果 2.5153g，真值为 2.5148g。

第 2 份：称量结果 0.4718g，真值为 0.4715g。

2. 两分析人员对某样品中的某种成分进行分析测定，得出如下两组数据：

① 15.48、15.10、15.52、15.55、15.47、15.56

② 15.47、15.53、15.51、15.50、15.54、15.55

分别算出算术平均值、平均偏差和相对平均偏差。

3. 某标准试样含某组分 45.23%。甲、乙二人各进行 3 次测定，测得的结果分别为 45.44%、45.42%、45.43%和 45.14%、45.18%、45.10%。求甲、乙二人分析结果的绝对误差和相对误差；并指出谁的准确度高，谁的精密度高。

4. 下列数字中各有几位有效数字？

①11.340　②0.0303　③1.00530　④$4.5\times10^{2}$　⑤$3.6\times10^{-3}$

5. 按有效数字的运算规则，计算下列各题。

① $27.35+5.6240+0.26355$

② $50.42-31.585+10.5$

③ $2.75\times0.741\times1.2$

④ $2.734\div0.22$

⑤ $3.541-0.22-2.43$

⑥ $7.341\times0.44\div2.1$

⑦ $\dfrac{4.22\times3.0\times13.02}{3.55\times78}$

⑧ $\dfrac{1.30\times(24.5-20.1)}{1.4}$

6. 按要求将 72.405544 进行修约。

① 修约成 2 位；

② 修约成 3 位；

③ 修约成 4 位；

④ 修约成 5 位；

⑤ 修约成 6 位；

⑥ 修约成 7 位。

误差与分析数据处理技能考试内容及评分标准

一、考试内容

（一）误差、偏差的分类、影响、减免、计算

（二）有效数字的运算、分析数据的处理

二、评分标准

（一）选择题（2分/空×10空=20分）

1. 准确度是指试样多次测定的平均值与________接近的程度，用_______来描述。

A. 算术平均值　B. 真空值　C. 最大值　D. 误差　E. 偏差　F. 极差

2. 相同试验条件下，多次平行测定值彼此接近的程度称为________，用________来描述。

A. 准确度　B. 精密度　C. 平均度　D. 超差　E. 允差　F. 偏差

3. 用来描述多次平行测定的总结果对算术平均值的偏离程度的是________。用来反映较大偏差和测定次数对精密度的影响的是________。

A. 相对平均偏差　B. 平均偏差　C. 标准偏差　D. 相对误差

E. 随机误差　F. 系统误差

4. 有效数字指的是________。分析数据中的“0”________。

A. 人为主观确定的数字　B. 仪器设备所能测量到的数字

C. 小数点后的数字　D. 也是有效数字

E. 有的是有效数字，有的不是　F. 不是有效数字，仅起定位作用

5. 对有效数字进行运算时，加减法是以____进行修约，乘除法是以____进行修约。

A. 最大的数为准　B. 最小的数为准　C. 小数点后位数最少的为准

D. 小数点前位数最少的为准　E. 有效位数最少的为准

F. 有效位数最多的为准

（二）判断题（2分/题×20题=40分）

1. 判断下列情况各属何种类型误差（将正确答案的序号填入括号内）

（1）天平零点变动。（　）

（2）滴定时不慎从锥形瓶溅出一滴溶液。（　）

（3）基准物经烘干灼烧处理后未进干燥器冷却。（　）

（4）试剂中含有微量被测离子。（　）

（5）蒸馏器出故障，致使蒸馏水中混有少量自来水。（　）

（6）洗涤沉淀时，少量沉淀因溶解而损失。（　）

（7）过滤操作时出现穿滤未及时发现。（　）

（8）分光光度计测定 A 时，发生电压波动，A 值发生偏移。（　）

（9）读取滴定管读数，最后一位没读准。（　）

（10）测定煤中硫分操作时，砂粒随风落入坩埚。（　）

A. 系统误差　B. 随机误差　C. 过失误差

2. 判断下列说法的正误（正确的在括号内划“√”，错误的划“×”）

（1）系统误差是由一些固定原因所引起的，可以事先预测到或事后分析到。（　）

（2）系统误差是无法消除的，只能设法减小其对结果的影响。（　）

（3）随机误差可以通过多次平行测定将其消除。（　）

（4）系统误差不影响精密度，只影响准确度。（　）

（5）随机误差不影响准确度，只影响精密度。（　）

（6）分析天平上称量得到的数字都是有效数字，最后一位不可疑。（　）

(7) 纯水的 pH=7.0 是一位有效数字。(　　)

(8) 圆周率有无限多位有效数字。(　　)

(9) 0.80 是 1 位有效数字。(　　)

(10) 空白试验就是用纯水代替试液，在相同实验条件下所做的试验。(　　)

(三) 计算题 (10 分/题×4 题=40 分)

1. 有效数字运算：

① 4.030+0.46−1.827+14.5；

② 13.21×0.0765÷0.78。

2. 两位分析者对同一矿石样品中 Ca 的测量结果如下：

① 20.48、20.55、20.58、20.60、20.53、20.56

② 20.43、20.64、20.56、20.70、20.78、20.52

计算各自的算术平均值、平均偏差、相对平均偏差、标准偏差、相对标准偏差，并判定哪组数据可信度高。

3. 某分析者用硼砂及碳酸钠两种基准物标定盐酸溶液的浓度，标定结果如下：

① 用硼砂 (mol/L)　0.1015、0.1012、0.1018、0.1021、0.1010

② 用碳酸钠 (mol/L)　0.1018、0.1017、0.1019、0.1023、0.1021

计算各自的算术平均值、平均偏差、相对平均偏差、标准偏差、相对标准偏差，并判定哪种基准物好。

4. (1) 两分析者同时分析硫铁矿中 S 的含量，甲称量 3.60g，乙称量 4.00g，分析结果报告如下：

甲　43.0%、42.0%

乙　41.98%、43.03%

试问哪份报告合理。

(2) 将下列甲组数据修约成 2 位有效数字，乙组数据修约成 4 位有效数字。

甲　7.4978、0.736、8.142、54.5

乙　83.645、0.47755、5.42548、2000.34

MU19 双盘电光分析天平的使用

<table>
<tr><td colspan="2">学 习 单 元
名　　称：天平的基本知识
职业领域：化工、石油、环保、医药、冶金、建材、煤炭等
工作范围：分析</td><td>编号</td><td>FJC-19-01</td></tr>
<tr><td colspan="2"></td><td>课时</td><td>4</td></tr>
<tr><td colspan="2"></td><td>日期</td><td></td></tr>
</table>

学习目标

完成本单元的学习之后，能够初步掌握天平的基本知识。

所需仪器

序号	名称及说明	数量	序号	名称及说明	数量
1	半自动双盘电光分析天平(分度值为0.1mg)	1台	3	单盘电光分析天平(分度值为0.1mg)	1台
2	全自动双盘电光分析天平(分度值为0.1mg)	1台	4	电子天平(分度值为0.1mg)	1台

学习单元内容

天平是定量分析中最重要、最常用的精密计量仪器之一，用来准确称取一定质量的物品。分析工作者必须熟悉天平的结构和性能，掌握其正确的使用技术和一般的维护保养及简单的调修方法。

一、天平的主要技术数据

1. 最大称量

最大称量又叫最大载荷，表示天平可称量的最大值，用Max表示。天平的最大称量必须大于被称量物品可能的质量。在分析工作中常用的天平最大称量一般为100～200g。

2. 分度值

天平标尺一个分度相对应的质量叫检定标尺分度值，简称分度值。即天平读数标尺能够读取的有实际意义的最小质量数，用e表示。最大载荷为100～200g的分析天平的分度值一般为0.1mg，即万分之一的天平；最大载荷为20～30g的分析天平其分度值一般为0.01mg，即十万分之一的天平。

天平的分度值越小，灵敏度越高。

天平的最大称量与分度值之比称为检定标尺分度数，用n表示，$n=\mathrm{Max}/e$。n值越大的天平，其准确度级别越高。

3. 秤盘直径

称盘直径表示天平所能容纳待称物的大小。

二、天平的种类

按JJG 98—90规定，根据是否直接用于检定传递砝码的质量量值，天平可分为“标准天平”和“工作用天平”两类。供各级计量部门作标准质量传递和检定砝码使用的天平称为“标准天平”，其他的天平一律称为“工作用天平”。工作用天平又分为分析天平、工业天平和托盘天平等。分析天平用于科研和工业微量化学分析及高准确度衡量；工业天平用于工业分析及中等准确度衡量；托盘天平常用于粗称药品。

分析天平按构造原理来分，分为机械式天平和电子天平两大类。机械式天平可分为等臂双盘天平和不等臂单盘天平，又可分为部分机械加码电光分析天平（即半自动电光分析天平）和全机械加码电光分析天平（全自动电光分析天平）。

按天平的检定标尺分度值 e 和检定标尺分度数 n，将天平划分为以下四个准确度类别。

① 特种准确度级高精密天平，符号为Ⅰ，简称特准。

② 高准确度级精密天平，符号为Ⅱ，简称高准。

③ 中准确度商用天平，符号为Ⅲ，简称中准。

④ 普通准确度级普通天平，符号为Ⅳ，简称普准。

天平的准确度类别跟 e、n 的关系见表 19-01-01。

表 19-01-01　天平的准确度类别与 e、n 的关系

准确度类别及代号	检定标尺分度值 e	检定标尺分度数 n=Max/e		准确度类别及代号	检定标尺分度值 e	检定标尺分度数 n=Max/e	
		最小	最大			最小	最大
特准Ⅰ	$e\leqslant 5\mu g$ $10\mu g\leqslant e\leqslant 500\mu g$ $e\geqslant 1mg$	1×10^3 5×10^4 5×10^4	不限制	中准Ⅲ	$0.1g\leqslant e\leqslant 2g$ $e\geqslant 5g$	1×10^2 5×10^2	1×10^4 1×10^4
高准Ⅱ	$e\leqslant 500mg$ $e\geqslant 0.1g$	1×10^2 5×10^3	1×10^5 1×10^5	普准Ⅳ	$e\geqslant 5g$	1×10^2	1×10^3

三、常用的分析天平

目前，分析室中广泛使用的分析天平有以下几种。

1. 半自动双盘电光分析天平

半自动双盘电光分析天平又叫部分机械加码电光分析天平，见图 19-01-01。它属于双盘等臂式天平，1g 以上的砝码由手工加减，1g 以下的砝码由机械加减，10mg 以下的质量通过光学投影装置放大后读取。

这种天平称量速度较快，型号为 TG-328B，最大称量为 200g，分度值为 0.1mg。

2. 全自动双盘电光分析天平

全自动双盘电光分析天平见图 19-01-02，这种天平是在半自动电光分析天平的基础上发

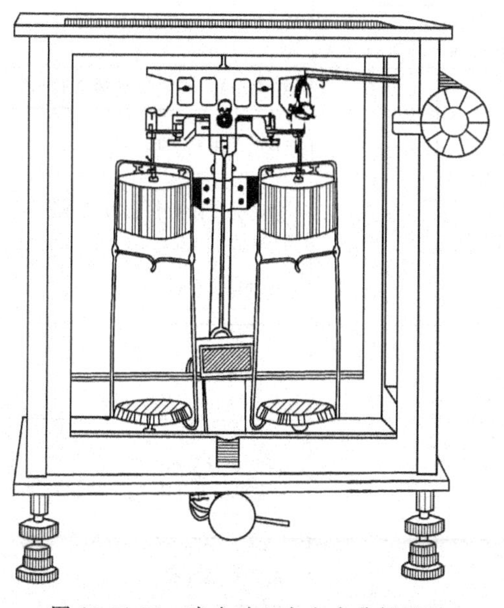

图 19-01-01　半自动双盘电光分析天平

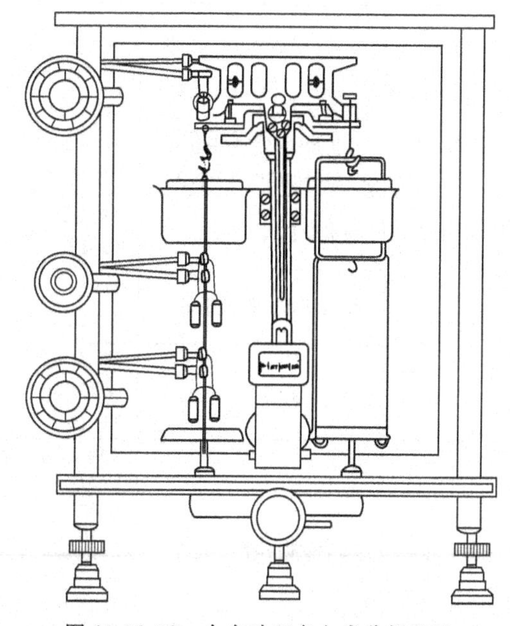

图 19-01-02　全自动双盘电光分析天平

展起来的。全部砝码采用机械操作，使用更为方便，其型号为 TG-328A，最大称量为 200g，分度值为 0.1mg。

3. 单盘电光分析天平

单盘电光分析天平是指减码式不等臂单盘分析天平。这种天平只有一个秤盘，操作简便快速。见图 19-01-03。如 DT-100 型单盘电光分析天平的最大称量为 100g，分度值为 0.1mg。

4. 电子天平

电子天平采用电磁力平衡原理，全部采用数字显示，不用刀口刀承，不用砝码，不存在机械磨损，称量快速准确，使用起来极为方便，是代表发展方向的天平。见图 19-01-04。

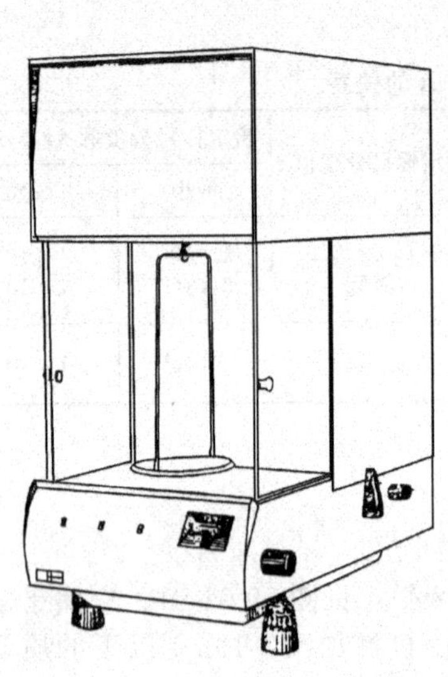

图 19-01-03 单盘电光分析天平

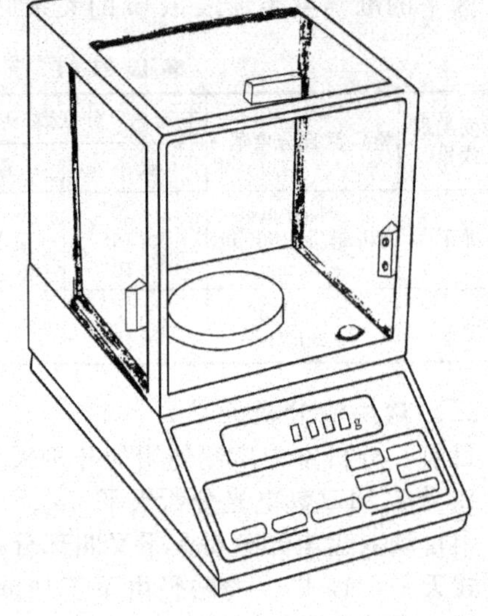

图 19-01-04 电子天平

部分国产分析天平见表 19-01-02。

表 19-01-02 部分国产分析天平型号及规格一览表

类别	产品名称	型号	主要技术数据		主要用途
			最大称量/g	分度值/mg	
双盘天平	微量天平	TG-332	20	0.01	微量分析，检定较高精度砝码
	全机械加码电光分析天平	TG-328A	200	0.1	精密称量，分析测定
	部分机械加码电光分析天平	TG-328B	200	0.1	
单盘天平	单盘微量天平	DWT-1 TD-15	20	0.01	精密分析及有机物微量分析
	单盘精密分析天平	TD-12	109.9	0.1	精密定量分析
		DT-100	100	0.1	
	单盘分析天平	TG-729C	100	1	精密测量
		DTQ-160	160	0.1	
		TD-18	160	0.1	
电子天平	电子分析天平	FA1604S	30/160	0.1	精密定量分析 RS232C 及 PP40 打印接口
		FA1004	100	0.1	
		JA2003	200	1	
		JA1003	100	0	
		MP120-2	120	1	精密定量分析 RS232C
		MA240D	40/200	0.1/1	
		MA110	110	0.1	

四、天平的选择

选择合适的天平，主要是考虑天平的最大称量和分度值应满足称量工作的要求，其次是天平的结构形式要适应称量工作的特点。

1. 天平精度的要求

天平的精度即分度值，其依据是称量结果精度的要求。天平的精度要满足称量结果的要求。一是天平应达到应有的精度；二是在满足精度的前提下，天平的精度不应选得太高。精度不够，会造成误差；精度太高，会造成不必要的浪费。

2. 最大称量的要求

要让天平的最大称量满足称量的要求。通常是将常用载荷（称量值）再放宽一些。被称量物的质量既不能超过天平的最大称量，同时也不能比天平的最大称量小得太多。这样才能保证天平不因超载受损，又能使称量达到必要的准确度。

3. 结构形式的要求

天平的结构形式应适应称量工作的特点，还要考虑称量物的形状、体积。要让其稳当地放置在天平的秤盘上。

进度检查

一、填空题

1. 分析天平是定量分析中的一种精密的__________仪器，用来准确称取一定__________的物品。

2. 最大称量表示天平可称取物品的__________值，待称物品的质量必须__________天平的最大称量。

3. 分度值表示天平标尺一个分度相对应的__________。

4. 常量分析中，常用最大称量为__________g 的分析天平，其分度值一般为__________mg。

5. 按分析天平的构造原理来分，分析天平分为__________天平和__________天平。分析室中广泛使用的是__________天平、__________天平、__________天平、__________天平。

二、问答题

1. 什么叫分析天平检定标尺分度数？

2. 分析天平的准确度级别是如何划分的？

3. 如何选择天平？

学　习　单　元	编号	FJC-19-02
名　　称：双盘电光分析天平的工作原理和结构		
职业领域：化工、医药、石油、煤炭、轻工、建材、环保等	课时	6
工作范围：分析	日期	

学习目标

完成本单元的学习之后，能够掌握双盘电光分析天平的称量原理，熟悉各部件及其作用。

所需仪器

序号	名称及说明	数量	序号	名称及说明	数量
1	半自动双盘电光分析天平(分度值为 0.1mg)	1台	3	天平、砝码及镊子	1套
2	全自动双盘电光分析天平(分度值为 0.1mg)	1台			

相关学习单元

——天平的基本知识　　FJC-19-01

学习单元内容

一、双盘电光分析天平的工作原理

双盘电光分析天平分为半自动电光分析天平和全自动电光分析天平两种，它们都是根据杠杆原理设计而成的。见图 19-02-01，设 AOB 为一杠杆，O 为支点，A 为重点，B 为力点，AO 和 BO 为杠杆的两臂，长度分别为 l_1、l_2，若在左端 A 上放一质量为 m_1 的物体，为使杠杆维持原来的位置，必须在右端 B 上加一质量为 m_2 的砝码。当达到平衡时，根据杠杆原理，支点两边的力矩相等，即

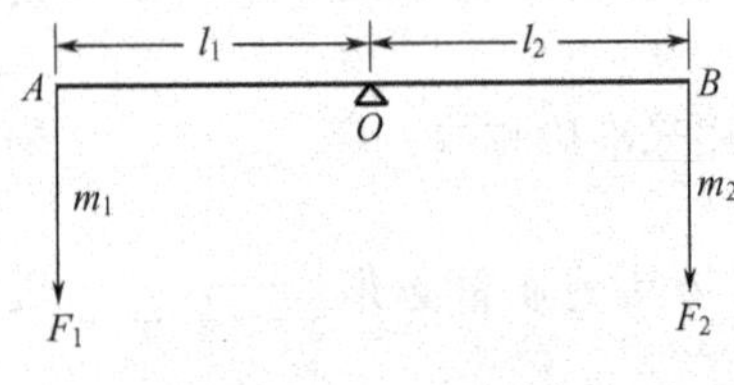

图 19-02-01　杠杆原理

$$F_1 l_1 = F_2 l_2$$

因 $F = mg$（g 为重力加速度，同一地点 g 值相同），则

$$m_1 l_1 = m_2 l_2$$

若 O 点为杠杆 AOB 的中点，则两臂等长，即 $l_1 = l_2$，所以 $m_1 = m_2$。

由此可知，等臂天平达到平衡时，被称量物体质量等于所加砝码质量。显然，分析天平称量的结果是物体的质量而不是重量。

二、双盘电光分析天平的结构

1. 半自动双盘电光分析天平的结构

以 TG-328B 型天平为例。

(1) 结构　半自动双盘电光分析天平的结构见图 19-02-02，主要由外框部分、立柱部分、横梁部分、悬挂系统、制动系统、光学读数装置和机械加码装置七部分组成。

① 外框部分。外框部分包括底板和框罩，用以保护天平，使之不受灰尘、湿气、热辐射和外界气流的影响。底板是天平的基座，用于固定立柱、天平足和制动器座架，为了稳固，一般用大理石或金属制成。底板下面有三只脚，前面两只是螺丝脚，用来调节天平的水平位置，后面一只是固定脚，每只脚下面都装有橡皮制的防震脚垫。

框罩是木制框架，镶有玻璃，装于底板四周，前门和两个侧门均为玻璃门。前门可向上升起，应不自落，供安装、修理、清扫天平时用，称量时一般不打开。侧门供称量时用，左门用于取放称量物，右门用于取放砝码。

② 立柱部分。见图 19-02-03。立柱是一个空心金属柱，垂直固定在底板中央，作为横梁的支架，天平制动器的升降拉杆穿过立柱空心孔带动大小翼翅板上下运动。立柱上装有零件。

a. 阻尼器支架。装于立柱中上部，用于固定左右两个外阻尼筒。

b. 气泡水准器。装于立柱背后阻尼器的夹架上，用于指示天平的水平位置。

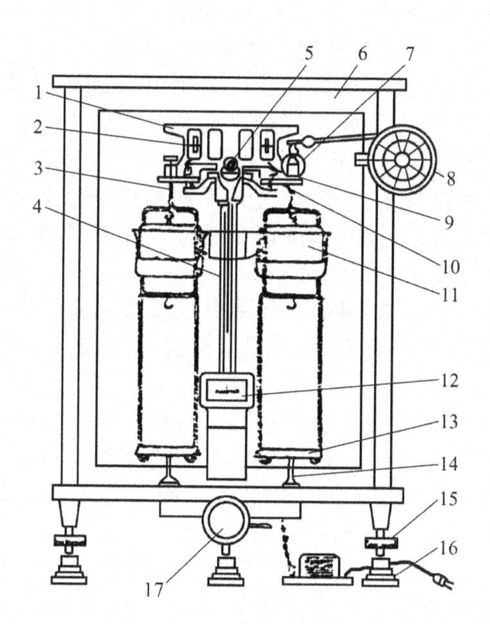

图 19-02-02　半自动双盘电光分析天平的结构

1—天平横梁；2—平衡调节螺丝；3—吊耳；4—指针；5—支点刀；6—框罩；7—环码；8—指数盘；9—支柱；10—托叶；11—阻尼器；12—投影屏；13—秤盘；14—盘托；15—天平足；16—垫脚；17—升降旋钮

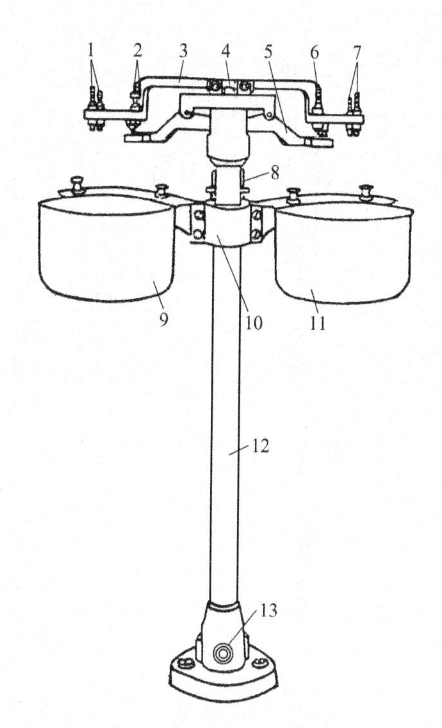

图 19-02-03　立柱及安装在其上的零件

1，7—托吊耳支柱螺丝；2，6—托横梁支柱螺丝；3—大翼翅板；4—土字头；5—小翼翅板；8—气泡水准器（立柱背后）；9，11—外阻尼筒；10—阻尼器支架；12—立柱；13—通光孔

c. 中刀承。立柱顶端装有形状像"土"字的中刀承座，俗称"土字头"。在土字头的前端嵌有一块玛瑙平板，作为盛放中刀承的刀承（中刀垫）。立柱顶端的俯视图见图19-02-04。

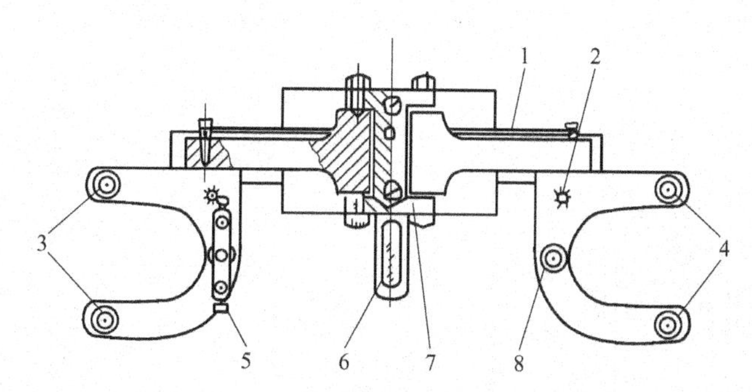

图 19-02-04　立柱顶端俯视图

1—压翼翅板的钢丝弹簧；2—托大翼翅板的螺丝；3，4—托吊耳的支柱螺丝；5—托梁小平板（其上有两个托梁左支柱螺丝）；6—中刀承；7—土字头；8—托梁右支柱螺丝

③ 横梁部分。见图19-02-05。横梁是天平的重要部件，起杠杆作用。对横梁的要求是质量轻，载重时不变形，抗腐蚀，所用材料的膨胀系数小。因此，一般采用铜合金和铝合金制造，高精度天平则用不锈钢或纯钛制成。横梁上装有零件。

a. 三把菱形刀。横梁上装有三把玛瑙或宝石菱形刀。中间的一把是固定的，刀口向下，架在天平立柱顶端的玛瑙平板上，称为支点刀或中刀。两边的菱形刀分别嵌在可调整的边刀

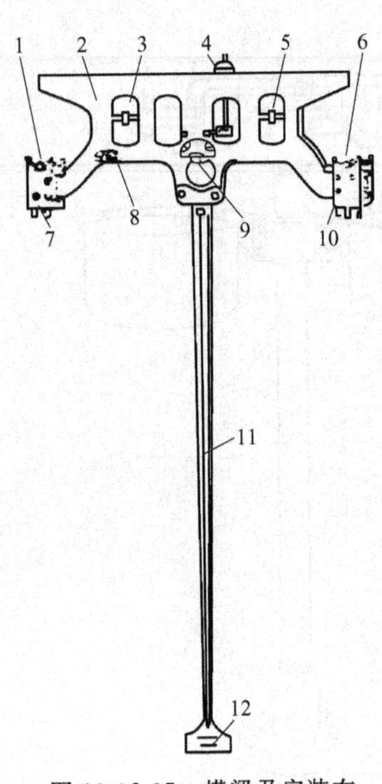

图 19-02-05　横梁及安装在其上的零件

1，6—承重刀（边刀）；2—横梁；3，5—平衡螺丝；4—重心球；7，10—边刀盒；8—横梁小平板；9—支点刀（中刀）；11—指针；12—微分标尺

盒上，刀口向上，称为承重刀或边刀。这三把玛瑙刀口应互相平行并且位于同一个水平面上。刀口应锋利，不得有任何微小的缺口，否则将影响天平的灵敏度和稳定性，所以要特别注意保护天平的刀口，使其不受冲击并减小磨损。

b. 平衡螺丝。在横梁两侧对称孔内分别装有两个平衡螺丝（平衡砣），用来调节天平空载时的平衡位置，即零点。

c. 重心砣（或重心球）。重心球由上、下两个半球形螺母组成，装于横梁背面的螺杆上。有的天平在指针或横梁中部适当位置上装有重心砣，也称感量调节螺丝，都是用来调节横梁的重心，以改变天平的灵敏度的。

d. 指针和微分标尺。在横梁下部装有一长而垂直的指针，指针下端装有微分标尺，标尺上的刻度经光学系统放大后，可在投影屏上读数。

④ 悬挂系统。悬挂系统主要由吊耳、阻尼器和秤盘组成。

a. 吊耳。吊耳又称挂钩或蹬形架，其构造见图 19-02-06。这种吊耳称补偿挂耳式吊耳，其作用是无论横梁怎样摆动，都能使吊耳上所受的力均匀分布在整个刀承上。

b. 阻尼器。阻尼器是由内外两个阻尼筒构成的，阻尼器外筒固定在立柱两侧的阻尼器支架上，阻尼器内筒挂于吊耳的下层吊钩上。当横梁摆动时，阻尼器内筒也随着作上下运动，但内外之间因有一均匀的间隙而互不接触，空气只能从两筒之间很小的环形空隙中进出，产生较大的阻力，使横梁迅速停止摆动，便于读数。

c. 秤盘。秤盘挂在吊耳的上层吊钩内，一般由铜合金或铝合金制成，不耐酸碱腐蚀，用以承放称量物品和砝码。吊耳、阻尼器内外筒、秤盘都有区分左右的标记，常用的标记是左“1”右“2”或左“0”右“00”。

⑤ 制动系统。制动系统用于控制天平的关闭，制止横梁及秤盘的摆动，保护刀口使其保持锋利，避免因受冲击而使刀口产生崩缺。制动系统主要由以下几部分组成。

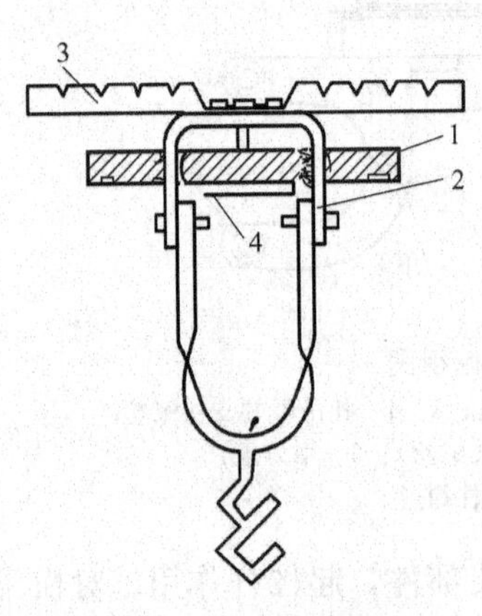

图 19-02-06　吊耳

1—承重板；2—十字头；3—加码承重片；4—刀承（边刀垫）

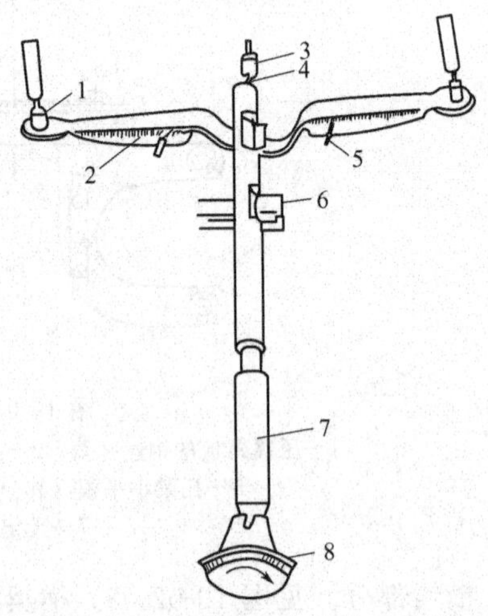

图 19-02-07　开关

1—盘托；2—盘托翼翅板；3—缩节拉杆；4—偏心轴销；5—盘托翼翅板轴销；6—弹簧开关；7—开关轴；8—旋钮

a. 开关。由开关轴、旋钮、偏心轴等组成，安装于天平底板下面，其结构见图 19-02-07。开关轴的前端装有旋钮，后端通过偏心轴销与缩节拉杆相连。开关轴上铣有两个凹槽，前面的凹槽下方装有弹簧开关，用来控制光源的亮熄，后面的凹槽用来控制盘托翼翅板的运动。

当顺时针旋转开关旋钮即启开天平时，立柱上的翼翅板下落，边刀和中刀先后与刀垫接触，立柱上的翼翅板上升，将横梁和吊耳托住，三个玛瑙刀口与刀垫脱离，两个盘托也同时升起，将秤盘微微托住，天平处于休止状态，光源灯熄。

b. 升降拉杆。装于立柱的空腔中，用来控制托梁架的运动，下端通过缩节拉杆和偏心轴销与开关轴连接，其升降受开关控制。

c. 托梁架。由大小翼翅板各一对、支柱螺丝和压翼翅板的钢丝弹簧组成，安装在立柱顶端土字头两侧，其结构见图 19-02-08。旋转开关旋钮，翼翅板随即上下起落，用于托降横梁和吊耳。

d. 盘托和盘托翼翅板。天平休止时用来托住天平秤盘，制止秤盘晃动，以减轻横梁的负担。盘托的结构见图 19-02-09。

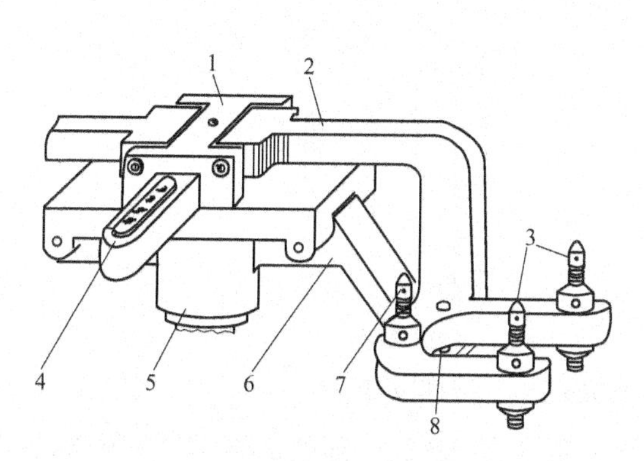

图 19-02-08 托梁架

1—土字头；2—大翼翅板；3—托吊耳支柱螺丝；4—中刀承；5—立柱；6—小翼翅板；7—托梁右支柱螺丝；8—托大翼翅板螺丝

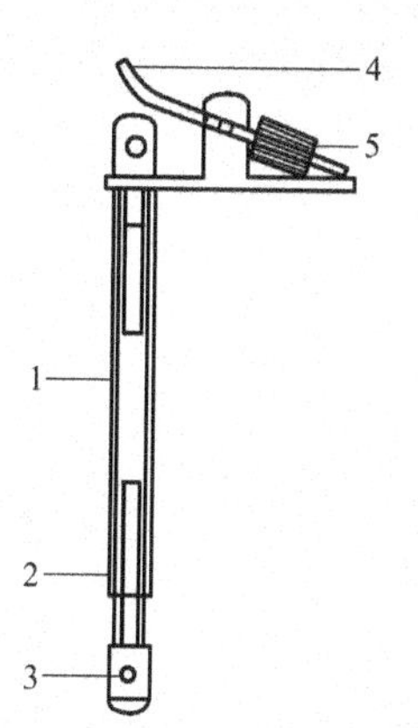

图 19-02-09 盘托

1—盘托杆；2—紧固螺帽；3—高度调节螺丝；4—顶柱；5—高度微调螺丝

⑥ 光学读数装置。电光天平的光学读数装置是对微分标尺进行光学放大的机构，其结构见图 19-02-10。它是由一只小变压器将 220V 交流电电压降到 6～8V 供电，受弹簧开关控制。启开天平时，接通电源，灯泡亮，灯泡发出的光线经聚光管 3 聚光后，成为平行光束照

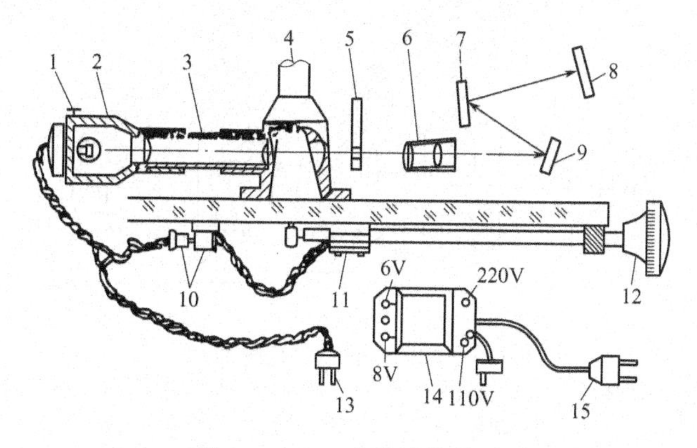

图 19-02-10 光学读数装置

1—灯座固定螺丝；2—照明筒；3—聚光管；4—立柱；5—微分标尺；6—放大镜筒；7—二次反射镜；8—投影屏；9—一次反射镜；10—插头插座（连接弹簧开关）；11—弹簧开关；12—天平开关；13—灯泡插头；14—变压器；15—电源插头

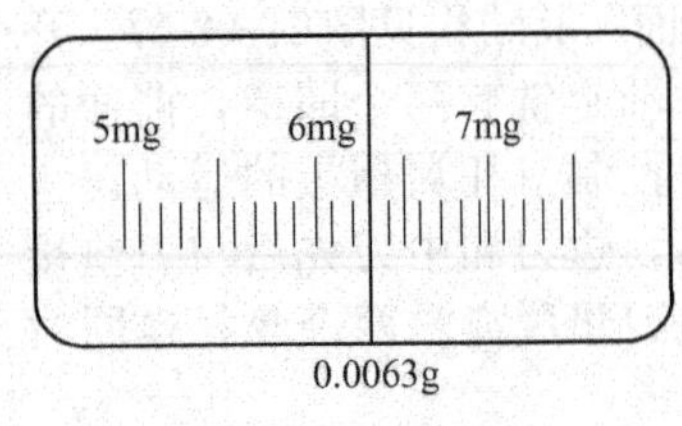

图 19-02-11　读数的方法
（读数为 6.3mg 即 0.0063g）

射到微分标尺 5 上，微分标尺上的刻度经放大镜放大 10～20 倍，再经过一次反射镜 9、二次反射镜 7 两次反射之后，成像在投影屏 8 上。投影屏的光幕是一块毛玻璃，中央有一根竖直线，用来确定零点和指示读数。投影屏是活动的，扳动天平底座下面的零点微调杆，可使投影屏左右移动以便在小范围内调节天平的零点。

微分标尺上刻有－10～0～＋10mg 共 20 大格，一大格相当于 1mg（有的天平仅有单向刻度，即 0～＋10mg），每一大格又分为 10 小格，每小格为 0.1mg。微分标尺放大的像在投影屏上可读出 0.1mg 的值，读数的方法见图 19-02-11。

⑦ 机械加码装置。半自动双盘电光分析天平 1g 以上的砝码用镊子夹取，10～500mg 的砝码是由 10mg、10mg、20mg、50mg、100mg、100mg、200mg、500mg 的 8 个环状砝码组成的，挂在天平右上方的钩上，均由机械加码装置进行加减（见图 19-02-12）。

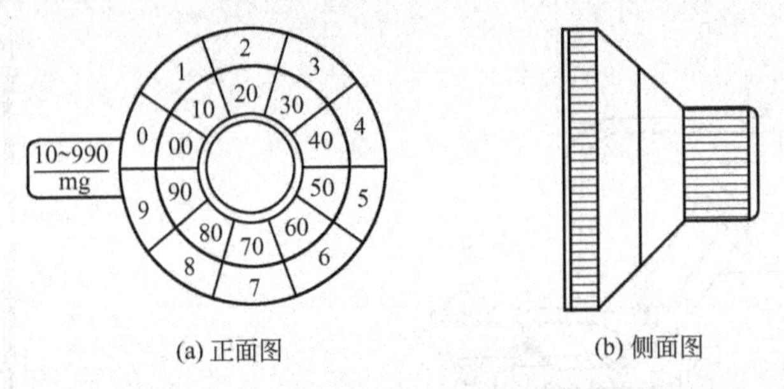

(a) 正面图　　(b) 侧面图

图 19-02-12　半自动双盘电光分析天平的指数盘

机械加码装置主要由骑放环码的金属加码承受架、控制环码升降的加码杆和控制加码杆的指数盘三部分组成。转动指数盘时就可使加码杆按指数盘的读数把某一质量的环码加在横梁右边吊耳上的加码承受架上，或从加码承受架上钩起。指数盘分内外两圈，加减 10～90mg 环码转动内圈；加减 100～900mg 环码转动外圈。从指数盘上可直接读取 10～990mg 的任意数字。半自动加码器的结构见图 19-02-13。

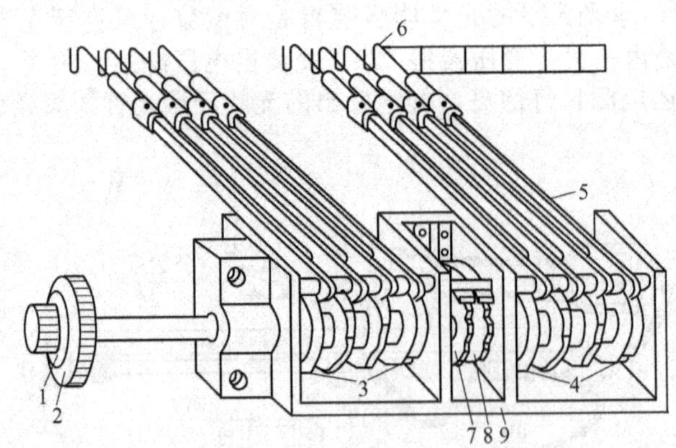

图 19-02-13　半自动加码器的结构

1—小指数盘；2—大指数盘；3—前凸轮组；4—后凸轮组；5—加码杆；
6—加码钩；7，8—定位轮；9—结构架

（2）砝码

① 砝码和砝码组。砝码是质量单位的具体体现，它有确定的质量，具有一定的形状，用于测定其他物体的质量和检定各种天平。在国际单位制中，质量的单位是“千克”，其质

量值等于国际千克原器的质量，它是由 90%铂和 10%铱的合金制成的。我国引进了两个千克铂铱合金砝码，作为我国质量单位的基准器，并建立了一系列质量传递系统。根据砝码检定规程规定，我国把砝码按精度分为七级，各级砝码的质量允差见表 19-02-01。

表 19-02-01 各级砝码的质量允差（±） 单位：mg

标称质量值	准确度级别					
	1 级 (E1)	2 级 (E2)	3 级 (F1)	4 级 (F2)	5 级 (M1)	5_1～7 级
100g	0.05	0.15	0.5	1.5	5	略
50g	0.030	0.10	0.30	1.0	3	
20g	0.025	0.08	0.25	0.8	2.5	
10g	0.020	0.06	0.20	0.6	2.0	
5g	0.015	0.05	0.15	0.5	1.5	
2g	0.012	0.04	0.12	0.4	1.2	
1g	0.010	0.03	0.10	0.3	1.0	
500mg	0.008	0.025	0.08	0.25	0.8	
200mg	0.006	0.020	0.06	0.20	0.6	
100mg	0.005	0.015	0.05	0.15	0.5	
50mg	0.004	0.012	0.04	0.12	0.4	
20mg	0.003	0.010	0.03	0.10	0.3	
10mg	0.002	0.006	0.02	0.06	0.2	

为了衡量各种不同质量的物品，需要配备一套砝码，其质量由大到小能组合成任何量值，这样的一组砝码称砝码组。砝码的组合一般有两种形式。

a. 5、2、2、1 型。克码有 100g、50g、20g、20g、10g、5g、2g、2g、1g，毫克码有 500mg、200mg、200mg、100mg、50mg、20mg、20mg、10mg、5mg、2mg、2mg、1mg 及质量为 10mg 的用铂丝做成的游码两只。

b. 5、2、1、1 型。克码有 100g、50g、20g、10g、10g、5g、2g、1g、1g，毫克码有 500mg、200mg、100mg、100mg、50mg、20mg、10mg、10mg、5mg、2mg、1mg、1mg 及 10mg 的游码两只，面值相同的砝码一般都附有不同的标记，以便互相区别。

每台天平都附有一盒配套的砝码，盛在盒内的砝码一般采用第一种组合形式，自动加码装置中使用的环码多采用第二种组合形式。砝码盒内均备有一个砝码镊了，镊子的尖头用牛角制成，用于夹取砝码。1g 以上的砝码用铜合金或不锈钢制成，表面镀铬并抛光。1g 以下的砝码用铝合金制成片状，向上折起 90°角，便于用镊子夹取，俗称片码。

② 砝码的使用及保养。砝码是进行称量的质量标准，必须保持其质量的准确性。使用时应注意以下几点。

a. 经常保持砝码的清洁，使用前以专用的毛刷拂去可能黏附在砝码表面上的灰尘。砝码只能在使用时由盒中取出，放在秤盘上，不用时，应整齐地放在砝码盒中相应的孔穴里，不得放在其他地方。砝码盒应随时盖好，以防尘埃落入。砝码若有油污，可用绸布蘸取无水酒精擦洗。

b. 应用右手持塑料镊子或带牛角尖的金属镊子取放砝码。取用克组普通砝码时，镊子尖端向上夹取颈部，取用片码时，镊子尖端向下夹其向上的卷角，绝对禁止用手直接拿取砝码。镊子不用时，应放回砝码盒内的槽里，并使其尖端向上，不能放在其他地方，更不能挪作他用。

c. 砝码应与天平配套使用，不应任意调换。若砝码系采用相对法检定，则一盒砝码中各个砝码的实际质量彼此保持一定的比例关系，不能与其他砝码盒里的同值砝码交换使用。即使同一盒里的同值砝码，其真实质量也常有差异，应区别使用，一般先使用其中一个无标记的砝码。在选取砝码时，应遵循“砝码个数最少”的原则。

d. 加减砝码的原则是“由大到小，折半加入”，按大小顺序排列。在秤盘上放置砝码时应适当集中，将大砝码放在秤盘中央稍靠后的位置，小砝码放在大砝码的前面，毫克组砝码按大小顺序依次排列在小砝码的前面，任何砝码都不能重叠，倒置或反置。

e. 转动机械加码装置中的指数盘时，切不可用力过猛、动作过快，要缓慢地逐挡转动，以防止环码跳落、互碰或变形。同时，应使所取数字正对箭头标线，不能放在两个数字之间。

f. 砝码盒通常放在天平右侧的台面上，不能把砝码盒拿在手中夹取砝码。砝码若有碰伤、砝码头松动、发生氧化、出现污痕等情况，应立即进行检定，检定合格的砝码方可使用。

g. 为了确保砝码质量准确，应按作用的频繁程度对砝码进行定期检定，检定周期一般为一年，以确定是否超差。检定合格的砝码一般不用修正值。

2. 全自动双盘电光分析天平的结构

全自动双盘电光分析天平和半自动双盘电光分析天平在结构上基本相同。不同之处是全自动双盘电光分析天平增加了两个指数盘，全部砝码都由上、中、下三个指数盘进行机械加减，这三个指数盘是按天平最大称量的要求，将克组、毫克组砝码全部吊挂装置在天平框的左侧，上指数盘称量范围为10～990mg，中指数盘称量范围为1～9g，下指数盘称量范围为1～190g，见图19-02-14。这种装置操作方便，并能减少多次取放砝码造成的砝码磨损，也能减少多次开关天平门造成的气流影响。半自动双盘电光分析天平具有左右两个侧门，而全自动双盘电光分析天平只有一个侧门——右侧门。

全自动双盘电光分析天平的加码架结构及挂码的配置方式见图19-02-15。

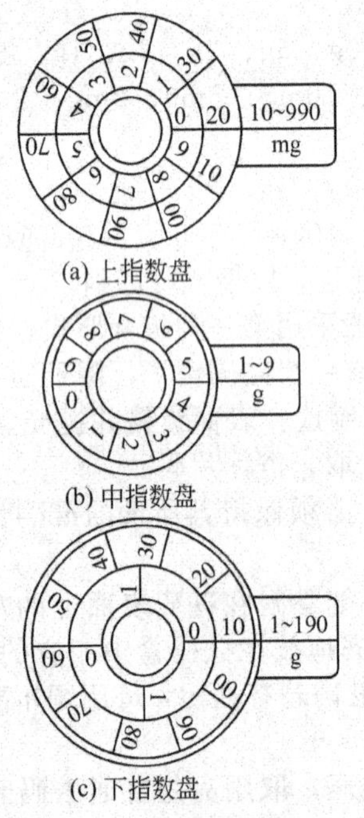

图 19-02-14　全自动双盘电光分析天平的指数盘

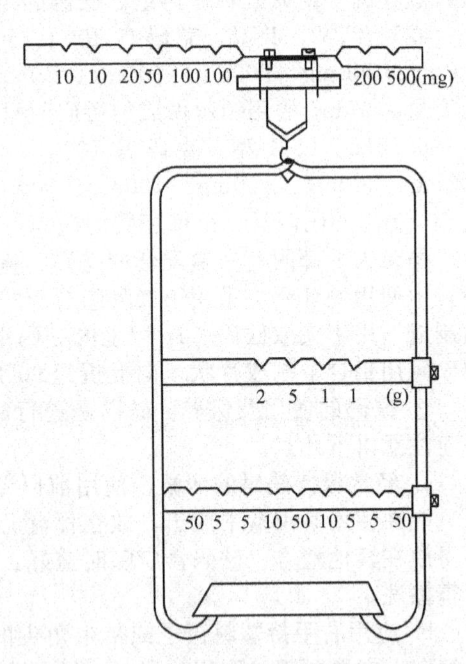

图 19-02-15　加码架结构及挂码的配置方式示意图

进度检查

一、问答题

1. 双盘电光分析天平的称量原理是什么？

2. 半自动双盘电光分析天平与全自动双盘电光分析天平的结构及其作用的不同点是什么？

二、操作题

1. 对照半自动双盘电光分析天平、全自动双盘电光分析天平，指出各部件名称、作用及所处的位置。

2. 打开砝码盒，认识砝码。熟悉砝码的面值及在砝码盒内的正确位置和砝码的组合形式。熟悉用指数盘加减砝码的方法及指数盘上的读数。

学　习　单　元	编号	FJC-19-03
名　　称：双盘电光分析天平灵敏度的测定 职业领域：化工、石油、环保、医药、冶金、建材、煤炭等 工作范围：分析	课时	6
	日期	

学习目标

完成本单元的学习之后，能够测定双盘电光分析天平的灵敏度。

所需仪器

序　号	名　称　及　说　明	数量
1	半自动双盘电光分析天平(分度值为0.1mg)	1台
2	全自动双盘电光分析天平(分度值为0.1mg)	1台

相关学习单元

——双盘电光分析天平的工作原理和结构　FJC-19-02

学习单元内容

一、使用前的准备

1. 使用前做好准备

① 将天平罩轻轻取下，并折叠好放于天平箱右后方。

② 将记录本放在天平前台面上。

③ 操作者面对天平端坐。

2. 进行如下检查和调整

① 检查天平是否水平。操作者站立，通过框罩上面玻璃，观察水准器的气泡是否处于圆圈的中心位置。若不处于中心位置，可旋转天平底板下面的两个垫脚螺丝，通过调节天平两侧的高度使水准器上的气泡位于圆圈中心，达到水平。

② 检查各部件是否处于正常位置。主要检查横梁、吊耳、秤盘安放是否正确，环码是否相碰或脱落，指数盘是否处于零位等。

③ 半自动电光分析天平还要检查砝码是否齐全，镊子是否丢失。

④ 检查天平盘、底板及其他部件是否清洁。秤盘上若有灰尘或药品，可用天平刷轻轻扫净。

二、零点的测定和调整

以TG-328B型天平为例。

天平不载重时，自由摆动静止后光幕上的读数称为天平的“零点”或“空载平衡点”。

天平载重时，自由摆动静止后投影屏上的读数称为天平的“平衡点”。

电光天平的零点要求微分标尺上的零线与投影屏上的标线重合或在±0.2mg 范围内。

1. 零点的测定

① 接通电源。

② 关闭天平门。

③ 启开天平。左手手心向上，握住旋钮，顺时针方向轻轻旋转旋钮，天平启开，此时天平处于工作状态（见图 19-03-01）。

④ 天平静止后，观察微分标尺的零线与投影屏上标线之间的位置。

⑤ 休止天平。左手手心向右，握住旋钮，逆时针方向轻轻转动旋钮，天平关闭，此时天平处于休止状态（见图 19-03-02）。

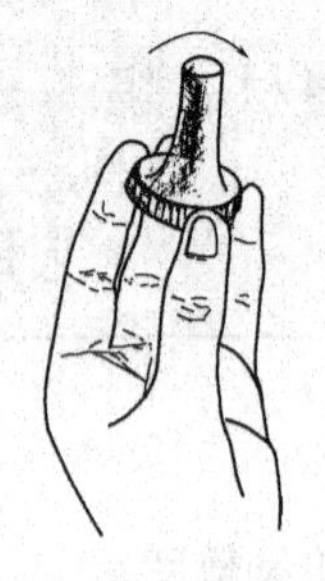

图 19-03-01　启开天平的操作

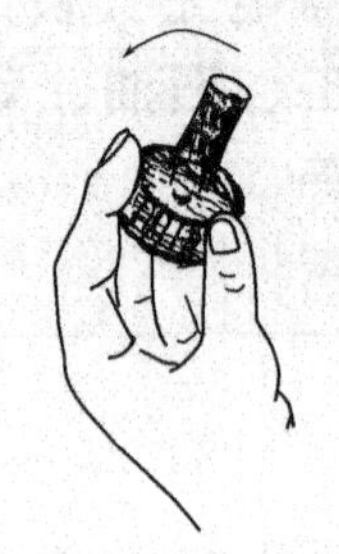

图 19-03-02　休止天平的操作

2. 零点的调整

① 当微分标尺的零线与投影屏上标线相差较大时（5 个分度以上），可在休止天平的情况下拧动横梁上的平衡调节螺丝（一般情况下，半自动天平拧动左边的一个，全自动天平拧动右边的一个），见图 19-03-03。

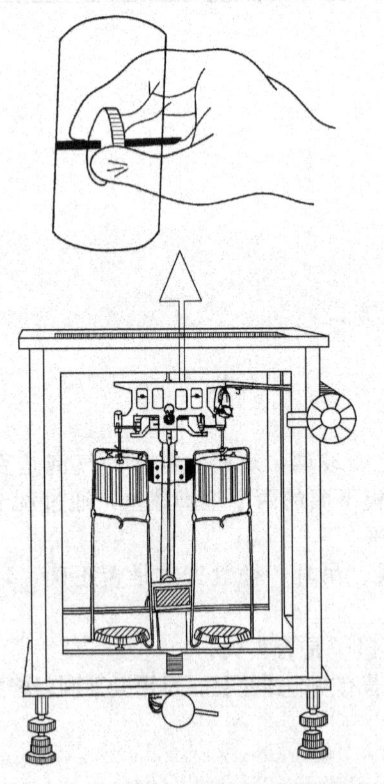

图 19-03-03　拧动平衡调节螺丝调节零点

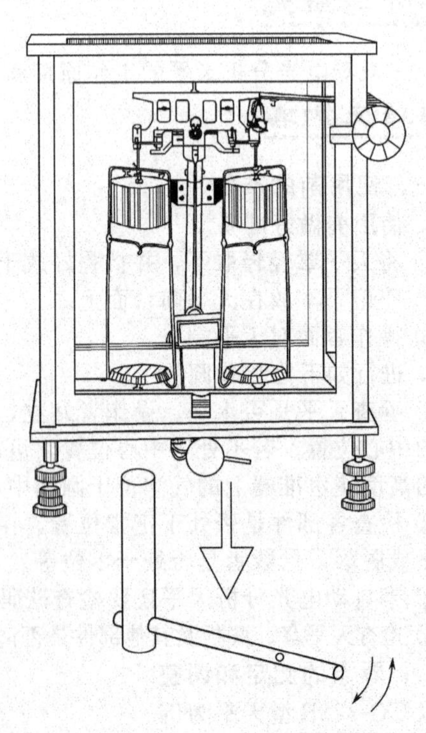

图 19-03-04　转动拨杆调节零点

② 启开天平（见图 19-03-01）。

③ 天平摆动静止后，观察微分标尺的零线与投影屏上标线之间的位置，可反复拧动平衡调节螺丝进行调节，直到两线相差较小（小于 2 个分度）或重合。

④ 转动底座下面开关旋钮附近的拨杆（见图 19-03-04），使微分标尺的零线对准投影屏上的标线（见图 19-03-05）。

⑤ 休止天平（见图 19-03-02）。

⑥ 重复测定零点 2～3 次。

⑦ 操作注意事项

a. 拧动平衡调节螺丝时，必须首先休止天平，并戴手套。

b. 启开天平时，应先关闭天平门，防止气流影响。

c. 拧动开关旋钮时，要缓慢而仔细，以防损坏天平。

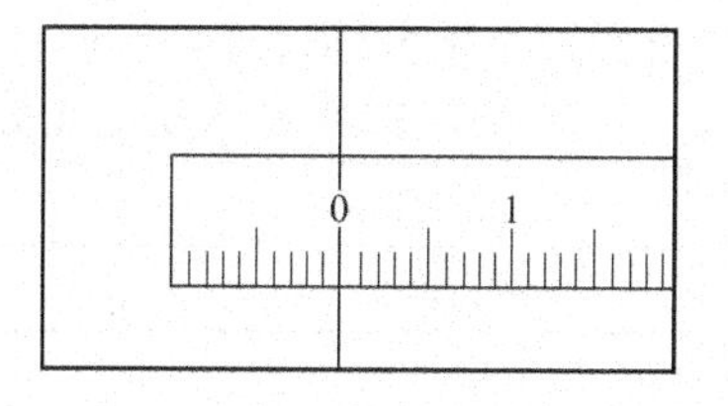

图 19-03-05　双盘电光分析天平零点读数

天平零点调节好以后还会经常发生变动，小小的灰尘或称量物洒落在天平盘上都会引起天平零点的变化，所以每次使用之前都必须测定零点。

三、灵敏度的测定及调整

1. 灵敏度

天平的灵敏度是指在天平的一个盘上增加 1mg 质量时所引起指针偏移的程度。通常以格/mg 表示。指针偏移的程度越大，灵敏度越高，电光分析天平可准确读到 0.1mg，其灵敏度应为 10 格/mg。灵敏度不能太低，太低时称量误差大；也不宜太高，太高时指针摆动不易静止而降低天平的稳定性，也会使误差增大。

2. 灵敏度的测定

① 测定并调整零点（按测定零点、调整零点的步骤进行）。

② 在天平的左盘上放一个校准过的 10mg 的砝码或环码，关闭天平门。

③ 启开天平，观察天平的平衡点，记下平衡点读数。

④ 根据灵敏度计算公式求出天平的灵敏度。

灵敏度(格/mg)=[平衡点(mg)－零点(mg)]×(10 格/mg)/所加砝码质量(mg)

重复前三步操作取其平均值。

当天平盘上加一个 10mg 砝码时，使用中的天平微分标尺应移至 98～102 小格范围内，即灵敏度变为（10±0.2）格/mg，新出厂或维修后的天平微分标尺应移至 99～101 小格，即灵敏度为（10±0.1）格/mg。

3. 灵敏度的调整

测定灵敏度之后，若不合乎要求，则应调整。当灵敏度太低时，可将横梁上的重心砣向上旋转，以提高天平的灵敏度；当灵敏度过高时，可将重心砣向下旋转，以降低天平的灵敏度。旋动重心砣以后，必须重新调整零点，复测其灵敏度。

调整灵敏度的步骤如下。

① 在天平休止时，旋动重心砣（灵敏度太低时重心砣向上旋；灵敏度太高时，重心砣向下旋）。

② 复测和调整零点（按测定零点、调整零点的步骤进行）。

③ 测定灵敏度（按测定灵敏度的步骤进行）。

反复进行以上操作，直到零点、灵敏度都达到要求为止。

进度检查

一、问答题

1. 使用半自动双盘电光分析天平前要做哪些检查和调整？

2. 什么叫天平的零点、平衡点？

3. 什么叫天平的灵敏度？怎样表示？双盘电光分析天平的灵敏度应为多少？
4. 调整天平的零点时，哪些操作要休止天平？
5. 测定天平灵敏度时，哪些操作要休止天平？

二、操作题

1. 接通电源，顺时针方向拧动开关旋钮，启开天平。注意观察：①指针摆动情况；②投影屏上微分标尺移动方向；③投影屏上微分标尺示值及分度值。

2. 测定并调整双盘电光分析天平的零点。重复 3 次，取其平均值。

测定次数	1	2	3	平均值
零点读数/mg				

3. 测定双盘电光分析天平的空载灵敏度。重复 3 次，取其平均值。

测定次数	1	2	3	平均值
零点读数/mg				
平衡点读数(加 10mg 片码)/mg				
空载灵敏度				
空载分度值				

学 习 单 元	编号	FJC-19-04
名　　称：双盘电光分析天平的称量方法		
职业领域：化工、石油、环保、医药、冶金、建材、煤炭等	课时	8
工作范围：分析	日期	

学习目标

完成本单元的学习之后，能够进行双盘电光分析天平的称量操作。

所需仪器

序号	名称及说明	数量	序号	名称及说明	数量
1	托盘天平(分度值为 0.1g)	1 台	5	称量瓶	1 个
2	半自动双盘电光分析天平(分度值为 0.1mg)	1 台	6	坩埚	1 个
3	全自动双盘电光分析天平(分度值为 0.1mg)	1 台	7	手套	1 副
4	表面皿(6cm)	1 个	8	镊子	1 个

相关学习单元

——双盘电光分析天平的工作原理和结构　FJC-19-02
——双盘电光分析天平灵敏度的测定　FJC-19-03

学习单元内容

一、半自动双盘电光分析天平的称量方法

1. 称量前的准备
① 取下天平罩，折叠好放于天平箱右后方。
② 称量物品放于天平箱左方。

③ 承受称量物容器放于天平箱左方。

④ 砝码盒放于天平箱右方。

⑤ 记录本放于天平前台面上。

⑥ 接通电源，操作者端坐于天平前方。

2. 称量前的检查.

① 查待称物品温度是否为室温。

② 查天平各部件是否处于正常位置。

③ 查天平是否清洁。

④ 查天平是否水平。

3. 测定及调整天平的零点（按测定及调整零点方法进行）

4. 称量（以称量表面皿为例）

① 用托盘天平粗称被称物品质量（如为18.6g）。

② 用分析天平精称被称物品质量。

a. 天平休止时，打开左侧门，将被称物品放于天平的左盘中心，用镊子拿取被称物品见图19-04-01。

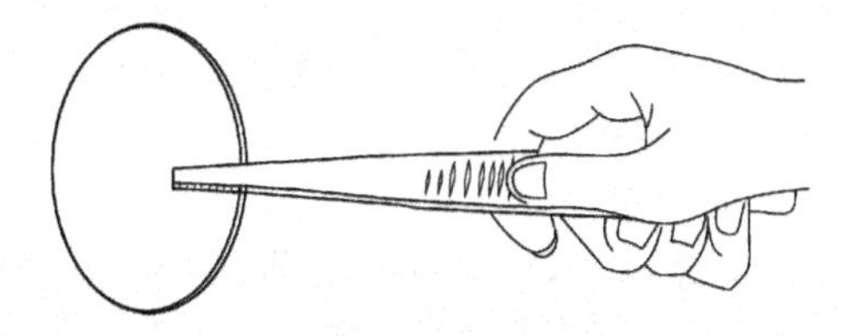

图 19-04-01　用镊子拿取被称物品

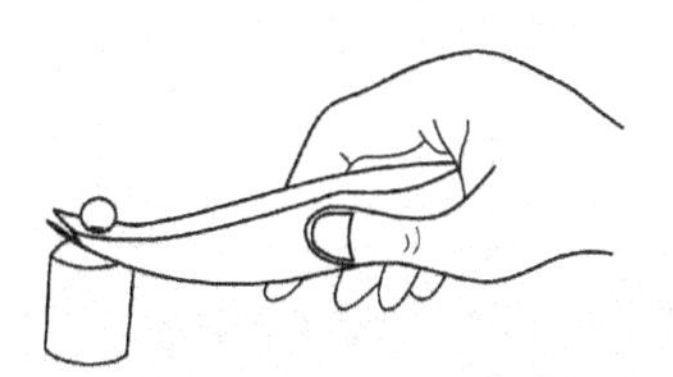

图 19-04-02　拿取砝码的方法

b. 在天平休止时，打开右侧门，在天平右盘上加减砝码到18g位，拿取砝码的方法见图19-04-02。具体操作如下：加10g、5g、2g、1g砝码于天平右盘中心，关闭天平门，左手慢慢半启开旋钮，标尺左移，这表示砝码轻，关闭旋钮；再加1g（将1g的换为2g）砝码，标尺右移，这表示砝码重了。见表19-04-01。

表 19-04-01　称量表 1

次数	所加砝码/g	微分标尺移动方向	砝码轻或重	需加或减
1	10＋5＋2＋1	左移	轻	需加
2	10＋5＋2＋2	右移	重	需减

由表19-04-01可知，表面皿质量在18～19g之间，砝码应换回（10＋5＋2＋1）g。

c. 1g以下加环码。选取环码时跟选取砝码一样，都应遵循“由大到小，中间截取，逐级试验”的原则和“指针总是偏向轻盘，微分标尺投影总是向重盘方向移动”的判断方法。

先转动指数盘外圈试百位毫克组环码，再转动指数盘内圈，试十位毫克组环码，直到砝码与被称物品质量相差10mg以下。

转动外圈指数盘，先加500mg，标尺左移，表示所加环码轻了；转到700mg，标尺右移，表示所加环码重了；转到600mg，标尺左移，表示环码轻了，见表19-04-02。

表 19-04-02　称量表 2

次数	所加砝码质量			微分标尺移动方向	环码轻或重、需加或减
	克码质量/g	环码质量/g	砝码总质量/g		
1	10＋5＋2＋1	500	18.5	左移	轻、需加
2	10＋5＋2＋1	700	18.7	右移	重、需减
3	10＋5＋2＋1	600	18.6	左移	轻、需加

由表 19-04-02 第 2 次与第 3 次称量中可知表面皿质量在 18.6～18.7g 之间。

再转动内圈指数盘，先加 50mg 环码，标尺右移，表示环码重了；换上 30mg，杯尺左移，表示环码轻了；换上 40mg，这时标尺移动逐渐缓慢，表示天平接近平衡，说明表面皿的质量在 18.64～18.65g 之间，见表 19-04-03。

表 19-04-03　称量表 3

次数	所加砝码质量			微分标尺移动方向	砝码轻或重、需加或减
	克码质量/g	环码质量/g	砝码总质量/g		
1	10+5+2+1	600+50	18.65	右移	重、需减
2	10+5+2+1	600+30	18.63	左移	轻、需加
3	10+5+2+1	600+40	18.64	左移缓慢	合适近平衡

d. 全启开旋钮，待微分标尺稳定以后读取投影屏上的数字。见图 19-04-03。

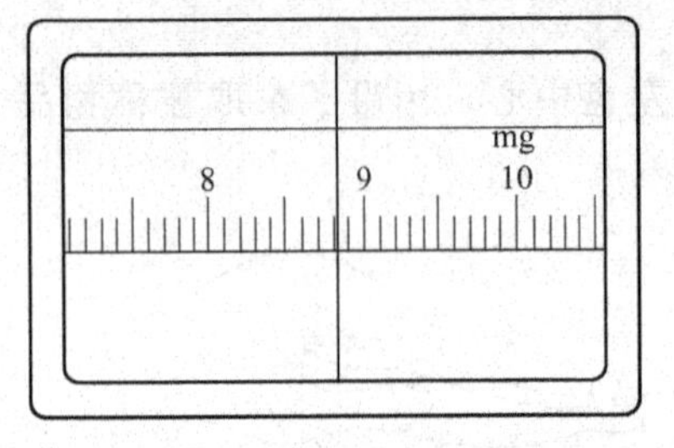

图 19-04-03　投影屏的读数

（投影屏上的读数为 8.8mg，即 0.0088g）

e. 读取称量数据，并将称量数据记在记录本上。

读取和记录称量数据时，采用“双读法”。即先按照砝码盒的空穴记录，再按大小顺序依次取下并核对秤盘上的砝码，同时将其放回砝码盒空穴中。核对记录。

被称物品的质量＝砝码总质量－零点读数＝（克码＋环码＋标尺读数）－零点读数

以上表面皿的质量为

(10+5+2+1)g+0.64g+0.0088g−0.0000g=18.6488g

由计算可知，在被称物品的质量中，砝码质量是小数点前的数，即整数部分，指数盘外圈质量是小数点后第 1 位数，内圈环码质量是小数点后第 2 位数，光幕读数依次为小数点后第 3 位、第 4 位数。

③ 称量结束后，休止天平，将指数盘转回零位，取出被称物品，关好天平门，罩好天平罩，切断电源。

④ 称量时应注意以下几点。

a. 在天平盘上取放物品时，要先休止天平。

b. 加减砝码、加减环码时要先休止天平。

c. 试称时要半启开天平。

d. 确定平衡点读数时，要全启开天平。

e. 称量完成时，要休止天平，以保护天平，维护其正常使用。

二、全自动双盘电光分析天平的称量方法

全自动双盘电光分析天平的称量方法跟半自动双盘电光分析天平的称量方法大致相同。由于全自动双盘电光分析天平的砝码全部由三个指数盘控制，免去了人工加码，而采用全机械加码。

全自动双盘电光分析天平被称物品放在天平右盘，砝码放在左盘。微分标尺的刻度是左为正，右为负。读数方法以图 19-04-04 为例。

	下指数盘	内圈盘指示克的百位数：	0g
		外圈盘指示克的十位数：	10g
	中指数盘	指示克数：	5g
	上指数盘	内圈盘指示毫克的百位数：	0.0g
		外圈盘指示毫克的十位数：	0.02g
+	投 影 屏	10mg 以下的读数：	0.0063g

被称物品的质量＝15.0263g

以 TG-328A 型全自动双盘电光分析天平称量一表面皿为例说明其称量方法。

① 称量前的准备。

a. 取下天平罩，折叠好放于天平箱右后方。

b. 被称物品放于天平箱右方。

c. 记录本放于天平前台面上。

d. 接通电源。

e. 操作者端坐于前方。

② 称量前的检查（见半自动双盘电光分析天平的称量方法）。

③ 测定及调整分析天平的零点（见 FJC-19-03 零点的测定和调整，假设零点读数为 0.0000g）。

④ 用托盘天平粗称表面皿的质量（假设为 18.6g）。

⑤ 在分析天平休止时，打开侧门，将表面皿放于天平的右盘中心，关闭侧门。

⑥ 在分析天平休止时，转动下指数盘的外圈盘，加 10g 砝码。

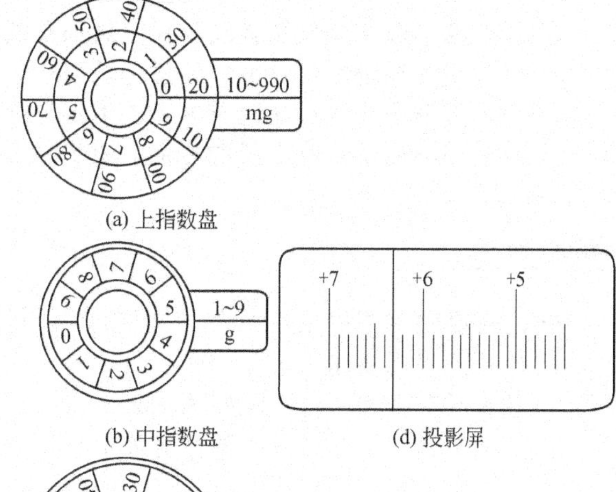

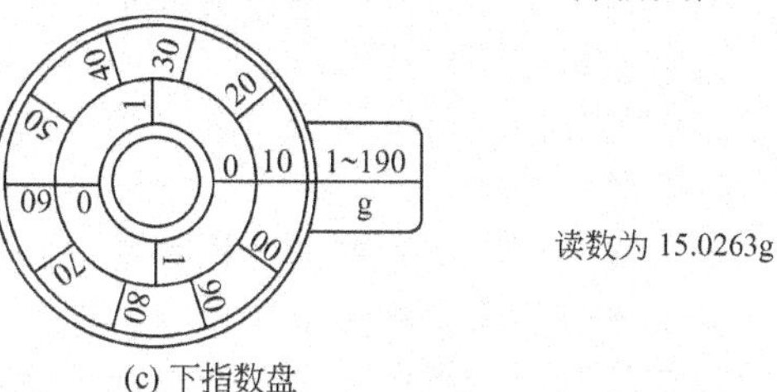

图 19-04-04　全自动双盘电光分析天平的读数方法示例

⑦ 在分析天平休止时，转动中指数盘，加 8g 砝码，左手慢慢半启开旋钮，标尺右移，这表明砝码轻了；关闭旋钮，将中指数盘转到 9g（即加 1g 砝码），标尺左移，这表明砝码重了。由此可判定此表面皿质量在 18～19g 之间，中指数盘应转回 8g。

⑧ 转动上指数盘的外圈，先加 500mg，标尺右移，表明所加环码轻了；转到 700mg，标尺左移，表明所加环码重了；转到 600mg，标尺右移，表示环码轻了，由此可判定此表面皿质量在 18.6～18.7g 之间。

⑨ 转动上指数盘的内圈指数盘，先加 50mg 环码，标尺左移，表示环码重了；换上 30mg 环码，标尺右移，表示环码轻了；换上 40mg，这时标尺移动逐渐缓慢，表示天平接近平衡，说明表面皿的质量在 18.64～18.65g 之间。

⑩ 全启开旋钮，待微分标尺稳定后，读取投影屏上的数字，见图 19-04-03。

⑪ 读取称量数据，并将称量数字记录在记录本上：先读下指数盘，再读中指数盘和上指数盘，最后读取投影屏。

⑫ 计算被称物品的质量：

被称物品的质量＝砝码总质量－零点读数

＝(下指数盘读数＋中指数盘读数＋上指数盘读数＋标尺读数)－零点读数

以上表面皿的质量为

$$(10+8)\text{g}+0.6000\text{g}+0.0400\text{g}+0.0088\text{g}-0.0000\text{g}=18.6488\text{g}。$$

⑬ 称量结束后，休止天平，将所有指数盘转回零位，取出被称物品，关好天平门，罩好天平罩，切断电源。

⑭ 称量时应注意的问题（见半自动双盘电光分析天平的称量方法）。

三、天平的使用规则

① 做同一个分析工作要使用同一台天平和同一套砝码。

② 称样量不应超过天平的最大称量，称前应先粗称。

③ 称量物品的温度应与天平的温度一致。

④ 挥发性、腐蚀性物品必须放在密封加盖的容器中称量。

⑤ 开关天平要缓慢而仔细，注意保护刀口。

⑥ 称量数据应及时写在记录本上，不得记在纸片上或其他地方。

⑦ 称量完毕应及时取出所称样品，砝码放回盒内，指数盘转回零位，关好天平门，罩上天平罩。

进度检查

一、判断题（正确的在括号内划“√”，错误的划“×”）

1. 打开天平门要休止天平。（ ）
2. 往天平盘上加减物品时要休止天平。（ ）
3. 往天平盘上加减砝码时要休止天平。（ ）
4. 拧动指数盘时要休止天平。（ ）
5. 不关闭天平门就可确定投影屏上的读数。（ ）

二、问答题

1. 双盘电光分析天平称量前要做哪些准备工作？
2. 双盘电光分析天平称量前要做哪些检查？
3. 称量物品时，投影屏上的标线指向负值，这表示哪边重？
4. 天平使用规则有哪些？

三、操作题

用半自动双盘电光分析天平或全自动双盘电光分析天平称量。

1. 称量瓶的质量。
2. 坩埚的质量。
3. 50mL 小烧杯的质量。

每种容器的称量均重复 3 次，并按下列格式填写。

称量次数	1	2	3	平均值
零点读数/g				
平衡点读数/g				
砝码质量/g				
称量物质量/g				

学 习 单 元	编号	FJC-19-05
名　　称：双盘电光分析天平的称样操作		
职业领域：化工、石油、环保、医药、冶金、建材、煤炭等	课时	12
工作范围：分析	日期	

学习目标

完成本单元的学习之后，能够使用双盘电光分析天平准确地称取一定量的物质。

所需仪器和药品

序号	名称及说明	数量	序号	名称及说明	数量
1	半自动双盘电光分析天平(200g,分度值为0.1mg)	1台	5	镊子	1把
			6	称量瓶(高型)	1个
2	全自动双盘电光分析天平(200g,分度值为0.1mg)	1台	7	表面皿(6cm)	1个
			8	药匙	1个
3	托盘天平(200g,分度值为0.1g)	1台	9	试剂食盐或石英砂	5g
4	铜片	3片			

相关学习单元

——双盘电光分析天平的工作原理和结构　FJC-19-02

——双盘电光分析天平灵敏度的测定　FJC-19-03

——双盘电光分析天平的称量方法　FJC-19-04

学习单元内容

在定量分析中，试样的称取一般有直接称样法，减量称样法及指定质量称样法。这些方法不仅适用于双盘电光分析天平，也适合单盘电光分析天平及电子天平。

一、直接称样法

直接称样法适合于称量分析器皿及在空气中没有吸湿性的样品和试剂。如称量小烧杯、坩埚、表面皿、金属、合金等。这种方法常使用洁净而干燥的表面皿作称量容器。

直接称样法的操作如下（以称取一铜片质量为例）。

① 测定并调整天平的零点。

② 粗称表面皿的质量。

③ 精称表面皿的质量。

④ 将被称物品（铜片）放于表面皿上。拿取铜片的方法见图 19-05-01。

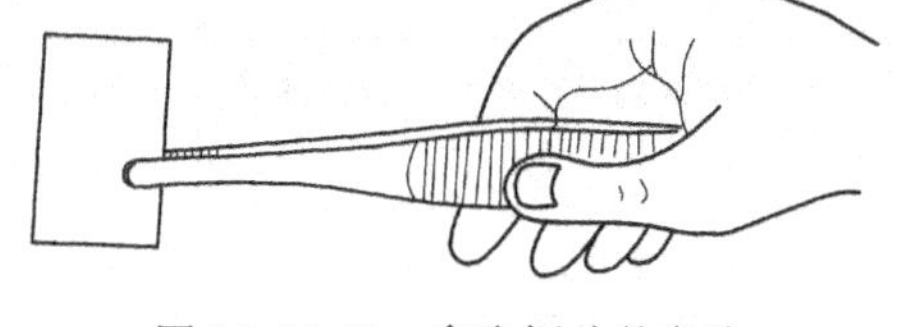

图 19-05-01　拿取铜片的方法

⑤ 精称被称物品及表面皿的质量。

⑥ 将被称物品转移到接受器中。

⑦ 注意：a. 表面皿的拿取应使用镊子或坩埚钳，而不能用手直接拿取；b. 被称物品的拿取方法应根据其性状采用镊子或角匙。

二、减量称样法

减量称样法也叫递减法或差减法，是分析工作中最常用的一种称样方法，尤其是进行平行测定，需要称取几份样品时更为方便。减量法称出样品的质量不要求固定的数值，只需在要求的范围内即可，适于称取性质稳定及易吸水、易氧化或是与二氧化碳反应的粉末状物品，而不适于称取块状物品。

减量法称取试样的量是以两次称量之差计算的，与天平的零点读数无关，所以减量法称取样品时，可以不调节天平的零点。称样时，常将样品装于带磨口盖的高型称量瓶中进行，这样既可防潮、防尘，又便于操作。

减量法的操作如下（以称取三份每份质量为 0.3g 石英砂为例）。

① 将盛放样品的容器（锥形瓶或小烧杯）编号排在天平的附近。

② 将烘干并冷却至室温的石英砂样品约 1g 放于称量瓶中。

③ 用清洁柔软的纸条叠成三层纸带（纸带的宽度为 1～2cm）套在称量瓶上，左手小心拿纸条，见图 19-05-02。粗称装有试样的称量瓶质量（称准至 0.1g）。

④ 用纸带将称量瓶移至分析天平上，精称其质量 m_1（称准至 0.0001g）。

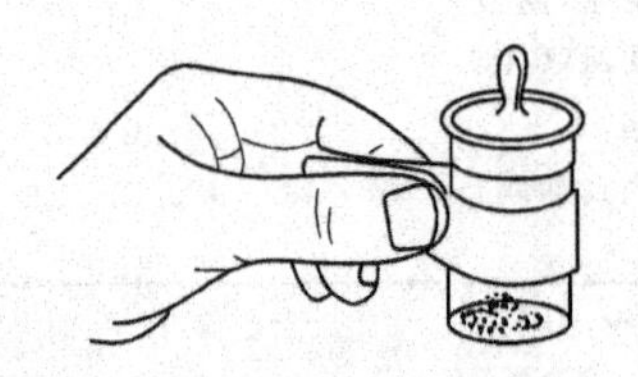

图 19-05-02　拿取称量瓶的方法

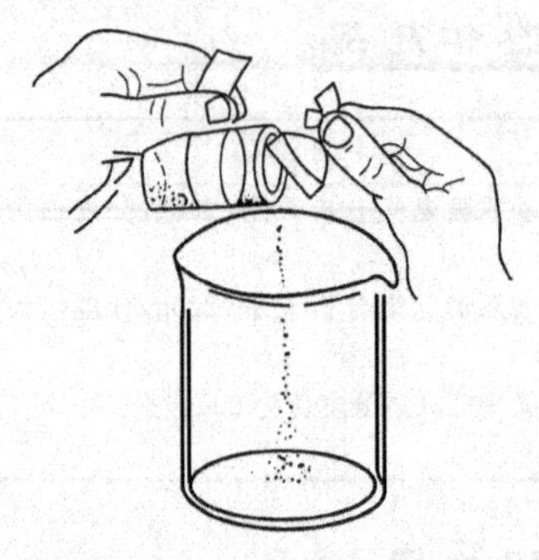

图 19-05-03　倾倒试样的方法

⑤ 倾倒试样：左手用纸带将称量瓶从分析天平盘上取下，拿到盛样品的容器上方，右手用纸带夹取称量瓶盖柄，打开称量瓶瓶盖，瓶盖不能离开容器上方，将瓶身慢慢向下倾斜，瓶内的试样逐渐移向瓶口，用瓶盖边缘轻轻敲击瓶口内缘，并继续将瓶倾斜使试样慢慢落入容器中，见图 19-05-03。估计倾入容器试样为全量的 1/3 时，一边将瓶竖起，一边用瓶盖轻轻敲瓶口，使沾在瓶口的试样落入容器或落回称量瓶中，盖好瓶盖。

⑥ 精称倒出试样后称量瓶的质量 m_2。m_1-m_2 即为第一份试样的质量。若 m_1-m_2 的质量少于 0.3g，可以再倾倒出少量试样。倾倒试样时，一般很难一次倾准，需要几次仔细、耐心的同样操作，才能称取一份合乎要求的试样。

重复⑤、⑥步操作，称取第二份、第三份试样。

⑦ 将称量数据及时记录在记录本上。可按下面表格的方法记录，并计算各份样品的质量。

称量瓶与样品质量 m_1 9.5895g	称量瓶与样品质量 m_2 9.2640g	称量瓶与样品质量 m_3 8.9562g
第一次倒出后称量瓶与样品质量 m_2 9.2640g	第二次倒出后称量瓶与样品质量 m_3 8.9562g	第三次倒出后称量瓶与样品质量 m_4 8.6411g
第一份样品质量 0.3255g	第二份样品质量 0.3078g	第三份样品质量 0.3151g

在记录熟练后，可以简化如下：

1#	2#	3#
9.5895g	9.2640g	8.9562g
−9.2640g	−8.9562g	−8.6411g
0.3255g	0.3078g	0.3151g

⑧ 减量法操作应注意的问题。

a. 用称量瓶盛装试样不宜太多，否则操作不便。

b. 倾倒试样，一次倒不准时，每份可倒 2～3 次。若倒出太多时，应弃去重做，不能倒回称量瓶。

c. 沾在称量瓶瓶口的试样应处理干净，以免造成试样丢失。

d. 使用纸带时，不要碰着称量瓶瓶口，以免丢失试样。

e. 打开或盖上瓶盖时，应在盛放试样的容器上方进行，以防试样丢失。

f. 所称每份试样要无损地倒入每个容器中，不许倒在纸片上。

g. 若发现试样丢失，应重新称量。

三、指定质量称样法

在分析工作中，有时需要准确称取某一指定质量的试样。如直接法配制 1000mL 浓度为

$c(\frac{1}{6}K_2Cr_2O_7)=0.1000mol/L$ 的 $K_2Cr_2O_7$ 标准溶液，需称取 4.903g 基准物 $K_2Cr_2O_7$。此法只适用于称取不易吸湿且不与空气中各组分发生作用、性质稳定的粉末状物质。称样时常使用 6cm 的表面皿或扁型称量瓶。

指定质量称样法操作如下（以称取 4.903g 重铬酸钾为例）。

① 测定并调整天平的零点。

② 称量表面皿的质量。

③ 加（4+0.90)g 砝码。

④ 用药匙往表面皿上加入试样，直到相差 10mg 以下。

⑤ 启开天平。

⑥ 抖入试样。小心地以左手持盛有试样的药匙，伸向表面皿中心部分 2～3cm 高处，用左手拇指、中指及掌心拿稳药匙，以食指轻弹或摩擦药匙柄，使药匙里的试样以非常缓慢的速度抖入表面皿中，此时眼睛既要注意药匙，同时也要注视投影屏上的微分标尺，待微分标尺正好移动到所需要的刻度时，立即停止抖入试样，此时右手不要离开旋钮。若不慎多加了试样只能关闭天平，用药匙取出多余的试样，再重复上述操作，直到投影上出现 3.0mg 为止。

⑦ 用镊子或戴细纱手套取下表面皿。

⑧ 无损地将表面皿内的试样转入容器。

⑨ 注意：a. 往表面皿中加入试样或取出药匙时，试样绝不能撒落在秤盘上；b. 启开天平加试样时，要特别仔细，切勿抖入过多的试样。

进度检查

一、问答题

1. 直接称样法、指定质量称样法都要首先调节天平，为什么？用减量称样法称取试样时为什么可以不调零点？

2. 什么情况下选用减量法？什么情况下选用指定质量称样法？

二、操作题

用双盘电光分析天平进行如下操作（选其中三个题）。

1. 称量三个铜片的质量。
2. 称量两个小烧杯的质量。
3. 称量两个称量瓶的质量。
4. 称量两个坩埚的质量。
5. 称取三份每份 0.3g 石英砂。
6. 称取 3.5678g 石英砂。

学　习　单　元	编号	FJC-19-06
名　　称：双盘电光分析天平的维护与保养 职业领域：化工、石油、环保、医药、冶金、建材、煤炭等 工作范围：分析	课时	2
	日期	

学习目标

完成本单元的学习之后，能够进行双盘电光分析天平的日常维护与保养。

所需仪器和药品

序号	名称及说明	数量	序号	名称及说明	数量
1	半自动双盘电光分析天平	1台	4	无水乙醇	1瓶
2	全自动双盘电光分析天平	1台	5	绸布	少量
3	变色硅胶	1瓶			

相关学习单元

——双盘电光分析天平的工作原理和结构　　FJC-19-02

学习单元内容

一、电光分析天平的一般维护与保养

维护保养天平应防尘、防震、防潮、防气流、防腐蚀、防温度波动及防热辐射等。为此，天平室应满足如下条件。

① 天平室附近应无大量尘埃。天平室门窗应严密、双层布帘，以防灰尘侵入。

② 天平室应远离震源，如煅压或冲压车间、铁路、公路及大型动力设备等，并尽量设在坐南朝北的底层房间。

③ 天平室温度力求稳定，最好有恒温设施，室温保持在20℃左右。阳光不得直射天平及天平附近，天平应远离暖气管道、电炉等热源。室内应设置室温计和湿度计。

④ 天平室不得装置排风设备，不能有水源，也不能将盛有水的容器带入天平室，室内相对湿度最好保持70%以下。

⑤ 天平室应无明显的气流存在，并防止腐蚀性气体的侵入。

⑥ 与称量无关的物品不得带入天平室。

⑦ 天平室应光线明亮、均匀、柔和，宜采用荧光灯照明。

二、分析天平的管理与使用要求

① 天平应由专人管理。每台天平都应建立技术档案袋，用来存放出厂证书、使用说明书、检定证书，定期维护保养并记载检修情况、使用记录。

② 为使天平保持干燥，天平箱内要放置干燥剂。通常使用变色硅胶并定期更换，不得使用粉状或液体干燥剂（如无水氯化钙、浓硫酸等）。

③ 不准在天平室敲打、洗涤、就餐、吸烟、睡觉、玩耍。

④ 所称物品的质量不得超过天平的最大称量，其体积、长度也不能太大。分析天平只有在要求称准至0.1mg时才使用。粗略称量一般使用托盘天平。

⑤ 称量试样一般不能直接放在天平盘上称量。应盛放在清洁、干燥的适当器皿里，经烘干过的试样和易吸湿、易吸收空气中的二氧化碳以及易被氧化的试样都必须使用称量瓶，性质比较稳定的试样可使用表面皿。

⑥ 前门供调修使用，通常不要打开，侧门供加减物品、加减砝码时使用，全开天平确定平衡点读数时必须关闭所有天平门，半开天平试称时可暂不关闭右侧门。

⑦ 加减物品、加减砝码、加减环码时都必须休止天平，称量完毕时也要休止天平，以减少玛瑙刀口的磨损。

⑧ 拧动开关旋钮、操作指数盘时，要缓慢而仔细，以保护天平。

⑨ 经常保持天平的清洁，定期清除各部件灰尘。玛瑙刀口和刀承用绸布擦拭，其他部件用软毛刷、鹿皮或绸布拂拭。

⑩ 天平使用一段时间后，应定期检查和由专业人员调试。

进度检查

一、填空题

1. 天平箱内的干燥剂通常使用__________，不能使用粉状或液体干燥剂，如__________和__________。

2. 当变色硅胶变为__________色时，就应该进行烘干处理；处理后应为__________色。

二、判断题（正确的在括号内划“√”，错误的划“×”）

1. 天平室应防尘。（　　）
2. 天平室应防震。（　　）
3. 天平室应防潮。（　　）
4. 天平室应防腐蚀。（　　）
5. 天平室应防温度波动。（　　）
6. 天平室应防气流。（　　）
7. 天平室应防热辐射。（　　）
8. 天平可安装在暖气管附近。（　　）
9. 天平室可设在公路旁边。（　　）
10. 天平箱内可用浓硫酸作干燥剂。（　　）

三、选择题（将正确答案的序号填入括号内）

用最合适的天平称取下列物质

1. 0.3000g 基准重铬酸钾。（　　）
2. 20.0g NaOH。（　　）
3. 0.30g 高锰酸钾。（　　）

A. 0.1mg 的分析天平　　B. 0.1g 的托盘天平　　C. 0.01g 的工业天平

学习单元	编号	FJC-19-07
名　　称：双盘电光分析天平常见故障的排除	课时	4
职业领域：化工、石油、医药、环保、冶金、建材、煤炭等		
工作范围：分析	日期	

学习目标

完成本单元的学习之后，能够排除双盘电光分析天平的常见故障。

所需仪器和设备

序号	名称及说明	数量	序号	名称及说明	数量
1	半自动双盘电光分析天平(分度值为 0.1mg)	1台	3	天平调修工具	1套
2	全自动双盘电光分析天平(分度值为 0.1mg)	1台			

相关学习单元

——双盘电光分析天平的工作原理和结构　FJC-19-02

——双盘电光分析天平灵敏度的测定　FJC-19-03

——双盘电光分析天平的称量方法 FJC-19-04
——双盘电光分析天平的称样操作 FJC-19-05
——双盘电光分析天平的维护与保养 FJC-19-06

学习单元内容

一、常用修理工具

天平常用修理工具见表 19-07-01。

表 19-07-01 天平常用修理工具

分类	序号	名称	规格	用途	备注
通用工具	1	放大镜	3～5 倍	看刀刃、刀缝脏物	
	2	活扳子	110×14		
	3	钟表改锥	6 件 1 组		
	4	变通改锥	75mm,100mm		
	5	电讯改锥 （长柄）	150mm×5mm 200mm×3.5mm	调整单盘天平用	
	6	试电笔			
	7	尖嘴钳			
	8	什锦锉	10 支 1 组		
	9	小水平仪	150mm,8′		
专用工具	10	不锈钢方头镊子		夹取单盘天平圆柱形砝码用	
	11	拨棍	Φ1.2～2mm 钢丝或用车条自制，长 60～70mm，两端长 4mm，磨圆	松紧四眼螺母	见图 19-07-01 (a)、(b)、(c)
	12	叉扳子	厚 2～3mm，不锈钢制	松紧四眼螺母	见图 19-07-01(d)
	13	小扳子	厚 2～3mm，不锈钢或其他钢材制，长 60mm，口大 2.5∶3∶6.5∶7.5,9mm	松紧方形或六角螺母	见图 19-07-02
	14	短柄改锥	长 50mm，口宽 5mm，0.5mm 钢片自制	普通改锥下不去的狭小地方用	见图 19-07-03
	15	吊角器		测定三刀平行性	见图 19-07-04
	16	压角器		测定三刀平行性	见图 19-07-05
	17	等质砝码	100g 两个		

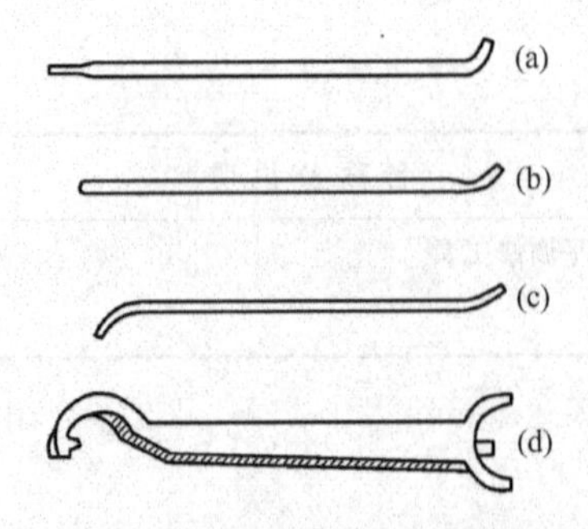

图 19-07-01 拨棍和叉扳子
(a)，(b)，(c) —拨棍；(d) —叉扳子

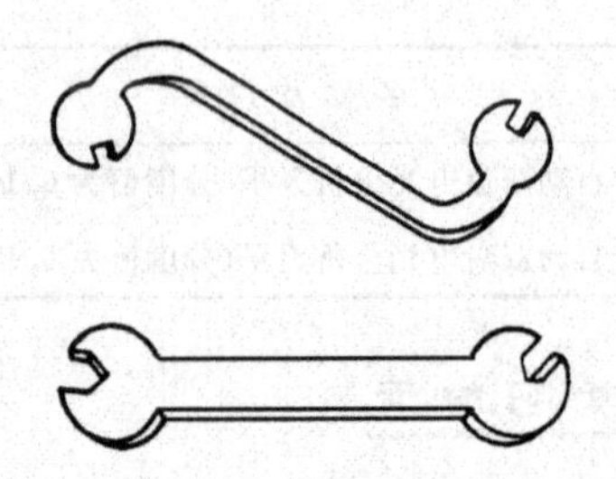
图 19-07-02 小扳子

图 19-07-03　短柄改锥

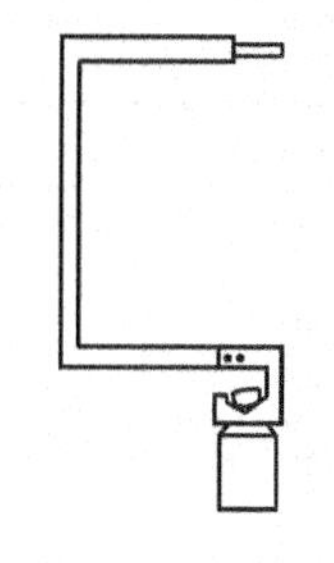

图 19-07-04　吊角器

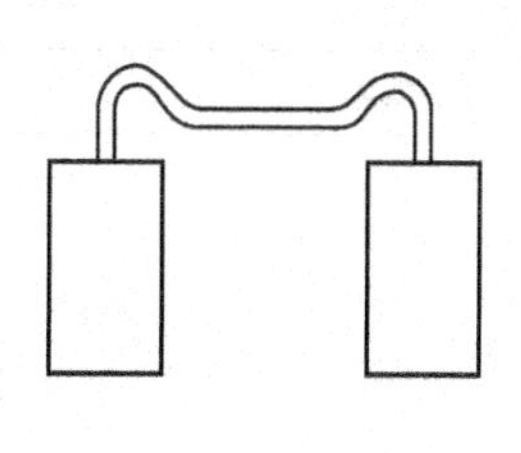

图 19-07-05　压角器

二、常见一般故障的排除

天平常见一般故障的排除见表 19-07-02。

表 19-07-02　天平常见一般故障的排除

天平故障	产生原因	修理方法
一、天平灵敏度过高或过低（即感量过小或过大）	1. 天平横梁的重心过高或过低 2. 天平刀刃磨损变钝，使灵敏度降低	1. 略微调整重心螺丝的高低，调一次测一次平衡位置及感量，至合适为止 2. 此时提高重心螺丝无效，只能更换刀子
二、无刀缝（易使天平刀刃损坏及产生变动性）		调节翼翅板上支放横梁的螺丝及支放吊耳的顶尖螺丝，使中刀缝为 0.3～0.25mm，边刀缝为 0.2～0.15mm
三、跳针—启开天平时指针下端向前或向后跳动	1. 中刀刀缝前后不等 2. 如果取下吊耳不跳针，安上又跳，这是吊耳前后耳折引起的	取下两边的吊耳，调节支放横梁的水平板上的螺丝，至无跳针现象，再将紧固螺丝固定
四、耳折及吊耳脱落	1. 吊耳在启开天平时左右折使翼翅板上支放吊耳的顶尖靠里或靠外，使吊耳在刀刃上不能平衡 2. 前后折使两顶尖高度不合适使前后刀缝不等 3. 吊耳脱落是因操作太重或太不平衡时全开关天平或严重耳折引起的 4. 托盘太高	1. 少许拧松固定顶尖的螺母，左右移动顶尖（向外拆时向里移）至不折为止，再小心紧固 2. 用拨棍升高或降低顶尖螺丝 3. 调节托盘至适当位置
五、带针—启开天平时总是先向一边偏移之后再逐渐进入正常摆动	1. 横梁不水平 2. 边刀缝不等，中刀缝小于边刀缝，致使某一边刀刃先接触 3. 翼翅板上各顶尖及支放横梁的螺丝及横梁上的各点、槽面有灰尘或脏物或加工粗糙 4. 某一边盘托太高，使秤盘不能及时下降	1. 用量尺量两边刀到底板的高度，调整之 2. 调节刀缝 3. 用酒精小棉球棍擦各接触点，注意勿留下棉花毛，也可用鹿皮擦 4. 加工粗糙的可以再加工或更换零件 5. 调整盘托 6. 有时是横梁两边不一样重不易消除带针
六、盘托高低不合适，过高易使吊耳脱落及造成变动性过大，过低则不起盘托作用，使用时秤盘不断摆动		取下秤盘，取出托盘器，调节下端的螺母，再安上试，直至用手轻推秤盘晃动几下后即停止摆动，盘托微托起秤盘止
七、横梁摆动受阻，启开天平后，指针不摆动或摆动不灵活，光电天平的标尺时动时不动，或摆到某一位置突然受阻	天平活动部分和固定部分发生摩擦引起，主要有以下几点原因： 1. 水平不对 2. 活动阻尼筒与固定阻尼筒之间有纸毛或摩擦 3. 吊耳与刀盒或翼翅板之间相碰 4. 指针微分标尺与物镜相碰 5. 盘托杆与孔壁摩擦，盘托落不下去 6. 环码和加码槽或加码杆及钩相碰，或环码变形导致相碰	1. 检查并调整水平，必要时另取一水平仪放于底板上校验天平的水平泡 2. ①刷去内外阻尼筒的灰尘杂物；②将内筒旋转 180°再挂上试之；③从上部观察两阻尼筒的螺丝，移动外筒位置，使内外筒间隙相等后紧固 3. 调动去放吊耳的顶尖 4. 移动物镜使其不相碰 5. 检查托盘是否左右放错，修整盘托使其光滑下落 6. 调整加码杆的高低长短位置，细致纠正加码钩的位置，整复环码

续表

天平故障	产生原因	修理方法
八、加码器失灵	1. 加码器指数盘互相摩擦产生连动 2. 加码杆起落失灵	1. 拧松固定螺丝，略向外移动小指数盘，再拧紧螺丝 2. 取下加码装置的外罩，检查是否有螺丝松动或位置不对，调节之，适当上机油
九、光电天平启开天平后灯泡不亮	1. 插销或灯泡接触不良 2. 灯泡坏 3. 由升降枢控制的微动开关触点长锈，接触不良或未接触上	1. 检查插头、小变压器接头、灯座 2. 更换灯泡 3. 卸下天平横梁、挂码等活动零件，横放天平(注意垫好，勿压坏玻璃框)，用砂纸打磨接触点，或弯曲接触片使其位置合适
十、光幕上光线暗淡或有黑影缺陷	1. 光源与聚光管不在一条直线上 2. 第一、第二反射镜位置不对	1. 使灯常亮(便于调节)取下灯光罩，调整灯座位置使小灯泡射出最亮光，再插上聚光管，调整聚光管前后位置，使 40mm 处成一圆形光最亮为止(此为精细调整，一般也可按前面安装天平中介绍的方法调整) 2. 调整第一反射镜角度使光充满窗
十一、标尺刻度模糊无标尺或标尺偏上、偏下或倾斜	1. 物镜焦距不对 2. 第一、第二反射镜角度不对 3. 标尺不在光路上 4. 跳针引起开启天平时标尺模糊	1. 拧松物镜固定螺丝，把物镜筒推前，再渐渐向后推动至标尺清晰为止，拧紧固定螺丝 2. 拧动第一反射镜的调节钮 3. 如横梁安装合适，此时只能将紧固标尺的小螺丝小心拧松，调动微分标尺的上下位置至有标尺为止 4. 调跳针
十二、变动性大，检定变动性超出允许误差(1 分度)，或在称量前后零点变动超过 1 分度	1. 外因引起的变动性包括：天平桌不稳、天平受震动、阳光暖气等使室内温度改变，开关过猛，称过冷、过热的物体等 2. 刀垫不平或光洁度不够，刀刃不平或有严重崩缺 3. 刀刃或刀垫上灰尘过多 4. 横梁上部件松动，如重心砣、感量砣、指针、微分标尺、刀盒螺丝等松动 5. 安装不符合要求，如上述的刀缝不合适，跳针、耳折、带针、盘托过高均可引起，三刀刃不平行也可引起变动性 6. 阻尼筒间有脏物，阻尼筒四周间隙不一样大 7. 立柱不正，刀垫安装不水平，立柱松动，翼翅板松动	1. 采取相应措施消除 2. 更换新刀 3. 可用软毛刷刷去，用鹿皮或酒精棉球轻擦刀垫和刀刃 4. 小心紧固螺丝，在紧刀盒螺丝时一定要对称用力紧同样程度(一般人不要动) 5. 修理安装上的毛病 6. 清洁阻尼筒并调整位置 7. 检查立柱及刀垫，调整紧固翼翅板的螺丝

双盘电光分析天平的使用技能考试内容及评分标准

一、考试内容：用双盘电光分析天平称取三份每份 0.3g 的石英砂（减量法）

1. 称量前的准备。

(1) 取下天平罩，折叠好放于天平箱后方。

(2) 称量样品，承受样品的容器编号后放于天平箱左方。

(3) 砝码盒放于天平箱右方。

(4) 记录本、笔放于前台面。

2. 称量前的检查。

(1) 检查称量样品温度是否为室温。

(2) 检查天平各部件是否处于正常位置。

(3) 检查天平是否清洁。

(4) 检查天平是否水平。

3. 将烘干并冷却至室温的样品约 1g 放于洁净的称量瓶中。

4. 用托盘天平粗称盛有样品的称量瓶的质量（称准至 0.1g）。

5. 用分析天平精称盛有样品的称量瓶的质量 m_1（称准至 0.0001g）。

6. 倾倒样品约瓶中的 1/3。

7. 精称倒出样品的质量 m_2，m_1-m_2 即为第一份样品的质量。重复第 6、第 7 步的操作，即为第二、第三份样品的质量。

8. 记录称量数据，并计算各份样品的质量。

二、评分标准

（一）基本操作（80 分）

1. 称量前的准备。（每步准备 2 分，共 8 分）

2. 称量前的检查。（每步检查 2 分，共 8 分）

3. 将烘干并冷却至室温的样品约 1g 放于洁净的称量瓶中。（8 分）

4. 用托盘天平粗称盛有样品的称量瓶的质量（称准至 0.1g）。（10 分）

5. 用分析天平精称盛有样品的称量瓶的质量 m_1（称准至 0.0001g）。（12 分）

6. 倾倒样品约瓶中的 1/3。（16 分）

7. 精称倒出样品的质量 m_2，m_1-m_2 即为第一份样品的质量。重复第 6、第 7 步的操作，即为第二、第三份样品的质量。（18 分）

（二）数据记录和结果计算（20 分）

1. 记录数据。（10 分）

2. 计算结果。（10 分）

MU20　单盘电光分析天平的使用

学　习　单　元	编号	FJC-20-01
名　　称：单盘电光分析天平的工作原理和结构		
职业领域：化工、石油、环保、医药、冶金、建材、煤炭等	课时	4
工作范围：分析	日期	

学习目标

完成本单元的学习之后，能够掌握单盘电光分析天平的称量原理，熟悉各部件及其作用。

所需仪器

DT-100型单盘电光分析天平1台。

相关学习单元

——双盘电光分析天平的工作原理和结构　　FJC-19-02

学习单元内容

单盘电光分析天平是只有一个秤盘的天平，也叫减码式电光分析天平或双刀单盘电光分析天平。其基本结构见图20-01-01。单盘电光分析天平具有全部机械减码装置和光学读数机构，与双盘天平相比，具有其优越的性能，已被普遍采用。

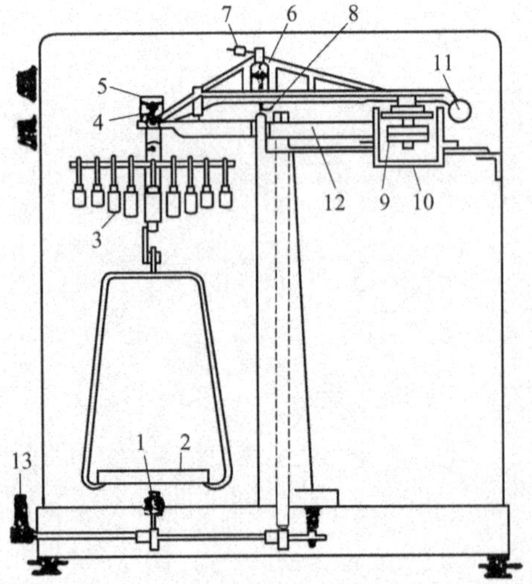

图20-01-01　单盘电光分析天平的基本结构

1—盘托；2—秤盘；3—砝码；4—承重刀；5—吊耳；6—感量调节螺丝；7—平衡调节螺丝；8—支点刀；9—平衡锤；10—阻尼器；11—光学刻度标尺；12—天平横梁托架；13—升降旋钮

一、单盘电光分析天平的称量原理和性能特点

1. 称量原理

这种天平只有一个秤盘，横梁上有两把刀，一把支点刀一把承重刀，全部砝码和秤盘在同一悬挂系统中，作用于承重刀上。横梁的另一端装有固定质量的配重砣和阻尼器，其质量恰好与悬挂系统上的秤盘和分部砝码相平衡。空载时，天平处于平衡状态。称量时，秤盘上放置被称物品，破坏了空载时的平衡，必须从悬挂系统中减去等质量的砝码，才能使天平恢复原来的平衡状态。

即被称物品的质量等于减去砝码的质量。这就是单盘电光分析天平的替代法称量原理。

2. 性能特点

(1) 灵敏度（分度值）恒定　由称量原理可知，在称量全部过程中，被称物品的质量等于悬挂系统中减去砝码的质量，悬挂系统的总质量不随被称物品的质量的不同而改变，不存在像双盘天平那种因称样质量的增加而使灵敏度降低的问题，即单盘天平的灵敏度恒定。

(2) 不存在不等臂误差　双盘天平的支点刀到两把承重刀的距离不可能调节到绝对相等，因而存在不等臂误差。单盘天平的砝码和被称物品在同一个悬挂系统中，即同一个臂上，臂长是一个，因此不存在不等臂误差。

(3) 操作简便，称量速度快　单盘天平具有全机械减码装置和“半开”机构，加减砝码时不需要反复休止、启开天平，同时还附加“预称机构”，这就大大缩短了称量时间。有的还设有“去皮”机构，可直接得出被称物品的质量。此外这种天平的维修保养也比较方便。

二、单盘电光分析天平的结构

以 DT-100 型单盘电光分析天平为例。

单盘电光分析天平由外框部分、起升部分、横梁部分、悬挂系统、光学读数装置和机械减码装置六个部分组成，见图 20-01-01。

1. 外框部分

外框部分由底板和框罩组成。框罩固定在底板上，底板下面安装有电源变压器、电源转换开关、停动手钮、调零手钮、微读手钮、减码数字窗口、微读数字窗口等，见图 20-01-02 和图 20-01-03。左右手都可开关天平。秤盘在中央，左右都有玻璃门，供取放被称物品用。框罩主要用于保护天平，起防尘、防潮、隔绝外界气流、保持室温恒定的作用。天平顶盖可向上举起而打开，上有隔开的小室和散热孔，可防止因灯泡发热温度升高而使横梁受到影响。底板下面装有三只脚。脚安放在减震脚套上，前面两只可以调节高低，后一只固定。水准器位于底板前面。

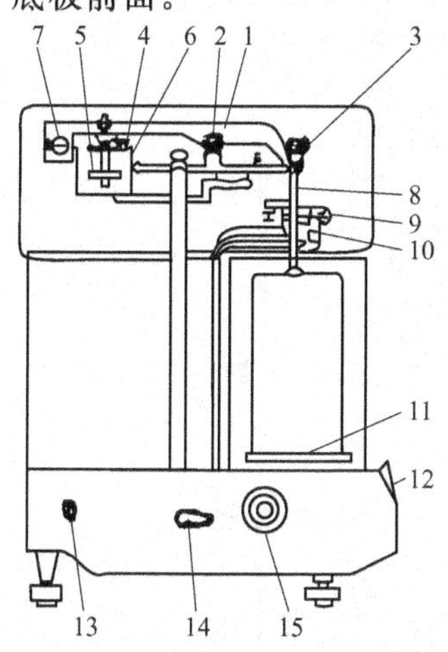

图 20-01-02　DT-100 型单盘电光分析天平的结构

1—横梁；2—支点刀；3—承重刀；4—阻尼片；5—配重砣；6—阻尼筒；7—微分标尺；8—吊耳；9—砝码；10—砝码托；11—秤盘；12—光幕；13—电源开关；14—停动手钮；15—减码手钮

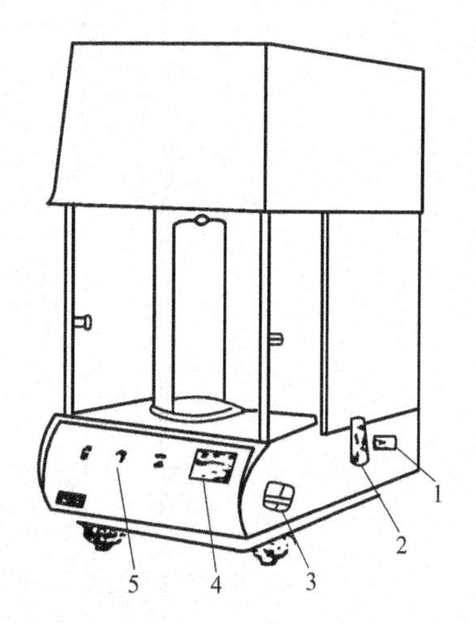

图 20-01-03　DT-100 型单盘电光分析天平的外形

1—调零手钮；2—停动手钮；3—微读手钮；4—微读数字窗口；5—减码数字窗口

2. 起升部分

起升部分的作用是支承横梁和悬挂系统，实现天平的开关动作。停动手钮向操作者方向转 90°，天平全开，横梁可在 0～100 分度范围内自由摆动。停动手钮向后旋转 30° 横梁可在一个很小的范围（0～15 分度）内摆动，这种状态称为“半开”。天平半开时转动减码手钮进行减码操作不会损坏天平的刀口。

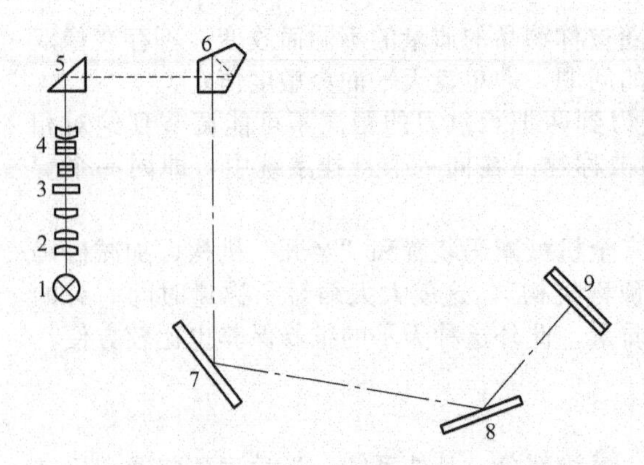

图 20-01-04　DT-100 型单盘电光分析天平的光学读数装置示意图

1—光源；2—聚光镜；3—微分标尺；4—放大镜；5—直角棱镜；6—五角棱镜；7—调零反射镜；8—微读反射镜；9—投影屏

3. 横梁部分

横梁一般由硬铅合金制成，支点刀和承重刀由人造宝石制成，硬度比天然玛瑙大，使用寿命也比较长。横梁尾部是微分标尺，微分标尺前面是配重砣，配重砣主要起横梁平衡作用。配重砣上有阻尼片，并附有阻尼筒。横梁上垂直方向螺丝是感量砣，用于调节天平的灵敏度。横梁上水平方向的螺丝是平衡砣，用于调节天平的零点。

4. 悬挂系统

悬挂系统由承重板（下有承重刀垫）、秤盘组成。砝码架的槽中可放置 16 个圆柱形砝码，可组成 99.9g 以内的任意质量。砝码为整体实心的结构，以保证其质量稳定。

5. 光学读数装置

光学读数装置是将微分标尺进行放大方便读数的机构。其光路见图 20-01-04。光源 1 经聚光镜 2 聚焦在天平横梁一端的微分标尺 3 上，微分标尺读数经放大镜 4 放大约 68 倍，再经直角棱镜 5 一次反射、五角棱镜 6 二次反射，最后由调零反射镜 7、微读反射镜 8 两次反射，成像于投影屏 9 上。

DT-100 型单盘电光分析天平的操作旋钮，见图 20-01-05。转动调零手钮，可改变调零

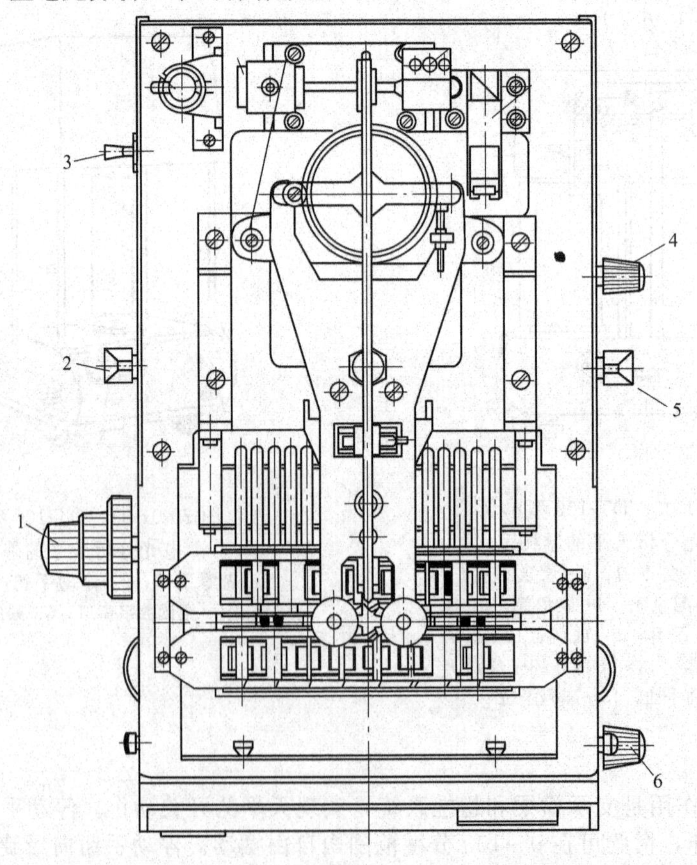

图 20-01-05　DT-100 型单盘电光分析天平的操作旋钮

1—减码手钮；2，5—停动手钮；3—电源开关；4—调零手钮；6—微读手钮

反射镜的角度，在 6 分度以内可调整零点，如超过此范围，则需转动平衡砣调整。通过微读手钮改变微读反射镜的角度，可以读出标尺上 1 分度的 1/10 的数值（1 分度代表 1mg，即 0.1mg），即微读轮转 0～10 分度相当于投影屏上标尺的一个分度。

6. 机械减码装置

机械减码装置由三个减码手钮控制三组不同几何形状的凸轮，见图 20-01-06。凸轮转动使减码杆起落，托起砝码实现减码，同时在读数窗口显示减去砝码的质量，见图 20-01-07。

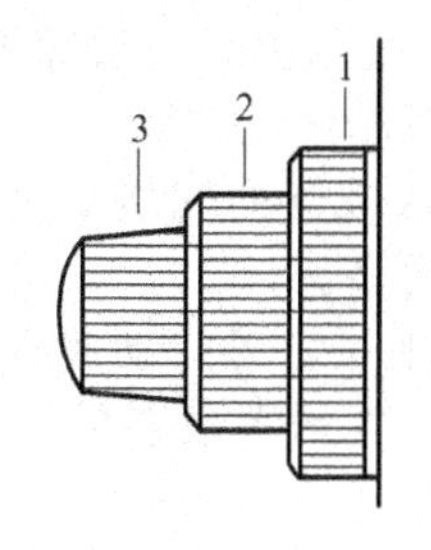

图 20-01-06 减码手钮

1—大手钮（10～90g）；2—中手钮（1～9g）；3—小手钮（0.1～0.9g）

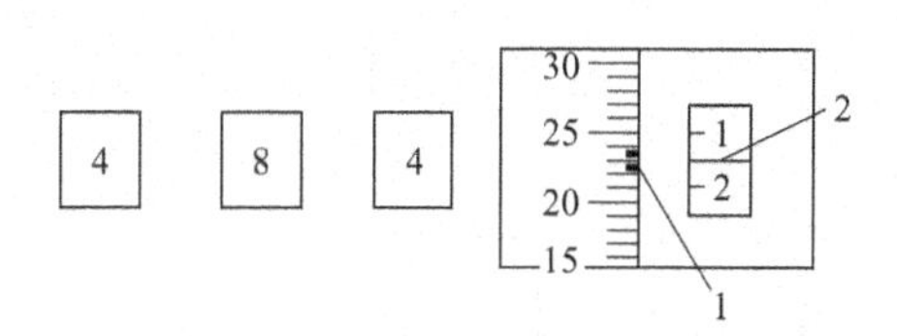

图 20-01-07 DT-100 型单盘电光分析天平读数器

1—黑双线；2—游标估读线

进度检查

一、填空题

1. 单盘电光分析天平由__________、__________、__________、__________、__________、__________六个部分构成。

2. 双盘天平应在__________状态下加减砝码，单盘天平应在__________状态下进行加减砝码。

二、简答题

1. 单盘电光分析天平是怎样维持平衡的？

2. 与双盘电光分析天平相比，单盘电光分析天平有哪些优点？

三、操作题

对照 DT-100 型单盘电光分析天平，指出各部件名称、作用、所处位置。

学　习　单　元	编号	FJC-20-02
名　　称：单盘电光分析天平的基本操作		
职业领域：化工、石油、环保、医药、冶金、建材、煤炭等	课时	8
工作范围：分析	日期	

学习目标

完成本单元的学习之后，能够进行单盘电光分析天平的基本操作。

所需仪器

DT-100 型单盘电光分析天平 1 台。

相关学习单元

——单盘电光分析天平的工作原理和结构　　FJC-20-01

学习单元内容

以 DT-100 型单盘电光分析天平为例。

一、使用前的检查与调整

① 检查天平的吊耳、秤盘、砝码等部件是否处于正常位置。

② 检查天平的秤盘、底板及其他部件是否清洁，若有灰尘或污物，应清除干净。

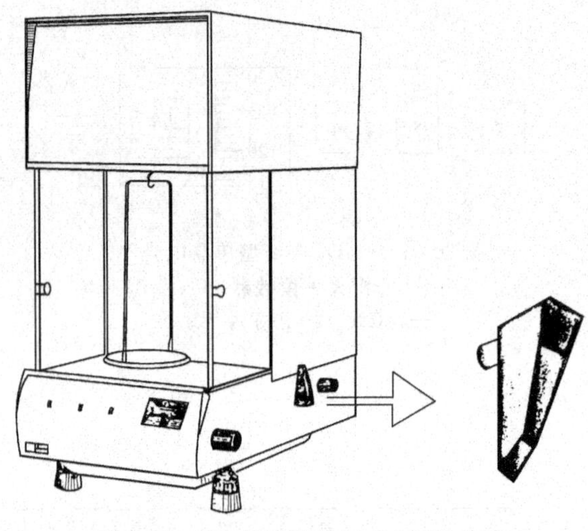

图 20-02-01　使天平处于“全开”状态

③ 检查和调整水平。

a. 观察水准器的气泡是否位于中央位置，否则应调整。

b. 若不水平，可拧动底板下边前面的两个天平脚，直到水准器的气泡位于中央位置为止。

④ 接通电源。先检查供电电压是否与天平上的电源变压器的接线相一致，若不一致应改变天平上电源变压器的接线方式，使之与供电电压相一致。然后将插头插入电源插座内，启开天平，灯泡应发亮。

⑤ 调整零点。

a. 调整减码数字窗口和微读数字窗口的数字在“0”位。

b. 向上开动电源转向开关。

c. 向操作者方向旋转停动手钮角度为 90°，这时天平处于“全开”状态，见图 20-02-01。

d. 当天平横梁摆动停止后，旋转调零手钮，使投影屏上微分标尺“00”刻线位于黑双线正中处，见图 20-02-02。

⑥ 检查灵敏度。调整好零点之后，休止天平，在秤盘上放上 100mg 标准砝码，启开天平，平衡位置应移动 100±1 个分度。如果超差，可调整横梁支点刀上方的重心砣，使之符合要求。

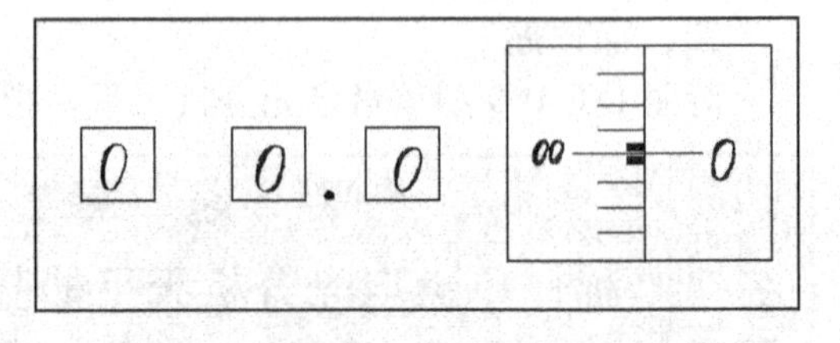

图 20-02-02　零点读数

二、称量方法（操作步骤）

在完成以上检查与调整之后进行下列称量操作（以称量一份 18.422g 的物品为例）。

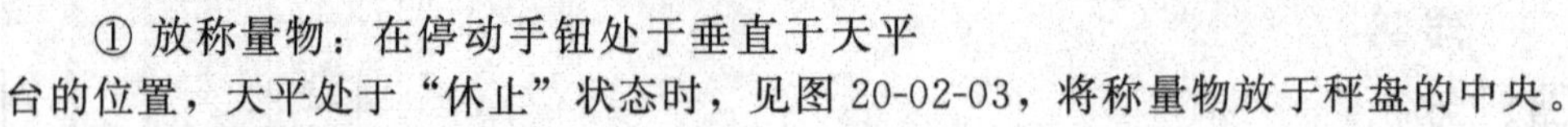

① 放称量物：在停动手钮处于垂直于天平台的位置，天平处于“休止”状态时，见图 20-02-03，将称量物放于秤盘的中央。

② 关上天平门。

③ 将停动手钮顺时针旋转 30°，天平处于“半开”状态。以下减码操作必须在“半开”状态下进行。

④ 转动减码手钮的大手钮（10～90g），由 10 转到 20g，投影屏微分标尺的负数夹入黑双线，表示所减砝码太大，退回一个数，将大手钮转回 10g，此时标尺上正数加入黑双线，表明称量物质量在 10～20g 之间。

⑤ 转动减码手钮的中手钮（1～9g）和小手钮（0.1～0.9g）确定减码手钮放在 18.42 和称量物质量在 18.42～18.43g 之间。

⑥ 休止天平：将停动手钮处于跟天平台垂直位置时，天平即为“休止”状态。

⑦ 将停动手钮缓慢向前转 90°，天平处于“全开”状态，微分标尺停在 22～23mg 之间。

⑧ 转动微读手钮，22 刻度夹入双线，微读轮读数为 1.5，此时称量值为 18.42215g，见图 20-02-04。

根据 DT-100 型天平的分度值为 0.1mg 及有效数字的取舍规则应写为 18.4222g。

⑨ 休止天平，将减码数字窗口和微读数字窗口的数字调节在“0”位，取出称量物。

⑩ 关好天平门，切断电源，罩好天平罩。

⑪ 进行单盘电光分析天平的操作时应注意以下几点。

a. 往天平盘上放称量物或从天平盘上取出称量物时，必须在休止状态下进行。停动手钮处于垂直位置时，天平即处于休止状态。

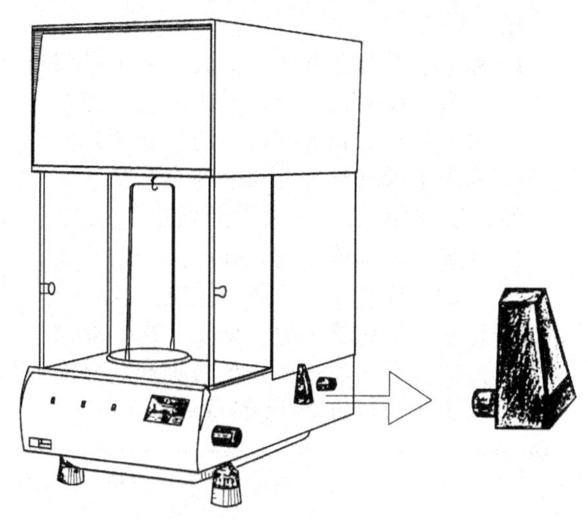

图 20-02-03　使天平处于“休止”状态

b. 进行减码操作时，应在天平半开状态下进行。将停动手钮向后旋转 30°，天平即处于半开状态。

c. 减码操作也遵循“由大到小，逐级试验”的原则。转动减码手钮时应注意观察投影屏上微分标尺的移动情况，若标尺向负数移动，表示减码过大，应退回一个数；若标尺不动，表示减码太小，应继续减码；若标尺向正值移动，表示砝码值小于称量物。

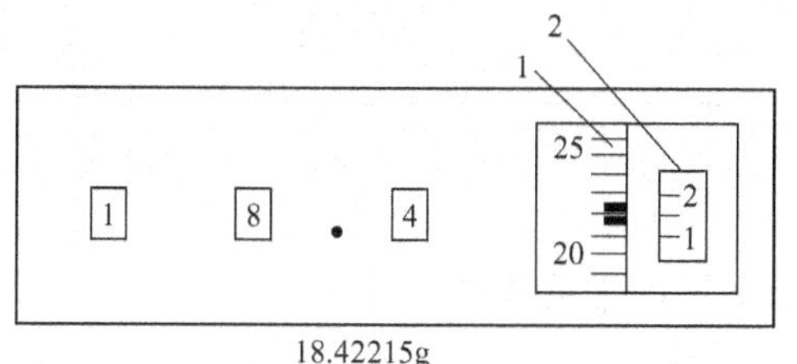

图 20-02-04　读数方法
1—微分标尺读数；2—微读机构读数

d. 调整天平的零点拧动调零手钮时或转动微读手钮确定读数时，应在天平全开状态下进行。将停动手钮向操作者方向旋转 90°，天平即处于全开状态。

e. 微读手钮只能在 0～10 间转动，若向前或向后用力过猛，就会使微读轮数字消失。

f. 不能称量过冷、过热的物品，不能超过天平的最大称量。若称量易挥发或腐蚀性物品，应选用密闭容器。

g. 称量物应放于秤盘中心。

h. 旋转各手钮时，应缓慢而小心。

i. 秤盘晃动时，不能启开天平。

j. 天平出现故障时应停止使用。

三、称样方法

见 FJC-19-05 双盘电光分析天平的称样操作。

进度检查

一、填空题

1. 往天平盘上放称量物时，必须在天平处于__________状态下进行；从天平盘上取出称量物时，必须在天平处于__________状态下进行。

2. 进行减码操作时，应在天平处于__________状态下操作。

3. 拧动调零手钮时，应在天平处于__________状态下进行；转动微读手钮时，应在天平处于__________状态下操作。

二、选择题（将正确答案的序号填入括号内）

进行减码操作时，观察到微分标尺向负数方向移动，这是因为（　　）。

A. 减码太大　　B. 减码太小　　C. 减码合适

三、问答题

1. 称量前对单盘电光分析天平要做哪些检查和调整？
2. 何为单盘电光分析天平的休止状态？
3. 何为单盘电光分析天平的半开状态？
4. 何为单盘电光分析天平的全开状态？

四、操作题（1、5 题为必做题，2、3、4 题可任选一题）

1. 测定并调整单盘电光分析天平的零点。
2. 称量一称量瓶的质量，重复三次，取其平均值。
3. 称量一坩埚的质量，重复三次，取其平均值。
4. 称量一 50mL 的小烧杯的质量，重复三次，取其平均值。
5. 称取 3 份每份 0.3g 的石英砂。

学 习 单 元	编号	FJC-20-03
名　　称：单盘电光分析天平常见故障的排除		
职业领域：化工、石油、环保、医药、冶金、建材、煤炭等	课时	2
工作范围：分析	日期	

学习目标

完成本单元的学习之后，能够排除单盘电光分析天平的常见故障。

所需仪器

序　号	名称及说明	数　量
1	单盘电光分析天平	1台
2	常用修理工具	1套

相关学习单元

——单盘电光分析天平的工作原理和结构　　FJC-20-01
——单盘电光分析天平的基本操作　　FJC-20-02

学习单元内容

天 平 故 障	产 生 原 因	修 理 方 法
一、光学读数系统		
1. “半开”或“全开”天平时灯不亮	1. 微动开关触点与开关凸轮位置不合适	1. 打开天平后活板，松开关固定板调整钉，前后调整，如转动停动手钮费力应向后调
2. 光不满窗（半明半暗）投影屏上有彩条	2. 光源灯光、聚光管的光轴不重合	2. 松开光源灯调整螺母，慢慢转动或上下前后移动光源灯，至光满窗时紧固 松开聚光管固定钉，转动调焦手钮使刻度线清晰，紧固
3. 标尺刻度模糊甚至无标尺	3. 聚合管不适当	3. 松开物镜固定钉，转动调焦手钮使刻度线清晰，紧固
4. 标尺短线露出来线长不在 2mm 范围内	4. 物镜位置不对	4. 稍松开棱镜架下部固定钉，调整棱镜架位置至夹线合适，紧固
5. 刻度倾斜（移动轨迹相同）	5. 棱镜折射角度不对	5. 松开棱镜架上面的固定钉，稍转动直角棱镜座至合适，紧固
6. 投影屏上有污痕，①污痕不随标尺移动；②随标尺移动	6. ①密封玻璃或零调反射镜、微读反射镜上有脏物；②标尺上有脏物	6. 用蘸有酒精或乙醚的棉棍擦去光学部件上的脏物

续表

天平故障	产生原因	修理方法
二、标尺歪斜(移动轨迹不同)	标尺安装歪斜	调整横梁后端标尺的两个调整钉(松一个,紧一个,勿用力过大)
三、天平启开瞬间标尺先向上移后向下移(喘气)	天平休止状态时,停动凸轮未在最高点	将减码手钮转至99.9g或用原塑料包装固定砝码,也可取下砝码架,向后放倒天平,打开底板罩,调整停动凸轮至关闭天平时最高点对准滚轮
四、1. 休止天平时标尺不指“0”位[超过±(3～5)分度] 2. 休止天平时标尺清晰,启开天平时不清晰	1. 横梁安装不水平 2. 标尺面与刀刃线不垂直,支点刀缝不均匀	1. 调整支放横梁的3个支力销的高低,同时保持中刀缝为开启天平时标尺移动5～7分度,边刀缝不大于中刀缝且刀缝均匀 2. 垫标尺座,调整支点刀缝使其均匀
五、启开天平标尺向相反方向移,超过10个分度(带针)	主要是支力销或玛瑙支承有脏物 托盘压力太大	用酒精或乙醚擦去脏物 调整托盘弹簧的压力
六、1. 微读轮两端“0”或“10”旋不到刻线位置 2. 微读轮旋不动	1. 微读手钮用力过大,撞击定位销使其原位置发生变化 2. 微读轮圆柱销掉入工艺孔缺口	1. 向相反方向旋微读手钮使其撞击另一定位销,恢复原位 2. 打开底板罩,将定位销从工艺孔缺口中提出,复位,拧紧定位套螺丝
七、秤盘晃,标尺停不下来	1. 吊耳重心未落在承重刀刃上(耳折) 2. 托盘压力不够或力的方向不垂直	调整承重板两支力销位置,微小耳折可调吊十字头支承钉,向哪边折降哪边支承钉或升另一边支承钉
八、悬挂系统 1. 砝码架歪斜 2. 砝码架晃动 ① 前后晃 ② 左右晃 3. 砝码落槽时滚动	1. 砝码架歪斜 2. ①耳折;②承重刀缝不均匀 3. 砝码托盘位置没对准砝码中线	1. 水平歪斜调整耳卡箍及支承钉,垂直歪斜调整挂钩 2. ①按“1”,“耳折”调整;②调整承重板支销高低 3. 用叉式扳手矫正减码托位置
九、机械减码机构 1. 带轮旋动一个减码轮另两个数字也跟着变 2. 数字轮与减码情况不对应	1. 减码手轮端面摩擦,减码凸轮组间无间隙 2. 数字轮位置不对,伞齿轮顶丝松动,传动齿轮未咬合	1. 松开紧固手轮的螺丝,调整间隙,调出凸轮组间隙约0.2～0.3mm 调整时不可将凸轮组抽出 2. 松开数字轮顶丝,调整位置 调整伞齿轮与复合齿轮咬合间隙
十、标尺不能在0～100分度内移动	1. 阻尼片与阻尼筒擦靠 2. 砝码托、砝码架砝码之间互相擦靠或其他部位擦靠	从顶部观察阻尼片与阻尼筒间隙 1. 如不均匀,松开阻尼筒定螺丝,移动阻尼筒使间隙均匀,紧固 2. 调整位置,消除擦靠
十一、天平灵敏度过高或过低		调整重心砣,测定感量至合适,注意两个半圆砣要互相拧紧
十二、变动性大,零点向一方向漂移	1. 刀子松动,零部件松动 2. 横梁刀子、刀垫、支力销、阻尼片等部位有灰尘、纤维等 3. 起升机构松动,定位不准,即横梁起落位置不重现环境因素影响 4. 温度太低或操作时灯常亮	1. 取下横梁,一手拿住配重砣用手指轻敲横梁,找出松动部位,紧固 2. 用绸布蘸少量酒精或乙醚擦净 3. 查找松动部分,紧固定位钉(同双盘天平) 4. 室温应在18℃以上,操作时应将电转换开关向上,不使灯常亮

单盘电光分析天平的使用技能考试内容及评分标准

一、考试内容:用单盘电光分析天平称量一份18g样品(某一容器)

1. 调整零点。
2. 往天平盘上放称量物。
3. 减码操作。

转动减码手钮的大手钮，确定称量物的质量——整数位数字。

4. 减码操作。

转动减码手钮的中手钮、小手钮，确定称量物的小数点后前两位数字。

5. “全开”天平，观察微分标尺读数。

6. 转动微读手钮，确定小数点后第 3、4、5 位数字。

7. 读取并记录称量数据。

8. 休止天平，调节各数字窗口数字为“0”位。

9. 关好天平门，切断电源，罩好天平罩。

二、评分标准

1. 调整零点。(15 分。调整零点的 4 个步骤，错一步扣 4 分)

2. 往天平盘上放称量物。(6 分。拿取样品错误、放置样品位置不正确各扣 3 分)

3. 减码操作：转动减码手钮的大手钮，确定称量物的质量——整数位数字。(15 分。减码错误、判断所减砝码太大或太小错误各扣 5 分)

4. 减码操作：转动减码中手钮、小手钮，确定称量物的小数点后前两位数字。(15 分。减码错误、判断所减砝码太大或太小错误各扣 5 分)

5. “全开”天平，观察微分标尺读数。(10 分。操作错误、观察数据不正确各扣 5 分)

6. 转动微读手钮，确定小数点后第 3、4、5 位数字。(10 分。操作错误、观察数据不正确各扣 5 分)

7. 读取并记录称量数据。(10 分)

8. 休止天平，调节各数字窗口数字为“0”位。(10 分。休止天平、调节减码数字窗口数字、调节微读数字窗口数字错误各扣 5 分)

9. 关好天平门，切断电源，罩好天平罩。(9 分。关好天平门、切断电源、罩好天平罩错一步扣 3 分)

MU21　电子天平的使用

<table>
<tr><td rowspan="2">学　习　单　元
名　　称：电子天平的基本知识</td><td>编号</td><td>FJC-21-01</td></tr>
<tr><td>课时</td><td>2</td></tr>
<tr><td>职业领域：化工、石油、环保、医药、冶金、建材、煤炭等
工作范围：分析</td><td>日期</td><td></td></tr>
</table>

学习目标

完成本单元的学习之后，能够了解电子天平的基本知识。

所需仪器

分度值为0.1mg的电子天平1台。

相关学习单元

——天平的基本知识	FJC-19-01
——双盘电光分析天平的工作原理和结构	FJC-19-02
——单盘电光分析天平的工作原理和结构	FJC-20-01

学习单元内容

一、电子天平

通过电磁力矩（或电磁力）的调节使物体在重力场中实现力矩（或力）平衡的天平称为电子天平。见图19-01-04。

二、电子天平的特点

电子天平主要有以下特点。

（1）称量速度快，精度高　现在的电子天平多采用了微机8501及LED（液晶）显示，几秒钟即可显示称量数据，且耗电少，比机械天平快十几倍，可大大提高工作效率。

（2）操作简便，简单易学　将称量物放置在秤盘上即可得到称量数据，免去了机械天平加减砝码的复杂操作手续，操作简便，初学者易于掌握。

（3）使用寿命长，性能稳定　电子天平支承点采用弹性簧片，没有机械天平的宝石或玛瑙易损件，无升降装置，用数字显示方式代替指针刻度式显示，因此具有使用寿命长、性能稳定等特点

（4）功能多，使用方便　电子天平具有自动校正、超载指示、故障报警、自动去皮等功能。

（5）具有多级防震程序，称量数据准确可靠　机械天平一般没有防震设施，而现在生产的电子天平都有防震程序可供用户选择，使得在不太稳定的环境中仍能得到准确的数据。

（6）具有质量电信号输出，应用广泛　具有质量电信号输出功能，可与计算机、打印机连接。

（7）体积小，质量轻　电子天平的体积小，质量轻（一般为机械天平的1/3～1/2），运

输和携带方便，适于室内工作，更适于流动工作。

三、电子天平的种类

电子天平按用途和精度来分，有以下几种。

(1) 超微量电子天平　超微量电子天平的最大称量为2～5g，分度值小于最大称量的10^{-6}。

(2) 微量电子天平　微量电子天平的最大称量为3～50g，其分度值小于最大称量的10^{-5}。

(3) 半微量电子天平　半微量电子天平的最大称量为20～100g，其分度值小于最大称量的10^{-5}。

(4) 常量电子天平　常量电子天平的最大称量为100～200g，其分度值小于最大称量的10^{-5}。

(5) 分析电子天平　分析电子天平是超微量、微量、半微量、常量电子天平的总称。

(6) 精密电子天平　精密电子天平为准确度级别为Ⅱ的电子天平。

进度检查

一、填空题

1. 电子天平按其用途和精度来分，有＿＿＿＿＿电子天平、＿＿＿＿＿电子天平、＿＿＿＿＿电子天平、＿＿＿＿＿电子天平、＿＿＿＿＿电子天平、＿＿＿＿＿电子天平。

2. 电子天平主要有＿＿＿＿＿、＿＿＿＿＿、＿＿＿＿＿、＿＿＿＿＿、＿＿＿＿＿、＿＿＿＿＿、＿＿＿＿＿等特点。

二、问答题

1. 什么叫电子天平？

2. 怎样选择电子天平？

三、操作题

观察所在分析室中电子天平的型号、最大称量及分度值。

<table>
<tr><td colspan="2">学　习　单　元</td><td>编号</td><td>FJC-21-02</td></tr>
<tr><td>名　　称：</td><td>电子天平的工作原理和结构</td><td rowspan="2">课时</td><td rowspan="2">4</td></tr>
<tr><td>职业领域：</td><td>化工、石油、环保、医药、冶金、建材、煤炭等</td></tr>
<tr><td>工作范围：</td><td>分析</td><td>日期</td><td></td></tr>
</table>

学习目标

完成本单元的学习之后，能够了解电子天平的工作原理，熟悉其基本结构。

所需仪器

电子天平1台。

相关学习单元

——天平的基本知识　FJC-19-01

——电子天平的基本知识　FJC-21-01

——双盘电光分析天平的工作原理和结构　FJC-19-02

——单盘电光分析天平的工作原理和结构　FJC-20-01

学习单元内容

一、电子天平的工作原理

电子天平的工作原理为电磁力平衡原理。即在秤盘上放上称量物进行称量时，称量物便产生一个重力，方向向下。线圈内有电流通过，产生一个向上的电磁力，与秤盘中称量物的重力大小相等、方向相反，维持力的平衡。

现以 FA（或 JA）系列电子天平为例作简要说明。

当称量物放在秤盘上进行称量时，由于称量物的重力作用，使秤盘的位置发生了相应的变化，这时位移检测器将此变化量通过前置放大器和 PID 调节器控制流入线圈中的电流大小，即改变电磁力的大小使天平重新平衡，偏差消除。同时经模数（A/D）转换器变成数字信号给计算机进行数据处理，最后将处理好的数值显示在显示屏幕上，其原理见图 21-02-01。

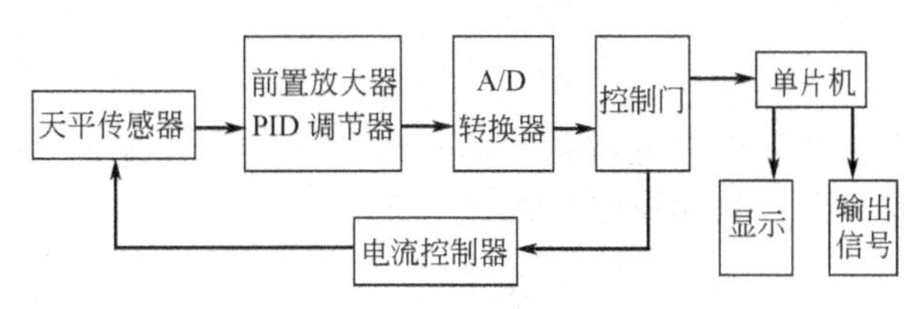

图 21-02-01 电子天平原理方块图

二、电子天平的结构

各种类型的电子天平，其基本结构是相同的，主要有外框部分、称量部分、键盘部分、电路部分等。下面以 FA 系列电子天平为例简述电子天平的结构。

1. 外框部分

外框部分包括外框和底脚。

(1) 外框 外框一般为合金框架，上部镶有玻璃，以保护天平，使之不受灰尘、潮气、热辐射和外界气流的影响。顶部和左右两侧均为玻璃门。顶门和左右两侧门可前后移动，供称量和从事滴定工作使用。外框也是天平电子元件的基座。电子天平的外形结构见图 21-02-02。

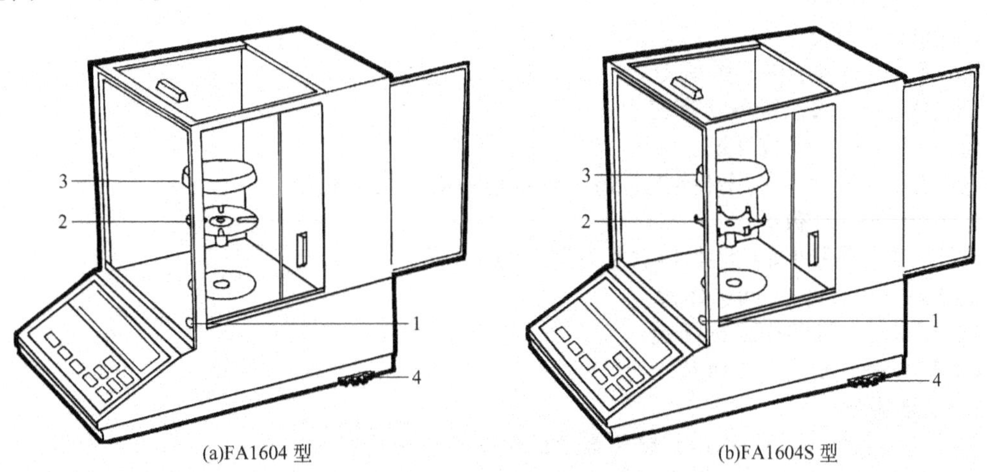

(a)FA1604 型 (b)FA1604S 型

图 21-02-02 电子天平的外形结构

1—水平仪；2—盘托；3—秤盘；4—水平调节脚

(2) 底脚 底脚位于电子天平的底部，见图 21-02-03，是电子天平的支承部件，同时也是电子天平的水平调节器，一般用后面的两个水平调节脚来调节天平的水平。

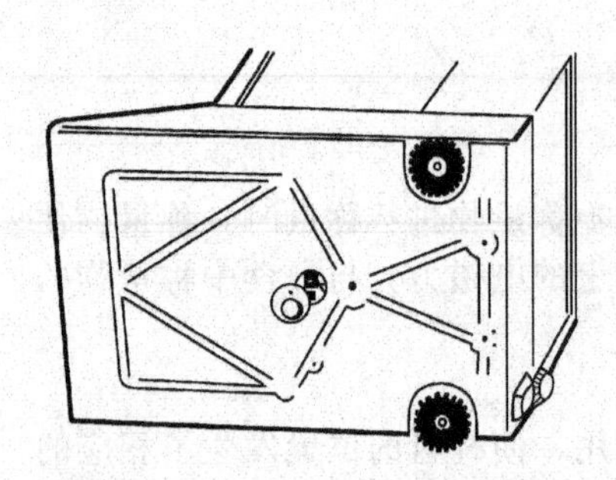
图 21-02-03　电子天平的底脚

2. 称量部分

称量部分包括传感器、秤盘、盘托、水平仪等，见图 21-02-02。

(1) 传感器　传感器由外壳、磁钢、极靴和线圈等组成，装于秤盘的下方。其作用是检测被测物加载瞬间线圈及连杆所产生的位移。要保护传感器，使称量室清洁，称样时勿使样品撒落。

(2) 秤盘　秤盘位于框罩内中部。是进行称量的承受装置。秤盘多为金属材料制成，以圆形和方形居多，使用中应注意清洁卫生，不许随便调换秤盘。

(3) 盘托　盘托是秤盘的支承部件，位于秤盘的下面。

(4) 水平仪　水平仪位于天平框罩内的前方、秤盘的左方（或右方），用来指示天平是否水平。

3. 键盘部分

FA、JA 系列电子天平采用轻触按键，实行多键盘控制，见图 21-02-04，操作灵活方便，各功能的转换与选择只需按相应的键就能完成。

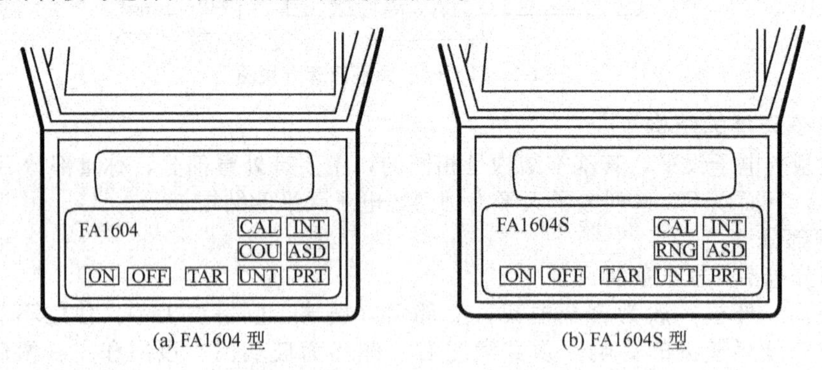

(a) FA1604 型　　(b) FA1604S 型

图 21-02-04　电子天平的键盘结构

各功能键的名称及功能如下。

① ON——电子天平开机键。

② OFF——电子天平关机键。

③ TAR——去皮键或清零键。

④ CAL——自动校准键。

⑤ RNG——称量范围转换键，适于双量程的电子天平使用。

⑥ COU——计数键。

⑦ UNT——量制转换键（克/克拉/盎司）。

⑧ INT——积分时间选择键。

⑨ PRT——打印模式选择键。

⑩ ASD——灵敏度选择键。

4. 电路部分

(1) 位移检测器　其作用是将秤盘上的载荷转变成电信号输出。

(2) PID 调节器　PID 调节器的作用（进行比例、积分、微分），保证传感器快速而稳定地工作。

(3) 前置放大器　将微弱的信号放大，以保证电子天平的精度和工作要求。

(4) 模数（A/D）转换器　其作用是将连续变化的模拟信号转换成计算机能接受的数字信号。它转换精度高，易于自动调零和有效地排除干扰。

（5）微机　电子天平的微机主要担任天平称量数据的采集、数据传送和数字显示工作，还担负开机操作、自动校准、去皮、故障报警及操作错误控制等功能，是电子天平的关键部件。其作用是进行数据处理，具有记忆、计算、查表等功能。

（6）显示器　它的作用是将输出的数字信号显示在显示屏幕上。

进度检查

一、填空题

1. 电子天平是采用__________原理进行称量的。

2. 电子天平的基本结构为__________部分、__________部分、__________部分、__________部分等。

二、FA、JA系列电子天平的操作键如下，写出各键的名称

ON——	UNT——
OFF——	INT——
TAR——	ASD——
CAL——	PRT——
RNG——	COU——

学　习　单　元	编号	FJC-21-03
名　　称：电子天平的基本操作	课时	6
职业领域：化工、石油、环保、医药、冶金、建材、煤炭等		
工作范围：分析	日期	

学习目标

完成本单元的学习之后，能够对电子天平进行称量操作。

所需仪器和药品

序号	名称及说明	数量	序号	名称及说明	数量
1	FA系列或JA系列电子天平	1台	4	表面皿(6cm)	1个
2	100g标准砝码	1个	5	药匙	1个
3	砝码镊子	1个	6	石英砂	少许

相关学习单元

——电子天平的工作原理和结构　FJC-21-02

——双盘电光分析天平的称量方法　FJC-19-04

——双盘电光分析天平的称样操作　FJC-19-05

学习单元内容

以上海天平仪器总厂FA系列或JA系列上皿电子天平为例。

一、电子天平使用前的检查与调整

① 检查天平室电源电压，将天平的电压转换开关置于相应位置，工作电压为（220±22）V（50Hz），或（110±11）V（60Hz）。

② 检查电源是否有接地线。

③ 检查附近是否有震源及电磁干扰。

④ 检查天平室温度。工作环境温度：Ⅰ类天平 15～25℃，温度波动不大于 1℃/h；Ⅱ类天平 10～30℃，温度波动不大于 5℃/h。

⑤ 检查工作室湿度。应满足相对湿度＜75％。

⑥ 检查天平是否处于水平状态。可观察天平框罩内前方的水平仪，看水泡是否处于中心的位置。若不水平，可拧动天平机壳底后面的两个水平调节脚。

⑦ 接通电源，天平即预热（显示器未工作）预热 30min 以上方可启开显示器进行操作使用。

⑧ 检查天平秤盘是否清洁，秤盘应清洁无物。

二、电子天平的校准

在完成了上面的“使用前的检查与调整”之后进行下列操作。

① 轻按“ON”开机键，显示器全亮，显示器上出现如下所示的字样：

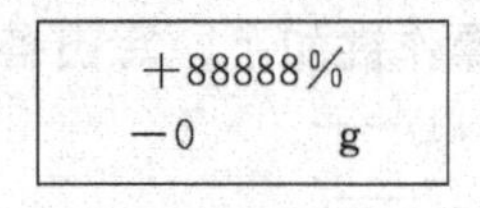

约 2s 后显示天平的型号，如

−1604

然后显示称量模式：

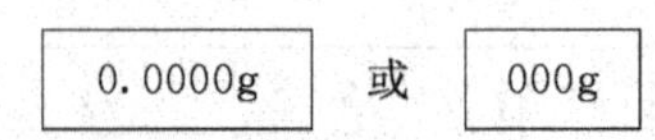

② 轻按“OFF”关机键，显示器熄灭。

③ 轻按“TAR”清零键。天平清零，显示“0.0000g”。

④ 轻按“CAL”自动校准键，当显示器出现“CAL”时即松手。

⑤ 天平显示“CAL-100”且“100”不断闪动，表示校准砝码需要 100g 标准砝码。

⑥ 将 100g 标准砝码放在天平秤盘上，显示器出现“------”等待状态。

⑦ 稍候，显示器出现“100.000g”。

⑧ 移去校准砝码，显示器应出现“0.000g”。

⑨ 若出现不是零，则再轻按“TAR”清零键。

⑩ 重复操作①～⑦步两次。

⑪ 轻按“OFF”关机键，显示器熄灭。

⑫ 请注意：按键操作要“轻按”。

三、电子天平的称量操作

① 接通电源并预热。

② 轻按“ON”开机键，使天平处于零位。若不在零位，可轻按“TAR”清零键。

③ 将称量用器皿放在秤盘上，读取数值并记录。此数值为器皿质量。

④ 轻按去皮键“TAR”使天平重新显示为零。

⑤ 在器皿内加入欲称量的试样，至显示所需质量。读数并记录，此数值为样品的质量。如有打印机，可轻按“PRT”打印模式选择键进行打印。

⑥ 将器皿连同试样从秤盘上拿下。

⑦ 轻按“TAR”清零键，以备再用。

⑧ 轻按“OFF”关机键，显示器熄灭。

⑨ 称量工作完成后，拔下电源插销，罩上天平罩。

⑩ 注意下列几点。

a. 若电子天平在一天内要进行多次称量，应让天平整天开启，不必关闭，以让天平内部有一个恒定的温度，有利于称量的准确度。

b. 当称量易挥发或有腐蚀性的试样时应将试样放于密闭的容器中，以免腐蚀和损坏电子天平。

c. 电子天平操作完毕，应取下秤盘上的被称物才能关闭电源，否则将损坏天平。

d. 电子天平的维护保养：要小心使用，轻按各功能键并保持天平干燥（使用并经常烘干干燥剂）和清洁（秤盘与外壳需经常用软布和软毛刷轻轻地拂拭）。

进度检查

一、简答题

1. 电子天平使用前要做哪些检查及调整？
2. 如何调整电子天平的水平？
3. 电子天平的称量操作要注意哪些问题？

二、操作题

1. 进行电子天平的校准操作。
2. 用电子天平称量三个铜片的质量（用表面皿作容器）。
3. 用电子天平称量三个称量瓶的质量。
4. 用电子天平称取三份石英砂样品。

学习单元	编号	FJC-21-04
名　　称：电子天平常见故障的排除	课时	2
职业领域：化工、石油、环保、医药、冶金、建材、煤炭等		
工作范围：分析	日期	

学习目标

完成本单元的学习之后，能够排除电子天平的常见故障。

所需仪器

电子天平 1 台。

相关学习单元

——天平的基本知识　FJC-19-01

——电子天平的基本知识　FJC-21-01

——电子天平的工作原理和结构　FJC-21-02

——电子天平的基本操作　FJC-21-03

学习单元内容

序号	天平故障	产生原因	排除方法
1	显示器全不亮	1. 天平未正常接通电源	检查未接通原因并重新接通
		2. 天平显示器开关未开启	按"ON"开机键
		3. 瞬时干扰	可重新开关天平或电源线重新插入
		4. 微型熔断丝损坏	可调换一根。如再次烧坏，就必须送检修单位
2	仅显示上部线段——	1. 超过最大载荷	应立即减小载荷
		2. 内部记忆校准数 3. 可能破坏	可按上述校准天平操作顺序重新校准。此时砝码放上去后，需经过一段稳定时间，约 8s 后即显示校准结果
		4. 秤盘未安装好	取出秤盘重新安装

续表

序号	天平故障	产生原因	排除方法
3	仅显示下部线段——	1. 未放上秤盘——欠轻 2. 称盘未安装好	重新安装秤盘
4	称量结果不稳(数据跳变)	1. 有气流 2. 天平所处工作台不稳定 3. 积分时间短 4. 室温波动大	检查防风门是否关闭 可改选较长的积分时间
5	称量结果不正确	1. 称物前未调零 2. 天平未经校准就使用或使用校准砝码不准 3. 电源电压不正确	按 TAR 键 重新校准 改用正常电源
6	显示器停留在某一数字或出现无意义的符号	1. 可能瞬时干扰 2. 电源电压不正确	可重新开机一次,或重新插入电源 改用正常电源
7	显示器左边表示稳定标志的"0"不熄	1. 天平灵敏度较高 2. 天平所处环境不理想,如气流太大、有震动等	应改选灵敏度较低一挡 应调整环境
8	一直显示等待状态——	1. 天平位置不理想,如气流太大、有震动、室温波动大 2. 所选灵敏度过高	调整环境 使用 ASD-3 挡
9	显示 CAL Err	1. 在校准天平之前,秤盘上放有物体 2. 在校准天平之前未清零 3. 未显示出称量模式时就按 CAL 键 4. 校准砝码不正确	拿去物体,清零并校准 清零并校准 清零并校准 用校准砝码校准
10	显示 Err-1、Err-2	1. 有瞬时干扰 2. 天平有故障	可重新开机 送检修单位
11	显示器最右边的称量单位不显示	1. 天平未经校准 2. 天平内曾记忆校准数被冲掉	需对天平进行校准 需对天平进行校准
12	显示 COU-Err	1. 点数操作时没预置过常数 2. 预置常数时称量太大 3. 预置常数时称量太小	作点数平均数的预置操作

电子天平的使用技能考试内容及评分标准

一、考试内容：用电子天平称取一份试样

1. 检查天平及调节水平。
2. 通电预热。
3. 调零。
4. 称量称样所用容器并记录数据。
5. 清零。
6. 往容器中加入试剂，直到所需质量，记录数据（有打印机的可打印输出）。
7. 将容器连同试样拿下。
8. 清零。
9. 关机。
10. 断电源，罩天平罩。

二、评分标准（100分）

共10步操作，每步10分。

MU22　固体试样的采集和制备

<table>
<tr><td rowspan="2">学　习　单　元
名　　称：化工产品采样通则
职业领域：化工、石油、医药、环保、冶金、建材等
工作范围：分析</td><td>编号</td><td>FJC-22-01</td></tr>
<tr><td>课时</td><td>2</td></tr>
<tr><td></td><td>日期</td><td></td></tr>
</table>

学习目标

完成本单元的学习之后，能够初步掌握采样的基本知识和原则规定。

学习单元内容

物料的分析检测过程一般包括采样、试样预处理、测定、结果计算四个步骤。在这四个步骤中，首先是采样。这是最重要的一步，因为如果采样不准确，即使分析方法再好、分析技术再精，也不会得到准确的分析结果，甚至会得到错误的结论，造成严重事故。所谓采样，是指从总体中取出有代表性试样的操作。而所谓试样（或称样品），是指用于进行分析测定以便提供代表该总体特征量值的少量物质。

一、采样的目的

采样的基本目的是从被检测的总体物料中取得有代表性的样品。通过对样品的检测，得到在允许误差范围内的数据，从而求得被检测物料的某一或某些特性的平均值及其变异性。

采样的具体目的可以分为技术方面的目的、商业方面的目的、法律方面的目的和安全方面的目的。

(1) 技术方面的目的　为了确定原材料、半成品及成品的质量；为了控制生产工艺过程；为了确定未知物；为了确定被污染的性质、程度和来源；为了验证物料的特性；为了测定物料随时间和环境的变化；为了鉴定物料的来源等。

(2) 商业方面的目的　为了确定销售价格；为了验证是否符合合同的规定；为了保证产品销售质量满足用户的要求等。

(3) 法律方面的目的　为了检查物料是否符合法令要求；为了检查生产过程中泄漏的有害物质是否超过允许极限；为了法庭调查；为了确定法律责任；为了进行仲裁等。

(4) 安全方面的目的　为了确定物料是否安全或物料的危险程度；为了分析发生事故的原因；为了按危险性进行物料的分类等。

目的不同，要求各异，在设计具体采样方案之前必须明确具体的采样目的和要求。

二、采样的原则

在明确了采样的具体目的后，就可以根据不同的目的和要求以及所掌握的被采物料的所有信息，设计具体的采样方案。但是不管为什么目的，采用什么方案采样，都必须遵循一个基本原则，这就是采得的样品必须具有充分的代表性，即它能代表总体物料的特性。特性是指可确定的物料性质，可分为定性和定量两类。

三、采样方案

1. 影响采样方案的因素

在设计采样方案时，要适当兼顾采样误差和采样费用（如物料费用、作业费用等）两个因素，但首先要满足对采样误差的要求，因为采样误差是无法用样品的检测来补偿的。当样品不能很好代表总体时，用样品的检测数据来估计被检测总体，就会导致作出错误的结论。另外，如果采样费用较高，在确定采样方案时，也要考虑这个因素。除此之外，还要考虑被采总体物料的性质、物理状态和范围（范围可以是买卖双方协议的某交货批，或间断生产的某生产批，当连续生产时可以是某时间间隔内生产的物料），被检测物料的规格，物料判定标准的特性定义，物料在生产时或产出后被污染或变质的可能性，检测方法和精密度，简化采样操作的可能性。

2. 采样方案的具体内容

① 确定总体物料的范围。

② 确定采样单元和二次采样单元。所谓采样单元，是指具有界限的一定数量物料。其界限可能是有形的，如一个容器；也可能是假想的，如物料流的某一时间或时间间隔。所谓二次采样单元，是指与估计品质波动有关的实际或假想划分的一种采样单元。

③ 确定样品数、样品量和采样部位。

④ 规定采样操作方法和采样工具。

⑤ 规定样品的加工方法。

⑥ 规定采样安全措施。

四、采样技术

在确定了采样方案后，要具体进行采样工作，还必须掌握采样技术方面的知识，包括以下内容。

1. 采样误差

采样误差是指物料的某一特性的总的估计误差的一部分，是由采样方案中已知的和允许的不够完善所引起的。采样误差分为以下三类。

(1) 采样随机误差　采样随机误差是指在采样过程中由一些无法控制的偶然因素所引起的误差，这是无法避免的。但是，通过增加采样的重复次数可以缩小这种误差。

(2) 采样系统误差　由于采样方案不完善、采样设备缺陷、操作者不按规定进行操作以及环境因素的影响所引起的误差。这种误差是定向的，应极力避免。增加采样的重复次数不能缩小这种误差。

(3) 试验误差　采得的样品都可能包含随机误差和系统误差，因此，通过测定样品所得的特性值数据也有误差，不过，这个误差中既包含采样误差，又包括试验误差（试验误差又包括随机误差和系统误差）。所以在应用样品的检测数据来研究采样误差时，必须考虑试验误差的影响。

2. 物料类型

分析检测的物料，一般分为均匀物料和不均匀物料两大类，而不均匀物料还可进一步分成各种细类。

物料 { 均匀物料；不均匀物料 { 随机不均匀物料；非随机不均匀物料 } }

3. 均匀物料的采样

均匀物料的采样，原则上可以在物料的任意部位进行。但要注意，在采样过程中不得带进杂质，避免引起物料变化（如氧化、吸水等）。

4. 不均匀物料的采样

不均匀物料的采样，除了和均匀物料采样的两点要求一样外，一般采用随机采样。对随机采得的样品分别进行测定，再汇总所有的检测结果，可以得到总体物料的特性平均值和变异性的估计量。对随机不均匀物料（指总体物料中任一部分的特性平均值与相邻部分的特性平均值无关的物料）的采样可以随机选取也可以非随机选取。

5. 样品数和样品量

在对物料的分析测定中，样品数和样品量可按下列方法确定。

（1）样品数　对一般的物料，都可以用多单元物料来处理。有些物料是袋装的、桶装的等，由于有容器，所以单元界限是有形的。但有些物料是流动的、连续的，没有容器，没有明确的有形界限，此时，可以用流动物料的一个特定时间间隔为一个单元界限。

对多单元的被采物料，采样时，先取一定数量的采样单元，然后再对每个单元按物料的类型进行采样。总体物料的单元数小于500的，采样单元的选取数按表22-01-01的规定确定；总体物料的单元数大于500的，采样单元的选取数按$3\sqrt[3]{N}$确定（N为总体单元数）。例如总体单元数为480时，则选用$3\sqrt[3]{480}=23.5\rightarrow24$个单元。如计算出的单元数有小数，则将小数进为整数，如23.5进为24。

表22-01-01　选取采样单元的规定

总体物料的单元数	选取的最少单元数	总体物料的单元数	选取的最少单元数
1～10	全部单元	182～216	18
11～49	11	217～254	19
50～64	12	255～296	20
65～81	13	297～343	21
82～101	14	344～394	22
102～125	15	395～450	23
126～151	16	451～512	24
152～181	17		

（2）样品量　在分析测定中，样品量在满足下列要求的前提下越少越好。

① 至少满足三次重复测定的需要。

② 如需留存备考样品时，必须满足备考样品的需要。所谓备考样品是指与送往实验室供检测的样品（实验室样品）同时同样制备的样品。在有争议时，它可被有关方面接受用作试验室样品。

③ 如需对采得的样品物料进行制样处理，必须满足加工处理的需要。

6. 采样安全

采样时，必须注意安全，要遵循采样操作的一切规定。

① 采样地点要有出入安全的通路和符合要求的照明、通风条件。

② 在固定装置上采样要防止掉入容器或货物倒塌。

③ 如物料本身是危险品，则采样时，不应使该批物料受损害。

④ 当需要用待测样品清洗样品容器时，应准备适当的装置去处理清洗用的物料。

⑤ 采样次数和采样量不超过试验需要量。

⑥ 采样设备（工具和容器）要与待采物料的性质适应并符合使用要求。

⑦ 采样前在容器上做出标记，标明物料的性质和危险性，采样者要了解样品的危险性和防护措施，并受过灭火器、防护服、防护眼镜等的使用训练。

⑧ 采样者要有第二者陪伴，以保护采样者的安全。陪伴者应处于能清楚地看到采样点的地方并观察全部采样操作过程，陪伴者应受过处理紧急情况的训练，如发出警报等。

⑨ 无论何处接触化学品，都要使用保护眼睛的装备。

⑩ 采样工作的指导者必须防止可能发生的如溅出、阀门失灵等事故，还要对采样者和陪伴者进行处理事故的训练。

⑪ 对易燃易爆物质、氧化性物质、可燃物质、毒物、腐蚀性和刺激性物质、放射性物质和由于物理状态（特别是温度和压力）而引起危险的物质的采样都有各自的安全规定，在采样前都要认真学习，采样时要坚决执行，不能有丝毫的疏忽，否则将产生严重的后果。

7. 采样记录和采样报告

采样时，应认真、如实记录被采物料的状况和采样操作，如物料的名称、来源、编号、数量、包装情况、存放环境、采样部位、所采样品数和样品量、采样日期、采样者姓名。必要时还要填写采样报告。

8. 样品的容器和样品的保存

对盛样品的容器有以下要求：具有符合要求的盖、塞或阀门，使用前必须洗净并干燥；材质不能有渗透性，并不与样品起作用；对光敏性物料，盛样容器应不透光。

样品装入容器后，应在容器上贴上标签，标签应有下列内容：样品编号和样品名称；总体物料批号及数量；生产单位；采样部位；样品量；采样日期，采样人姓名。

样品采集以后，其保存量（作为备考样品）、保存环境、保存时间以及撤销办法等都应作明确规定。对其中的剧毒和危险样品的保存、撤销还要遵守其特殊的规定。

进度检查

一、填空题

1. 物质的分析检测过程一般包括__________、__________、__________和__________四个步骤。

2. 采样的基本目的是____________________。

3. 采样的基本原则是______________________________。

4. 采样的具体目的包括__________、__________、__________和__________。

5. 确定采样方案时，主要考虑__________和__________两大因素。

6. 对样品容器的要求是__________；__________；__________。

二、判断题（正确的在括号内划“√”，错误的划“×”）

1. 在采样过程中，由于一些无法控制的偶然因素所引起的误差，叫随机误差。（　）

2. 由于采样方案不完善所引起的误差，也属于随机误差。（　）

3. 均匀物料的采样，可以在物料的任意部位进行。（　）

4. 无论均匀物料和不均匀物料的采样，都要求不能带入杂质和避免引起物料变化。（　）

三、问答题

1. 什么叫采样？

2. 什么叫试样？

3. 样品量的大小至少应满足哪些要求？

4. 采样记录的内容应包括哪些？

学　习　单　元	编号	FJC-22-02
名　　称：固体试样的采集工具	课时	2
职业领域：化工、石油、医药、环保、冶金、建材等		
工作范围：分析	日期	

学习目标

完成本单元的学习之后，能够确认固体试样的采集工具并掌握其使用方法。

所需仪器和设备

序号	名称及说明	数量
1	采样探子（包括末端开口的采样探子、末端封闭的采样探子、可封闭的采样探子）	各1个
2	采样钻（关闭式采样钻）	1个
3	气动和真空采样探针	各1个

相关学习单元

——化工产品采样通则　　FJC-22-01

——分样器及其使用　　FJC-08-03

学习单元内容

采集固体试样，应根据固体物料的不同种类和不同状态而采用不同的方法。采样的方法不同所使用的采样工具也不同。

采集固体试样的工具有试样桶、试样瓶、舌形铲、勺、采样探子、采样钻、气动和真空采样探针以及自动采样器等。

一、采样探子

采样探子适用于从包装桶或包装袋内采集粉末、小晶体及小颗粒等固体物料。

采样探子分为末端开口的采样探子（见图 22-02-01）、末端封闭的采样探子（见图 22-02-02）和可封闭的采样探子（见图 22-02-03）等几种。

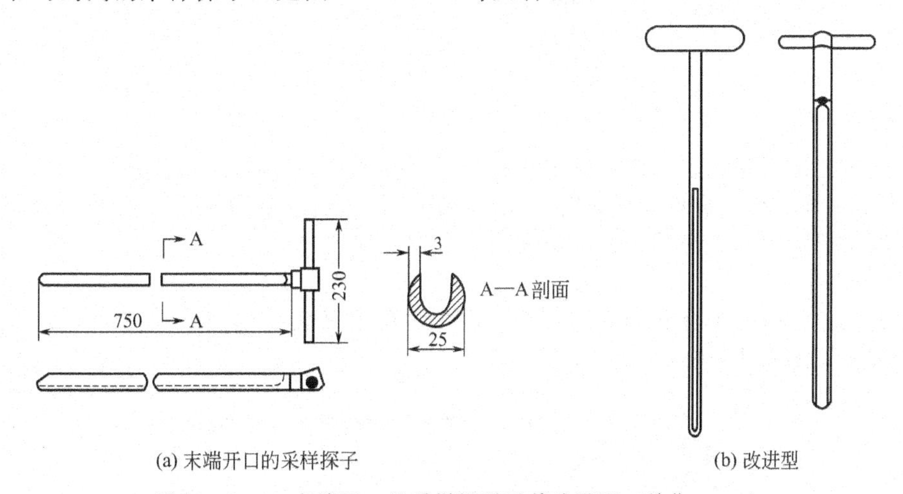

(a) 末端开口的采样探子　　(b) 改进型

图 22-02-01　末端开口的采样探子及其改进型（单位：mm）

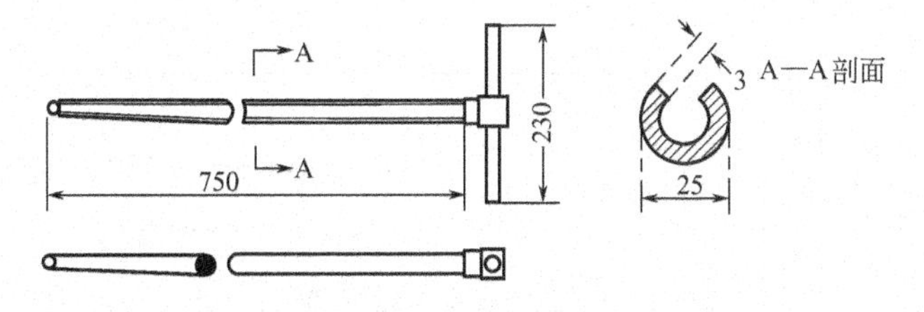

图 22-02-02　末端封闭的采样探子（单位：mm）

末端开口或封闭的采样探子是由一根金属管构成的，材质是钢、铜或合金等。管子的一端有一个“T”形手柄，另一端有一个锥形钝点，管子的一侧切掉，使金属管呈“U”形，长度依需要而定。

可封闭的采样探子是由两根紧密配合的同心金属管构成的，外管的一侧切一组槽子，内管的一侧相应地切开一组槽子，内管可以在外管里旋转。探子的槽宽至少应为所采物料最大值的三倍。固定两管的手柄用的套管上有标记，并和槽子的中心线相对应。当内外管线上的标记成一线时，槽开启。根据不同的采样需要，可以旋转内管，使所有的槽相配合，或使下面的槽相配合以便取样。如果物料粒子堵在两管之间而有碍两管间的相对运动时，可用一根比外管长约 150mm 的金属棒或木棍代替内管，与外管一起插入物料之中，并根据采样需

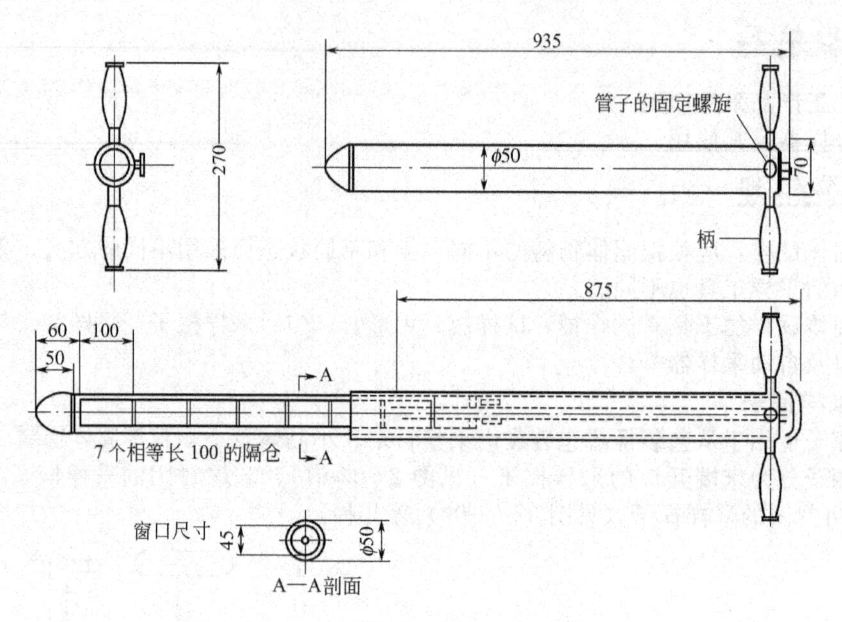

图 22-02-03　可封闭的采样探子（单位：mm）

要，将棒全部抽出或只抽出一部分。采样时，采样探子按一定角度（袋装物料一般沿对角线插入1/3～3/4处）插入物料，插入时，应槽口向下，把探子转动两三次，小心地把探子抽回，抽回时应槽口向上。最后将探子内物料倒入样品容器内。

二、采样钻

关闭式采样钻由一个金属圆筒和一个装在内部的旋转钻头构成（见图 22-02-04）。采样钻适用于较坚硬的固体采样。

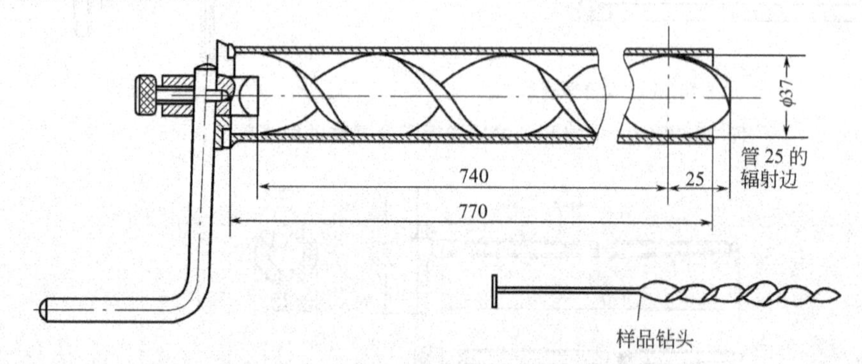

图 22-02-04　关闭式采样钻（单位：mm）

关闭式采样钻的使用方法是：牢牢握住外管，旋转中心棒，使管子稳定地进入物料，必要时可稍加压力，以保持均匀的穿透速度。到达指定部位后，停止转动，提起钻头，反转中心棒，将所取样品移入样品容器中。

三、气动和真空采样探针

除了上述采样工具外，还有气动和真空采样探针（适用于粉末和细小颗粒等松散物料的采样），分别见图 22-02-05 和图 22-02-06。气动探针也叫气动采样探子；真空探针也叫真空采样探子。

气动探针是一个用软管将一个装有电动空气提升泵的旋风集尘器和一个由两个同心管组成的探子连接而成的采样工具（见图 22-02-05）。开动空气提升泵，使空气沿着管之间的环形通路流至探头，并在探头产生气动而带起样品并从中心管提起至旋风集尘器收集，同时使

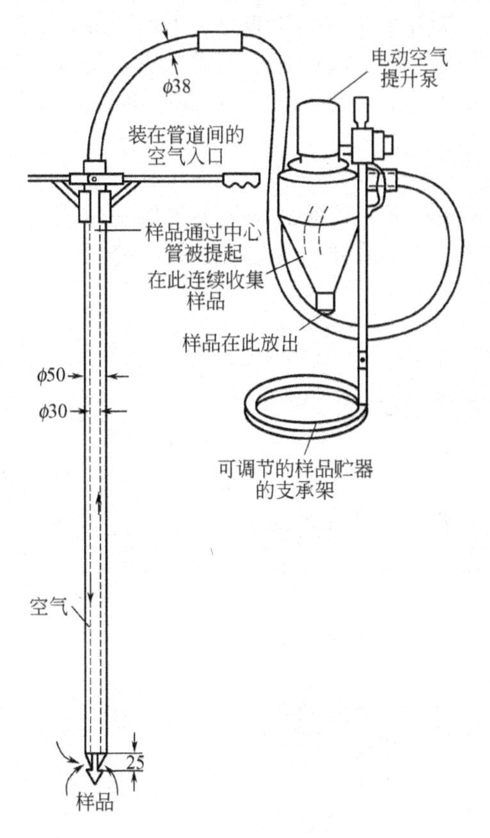

图 22-02-05　典型的气动采样探子（单位：mm）

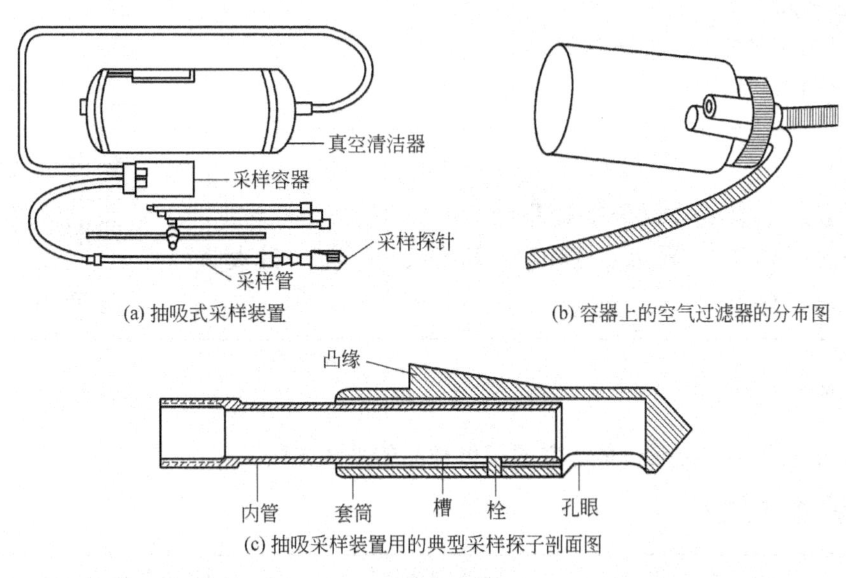

图 22-02-06　真空采样探子（单位：mm）

探针不断地插入物料。

真空探针是由一个真空吸尘器通过装在采样管上的采样探针把物料抽入采样容器中的。容器的盖上装有一个金属网过滤器，阻止空气中的飞尘进入真空吸尘器。探针是由内管和一节套筒构成的，一端固定在采样管上，另一端开口。套筒可以在内管上自由滑动，但受套筒上伸入内管的销子的限制，套筒允许行程恰能使其上的孔完全开启和关闭。套筒的上部带一个凸缘，采样时由于物料的阻力，使探针处于关闭状态，提取采样管，使内管后滑，由于物料堵住凸缘，套筒不动，使孔开启，把采样管上端连接到玻璃样品容器上，使用真空吸尘器，把样品吸入容器中。

四、自动采样器

自动采样器分为间隙式采样器、连续式采样器和输送带用的采样器三种，主要用于从输送带、链板运输机等固体物料流中采样，这里不作详细介绍。

进度检查

一、填空题

1. 常用的固体采样工具主要有__________、__________、__________、__________、__________、__________、__________以及__________。

2. 采样探子分为__________、__________和__________等几种。

3. 采样钻由__________和一个装在内部的__________构成。

4. 气动探针是__________和__________连接而成的采样工具。

二、选择题（将正确答案的序号填入括号内）

1. 采样钻适用于（　　）采样。

A. 粉末状的物料　B. 坚硬的固体　C. 小晶体

2. 采样探子适用于（　　）采样。

A. 大颗粒物料　B. 块状物料　C. 小颗粒、粉末或小晶体

3. 自动采样器主要用于（　　）采样。

A. 从固体物料流中　B. 从固体物料堆中　C. 从袋状固体物料中

三、操作题

1. 练习用末端开口的采样探子采样。

2. 练习用采样钻采样。

学　习　单　元	编号	FJC-22-03
名　　称：固体样品的采集方法 职业领域：化工、石油、医药、环保、冶金、建材等	课时	2
工作范围：分析	日期	

学习目标

完成本单元的学习之后，能够掌握固体样品的采集方法。

所需仪器和药品

序号	名称及说明	数量	序号	名称及说明	数量
1	末端开口的采样探子	1个	3	采样铲	1把
2	采样钻	1个	4	袋装粉末物料	1袋

相关学习单元

——固体试样的采集工具　FJC-22-02

学习单元内容

在学习完固体试样的采集工具以后，需要掌握如何运用这些工具来采集固体样品。

一、固体试样采集的基本知识

对固体样品的基本要求是：能代表总体物料的特性，而且采集的样品量能够代表总体物料的所有特性，并能满足分析测定需要的最佳量。

对不均匀固体物料，人们总结了确定一个平均试样最小质量的经验公式（切乔特公式）：

$$Q=Kd^2$$

式中 Q——样品的最低可靠质量（即平均试样的最小质量），kg；

K——根据物料特性确定的缩分系数，一般在 0.02～1 之间；

d——样品中最大颗粒的直径，mm。

根据样品的颗粒大小和缩分系数，可以算出 Q 值。也可以在有关表中查出 Q 值。

另外，采集的样品数应根据物料的包装形式和不均匀性来确定。

(1) 单元物料　按表 22-01-01 的规定确定采样单元数。

(2) 散装物料　批量少于 2.5t，采样数为 7 个单元（或点）；批量为 2.5～80t，采样数为 $\sqrt{\text{批量 (t)} \times 20}$ 个单元；批量大于 80t，采样数为 40 个单元（或点）。

二、固体样品的采集方法

固体样品的采集方法依物料的不同种类、不同状态而定。

1. 粉末、小颗粒、小晶体的采样方法

(1) 件装物料的采样　件装物料的采样，一般用采样探子或其他合适的工具，在采样单元中按一定的方向、插入一定的深度进行。图 22-03-01 为在包装袋内采样。在每个采样单元中采集样品的方向和数量依容器中物料的均匀程度确定。

(2) 散装物料的采样　散装物料又分静止散装物料和运动散装物料。

① 静止物料的采样：根据物料量的大小及均匀程度，用勺、铲或采样探子从物料的一定部位或沿一定方向进行采样。一般沿着和散装物料表面垂直的方向，将采样探子插入一定深度，再旋转 180°后抽出即可，如图 22-03-02 所示。

图 22-03-01　包装袋内的采样

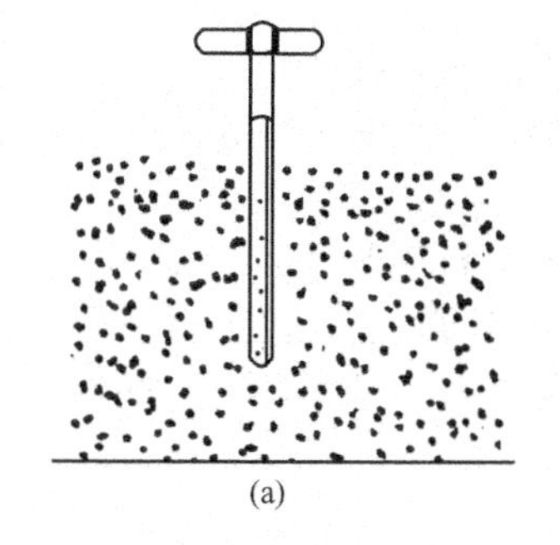

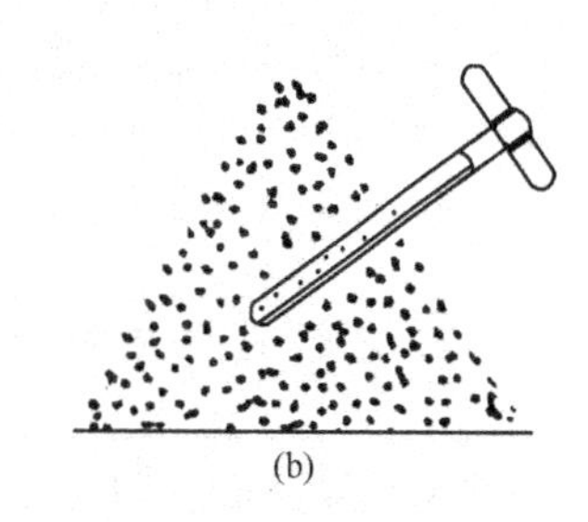

图 22-03-02　静止散装物料的采样

② 运动物料的采样：用自动采样器、勺或其他合适的工具从皮带运输机或物料的落流中随机或按一定的时间间隔采集样品。

若用采样铲在皮带运输机上采样，铲必须紧贴皮带，不能悬空。

2. 粗粒和规则块状物料的采样方法

(1) 件装物料的采样　对这类物料采样有两种情况：一种是如果可以不保持物料的原始状态，则可把物料进行粉碎并充分混合，然后按件装粉末（或小颗粒、小晶体）的采样方法进行采样；另一种是如果必须保持物料的原始状态，则直接沿一定方向、在一定深度上进行采样。

(2) 散装物料的采样　如系静止物料，则可根据物料量的大小及均匀程度，用勺、铲或其他合适的工具在物料的一定部位或沿一定方向采样；如系运动物料，则可用适当的工具或采用分流的方法，从皮带运输机上或落流中，随机或按一定的时间间隔采样。

3. 大块物料的采样

大块物料的采样也分静止物料和运动物料两种采样。如系静止物料，可根据物料状况，用合适的工具采样。如系运动物料，则可随机或按一定的时间间隔采样。对大块物料，如果允许破碎，则可在破碎后按小颗粒物料的采样方法采样。

4. 可以切割的固体物料的采样

对这类物料，可以采用刀子或其他合适的工具（如金属线）在物料的一定部位采集一定形状和质量的样品。

5. 要求特殊处理的固体物料的采样

这类物料是指同周围环境中一种或多种成分有反应的固体及活泼或不稳定的固体。对这类样品在采样时要进行特殊处理，其目的是保持样品和总体物料的特性不因采样技术而发生变化。

这类物料包括能和氧气、水、二氧化碳起反应的物料，能被灰尘（或其他气体）、细菌（或真菌）污染的物料，见光而发生变化的物料，组成随温度而变化的物料，活泼或不稳定的物料，有毒、有放射性的物料等。

对这些物料的采样需在特殊条件下进行，如在隔绝氧气、二氧化碳和水的情况下采样（或快速采样以消除这些物质的影响），在清洁空气中或在无菌条件下采样，或在隔绝空气的条件下采样，或在物料正常组成所要求的温度下进行采样，或按有关规定和标准进行采样。

进度检查

一、填空题

1. 固体采样中，对样品的要求是：能代表________________，而且采集的样品量能代表总体物料的____________，并能满足______的最佳量。

2. 固体物料的采集方法依据物料的______、______而定。

3. 件装粉末状（或小颗粒、小晶体）物料的采样主要用的工具是______，用它从采样单元中，按一定的______、插入一定的______进行采样。

4. 对运动的散装粉末状物料的采样，一般用______、______或______从______或______中随机或______采集样品。

5. 对粗粒（或规则块状）件装物料，如果不需要保持物料的原始状态，则可__________________________的采样方法进行采样；如必须保持物料的原始状态，则____________、在一定的深度上进行采样。

二、选择题（将正确答案的序号填入括号内）

1. 采样中，要求特殊处理的固体物料系指（　　）。

A. 有一定形状的物料　　B. 大块的物料

C. 和周围环境中一种成分或多种成分有反应的物料以及活泼或不稳定的固体物料

2. 物料周围环境中的物质能和物料起反应的，主要是指（　　）。

A. 氮气　　B. 氧气　　C. 二氧化碳和水

3. 在平均试样最小质量的公式 $Q=Kd^2$ 中，d 是（　　）。

A. 缩分系数　　B. 样品中最大颗粒的直径　　C. 样品的最低可靠质量

学　习　单　元	编号	FJC-22-04
名　　称：固体平均试样的制备	课时	4
职业领域：化工、石油、医药、轻工、环保、冶金、建材等		
工作范围：分析	日期	

学习目标

完成本单元的学习之后，能够掌握制备固体平均试样的制备方法。

所需仪器和设备

序号	名称及说明	数量	序号	名称及说明	数量
1	研钵、锤子	各1个	4	平板(250mm×250mm)	1张
2	破碎机械	1台	5	薄铁皮(越薄越好)	1张
3	铁铲	1把			

相关学习单元

——化工产品采样通则　FJC-22-01
——固体样品的采集方法　FJC-22-03
——分样器及其使用　FJC-08-03

学习单元内容

由于固体物料采样量较大，而粒度和组成又不甚均匀，所以不能用原始平均样品直接进行分析测定。为了从大量的原始平均样品中取出几十或几百克能代表总体物料特性、用于分析测定的试样，就必须将原始平均试样进行处理，这个处理过程，叫平均试样的制备。

一、固体平均试样制备的目的和原则

(1) 目的　从较大量的原始样品中获取最佳量的、能满足检验要求的、待测性质能代表总体物料特性的样品。这个样品也叫平均试样。

(2) 原则　①原始样品的各部位应有相同的概率进入最终样品；②在制备过程中，不破坏样品的代表性；③为了不加大采样误差，在检验允许的条件下，应在缩减样品的同时缩减粒度；④应根据待测特性、原始样品的量和粒度以及待采物料的性质确定样品制备的步骤及应采用的技术。

二、固体平均试样制备的过程和技术

固体平均试样的制备一般包括破碎、混合、缩分三个阶段。应根据具体情况，一次或多次重复操作，直至得到最终产品。

制备可用手工或机械方法进行。

(1) 破碎　用机械或手工方法减小试样粒度的过程叫破碎。可用研钵或锤子等手工工具破碎样品；也可用适当的装置和研磨机械破碎样品。

对大块物料，常用颚式破碎机、锥式轧碎机及辊式破碎机等进行破碎。对于小块固体物料，可用锤击式粉碎机、圆盘粉碎机等进行破碎。对于疏脆性物料（如焦炭、煤等），可进行人工破碎，一般先在表面光滑的厚钢板上，用手锤或钢辊进行初碎，然后再用研钵等进行细碎。

(2) 混合　用规定方法使试样分布均匀的过程叫混合。根据样品量的大小，可选用合适的手工工具（如手铲）混合样品，或用合适的机械混合装置混合样品。

对于粉末状物料可用混合器进行混合。对于块状的物料，可用堆锥法进行人工混合。所谓堆锥法，即将破碎至一定粒度的固体试样堆成圆锥体，然后围绕圆锥体，由底部一铲一铲将物料铲起，在距圆锥体一定距离的地方堆成另一圆锥体，每铲都必须由锥顶自由撒落，而且每铲一铲都必须在原圆锥体底部沿同一方向移动一铲的距离。堆混操作重复三次后，即可认为混合均匀。混合均匀后，可以进行缩分。

(3) 缩分　按规定减少试样质量的过程叫缩分。缩分可用“四等分法”、“交替铲法”等手工方法进行，也可用分样器等机械分样设备进行。

所谓“四等分法”，其操作是：①先将物料堆成圆锥体（见图 22-04-01）；②用平板自锥顶向下将圆锥体物料压成厚度均匀的圆台（见图 22-04-02）；③再通过圆台中心将圆台均匀地分成四个扇形体，弃去两个相间的扇形体（见图 22-04-03），将剩下的两个相间扇形体物料混合均匀。这样缩分一次，试样就减少一半。根据需要，这个过程还可进行下去，直至得到需要的样品量为止。

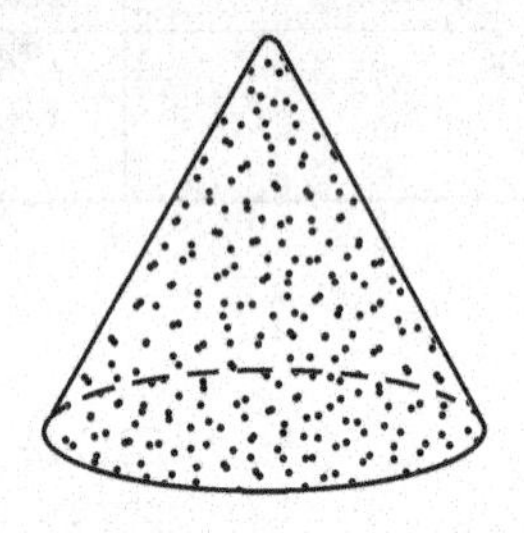

图 22-04-01　将物料堆成圆锥体

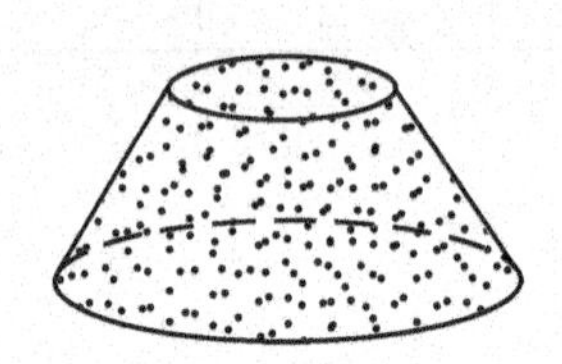

图 22-04-02　用平板将圆锥体压成圆台

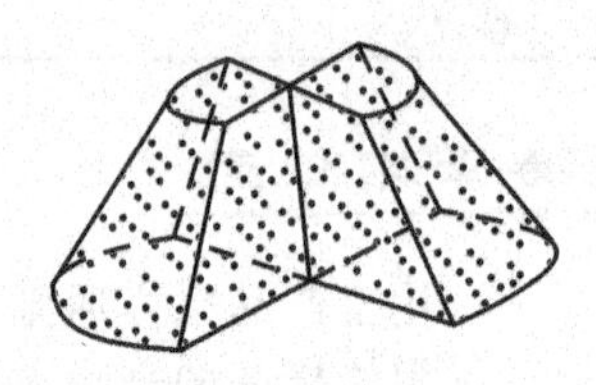

图 22-04-03　四等分圆台并弃去两相间扇形体

所谓“交替铲法”，又称“棋盘法”，就是把物料先摊成一定厚度的均匀薄层，并用薄平板将其切割成若干个长宽都为 25～30mm 的小方块，再用平底小方铲把相互间隔的小方块铲去一半，将铲出的物料弃去或保存，把剩下的物料混合。经过这样的过程，物料减少一半。根据需要，这个过程还可以进行下去，直至得到需要的样品量为止，这个缩分过程如图 22-04-04 所示。

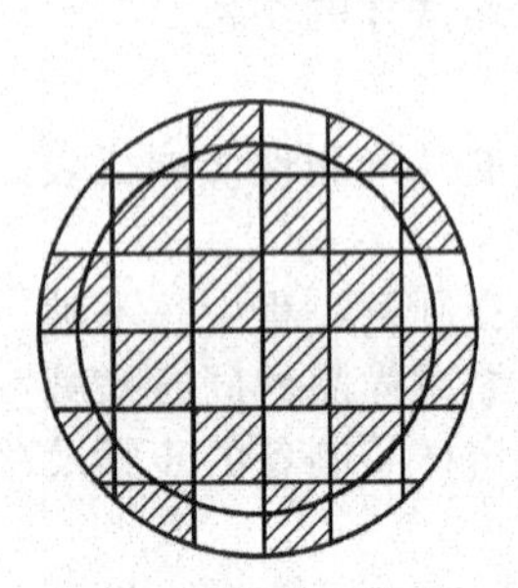

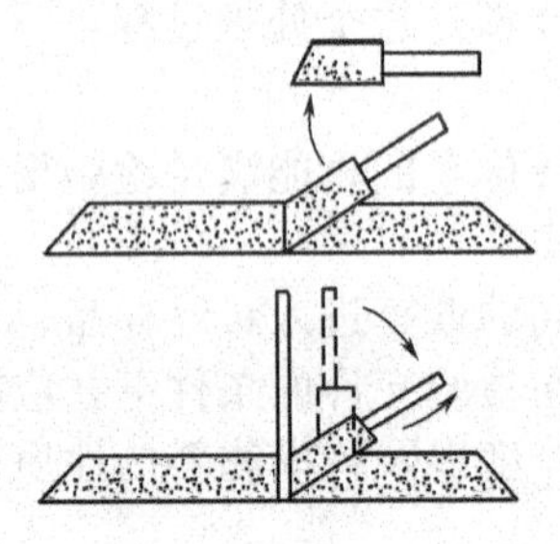

图 22-04-04　交替铲法缩分样品示意图

四等分法不论物料多少均可使用，而交替铲法仅适用于少量物料的缩分。

对固体平均试样，一般要求质量在 500g 以下，粒度要小，而且分布要均匀。但在破碎过程中，往往不能一次性达到粒度要求。为此，当物料被缩分到一定的质量时，必须进行筛分。所谓“筛分”，即将物料用适当的筛网进行分选的过程。经过筛分，将大于规定粒度的物料分选出来，再进行破碎，直至全部通过筛网。不能将未通过筛网的物料去掉，否则得不到正确的分析结果。

筛分的设备是分样筛。分样筛由一组孔径大小不一、直径都为 200mm 的多孔筛子组成（如图 08-04-01）。

三、平均试样最终样品量及样品的保存

最终样品的量应满足检测及设备的需要。一般把样品分为两份，一份供检测用，一份留作备考用。每份样品的量至少应为检测需要量的三倍。

应选择合适的包装材料（呈惰性）和包装形式对样品进行包装，贴上标签。

样品应尽快检验。被检样品贮存时间一般为 6 个月。

进度检查

一、填空题

1. 制备固体平均试样的目的是____的样品。

2. 固体平均试样的制备过程包括______、______和______三个阶段。

3. ____的过程叫缩分。

4. “四等分法”的缩分操作分________________步进行。

二、判断题（正确的在括号内划“√”，错误的划“×”）

1. 在固体平均样品的制备过程中，原始样品的任意一部分进入最终样品，都可以达到制样的目的。（　　）

2. 在检验允许的条件下，为了不加大采样误差，应在缩减样品的同时缩减粒度。（　　）

3. 每份样品的量至少应为检测需要量的两倍。（　　）

三、简答题

1. 简述固体平均试样制备的原则。

2. 简述“交替铲法”缩分样品的操作过程。

四、操作题

1. 用煤粉作样品，练习“四等分法”缩分样品的操作。

2. 用煤粉作样品，练习“交替铲法”缩分样品的操作。

固体试样的采集和制备技能考试内容及评分标准

一、考试内容：采集并制备200g煤样

（一）采集煤样

1. 将学生带至粉煤堆场，由学生选择采样煤堆。

2. 用采样钻采集不少于7个点的煤样收集于袋中。

（二）制备煤样

1. 破碎、缩分至200g。

2. 研细、过筛、反复操作至煤样全部通过筛孔。

3. 将煤样装于容积为500g的广口瓶中，加盖，贴上标签。注明：样品名称、采样地点、时间、采集制样人。贮存。

二、评分标准

（一）采集煤样（30分）

1. 选择采样煤堆的代表性。（10分）

2. 采样钻的操作和煤样的采集。（20分）

（二）制备煤样（70分）

1. 破碎煤样。（10分）

2. 缩分煤样。（20分）

3. 研细、过筛。（30分）

4. 装瓶、加盖、贴标签。（10分）

MU23　固体试样的分解

学　习　单　元	编号	FJC-23-01
名　　称：固体样品的分解方法	课时	4
职业领域：化工、石油、医药、轻工、环保、冶金、建材等		
工作范围：分析	日期	

学习目标

完成本单元的学习之后，能够基本掌握固体样品的分解方法。

相关学习单元

——固体样品的采集方法　FJC-22-03

——固体平均试样的制备　FJC-22-04

学习单元内容

在分析中，除干法分析（如发射光谱分析等）以外，通常都需要先将试样进行分解，然后再制成溶液进行测定，因此必须掌握各种试样分解方法。

一、试样分解的一般原则

① 试样必须完全分解。

② 试样中的待测组分不得损失（特别是挥发损失）。

③ 试样分解时，不得引入待测组分。

④ 所用试剂及反应物对后续测定应无干扰。

二、试样的分解方法

分解试样的常用方法有溶解法和熔融法。

（1）溶解法　将试样溶解在一定的溶剂中形成溶液的试样分解方法。在溶解法中所用溶剂主要是水、酸、碱和有机溶剂等。

① 用水作溶剂叫水溶法。水溶法只能溶解一般可溶性的盐类（如碱金属盐类、铵盐、硝酸盐、大多数碱土金属盐和无机卤化物等）和部分有机物。因为水最易纯制，不引进干扰物质，因此，凡能溶于水的试样应尽可能用水作溶剂，将其制成水溶液进行分析。为防止某些金属离子发生水解产生沉淀，常在水溶液中加入少量酸。

② 用酸作溶剂叫酸溶法。常用作溶剂的酸有盐酸、硫酸、硝酸、磷酸、氢氟酸、高氯酸以及它们的混合酸。

在酸溶法中，主要是利用酸的酸性、氧化性（或还原性）或配合性使试样中的被测组分转入溶液中。可以用酸溶法进行分解的试样有金属及其合金（包括钢铁）、氧化物类矿物、碳酸盐类矿物、磷酸盐类矿物以及部分硫化物类矿物。

③ 用碱作溶剂叫碱溶法。常用的溶剂是20%～30%的NaOH溶液。可用碱溶法分解Al、Zn以及它们的合金等。

NaOH溶液分解Al、Zn等的原理如下：

$$2Al+2NaOH+2H_2O \xlongequal{\triangle} 2NaAlO_2+3H_2\uparrow$$

$$Zn + 2NaOH \xlongequal{\triangle} Na_2ZnO_2 + H_2\uparrow$$

通过反应，试样中的 Al、Zn、Pb、Sn 和 Si 等形成含氧酸根进入溶液，而 Fe、Mn、Mg、Cu、Ni 等则形成金属残渣沉于溶液底部。通过过滤，所得溶液用酸酸化后，进行分析测定，可确定 Al、Zn、Pb、Sn 等在样品中的含量；所得的残渣用 HNO_3 溶解后进行分析测定，可确定 Fe、Mn、Mg、Cu、Ni 等在样品中的含量。以上反应，必须在 Ag、Pt 或四氟乙烯容器中进行，而不能在玻璃或陶瓷容器中进行，这是因为 NaOH 会和玻璃或陶瓷中的硅酸盐起反应。

④ 用有机物作溶剂。作溶剂用的有机物叫有机溶剂。根据相似相溶规则，有机试样用有机溶剂溶解。最常用的有机溶剂有醇类、酮类、芳香烃、卤代烃等。

(2) 熔融法　将固体试样与固体熔剂混合，在高温下进行复分解反应，使试样中的全部组分转化为易溶于水或酸的化合物（如钠盐、钾盐、硫酸盐及氯化物等）的试样分解方法。

此法中所用的固体熔剂有酸性熔剂和碱性熔剂两类。

熔融法的优点是对试样的分解能力比溶解法强，对一些用溶解法难于分解的试样必须用此法进行分解。但是，熔融法也有很多缺点，首先熔融时，要加入大量熔剂（一般为试样量的 6～12 倍），因而熔剂本身所含的离子以及其中含的杂质就带入试液中，使试液受到污染；另外，由于熔融时温度较高，又使用熔剂，在此情况下，熔融所使用的器皿——坩埚本身会受到腐蚀，也会使试液受污染；同时该法操作比较麻烦。这些缺点的存在，就决定了熔融法使用的限制，故在一般情况下，不使用熔融法分解试样。

熔融法中通常使用的熔剂见表 23-01-01。

表 23-01-01　常见的熔剂

熔　剂	用量（与被熔物质量相比）	采用坩埚	熔剂性质	用　途
无水碳酸钠（或碳酸钾）	6.8 倍	铁、铂、镍	碱性熔剂	用于分解黏土、耐火材料、酸性矿渣、不溶于酸的残渣、难溶的硫酸盐及硅酸盐等
碳酸氢钠	12～14 倍	铁、铂、镍	碱性熔剂	用于分解黏土、耐火材料、酸性矿渣、不溶于酸的残渣、难溶的硫酸盐及硅酸盐等
1 份无水碳酸钠和 1 份无水碳酸钾	6～8 倍	铁、铂、镍	碱性熔剂	用于分解黏土、耐火材料、酸性矿渣、不溶于酸的残渣、难溶的硫酸盐及硅酸盐等
6 份无水碳酸钠和 0.5 份碳酸钾	8～10 倍	铁、铂、镍	碱性氧化熔剂	用于测定矿石中的砷、铬、钒和全硫及分解钒和铬等物中的钛
3 份无水碳酸钠和 2 份硼酸钠（熔融后形成细粉）	10～12 倍	铂	碱性氧化熔剂	用于分解铬铁矿、钛铁矿等
2 份无水碳酸钠和 1 份氧化镁	10～14 倍	铂、铁、镍、瓷、石英	碱性氧化熔剂	用于分解铬铁矿、铁合金等
2 份无水碳酸钠和 2 份氧化镁	4～10 倍	铁、镍、瓷、石英	碱性氧化熔剂	用于测定煤中的硫
2 份无水碳酸钠和 1 份氧化锌	8～10 倍	瓷、石英	碱性氧化熔剂	用于测定矿石中的硫（主要是硫化物中的硫）
4 份碳酸钾钠和 1 份酒石酸钾	8～10 倍	铂、瓷	碱性还原熔剂	用于分离 Cr^{3+} 和 V^{5+}

续表

熔　　剂	用量(与被熔物质量相比)	采用坩埚	熔剂性质	用　　途
过氧化钠〔或1份无水碳酸钠和5份(或2份)过氧化钠〕	6～8倍	铁、镍、银	碱性氧化熔剂	用于测定矿石和铁合金中硫、铬、锰、磷、硅等元素以及辉钼矿中的钼
氢氧化钠(或氢氧化钾)	8～10倍	铁、镍、银	碱性熔剂	用于分解锡石、钼矿、耐火材料等
6份氢氧化钠(或氢氧化钾)和0.5份硝酸钠(或硝酸钾)	4～6倍	铁、镍、银	碱性氧化熔剂	与过氧化钠的用途相同
1～1.5份无水碳酸钠和1份结晶硫磺(研细)	8～12倍	铁、镍、银	碱性硫化熔剂	用于分解含钾、锑和锡的矿石(转变成相应的可溶性硫代硫酸盐)
焦硫酸钾(或硫酸氢钾)	8～12倍(12～14倍)	铂、瓷、石英	酸性氧化熔剂	用于分解三氧化二铬、氧化铝、四氧化三铁、氧化锆、红石、铬矿、钛铁矿、中性和碱性耐火材料等
1份氟氢化钾和10份焦硫酸钾	8～10倍	铂	酸性氧化熔剂	用于分解铁矿石、某些硅酸盐矿物等
氧化硼(熔融后研细)	5～8倍	铂	酸性熔剂	用于分解硅酸盐(测定其中的碱金属)
硫代硫酸钠(在212℃烘干)	8～10倍	瓷、石英	碱性硫化熔剂	用于分解含砷、锑和锡的矿石(转变成相应的可溶性硫代硫酸盐)

熔融法按使用熔剂的性质不同，分为酸熔法和碱熔法两种。所谓酸熔法，即用酸性熔剂分解试样的方法；所谓碱熔法，即用碱性熔剂分解试样的方法。

① 酸熔法。常用的酸性熔剂有硫酸氢钾（$KHSO_4$）和焦硫酸钾（$K_2S_2O_7$）。二者的作用相同，这是因为在灼烧时，$KHSO_4$ 发生下列反应：

$$2KHSO_4 \xlongequal{灼烧} K_2S_2O_7 + H_2O$$

$$K_2S_2O_7 \xlongequal{420℃} K_2SO_4 + SO_3\uparrow$$

所以，在300℃以上，这类熔剂即可与中性或碱性氧化物发生反应，生成可溶性硫酸盐。

用 $K_2S_2O_7$ 作熔剂分解样品时，熔融温度不能太高，时间也不宜太长，以免 SO_3 大量挥发以及硫酸盐分解成难溶性氧化物。

试样加熔剂熔融后，将熔块冷却，加少量酸后用水浸出，以免某些易水解的离子发生水解而产生沉淀。

酸熔法常常被用来分解Fe、Al、Ti、Cr等的氧化物类矿物（使氧化物转变成可溶性硫酸盐），也可用于分解中性和碱性耐火材料等。

② 碱熔法。常用的碱性熔剂有 Na_2CO_3（熔点852℃）、K_2CO_3（熔点891℃）、NaOH（熔点328℃）、KOH（熔点360℃）、Na_2O_2（熔点460℃）和它们的混合熔剂。

在具体操作时，常常把 Na_2CO_3、K_2CO_3 混合使用，主要是为了使熔融的温度降低（一般可使熔点降到700℃左右）。用 Na_2CO_3、K_2CO_3 作熔剂可用于硅酸盐、硫酸盐等的分解。如分解重晶石（主要成分是 $BaSO_4$）：

$$BaSO_4 + Na_2CO_3 = BaCO_3 + Na_2SO_4$$

通过测定生成的 Na_2SO_4 的含量就可以测出重晶石中 $BaSO_4$ 的含量。

又如分解钠长石（主要成分是 $NaAlSi_3O_8$）：

$$NaAlSi_3O_8 + 3Na_2CO_3 = NaAlO_2 + 3Na_2SiO_3 + 3CO_2\uparrow$$

通过测定生成的 $NaAlO_2$ 和 Na_2SiO_3 的含量，即可测出钠长石中 $NaAlSi_3O_8$ 的含量。

在分析中，为了分解含As、Sn、Sb等的矿石，使之转化为可溶性硫代硫酸盐，常常用

Na_2CO_3 和 S 的混合熔剂。如分解锡石（SnO_2）：

$$2SnO_2 + 2Na_2CO_3 + 9S = 2Na_2SnS_3 + 3SO_2\uparrow + 2CO_2\uparrow$$

NaOH 和 KOH 都是低熔点的强碱性熔剂，常用于硅酸盐、铝土矿等的分解。

Na_2O_2 是氧化性、腐蚀性都强的碱性熔剂，能分解许多难熔物质（如硅铁、铬铁、锡石、辉钼矿等），能把其中大部分元素氧化成高价状态。有时为了降低反应的剧烈程度，可使用它和 Na_2CO_3 的混合熔剂。使用 Na_2O_2 作熔剂时，如有有机物存在，容易爆炸，所以千万不能使反应物中存在有机物。

在碱熔法中，还有一种方法叫混合熔剂半熔法（或叫混合熔剂烧结法）。这种方法是在低于熔点的温度下，使试样与固体熔剂发生反应。这种方法的优点是反应温度低，不损坏熔融的容器——坩埚（反应可在瓷坩埚中进行）；缺点是反应时间太长。这种方法常使用的半熔混合熔剂有：

$MgO + Na_2CO_3$；$ZnO + Na_2CO_3$；$MgO + Na_2CO_3$

（2 份）（3 份）（1 份）（2 份）（1 份）（2 份）

这种方法被用来分解矿石或用于煤的全硫量分析。

③ 坩埚的选择。不管是酸熔法还是碱熔法，都是在高温条件下进行的，同时熔剂又具有较强的化学活性，因而对坩埚容易造成腐蚀。所以在选择某种具体的熔融方法时，必须对所用的坩埚材料进行认真的选择（见表 23-01-01），以保证坩埚不受损失和分析测定的准确度。

进度检查

一、填空题

1. 对试样分解的原则要求是：__________；__________；__________；__________。

2. 分解试样最常用的方法是__________和__________。

3. 溶解法中，常用的溶剂是______、______、______和______。

4. 酸溶法中，经常用作溶剂的酸有______、______、______、______、______、______以及______。

5. 在碱溶法中，常用的溶剂是__________。

6. 可用酸溶法分解的试样有______、______、______、______以及______。

7. 熔融法分为______和______。

8. 酸熔法主要用于分解______、______、______、______等的氧化物类矿物。

9. 常用的碱性熔剂为______、______、______、______、______和______。

二、判断题（正确的在括号内划“√”，错误的划“×”）

1. 在用水溶法分解试样时，常在制得的溶液中加入少量的酸，是为了防止某些金属离子水解产生沉淀。（　　）

2. 用碱溶法分解 Al、Zn 以及它们的合金等试样时，必须在玻璃和陶瓷容器中进行。（　　）

3. 在碱熔法中，常常把 Na_2CO_3 和 K_2CO_3 混合作为熔剂使用，这是为了降低熔融的温度。（　　）

4. Na_2O_2 作熔剂时，试样中不能有有机物，否则易产生爆炸。（　　）

三、简答题

1. 简述用 NaOH 溶液分解含少量 Mg 的铝试样的原理（写出有关化学方程式）。

2. 熔融法分解样品，为什么要对坩埚进行选择？

学　习　单　元	编号	FJC-23-02
名　　称：固体试样的分解操作	课时	8
职业领域：化工、石油、医药、环保、冶金、建材等		
工作范围：分析	日期	

学习目标

完成本单元的学习之后，能够进行试样的分解操作。

所需仪器和药品

序号	名称及说明	数量	序号	名称及说明	数量
1	烧杯（250mL）、塑料杯（250mL）	各1只	7	1+1 HNO_3 溶液	1瓶
2	三脚架（附石棉网）、酒精灯	各1个	8	固体 NaOH	1瓶
3	容量瓶（250mL、100mL）	分别为2只、1只	9	Na_2CO_3-KNO_3 混合熔剂	若干克
4	坩埚架、镍坩埚、高温炉、坩埚钳	各1	10	蒸馏水	1瓶（100mL）
5	30%H_2O_2 溶液	1瓶	11	乙醇	10mL
6	铜合金、铝合金、铁矿试样	各若干克			

相关学习单元

——固体样品的分解方法　FJC-23-01
——分析室常用电炉及其使用　FJC-07-02
——电热恒温水浴锅（箱）及其使用　FJC-07-04
——电热板和电热砂浴及其使用　FJC-07-05
——一般化学器皿的洗涤与使用　FJC-05-03

学习单元内容

一、用 HNO_3 分解铜合金试样

1. 称样并加入溶剂

用分析天平准确称取 1.0000g 铜合金试样，并置于 250mL 烧杯中，加入 1+1 HNO_3 20mL，见图 23-02-01。

2. 加热溶解

把装有试样和 HNO_3 溶液的烧杯放在三脚架上的石棉网上，用酒精灯加热，直至试样完全溶解，见图 23-02-02。

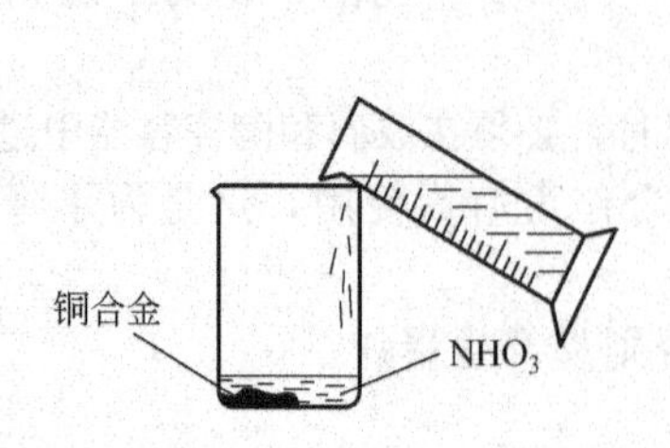

图 23-02-01　把试样置于烧杯中并加入 HNO_3

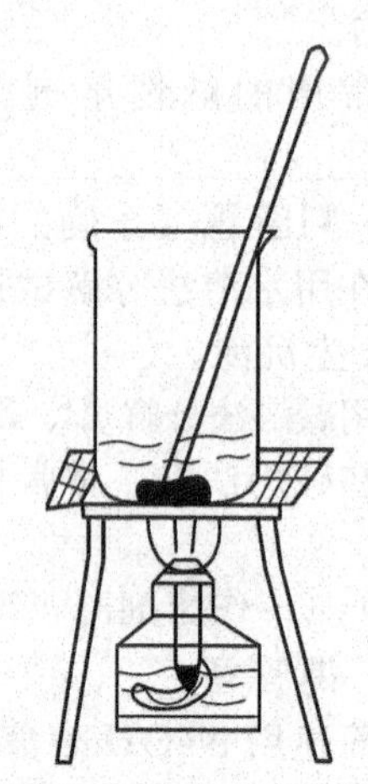

图 23-02-02　加热溶解试样

3. 制备试样溶液

将加热溶解试样所得的溶液冷却，并移入 250mL 容量瓶中，用蒸馏水稀释至刻度，摇匀，见图 23-02-03。溶液待测。

二、用碱溶法分解铝试样（或铝合金试样）

1. 称样

在分析天平上准确称取 0.2500g 铝合金试样。

2. 试样分解

将称取的试样放入 250mL 塑料杯中，并加入 4g 固体 NaOH 和 15mL 水，于沸水浴中加热至试样全部溶解。然后加入 30%的 H_2O_2 溶液 10 滴，继续加热煮沸 1min（除去过量的 H_2O_2），并用流水冷却，见图 23-02-04。

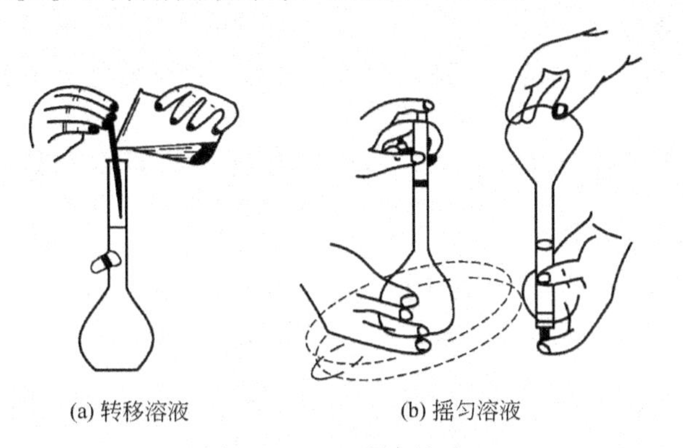

(a) 转移溶液　　(b) 摇匀溶液

图 23-02-03　制备溶液

图 23-02-04　试样的分解

3. 制备试样溶液

按本学习单元一、3 的操作，将冷却后的试样溶液移入 250mL 容量瓶中，加水稀释至刻度并摇匀。溶液待测。

三、用碱熔法分解铁矿试样

1. 称样

用分析天平准确称取 0.2500g 铁矿试样。

2. 试样熔融

将试样置于加有 8g Na_2CO_3-KNO_3 混合熔剂的镍坩埚中，搅拌均匀，再覆盖一层混合熔剂。将镍坩埚放入高温炉内，升温至 750℃并恒温 30min 后，用坩埚钳取出并冷却至室温，见图 23-02-05。

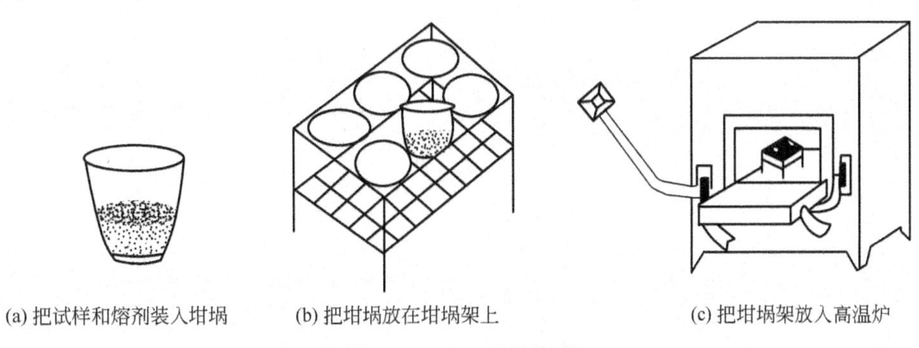

(a) 把试样和熔剂装入坩埚　　(b) 把坩埚放在坩埚架上　　(c) 把坩埚架放入高温炉

图 23-02-05　试样熔融

3. 熔块熔解

将镍坩埚内的熔块移入 250mL 烧杯中，用热水洗净坩埚，将洗涤液并入烧杯中，再加水 50mL，加热煮沸数分钟，同时捣碎熔块。如出现绿色的锰酸银，加入几滴乙醇并煮沸还原。

4. 制备试样溶液

将熔块溶解后所得的溶液移入 100mL 容量瓶中，用蒸馏水稀释至刻度，摇匀。溶液待测。

进度检查

1. 用 HNO_3 分解铜试样。
2. 用碱溶法分解铝合金试样。

固体试样的分解技能考试内容及评分标准

一、考试内容：用碱熔法分解黏土试样

1. 用台秤称 2g NaOH 于镍坩埚中，在电炉上熔化，取出坩埚并旋转，使之冷却并附着于坩埚内壁。
2. 用天平准确称取 1g 左右黏土样品置于坩埚中心，再用台秤称取 2g NaOH 盖在黏土上，盖好坩埚盖，用马弗炉灼烧。
3. 马弗炉逐渐升温至 600℃，保持 30min。
4. 取出坩埚，旋转使熔融物附着于坩埚壁上，然后置于耐火板上冷却至 100℃以下。
5. 坩埚竖放于 500mL 烧杯中，加入 30mL 沸水浸取碱熔物，并用沸水洗净坩埚盖、坩埚，洗涤液并入烧杯。

二、评分标准

1. NaOH 内衬合格。(10 分)
2. 黏土称量准确。(10 分)
3. 黏土在坩埚中位置正确、加盖 NaOH 正确。(10 分)
4. 灼烧操作及控温正确。(20 分)
5. 夹取坩埚旋转，使熔融物附着于坩埚壁上及冷却正确。(10 分)
6. 浸取操作正确。(20 分)
7. 碱熔成功，无未溶物。(20 分)

MU24　液体试样的采集

学　习　单　元	编号	FJC-24-01
名　　称：液体试样的采集工具	课时	2
职业领域：化工、石油、医药、环保、冶金、建材等		
工作范围：分析	日期	

学习目标

完成本单元的学习之后，能够确认液体试样的采集工具并掌握其使用方法。

所需仪器

序号	名称及说明	数量	序号	名称及说明	数量
1	表面样品采样勺	1个	5	铝采样管	1支
2	勺子	1个	6	铜制双套筒采样管	1支
3	取样杯	1个	7	玻璃采样瓶	1个
4	玻璃采样管	1支	8	人工搅拌器	1个

相关学习单元

——化工产品采样通则　　FJC-22-01

学习单元内容

一、液体试样采集的基本知识

在化学工程、环境保护工程等职业领域进行物料的分析检测中，经常要进行液体试样的采集。液体物料最主要的有两大类：液体原料和产品、水。这些物料按所处的状态又可以分为静态和动态两类。

液体样品的类型有多种，不同类型的液体样品有不同的采集方法。

为使试样有代表性，采样时液体物料必须混合均匀：小容器（如瓶、罐等）可用手摇；中等容器（如桶、听等）用滚动倒置或用手工搅拌；大容器（如贮罐、槽车、船舱）用机械搅拌器、喷射循环泵进行混匀。

液体样品的采样容器、采样设备必须清洁、干燥、严密、不与物料起化学反应。物料不受环境污染和变质。采样必须安全。

若原始样品量较大，应缩分成2～3份小样。

样品采集装瓶后，必须立即贴标签（详见FJC-22-01）。

液体样品采集后，对其贮存要按以下规定进行。

① 对易挥发的样品，容器应有预留空间，需密封并定期检查是否泄漏。

② 对光敏物质，样品应装入棕色玻璃瓶，并置于避光处。

③ 对温度敏感物质，样品应贮存在规定温度下。

④ 对易和周围环境起作用的物质，应隔绝O_2、H_2O和CO_2。

⑤ 对高纯物质应防潮、防尘。

⑥ 危险样品应专门贮存、由专人管理。

根据不同的采样目的和液体样品的不同情况，采样时使用不同的采样工具。

二、液体试样的采集工具

1. 采样勺

采样勺用不和被采物料发生化学反应的金属或塑料制成。分为表面样品采样勺（见图24-01-01）、混合样品采样勺（见图24-01-02）和采样杯（见图24-01-03）三种，其中表面样品采样勺用于采集表面样品，混合样品采样勺和采样杯用于均匀物料的随机采样。

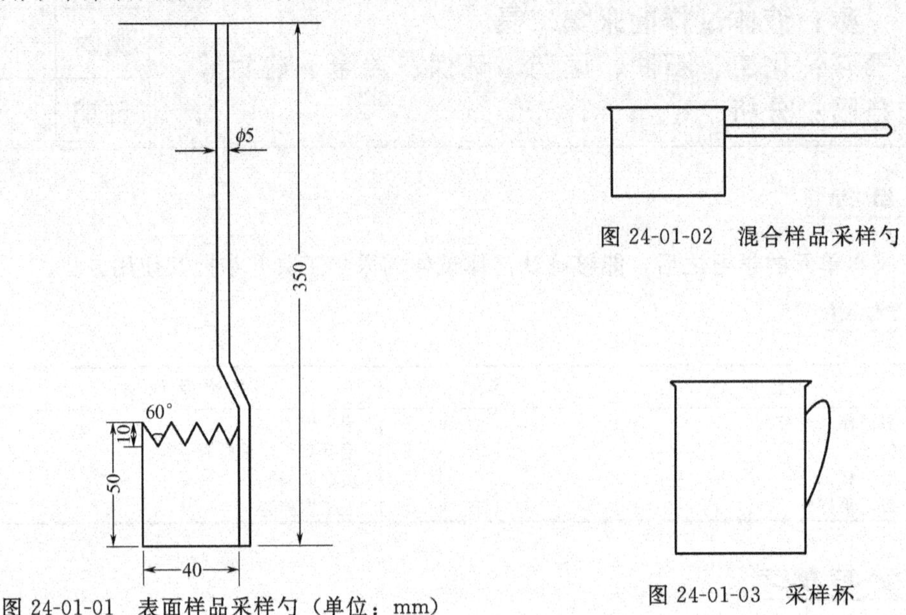

图 24-01-01　表面样品采样勺（单位：mm）

图 24-01-02　混合样品采样勺

图 24-01-03　采样杯

2. 采样管

采样管用玻璃、塑料或金属制成，两端开口，用于桶、罐、槽车等容器内液体物料的采样。采样管按材质分为以下几类。

（1）玻璃或塑料采样管　见图24-01-04。管长一般为750mm，管的上口收缩到拇指能按紧的尺寸（约6mm），小端的直径有1.5mm、3mm、5mm等几种。这要视被采物的黏度而定，黏度大，则直径大。

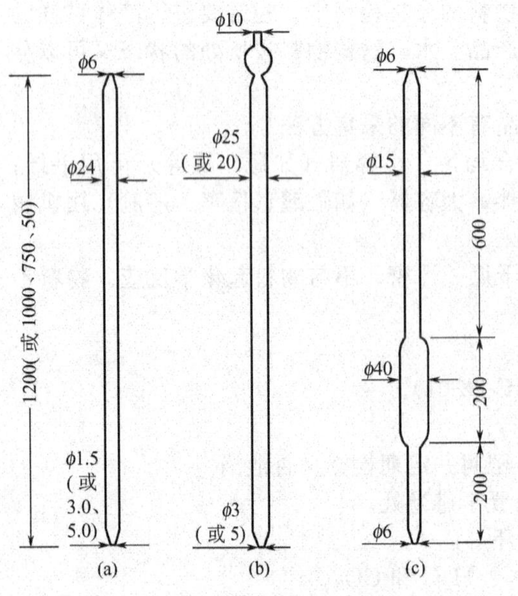

图 24-01-04　玻璃采样管（单位：mm）

（2）金属采样管　分铝（或不锈钢）制采样管（见图24-01-05）和铜（或不锈钢）制双套筒采样管（见图24-01-06）。前者适于采集贮罐或槽车中的低黏度液体样品，后者适用于采集桶装黏度较大的液体和黏稠液、多相液。双套筒采样管配有电动搅拌器和清洁器。

另外，还有底阀型采样管。

3. 采样瓶（罐）

（1）玻璃采样瓶　见图24-01-07。一般为500mL玻璃瓶，套上加重铅锤，以便沉入液体物料的较深部位。

（2）采样笼罐　将具塞金属瓶或玻璃瓶放入加重金属笼罐中固定而成。

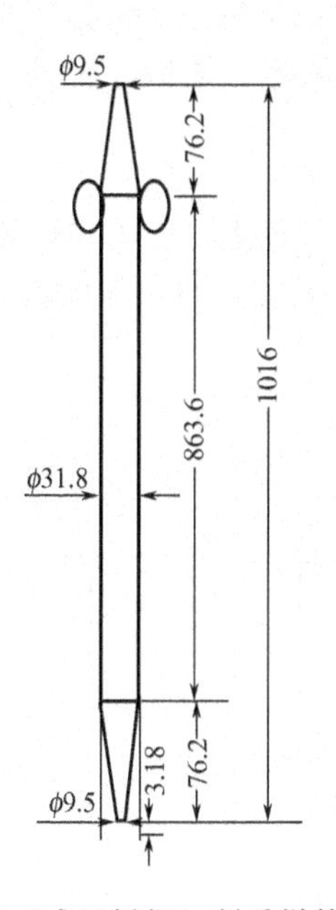

图 24-01-05 铝（或不锈钢）制采样管（单位：mm）

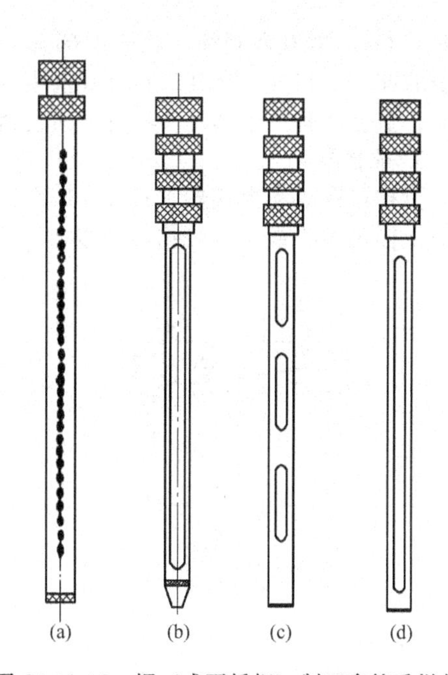

图 24-01-06 铜（或不锈钢）制双套筒采样管

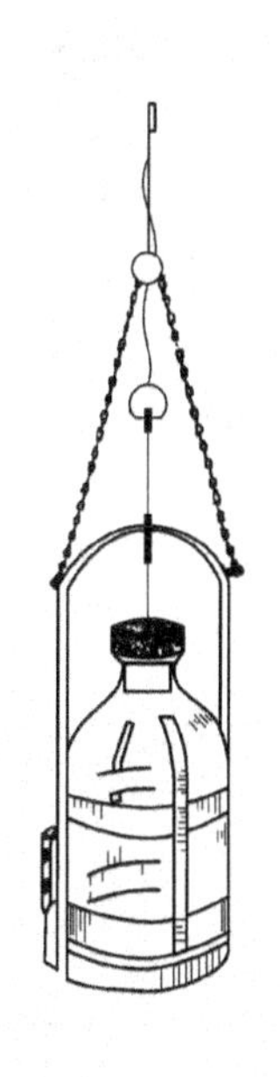

图 24-01-07 玻璃采样瓶

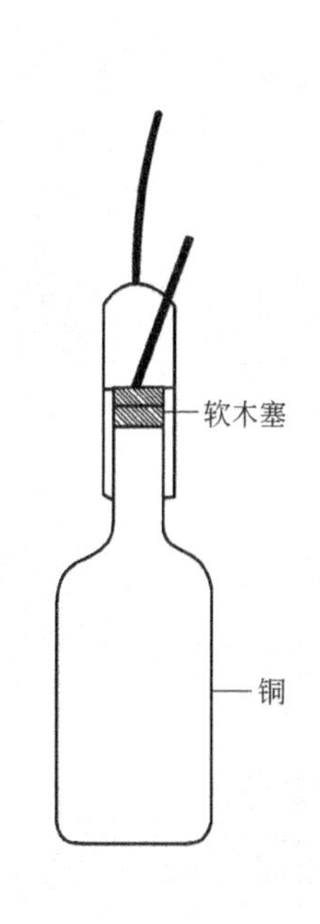

图 24-01-08 铜制采样瓶

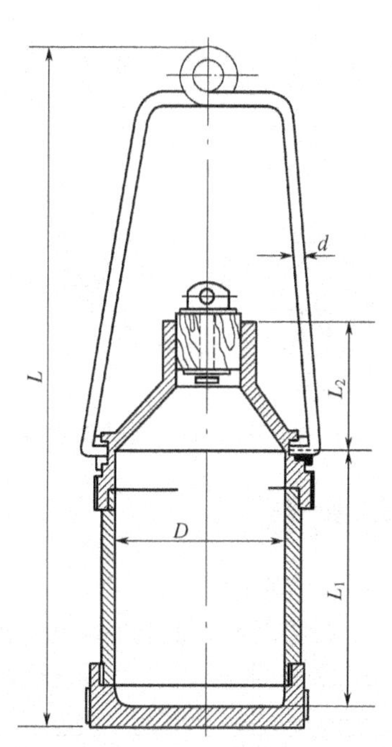

图 24-01-09 可卸式采样瓶

(3) 铜制采样瓶 见图 24-01-08。采样瓶体积为 500mL，带软木塞，适用于贮罐、槽车采样。

(4) 可卸式采样瓶 见图 24-01-09。

另外，还有加重型采样瓶、底阀型采样器等。采样瓶或采样罐均适用于从贮罐、槽车、船舱等容器内采样。液化气的采样常用采样钢瓶和金属杜瓦瓶。

4. 液态石油产品采样器

见图 24-01-10。液态石油产品采样器是一个高 156mm、内径 128mm、底厚 51mm、壁厚 8～10mm 的金属圆筒。圆筒上部有一个固定在轴 1 上且可转 90°的盖。盖上有两个装有链条的挂钩 2 和 3。挂钩 2 上的链条用以控制盖的开启和关闭，挂钩 3 上的链条用来升降采样器。盖上还有一个套环 4，用来固定钢卷尺。

5. 搅拌器

搅拌器有电动搅拌器（见图 24-01-11）和人工搅拌器（见图 24-01-12）两类。人工搅拌器用于桶装物料或小听装物料的混匀，电动搅拌器用于黏度较大的物料的混匀。

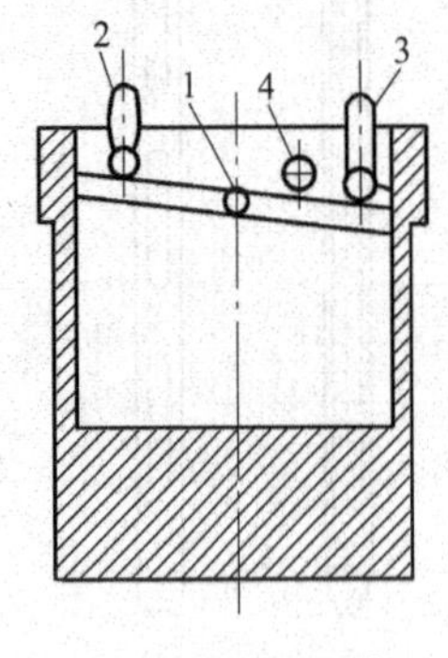

图 24-01-10　液态石油产品采样器

1—轴；2，3—挂钩；4—套环

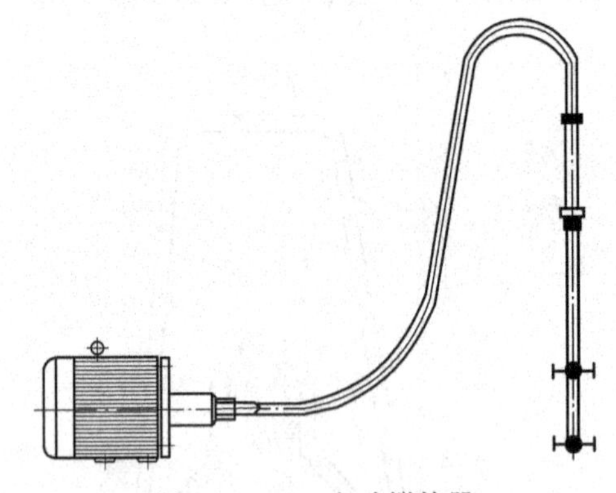

图 24-01-11　电动搅拌器

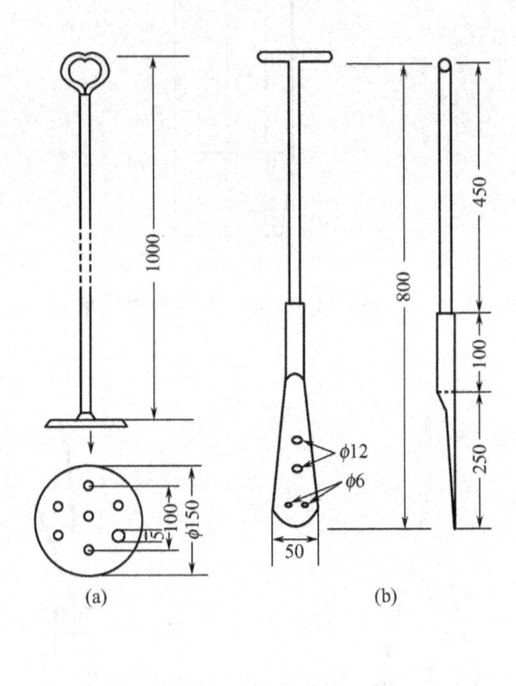

图 24-01-12　人工搅拌器（单位：mm）

进度检查

一、填空题

1. 按物料所处的状态，液体试样的采集分为__________和__________两类。

2. 液体采样时，对采样容器的要求是__________________、__________________、_________________、_______________。

3. 对光敏性液体试样，应贮存在__________里，并置于__________处。对高纯物质的贮存应__________和__________。

4. 液体试样的采集工具主要有__________、__________、__________和搅拌器等几大类。

二、判断题（正确的在括号内划“√”，错误的划“×”）

1. 采样管下端的管口直径的大小，主要决定于采样量的多少。（　　）

2. 采样管主要用于桶、罐、槽车等容器内液体物料的采样。（　　）

3. 铝制采样管和铜制双套筒采样管分别适用于低黏度和较高黏度的液体物料的采集。（　　）

4. 玻璃采样瓶必须套上加重铅锤。（　　）

学 习 单 元	编号	FJC-24-02
名 称：液体试样的采集操作 职业领域：化工、石油、医药、冶金、环保、建材等	课时	10
工作范围：分析	日期	

学习目标

完成本单元的学习之后，能够确认液体试样的采集工具并按国家标准进行液体试样的采集。

所需仪器

序号	名称及说明	数量	序号	名称及说明	数量
1	玻璃采样管	1支	4	500mL玻璃瓶	1只
2	带加重铅锤的玻璃采样瓶	1只	5	橡皮管(40cm)	1根
3	250mL溶解氧测定瓶(或磨口玻璃塞试剂瓶)	1只	6	双孔橡皮塞	2个

相关学习单元

——液体试样的采集工具　FJC-24-01

——化工产品采样通则　FJC-22-01

学习单元内容

一、液体化工产品和化工原料试样的采集

1. 静态采样

在分析中，对于静态液体物料（如处于静态的水，酸、碱、盐的溶液，石油产品及有机溶剂）的采样，只需从物料中任意采集一部分或稍加混合后采集其中一部分，即可成为具有代表性的分析试样。这主要是因为物料本身一般属于组成比较均匀的体系。尽管液体试样的采集比较简单，但是在具体采样时，还是应根据物料的性质和贮存容器的差别采取不同的采集方法，以避免不均匀现象的出现。例如，自槽车或大型贮罐中采样，为了避免试样的不均匀，一般是在不同的深度取几个样品，然后加以混合作为液体分析试样。

如果装液体物料的容器较小，采样时可用两端开口的长玻璃管插入容器底部（见图24-02-01)，然后塞紧玻璃管的上端管口，再提出玻璃管，将液体样品转移到样品瓶中（见图24-02-02）即可。

2. 动态取样

在化工生产中，常常需要进行生产过程控制分析，在这种分析中，又经常需要从正在管道中流动的液体物料中采样，这种取样属于动态采样。其方法一般是通过安装在管道上的采样阀进行采样（见图24-02-03）。根据分析的目的，按有关规程每隔一定时间打开采样阀，把最初流出的液体弃去，然后采样即可。至于采集多少试样，要按规定或根据实际需要来确定。

不管是静态采样还是动态采样，采样容器都必须干净。在洗净采样容器而未具体采样前，需用少量欲采取的试样将采样容器润湿冲洗几次，以保证采样容器不致污染样品，进一步保证分析结果的准确性。

对液体化工产品的采样的其他内容，可查阅国标GB 6680—86《液体化工产品采样通则》。

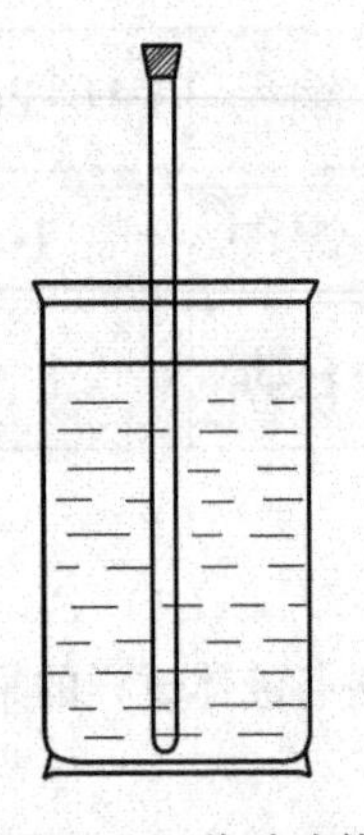

图 24-02-01　将玻璃管插入容器底部

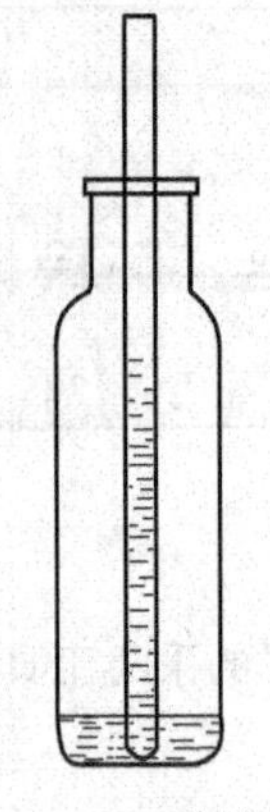

图 24-02-02　将液体样品转移到样品瓶

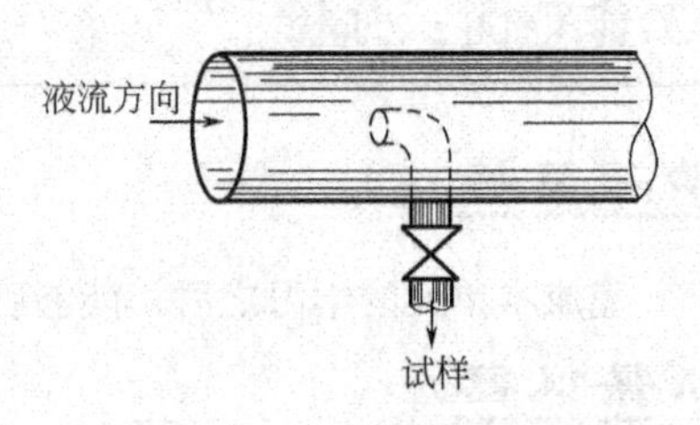

图 24-02-03　装在管道上的采样阀

二、水样的采集

在工业生产和环境监测中，经常需要分析测定不同情况下的水质，所以水样的采集就显得十分重要。

1. 水样采集的注意事项

采集水样时，必须注意下列事项。

① 水样量体积。一般应超过各项测定所需水样总体积的 20%～30%。通常简单分析需水样 300mL。

② 盛水样的容器应是无色硬质玻璃细口瓶或聚氯乙烯塑料瓶。如分析目的是为了确定水样的物理性质和化学成分，可用上述任意一种容器；如为了测定水样中的微量金属离子，则用塑料瓶最好，因为塑料瓶对金属离子的吸附性小；如为了测定 SiO_2 的含量，则必须用塑料瓶；当水样中含有机物，特别是油类物质较多时，用玻璃瓶最好。在取样前，必须用 10%的盐酸溶液或热肥皂水或合成洗涤剂等将盛水容器洗净。玻璃瓶的塞子最好是用磨口玻璃塞；如用橡皮塞，则必须事先用 10%Na_2CO_3 溶液煮，再用 1＋5 盐酸及水煮，并用蒸馏水洗干净；如用软木塞，则必须用蒸馏水煮并冲洗干净；绝不能用纸团、木料或金属制的塞子。

③ 采样前，应将水样瓶和塞子用水样至少洗涤三次。

④ 采样时，水应慢慢注入样瓶中，不要起泡，不要搅动水源，不使砂石、浮土颗粒或植物性杂质进入样瓶中。水样不能把瓶子完全装满，应至少留有 10～20mL（或 2cm）的空间，以防止水温升高，水样体积膨胀而冲掉瓶塞。

⑤ 采好水样后，应马上塞好瓶塞，不能漏水，再用石蜡或火漆封好瓶口。如水样需远距离运送，则必须先用绳子或纱布将盖塞的瓶口缠紧，再用石蜡或火漆将其封严。

由于在不同的情况下，水里所含的物质种类和数量千差万别，因此其试样的采集方法也各不相同。一般纯净的或稍受污染的天然水，水质变化不大，因此只要在规定的地点和深度，按季节采取 1～2 次，即可得到有代表性的水样；生活污水的成分则和人们的休息时间以及食物的季节性变化紧密相关，因此，即使在同一天中的不同时间或同一月的不同日期以及不同月份，污水的水质是经常变化而各不相同的；工业废水水质的变化则更大，它随产品生产的工艺过程、原材料的成分和均一程度以及生产的间歇性等因素而变化。鉴于上述情况，在采集上述三类水样时，必须根据分析目的的不同，采用不同的采集方式以采集不同的水样，如平均混合水样、平均比例混合水样、用自动取样器采集一昼夜的连续比例混合水样等。对于受污染严重的水样，不能用采集天然水样的方法采集，其采集方法应根据污染来源、分析目的而定。

2. 水样的采集方法

（1）天然水的采样　为了采集江河、池塘、水库的水样，可用在大型容器中采集化工产品液体试样的采样瓶，即将一个干净的空瓶塞上塞子，塞子上系一根绳子，瓶底外部系一坠铁或坠石（见图 24-01-07），将瓶沉入水下一定的深度（一般以 20～50cm 为宜），然后拉绳拔开塞 子，让水灌入瓶中，取出即可。一般在不同的深度采几个水样混合后作为分析试样。如水面较宽，则应在不同的断面分别采集几个水样，再混合成为试样。

（2）自来水、井水的采样　如果要采集水管或有泵水井中的水样，只需将水龙头或泵打开，放水数分钟将积留在水管中的杂质冲掉，然后采样即可。如果水井中无泵，则可用江河中采样的方法采集水样。

（3）工业废水的采样　采集工业废水的水样，可以用下列 4 种方式进行。

① 间隔式平均采样。即间隔一定的时间，从废水中采集等体积的水样，再混合成分析试样的方法。这种方法适用于由生产设备连续排出、水质比较稳定的废水水样的采集。

② 平均采样或平均比例采样。平均采样是指对几个性质相同的生产设备排出的废水，分别采集同体积的水样，然后混合成分析试样的方法；平均比例采样是指对几个性质不同的生产设备排出的废水，首先测定其流量，然后根据流量的大小，按比例采集废水水样再混合成分析试样的方法。

如果有总废水池，则最简单的办法是在废水池中采集混合均匀的废水。

③ 瞬间取样。即对经过废水池停留相当时间后，断续排出的工业废水一次性采样的方法。

④ 单独采样。即对悬浊液或乳浊液性质的废水，为减小因组成不均匀而引起的分析结果误差，所采用的独立采样以进行全量分析的方法。比如，有些工业废水含油类或悬浮性固体，分布极不均匀，因此很难采到具有代表性的水样。同时，在水样的放置过程中，有些杂质易浮于水面，有些则易沉于水底。此时，若从全分析水样中取出一部分用来分析某个项目，则往往出现很大的误差，影响结果的正确性，在这种情况下就必须单独采样，进行全量分析，以得到各种成分准确的含量。

（4）生活废水的采样　生活废水成分复杂、变化大，一般是每小时采样一次，将 24h 采集的水样混合，作为代表性样品，最后的总容量为 2500～3000mL。水样应装在 3000mL 的细口瓶内，并立刻贴上标签，涂上石蜡以防止标签上标注的字褪色。水样应保存在 4～5℃ 的温度下。污水样采集后，应立刻送实验室进行分析，尤其是要测污水中的溶解氧、生物需氧量、余氧、硫化氢等项目，更需要在采好样后立即进行分析。如遇特殊情况，不能立即分析，则必须在污水样中加入保存剂。但加保存剂必须注意下列几点。

① 需进行“生物化学需氧量”分析的水样，不能加任何保存剂。

② 一般分析用的污水样，可加氯仿（$CHCl_3$）作保存剂，使水样的耗氧量不致改变，加入量为 5mL/L 水样。

③ 若需测量水样中各类含氮化合物，可加入适量的化学纯 H_2SO_4，使水样中 H_2SO_4 浓度约为 0.015mol/L 即可。

（5）测定溶解氧水样的采集　采集水样时，不要使空气进入水样。

① 采集自来水样时，要用橡皮管接在水龙头上，并把橡皮管的另一端插到溶解氧测定瓶（见图 24-02-04）中水样的底部；待瓶中水样装满并向外溢出数分钟后，取出橡皮管，迅速盖好磨口玻璃塞。

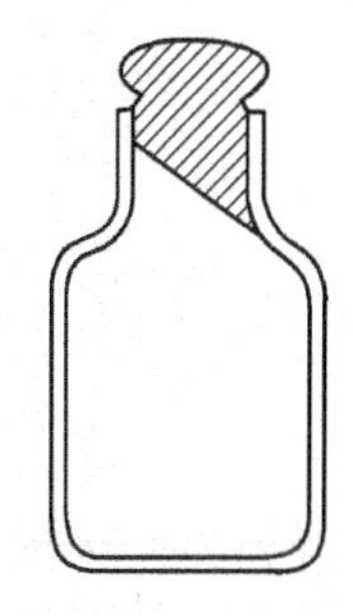
图 24-02-04　溶解氧测定瓶

② 井水、池塘水、蓄水池中的水样的采集，可按图 24-02-05 装置一套简单的设备进行。先将样瓶（250mL 或 300mL）与一个大瓶按图装好，并将两瓶固定起来，使之便于下沉。在粗绳上标明深度。采集水样时，将装好的采样设备投入水中，使之迅速下沉并达到所需要的深度。此时，使水样进入样瓶并赶走大瓶中的空气，直到大瓶不再存有空气为止。将采样设备提出水面，将样瓶取下，迅速用玻璃塞盖紧。在分

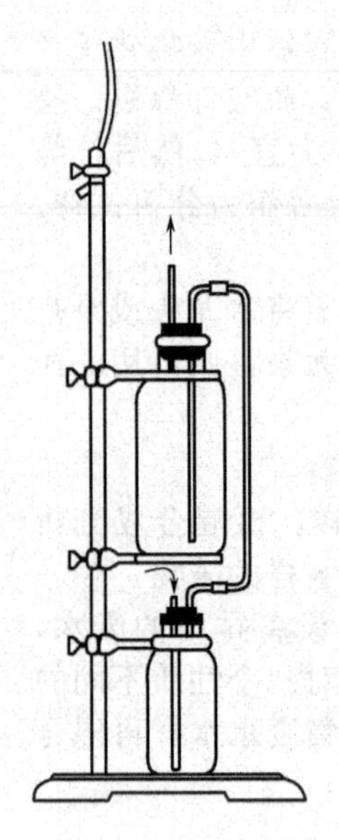
图 24-02-05 测定水中气体的水样采集装置

析室，如果送来的水样装在大瓶中，应该用虹吸方法把水样移入样瓶中。

水样采集完毕，要将样瓶编号。水样就地进行化学处理，使溶解氧固定（否则应保存在4℃左右，再送到分析室），但滴定工作可在分析室进行。

如果采集测定某些其他项目的水样，则水样采集后应及时进行分析测定。水样保存时间愈短，则分析结果愈可靠。有些化学成分和物理性状在水样送往化验室的过程中，就会发生变化，如pH等。为此，这些项目必须在采样现场立即测定。对于现场无条件测定的项目，可采用特殊的“固定”方法，使原来易变化的状态转变成稳定的状态，再到分析室进行测定，例如氰化物、重金属、硫化物、酚类等。其固定的方法如下。

a. 氰化物：加入NaOH，使pH在11.0以上，并保存在冰箱中，尽快分析。

b. 重金属：加HCl或HNO_3酸化，使pH在3.5左右，以减少沉淀或吸附。

c. 氮化合物：每升水加0.8mL浓H_2SO_4，以保持氮的平衡，在分析前用NaOH溶液中和。

d. 硫化物：在250～500mL采样瓶中加入1mL 25%醋酸锌溶液，使成硫化物沉淀。

e. 酚类：每升水中加0.5g氢氧化钠及1g硫酸铜。

f. 溶解氧：按规定方法加入硫酸锰和碱性碘化钾。

g. pH、余氯必须当场测定。

三、油样的采集

在石油的开采和加工过程中，经常需要对石油及其炼制产品进行分析。为此，需要进行油样的采集。石油及其炼制产品一般贮存在大型油罐和油桶中，下面学习从这些容器中采集油样的方法。

1. 从大型油罐中采样的操作

① 手提液态石油产品采样器（见图24-01-10）盖上挂钩3上的链条（见图24-02-06），将采样器沉入油罐内离上部液面20cm处（观察盖上钢卷尺指示的深度）。

② 放松挂钩3上的链条，拉紧挂钩2上的链条，打开盖子，让样液进入采样器内（见图24-02-07）。此时，液面有气泡冒出。当停止冒气泡时，表示采样器已装满液样。

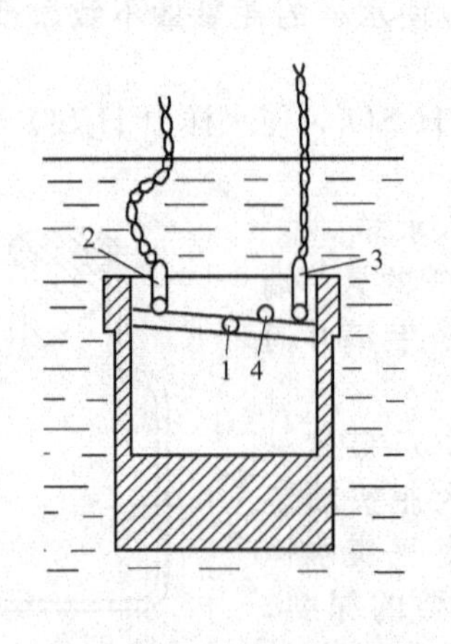

图 24-02-06 沉放采样器
1—轴；2，3—挂钩；4—套环

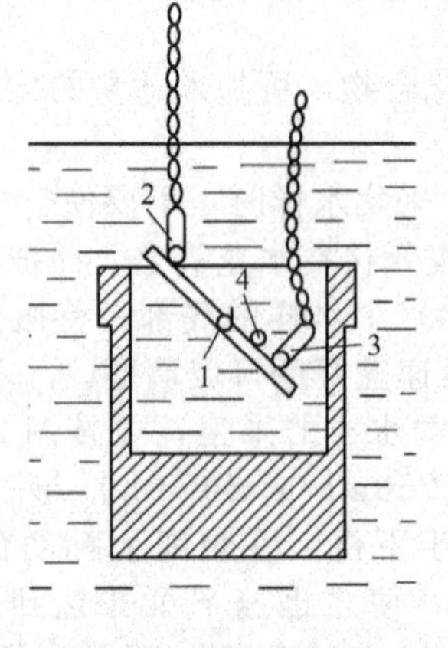

图 24-02-07 装液样
1—轴；2，3—挂钩；4—套环

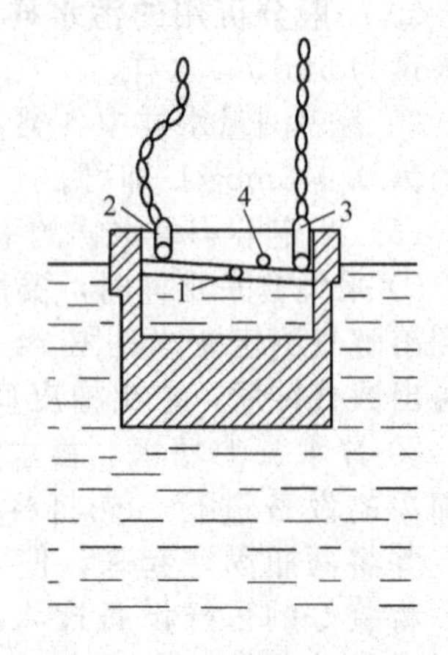

图 24-02-08 提出采样器
1—轴；2，3—挂钩；4—套环

③ 放松挂钩 2 上的链条，关闭盖子，用挂钩 3 上的链条提出采样器（见图 24-02-08）。

④ 将采样器中的样品倾入样品瓶中。

⑤ 用同样的方法，在贮油罐中部再采 3 个子样，在下部再采 1 个子样。

⑥ 将所采得的几个子样，一并倒入同一样品瓶中，盖紧塞子，混合成一个平均试样。

如采取像汽油、溶剂油这类挥发性石油产品时，必须塞好瓶塞，将子样在一个密闭的容器中混合成平均试样。

2. 从贮油桶中采样

① 从大油桶中采样。可用采样管进行采样，然后将子样混合成平均试样。采样桶数为总桶数的 5%，至少不得少于 2 桶。

② 从小油桶中采样。可用内径为 20mm 的玻璃管按其操作方法采取子样，然后混合成平均试样。采样桶数为总桶数的 2%，至少不得少于 2 桶。

进度检查

一、填空题

1. 如果盛液体物料的容器较小，可用__________进行采样；如果容器较大，则用__________进行采样。

2. 用采样管采样时，先把采样管插入容器__________，然后塞紧或用拇指堵紧__________，提起采样管，将液体试样转入__________。

3. 当水样含油类物质时，选用__________作采样瓶；当测量微量金属离子时，选用________________作采样瓶。

4. 用带加重铅锤的玻璃瓶采样时，其程序是：盖紧瓶塞，将__________沉入液面以下预定深度，拉绳拔开系在绳上的__________，液体进入__________，当__________时，放下瓶塞，再将__________提出液面。

二、简答题

简述测定溶解氧水样的采集方法。

三、操作题

1. 练习测定溶解氧水样的采集。
2. 练习蓄水池水样的采集。
3. 练习桶装液体化工产品试样的采集。
4. 练习污水样的采集。
5. 练习从小油桶中采集油样。

液体试样的采集技能考试内容及评分标准

一、考试内容：工业废水的采样

1. 选择工厂的排污口或废水池采集水样。
2. 选择合适的采样工具采集水样。
3. 采样操作。
4. 水样保存。
5. 现场 pH 测定。

二、评分标准

1. 正确选择排污口或废水池的采样位置。（20 分）

2. 正确选择采样深度。(10 分)

3. 正确选择采样工具。(10 分)

4. 正确采样操作。(40 分)

5. 水样保存。(10 分)

6. pH 测定准确。(10 分)

MU25　气体试样的采集

<table>
<tr><td colspan="2">学　习　单　元</td><td>编号</td><td>FJC-25-01</td></tr>
<tr><td colspan="2" rowspan="3">名　　称：气体试样的采集工具
职业领域：化工、石油、医药、环保、冶金、建材等
工作范围：分析</td><td>课时</td><td>4</td></tr>
<tr><td>日期</td><td></td></tr>
</table>

学习目标

完成本单元的学习之后，能够确认气体试样的采集工具并掌握其使用方法。

所需仪器和设备

序号	名称及说明	数量	序号	名称及说明	数量
1	金属采样器(碳钢或不锈钢或镍合金或铬铁采样器)	1个	5	带三通的玻璃注射器	1支
			6	真空采样瓶	1只
2	水冷气体采样装置	1套	7	金属钢瓶(碳钢或不锈钢或铝合金瓶)	1个
3	导管(不锈钢或铜或铝导管;玻璃导管、聚乙烯管等)	各1支	8	球胆、塑料采样袋、双链球	各1个
			9	吸气瓶	1只
4	带直通活塞采样管	1支	10	流水抽气泵	1个

相关学习单元

——化工产品采样通则　　FJC-22-01

学习单元内容

气体物料由于气体分子的扩散作用，非常容易混合均匀，所以一般可视为均匀物料。但由于气体物料的存在状态有常压、正压、负压之分，有静态、动态之分，有常温、高温之分，所以采样方法也各不相同。而且气体一般具有压力，易于渗透、易被污染、难于贮存等，所以实际采样时，需考虑的因素也仍然很多。

采集气体试样的设备和器具包括采样器、导管、样品容器、预处理装置、调节压力或流量的装置、吸气器、抽气泵等。对设备和器具的材料的共同要求是：对样品气体不吸收、不渗透；在采集温度下无化学活性，不起催化剂作用；机械性能良好，容易加工连接。各种气体对采样设备和器具的材质有不同的要求，见表 25-01-01。

表 25-01-01　分析不同气体所需采样管、导管等的材料

分析气体、共存气体	采样管、导管的材料	包装材料	过滤材料
溴	1、2、6		a、b
酚	1、2、4、6	6、8	a、b
吡啶	1、2、6	6、8	a、b
苯	1、2、6	6、8	a、b
丙烯醛	1、2	6、8	a、b
光气	1、2、4、6	6、8	a、b
二硫化碳	1、2、6	6	a、b

续表

分析气体、共存气体	采样管、导管的材料	包装材料	过滤材料
硫醇	1、2、4、6		a
一氧化碳	1、2、4、5、6、7	6、8、9	a、b
氨	1、2、3、4、5、6、7	6	a、b、c
硫的氧化物及二氧化物	1、2、4、5、6、7	6	a、b、c
氮的氧化物	1、2、4、5、6	6、8、9	a、b
氟化物	4、6	6	c
氯	1、2、5、6、7	6	a、b、c
氯化氢	1、2、5、6、7	6	a、b、c
硫化氢	1、2、4、5、6、7	6	a、b、c
氰化氢	1、2、4、5、6、7	6	a、b、c

注：1—硬质玻璃；2—石英；3—普通钢；4—不锈钢；5—陶瓷；6—氟树脂或氟橡胶；7—氯乙烯树脂；8—硅橡胶；9—氯丁二烯；a—无碱玻璃棉或石英棉；b—矿渣棉；c—无定形碳。所用材料除考虑气体的性质外，还需考虑使用的温度。

下面介绍一些重要的气体采样设备。

一、采样器和采样装置

1. 采样器

气体采样器是一类用专用材料制成的采样设备。常见的有硅硼玻璃采样器、金属采样器和耐火采样器等。

硅硼玻璃采样器价格低廉、容易制造，但温度超过450℃时，不能使用。

耐火采样器通常用透明石英、瓷、富铝红柱石或重结晶的氧化铝制成。其中石英采样器可在900℃以下长期使用，在1100℃时，石英有失去透明的趋势，但仍可使用。其他几种材质的耐火采样器可分别在1100～1990℃的温度范围内使用。

应用最广的是金属采样器，其材质有低碳钢和合金两大类。但由于低碳钢在温度高于300℃时，易受气体腐蚀和渗透氢气，所以在较高温度时，一般采用合金材质的采样器，如不锈钢、铬铁、镍合金等采样器。不锈钢和铬铁采样器可在950℃时使用，而镍合金采样器在1150℃时适用于无硫样品气。

2. 采样装置

在使用气体采样器时，如气体温度较高，常使用水冷却以减少采样时发生化学反应和爆炸的可能性，特别是可燃性气体的采集。这种带水冷却的气体采样装置如图25-01-01所示。

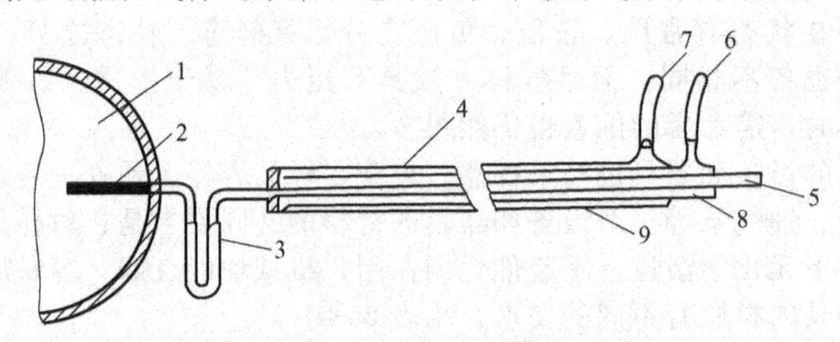

图25-01-01　水冷却气体采样装置

1—气体管道；2—采样管；3—过滤管；4—冷却器；5—导气管；6—冷却水入口；7—冷却水出口；8，9—冷却管

上述气体采样装置由采样管、过滤管、冷却器、气体取样容器（未画出）四部分组成。其中，采样管一般用玻璃管、瓷或金属制成，可以根据不同的采样需要进行选择。采样管上有开关旋塞。采样时，采样管插入静止物料或流动物料的一定部位。

导气管的主要作用是将过滤后的气体导入取样容器。如果气体温度较高，则在导气管外安装一个水冷却管，主要用于降低气体的温度。冷却管有玻璃制的和金属制的两类，分别用于采集较低温度和较高温度的气体试样。

在采样管和导气管之间安装一个过滤管，内装玻璃纤维，主要用于过滤气体中的粉尘和其他机械杂质，以净化气体。

在导气管后连接一个取样容器，主要作用是贮存气样。

如果气体物料的温度不高且无杂质，可直接把采样管和采样器（或分析仪器）用橡皮管连接，而无需过滤器和冷却器。

二、导管

采集气体试样所用的导管有不锈钢管、碳钢管、铜管、铝管、特制金属软管、玻璃管、聚四氟乙烯管、聚乙烯管和橡胶管等。塑料管和橡胶管不能用于高纯气体的采集和输送，而只能用于要求不高的气体采集和输送。高纯气体的采集和输送应用不锈钢管或铜管。

三、样品容器

样品容器常见的有玻璃容器、金属钢瓶、吸附剂采样管、球胆、塑料袋、复合膜气袋等。

(a) 带直通活塞的采样管　(b) 带双斜孔活塞的采样管

图 25-01-02　玻璃采样管

1. 玻璃容器

常见的玻璃容器有两头带活塞的采样管（见图 25-01-02）、带三通的玻璃注射器（见图 25-01-03）和真空采样瓶（见图 25-01-04）。

2. 金属钢瓶

金属钢瓶（见图 25-01-05）按材质分，有碳钢瓶、不锈钢瓶和铝合金瓶等。常用的小钢瓶，其容积一般为 0.1～5L，又分为耐中压和高压两类。金属钢瓶按结构分，有两头带针形阀的和只有一头带针形阀的两类，前者比后者使用方便。钢瓶必须定期做强度试验和气密性试验，以保证安全。

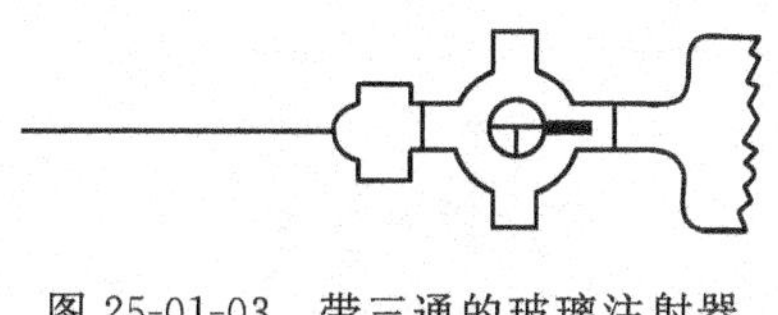

图 25-01-03　带三通的玻璃注射器

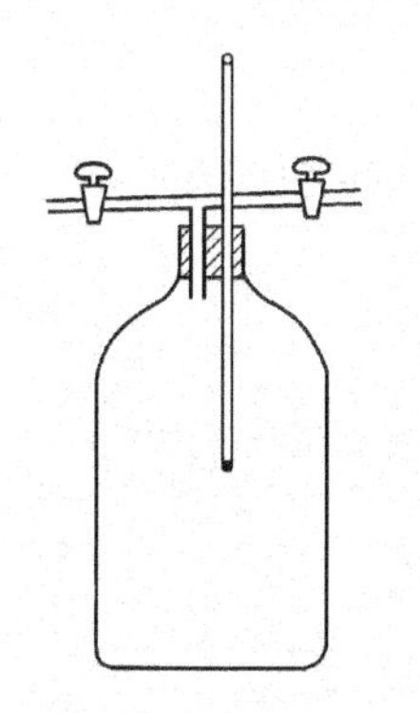

图 25-01-04　真空采样瓶

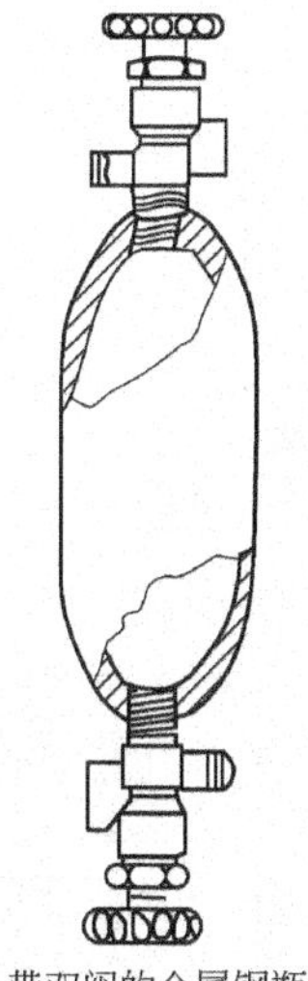

(a) 带双阀的金属钢瓶

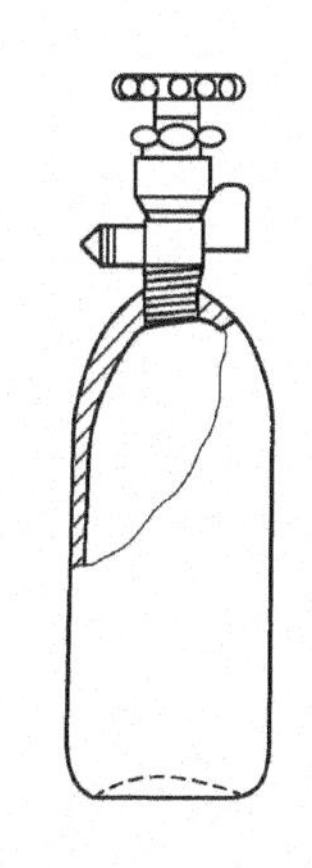

(b) 带单阀的金属钢瓶

图 25-01-05　金属钢瓶

3. 吸附剂采样管

吸附剂采样管按吸附剂不同，分活性炭采样管（见图 25-01-06）和硅胶采样管。前者常用于吸收并浓缩有机气体和蒸气。

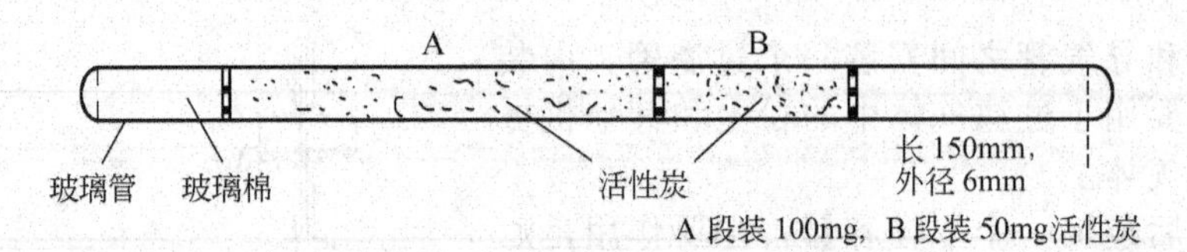

图 25-01-06　活性炭采样管

4. 球胆

用橡胶制成的球胆可以用来采集气体样品，优点是价廉易得、使用方便，在采样要求不高时可以使用。但由于球胆易吸附烃类等气体，易渗透氢气等小分子气体，故气样放置后其成分会发生改变。

在用球胆采样前，至少应用样品气吹洗球胆三次以上，待吹洗干净后，方可采样。采样后应立即分析。应固定球胆专取某种样品。

5. 塑料袋和复合膜气袋

塑料袋是用聚乙烯、聚丙烯、聚四氟乙烯、聚全氟乙丙烯和聚酯等薄膜制成的袋状取样容器。其中含氟的袋子保存样品的时间比球胆长。

复合膜气袋是用由两种不同的薄膜压粘在一起形成的复合膜而制成的袋状取样容器，它适用于采集贮存质量较高的气体。

四、预处理装置

为了使气体样品符合某些分析仪器或分析方法的要求，需将气体样品加以预处理，主要包括过滤、脱水和改变温度等。

分离气体中的固体颗粒、水分或其他有害物质的装置是过滤器和冷阱。过滤器一般用金属、陶瓷或天然纤维与合成纤维的多孔板制成。常见的有栅网、筛子或粗滤器等，它们能机械地截留较大的颗粒（粒径大于 2.5μm）。为防止过滤器堵塞，常采用滤面向下的过滤装置。常见的过滤器如图 25-01-07 所示。

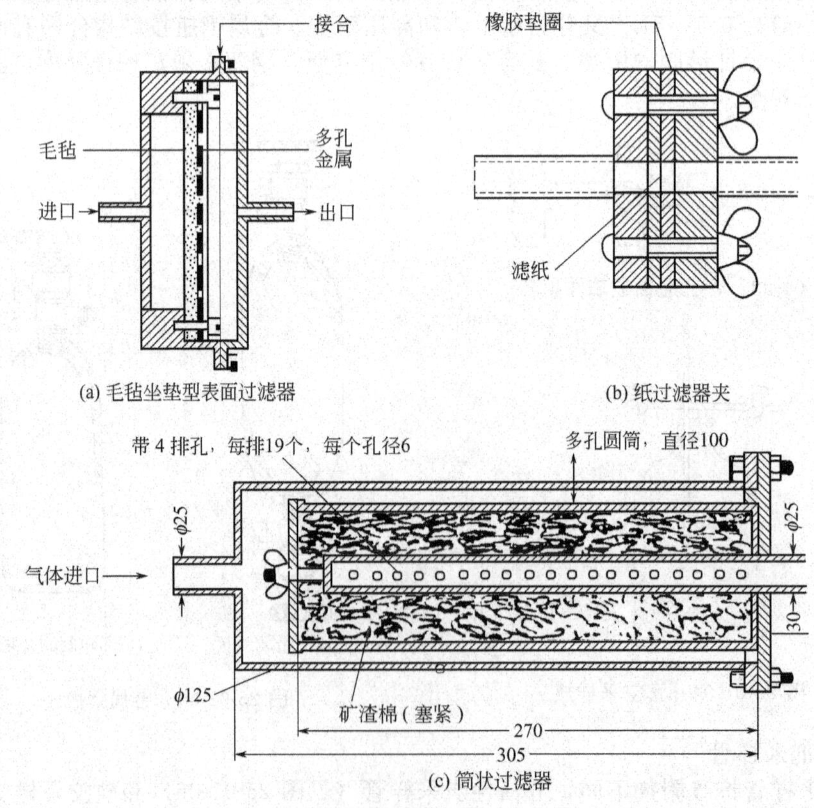

图 25-01-07　过滤器（单位：mm）

脱水的方法有化学干燥剂法、吸附剂法、冷阱法和渗透法等四种。其中，冷阱法所用的装置是冷阱（见图 25-01-08）。冷阱是一些几何形状各异的容器，其温度控制在 0℃以上几度。当难凝气体在冷阱中慢慢通过时，水分被脱去。

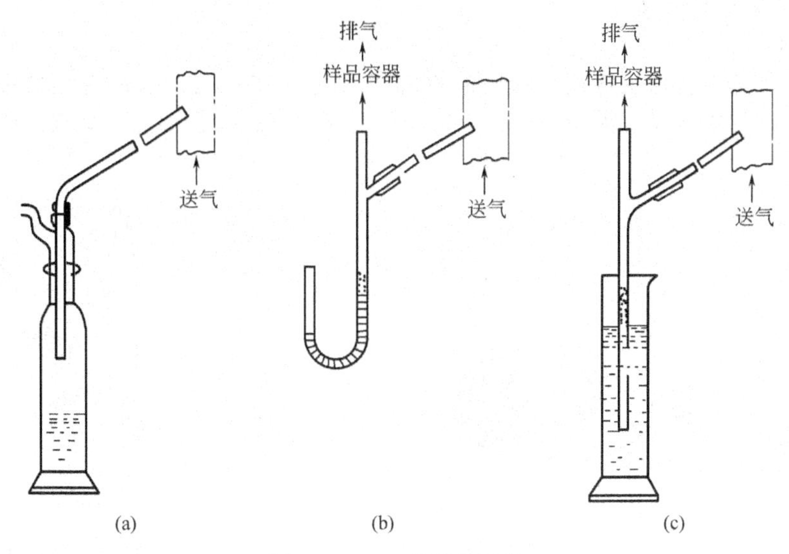

图 25-01-08　常见的冷阱

五、调节压力和流量的装置

气体采样时，由于气体本身压力可能较高，必须进行减压。同时气体流速的变化会引起采样误差，因此，应对气体的流速进行调节。

高压采样时，一般可以通过安装两级形式的减压调节器达到减压的目的。对高压或中压采样，可在采样导气管和采样器之间安装一个三通，将三通的一端连接一个合适的安全装置或放空装置以达到降压和保证安全的目的。

流量的调节是用如图 25-01-09 所示的装置进行的。

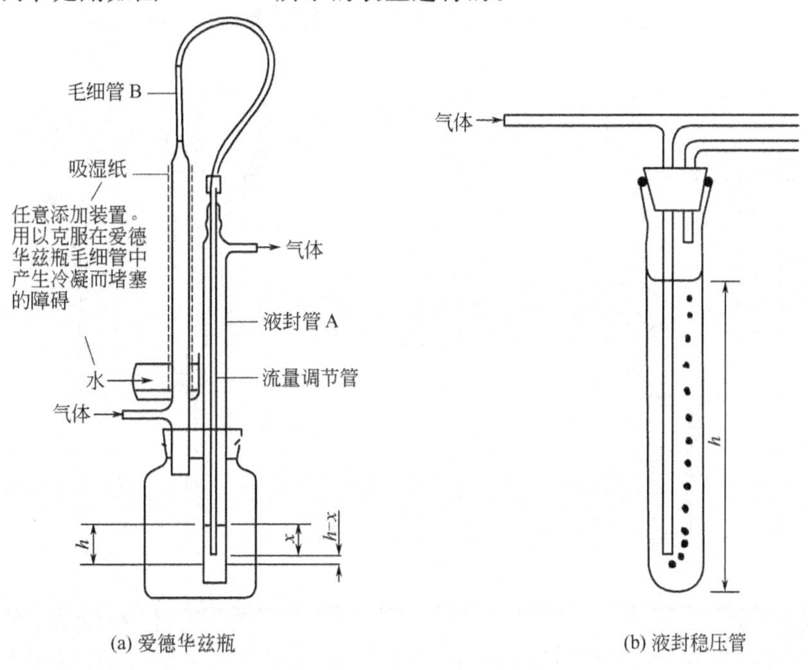

图 25-01-09　流量调节装置

图 25-01-09 中爱德华兹瓶能在内压起伏约 10^3 Pa 的情况下，保证气体有一个基本稳定的流速，以保证一个稳定的流量；液封稳压管则是通过装有三通管的一个液封放空装置来达到稳压、提供稳定气流的目的。

六、吸气器和抽气泵

1. 吸气器

常用的吸气器有常压采样用的橡胶制双链球（见图 25-01-10）、配有出口阀的手动橡皮球、取少量气样的吸气管（见图 25-01-11）和用玻璃瓶（或聚乙烯瓶）组成的吸气瓶（见图 25-01-12）等。

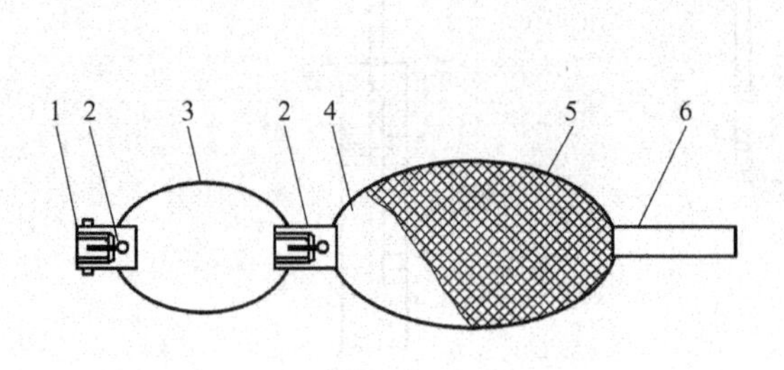

图 25-01-10 橡胶制双链球

1—气体进口；2—止逆阀；3—吸气球；4—贮气球；5—防爆网；6—橡皮管

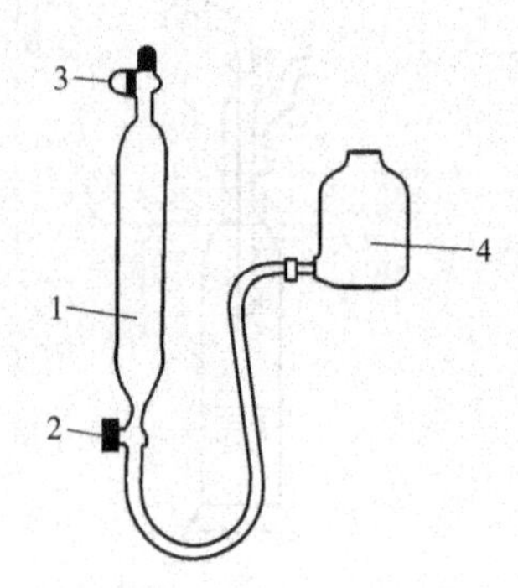

图 25-01-11 吸气管

1—气样管；2，3—旋塞；4—封闭液瓶

2. 抽气泵

采取常压气体（即压力等于大气压力或处于低正压、低负压状态的气体）时，通常使用吸气瓶、吸气管等设备，采用封闭液采样法采样。如压力仍感不足，则可采用流水抽气泵减压法采样，其采样装置如图 25-01-13 所示。此装置可产生中度真空，加大气体流速。如欲产生较高度真空，可采用机械式真空泵。

在实际工作中，应根据具体的采样要求和现有的条件选择合适的装置。

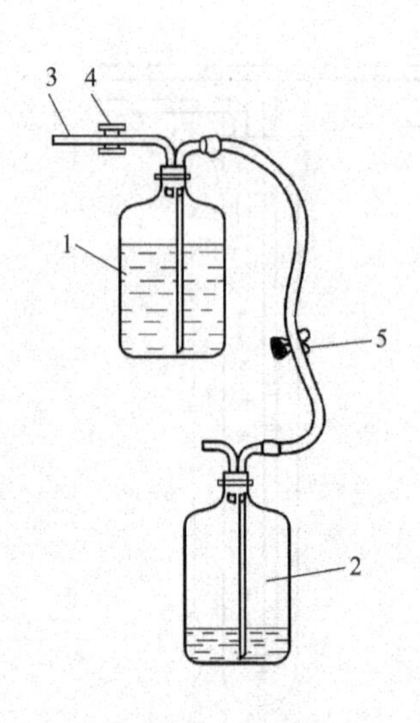

图 25-01-12 吸气瓶

1—气样瓶；2—封闭液瓶；3—橡皮管；4—旋塞；5—弹簧夹

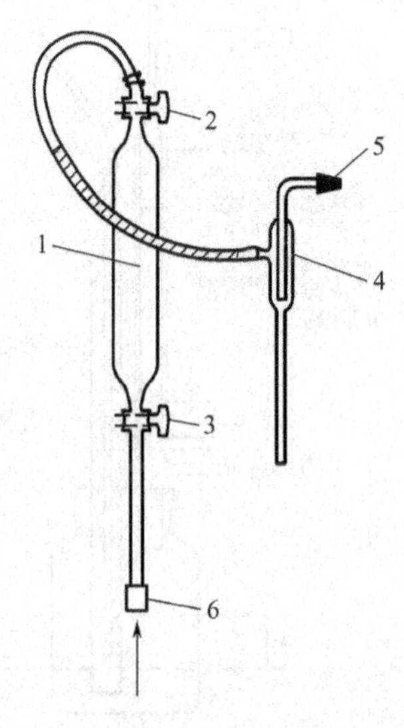

图 25-01-13 流水抽气泵减压法采样装置

1—气样管；2，3—旋塞；4—流水抽气泵；5，6—橡皮管

进度检查

一、填空题

1. 对于在分析之前接触气体样品的设备和器具的材料的共同要求是__________、__________；__________，__________；__________，__________。

2. 常见的采样器有__________、__________和__________。

3. 水冷却气体采样装置由__________、__________、__________和__________四部分组成。

4. 金属钢瓶按材质分，有__________、__________和__________等。常用的小钢瓶，其容积为__________ L。为了保证安全，钢瓶必须定期做__________和__________。

5. 气体采样时，如果气体的压力较高，需要减压。对高压和中压采样都适合的方法是______________________________。

6. 气体采样时，为调节气体的流速、流量常用的设备是____________________和____________________。

二、选择题（将正确答案的序号填入括号内）

1. 有一气体温度约为 950℃，则采集该气体试样应用的金属采样器是（　　）。
   A. 铬铁采样器　　B. 镍合金采样器　　C. 低碳钢采样器
2. 在水冷却气体采样装置中，在导气管和采样管之间安装过滤器的目的是（　　）。
   A. 除去气体中的水分　　B. 除去气体中的粉尘和机械杂质
   C. 除去非检测分析组分
3. 气体采样时，对高纯气体的采集和输送应用的导气管材质为（　　）。
   A. 塑料　　B. 橡胶　　C. 铜或不锈钢
4. 用球胆采集气体的主要缺点是（　　）。
   A. 易吸附烃类气体　　B. 易渗透小分子气体　　C. 易和气体发生化学反应

学　习　单　元	编号	FJC-25-02
名　　称：气体试样的采集方法	课时	8
职业领域：化工、石油、医药、轻工、环保、冶金、建材等		
工作范围：分析	日期	

学习目标

完成本单元的学习之后，能够掌握在常压、正压、负压条件下的气样采集方法和操作。

所需仪器

序号	名称及说明	数量	序号	名称及说明	数量
1	吸气瓶(见图 25-01-12)	1套	4	双链球(见图 25-01-10)	1只
2	吸气管(见图 25-01-11)	1套	5	真空采样瓶	1只
3	流水抽气泵(见图 25-01-13)	1套	6	真空采样管	1只

相关学习单元

——化工产品采样通则　　FJC-22-01
——气体试样的采集工具　　FJC-25-01

学习单元内容

在工业生产和环保检测中，气体试样主要是从气体贮存容器（气样瓶、贮罐）、管道和大气中进行采集。这些气体按其压力状态可分为常压、正压、负压三种。为此，要学习常压、正压和负压状态下气体试样的采集方法和操作。

一、常压状态气体试样的采集

前面已经知道，所谓常压状态气体是指其压力等于大气压力或处于低正压、低负压状态的气体。

1. 封闭液采样法

在常压状态下需采集大量气体试样，取样容器可选用如图 25-01-12 所示的吸气瓶。如采集少量气体试样，则取样容器可选用如图 25-01-11 所示的吸气管。现分述如下。

（1）用吸气瓶采集大量气体试样的操作　采集大量常压气体试样一般采用如图 25-01-12 的装置。其中瓶 1 为气样瓶，瓶 2 为封闭液瓶，用以产生真空负压。采样操作步骤如下。

① 向封闭液瓶 2 中注满封闭液（常用水、稀酸和盐的水溶液作封闭液），旋转旋塞 4，使气样瓶 1 与大气相通。打开弹簧夹 5，提高封闭液瓶 2 的位置，使封闭液进入并充满气样瓶 1，将瓶 1 内的空气通过旋塞 4 排到大气中（见图 25-02-01）。

② 旋转旋塞 4，使气样瓶通过旋塞 4 及橡皮管 3 和采样管相连。降低封闭液瓶 2 的位置，气样进入气样瓶 1。用弹簧夹 5 控制气样瓶 1 中的封闭液流向封闭液瓶 2 的速度，使在一定的时间内气样瓶 1 内所采试样达到需要量。然后关闭旋塞 4，夹紧弹簧夹 5，从采样管上取下橡皮管 3 即可（见图 25-02-02）。

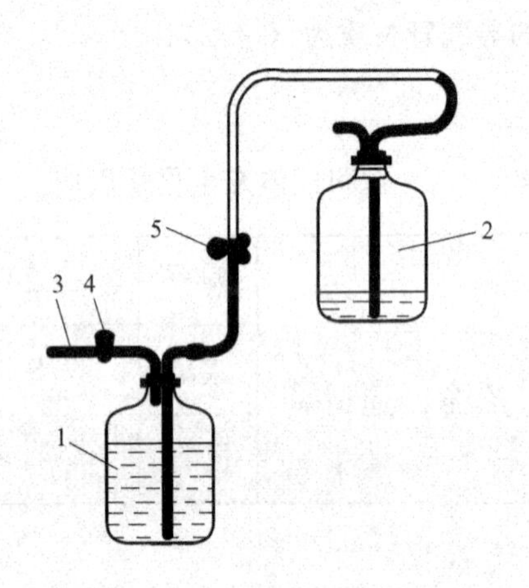

图 25-02-01　封闭液进入采样瓶
1—气样瓶；2—封闭液瓶；3—橡皮管；
4—旋塞；5—弹簧夹

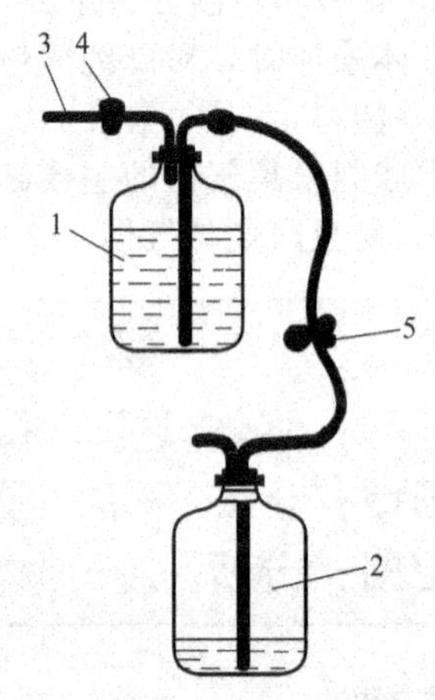

图 25-02-02　采集所需的气样
1—气样瓶；2—封闭液瓶；3—橡皮管；
4—旋塞；5—弹簧夹

（2）用吸气管采集少量气体试样的操作　采集少量常压气体，一般采用如图 25-01-11 所示的装置。其中 1 为两端带旋塞的气样管，4 为封闭液瓶。采样操作步骤如下。

① 向封闭液瓶 4 中注满封闭液，开启旋塞 2 和 3，使气样管 1 与大气相通。

② 提高封闭液瓶的位置，使封闭液进入并充满气样管，气样管内的空气被排入大气中（见图 25-02-03）。

③ 将气样管经旋塞 3 及橡皮管与采样管相连。

④ 降低封闭液瓶的位置，试样气体进入气样管，直至气样管内的封闭液液面降到活塞 2 以下（见图 25-02-04）。

⑤ 关闭旋塞 2 和 3，从采样管上取下气样管。

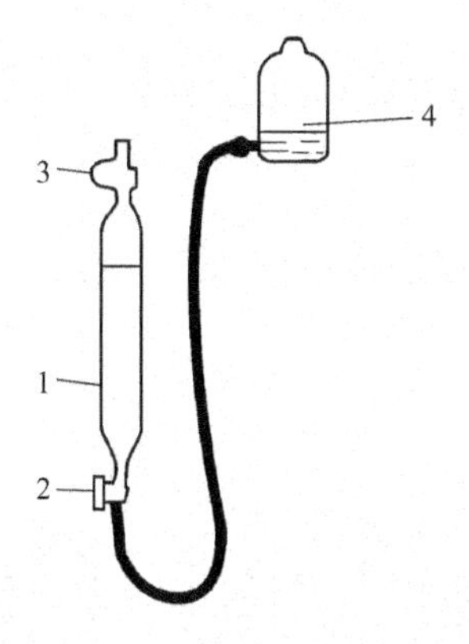

图 25-02-03　封闭液充满气样管

1—气样管；2，3—旋塞；4—封闭液瓶

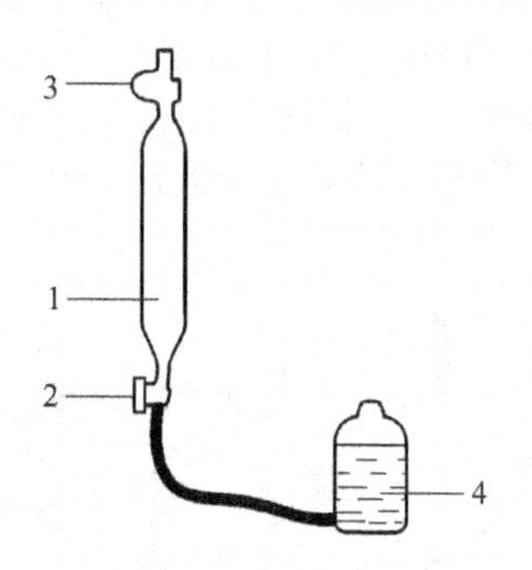

图 25-02-04　气体试样进入气样管

1—气样管；2，3—旋塞；4—封闭液瓶

对低负压气体，若用封闭液采样法采样时，仍感压力不足，则可改用流水抽气泵减压法采样。

2. 流水抽气泵减压采样法

(1) 流水抽气泵减压采样装置　流水抽气泵减压法采样装置如图 25-01-13 所示。图中 1 为两端有旋塞 2、3 的气样管，4 为流水抽气泵，5、6 为供连接用的橡皮管。

(2) 采样操作步骤

① 把气样管和采样管用橡皮管连接起来。

② 把流水抽气泵和自来水龙头用橡皮管 5 连接起来。

③ 打开自来水龙头和气样管上的旋塞 2、3，用流水抽气泵产生的负压将试样气体抽入气样管（见图 25-02-05）。

④ 隔一段时间后，关闭自来水龙头及气样管上的旋塞 2 和 3。

⑤ 将气样管上、下两端分别和流水抽气泵、采样管相连的橡皮管拆开，取下气样管（见图 25-02-06）。

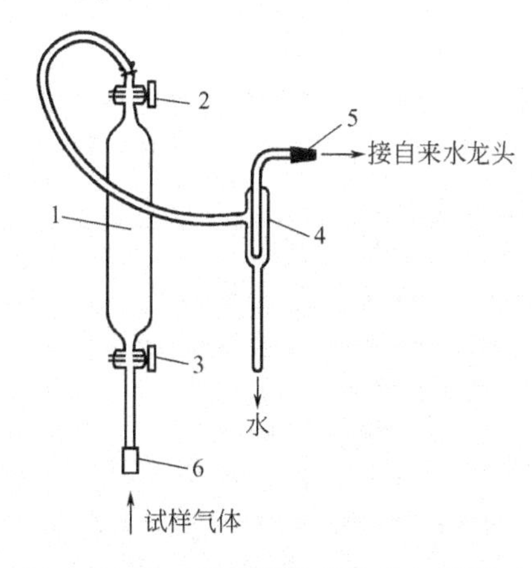

图 25-02-05　将试样气体抽入气样管

1—气样管；2，3—旋塞；4—流水抽气泵；5，6—橡皮管

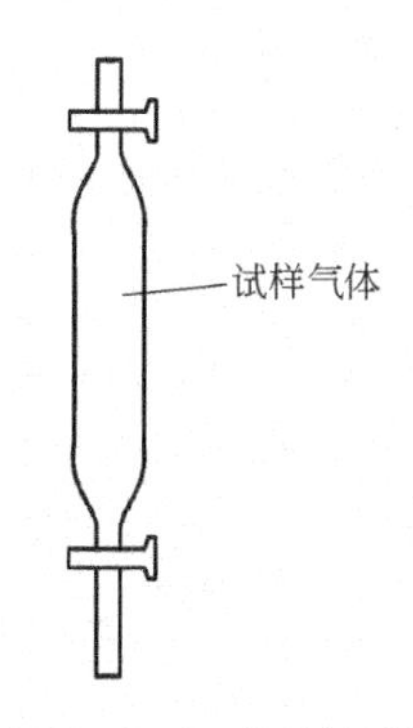

图 25-02-06　取下气样管

3. 用双链球采样

(1) 采样设备　在环保监测中，经常需要从大气中采集气样，所用的采集设备为双链球，其构造如图 25-01-10 所示。图中 3 为吸气球，4 为外罩防爆网的贮气球，1 为气体进口，2 为止逆阀，6 为橡皮管，5 为防爆网。

（2）采样操作

① 需气体样品量不大的采样操作。先用弹簧夹夹紧橡皮管6，使之封闭，在采样点用手反复挤压吸气球3，使样品气体通过气体进口管和止逆阀2进入吸气球，再通过第二个止逆阀进入贮气球，如图25-02-07所示。

② 需气体样品量较大时，可在橡皮管6处用玻璃管再连接一个球胆，用上述同样的方法采样，如图25-02-08所示。

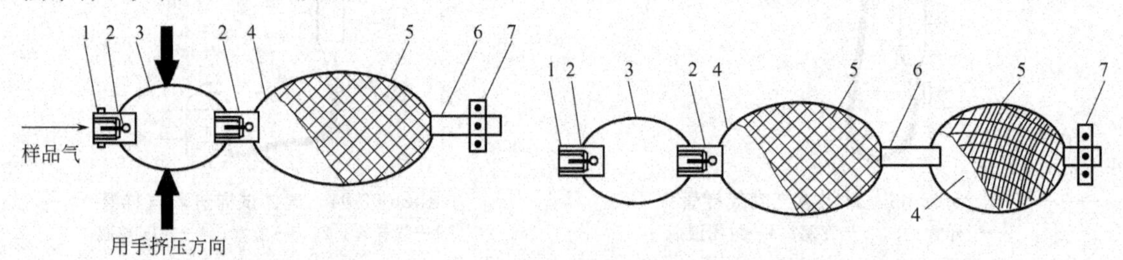

图 25-02-07　用双链球采样

1—气体进口；2—止逆阀；3—吸气球；4—贮气球；5—防爆网；6—橡皮管；7—弹簧夹

图 25-02-08　加球胆取样

1—气体进口；2—止逆阀；3—吸气球；4—贮气球；5—防爆网；6—橡皮管；7—弹簧夹

③ 在气体容器或气体管道中采样。只需将和气体容器或管道相连的采样管与双链球的进口连接起来，即可采样。

二、正压状态气体试样的采集

压力远高于大气压力的气体称为正压状态气体。正压状态气体由于压力较高，很容易进入取样容器，所以其采样操作比较简单，只需打开采样管或采样阀上的活塞，气体就可进入取样容器（如气袋、球胆等）。

如气体压力过大，则可通过调整采样管上的活塞的开启程度进行控制，或者在采样装置和取样容器之间连接缓冲瓶以减小压力。

在工业生产中，经常通过采样管把正压气体和气体分析仪器直接相连，进行分析，而不进行独立的采样操作。

三、负压状态气体试样的采集

压力远低于大气压力的气体称为负压状态气体。负压状态气体的采样比正压状态气体的采样要复杂一些。一般负压不太高的气体，可用抽气泵减压法采样（见常压状态气体试样的采样）。如负压较高，则必须用抽空容器采样法进行采样。

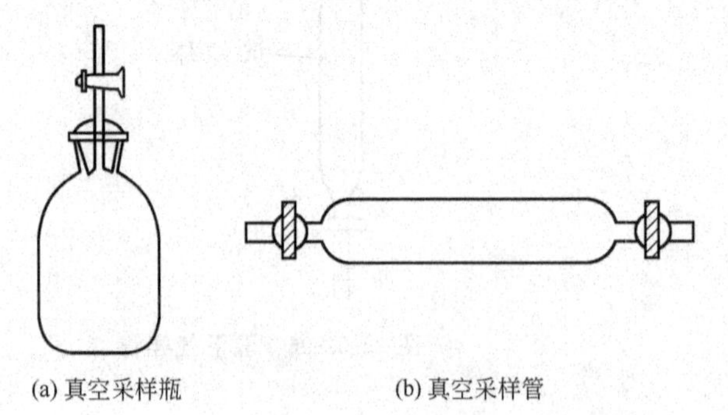

(a) 真空采样瓶　(b) 真空采样管

图 25-02-09　负压采样抽空容器

1. 抽空容器

抽空容器一般是容积为0.5～3L带活塞的厚壁优质玻璃管或玻璃瓶，如图25-02-09所示。

2. 采样操作

① 采样前，先用真空泵抽出玻璃瓶或玻璃管中的空气，使压力降到1.33kPa左右[1]，关闭瓶或管上的活塞。

② 取样时，把采样管（或阀）和抽空容器用橡皮管连接起来，再开启采样管

[1] 若真空度达不到1.33kPa时，则采样体积应作如下换算：

$$V=V_0\ (p-p')\ /p$$

式中，V 为采样体积，L；V_0 为真空采样瓶体积，L；p 为大气压力，kPa；p' 为瓶中剩余压力，kPa。

（或阀）和抽空容器上的活塞，被采样品气体由于抽空容器内呈负压而被吸入其内。

③ 关闭采样管（或阀）和抽空容器上的活塞，取下连接用的橡皮管，采样完成。

四、大气样品的采集

大气样品的采集方法有直接采样法和富集采样法等几种。

1. 直接采样法

直接采样法又分注射器采样法、塑料袋采样法、真空瓶采样法几种。

(1) 注射器采样法　此法多应用于有机蒸气的采集。该法使用如图 25-01-03 所示的带三通的玻璃注射器。采样时，先用现场空气抽洗注射器 2～3 次，再抽样至 100mL，密封进样口，带回实验室当天进行分析即可。

(2) 塑料袋采样法和真空瓶采样法　此法见常压状态气体试样的减压采样法（双链球法）和负压状态气体试样采样法。

2. 富集采样法

当空气中被测物质的浓度很低（$1\sim10^{-3}mg/m^3$），而所用的分析方法不能直接测出其含量时，必须用富集采样法进行采样。此法所用时间较长，所以分析结果是在富集采样时间内的平均值，因此，从环境保护角度看，它更能反映环境污染的真实状况，因而此法在环境监测中很重要。

富集采样法又分为溶液吸收法和固体吸收法等。具体采用什么方法要视具体情况而定。

(1) 溶液吸收法　所谓溶液吸收法是指用水、水溶液、有机溶剂等吸收液采集空气中气态、蒸气态样品组分以及某些气溶胶❶的方法。

溶液吸收法对吸收液的要求是：理化性质稳定，挥发性小，能选择性吸收，吸收率高，能迅速地溶解被测物质或与被测物质起化学反应。最理想的吸收水溶液是含有显色剂的，边采样边吸收，不仅采样后即可比色定量，而且可以控制采样的时间，使显色强度恰好在测定范围内。

(2) 固体吸收法　所谓固体吸收法是指用固体吸附剂采集空气中被测物质的方法。

固体吸附剂主要有颗粒状吸附剂、纤维状滤料和筛孔状滤料。

颗粒状吸附剂有良好的机械强度、稳定的理化性质、强的吸附能力和容易解吸的性能。如硅胶、活性炭、素陶瓷、高分子多孔微球（即多孔性芳香族聚合物）等。分别用于采集极性物质、有机气体和水蒸气混合物、有机蒸气等组分。

纤维状滤料指由天然或合成纤维素互相重叠交织形成的材料，如滤纸、玻璃纤维滤膜、过氯乙烯滤膜等，主要用于采集气溶胶。

筛孔状滤料指由纤维素基质交联而成的、孔径均匀的多孔状材料，如微孔滤膜、核孔滤膜、银滤膜等。微孔滤膜由硝酸纤维素和少量乙烯纤维素混合制成，主要用于采集金属性气溶胶；核孔滤膜由聚碳酸酯薄膜覆盖铀箔后，经中子流轰击并经化学腐蚀而成，适用于作精密重量分析；银滤膜由微细的金属银粒烧结而成，适用于采集酸、碱气溶胶及带有机溶剂性质的有机物样品。

进度检查

一、填空题

1. 用封闭液法进行采样时，若采取的气体试样量较大，取样容器应用__________；反之，若采取的气体试样量较小，取样容器用__________。

2. 常压状态下的气体采样法有__________________、__________________和__________________等几类。

❶ 气溶胶——以液体或固体为分散相，以气体为分散介质所形成的溶胶。如雾和烟都属于气溶胶，它们分别是水和固体颗粒分散在空气中形成的气溶胶。

3. 在正压状态气体试样采集时，若气压过大，则可在采样装置和取样容器之间连接__________，以减小气体的压力。

4. 大气样品的采集方法主要有__________和__________等几种。

二、简答题

1. 什么叫常压状态气体？
2. 什么叫正压状态气体？
3. 什么叫负压状态气体？

三、操作题

1. 练习用吸气瓶法采集气体试样。
2. 练习用吸气管法采集气体试样。
3. 练习用流水抽气泵减压法采集气体试样。
4. 练习用双链球采集气体试样。

气体试样的采集技能考试内容及评分标准

一、考试内容：常压、正压状态气体试样的采集

（一）封闭液法采集常压状态的气体试样

1. 仪器装置，见图 25-02-01。
2. 采集所需的气体试样，见图 25-02-02。
3. 结束工作。

（二）从高压气瓶中采集正压状态的气体试样

1. 高压气瓶和气袋的准备。
2. 打开高压气瓶阀。
3. 采集所需的气体试样。
4. 关闭高压气瓶阀。
5. 结束工作。

二、评分标准

（一）封闭液法采集常压状态的气体试样（50 分）

1. 仪器装置。(15 分)

(1) 橡皮管与玻璃管的连接。(5 分)

(2) 导气管与封闭液瓶和气样瓶的连接。(5 分)

(3) 装封闭液。(5 分)

2. 采集所需的气体试样。(25 分)

(1) 置换操作。(10 分)

(2) 采集所需的气体试样。(15 分)

3. 结束工作。(10 分)

（二）从高压气瓶中采集正压状态的气体试样（50 分）

1. 高压气瓶和气袋的准备。(5 分)
2. 按规定要求打开高压气瓶阀，调节压力。(15 分)
3. 采集所需的气体试样。(10 分)
4. 关闭高压气瓶阀。(15 分)
5. 结束工作。(5 分)

MU26　凝固点和熔点的测定

<table>
<tr><td colspan="1">学　习　单　元</td><td>编号</td><td>FJC-26-01</td></tr>
<tr><td rowspan="3">名　　称：凝固点的测定
职业领域：化工、石油、环保、医药等
工作范围：分析</td><td>课时</td><td>2</td></tr>
<tr><td>日期</td><td></td></tr>
</table>

学习目标

完成本单元的学习之后，能够掌握凝固点的测定方法。

所需仪器和药品

序号	名 称 及 说 明	数量	序号	名 称 及 说 明	数量
1	茹可夫瓶	1个	3	冷却槽	1个
2	温度计(分度值为0.1℃)	1支	4	样品	适量

相关学习单元

——玻璃液体温度计及其使用　　FJC-06-02
——电热恒温干燥箱及其使用　　FJC-07-03

学习单元内容

1. 凝固点的测定原理

在101.3kPa的压力下，物质由液态变为固态时的温度称为凝固点。纯物质有固定不变的凝固点，如有杂质则凝固点会降低，因此通过测定凝固点可判断物质的纯度。

2. 仪器

测定凝固点常用茹可夫瓶，其结构见图26-01-01。

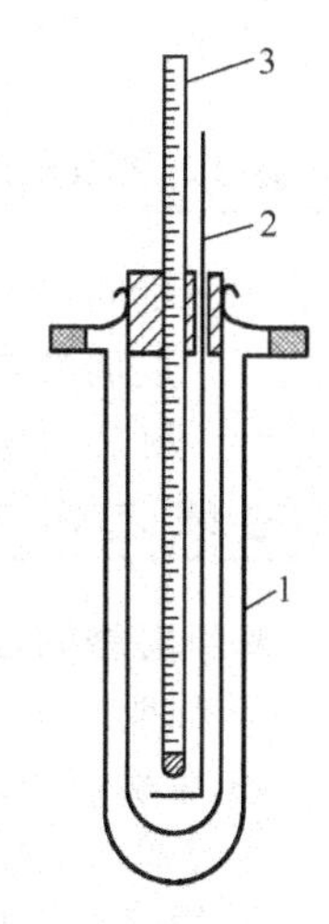

图26-01-01　茹可夫瓶
1—茹可夫瓶；
2—搅拌器；
3—温度计

它是一个双壁玻璃试管，软木塞上带有温度计和搅拌器。双壁间的空气抽出，以减少与周围介质的热交换。此瓶适用于比室温高10～150℃的物质的凝固点测定。

如凝固点低于室温，可在茹可夫瓶外加一个Φ120mm×160mm的冷却槽，内装制冷剂。当测定温度在0℃以上，可用冰水混合物作制冷剂；在0～－20℃可用食盐和冰的混合物作制冷剂；在－20℃以下则可用酒精和干冰的混合物作制冷剂。

3. 测定方法

将固体样品加热至高于其凝固点约10℃，立即倒入预先处理至同一温度的茹可夫瓶中，用带有温度计和搅拌器的软木塞塞紧瓶口，以每分钟60次以上的速度上下搅动。此时液体仍处于过冷状态，温度甚至还在下降。当液体样品开始不透明时，停止搅动。

注意观察温度计，可看到温度上升，并且在短时间内稳定在一定的温度，然后开始下降。此稳定的温度，即为凝固点。

进度检查

一、填空题

1. 凝固点是在101.3kPa的压力下，物质由__________变为__________时的温度。

2. 测定凝固点常用__________，此瓶适用于__________的物质的凝固点测定。

二、判断题（正确的在括号内划“√”，错误的划“×”）

1. 纯物质有固定不变的凝固点，如有杂质，则凝固点会上升。（　　）

2. 凝固点的测定温度在0～−20℃时，可用食盐和冰的混合物作制冷剂。（　　）

三、问答题

试述样品凝固点的测定步骤。

学　习　单　元	编号	FJC-26-02
名　　称：苯甲酸凝固点的测定	课时	4
职业领域：化工、石油、环保、医药等		
工作范围：分析	日期	

学习目标

完成本单元的学习之后，能够掌握测定苯甲酸凝固点的操作。

所需仪器和药品

序号	名称及说明	数量	序号	名称及说明	数量
1	茹可夫瓶	1个	4	烘箱	1台
2	100mL烧杯	1个	5	苯甲酸样品	适量
3	温度计(分度值为0.1℃)	1支			

相关学习单元

——凝固点的测定　FJC-26-01

——玻璃液体温度计及其使用　FJC-06-02

——电热恒温干燥箱及其使用　FJC-07-03

学习单元内容

苯甲酸凝固点的测定步骤如下。

① 称取12g苯甲酸样品，研细后置于100mL干燥烧杯中。

② 在烘箱中加热至135℃，使样品熔融后，立即倒入预先加热至同一温度的茹可夫瓶中，至容积的2/3，见图26-02-01。

③ 用带有温度计和搅拌器的软木塞塞紧瓶口，温度计的下端距管底约15mm，并与四周管壁等距，见图26-02-02。

④ 搅拌样品，速度为每分钟60次以上，使样品冷却，见图26-02-03。

⑤ 当样品液体开始不透明时，停止搅拌，观察温度变化，记录凝固点温度。

⑥ 重复3次，取其平均值作为苯甲酸的凝固点。

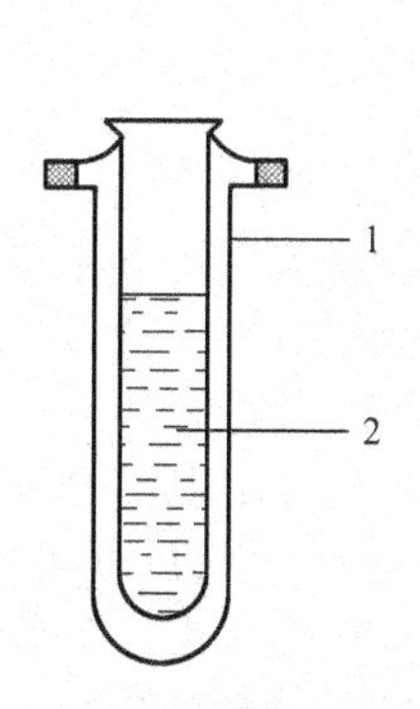

图 26-02-01　加样品操作图
1—茹可夫瓶；2—样品

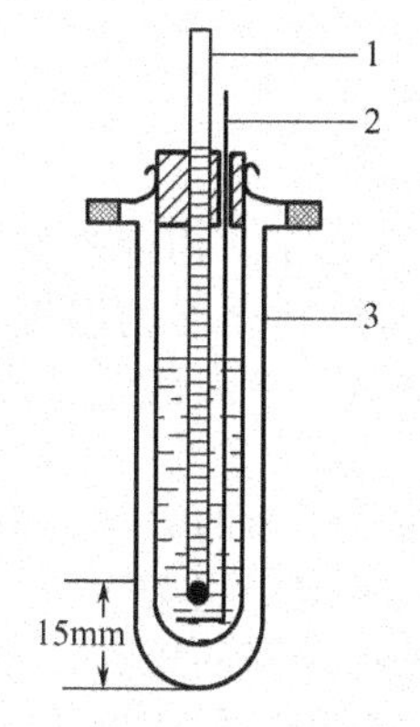

图 26-02-02　安装温度计操作图
1—温度计；2—搅拌器；
3—茹可夫瓶

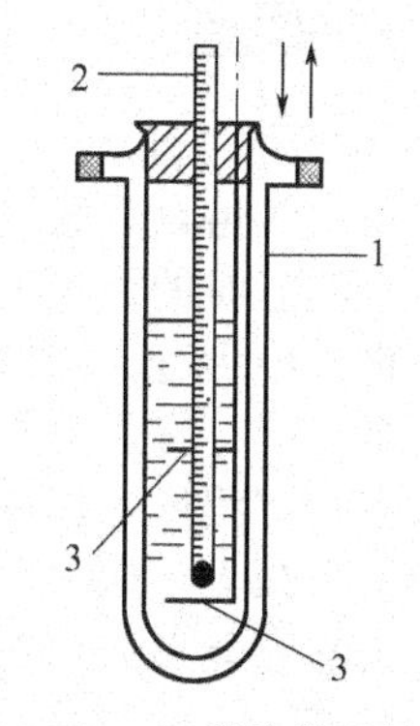

图 26-02-03　搅拌样品操作图
1—茹可夫瓶；2—温度计；
3—搅拌器

进度检查

一、问答题

1. 在测定时，为什么茹可夫瓶要预先加热至同一温度？
2. 在测定时，怎样确定样品的凝固点？

二、操作题

测定苯甲酸的凝固点。

检查：①仪器安装是否正确；②操作过程是否正确。

<table>
<tr><td rowspan="3">学　习　单　元
名　　称：熔点的测定
职业领域：化工、石油、环保、医药等
工作范围：分析</td><td>编号</td><td>FJC-26-03</td></tr>
<tr><td>课时</td><td>2</td></tr>
<tr><td>日期</td><td></td></tr>
</table>

学习目标

完成本单元的学习之后，能够掌握熔点的测定方法。

所需仪器和药品

序号	名称及说明	数量	序号	名称及说明	数量
1	250mL 圆底烧瓶（直径 80mm，颈长 200～300mm，口径约 30mm）	1个	5	温度计（分度值为 0.1℃）	1支
			6	辅助温度计（分度值为 1℃）	1支
2	提勒管（b 形管）	1个	7	Φ1mm×50mm 毛细管（一端封口）	3支
3	Φ20mm×100mm 试管	1只	8	样品	适量
4	一侧开有出气槽的橡皮塞或软木塞	1个			

相关学习单元

——玻璃液体温度计及其使用　　FJC-06-02

——间接加热装置及操作　　FJC-11-02

学习单元内容

1. 熔点的基本知识

固体物质的熔点是指在101.3kPa的压力下，由固态转变为液态时的温度。纯净物质由固态转变为液态时的温度是一定的，从初熔到全熔的温度范围（即熔点范围）常在1℃以内。如果物质中含有少量杂质，则熔点降低，熔点范围显著增大。因此熔点是衡量固态物质纯度的一个标准。常用毛细管法来测定熔点。

熔点在一定程度上反映了物料固态时格子力的大小，格子力愈大，熔点愈高。格子力中以静电吸引力最大，偶极分子间吸引力及氢键吸引力次之，而非极性分子间的色散力最小。因此，有机盐或能形成内盐的氨基酸等都有较高的熔点。分子中引入极性基团时，偶极矩增大，熔点增高，所以极性化合物都比相对分子质量相近的非极性化合物有较高的熔点。引入能形成氢键的官能团后，熔点也升高，所以羧酸、醇、胺等的熔点总是比其母体烃的熔点高。

同系物中，熔点随相对分子质量的增大而增高。但是，有几种情况应该注意。

① 在含有多元极性官能团的同系物中，$—CH_2—$基的增多，熔点反而相对地降低。这是由于极性基团之间具有较强的作用力，引入$—CH_2—$原子团后，相对分子质量虽然增大，但却减弱了这种作用力。

② 随着碳链的增长，特性官能团的影响效果逐渐减弱，所以在同系物中碳链长的化合物的熔点趋近于同一极限。

③ 有些同系物，如二元脂肪族羧酸、二酰胺、二羟醇、烃基代丙二酸及其酯等类化合物中，随着相对分子质量的增大，熔点有交替上升的现象。一般含偶数碳原子的较高；含奇数碳原子的较低。

④ 分子结构愈对称，愈有利于排列成规整的晶格，有更大的格子力，所以熔点愈高。

在压力为101.3kPa时，一些常见化合物的熔点见表26-03-01。

表 26-03-01 常见化合物的熔点

化合物	熔点/℃	化合物	熔点/℃	化合物	熔点/℃
二苯甲酮	47.8	乙酰苯胺	114.2	甘露醇	166.0
对二硝基苯	51.9	苯甲酸	122.4	蒽	216.0
对二氯苯	53.0	脲	132.0	二苯基脲	238.0
萘	80.8	邻苯二甲酸酐	131.6	对硝基苯甲酸	241.0
间二硝基苯	90.0	水杨酸	158.3	蒽醌	286.0

2. 仪器

毛细管法测定熔点一般都使用热浴加热，所用的仪器有双浴式熔点测定仪和提勒管式熔点测定仪。

（1）双浴式熔点测定仪　双浴式熔点测定仪由温度计、毛细管、大试管及短颈圆底烧瓶组成，其结构见图26-03-01。

在大试管和短颈圆底烧瓶内分别装有热浴载热体，如浓硫酸、液体石蜡、甘油、有机硅油等。毛细管内装固体样品，由温度计指示出熔点范围。

（2）提勒管式熔点测定仪　提勒管式熔点测定仪是由提勒管（b形管）、温度计和毛细管组成，其结构见图26-03-02。

提勒管内装热浴载热体。这种装置使用方便，加热快，冷却也快，可节省时间。但在加热时管内温度不均匀，使得测得的熔点不够准确。

3. 测定方法

（1）选择载热体　根据被测物质熔点的不同，测定熔点时应选择适当的载热体。一般熔

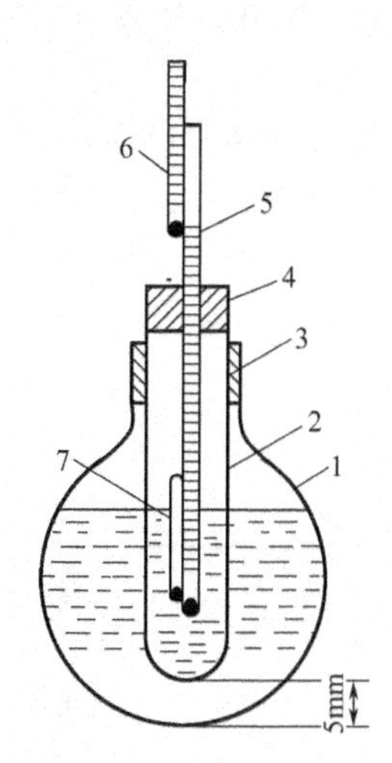

图 26-03-01　双浴式熔点测定仪

1—圆底烧瓶；2—大试管；3，4—橡皮塞（外侧有排气槽）；
5—温度计；6—辅助温度计；7—毛细管

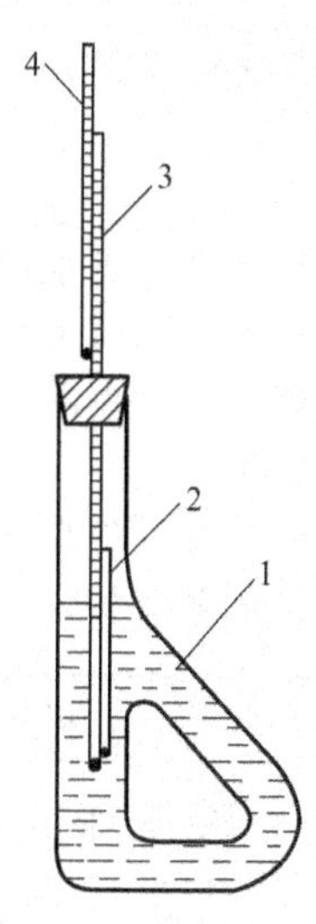

图 26-03-02　提勒管式熔点测定仪

1—提勒管（b形管）；2—毛细管；
3—温度计；4—辅助温度计

点在 90℃以下用水；熔点在 90℃以上 230℃以下，用液体石蜡或甘油；熔点在 230℃以上 325℃以下用浓硫酸。

（2）装样　将样品研成细末，充分干燥后，装入直径为 1.0～1.2mm、长 50mm 左右的毛细管内。毛细管一端开口，另一端封闭。样品应紧紧聚在管底，成为约 2～3mm 高的均匀而结实的小柱。注意装样时切不可装得大多，否则会使熔点范围增大或结果偏高。

（3）测定过程　按图 26-03-01 或图 26-03-02 装好仪器后，加热使载热体以每分钟 5～6℃的速度升温。当温度升至比预计的熔点温度约低 10℃时，调节热源，使温度每分钟只升 1℃左右。注意观察毛细管中样品的变化。当样品周围及底部开始熔化时的温度为始熔温度，完全熔化时的温度为全熔温度。记录始熔温度和全熔温度，其间距为熔点范围。

4. 温度计的校正

如测定中使用的是全浸式温度计，则熔点为

$$t=\Delta t+t_1$$

$$\Delta t=0.00016(t_1-t_2)h$$

式中　t——校正后样品的熔点，℃；

Δt——修正值，℃；

h——温度计露出液面或胶塞部分的水银柱的读数，℃；

t_1——测量温度计读数，℃；

t_2——露出液面或胶塞部分的水银柱的平均温度，℃（该温度由辅助温度计测得，其水银球位于露出液面或胶塞部分的水银柱中部）。

温度校正值 Δt 也可通过作图法求得。其方法是将一标准温度计与欲校正的温度计并列放入液体石蜡浴中，用机械搅拌，加热使温度升高 2～3℃/min，每隔 5℃分别记录两个温度计的读数。将观察到的数值与校正值作一对照表或绘出校正曲线，该测定用的温度计得到校正。

进度检查

一、填空题

1. 固体物质的熔点是指____________________，它是衡量____________________的一个标准，常用____________________来测定。

2. 毛细管法测定熔点，一般都使用__________加热，所用的仪器有________________和________________。

3. 根据____________________的不同，测定熔点时应选择适当的载热体。

4. 如物质中含有少量杂质，则熔点__________，熔点范围__________。

5. 熔点在一定程度上反映了物料固态时________________的大小。

6. 同系物中，熔点随相对分子质量的增大而________________。

二、问答题

1. 试述提勒管式熔点测定仪的特点。

2. 怎样校正温度计？

学　习　单　元	编号	FJC-26-04
名　　称：萘熔点的测定	课时	6
职业领域：化工、石油、环保、医药等		
工作范围：分析	日期	

学习目标

完成本单元的学习之后，能够掌握用毛细管法测定萘熔点的操作。

所需仪器和药品

序号	名称及说明	数量	序号	名称及说明	数量
1	250mL 圆底烧瓶（直径 80mm，颈长 200～300mm，口径约 30mm）	1 个	4	温度计（分度值为 0.1℃）	1 支
			5	辅助温度计（分度值为 1℃）	1 支
2	Φ20mm×100mm 试管	1 只	6	Φ1mm×50mm 毛细管（一端封口）	3 支
3	一侧开有出气槽的橡皮塞或软木塞	1 个	7	萘样品	适量

相关学习单元

——熔点的测定　FJC-26-03

——玻璃液体温度计及其使用　FJC-06-02

——间接加热装置及操作　FJC-11-02

学习单元内容

萘熔点的测定步骤如下。

① 如图 26-04-01 所示，将圆底烧瓶、大试管及温度计用橡皮塞连接在一起。

② 烧瓶中注入约为其 3/4 容积的水，并向试管中注入适量水，使其液面与烧瓶中的水液面平齐，如图 26-04-02。

③ 取少量萘样品研成粉末，在 P_2O_5 作干燥剂的干燥器中过夜后，置于清洁的小表面皿上，堆成小堆。

④ 将毛细管开口的一端插入样品粉末中，装取少量粉末，见图 26-04-03（a)，然后把毛细管竖立起来，封闭的一端向下在桌面上轻轻顿几下（下落方向必须和桌面垂直，否则毛细管会折断）使样品落入管底，见图 26-04-03（b)。这样重复装样几次。

⑤ 将装入样品的毛细管投入直立的 Φ8mm×400mm 清洁玻璃管中，当毛细管底端碰到桌面时，样品被震落至毛细管底部，取出毛细管重新投入玻璃管中，如此反复几次，最终形

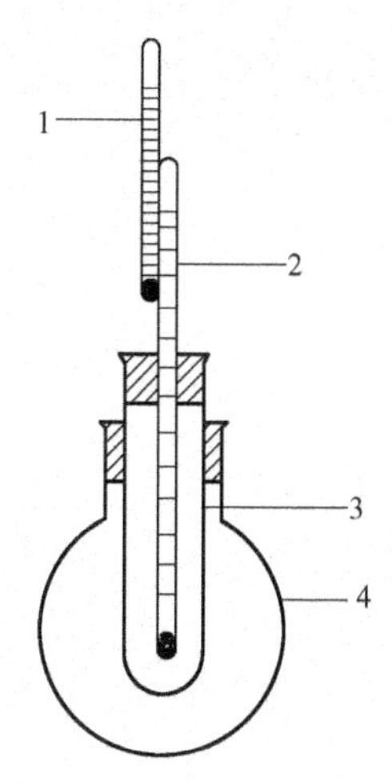

图 26-04-01　仪器连接装置图

1—辅助温度计；2—温度计；
3—大试管；4—圆底烧瓶

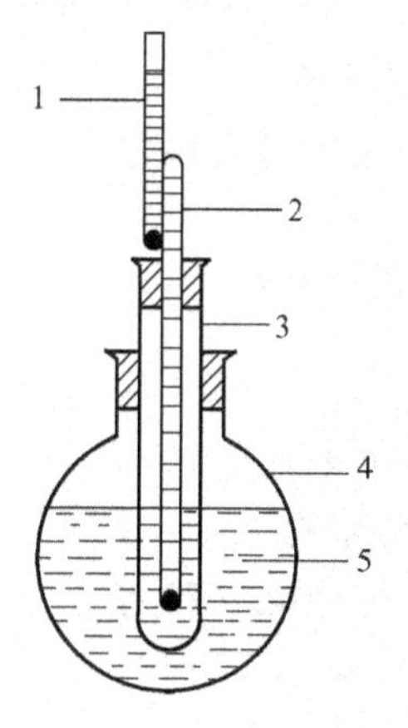

图 26-04-02　加水操作图

1—辅助温度计；2—温度计；3—大试管；
4—圆底烧瓶；5—水

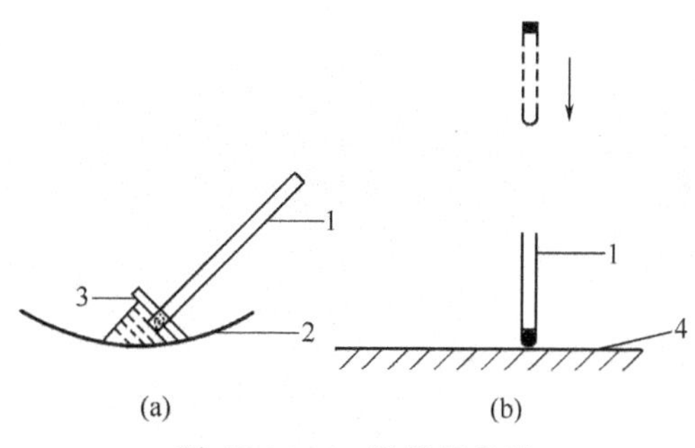

图 26-04-03　装样操作图

1—毛细管；2—表面皿；3—样品；4—桌面

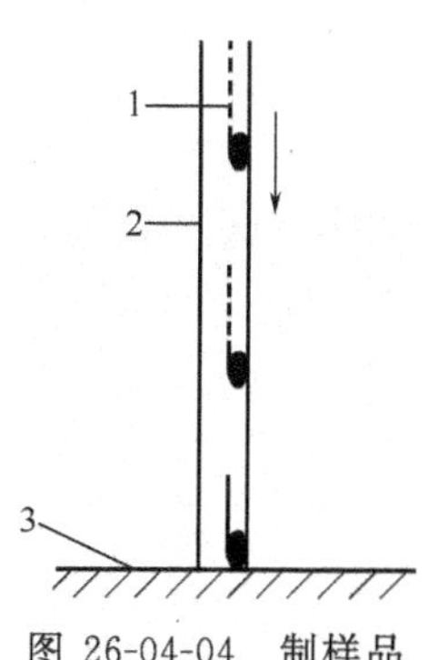

图 26-04-04　制样品小柱操作图

1—毛细管；2—玻璃管；
3—桌面

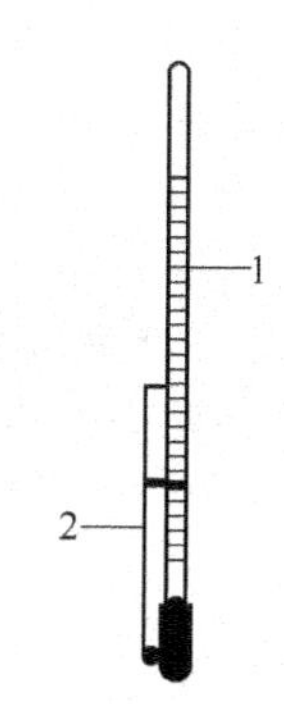

图 26-04-05　毛细管固定于温度计操作图

1—温度计；2—毛细管

成约 2～3mm 高的均匀而结实的样品小柱，如图 26-04-04。

⑥ 将装好样品的毛细管用小橡皮圈固定于温度计上，使样品小柱的顶面与温度计水银球的中部在同一高度，见图 26-04-05。

⑦ 将附有毛细管的温度计固定于熔点测定仪上（不可碰到器壁及底部），见图 26-03-01。

⑧ 以每分钟 5～6℃的速度加热升温。升至 70℃左右时，调节热源，使温度每分钟上升 1℃左右。

⑨ 观察毛细管中样品的变化，记录初熔温度和全熔温度，以及辅助温度计的温度值。

⑩ 重复 3 次，取平均值，在对温度计进行校正后，得到样品萘的熔点。

进度检查

一、问答题

温度计及辅助温度计应安装在什么位置？

二、操作题

测定萘的熔点。

检查：①仪器安装是否正确；②操作过程是否正确。

凝固点和熔点的测定技能考试内容及评分标准

一、考试内容

（一）熔点的测定操作步骤

1. 安装仪器。
2. 选择载热体。
3. 装样。
4. 测定。

（二）结果处理

二、评分标准

（一）操作步骤（70分）

1. 安装仪器。（15分）

每错一处扣5分。

2. 选择载热体。（5分）

选择错误扣5分。

3. 装样。（20分）

每错一处扣5分。

4. 测定。（30分）

每错一处扣5分。平行测定3次，每次10分。

（二）结果处理（30分）

结果处理时错一处扣5分。

MU27　沸点和沸程的测定

<table>
<tr><td colspan="2">学　习　单　元</td><td>编号</td><td>FJC-27-01</td></tr>
<tr><td colspan="2" rowspan="2">名　　称：沸点的测定
职业领域：化工、石油、环保、医药等</td><td>课时</td><td>2</td></tr>
<tr></tr>
<tr><td colspan="2">工作范围：分析</td><td>日期</td><td></td></tr>
</table>

学习目标

完成本单元的学习之后，能够掌握沸点的基本知识及测定方法。

所需仪器和药品

序号	名称及说明	数量	序号	名称及说明	数量
1	Φ1.0mm×100mm 毛细管	1只	4	辅助温度计(分度值为1℃)	1支
2	Φ4mm×100mm 小试管	1只	5	热水浴	1个
3	温度计(分度值为0.1℃)	1支	6	样品	适量

相关学习单元

——熔点的测定　FJC-26-03
——间接加热装置及操作　FJC-11-02
——玻璃液体温度计及其使用　FJC-06-02
——气压计及其使用　FJC-06-03

学习单元内容

1. 沸点的基本知识

沸点是液体的蒸气压等于大气压时的温度。纯物质有固定的沸点，若含有杂质则沸点上升。因此沸点是衡量物质纯度的标准之一。测定沸点通常用毛细管法。

沸点的高低在一定程度上反映了有机化合物在液态时分子间力的大小。分子间力和化合物的偶极矩、极化度、氢键等因素有关。这些因素的影响，可以归纳为以下的经验性规律。

① 在脂肪族化合物的异构体中，直链异构体比有侧链的异构体的沸点高，侧链越多，沸点越低。

② 在醇、卤代物、硝基化合物的异构体中，伯异构体沸点最高，仲异构体次之，叔异构体最低。

③ 在顺反异构体中，顺式异构体有较大的偶极矩，其沸点比反式异构体高。

④ 在多双键的化合物中，有共轭双键的化合物有较高的沸点。

⑤ 卤代烷、醇、醛、酮、酸的沸点比相应的烃高。

⑥ 在同系物中，相对分子质量增大，沸点增高，但递增值逐渐减小。

⑦ 在羟基化合物分子中，羟基数增多，沸点显著地增高。

在压力为101.3kPa时，一些常见化合物的沸点见表27-01-01。

表27-01-01 常见化合物的沸点

化合物	沸点/℃	化合物	沸点/℃
溴乙烷	38.40	甲苯	110.62
丙酮	56.11	氯苯	131.84
三氯甲烷(氯仿)	61.27	溴苯	156.10
四氯化碳	76.75	环己醇	161.10
苯	80.10	苯胺	184.40
水	100.00	硝基苯	210.85

2. 仪器

用毛细管法测定沸点是在沸点管中进行的。沸点管由一个直径1.0～1.2mm、长90～110mm、一端封闭的毛细管和一支直径为4～5mm、长80～100mm的一端封闭的粗玻璃管组成。仪器构造如图27-01-01。

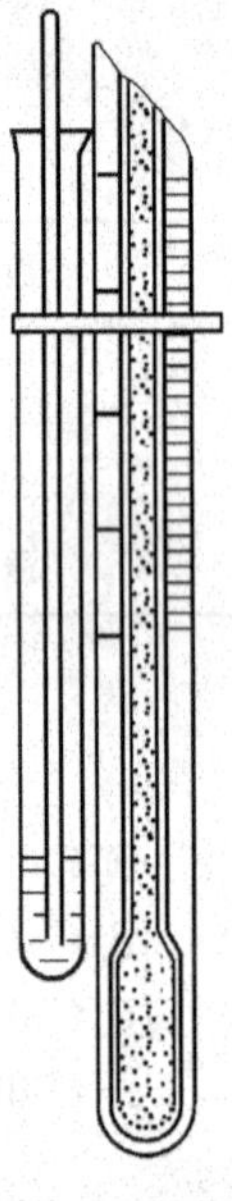

图27-01-01 沸点管及温度计

3. 测定方法

取样品0.3～0.5mL于装沸点管的玻璃管（或小试管）中，将毛细管封闭的一端向上倒置于该玻璃管中。将沸点管用橡皮圈固定于温度计上，使毛细管口和温度计水银球的中部在同一高度，置于热浴中缓缓加热。至有气泡由毛细管口连续成串逸出时，移去热源。此后，气泡逸出的速度逐渐减慢。当气泡停止逸出，液体刚要进入毛细管时的温度即为样品的沸点。

4. 沸点的校正

（1）温度计的校正　与测定熔点时温度计的校正相同，方法见FJC-26-03。

（2）大气压力的校正　因为液态物料的沸点随外界压力的改变而改变，所以如果不是在标准压力（101.3kPa）下测定沸点，都必须对测定值进行校正。校正可用下列经验公式进行。

$$校正沸点=t+k(273+t)(101.3-p)$$

式中　k——校正系数，对缔合性液体（如醇、酸等），k值为0.00075，对非缔合性液体（如烃、醚等），k值为0.00090；

t——测得的沸点温度，℃；

p——测定沸点时的大气压力，kPa。

进度检查

一、填空题

1. 沸点是________。测定沸点通常用________法。
2. 纯物质有________的沸点，若含有杂质则沸点________。
3. 沸点的高低在一定程度上反映了有机化合物在液态时________的大小。
4. 在顺反异构体中，顺式异构体有较大的________，其沸点比反式异构体________。
5. 在同系物中，相对分子质量增大，沸点________。
6. 在羟基化合物分子中，羟基数增多，沸点显著地________。

二、问答题

1. 测定沸点时，为什么要对温度计及大气压力进行校正？
2. 试述沸点的测定方法。

<table>
<tr><td colspan="2">学 习 单 元</td><td>编号</td><td>FJC-27-02</td></tr>
<tr><td>名　　称：</td><td>乙醇沸点的测定</td><td>课时</td><td>4</td></tr>
<tr><td>职业领域：</td><td>化工、石油、环保、医药等</td><td rowspan="2">日期</td><td rowspan="2"></td></tr>
<tr><td>工作范围：</td><td>分析</td></tr>
</table>

学习目标

完成本单元的学习之后，能够掌握用毛细管法测定沸点的操作。

所需仪器和药品

序号	名称及说明	数量	序号	名称及说明	数量
1	Φ1.0mm×100mm 毛细管	1只	4	100℃温度计(分度值为1℃)	1支
2	Φ4mm×100mm 小试管	1只	5	热水浴	1个
3	100℃温度计(分度值为0.1℃)	1支	6	乙醇样品	适量

相关学习单元

——沸点的测定　FJC-27-01

——间接加热装置及操作　FJC-11-02

——玻璃液体温度计及其使用　FJC-06-02

——气压计及其使用　FJC-06-03

学习单元内容

乙醇沸点的测定步骤如下。

① 取乙醇样品 0.5mL 置于小试管中。

② 将毛细管倒置在该小试管中，见图 27-02-01。

③ 如图 27-01-01 所示，将小试管用橡皮圈固定于温度计上。

④ 如图 27-02-02 所示，将带有毛细管的温度计置于热水浴中缓缓加热。

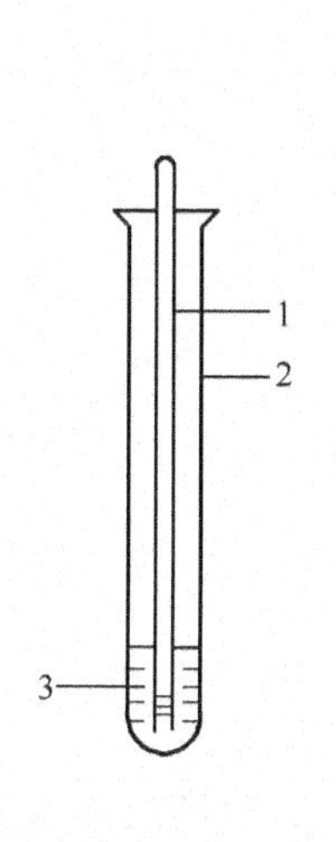

图 27-02-01　毛细管倒置于试管操作图

1—小试管；2—毛细管；3—乙醇样品

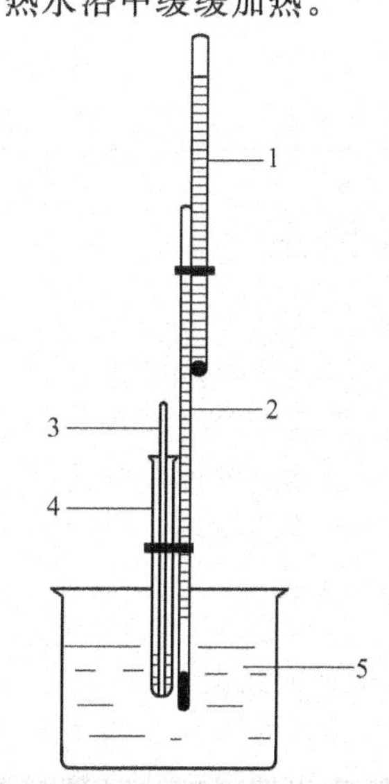

图 27-02-02　沸点测定装置

1—辅助温度计；2—温度计；3—毛细管；4—小试管；5—热水浴

⑤ 当毛细管口有气泡连串逸出时，移去热水浴，记录气泡停止逸出、液体开始进入毛细管时的温度，即为乙醇样品的沸点。

⑥ 重复测定 3 次，对测出温度进行校正后取平均值。

进度检查

一、问答题

1. 怎样对温度计及大气压力进行校正?

2. 怎样确定样品的沸点?

二、操作题

测定乙醇的沸点。

检查：①仪器安装是否正确；②操作过程是否正确。

学　习　单　元	编号	FJC-27-03
名　　称：沸程的测定 职业领域：化工、石油、环保、医药等	课时	2
工作范围：分析	日期	

学习目标

完成本单元的学习之后，能够掌握沸程的基本知识及测定方法。

所需仪器和药品

序号	名称及说明	数量	序号	名称及说明	数量
1	250mL 支管蒸馏烧瓶	1 个	6	热水浴	1 个
2	温度计(分度值为 0.1℃)	1 支	7	接液管	1 个
3	直形冷凝管	1 支	8	长颈漏斗	1 个
4	100mL 量筒	1 个	9	样品	适量
5	辅助温度计(分度值为 1℃)	1 支			

相关学习单元

——沸点的测定　FJC-27-01

——间接加热装置及操作　FJC-11-02

——常压蒸馏装置及操作　FJC-14-01

——玻璃液体温度计及其使用　FJC-06-02

——气压计及其使用　FJC-06-03

学习单元内容

1. 沸程的基本知识

沸程（或沸点范围）是指将液态物料蒸馏，当受热沸腾时，开始稳定馏出的温度（始馏温度）和最终馏出的温度（终馏温度）之间的间距或范围。纯物质的沸程在 1℃左右，最大不应大于 3℃。沸程超过 5℃，表示物料不纯。对有机溶剂和石油产品，沸程是衡量其纯度的主要指标之一。

但是要注意，有时几种化合物由于形成恒沸点混合物，也会有固定的沸点。所以，沸程小的，也不一定就是纯净的化合物。例如，乙醇体积分数为95.6%和水体积分数为4.4%的混合物，形成沸点为78.2℃的恒沸点混合物。

在实际测定中，对沸程有一定的规定标准。一般以馏出第一滴馏出液时的温度为始馏温度，以接受器中收集到被蒸馏液体含量的96%时的温度为终馏温度。在特殊情况下又有特殊的规定。

2. 仪器

沸程测定仪如图27-03-01所示。它实际上是一个蒸馏装置，由支管蒸馏烧瓶、冷凝管、温度计等部分组成。

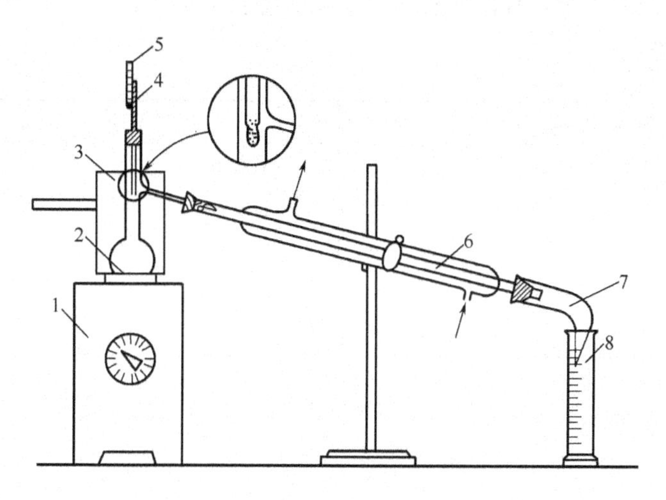

图 27-03-01　沸程测定仪

1—热源；2—支管蒸馏烧瓶；3—蒸馏烧瓶的金属外罩；4—主温度计；5—辅助温度计；6—冷凝管；7—接液管；8—量筒

3. 测定方法

按图27-03-01安装好蒸馏装置，将样品经长颈漏斗加到支管蒸馏烧瓶中，在支管蒸馏烧瓶中放入几粒沸石，加热蒸馏。蒸馏速度一般自加热开始至第一滴馏出液滴入接受器的时间不少于5min，但也不多于10min。以后以每分钟馏出3～4mL的速度蒸馏。记录始馏温度、终馏温度和辅助温度计的温度。

4. 沸程的校正

与沸点一样，对沸程的测定值也需要进行温度计的校正和大气压力的校正，方法见FJC-27-01。

进度检查

一、填空题

1. 纯物质的沸程在____________，最大不应大于____________。沸程超过5℃，表示____________。

2. 一般以____________________为始馏温度，以________________为终馏温度。

3. 沸程是指将液态物料蒸馏，当受热沸腾时，____________________之间的间距或范围。

4. 沸程测定仪由__________、__________、__________等部分组成。

二、问答题

试述沸程的测定方法。

学　习　单　元	编号	FJC-27-04
名　　称：丙酮沸程的测定	课时	6
职业领域：化工、石油、环保、医药等		
工作范围：分析	日期	

学习目标

完成本单元的学习之后，能够掌握蒸馏法测定沸程的操作。

所需仪器和药品

序号	名称及说明	数量	序号	名称及说明	数量
1	250mL支管蒸馏烧瓶	1个	6	热水浴	1个
2	温度计(分度值为0.1℃)	1支	7	接液管	1个
3	直形冷凝管	1支	8	长颈漏斗	1个
4	100mL量筒	1个	9	丙酮样品	100mL
5	温度计(分度值为1℃)	1支			

相关学习单元

——沸程的测定　FJC-27-03
——间接加热装置及操作　FJC-11-02
——常压蒸馏装置及操作　FJC-14-01
——玻璃液体温度计及其使用　FJC-06-02
——气压计及其使用　FJC-06-03

学习单元内容

丙酮沸程的测定步骤如下。

① 如图27-03-01所示，安装好蒸馏装置。

② 用干燥量筒量取丙酮样品100mL，经长颈漏斗加到支管蒸馏烧瓶中。此量筒不必再干燥即可作为接受器。将其置于接液管下端，使管口伸入量筒部分不少于25mm，也不低于100mL刻度线，量筒口塞以棉花，如图27-04-01。

③ 在支管蒸馏烧瓶中放几粒沸石，安装好温度计，使水银球上端与蒸馏烧瓶支管下壁在同一水平面上，如图27-04-02。

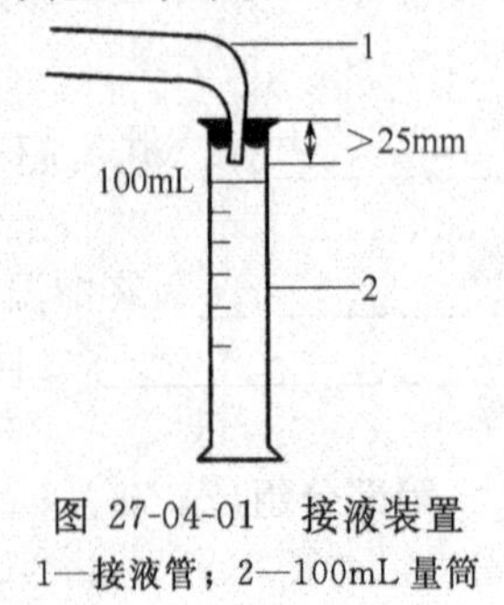

图 27-04-01　接液装置
1—接液管；2—100mL量筒

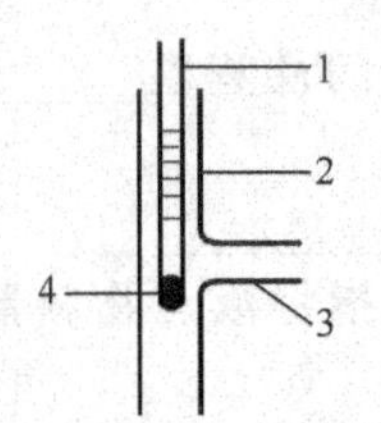

图 27-04-02　温度计安装图
1—温度计；2—支管蒸馏烧瓶；3—蒸馏烧瓶支管；4—水银球

④ 仔细检查装置是否正确，各仪器之间的连接是否紧密，有没有漏气处，待完全合格后方可加热蒸馏。

⑤ 加热前，先向冷凝管内缓缓通入冷却水，把上口流出的水引入水槽中。

⑥ 用预先准备好的热水浴（60℃左右）加热，控制自加热开始至第一滴馏出液滴入接受器的时间在5～10min之间，记录始馏温度。

⑦ 以每分钟馏出3～4mL的速度蒸馏，记录终馏温度和辅助温度计的温度，进行校正后，得到丙酮样品的沸程。

⑧ 蒸馏完毕后，先停止加热，后停止通冷却水，拆卸仪器。

进度检查

一、问答题

1. 为什么要在支管蒸馏烧瓶中放几粒沸石？

2. 怎样控制蒸馏速度？

二、操作题

测定丙酮的沸程。

检查：①仪器安装是否正确；②操作过程是否正确。

沸点和沸程的测定技能考试内容及评分标准

一、考试内容

（一）沸点的测定操作步骤

1. 安装仪器。

2. 测定。

（二）结果处理

二、评分标准

（一）操作步骤（70分）

1. 安装仪器。（25分）

每错一处扣5分。

2. 测定。（45分）

每错一处扣5分。平行测定3次，每次15分。

（二）结果处理（30分）

每错一处扣5分。

MU28　密度的测定

<table>
<tr><td>学　习　单　元</td><td>编号</td><td>FJC-28-01</td></tr>
<tr><td rowspan="3">名　　称：密度瓶法测密度
职业领域：化工、医药、石油、冶金、环保、建材等
工作范围：分析</td><td>课时</td><td>6</td></tr>
<tr><td>日期</td><td></td></tr>
</table>

学习目标

完成本单元的学习之后，能够掌握密度瓶法测密度的基本原理和操作步骤。

所需仪器和药品

序号	名称及说明	数量	序号	名称及说明	数量
1	密度瓶	1个	4	恒温水箱	1台
2	分析天平	1台	5	铬酸洗液、乙醚(分析纯)、丙酮	适量
3	烘箱(或电吹风)	1台			

相关学习单元

——双盘电光分析天平的称量方法　　FJC-19-04

学习单元内容

一、基本原理

密度是指一定温度、一定压力下单位体积内物质的质量，用符号 ρ 表示，单位是 g/cm^3。影响密度大小的因素主要有两个。一是温度，温度的大小对密度的影响较大，因此密度的测定和使用都必须注明温度。一般以4℃时水的质量为标准，在生产实际中也有以20℃时水的质量为标准的。不同温度下水的密度见表28-01-01。二是物质的纯度，物质的纯度不同其密度也不相同，因此，可以通过密度测定物质的纯度。

表 28-01-01　不同温度下水的密度

温度/℃	密度/(g/cm³)	温度/℃	密度/(g/cm³)	温度/℃	密度/(g/cm³)	温度/℃	密度/(g/cm³)
0	0.99987	15	0.99913	19	0.99843	23	0.99756
4	1.00000	16	0.99879	20	0.99823	24	0.99732
5	0.99993	17	0.99880	21	0.99802	25	0.99707
10	0.99973	18	0.99862	22	0.99779	26	0.99567

密度的测定方法有密度瓶法、密度计法、韦氏天平法等。密度瓶法是用密度瓶通过测出样品的质量和密度瓶的体积，从而确定物质的密度的方法。

二、密度瓶的结构及测定原理

密度瓶因形状和容积不同有各种规格，常用的有25mL、10mL、5mL、1mL，一般为球形。比较精密的一种带有特制的温度计并具有磨口小帽的小支管的密度瓶，其结构见图 28-01-01。

密度瓶法可用于测定非挥发性液体密度及固体密度。密度瓶法的测定原理是：在 20℃时，分别测定充满同一密度瓶的水及样品质量，由水的质量可确定密度瓶的容积，即样品的体积，根据样品的质量及体积，即可计算其密度。

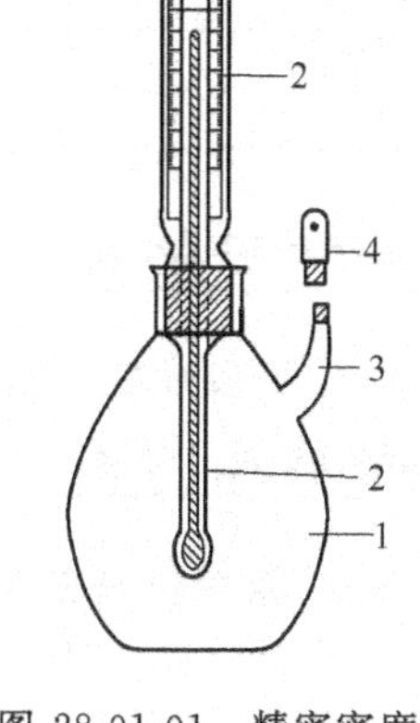

图 28-01-01 精密密度瓶
1—瓶体；2—温度计；3—溢出支管；4—磨口小帽

三、操作步骤

① 将密度瓶洗净、烘干（带温度计的瓶塞不要烘烤），冷却至室温，在分析天平上称量空瓶质量 m_0。

② 将煮沸 30min 并冷却至 15～18℃的蒸馏水装入密度瓶中，立即放入 (20±0.1)℃的恒温水浴中，使水面浸没瓶颈。

③ 恒温 30min 后取出，用滤纸擦干溢出支管外的水，盖上小帽，擦干瓶外的水，称其总质量 m_1。

④ 倒出蒸馏水，用乙醇、乙醚洗涤密度瓶，烘干，冷却。

⑤ 在密度瓶中注满待测液，待测液可以是丙酮等有机溶剂，重复②、③步骤，称其总质量 m_2。

⑥ 重复测定 3 次，取平均值，代入以下公式计算：

$$\rho=\frac{(m_2-m_0)\times 0.99820}{m_1-m_0}$$

式中 ρ——样品在 20℃时的密度，g/cm^3；

m_0——密度瓶的质量，g；

m_1——密度瓶和蒸馏水的总质量，g；

m_2——密度瓶和待测液的总质量，g；

0.99820——蒸馏水在 20℃时的密度，g/cm^3。

进度检查

一、填空题

1. 密度的测定方法有__________、__________、__________等。
2. 密度瓶法是用密度瓶通过测出__________和__________，从而确定物质密度的方法。
3. 影响密度的因素主要有两个：一是__________，二是__________。
4. 密度瓶主要由__________、__________、__________三部分组成。

二、简答题

简述密度瓶法测液体密度的步骤。

三、操作题

用密度瓶法测定丙酮的密度。

学 习 单 元	编号	FJC-28-02
名　　称：密度计法测密度 职业领域：化工、医药、石油、冶金、环保、建材等 工作范围：分析	课时	6
	日期	

学习目标

完成本单元的学习之后，能够用密度计法测定液体的密度。

所需仪器和药品

序号	名称及说明	数量	序号	名称及说明	数量
1	密度计	1支	3	量筒	3个
2	温度计	2支	4	乙醚、乙醇等	适量

相关学习单元

——密度瓶法测密度 FJC-28-01

学习单元内容

一、密度计法的原理

密度计法是将密度计插入待测样品中，通过密度计刻度大小直接读出样品的密度。密度计法测密度的基本依据是阿基米德定律，即当物体全部浸入液体中时，所受的浮力或减轻的重量，等于物体所排开液体的重量。这种方法简便、快速，但准确度较低，适于工业生产中的车间日常控制测定。

二、仪器结构

密度计是一支封口的玻璃管，中间部分较粗，内有空气，所以放在液体中时，可以浮起；下部装有小铅粒形成重锤，能使密度计直立于液体中；上部较细，管内有刻度标尺，可以直接读出密度值。见图 28-02-01。刻度标尺的刻度愈向上愈小。液体的密度愈大，密度计在液体中漂浮愈高；液体的密度愈小，则密度计沉没愈深。

三、操作步骤

操作前，应估计试样的粗密度，根据估计值选择相应的密度计，具体操作步骤如下。

① 将待测液样品小心地沿筒壁倒入清洁、干燥的量筒中，可选用乙醇、二甲苯、甘油等作样品，并注意不使液体中产生气泡。

② 将密度计轻轻插入待测液样品中。

③ 待密度计停止摆动后，水平读出待测样品的密度值，同时测出样品的温度，见图 28-02-02。

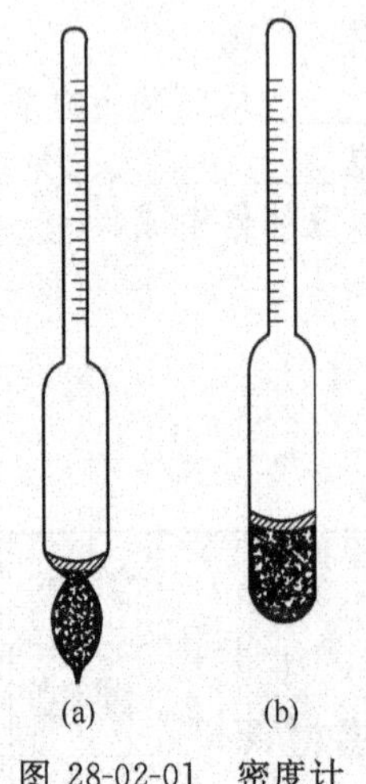

图 28-02-01 密度计

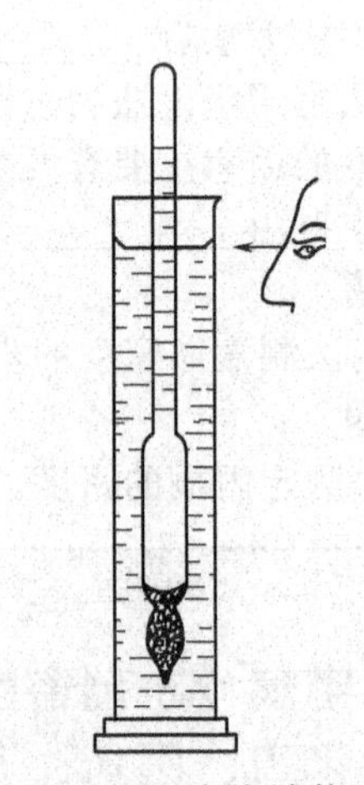

图 28-02-02 密度计使用方法

进度检查

一、填空题

1. 密度计法是将密度计插入__________中，通过__________直接读出样品密度的方法。

2. 密度计法测密度的基本依据是＿＿＿＿＿＿。
3. 液体的密度越大，密度计的漂浮愈＿＿＿＿＿＿。

二、简答题

简述密度计法测密度的操作步骤。

三、操作题

用密度计法测定甘油的密度。

学　习　单　元	编号	FJC-28-03
名　　称：韦氏天平法测密度 职业领域：化工、医药、石油、冶金、环保、建材等 工作范围：分析	课时	6
	日期	

学习目标

完成本单元的学习之后，能用韦氏天平法测定液体的密度。

所需仪器和药品

序号	名称及说明	数量	序号	名称及说明	数量
1	韦氏天平	1台	3	电吹风	1个
2	恒温水浴箱	1个	4	分析纯乙醚、乙醇	适量

相关学习单元

——密度瓶法测密度　FJC-28-01

——密度计法测密度　FJC-28-02

学习单元内容

一、基本原理

韦氏天平法测定密度的基本依据也是阿基米德定律。其基本原理是：在20℃时，分别测量浮锤在水中及样品中的浮力，由于浮锤所排开的水的体积与所排开的样品的体积相同，所以根据水的密度及浮锤在水与样品中的浮力，即可计算出样品的密度。计算公式如下：

$$\rho=\frac{\text{在样品中减轻的质量}}{\text{在水中减轻的质量}}$$

韦氏天平法主要用于液体密度的测定。

二、韦氏天平的构造

韦氏天平的结构见图28-03-01。

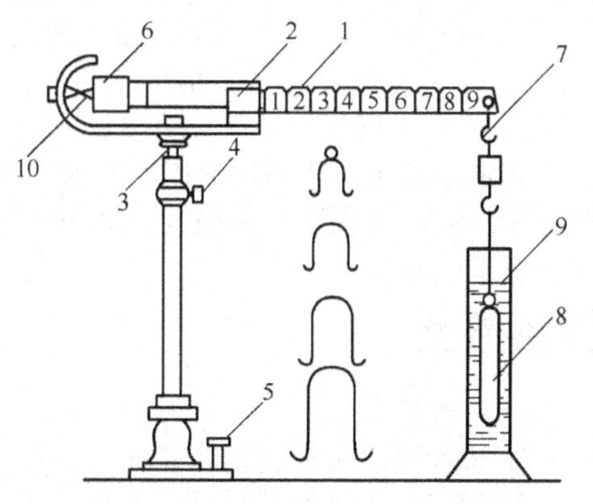

图 28-03-01　韦氏天平的结构

1—天平横梁；2—玛瑙刀座；3—可动支柱；4—支柱紧定螺丝；5—水平调节螺钉；6—平衡调节器；7—钩环；8—玻璃锤；9—玻璃筒；10—指针

韦氏天平主要由天平横梁、可动支柱、砝码、玻璃锤、玻璃筒等组成。

天平横梁用支柱支在玛瑙刀座上，横梁的两臂形状不同，而且不等长。长臂上刻有分度，末端有悬挂玻璃锤的钩环，短臂末端有指针，当两臂平衡时，指针应和固定指针对正。旋松支柱紧定螺钉，支柱可上下移动。

天平附有两套砝码。最大砝码的质量等于玻璃锤在20℃（或40℃）的水中所排开水的质量（约5g)，其他砝码分别为最大砝码的1/10、1/100、1/1000。

玻璃筒用于盛装水和待测液体。

三、操作步骤

1. 仪器的准备与校正

① 检查仪器部件是否完整无损，用细布擦净金属部分，用乙醇或乙醚擦净玻璃锤及金属丝，吹干，将仪器置于稳固的平台上。

② 调整可动支柱至适当高度，旋紧螺钉，将天平横梁置于玛瑙刀座上。

③ 将等重砝码挂在天平右梁的钩环上，调整水平调节螺钉，使天平横梁左端指针和固定指针对正而达到平衡。

④ 取下等重砝码，换上整套玻璃锤，此时天平门应保持平衡，一般误差不应超过±0.0005g/cm^3，否则需作调节。

⑤ 在玻璃筒中装入（20±0.5)℃的蒸馏水，将玻璃锤浸入水中，此时天平失去平衡，将最大的砝码加在钩环上，这时天平应恢复平衡。

⑥ 读出结果，数值应在（1±0.0005）g/cm^3 范围内，否则应修理天平。

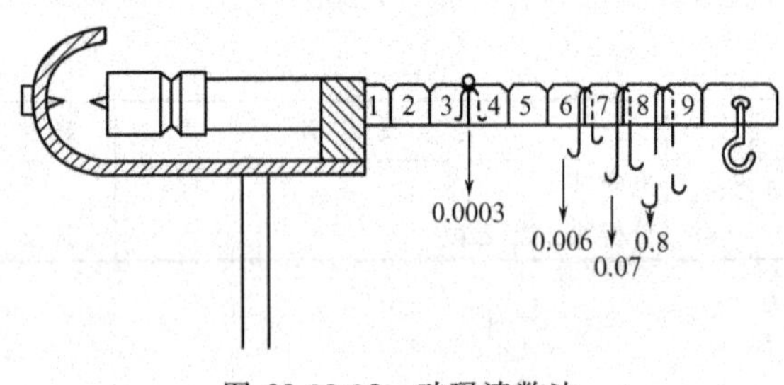

图 28-03-02　砝码读数法

2. 样品密度的测定

① 依次用乙醇、乙醚洗涤玻璃筒及玻璃锤，干燥后，在玻璃筒中装入与蒸馏水同样温度、体积的样品，放入玻璃锤。调节砝码使天平达到平衡。

② 读数。从天平上读出样品的密度。如果最大砝码在8分度上，二号砝码在7分度上，三号砝码在6分度上，最小砝码在3分度上，则读数为0.8763g/cm^3，见图28-03-02，此值是样品在20℃时的视密度 ρ_1。

3. 计算

按下式计算试样的真密度：

$$\rho=\rho_1(0.99820-0.0012)+0.0012$$

式中　ρ——试样在 t℃时的真密度，g/cm^3；

ρ_1——试样在韦氏天平上读得的视密度，g/cm^3；

0.99820——蒸馏水在20℃时的密度，g/cm^3；

0.0012——空气在20℃、1.01315×10^5 Pa时的密度，g/cm^3。

测定中必须严格控制温度，不能用手直接拿砝码，玻璃锤应用细布或滤纸按住，以防损坏。实验完毕，先取下砝码放入盒中，再取下玻璃锤洗净、擦干放入盒中，然后依次取下各部件擦干收好。

进度检查

一、填空题

1. 韦氏天平测密度的依据是________________。

2. 用韦氏天平测某样品的密度，若最大砝码在8分度上，二号砝码在6分度上，三号砝码在4分度上，最小砝码在2分度上，则样品的视密度为________________。

3. 韦氏天平最大砝码的质量等于____________________。

二、简答题

简述韦氏天平测密度的操作步骤。

三、操作题

用韦氏天平测定煤油的密度。

密度的测定技能考试内容及评分标准

一、考试内容：用密度瓶法测甘油密度

（一）基本操作

1. 密度瓶的称量。

密度瓶的洗涤、烘干、冷却至室温、称量，记录为 m_0。

2. 蒸馏水的装入和恒温。

将蒸馏水煮沸 30min，冷却至 15～18℃，装入密度瓶中，放入（20±0.1)℃的恒温水浴中，恒温 30 min。

3. 蒸馏水和密度瓶的称量。

擦干溢出支管外的水，称其总质量，记录为 m_1。

4. 密度瓶的洗涤。

倒出蒸馏水，用乙醇、乙醚洗涤密度瓶，烘干、冷却。

5. 待测液的称量。

在密度瓶中注入甘油，重复 2、3 步骤，称其总质量 m_2，平行测定 3 次。

（二）计算

$$\rho=\frac{(m_2-m_0)\times 0.99820}{m_1-m_0}$$

式中 ρ——甘油在 20℃时的密度，g/cm^3；

m_0——密度瓶的质量，g；

m_1——密度瓶和蒸馏水的质量，g；

m_2——密度瓶和甘油的质量，g；

0.99820——蒸馏水在 20℃时的密度，g/cm^3。

二、评分标准

（一）基本操作

1. 密度瓶的称量。(20 分)

共分五步，错一步扣 4 分。

2. 蒸馏水的装入和恒温。(20 分)

(1) 煮沸。(10 分)

(2) 冷却。(5 分)

(3) 装入蒸馏水。(5 分)

3. 蒸馏水和密度瓶的称量。(10 分)

擦干、称量、记录数据，错一步扣 4 分。

4. 密度瓶的洗涤。(15 分)

5. 待测液的称量（27 分)。

平行测定 3 次，每次 9 分。

（二）计算（8 分）

计算结果错一个扣 3 分。

MU29　黏度的测定

学　习　单　元	编号	FJC-29-01
名　　称：黏度的测定原理 职业领域：化工、医药、石油、冶金、环保、建材等	课时	4
工作范围：分析	日期	

学习目标

完成本单元的学习之后，能够掌握黏度的测定原理。

所需仪器

序　号	名　称　及　说　明	数　量
1	乌贝路德黏度计	1支
2	恩氏黏度计	1支

学习单元内容

液体的黏度就是液体流动时内摩擦力大小的程度。黏度主要分为运动黏度和条件黏度。液体的黏度与物质相对分子质量的大小有关，相对分子质量较大时黏度较大，相对分子质量较小时黏度较小。同一液体物质的黏度与温度有关，温度升高时黏度减小；温度降低时黏度增大。因此，测定黏度时应注明温度条件。

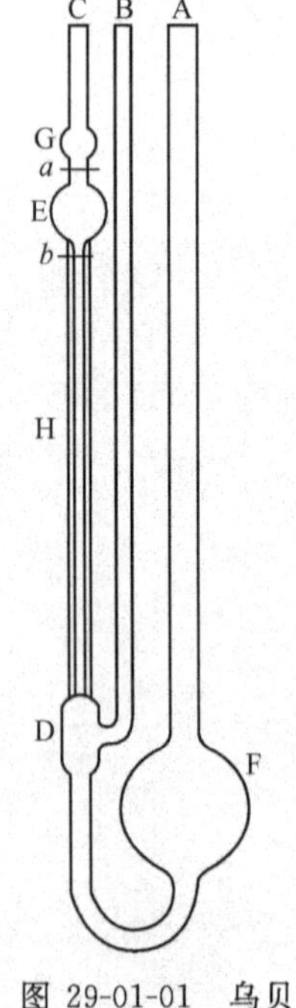

图 29-01-01　乌贝路德黏度计的结构

一、运动黏度的测定原理

运动黏度的测定用乌贝路德黏度计，又叫气承悬柱式黏度计，它的最大优点是可以在黏度计里逐渐稀释从而节省许多操作手续，其结构见图 29-01-01。

测定原理是：在垂直的同一毛细管中，能完全浸润管壁的液体，因重力作用向下流动时，其运动黏度 γ 与流动时间 τ 成正比。用乌贝路德黏度计测出已知运动黏度 γ_0 的标准液体在其中的流动时间 τ_0，再用该黏度计测量试样在其中的流动时间 τ_t，即可求得试样的运动黏度 γ_t。可用下式计算试样的黏度：

$$\gamma_t = K\tau_t$$

式中　γ_t——试样的运动黏度，m^2/s；

K——黏度计常数，m^2/s^2；

τ_t——试样在黏度计中的平均流动时间，s。

对于每一支黏度计，都有经验确定的黏度计常数 K（即 γ_0/τ_t）值，因此，测定时只要测出在试样乌贝路德黏度计中的流出时间 τ_t，即可求出 γ 值。

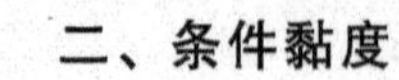

二、条件黏度

条件黏度又称恩氏黏度，是指试液在规定温度下从恩氏黏度计流出

200mL 所需时间与水在 20℃时流出相同体积所需时间（即黏度计水值）之比。温度为 t 时的恩氏黏度用符号 E_t 表示。

$$E_t=\frac{\tau_t}{K_{20}}$$

式中 E_t——恩氏黏度；

τ_t——试液在 t℃时流出 200mL 所需时间，s；

K_{20}——黏度计水值，s。

20℃时，由恩氏黏度流出 200mL 蒸馏水的时间（s）称为黏度计水值。此值应在 50～52s 间。在已知水值的条件下，只需测出试样流出 200mL 所需的时间就可求出 E_t 值。

条件黏度的测定常用恩格勒黏度计，简称恩氏黏度计，其结构见图 29-01-02。

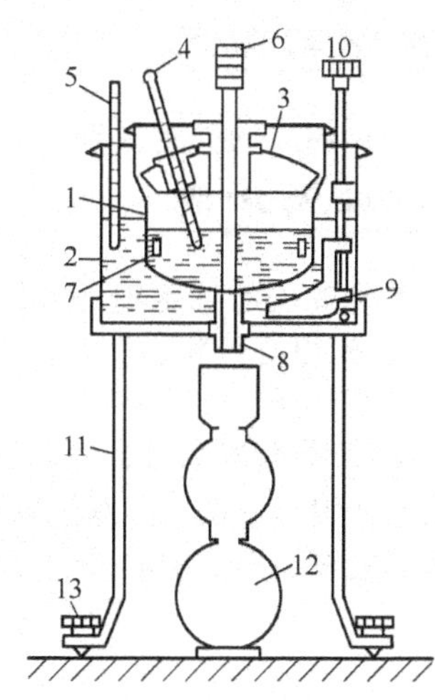

图 29-01-02　恩氏黏度计

1—试液筒；2—水浴槽；3—盖；4—试液温度计；5—水浴温度计；6—塞入孔管的木棒；7—尖钉；8—试液流出孔管；9—搅拌器；10—搅拌器手柄；11—铁三角架；12—体积 200mL 的接受瓶；13—水平调节螺丝

进度检查

一、填空题

1. 液体的黏度是________________。黏度主要分为__________和__________。

2. 测定运动黏度用的仪器是____________________，测定条件黏度用的仪器是____________________。

二、判断题（正确的在括号内划“√”，错误的划“×”）

1. 液体的黏度与物质相对分子质量的大小无关。（　　）

2. 液体物质的温度升高，黏度增大。（　　）

3. 每支黏度计在一定温度下都有确定的黏度常数。（　　）

三、简答题

简述运动黏度的测定原理。

学　习　单　元	编号	FJC-29-02
名　　称：乌贝路德黏度计测运动黏度 职业领域：化工、医药、石油、冶金、环保、建材等 工作范围：分析	课时	6
	日期	

学习目标

完成本单元的学习之后，能够掌握运动黏度的测定方法及步骤。

所需仪器和设备

序号	名称及说明	数量	序号	名称及说明	数量
1	乌贝路德黏度计	1支	6	洗耳球	1个
2	恒温水浴	1台	7	螺旋夹	1个
3	全浸式温度计(分度值为 0.1℃)	1支	8	橡皮管(约 5cm)	2根
4	移液管	1支	9	烘箱	1台
5	秒表(分度值为 0.1s)	1个	10	干燥箱	1台

相关学习单元

——黏度的测定原理　　FJC-29-01

学习单元内容

运动黏度的测定用乌贝路德黏度计，其构造见图 29-01-01。运动黏度的测定步骤如下。

① 先用洗液将黏度计洗净，再用自来水、蒸馏水分别冲洗 2～3 次，尤其冲洗毛细管部分，然后烘干。

② 调节恒温水浴温度至（20.0±0.1)℃，在黏度计的 B 管和 C 管上都套上橡皮管，然后垂直放入恒温水浴中。双层缸式恒温水浴装置的结构见图 29-02-01。使水面完全浸没 G 球，将 A 管固定在恒温水浴的夹子上，黏度计侧悬一支温度计，其水银球恰在毛细管的中点。

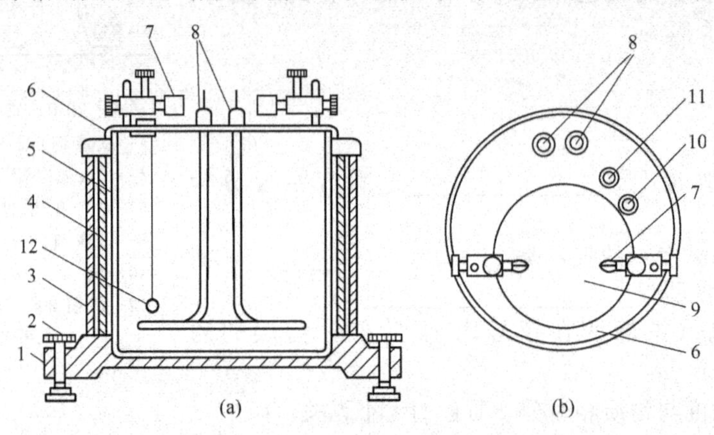

图 29-02-01　双层缸式恒温水浴装置的结构

1—底部；2—水平调节螺丝；3—透明外罩；4—支柱；5—透明浴缸；6—上盖；7—黏度计夹子；8—电加热器；9—搅拌装置人孔；10—温度计插入孔；11—控温探头插入孔；12—重锤

③ 试样流出时间的测定。用移液管移取 20.00mL 试样，试样可选用 HS-13 号和 HS-19 号压缩机润滑油。由 A 管注入黏度计，恒温 10min，进行测定。测量方法如下：将 C 管用夹子夹紧使之不通气，在 B 管用洗耳球将试液从 F 球经 D 球、毛细管、E 球抽至 G 球 2/3 处，松开夹子，让 C 管通大气，此时 D 球内的液体即回入 F 球，使毛细管以上的液体悬空。毛细管以上的液体下落，当液面流经 a 刻度时，立即按秒表开始记时间，当液面降至 b 刻度时，再按秒表，测得刻度 a、b 之间的液体流经毛细管所需时间，测定过程中，毛细管内不得产生气泡。重复测定 4 次，其相差不大于 0.3s。取 4 次平均值为 τ_t。

④ 计算。试样的运动黏度按下式计算：

$$\gamma_t = K\tau_t$$

式中各符号的意义见 FJC-29-01。

平行测定结果的差值，100～1.5℃时不大于其算术平均值的 1.0%，1.5～－30℃时不大于其算术平均值的 1.5%，－30～－60℃时不大于其算术平均值的 2.5%。

进度检查

一、填空题

1. 试样流出时间的测定，一般重复测定__________次，其相差不大于__________s。

2. 黏度计侧悬一支温度计，温度计的水银球恰在__________。

二、简答题

简述用乌贝路德黏度计测试样流出时间的方法。

三、操作题

用乌贝路德黏度计测定 HS-13 号压缩机润滑油的运动黏度。

学　习　单　元 名　　称：恩氏黏度计测条件黏度 职业领域：化工、医药、石油、冶金、环保、建材等 工作范围：分析	编号	FJC-29-03
	课时	4
	日期	

学习目标

完成本单元的学习之后，能够掌握恩氏黏度计测条件黏度的方法。

所需仪器

序号	名称及说明	数量	序号	名称及说明	数量
1	恩氏黏度计	1支	3	秒表(分度值为 0.1s)	1只
2	温度计(分度值为 0.1℃)	1支			

相关学习单元

——黏度的测定原理　FJC-29-01

——乌贝路德黏度计测运动黏度　FJC-29-02

学习单元内容

一、恩氏黏度计的结构

恩氏黏度计的结构见图 29-01-02，主要由内筒、外筒、铁三角架、接受瓶、搅拌器组成。

内筒底部为凹型，中心有黄铜镀金的流出孔，筒里面光滑镀金。内筒盖上有插堵塞棒及温度计的孔。内筒内有三只小尖钉，用于控制液面高度和仪器水平。外筒中有搅拌器及温度计，外筒装在铁三角架上，铁三角架上有调整仪器水平的螺丝。接受瓶是有一定尺寸规格的葫芦形玻璃瓶，用于盛装流出的液体。

温度计为恩氏黏度计专用，分度值为 0.1℃。

秒表的分度值为 0.1s。

二、操作步骤

① 将恩氏黏度计内筒依次用乙醚、95%乙醇、蒸馏水洗净并干燥。

② 黏度计水值的测定。在试液筒中注入蒸馏水，调整铁三角架足部螺丝，使装置水平，并将木棒稍稍提起，使水充满出口管，使尖钉刚刚露出。塞紧木棒，盖上内筒盖，插入试液温度计，然后向外筒中注入一定量的水至内筒的扩大部分，插入水浴温度计。小心旋转内筒盖及外筒搅拌器，至内筒和外筒水温均为 20℃。在流出管下放置 200mL 的接受瓶，立即提起木棒，同时按动秒表至接受瓶液面达到标线止，记录时间。重复测定 4 次，在测定误差≤0.5s 时，取平均值为黏度计水值 K。

③ 试样条件黏度的测定。将内筒、接受瓶洗净、干燥，用木棒塞紧出口孔，将样品预热至规定温度以上 1～2℃，注入内筒中，调至所要求的特定温度，按操作步骤②测出样品的流出时间。平均测定 4 次，取平均值作为流出时间 τ_t 值。

平行测定的允许误差：τ_t 在 250s 以下，允许相差 1s；τ_t 为 250～300s，允许相差 2s；τ_t

为 500s 左右，允许相差 3s。

④ 样品条件黏度的计算。

$$E_t=\frac{\tau_t}{K_{20}}$$

式中各符号的意义见 FJC-29-01。

黏度的测定技能考试内容及评分标准

一、考试内容：用乌贝路德黏度计测定 HS-13 号压缩机润滑油的运动黏度

（一）操作步骤

1. 黏度计的洗涤。

依次用洗液、自来水、蒸馏水洗涤黏度计，烘干。

2. 仪器的安装。

调节恒温水浴温度，将黏度计置于恒温水浴中。

3. 试样流出时间的测定。

将试样注入黏度计恒温，测其流出时间。记录数据，平行测定 4 次，取其平均值。

（二）计算

$$\gamma_t=K\tau_t$$

式中 γ_t——试样的运动黏度，m^2/s；

K——黏度计常数，m^2/s^2；

τ_t——试样的平均流出时间，s。

二、评分标准

（一）操作步骤（86 分）

1. 黏度计的洗涤。（16 分）

洗涤及烘干共 4 步，每步 4 分。

2. 仪器的安装。（30 分）

恒温水浴的调温、橡皮的套装、黏度计的安装、温度计的侧悬，错一步扣 8 分。

3. 流出时间的测定。（40 分）

重复测定 4 次，每次 10 分。

（二）计算（14 分）

计算结果错一个扣 4 分。

MU30　闪点和燃点的测定

学　习　单　元	编号	FJC-30-01
名　　称：闪点和燃点的测定原理 职业领域：化工、石油、环保等	课时	4
工作范围：分析	日期	

学习目标

完成本单元的学习之后，能够掌握闪点和燃点的测定原理及测定方法。

所需仪器

序　号	名　称　及　说　明	数　　量
1	克利夫兰开口杯闪点测定器	1台
2	电动搅拌闭口闪点测定器	1台

相关学习单元

——玻璃液体温度计及其使用　　FJC-06-02

——气压计及其使用　　FJC-06-03

学习单元内容

测定闪点的方法有闭口杯法和开口杯法两种。测定燃点的方法为开口杯法。闪点和燃点随大气压力的升高而升高，所以在不同大气压力条件下测得的闪点和燃点，应换算成101.3kPa压力条件下的温度，才能作为正式的测定结果。

一、开口杯法

1. 测定原理

在克利夫兰开口杯仪中使试样恒速升温，在规定的温度间隔条件下，试验火焰使试样蒸气发生闪燃现象的最低温度，即为实测的开口杯法闪点；使试样燃烧至少5s的最低温度即为实测的燃点，然后再作换算。这种方法即为克利夫兰开口杯法。

2. 测定装置

开口杯法测定闪点和燃点的装置为克利夫兰开口杯仪，其结构如图30-01-01所示。

加热器可采用燃气灯、酒精喷灯或适当的电炉（测定闪点高于200℃时，必须使用电炉）。

温度计为克利夫兰开口杯法专用温度计。

3. 准备工作

试样含有溶解水或游离水时，用无水氯化钙脱水，并用干定量滤纸或疏松干燥的脱脂棉过滤。黏稠的试样在装入油杯之前，应加热到能流动，但加热温度不得超过试样预计闪点前56℃（即闪点以下56℃）。

用无铅汽油或其他合适的溶剂将油杯洗净。如有碳渣存在，用钢丝刷除去，用冷水冲洗后再于明火或加热板上干燥。油杯在使用前，应冷却到试样预计闪点前至少56℃。

按图30-01-01安装仪器。温度计应呈垂直状态，其水银球底距油杯底6mm，位于油杯中

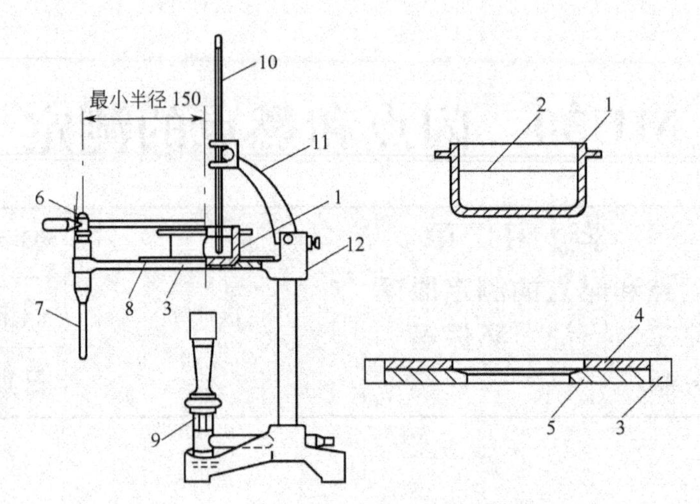

图 30-01-01　克利夫兰开口杯仪的结构（单位：mm）

1—油杯；2—试样装入量标记线；3—加热板；4—硬质石棉板层；5—金属板层；6—点火器；
7—燃烧气导管；8—金属小孔（$\phi 4$）；9—加热器；10—温度计；11—温度计支架；12—加热板支架

心与边之间的中点，在点火器臂的正对面。克利夫兰开口杯仪应安装在避风和较暗的地方，围上防护屏。当试样的蒸气或热解产物有害人身健康时，可将仪器和防护屏都安放在通风橱内。但应在加热试样达到预计闪点前56℃时调节通风，使蒸气能排出而油杯上面无空气流动。

将试样装入油杯中，到弯月面底部恰至试样装入量标记线为止。如果装入过量，用洁净干燥的吸管吸出多余部分。如果试样贴在油杯外表面上，应倒出试样，将油杯洗净和干燥，重新装入试样。装入试样后，油杯内的液面如果有气泡，用干燥滤纸除去。

记录大气压力。

4. 测定方法

点燃煤气灯（或接通电炉电源），使试样升温。煤气灯火焰要集中在加热板孔下，不得越过加热板而达到油杯周围。加热应均匀，无局部过热现象。加热初期，升温速度为14～17℃/min。当试样温度升至预计闪点前56℃时，减慢升温速度，使在预计闪点前28℃时的升温速度控制为5～6℃/min。点燃试验火焰，调节火焰直径，使与仪器上金属小孔的直径相同。

试样升温至预计闪点前28℃时，开始用试验火焰扫划油杯一次。扫划时，试验火焰的中心必须在油杯上边缘面上2mm以内的平面上，以直线或沿着半径至少为150mm的弧线划过油杯中心。每次划过油杯的时间约为1s，同时观察有无闪燃现象。如无闪燃现象发生，以后每升温2℃时扫划一次，但下一次的扫划方向应与上一次的扫划方向相反。

扫划时，如果试样液面上任一点第一次出现闪燃现象，立即记录试样温度，作为实测的开口杯法闪点。但应注意不要将有时在试验火焰周围产生的淡蓝色光环与真正的闪燃相混淆。

如果需要测定燃点，应继续加热试样，升温速度仍为5～6℃/min。继续用试验火焰在试样每升高2℃时即扫划一次直到试样着火并能连续燃烧不少于5s。记录着火时的试样温度，作为实测的燃点。测定结果均以整数计。

在试验过程中，试样升温至预计闪点前17℃时及以后的时间内，均应注意避免操作人员的呼吸或操作引起油杯中蒸气流动而影响试验结果。

每一个试样都必须作平行测定，平行测定结果的差值不得超过8℃。取平行测定结果的算术平均值，按下式进行大气压力影响的修正后，作为试样的闪点和燃点：

$$t = t_0 + \Delta t$$

式中　t——试样在101.3kPa大气压力下的开口杯闪点或燃点,℃;

t_0——实测的克利夫兰开口杯法闪点或燃点,℃;

Δt——大气压力影响的修正值(见表30-01-01),℃。

表30-01-01　克利夫兰开口杯闪点燃点修正值

大气压力/kPa	95.3~88.7	88.6~81.3	81.2~73.3
Δt/℃	2	4	6

二、闭口杯法

1. 测定原理

在专用的闭口闪点测定器中,使试样慢速升温,在规定的温度间隙条件下,试验火焰引起试样蒸气闪燃时的最低温度,即为实测的闭口杯法闪点,再作换算。这种方法称为闭口杯法。

2. 测定装置

闭口闪点测定器有两种,一种带有电动搅拌装置,另一种带有手动搅拌装置,均通过软轴进行搅拌(如图30-01-02所示)。仪器采用电炉加热,也可用煤气灯加热。所用温度计为测定闭口闪点专用水银温度计。

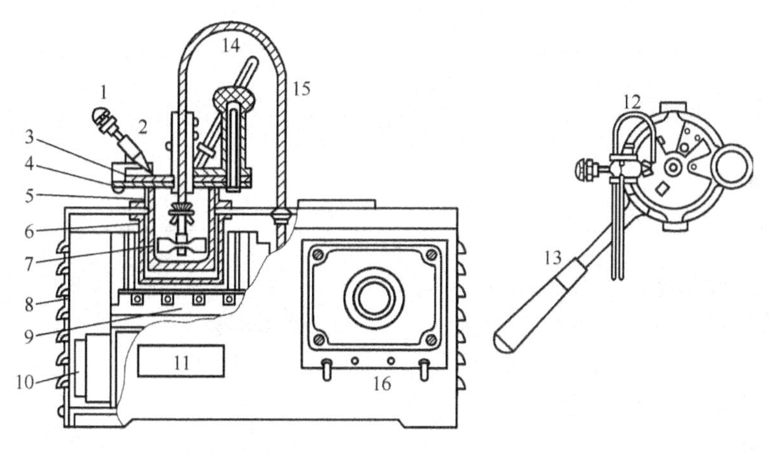

图30-01-02　闭口闪点测定器

1—点火器调节螺丝;2—点火器;3—滑板;4—油杯盖;5—油杯;6—浴套;7—搅拌器;8—壳体;9—电炉盘;10—电动机;11—铭牌;12—点火管;13—油杯手柄;14—温度计;15—传动软轴;16—开关箱

3. 准备工作

按图30-01-02安装仪器。

仪器应安置在避风和较暗的地方,并围上防护屏,便于观察闪点。防护屏用镀锌铁皮制成,内壁涂成黑色,高550~650mm,宽度以能三方围着闭口闪点测定器而又方便操作为宜。

油杯必须用无铅汽油洗净并吹干后方可装样。试样含水量大于0.05%时,必须脱水,方法与开口杯法相同。装试样时,试样和油杯的温度均不得高于试样在脱水时的温度。杯中试样要装满到环状标记线处。

4. 测定方法

加热试样时,必须控制升温速度。闪点在50℃以下的试样,每分钟升温1℃;闪点高于50℃的试样,在初期升温时可稍快一些,到预计闪点前40℃时,调整升温速度,使在预计闪点前20℃时温度每分钟升高2~3℃。在升温过程中不得停止搅拌。当试样温度升高至预计闪点前10℃时,暂停搅拌,滑开滑板,进行点火试验。试验火焰应调整为接近球形,直径约为 3～4mm。点火时，使火焰在 0.5s 内降到杯内含蒸气的空间，停留 1s 即离开，回到原位，并立即使滑板重新盖住油杯，恢复搅拌。对于闪点高于 50℃的试样，每升高 2℃点火一次；对于闪点低于 50℃的试样，每升高 1℃点火一次。每次点火时均应暂停搅拌，然后立即恢复搅拌。当在试样液面点火第一次看到闪燃现象时，立即记录温度计示值，作为闪点的实测结果。继续点火试验，如果仍有闪燃现象，则第一次记录的闪点温度有效，否则无效，应更换试样重新测定。测定结果以整数计。

每一个试样均须作平行测定。平均测定结果的差值，在闪点低于 50℃时不得超过 ±1℃；闪点在 50～100℃时不得超过 ±2℃；闪点高于 100℃时不得超过 ±6℃。同时用检定过的气压计测出大气压力，然后以平行测定结果的平均值按下式进行大气压力影响的修正后，作为试样的闪点。

$$t=t_0+\Delta t$$

式中 t——试样在 101.3kPa 大气压力下的闭口杯闪点，℃；

t_0——实测的闭口杯法闪点，℃；

Δt——大气压力影响的修正值（见表 30-01-02)，℃。

表 30-01-02 闭口杯法闪点修正值

大气压力/kPa	107.0～103.2	103.1～99.5	99.4～95.6	95.5～91.7	91.6～87.8	87.7～84.0
Δt/℃	−1	0	1	2	3	4

进度检查

一、填空题

1. 测定闪点的方法有________________和________________两种。测定燃点的方法为________________。

2. 克利夫兰开口杯仪的温度计为________________。

3. 用克利夫兰开口杯法测闪点和燃点时，当试样含水量________时，必须进行脱水处理。将试样装入油杯时，试样应加到________为止。

4. 闭口闪点测定器所用温度计为________。

二、问答题

在不同大气压力条件下测得的闪点和燃点，为什么必须修正？

三、计算题

1. 用闭口闪点测定器测得一批 HJ-7 高速机油的闪点为 126℃，如果测定时的大气压力为 95.3kPa，问该机油在 101.3kPa 大气压力下的闭口闪点是多少？

2. 在大气压力为 88.0kPa 时，用克利夫兰开口杯法测得一批车用机油的闪点为 270℃，问该批油料在 101.3kPa 大气压力下的开口闪点是多少？

学　习　单　元	编号	FJC-30-02
名　　称：开口杯法测闪点、燃点	课时	6
职业领域：化工、石油、环保等		
工作范围：分析	日期	

学习目标

完成本单元的学习之后，能够掌握开口杯法测定闪点和燃点的操作。

所需仪器和药品

序号	名称及说明	数量	序号	名称及说明	数量
1	克利夫兰开口杯闪点测定器	1台	5	硫酸钠	适量
2	防护屏	1个	6	无铅汽油	适量
3	电炉	1个	7	压缩机润滑油样品	适量
4	气压计	1支			

相关学习单元

——闪点和燃点的测定原理　FJC-30-01

——玻璃液体温度计及其使用　FJC-06-02

——气压计及其使用　FJC-06-03

学习单元内容

压缩机润滑油的闪点和燃点的测定步骤如下。

① 将试样加热到约70℃，加入新灼烧并冷却的硫酸钠脱水，用干的定量滤纸过滤后，取上层澄清部分测定。

② 按图30-01-01安装仪器。

③ 用无铅汽油将油杯洗净，将脱水处理过的试样装入油杯至弯月面底部恰至试样装入量标记线为止，如图30-02-01所示。

④ 用气压计测量大气压力。

⑤ 加热试样，开始时升温速度为每分钟15℃，当温度达150℃时，减慢升温速度，使试样温度到达170℃时，升温速度为每分钟5～6℃。点燃试验火焰。

⑥ 当试样温度达200℃时，开始用试验火焰扫划油面。每次划过油杯的时间约为1s，温度间隔为2℃，观察有无闪燃现象。当试样液面任一点第一次出现闪燃现象时，立即从温度计上读出温度值，作为实测的开口杯法闪点。

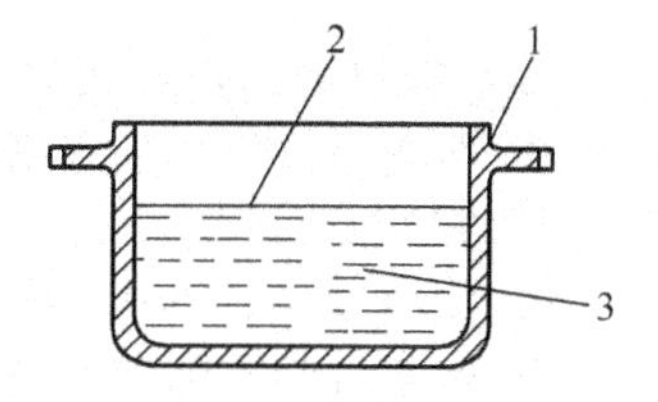

图 30-02-01　装样操作图

1—油杯；2—试样加入量标记线；3—试样

⑦ 继续以每分钟5～6℃的升温速度加热试样，继续用试验火焰每隔2℃扫划一次，直到试样燃烧并能持续5s以上。此时立即从温度计上读出温度值，作为实测的燃点。

⑧ 平行测定3次，取平行测定结果的算术平均值，进行大气压力影响的修正后，作为压缩机润滑油的闪点和燃点。

进度检查

一、问答题

1. 采用开口杯法测闪点和燃点时，怎样进行大气压力影响的修正？

2. 什么叫克利夫兰开口杯法？

二、操作题

用开口杯法测定压缩机润滑油的闪点和燃点。

1. 检查仪器安装是否正确。

2. 检查操作过程是否正确。

学　习　单　元	编号	FJC-30-03
名　　称：闭口杯法测闪点 职业领域：化工、石油、环保等	课时	6
工作范围：分析	日期	

学习目标

完成本单元的学习之后，能够掌握闭口杯法测定闪点的操作。

所需仪器和药品

序号	名称及说明	数量	序号	名称及说明	数量
1	电动搅拌闭口闪点测定器	1台	4	硫酸钠	适量
2	防护屏	1个	5	无铅汽油	适量
3	气压计	1支	6	柴油样品	适量

相关学习单元

——闪点和燃点的测定原理　FJC-30-01

——玻璃液体温度计及其使用　FJC-06-02

——气压计及其使用　FJC-06-03

学习单元内容

柴油闪点的测定步骤如下。

① 在柴油试样中加入新灼烧并冷却的硫酸钠进行脱水处理，用干的定量滤纸过滤后，取上层澄清部分测定。

② 按图 30-01-02 安装仪器。

③ 将闭口闪点测定器安置在避风和较暗的地方，围上防护屏。

④ 用无铅汽油将油杯洗净，再用空气吹干。

⑤ 在油杯中注入经脱水处理过的试样，直到环状标记线处。然后盖上清洁干燥的杯盖，插上温度计，并将油杯放入浴套中，如图 30-03-01 所示。

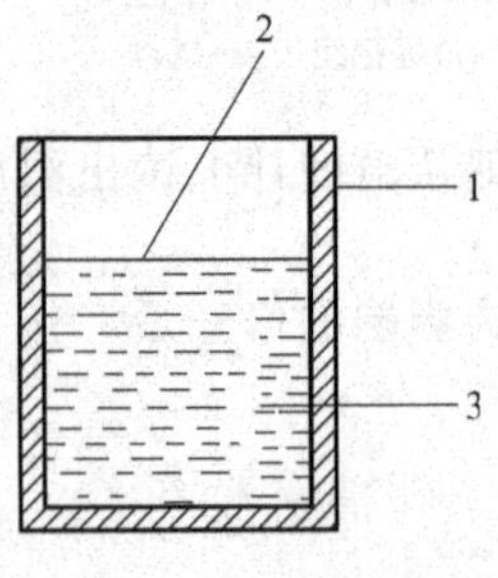

图 30-03-01　装样操作图

1—油杯；2—环状标记线；3—试样

⑥ 将点火器的灯芯或燃料气引火点燃，并调整火焰为接近球形，直径约为 3～4mm。

⑦ 用气压计测量大气压力。

⑧ 接通电源，启动搅拌器，开通电炉，调整加热速度，使温度每分钟升高 2℃，在升温时不得停止搅拌。

⑨ 当试样温度升至 40℃时，暂停搅拌。扭动滑板及点火控制柄，使滑板滑开，将点火器伸入油杯口，点火试验 1 次。如看不到闪燃现象，立即使滑板重新盖住油杯口，恢复搅拌。以后每升高 2℃点火 1 次。

⑩ 在试样液面点火能第一次看到闪燃现象时，立即记录温度计示值，作为闪点的实测结果。继续升温进行点火试验，以证实测定结果有效。

⑪ 平行测定 3 次，以平行测定结果的算术平均值，进行大气压力影响的修正后，作为柴油样品的闭口闪点。

进度检查

一、问答题

1. 采用闭口杯法测闪点时，怎样进行大气压力影响的修正？
2. 什么叫闭口杯法闪点？

二、操作题

用闭口杯法测定柴油的闪点。

检查：①仪器安装是否正确；②操作过程是否正确。

闪点和燃点的测定技能考试内容及评分标准

一、考试内容

（一）闪点和燃点的测定步骤

1. 试样处理。
2. 安装仪器。
3. 装样。
4. 测量大气压力。
5. 测定。

（二）结果处理

二、评分标准

（一）测定步骤（70 分）

1. 试样处理。(10 分)

每错一处扣 5 分。

2. 安装仪器。(20 分)

每错一处扣 5 分。

3. 装样。(5 分)

没按要求装样扣 5 分。

4. 测量大气压力。(5 分)

压力测量不正确扣 5 分。

5. 测定。(30 分)

每错一处扣 5 分。平行测定 3 次，每次 10 分。

（二）结果处理（30 分）

结果处理时每错一处扣 5 分。

MU31 旋光度的测定

学 习 单 元	编号	FJC-31-01
名　　称：旋光度的测定原理 职业领域：冶金、环保、建材、化工、医药、石油等	课时	4
工作范围：分析	日期	

学习目标

完成本单元的学习之后，能够熟悉旋光度的基本知识，掌握旋光度的测定原理。

所需仪器

WXG-4 型旋光仪 1 台。

相关学习单元

——双盘电光分析天平的称量方法　　FJC-19-04

学习单元内容

一、基本理论

1. 旋光度

旋光性物质使偏振光振动平面旋转的角度称为旋光度，常用 α 表示。有的旋光性物质使偏振光振动平面向右旋转，将该物质称为右旋体；使偏振光振动平面向左旋转的物质称为左旋体。

旋光度的大小除主要决定于旋光性物质的分子结构外，还与旋光性物质的浓度、液层厚度、温度、光源的波长有关。

2. 偏振光

自然光，如日常见到的日光、灯光等，光波的振动是在和它前进的方向相互垂直的许多平面上，见图 31-01-01。

当自然光通过一种特制的玻璃片——偏振片或尼科耳棱镜时，光波就改变为只在一个平面上振动。这种只在一个平面上振动的光叫作平面偏振光，简称偏振光，见图 31-01-02。

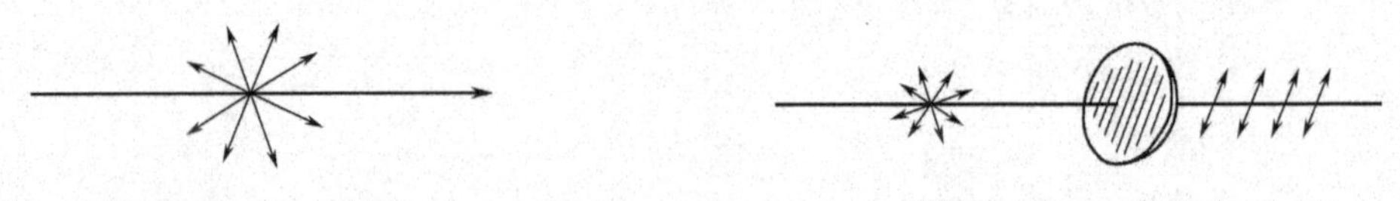

图 31-01-01　自然光　　　图 31-01-02　偏振光

3. 比旋光度

一般规定溶液的浓度为 1g/mL，溶液的厚度为 1dm，温度为 20℃，以黄色钠光 D 线为光源测得的旋光度称为比旋光度，用 $[\alpha]_D^{20}$ 表示。若右旋，$[\alpha]_D^{20}$ 为正；若左旋，$[\alpha]_D^{20}$ 为负。

如葡萄糖的比旋光度 $[\alpha]_D^{20}=+52.5°$，戊醇的比旋光度 $[\alpha]_D^{20}=-5.9°$。物质在其他浓

度（c）或管长（L）条件下测得的旋光度（$[\alpha]_D^t$），可通过以下公式换算成比旋光度：

$$[\alpha]_D^{20}=\frac{[\alpha]_D^t}{Lc}$$

式中　$[\alpha]_D^{20}$——样品的比旋光度，(°)；

$[\alpha]_D^t$——测得的旋光度，(°)；

L——旋光管的长度（即液层厚度），dm；

c——样品的浓度，g/mL；

t——测定时样品溶液的温度,℃。

二、旋光仪的结构

旋光仪的型号很多，常用的是国产 WXG-4 型旋光仪。旋光仪的结构见图 31-01-03。旋光仪示意图见图 31-01-04。

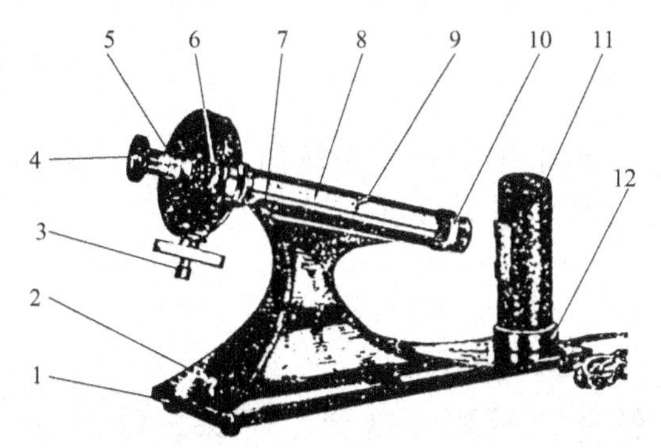

图 31-01-03　旋光仪的结构

1—底座；2—电源开关；3—度盘转动手轮；4—放大镜座；5—视度调节螺旋；6—度盘游表；7—镜筒；8—镜筒盖；9—镜盖手柄；10—镜盖连接圈；11—灯罩；12—灯座

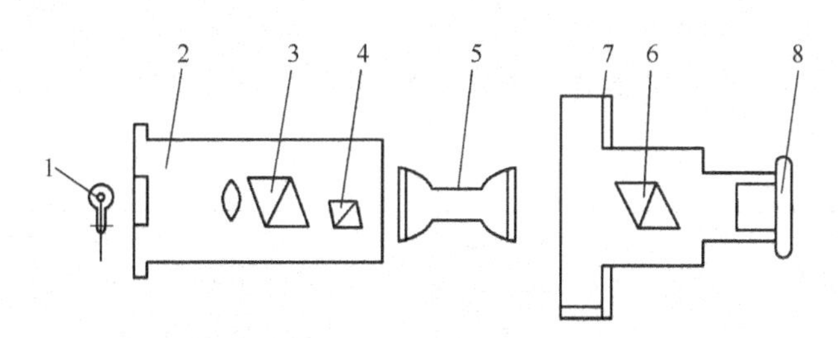

图 31-01-04　旋光仪示意图

1—光源；2—滤光器；3—起偏镜；4—半荫片；5—旋光管；6—检偏镜；7—刻度标尺盘；8—目镜

旋光仪主要由以下三个系统组成。

1. 起偏及检偏系统

起偏及检偏系统是旋光仪的主要部分，包括光源、滤光器、起偏镜、旋光管及检偏镜等。光源一般为钠光灯，产生波长为 589.0～589.6nm 的黄色光线。由于光源可能同时产生一些其他波长的色光，所以必须使用滤光器。

2. 观测系统

观测系统包括物镜和目镜。由起偏及检偏系统透射出的光，经过物镜聚焦后形成焦点，而会聚于焦点面的所有光点经过目镜后，则以平行光线射出，因此，目镜中看到的是明暗清晰的视野，见图 31-01-05。

3. 读数系统

读数系统包括刻度盘及放大镜。刻度盘和检偏镜连在一起，由调节手轮控制，一起转动。检偏镜旋转的角度可以在刻度盘上读出，刻度盘旁有游标尺，因此可以准确读到第一位

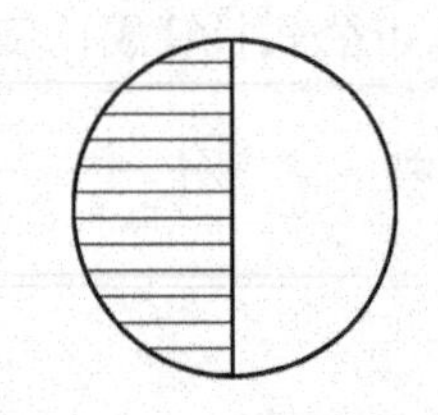

图 31-01-05　旋光仪视野图

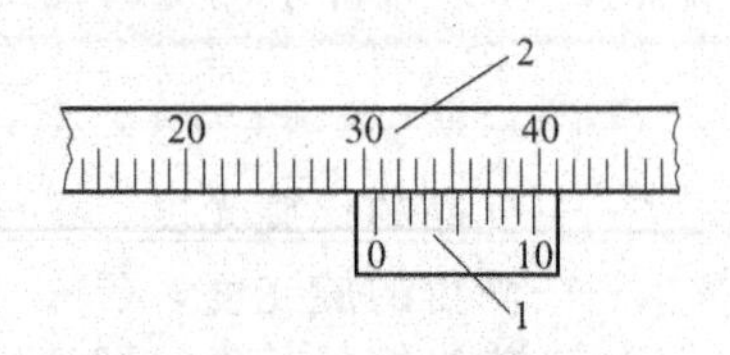

图 31-01-06　旋光仪刻度盘读数
1—游标尺；2—刻度盘

小数（见图 31-01-06）。图中旋光仪的读数为 30.6。

进度检查

填空题

1. 旋光仪主要由__________、__________、__________三个系统组成。

2. 偏振光是指____________________。

3. 旋光度的大小主要决定于旋光性物质的__________，还与旋光性物质的浓度、__________、__________、光源的波长有关。

学　习　单　元	编号	FJC-31-02
名　　称：旋光度的测定操作	课时	4
职业领域：化工、医药、石油、冶金、环保、建材等		
工作范围：分析	日期	

学习目标

完成本单元的学习之后，能掌握用旋光仪测定物质的旋光度的基本操作。

所需仪器和药品

序号	名称及说明	数量	序号	名称及说明	数量
1	WXG-4 型旋光仪	1 台	4	烧杯（200mL）	1 个
2	分析天平	1 台	5	试样（蔗糖或葡萄糖）	适量
3	容量瓶（100mL）	1 个			

相关学习单元

——旋光度的测定原理　　FJC-31-01

学习单元内容

1. 旋光仪零点的校正

测定样品前，先校正旋光仪的零点。在旋光管中装满蒸馏水，将玻璃盖沿管边缘轻轻平推盖好，不能带入气泡，然后旋上螺帽盖。将旋光管擦干，放入旋光仪内，罩上盖子，开启钠光灯，约 5min，待光源稳定后，标尺盘在零点左右，调节检偏手轮至视野两个半圆明暗一致，记下读数。重复操作至少 5 次，取其平均值。若零点相差太大，应重新校正。

2. 旋光度的测定

① 准确称取 10g 样品（称准至 0.0002g），用容量瓶配成 100mL 溶液，样品可用蔗糖或葡萄糖。

② 用待测液润洗旋光管两次，以免有其他物质干扰。

③ 将旋光管中装满样品溶液，置于旋光仪中，旋转检偏手轮至视野两个半圆明暗一致，此时，所得读数与零点之间的差值即为该物质的旋光度。重复测定 3 次，取其平均值。

3. 比旋光度的计算

计算出样品的比旋光度。

根据以下公式

$$[\alpha]_{D}^{20}=\frac{[\alpha]_{D}^{t}}{Lc}$$

式中各符号的意义见 FJC-31-01。

操作完毕，将旋光管中的溶液及时倒出，用蒸馏水洗净，干燥。所有镜片用柔软绒布揩擦。将仪器套上塑料套。

进度检查

一、填空题

1. 测定样品前，应先用__________校正旋光仪的零点。

2. 物质旋光度的测定，应平行测定__________次，取其平均值。

二、操作题

用 WXG-4 型旋光仪测定蔗糖的旋光度。

旋光度的测定技能考试内容及评分标准

一、考试内容：用 WXG-4 型旋光仪测定葡萄糖的比旋光度

（一）零点的校正

（二）旋光度的测定

1. 葡萄糖溶液的配制。

称取 10g 葡萄糖溶解，容量瓶配成 100mL 溶液。

2. 用葡萄糖润洗旋光管。

3. 测定旋光度。

将旋光管中装入葡萄糖溶液，测定旋光度。重复测定 5 次，取平均值。

4. 善后工作。

仪器的洗涤、干燥并放回原位。

（三）比旋光度的计算

$$[\alpha]_{D}^{20}=\frac{[\alpha]_{D}^{t}}{Lc}$$

式中 $[\alpha]_{D}^{20}$——样品的比旋光度，(°)；

$[\alpha]_{D}^{t}$——测得的旋光度，(°)；

c——溶液的浓度，g/mL；

L——旋光管的长度（即液层厚度），dm；

t——测定时样品溶液的温度，℃。

二、评分标准

（一）零点的校正（25 分）

蒸馏水的装入、开启钠光灯、检偏手轮的调节、读数及数据记录，错一步扣 5 分。

（二）旋光度的测定（65 分）

1. 葡萄糖溶液的配制。(20 分)

（1）分析天平称量葡萄糖。（10 分）

（2）溶解。（5 分）

（3）定容。（5 分）

2. 旋光管的润洗（8 分）。

每步 4 分。

3. 旋光度的测定。（25 分）

平均测定 5 次，每次 5 分。

4. 善后工作。（12 分）

仪器的洗涤、干燥，放回原处，每步 4 分。

（三）结果计算（10 分）

错一个扣 3 分。

MU32　折射率的测定

学　习　单　元	编号	FJC-32-01
名　　称：折射率的测定原理	课时	4
职业领域：化工、石油、医药、环保、冶金、建材等		
工作范围：分析	日期	

学习目标

完成本单元的学习之后，能够熟悉折射率的基本知识，掌握折射率的测定原理。

所需仪器

阿贝折射仪 1 台。

学习单元内容

一、基本原理

折射率是光线在空气中传播的速度与在其他介质中传播的速度之比。折射率过去也称折光率，是物质的特征物理常数之一，折射率不仅与物质的结构有关，而且与温度、光线波长等因素有关，因此表示折射率时必须注明光源波长和测定温度。折射率用符号 n_D^t 表示，其中 t 为测定时的温度，一般规定为 20℃，D 为黄色钠光，波长为 589.0～589.6nm。

光波在同一介质中是直线传播的，真空中的光速是 3×10^8m/s，介质不同，光速相应地改变，因此光线由一种介质进入另一种介质后，由于速度改变而发生折射现象。光的折射见图 32-01-01。

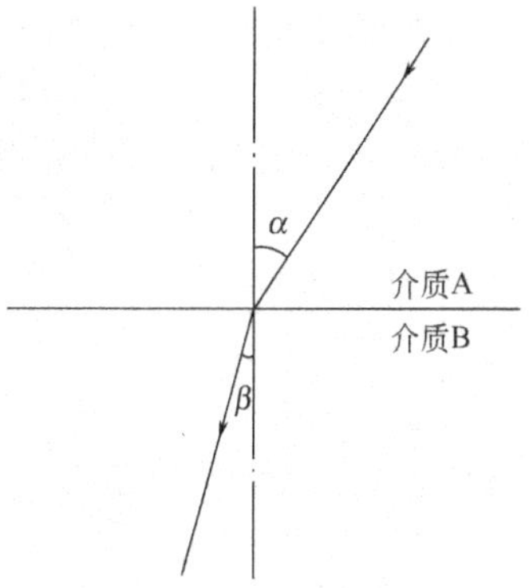

图 32-01-01　光的折射

根据折射定律：波长一定的单色光线在一定温度和压力下，从某介质 A 进入另一种介质 B 时，入射角 α 和折射角 β 的正弦之比和这两种介质的折射率 N（介质 A 的）与 n（介质 B 的）之比成反比。即

$$\frac{\sin\alpha}{\sin\beta}=\frac{n}{N}$$

当介质 A 是真空时，规定 $N=1$，则

$$n=\frac{\sin\alpha}{\sin\beta}$$

所以一种介质的折射率，就是光线从真空进入该介质时的入射角和折射角的正弦之比，这种折射率称为该介质的绝对折射率。但在实际应用中，常以空气作为入射介质，这样测得的折射率称为某物质对空气的相对折射率。以空气为标准测得的相对折射率乘以 1.00029（空气的绝对折射率），即为该介质的绝对折射率。

若光线从光密介质进入光疏介质时，入射角小于折射角，改变入射角可以使折射角为 90°，此时入射角称为临界角。阿贝折射仪测定折射率就是基于测定临界角的原理。

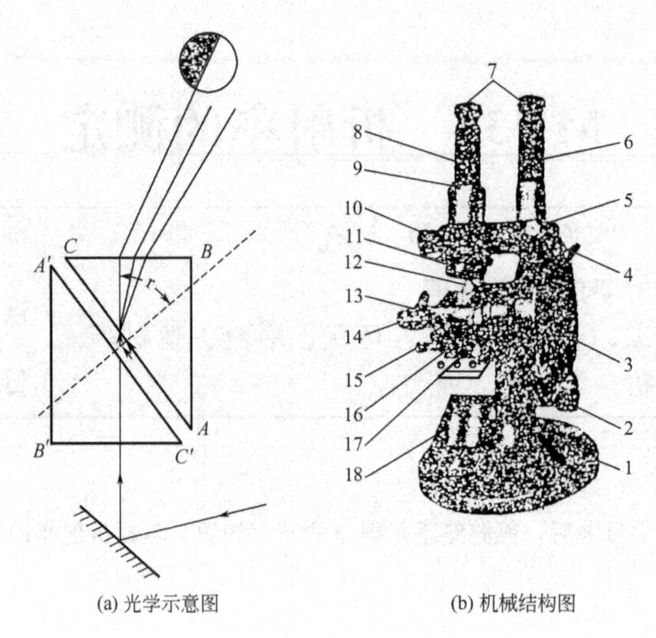

(a) 光学示意图　　(b) 机械结构图

图 32-01-02　阿贝折射仪

1—底座；2—棱镜转动手轮；3—刻度板外套；4—小反光镜；5—支架；6—读数镜筒；7—目镜；8—望远镜筒；9—示值调节螺钉；10—色散调整手轮；11—色散值度盘；12—棱镜开合旋钮；13—棱镜组；14—温度计座；15—恒温水出入口；16—光孔盖；17—主轴；18—反光镜

二、阿贝折射仪的结构

以 WZS-1 阿贝折射仪为例，其光学示意图和机械结构图分别见图 32-01-02 (a) 和 (b)。

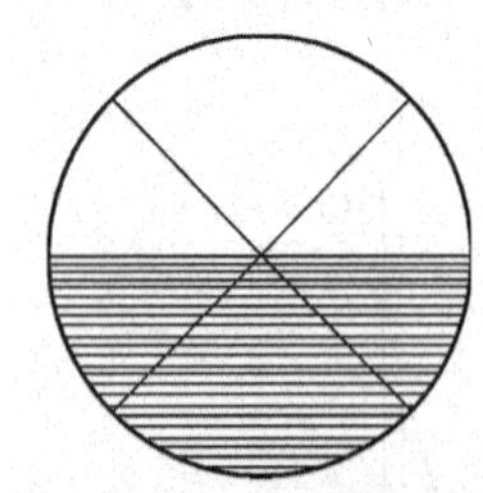

图 32-01-03　阿贝折射仪在临界角时目镜视野图

阿贝折射仪的主要部件是两块直角棱镜。上面一块表面光滑，为折光棱镜；下面一块是磨砂面的，为进光棱镜。两块棱镜可以开启与闭合，测量时，样品液的薄层夹在两棱镜之间。右边镜筒是测量望远镜，用来观察折光情况。筒内还装有消色散棱镜，可使复色光变成单色光。左边的镜筒用以观察刻度盘，盘上刻有 1.3000～1.7000 的格子。光线由反射镜反射入下面的棱镜，发生漫射，以不同入射角射入两个棱镜之间的液层，然后再射到上面棱镜的光滑表面上，由于它的折射率很高，一部分光线可以经折射进入空气而到达测量望远镜，另一部分光线则发生全反射。调节测量望远镜中的视场，如图 32-01-03 所示。这时可从左边的读数镜中读出折射率。

进度检查

一、填空题

1. 折射率是____________________________________。

2. 阿贝折射仪测定折射率就是基于测定__________的原理。

3. 阿贝折射仪主要部件是__________。上面一块表面光滑，为__________；下面一块是磨砂面的，为__________。

二、判断题（正确的在括号内划“√”，错误的划“×”）

1. 阿贝折射仪可用于测折射率为 1.2 的物质的折射率。（　）

2. 光线由光密物质进入光疏介质，入射角小于折射角。（　）

3. 折射率测定时的光源是黄色钠光源。（　）

学　习　单　元	编号	FJC-32-02
名　　称：折射率的测定操作 职业领域：化工、石油、医药、环保、冶金、建材等	课时	4
工作范围：分析	日期	

学习目标

完成本单元的学习之后，能够掌握用折射率仪测定折射率的操作方法。

所需仪器和药品

序号	名称及说明	数量	序号	名称及说明	数量
1	阿贝折射仪	1台	4	乙醇	适量
2	恒温水浴箱	1套	5	乙醚	适量
3	小滴管	1支			

相关学习单元

——折射率的测定原理　　FJC-32-01

学习单元内容

一、阿贝折射仪的校正

阿贝折射仪经校正后才能使用。阿贝折射仪用标准玻璃片或纯水校正，标准玻璃的折射率为1.4628，水的折射率为1.3330。将仪器置于光线充足、清洁干净的台面上，将20℃的水由恒温出入口输入棱镜周围，以保持20℃的恒温。恒温后，用蘸有乙醇或乙醚等挥发性溶剂的擦镜纸或脱脂棉轻轻擦拭棱镜，但不能用滤纸。

1. 用纯水校正

将20℃的纯水由加样孔小心滴入棱镜夹缝中，调节棱镜转动手轮，使目镜望远视野分为明暗两部分。再转动色散调整手轮，使明暗界清晰，调节棱镜转动手轮使明暗分界线恰恰移至十字交叉线的交点上，见图32-01-03。从读数目镜观察刻度，读数若是1.3330，则仪器正常，否则应调整仪器。

2. 用标准玻璃片校正

将棱镜完全打开成水平，用少许1-溴代萘（$n=1.66$）置于光滑棱镜上，标准玻璃片黏附在镜面上，使玻璃片直接对准反射镜，然后按上述操作进行校正。读数若是1.4628，则仪器正常。

二、试样折射率的测定

① 将棱镜表面擦净、干燥后，取待测液2～3滴加在光棱镜的磨砂面上，关紧棱镜。

② 调节反光镜，使视野明亮。

③ 旋转色散调整手轮，使明暗分界线恰恰移至十字交叉线的交点上，记录刻度盘的读数。重复测定2～3次，当误差≤±0.3范围时，取其平均值为样品的折射率。

折射仪的棱镜在使用过程中应注意保护，不得被镊子、滴管等造成刻痕。不得测定强酸、强碱及其他有腐蚀性的液体。测定完毕，应立即用乙醚或丙酮擦洗两棱镜表面，晾干后，再关闭棱镜。仪器在使用或保存时均不得曝于日光中，不用时应将金属夹套内的水倒净并封闭管口，然后将仪器装入木箱，置于干燥处保存。

进度检查

一、填空题

1. 阿贝折射仪用__________或__________校正。

2. 测定试样折射率时，应重复测定__________次，当误差__________时，取其平均值即为样品的折射率。

3. 测定完毕，应立即用__________擦洗两棱镜表面，晾干后，再关闭棱镜。

二、判断题（正确的在括号内划“√”，错误的划“×”）

1. 可用滤纸擦拭棱镜面。(　　)

2. 阿贝折射仪可用于测定 NaOH 溶液的折射率。(　　)

3. 阿贝折射仪不能曝于强光下使用或放置。(　　)

折射率的测定技能考试内容及评分标准

一、考试内容：用阿贝折射仪测定乙醇的折射率

(一) 仪器的校正

1. 把 20℃的恒温水注入棱镜的周围。

2. 用蘸有乙醇或乙醚溶剂的擦镜纸擦拭棱镜。

3. 用纯水校正仪器。

(二) 折射率的测定

1. 将乙醇溶液滴加在棱镜的磨砂面上。

2. 调节反光镜，使视野明亮。

3. 测定乙醇的折射率。

4. 记录数据。

5. 善后工作。

将试液倒出，洗涤、干燥，将仪器放回原处。

二、评分标准

(一) 仪器的校正 (40 分)

1. 恒温操作。(12 分)

2. 棱镜的擦拭。(8 分)

3. 仪器的校正。(20 分)

恒温水的注入、棱镜转动手轮的调节、色散调整手轮的调节、读数，错一步扣 5 分。

(二) 折射率的测定 (60 分)

1. 试液的加入、棱镜的选择、干燥。(12 分)

2. 仪器的调节。(8 分)

3. 测乙醇的折射率。(21 分)

平行测定 3 次，每次 7 分。

4. 数据记录。(9 分，错一个扣 3 分)

5. 善后工作。(10 分)

MU33　滴定管的操作

<table>
<tr><td rowspan="2">学　习　单　元
名　　称：滴定管及其选择
职业领域：化工、石油、环保、医药、冶金、建材、煤炭等
工作范围：分析</td><td>编号</td><td>FJC-33-01</td></tr>
<tr><td>课时</td><td>4</td></tr>
<tr><td></td><td>日期</td><td></td></tr>
</table>

学习目标

完成本单元的学习之后，能够确认及选择滴定管。

所需仪器

序　号	名　称　及　说　明	数　　量
1	无色 50mL、25mL、10mL、5mL、2mL、1mL 酸式滴定管	各 1 支
2	无色 50mL、25mL、10mL、5mL、2mL、1mL 碱式滴定管	各 1 支
3	棕色 50mL 酸式、碱式滴定管	各 1 支

学习单元内容

一、滴定管及其作用

滴定管是用于滴定分析的、具有精密容积刻度、下端具有活塞或嵌有玻璃珠的橡胶管的管状玻璃器具，是滴定分析中的最基本量器之一，属于量出式量器。滴定管主要用来准确测量放出标准溶液的体积。

二、滴定管的分类、结构及选择

根据所装溶液性质的不同，滴定管分为两种：一种是酸式滴定管，见图 33-01-01 (a)；另一种是碱式滴定管，见图 33-01-01 (b)。滴定管为内径均匀并具有控制溶液流速装置的细长玻璃管。酸式滴定管下端有玻璃活塞开关，可以控制滴定速度。酸式滴定管用于盛装酸性、中性及氧化性溶液，不能盛装碱性溶液。因为碱性溶液能腐蚀玻璃，使活塞难以转动。碱式滴定管的下端连接一橡皮管，管内放一颗直径比橡皮管内径略大一些的玻璃珠，见图 33-01-01 (c)，用于控制溶液的滴定速度，橡皮管下端再连一尖嘴玻璃管。碱式滴定管用于盛碱性溶液和无氧化性溶液。凡能与橡皮管起反应的氧化性溶液均不可装入碱式滴定管，如 $KMnO_4$、$K_2Cr_2O_7$、$AgNO_3$、I_2 和酸溶液等。

按其颜色的不同，滴定管可分为无色透明滴定管和棕色滴定管。有些需要避光的溶液，如 $KMnO_4$、$AgNO_3$、I_2 要用棕色滴定管盛装，以防溶液在滴定过程中分解。

滴定管按其刻度的分度值大小及容量的大小可分为常量滴定管（见图 33-01-01）、半微量滴定管和微量滴定管（见图 33-01-02）三种。

常量分析中采用容积为 50mL、25mL，最小分度值为 0.1mL 的滴定管，读数时可多读一位，即读至 0.01mL；半微量分析采用的是容积为 10mL、最小分度值为 0.05mL 的滴定

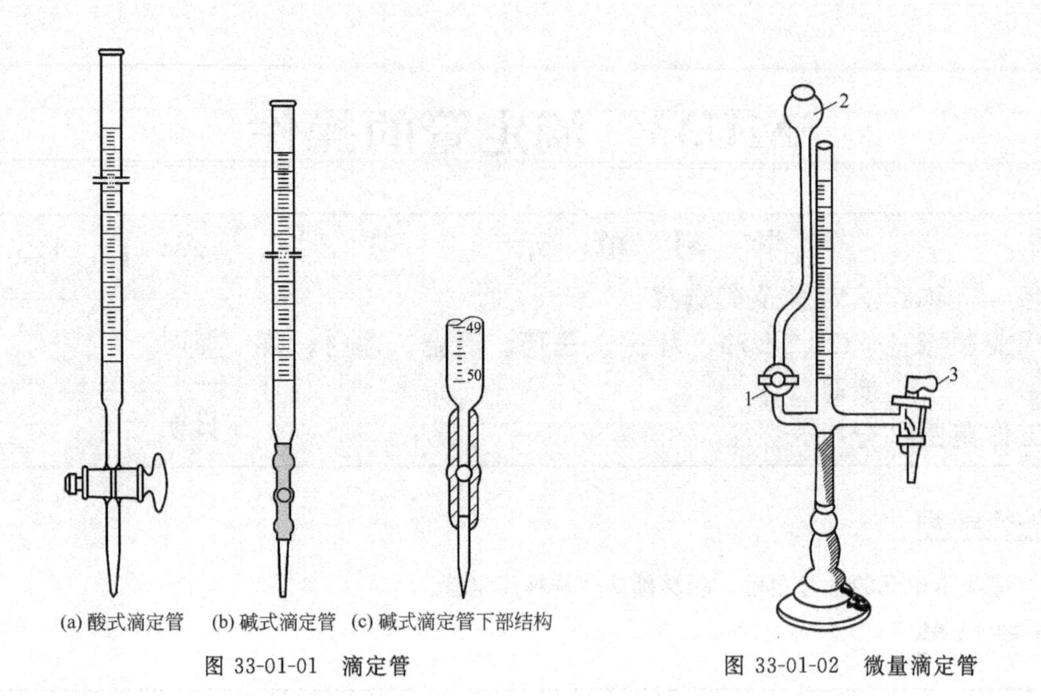

(a) 酸式滴定管　(b) 碱式滴定管　(c) 碱式滴定管下部结构

图 33-01-01　滴定管

图 33-01-02　微量滴定管

管，读数时应读至 0.005mL；微量分析用滴定管容积有 1mL、2mL、5mL、10mL，最小分度值为 0.01mL，应读至 0.001mL。还要根据所盛装的溶液性质（酸性、碱性、中性、氧化性）选用滴定管。另外还要考虑所装的溶液对光线是否稳定，从而选取无色或棕色滴定管。

滴定管按其结构的不同可分为普通滴定管和自动滴定管。还有其他多种多样的滴定管。如侧边活塞自动定零位滴定管（见图 33-01-03）、侧边三通活塞自动定零位滴定管（见图 33-01-04）、三通活塞自动定零位滴定管（见图 33-01-05）、座式滴定管（见图 33-01-06）等。

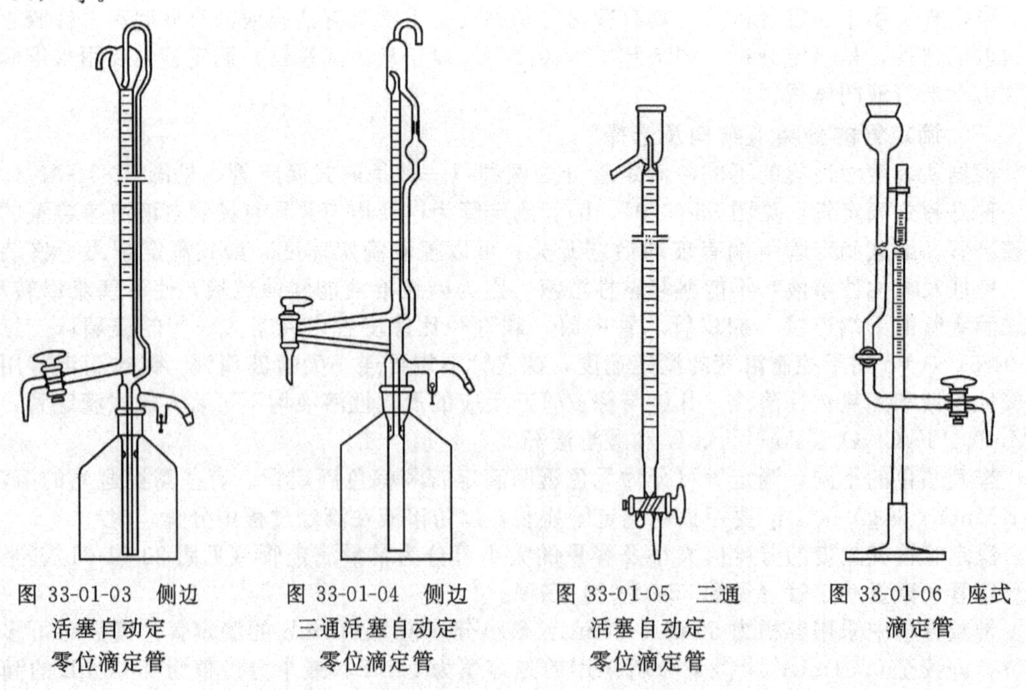

图 33-01-03　侧边活塞自动定零位滴定管

图 33-01-04　侧边三通活塞自动定零位滴定管

图 33-01-05　三通活塞自动定零位滴定管

图 33-01-06　座式滴定管

进度检查

一、填空题

1. 滴定管是用来__________放出滴定标准溶液体积的量器。

2. 滴定管按其刻度的分度值大小及容量的大小可分为__________滴定管、__________滴定管和__________滴定管；按滴定管所盛装溶液性质的不同分为__________滴定管和__________滴定管。

3. 常量滴定管最常用的为__________ mL、__________ mL 两种规格，其最小分度值为__________ mL，可估计读出__________ mL。

4. 微量滴定管容积为__________ mL、__________ mL、__________ mL、__________ mL，最小分度值为__________ mL，可读到__________ mL。

二、选择题（选择 A、B、C、D 中的一个最合适的编号填入下列各小题的空格中）

（1）盛装 HCl、H_2SO_4 标准溶液用__________。

（2）盛装 NaOH、KOH 标准溶液用__________。

（3）盛装 EDTA 标准溶液用__________。

（4）盛装 $KMnO_4$、$AgNO_3$ 标准溶液用__________。

A. 无色酸式滴定管　　B. 无色碱式滴定管

C. 棕色酸式滴定管　　D. 棕色碱式滴定管

学　习　单　元	编号	FJC-33-02
名　　称：滴定管的准备及其操作		
职业领域：化工、石油、环保、医药、冶金、建材、煤炭等	课时	8
工作范围：分析	日期	

学习目标

完成本单元的学习之后，能够准备和规范地进行滴定管的操作。

所需仪器

序　号	名　称　及　说　明	数　　量
1	50mL 酸式滴定管	1 支
2	50mL 碱式滴定管	1 支

相关学习单元

——滴定管及其选择　　FJC-33-01

学习单元内容

一、酸式滴定管的准备

酸式滴定管的准备包括活塞旋转检验及试漏、活塞涂油、洗涤、装溶液和赶气泡等环节，步骤如下。

① 将酸式滴定管安放在滴定管架上，用手旋转活塞，检查活塞与活塞槽是否配套吻合，见图 33-02-01。

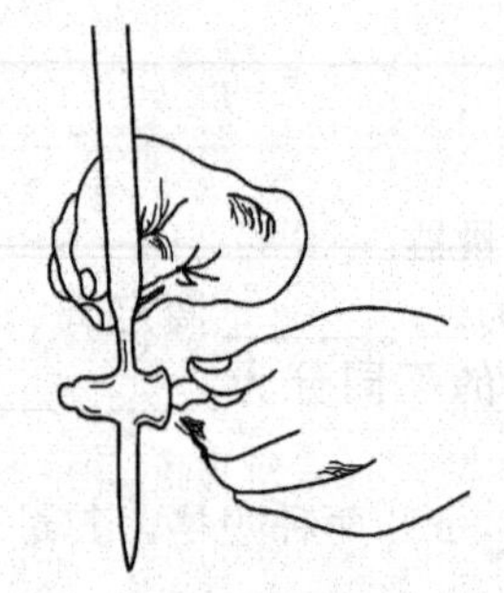

图 33-02-01 旋转活塞，检查活塞与活塞槽是否配套吻合

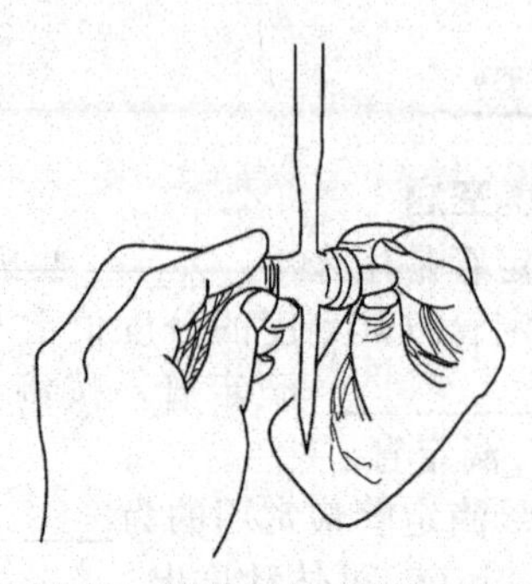

图 33-02-02 取下活塞上的乳胶圈后再取出活塞

② 将滴定管平放在实验台上，取下活塞上的乳胶圈后再取出活塞，见图 33-02-02。

③ 用干净的滤纸将活塞和活塞槽擦干净，见图 33-02-03。

④ 用金属丝除去残存的油脂，见图 33-02-04。

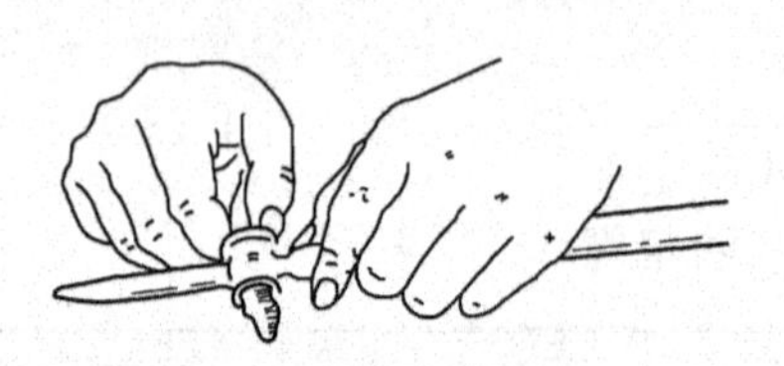

图 33-02-03 用干净的滤纸擦干净活塞及活塞槽

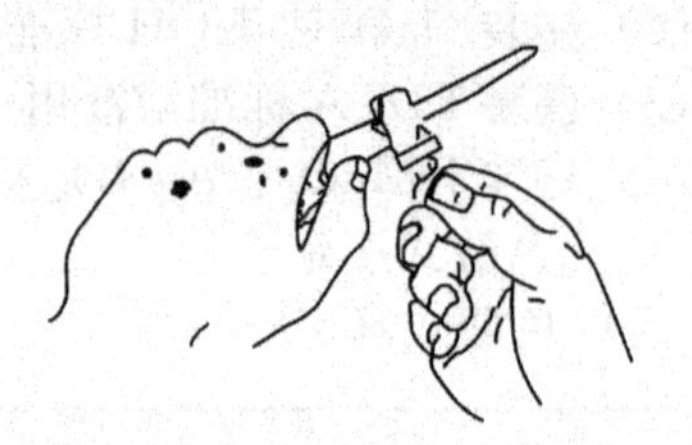

图 33-02-04 用金属丝除去残存的油脂

⑤ 用食指蘸取少许凡士林，往活塞的粗端及活塞槽的细端内壁均匀地涂上薄薄一层，见图 33-02-05。注意：涂油量不能太多，以免凡士林堵塞住活塞的小孔及滴定管的出口。

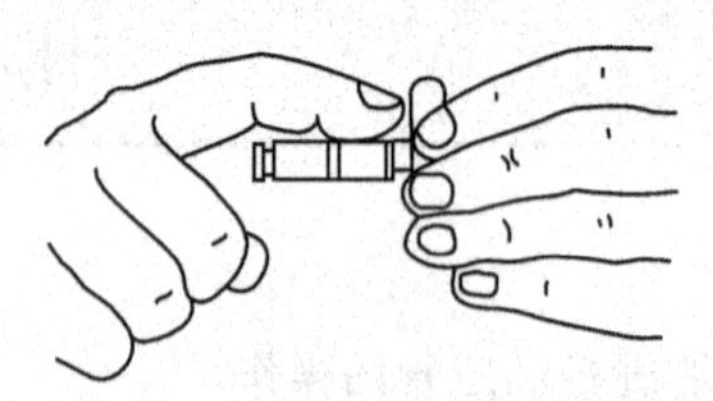

(a) 活塞用布擦干净后，在粗端涂少量凡士林，细端不要涂，以免沾污活塞槽上下孔

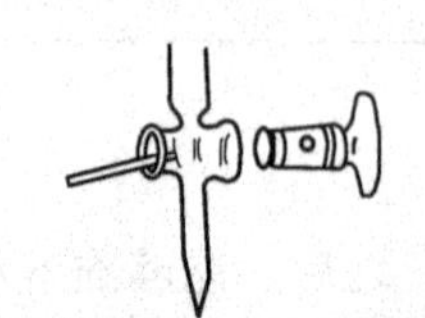

(b) 活塞涂好凡士林，再将活塞槽的细端内壁涂上凡士林

图 33-02-05 往活塞的粗端及活塞槽的细端内壁涂油

⑥ 将涂好凡士林的活塞平行插入活塞槽，并压紧活塞，再向一个方向转动几次，见图 33-02-06，使凡士林分布均匀，呈透明状态。

⑦ 将涂好油的滴定管放在实验台上，一手顶住活塞粗端，一手将乳胶圈套在活塞的细端，

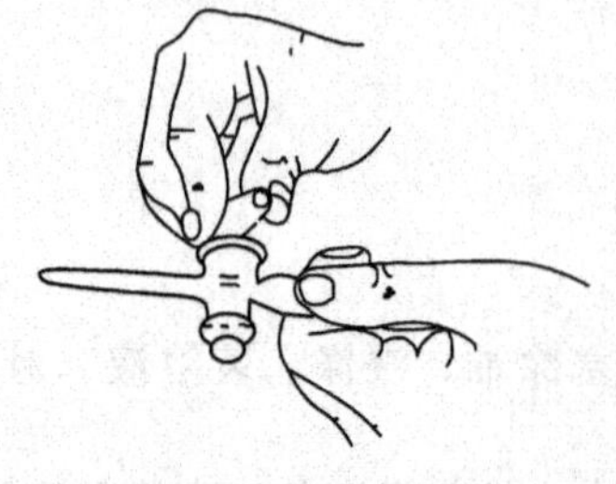

图 33-02-06 活塞平行插入活塞槽后，向一个方向转动，直至凡士林均匀

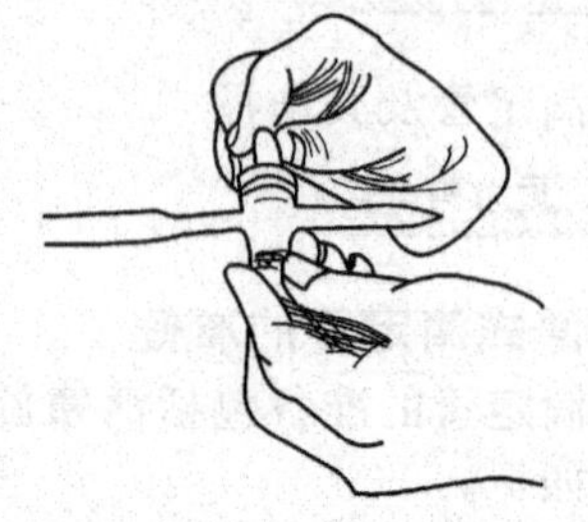

图 33-02-07 将乳胶圈套在活塞的细端

见图 33-02-07，以防活塞脱落破损。

⑧ 关闭活塞，将滴定管装水至“0”线以上，置于滴定管架上，直立静置 2min，观察滴定管下端管口有无水滴流出。

⑨ 用滤纸在活塞周围和滴定管尖检查有无水渗出，见图 33-02-08。

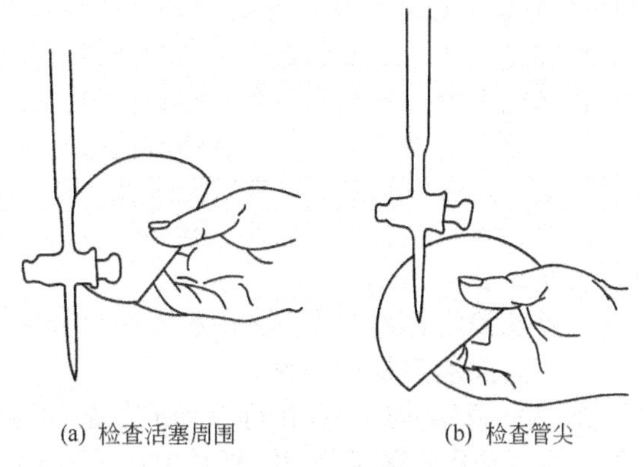

(a) 检查活塞周围　　(b) 检查管尖

图 33-02-08　用滤纸检查是否漏水

⑩ 将活塞转动 180°，静置 2min，观察是否漏水。酸式滴定管的活塞与活塞槽应密合不漏水且转动灵活，否则必须再涂油。

⑪ 进行步骤②～⑦的操作时应注意：a. 滴定管一定要平放、平拿，不要垂直，以免擦干的活塞又被沾湿；b. 涂好油的活塞应为均匀透明润滑而不漏水，若不呈透明状态，说明水未擦干；若转动不灵活，则涂油不足；若油进入活塞孔，则涂油位置不当或涂油过多，遇此情况都必须重新擦干涂油；c. 若活塞孔和下端管尖被油垢堵塞，可用金属丝除掉，然后用热水冲洗干净。

⑫ 在除去管内水的前提下，关闭活塞，倒入 10～15mL 铬酸洗液。

⑬ 右手拿住滴定管上部无刻度部分，左手拿住活塞上部无刻度部分，两手端平滴定管，使滴定管转动并向管口倾斜，让洗液布满全管，见图 33-02-09。

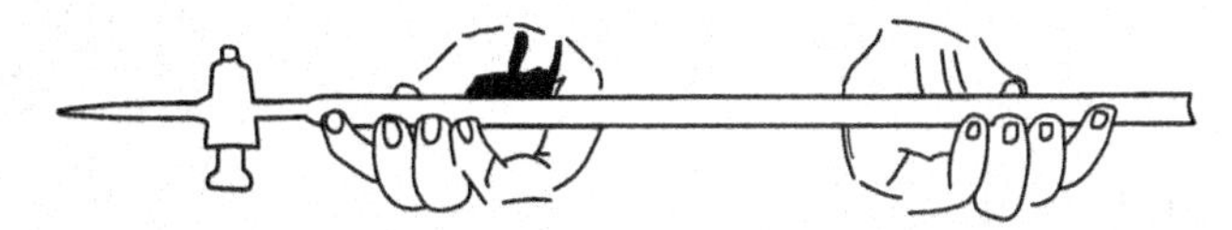

图 33-02-09　转动滴定管让洗液布满全管

⑭ 立起滴定管，打开活塞，让洗液从下口流回原洗液瓶内，见图 33-02-10。

⑮ 用自来水冲洗 3～4 次，将洗液冲洗干净。此时滴定管内壁应完全被水均匀湿润而不挂水珠。每一遍的冲洗液都应从滴定管下口流入废液缸，见图 33-02-11。

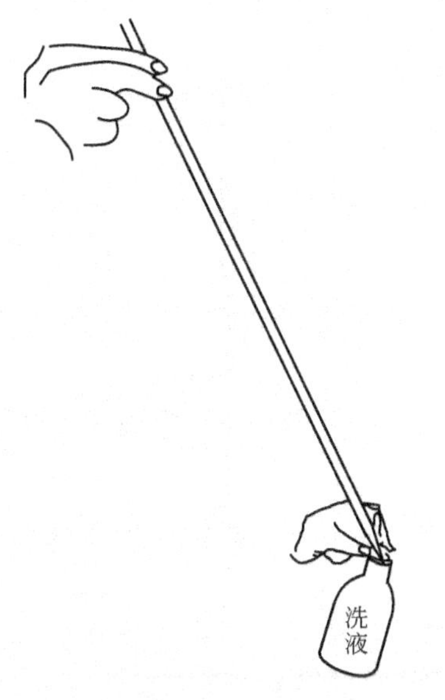

图 33-02-10　让洗液从下口流回原洗液瓶内

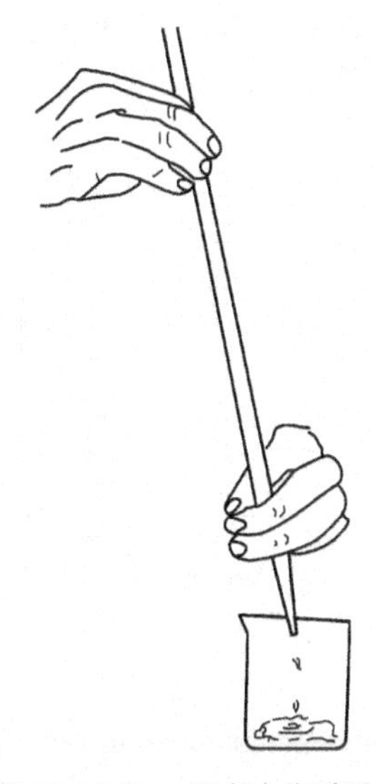

图 33-02-11　用自来水冲洗，冲洗液从下口流进废液缸

⑯ 用蒸馏水润洗 3～4 次，润洗方法同步骤⑬。

⑰ 进步步骤⑫～⑯的操作时应注意以下几点。

a. 若滴定管比较干净，可不必进行⑫、⑬、⑭三步操作，只需操作⑮、⑯两步。

b. 若滴定管污染较轻，可将铬酸洗液换成洗衣粉或肥皂水进行同样操作。

c. 若滴定管污染较重，难以洗涤时，可用铬酸洗液充满全管，浸泡一定时间。

d. 铬酸洗液具有强氧化性、强腐蚀性，用时要注意不要弄在身上及衣服上，否则应立即用水冲洗干净。

e. 洗涤滴定管时不能用去污粉刷洗，以免划伤内壁，影响体积的准确测量。

二、酸式滴定管的操作

① 用一只手的食指按住待装标准溶液的瓶塞上部，其余四指拿住瓶颈，另一只手托住瓶底，进行多次振荡将瓶中溶液摇匀，见图 33-02-12。

② 用摇匀的标准溶液润洗滴定管 2～3 次。润洗方法按上述用蒸馏水润洗操作进行。

③ 关闭活塞，用左手前三指拿住滴定管上部无刻度处，并让滴定管稍微倾斜，右手拿住试剂瓶往滴定管中倾倒溶液，使溶液沿滴定管内壁慢慢流下，直到“0.00”刻度以上，见图 33-02-13。

图 33-02-12　将标准溶液多次振荡摇匀

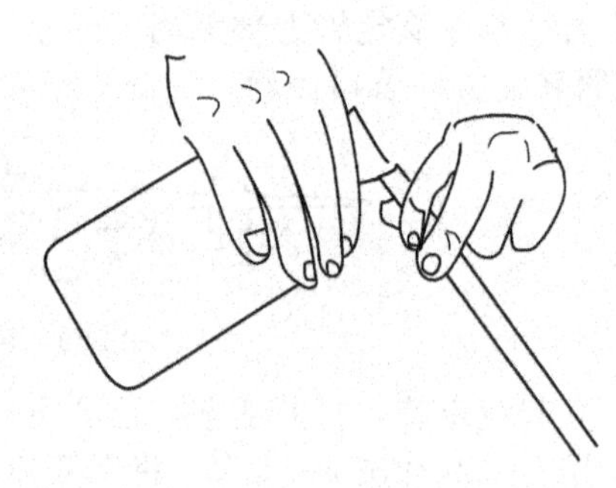

图 33-02-13　将标准溶液倒入滴定管中

④ 用右手拿住滴定管上部无刻度处，并使滴定管倾斜约 30°，在其下面放一承接溶液的烧杯，左手迅速打开活塞，溶液急促冲出，赶出气泡，见图 33-02-14。出口全部充满溶液。

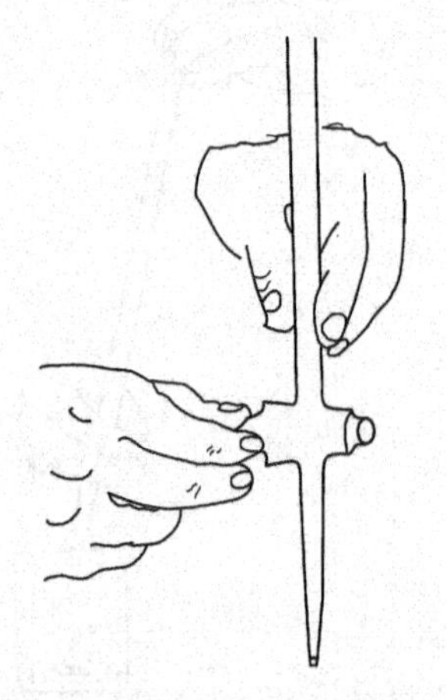

图 33-02-14　酸式滴定管赶气泡

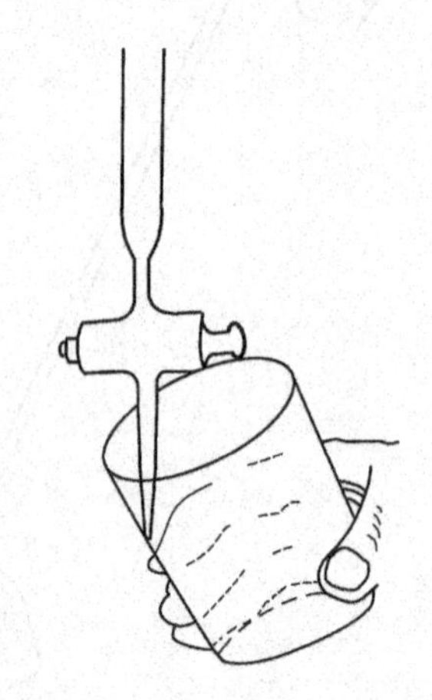

图 33-02-15　碰去滴定管尖端的液滴

⑤ 进行上述操作时应注意以下几点。

a. 用手拿滴定管进行装溶液操作时，应拿滴定管上部无刻度处，不许拿有刻度的部位，否则滴定管将会因受热膨胀而造成体积误差。

b. 装溶液时，应将试剂瓶内的溶液直接倒入滴定管中，不得借用其他器皿，如烧杯、漏斗等转移，以免改变溶液浓度或造成污染。

c. 赶气泡操作若一次不成功时，可重复进行多次。

⑥ 补装溶液于滴定管“0.00”刻度线以上。

⑦ 拧动活塞放掉过多的溶液，调节液面到 0.00mL 处。

注意：⑥、⑦两步操作不可合并为用滴管滴加溶液来调节液面，以免改变溶液的浓度。

⑧ 用一干净的烧杯（内壁）碰去悬在滴定管尖端的液滴，见图 33-02-15。

⑨ 将滴定管垂直夹在滴定管架上，锥形瓶放在滴定架瓷板上，使滴定管尖端距锥形瓶瓶口 3～5cm 左右高度，见图 33-02-16。

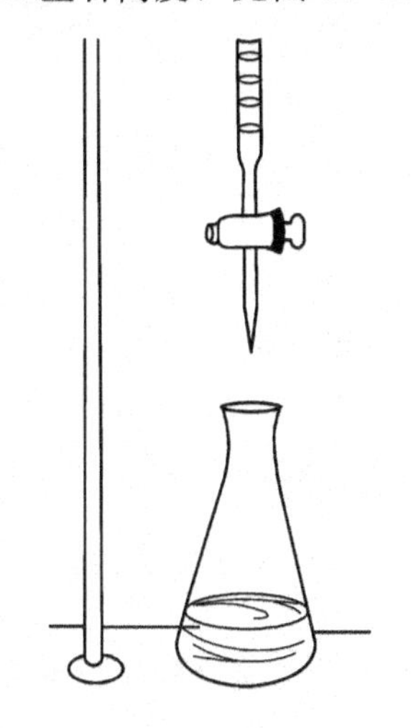

图 33-02-16 滴定管尖端距锥形瓶瓶口 3～5cm 高

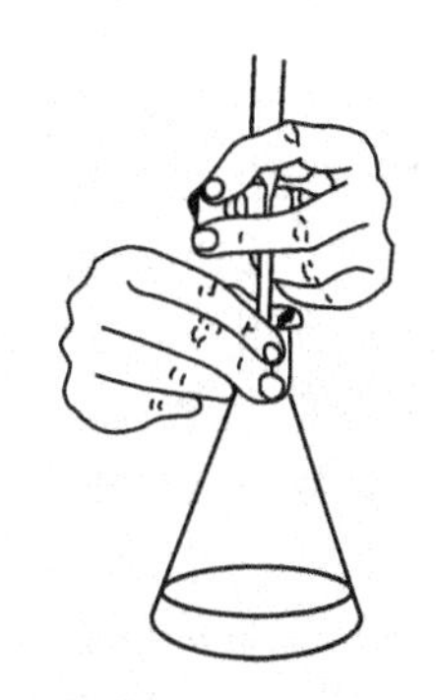

图 33-02-17 左手滴定，右手摇瓶

⑩ 用左手控制活塞进行滴定，右手摇动锥形瓶，迅速混匀两种溶液。使之反应及时完全。眼睛注意观察锥形瓶中溶液颜色的变化。左右两手操作及眼睛观察要同时进行，并密切配合。见图 33-02-17。

⑪ 滴定时应注意以下几点。

a. 左手滴定：拇指在前，食指和中指在后，握持活塞柄，无名指与小指弯曲在活塞下方和滴定管之间的直角内，转动活塞时，手指微屈，手掌中心要空，见图 33-02-18。注意手心不要向外顶，以免将活塞顶出而造成漏液。

b. 右手摇瓶：右手前三指拿住瓶颈，转动腕关节，向同一方向（顺时针方向或逆时针方向）作圆周运动，不能将锥形瓶前后摇动，左右摇晃，以防溶液溅出而造成误差。滴定管插入锥形瓶口约 1～2cm，要边滴边摇瓶，见图 33-02-19。

若使用碘量瓶等有磨口玻璃塞的锥形瓶滴定时，玻璃塞应夹在右手中指与无名指之间，见图 33-02-20，以防沾污。

c. 眼睛注意观察锥形瓶中颜色的变化，以便准确地确定滴定终点。滴定开始时滴落点周围无明显的颜色变化，滴定速度可以快些，并边滴边摇瓶；继续滴定，颜色可暂时扩散到溶液，此时应滴一滴摇几下，最后要每滴出半滴就需要摇几下，直至终点（颜色变化的转折点）。

d. 要掌握下列三种滴加溶液的技能：(a) 逐滴滴加；(b) 只加一滴；(c) 使溶液悬而未落，即加半滴。加半滴的方法是先控制活塞转动，使半滴溶液悬于管口，用锥形瓶内壁接

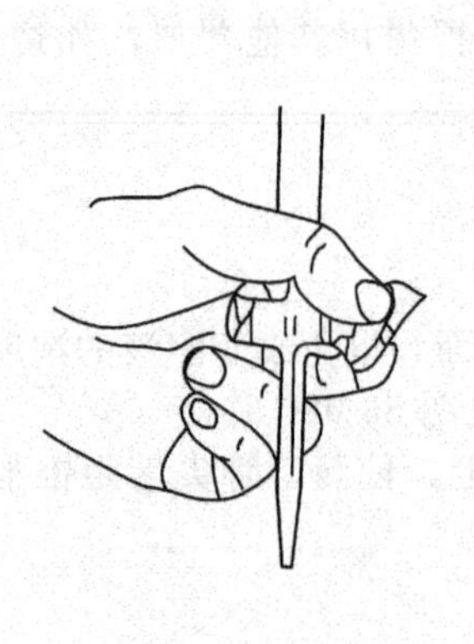

图 33-02-18　握活塞手势

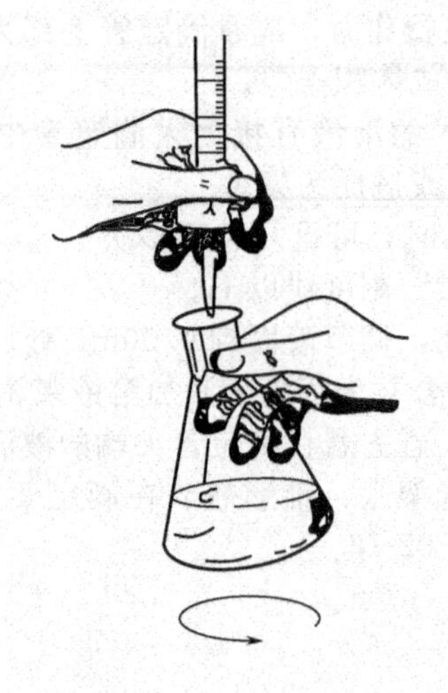

图 33-02-19　边滴边摇瓶

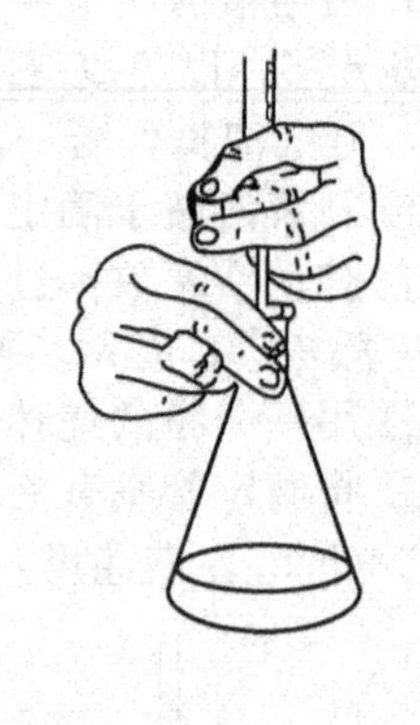

图 33-02-20　使用带有磨口的锥形瓶

触液滴，再用蒸馏水吹洗瓶壁。也可用洗瓶直接吹洗悬挂在出口管管口上的半滴溶液。

⑫ 确定滴定管终点读数并记录数据（读至 0.01mL，详见滴定管的读数）。

⑬ 滴定完毕，倒出滴定管中剩余溶液，用水将滴定管冲洗干净，装满蒸馏水，用大试管套在管口上，备用。

三、滴定管的读数

滴定管的读数不准确是造成滴定分析误差的主要原因之一。为了准确读数，应遵守以下规则。

① 读数时滴定管应垂直放置。滴定管夹在滴定管架上，并使滴定管保持垂直状态。

② 注入溶液或放出溶液后，需 0.5min 后才能读数。

③ 对于无色或浅色溶液，应读弯月面下缘实线的最低点。为此，读数时视线应与弯月面下缘实线的最低点相切，见图 33-02-21（a）。

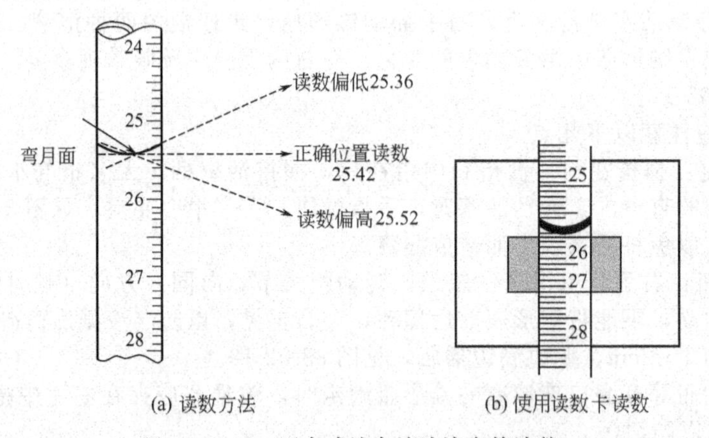

图 33-02-21　无色或浅色溶液滴定管读数

对于深色溶液如 $KMnO_4$、I_2 溶液，视线应与液面两侧的最高点相切，见图 33-02-22。

④ 为了协助读数，更清晰地辨认弯月面，可采用读数卡。读数卡可用黑纸或涂有黑长方形（约 0.3cm×1.4cm）的白纸制成。将读数卡放在滴定管背后，使黑色部分在弯月面下约 1mm 处，此时即可看到弯月面的反射层成为黑色。然后读此黑色弯月面的最低点，见图 33-02-21（b）。

⑤ 初读与终读应选用统一标准。常量滴定管必须读到 0.01mL，微量滴定管必须读到 0.001mL，并立即将数据写在记录本上。

⑥ 滴定时，最好每次都从零位开始或从接近零的任一刻度开始。这样可固定在某一段体积范围内滴定，减少测量误差。

四、碱式滴定管的准备

碱式滴定管的准备包括检漏、更换玻璃珠及橡胶管、洗涤等环节，步骤如下。

① 检查碱式滴定管下端的橡胶管是否老化，玻璃珠大小是否合适配套。橡胶管若老化应更换。玻璃珠太小或不圆滑会漏液，太大时操作起来费力不便。

② 将滴定管装满水，置于滴定管架上直立静置 2min，仔细观察滴定管下端有无水滴流下。

③ 若漏水时，应更换大小合适、圆滑的玻璃珠或橡胶管。

④ 去掉橡胶管，取出玻璃珠和尖嘴管，放于铬酸洗液中浸泡。

⑤ 将滴定管倒立于洗液中，用洗耳球吸取洗液充满全管数分钟，再将洗液放回原瓶。

⑥ 用自来水冲洗干净。

⑦ 将玻璃珠、尖嘴管、滴定管、橡胶管装配好。

⑧ 用蒸馏水润洗 3 次。

五、碱式滴定管的操作

① 用待装液润洗 3 次。

② 装操作液于“0.00”刻线以上。

③ 对光检查橡胶管内及下端尖嘴玻璃管内是否有气泡。

④ 若有气泡，可将装满操作液的滴定管放于滴定管架上，用左手拇指和食指捏住玻璃珠所在部位稍上处，橡胶管向上弯曲，尖嘴管倾斜向上，用力往一旁挤捏橡胶管，使溶液从管口喷出，除去气泡，见图 33-02-23。

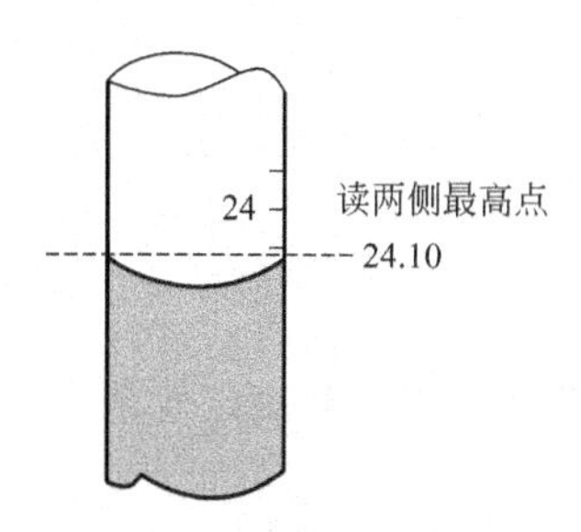

图 33-02-22　深色溶液滴定管读数

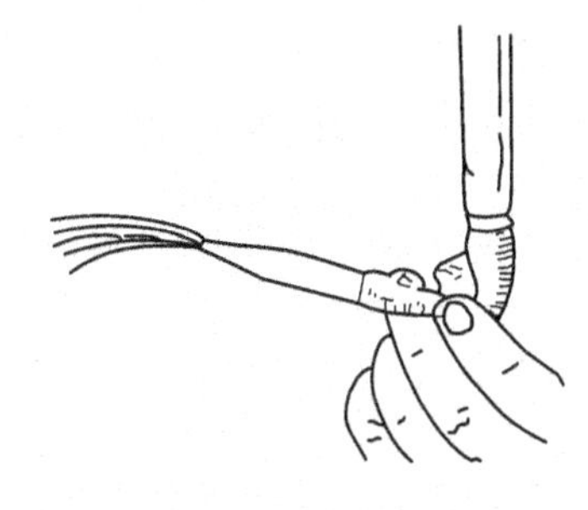

图 33-02-23　碱式滴定管赶气泡

注意当气泡排除后，左手应边挤捏橡胶管，边将橡胶管放直，待橡胶管放直后，才能松开左手的拇指和食指，否则气泡排不干净。

⑤ 补装操作液于“0.00”刻度线以上。

⑥ 用左手拇指和食指捏住玻璃珠所在部位稍上处橡胶管，放掉过多的溶液，调节液面到“0.00”刻度线处。

⑦ 用一干净的烧杯（内壁）碰去悬在滴定管尖端的液滴，见图 33-02-15。

⑧ 将滴定管垂直地夹在滴定管架上，锥形瓶放在滴定管架瓷板上，使滴定管尖端距锥形瓶瓶口 3～5cm 高，见图 33-02-16。

⑨ 滴定操作。详细操作如下。

a. 左手挤捏玻璃珠上方橡胶管进行滴定。

左手操作滴定管，拇指在前食指在后，捏住玻璃珠所在部位稍上方的橡胶管Ⅰ处，见图 33-02-24（a）Ⅰ处，无名指和小指夹住尖嘴管Ⅲ处，使尖嘴管垂直而不摆动，见图

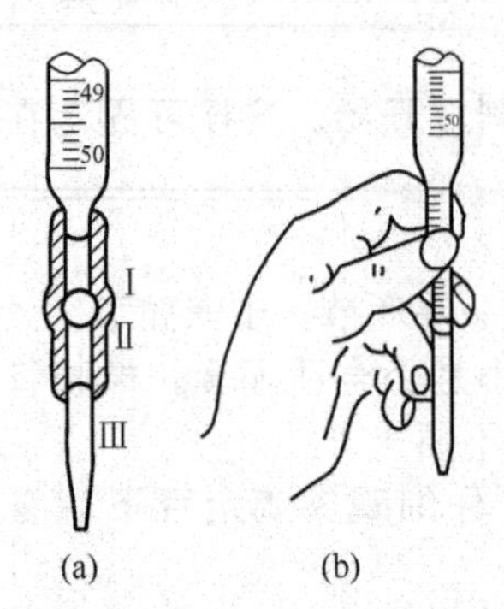

图 33-02-24　碱式滴定管玻璃珠的控制

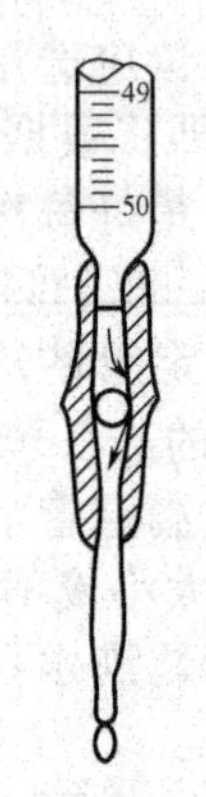

图 33-02-25　溶液从缝隙中流出

33-02-24（b)，拇指和食指捏挤橡胶管，使与玻璃珠形成缝隙，溶液即从缝隙中流出，见图 33-02-25。

停止滴定时，要先松开拇指和食指，然后松开无名指和小拇指。要注意不要用力捏玻璃珠，不能使玻璃珠上下移动；不能捏挤玻璃珠下面的橡胶管，否则放开手时，会有空气进入玻璃管而形成气泡。

b. 右手摇瓶（与酸式滴定管的操作相同)。

c. 眼睛注意观察锥形瓶中溶液颜色的变化（与酸式滴定管的操作相同)。

d. 要掌握三种技能（与酸式滴定管的操作相同)。

⑩ 确定滴定管终点读数并记录数据。

⑪ 滴定完毕，倒出管中剩余溶液，洗净滴定管，备用。

进度检查

一、填空题

1. 酸式滴定管的涂油，应涂活塞的__________端和活塞槽的__________。涂油量不宜太多，否则将发生__________。

2. 滴定操作的要领是左手持__________，右手持__________。边滴__________，滴定速度先__________后__________。

3. 50mL 滴定管注入或放出溶液后__________ s 才能读数，读数时滴定管应__________放置。

4. 滴定管读数，若溶液是无色或浅色时，视线与溶液弯月面下缘实线的__________点__________，若溶液为深色，视线应与液面两侧的__________点__________。

5. 初读与终读的标准应__________，常量滴定管读数应读到__________ mL。

二、问答题

1. 为什么滴定管每次都应从最上面的刻度为起点使用?

2. 滴定管在装标准溶液前要用此标准溶液冲洗内壁 2～3 次，为什么?

3. 装溶液时，为什么必须把试剂瓶中的溶液直接倒入滴定管中?

三、操作题

1. 酸式滴定管的操作：①检查及试漏；②涂油；③洗涤；④置换；⑤装溶液；⑥赶气泡；⑦调液面；⑧滴定；⑨读数和记录。

2. 进行酸式滴定管的下列操作：①逐滴滴加；②只加一滴；③滴加半滴。

3. 碱式滴定管的操作：①试漏；②洗涤；③置换；④装溶液；⑤赶气泡；⑥调液面；⑦滴定；⑧读数和记录。

4. 进行碱式滴定管的下列操作：①逐滴滴加；②只加一滴；③滴加半滴。

滴定管的操作技能考试内容及评分标准

一、考试内容：酸式滴定管的准备及操作或碱式滴定管的准备及操作（两题任选一题）

二、评分标准

（一）酸式滴定管的准备及操作（A卷）

1. 滴定管的检查。（5分）

主要检查滴定管的活塞与活塞槽是否配套。

2. 涂油。（10分）

取下活塞，擦净活塞及活塞槽，除去残存的油脂，涂上凡士林，将活塞装进活塞槽，转动，使油脂均匀透明。

3. 试漏。（5分）

4. 洗涤。（10分）

视滴定管沾污情况选择洗衣粉、碱液或铬酸洗液进行洗涤。

5. 置换。（5分）

用蒸馏水润洗3次，再用滴定液润洗3次。

6. 装入滴定液。（5分）

7. 赶气泡。（5分）

8. 调液面。（8分）

装入滴定液至最高标线以上，调节液面为“0.00”刻度线。

9. 进行滴定操作。（8分）

10. 读数和记录。（10分）

读取弯月面最低点刻度，记录数据，要读至0.01mL。

11. 进行逐滴滴加。（8分）

12. 只加一滴。（8分）

13. 滴加半滴。（8分）

14. 洗涤并整理所用仪器，做好善后工作。（5分）

（二）碱式滴定管的准备及操作（B卷）

1. 滴定管的检查。（5分）

检查滴定管的容积、刻度以及橡胶管是否老化。

2. 试漏。（7分）

看是否漏液、滴定操作是否灵活。

3. 洗涤（同酸式滴定管）。（10分）

若用铬酸洗液时，应将橡胶管取下。

4. 置换。（7分）

这步及以下各步与酸式滴定管的操作相同。

5. 装溶液。（7分）

6. 赶气泡。（7分）

按碱式滴定管的要求做。

7. 调液面。（8分）

8. 滴定。（10分）

9. 读数和记录。（10分）

10. 逐滴滴加。（8分）

11. 只加一滴。（8分）

12. 滴加半滴。（8分）

13. 整理善后工作。（5分）

MU34　移液管的操作

<table>
<tr><td colspan="1">学　习　单　元
名　　称：移液管及其选择
职业领域：化工、石油、环保、医药、冶金、建材、煤炭等
工作范围：分析</td><td>编号</td><td>FJC-34-01</td></tr>
<tr><td></td><td>课时</td><td>2</td></tr>
<tr><td></td><td>日期</td><td></td></tr>
</table>

学习目标

完成本单元的学习之后，能够确认和正确选取移液管。

所需仪器

序　号	名　称　及　说　明	数　量
1	10mL、20mL、25mL、50mL 单标线移液管	各 1 支
2	1mL、2mL、5mL、10mL 分度移液管	各 1 支

学习单元内容

移液管是转移液体用的具有精确容积刻度的玻璃管状器具。移液管也是滴定分析中最基本的量器之一，是量出式量器，其外壁应标有“Ex”符号。

一、移液管的种类及结构

移液管按其刻度的不同分为分度移液管和单标线移液管两类。分度移液管又分为完全流出式、不完全流出式和吹出式三种。完全流出式又分为有等待时间和无等待时间两种。

移液管按其级别分为 A 级、B 级两种，其中吹出式移液管只有 B 级。

移液管的种类及规格见表 34-01-01。

表 34-01-01　移液管的种类及规格

<table>
<tr><th colspan="3">移液管的种类</th><th>用法</th><th>准确度</th><th>标称容量/mL(或 cm³)</th></tr>
<tr><td rowspan="4">分度移液管</td><td rowspan="2">完全流出式</td><td>有等待时间 15s</td><td rowspan="5">量出</td><td>A 级</td><td rowspan="2">1、2、5、10、25、50</td></tr>
<tr><td>无等待时间</td><td>A 级
B 级</td></tr>
<tr><td colspan="2">不完全流出式</td><td>B 级
A 级
B 级</td><td>0.1、0.2、0.25、0.5
1、2、5、10、25、50</td></tr>
<tr><td colspan="2">吹出式</td><td>B 级</td><td>0.1、0.2、0.25、0.5、1、2、5、10</td></tr>
<tr><td colspan="3">单标线移液管</td><td>A 级
B 级</td><td>1、2、3、5、10、15、20、25、50、100</td></tr>
</table>

单标线移液管是一根两端细长而中间膨大的玻璃管，见图 34-01-01。单标线移液管下端缩至很小，以防溶液过快流出而造成损失。管的上部管颈处标有一环形刻度线，膨大部分标有它的容积及标定时温度，表示在一定温度（一般为 20℃）下移出液体的体积。

单标线移液管用于移取较大体积的溶液。常用的容积有 10mL、25mL、50mL。

分度移液管是具有分刻度的玻璃管，见图 34-01-02。常用的容积为 1mL、2mL、5mL、10mL。它可以准确量取刻度范围内的溶液，其准确度不如单标线移液管。

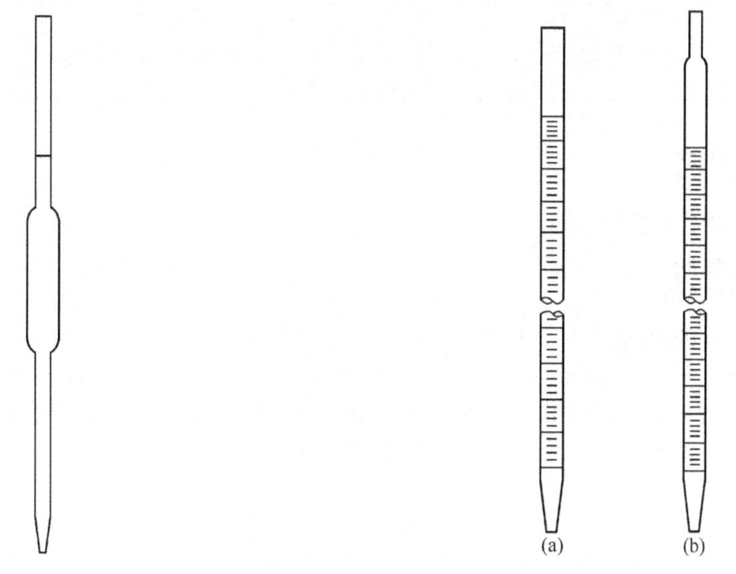

图 34-01-01　单标线移液管

图 34-01-02　分度移液管

二、移液管的选择

在分析工作中，当准确移取较大体积的溶液时，如移取 20.00mL、25.00mL、50.00mL 的溶液，要选用单标线移液管；当准确移取较小体积的或非整数体积的溶液时，如移取 0.1mL、0.2mL、1mL、2mL 的溶液，要选用分度移液管。

进度检查

一、填空题

1. 移液管是用来__________一定体积溶液的玻璃__________。
2. 移液管分为__________和__________两类。
3. 分度移液管分为__________式、__________式、__________式三种。
4. 移取 25.00mL 的试液应选用__________ mL 的__________。
5. 移取 5.0mL 的试液应选用__________ mL 的__________。

二、操作题

确认各种类及规格的移液管。

学　习　单　元	编号	FJC-34-02
名　　称：移液管的准备及其操作 职业领域：化工、石油、环保、医药、冶金、建材、煤炭等 工作范围：分析	课时	8
	日期	

学习目标

完成本单元的学习之后，能够用移液管准确地移取一定体积的溶液。

所需仪器

序号	名称及说明	数量	序号	名称及说明	数量
1	5mL、10mL分度移液管	各1支	4	容量瓶、锥形瓶	各1个
2	20mL、25mL、50mL单标线移液管	各1支	5	200mL、400mL烧杯	各1个
3	洗耳球	1个			

相关学习单元

——移液管及其选择　　FJC-34-01

学习单元内容

一、移液管的准备（洗涤）

① 在烧杯中放入自来水。

② 用右手的大拇指和中指拿住单标线移液管管颈标线以上（分度移液管拿住上端无刻度处）部位，将移液管下端插入水中，见图34-02-01。

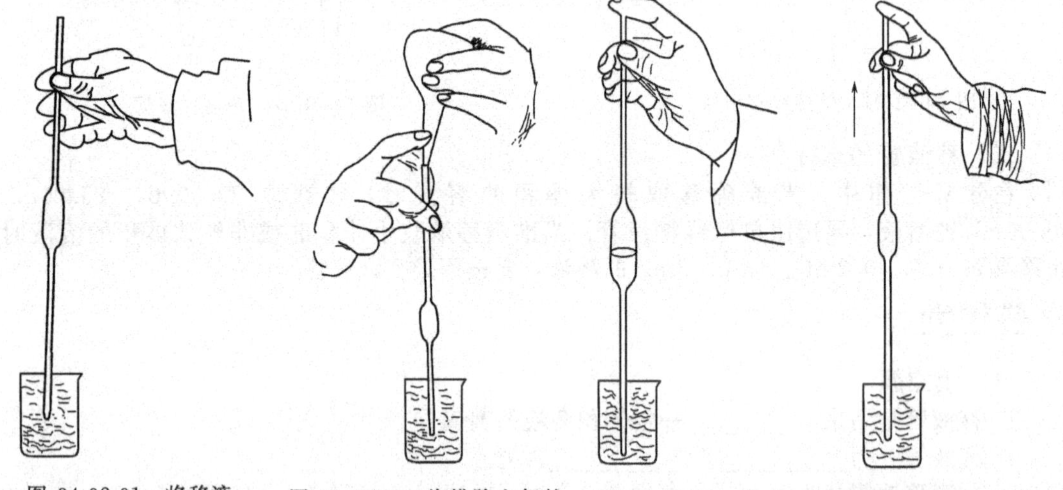

图34-02-01　将移液管下端插入水中

图34-02-02　将排除空气的洗耳球接到移液管上管口

图34-02-03　移去洗耳球

图34-02-04　从烧杯中取出移液管

③ 左手拿洗耳球，食指或拇指放在球体上方，用手将球内空气压出，然后把球的尖端接到移液管的上管口，见图34-02-02。

④ 慢慢松开左手手指，水便逐渐吸入管内，此时移液管尖端应随液面的下降而下移。

⑤ 当水吸入大约1/3体积移液管时，移去洗耳球，迅速用右手食指按紧上管口，见图34-02-03。

⑥ 将移液管从烧杯中取出，见图34-02-04，并横持，左手扶住管的下端，慢慢松开右手食指。

⑦ 用两手拇指和食指轻轻转动管子并降低上管口，让水接触到标线以上部分，布满全管内壁，见图34-02-05。

⑧ 将水从移液管的上口放入废液杯，见图34-02-06。

以上操作为洗涤1次，一般洗涤3次，洗净的移液管应为内壁和下部外壁能够被水均匀润湿而不挂水珠。再用蒸馏水冲洗3次，置于洁净的移液管架上备用。

若用水冲洗不净时，可用合成洗涤剂或铬酸洗液来洗涤。用合成洗涤剂洗涤时，跟上述

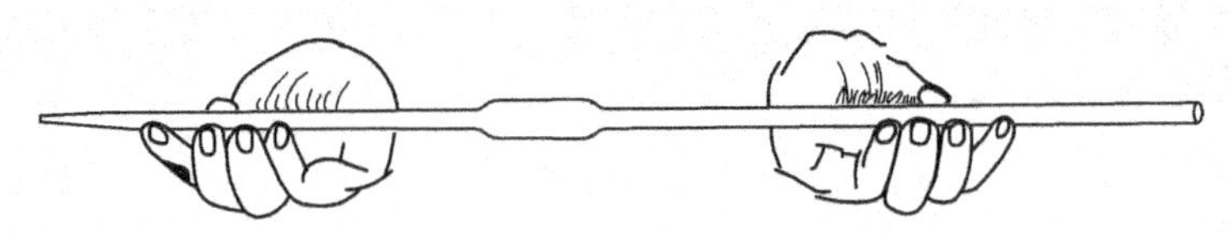

图 34-02-05　让水布满移液管内壁

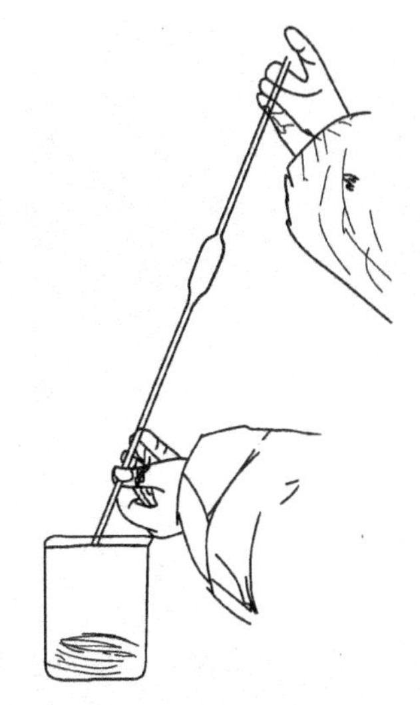

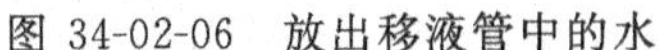

图 34-02-06　放出移液管中的水

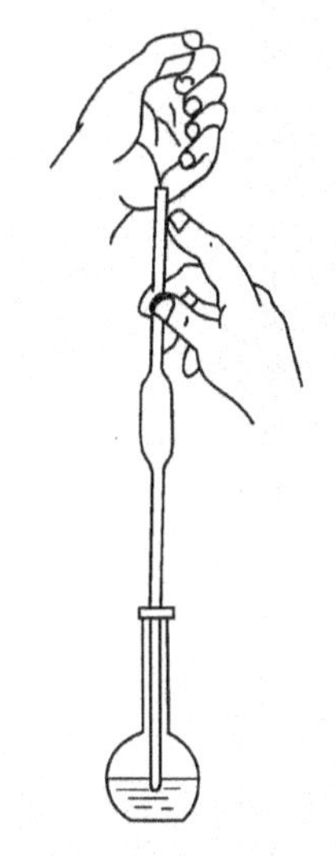

图 34-02-07　吸取溶液

用水洗涤步骤一样。使用铬酸洗液洗涤时也基本相同，但要注意以下两点。

a. 在移液管插入铬酸洗液之前，应将管尖贴在滤纸上，用洗耳球吹去残留在管内的水。

b. 吸取铬酸洗液的量应超过上部环形刻度线或最高刻度线，稍等一会儿再将洗液从管的下端出口处放回原瓶。然后用自来水冲洗 3 次，再用蒸馏水冲洗 3 次。冲洗液从下口放入废液杯，置于洁净的移液管架上备用。

二、移液管的移液操作

以从容量瓶中移取溶液至锥形瓶为例。

① 将洗净的移液管用滤纸将其尖端内外的水吸净。

② 吸取移液管 1/3 体积的待移取液润洗移液管 3 次，按移液管洗涤步骤进行，以置换内壁的水分，确保移取液的浓度不变。要注意吸出的溶液不能流回原瓶，以防稀释溶液。

③ 吸取待移取液至标线（或最高刻度线）以上。此时吸取溶液时，移液管下口插入待吸液面以下 1～2cm 深度为宜，并随液面的下降而下移，不能太深也不能太浅。太深时会使管外壁黏附溶液过多而影响量取溶液的准确性。过浅时会因液面下降后产生吸空，而把溶液吸到洗耳球内被污染。见图 34-02-07。

④ 移去洗耳球，立即用右手的食指按紧管口，大拇指和中指拿住移液管标线（或最高刻度线）的上方，左手改拿容量瓶，见图 34-02-08。

⑤ 将移液管向上提升离开液面，管下部尖端浸入溶液部分沿容量瓶内壁轻转两圈，以除去管外壁上的溶液。

⑥ 左手持容量瓶颈部，使容量瓶倾斜，右手持移液管，管下部尖端紧靠在容量瓶内壁并使管身垂直，右手食指微放松，用拇指和中指轻轻转动移液管，让溶液缓慢流出，液面平稳下降，至溶液弯月面最低处与标线相切时，立即用食指压紧管口，见图 34-02-09。

⑦ 将移液管尖端的液滴靠壁去掉。

⑧ 将移液管从容量瓶中移至锥形瓶。

⑨ 左手拿锥形瓶将其倾斜，移液管尖端紧靠锥形瓶内壁并让其垂直，放开食指让溶液沿瓶壁流下，见图 34-02-10。

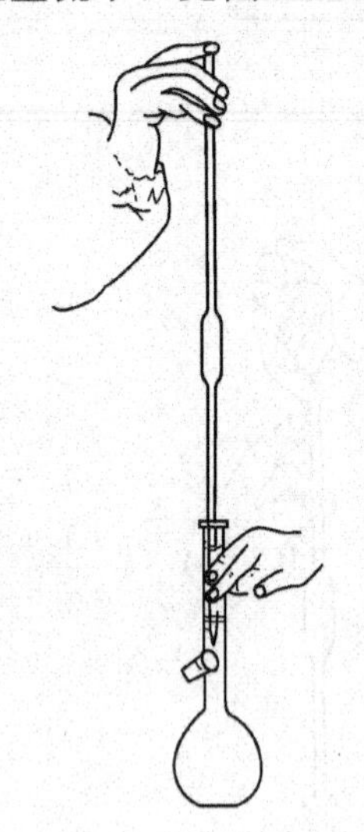

图 34-02-08　移去洗耳球，食指按住管口

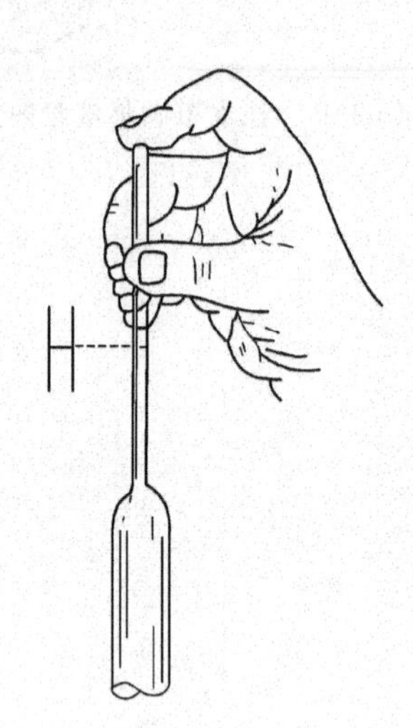

图 34-02-09　移液管调节液面的方法

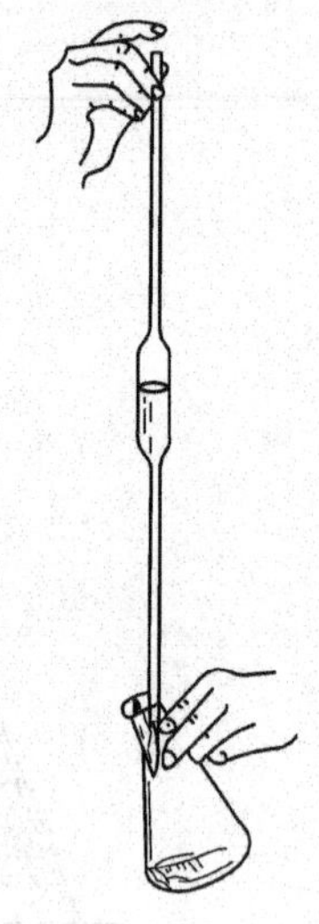

图 34-02-10　放出溶液

⑩ 待液面下降到管尖时（此时溶液不流）再等 15s，取出移液管。不要吹出管尖残留的液滴，因为在校正仪器时已考虑了管尖所留溶液体积。

⑪ 注意以下几点。

a. 移液管不能在烘箱中烘干，以免改变其容积。

b. 同一分析工作，应使用同一支移液管。

c. 使用分度移液管吸取溶液时，每次都应从最上面的刻度为始点，放出所需要的体积，而不是放多少体积就吸多少体积。

d. 用分度移液管放出溶液时，食指不能抬起，应一直轻轻按住管口。以免溶液流出过快以致液面降到所需要的刻度时，来不及按住管口。

进度检查

一、问答题

1. 用移液管吸取溶液时，为什么不能将移液管插入液面太深也不能太浅？

2. 移液管为什么不能在烘箱中烘烤？

3. 用分度移液管量取少量的溶液，每次都应从最上面的刻度为起点，放出所需要体积，而不是放多少体积就吸多少体积。为什么？

二、操作题

1. 用单标线移液管移取 25mL 自来水。

2. 用分度移液管移取 0.5mL、1mL、2mL、5mL 的自来水。

移液管的操作技能考试内容及评分标准

一、考试内容

1. 用单标线移液管移取 25mL 盐酸溶液。

2. 用分度移液管移取 2mL 盐酸溶液

任选一题。

二、评分标准

1. 检查及选择移液管。（12 分）

2. 洗涤。(16 分)
视移液管沾污情况，选用洗衣粉、碱液、铬酸洗液进行洗涤。
3. 置换。(10 分)
用蒸馏水润洗 3 次，再用待移取液润洗 3 次。
4. 吸取待移取液（HCl）至刻度线以上。(18 分)
5. 调液面。(18 分)
调节液面至所需刻度。
6. 放出溶液。(18 分)
放出溶液至所需要的刻度。
7. 善后工作。(8 分)

MU35 容量瓶的操作

学习单元	编号	FJC-35-01
名　　称：容量瓶及其选择 职业领域：化工、石油、环保、医药、冶金、建材、煤炭等 工作范围：分析	课时	2
	日期	

学习目标

完成本单元的学习之后，能够确认和选择容量瓶。

所需仪器

容量瓶（A级、B级，无色、棕色）各1个。

学习单元内容

一、容量瓶及其使用

容量瓶为量入式量器，即以注入量器中液体的体积为其标称容量，应标有“In”符号。

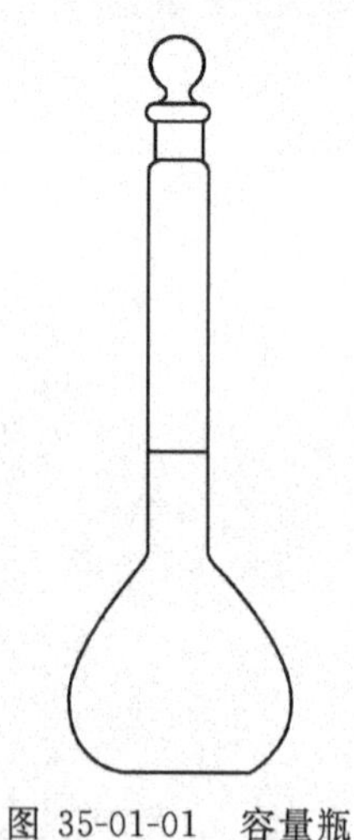

图 35-01-01　容量瓶

容量瓶是用以配制溶液、颈细长且有精确体积刻度线的具塞玻璃容器，见图35-01-01。颈上有一环形标线，表示在规定的温度（一般20℃）下，液体充满标线时，其体积恰好等于其标称容量。如容量瓶上标有“In 20℃ 250mL”字样，“In”表示“容纳”，即量入式，表示这个容量瓶在20℃下，液体充满至标线时，其液体体积恰好为250mL。

容量瓶的作用是把某一数量的浓溶液稀释成一定体积的稀溶液或将一定量的固体物质配制成一定体积的溶液。

二、容量瓶的规格及选择

容量瓶从精度上分有A级和B级，从颜色上分有无色和棕色，从标称容量上分有1mL、2mL、5mL、10mL、25mL、50mL、100mL、200mL、250mL、500mL、1000mL、2000mL等规格。

选择容量瓶时要根据工作精度要求、溶液性质及所需体积来考虑。

进度检查

一、填空题

1. 容量瓶为__________式量器，应标有__________符号。

2. 容量瓶按精度来分，有__________级和__________级，按颜色分有__________色和__________色，按标称容量（mL）分有__________、__________、__________、__________、__________、__________、__________、__________、__________、__________、__________、__________。

二、简答题

1. 容量瓶的作用是什么?
2. 如何选择容量瓶?

<table>
<tr><td colspan="1">学　习　单　元
名　　称：容量瓶的操作
职业领域：化工、石油、环保、医药、冶金、建材、煤炭等
工作范围：分析</td><td>编号</td><td>FJC-35-02</td></tr>
<tr><td></td><td>课时</td><td>8</td></tr>
<tr><td></td><td>日期</td><td></td></tr>
</table>

学习目标

完成本单元的学习之后，能够规范使用容量瓶。

所需仪器

序号	名称及说明	数量	序号	名称及说明	数量
1	250mL 容量瓶	1个	4	胶头滴管	1个
2	洗瓶	1个	5	250mL 烧杯	1个
3	玻璃棒	1根	6	滤纸	1张

相关学习单元

——溶解操作　FJC-13-02

学习单元内容

一、容量瓶的准备

① 检查容量瓶的容积与所需求的体积是否一致。

② 检查容量瓶的标线位置离瓶口远近如何。若太近则不宜使用。

③ 检查容量瓶的瓶塞是否用橡皮圈或塑料绳系在瓶颈上，若没有，应系上。

④ 向容量瓶中注入自来水至最高标线，盖紧瓶塞。

⑤ 用左手食指按住瓶塞，右手指尖握住瓶底边缘，颠倒 10 次，每次颠倒时在倒置状态下至少停留 10s，见图 35-02-01。

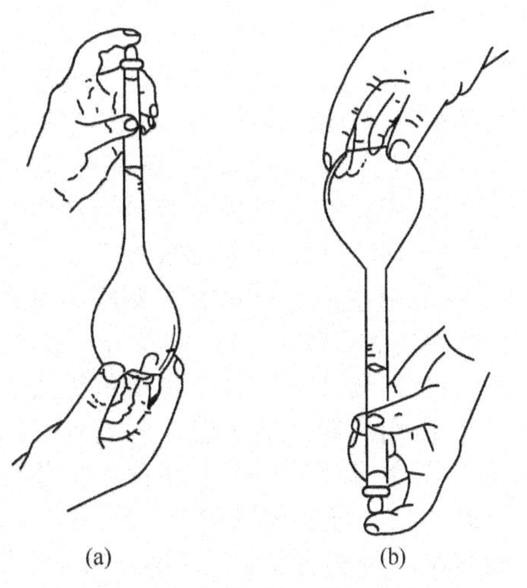

图 35-02-01　容量瓶试漏和摇匀

⑥ 用滤纸在瓶塞与瓶口周围察看是否漏水。应不漏水。

⑦ 若不漏水，将容量瓶直立，转动容量瓶塞子 180°。

⑧ 盖紧容量瓶瓶塞，再颠倒 10 次。按⑤、⑥步操作进行试验应不漏水，若漏水则不能使用。

⑨ 若容量瓶不太脏时，用自来水冲洗干净，再用纯水润洗 3 次则可备用。若容量瓶较脏应再进行下列洗涤。

⑩ 将容量瓶中的残留水倒尽，再倒入容量瓶 1/10 体积左右的铬酸洗液。

⑪ 盖上容量瓶瓶塞，缓缓摇动并颠倒数次，让洗液布满容量瓶内壁，浸泡一段时间。

⑫ 将洗液倒回原瓶，倒出时，边转动容量瓶边倒出洗液。让洗液布满瓶颈，同时用洗液冲洗瓶塞。

⑬ 用自来水将容量瓶及瓶塞冲洗干净，冲洗液倒入废液缸。

⑭ 用纯水润洗容量瓶及瓶塞 3 次，盖好瓶塞，备用。

二、容量瓶的使用及操作

用容量瓶把一定数量的浓溶液稀释成一定体积的稀溶液或将一定量的固体物质配制成一定体积的溶液，其操作如下。

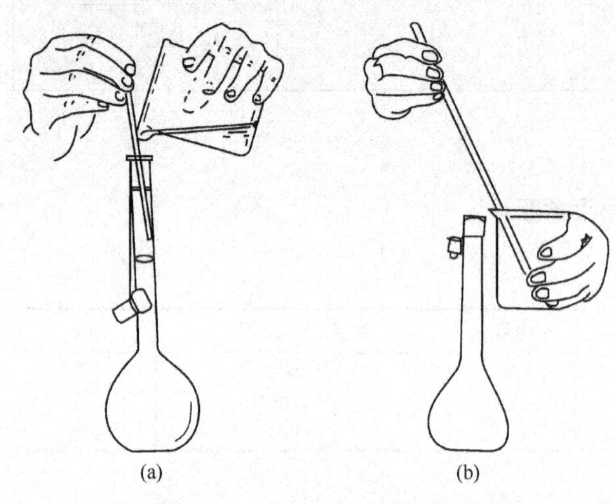

图 35-02-02 溶液转入容量瓶的操作

① 将准确称量的固体物质（或准确量取的浓溶液）置于小烧杯中。

② 用水或其他溶剂将上述溶质溶解，放置至室温。

注意：a. 若固体物质溶解（如 $CaCO_3$ 溶于 HCl 时）有气体产生，应先加少量的纯水使之湿润，然后盖好表面皿，沿烧杯嘴滴加盐酸并不断晃动烧杯，使 $CaCO_3$ 跟盐酸充分反应。待反应完毕，用洗瓶吹洗表面皿，并使冲洗液顺烧杯壁流入杯内。b. 若液体物质溶解（如浓硫酸的溶解）有大量热放出时，应先在烧杯中加入适量的水，然后将准确量取的浓硫酸沿烧杯内壁慢慢倒入烧杯，并用玻璃棒不断搅拌，溶解后放置，冷却至室温。

③ 转移试液。一手拿玻璃棒伸入容量瓶内，使其下端靠着容量瓶瓶颈内壁，上端不碰瓶口；另一手拿烧杯，让烧杯嘴紧贴玻璃棒，慢慢倾斜烧杯，使溶液沿玻璃棒和容量瓶内壁流入，见图 35-02-02（a）。

④ 溶液流完后，将烧杯沿玻璃棒轻轻提起，同时将烧杯直立，使附在玻璃棒及烧杯嘴之间的液滴流回烧杯，并将玻璃棒放回烧杯，见图 35-02-02（b）。

注意：不要使溶液流到烧杯或容量瓶的外壁而引起误差。

⑤ 用蒸馏水将玻璃棒和烧杯内壁冲洗 5 次，每次的冲洗液均转移到容量瓶中。

⑥ 加蒸馏水至容量瓶的 3/4 体积。

⑦ 用左手食指和中指夹住容量瓶的瓶塞的扁头，右手指尖托住瓶底将容量瓶拿起，水平方向旋摇几周，作初步混匀，见图 35-02-03。

⑧ 继续加蒸馏水至容量瓶标线以下 1cm 处，放置 1～2min。

⑨ 用滴管（或洗瓶）逐滴加蒸馏水至与容量瓶标线相切。

⑩ 盖紧瓶塞，用左手食指按住瓶塞，其余四指拿住瓶颈标线以上部分。右手指尖托住瓶底边缘，将容量瓶倒转（见图 35-02-01），使气泡上升到顶部。同时将容量瓶振荡数次，然后将容量瓶直立，让溶液完全流下至标线处。

⑪ 重复第⑩步操作 10～15 次，即将溶液混合均匀。

⑫ 将容量瓶放正，打开瓶塞，将溶液转入试剂瓶，见图 35-02-04。

⑬ 注意事项

a. 容量瓶不能用任何方式加热，以免改变其容积而影响测量的准确度。

b. 向容量瓶中转移溶液，应让溶液温度跟室温一致时才能进行。

c. 配制的溶液应及时转移到试剂瓶中，容量瓶不能长久贮存溶液，不能将容量瓶作试

图 35-02-03　初步摇匀

图 35-02-04　将溶液从容量瓶中转入试剂瓶

剂瓶使用。

d. 容量瓶用完后应立即用水冲洗干净。若长期不用，磨口塞处应衬有纸片，以免放置时间过久，瓶塞打不开。

进度检查

一、填空题

1. 向容量瓶转移溶液时，应将溶液温度跟室温__________时才能进行。否则将改变容量瓶__________而造成__________或__________。

2. 容量瓶用完后，应立即用水__________。

二、问答题

1. 如何进行容量瓶的试漏、洗涤操作？

2. 怎样进行容量瓶的转移、定容、摇匀操作？

三、操作题

1. 配制 250mL 0.1mol/L 的 NaOH 溶液。

2. 移取上题中配制的 NaOH 溶液 25mL，稀释到 250mL。

容量瓶的操作技能考试内容及评分标准

一、考试内容：配制 250mL 0.1mol/L 的 NaOH 溶液

二、评分标准

1. 容量瓶的检查。（8 分）

检查容量瓶的容积、标线位置是否合适，瓶塞是否系上绳子等。

2. 试漏。（10 分）

3. 容量瓶的洗涤。（10 分）

视容量瓶沾污情况，决定需用洗衣粉、碱液或铬酸洗液洗涤。

4. 称取所需质量的氢氧化钠。（8 分）

5. 将氢氧化钠溶解。（8 分）

6. 将氢氧化钠溶液转移至容量瓶。（10 分）

7. 加水少许，进行摇匀。（10 分）

8. 加水至刻度线，定容。（10 分）

9. 摇匀操作。（10 分）

10. 将所配制的溶液转移到试剂瓶。（10 分）

11. 整理仪器，做好善后工作。（6 分）

MU36　滴定分析仪器的校准

学　习　单　元	编号	FJC-36-01
名　　称：滴定分析仪器校准的基本知识		
职业领域：化工、石油、环保、医药、冶金、建材、煤炭等	课时	4
工作范围：分析	日期	

学习目标

完成本单元的学习之后，能够熟悉滴定分析仪器校准的基本知识。

相关学习单元

——滴定管及其选择　FJC-33-01
——移液管及其选择　FJC-34-01
——容量瓶及其选择　FJC-35-01

学习单元内容

一、滴定分析仪器校准的必要性

滴定分析仪器一般指滴定管、移液管、容量瓶这三种量器，在MU33、MU34、MU35已学了它们的操作及使用。这些量器的标称总容量往往和其实际容量有一定的差别，在生产检验中已将这一误差控制在一定的允许范围内，见表36-01-01～表36-01-04。

表 36-01-01　滴定管

标称总容量/mL		1	2	5	10	25	50	100
分度值/mL		0.01		0.02	0.05	0.1	0.1	0.2
容量允差/mL	A	±0.010		±0.010	±0.025	±0.04	±0.05	±0.10
	B	±0.020		±0.020	±0.050	±0.08	±0.10	±0.20
水的流出时间/s	A	20～35		30～45		45～70	60～90	70～100
	B	15～35		20～45		35～70	50～90	60～100
等待时间/s		30						
分度线宽度/mm		≤0.3						

表 36-01-02　单标线移液管

标称总容量/mL		1	2	3	5	10	15	20	25	50	100
容量允差/mL	A	±0.007	±0.010	±0.015		±0.020	±0.025	±0.030		±0.05	±0.08
	B	±0.015	±0.020	±0.030		±0.040	±0.050	±0.060		±0.10	±0.16
水的流出时间/s	A	7～12		15～25		20～30		25～35		30～40	35～45
	B	5～12		10～25		15～30		20～35		25～40	30～45
分度线宽度/mm		≤0.4									

表 36-01-03　分度移液管

<table>
<tr><th rowspan="3">标称总容量/mL</th><th rowspan="3">分度值/mL</th><th colspan="3" rowspan="2">容量允差/mL</th><th colspan="6">水的流出时间/s</th><th rowspan="3">分度线宽度/mm</th></tr>
<tr><th colspan="3">完全流出式</th><th colspan="2">不完全流出式</th><th rowspan="2">吹出式</th></tr>
<tr><th>A</th><th>B</th><th>吹出式</th><th>有等待时间 15s
A</th><th>无等待时间
A</th><th>无等待时间
B</th><th>无等待时间
A</th><th>无等待时间
B</th></tr>
<tr><td>0.1</td><td>0.001
0.005</td><td></td><td>±0.003</td><td>±0.004</td><td rowspan="4"></td><td rowspan="4"></td><td rowspan="4"></td><td rowspan="4"></td><td rowspan="4">2～7</td><td rowspan="4">2～5</td><td rowspan="12">刻线 A级 ≤0.3

B级（印线） ≤0.4</td></tr>
<tr><td>0.2</td><td>0.002
0.01</td><td></td><td>±0.005</td><td>±0.006</td></tr>
<tr><td>0.25</td><td>0.002
0.01</td><td></td><td>±0.005</td><td>±0.008</td></tr>
<tr><td>0.5</td><td>0.005
0.01
0.02</td><td></td><td>±0.010</td><td>±0.010</td></tr>
<tr><td>1</td><td>0.01</td><td>±0.008</td><td>±0.015</td><td>±0.015</td><td rowspan="2">4～8</td><td colspan="4">4～10</td><td rowspan="2">3～6</td></tr>
<tr><td>2</td><td>0.02</td><td>±0.012</td><td>±0.025</td><td>±0.025</td><td colspan="4">4～12</td></tr>
<tr><td>5</td><td>0.05</td><td>±0.025</td><td>±0.050</td><td>±0.050</td><td rowspan="2">5～11</td><td colspan="4">6～14</td><td rowspan="2">5～10</td></tr>
<tr><td>10</td><td>0.1</td><td>±0.05</td><td>±0.10</td><td>±0.10</td><td colspan="4">7～17</td></tr>
<tr><td>25</td><td>0.2</td><td>±0.10</td><td>±0.20</td><td>—</td><td>9～15</td><td colspan="4">11～21</td><td rowspan="2">—</td></tr>
<tr><td>50</td><td>0.2</td><td>±0.10</td><td>±0.20</td><td>—</td><td>17～25</td><td colspan="4">15～25</td></tr>
</table>

表 36-01-04　容量瓶

标称总容量/mL		1	2	5	10	25	50	100	200	250	500	1000	2000
容量允差/mL	A	±0.010	±0.015	±0.020	±0.020	±0.03	±0.05	±0.10	±0.15	±0.15	±0.25	±0.40	±0.60
	B	±0.020	±0.030	±0.040	±0.040	±0.06	±0.10	±0.20	±0.30	±0.30	±0.50	±0.80	±1.20
分度线宽度/mm		≤0.4											

所谓仪器的校准，是指用标准器具或标准物对仪器的读数进行测定，以检查仪器的误差。对于一般的生产控制分析，不必进行校准。但对于准确度较高的分析，如原材料分析、成品分析、标准溶液的标定、仲裁分析、科研分析等，则必须经校准后才能使用。

二、校准方法

滴定分析量器的校准方法有衡量法、相对校准法和容量比较法。

1. 衡量法

衡量法也叫绝对校准法或称量法。它是称取量器某一刻度放出或容纳纯水的质量，然后根据该温度下水的密度将水的质量换算为容积的方法。测定工作是在室温下进行的。一般规定以 20℃作为室温的校准温度。国产的滴定分析仪器其标称容量都是以 20℃为标准温度进行标定的。

将称出的纯水质量换算为容积时，应考虑以下因素。

① 水的密度随温度的变化而改变，在 3.98℃、真空中水的密度为 1g/cm³，高于或低于这个温度，其密度都小于 1g/cm³。

② 温度对玻璃仪器热胀冷缩的影响。

③ 称量一般都是在空气中进行，空气浮力对纯水质量产生影响，在空气中称得的质量要小于在真空中称量的质量。

为了便于计算，将以上三方面因素综合考虑，得到一个总校正值，见表 36-01-05。表中的数字表示玻璃量器容积（20℃）为 1mL 的纯水在不同的温度下于空气中用黄铜砝码称得的质量。利用此校正值可将不同温度下的水的质量换算成 20℃时的体积：

$$V_{20}=\frac{m_t}{r_t}$$

式中　V_{20}——量器在校准温度20℃时的实际容量，mL；

m_t——t℃时，在空气中称得量器放出或装入纯水的质量，g；

r_t——量器中容积为1mL的纯水在t℃时用黄铜砝码称得的质量，g。

例1　15℃时，称得250mL容量瓶中容纳纯水的质量为249.52g，求该容量瓶在20℃的容量是多少？

解　查表36-01-05，15℃时$r_{15}=0.99793$g。$m_{15}=249.52$g，代入公式

$$V_{20}=m_{15}/r_{15}=249.52/0.99793=250.04\ (\text{mL})$$

体积补正值$\Delta V=250.04-250=0.04$（mL）

表36-01-05　玻璃容器中1mL水在空气中用黄铜砝码称得的质量

t/℃	r_t/g	t/℃	r_t/g	t/℃	r_t/g	t/℃	r_t/g
1	0.99824	11	0.99832	21	0.99700	31	0.99464
2	0.99834	12	0.99823	22	0.99630	32	0.99434
3	0.99839	13	0.99814	23	0.99660	33	0.99406
4	0.99844	14	0.99804	24	0.99638	34	0.99325
5	0.99848	15	0.99793	25	0.99617	35	0.99345
6	0.99850	16	0.99730	26	0.99593	36	0.99312
7	0.99850	17	0.99765	27	0.99569	37	0.99280
8	0.99848	18	0.99751	28	0.99544	38	0.99216
9	0.99844	19	0.99734	29	0.99518	39	0.99212
10	0.99839	20	0.99718	30	0.99491	40	0.99177

例2　在21℃时由滴定管放出10.03mL水，称得其质量为10.04g，求该段滴定管在20℃时的实际容量是多少？

解　查表36-01-05，$r_{21}=0.99700$g。$m_{21}=10.04$g，所以

$$V_{20}=\frac{m_{21}}{r_{21}}=\frac{10.04}{0.99700}=10.07\ (\text{mL})$$

体积补正值$\Delta V=10.07-10.03=0.04$（mL）

由于滴定分析量器是以标准温度20℃标定的，而使用温度不一定是标准温度，因此，量器的容量及溶液的体积都将发生变化。当温度变化不大时玻璃量器容量变化值很小，可以忽略不计，但溶液体积的变化不可忽略。为了便于校准在其他温度下所测量溶液的体积，表36-01-06列出在不同温度下1000mL水或稀溶液换算到20℃时，其体积应增减的校正值（mL）。

表36-01-06　不同温度下每1000mL水或稀溶液换算到20℃时的校正值　单位：mL

温度/℃	水、0.01mol/L各种溶液及0.1mol/L HCl	0.1mol/L各种溶液	温度/℃	水、0.01mol/L各种溶液及0.1mol/L HCl	0.1mol/L各种溶液
5	+1.5	+1.7	20	+0.0	+0.0
10	+1.3	+1.45	25	−1.0	−1.1
15	+0.8	+0.9	30	−2.3	−2.5

例3　在10℃时，滴定用去25.00mL 0.1mol/L的标准滴定溶液，在20℃时溶液的体积应为多少？

解　查表36-01-06，10℃时校正值为1.45，所以

$$V_{20}=25.00+1.45\times 25.00/1000=25.04\ (\text{mL})$$

2. 相对校准法

在分析工作中，经常是容量瓶和移液管配套使用，就不需要进行两种量器各自的绝对校准，而只需进行两种量器的相对校准。如将一定量的物质溶解在250mL容量瓶中定容，用25mL移液管移取进行定量分析，只需要确定25mL移液管跟250mL容量瓶的容积比例为

1∶10 即可。

相对校准法是相对比较两个量器所盛液体的体积比例关系。校正方法是用 25mL 移液管吸取纯水，注入干燥的 250mL 容量瓶中，如此进行 10 次，观察容量瓶中水的弯月面下缘是否与标线相切。若正好相切，说明移液管与容量瓶的容积关系比例为 1∶10，若不相切表示有误差。待容量瓶干燥后再重复操作，若仍不相切，可在容量瓶瓶颈上另做一标记，以新标记为准。

3. 容量比较法

容量比较法需要一套精密的标准器，将待校准量器跟标准器容量相比较。校准速度较快，但不如衡量法准确，一般分析室使用较少，多用于计量检定部门。

进度检查

一、填空题

1. 衡量法校准滴定分析量器，要把某一温度下测得纯水的质量换算或标准温度下的体积，用公式________________进行计算。

2. 相对校准法是相对比较两个量器所盛液体的____________关系。

二、问答题

1. 滴定分析量器为什么要进行校准？

2. 校准滴定分析量器有哪些方法？

三、计算题

1. 在 25℃时，由滴定管放出 30.09mL 水，称其质量为 30.10g，计算该段滴定管在 20℃时的实际容量。

2. 在 15℃时，滴定用去 25.00mL 标准滴定溶液，在 20℃时溶液的体积应为多少？

学 习 单 元	编号	FJC-36-02
名　　称：滴定管的校准操作 职业领域：化工、石油、环保、医药、冶金、建材、煤炭等	课时	4
工作范围：分析	日期	

学习目标

完成本单元的学习之后，能够用衡量法校准滴定管。

所需仪器和药品

序号	名称及说明	数量	序号	名称及说明	数量
1	天平(分度值为 0.01g)	1 台	4	50mL 具塞容量瓶	1 个
2	烘箱	1 台	5	50℃温度计(分度值为 0.1℃)	1 支
3	50mL 滴定管	1 支	6	铬酸洗液	100mL

相关学习单元

——滴定管的准备及其操作　FJC-33-02

——滴定分析仪器校准的基本知识　FJC-36-01

学习单元内容

① 在洗净的50mL滴定管中装满纯水并调节液面至“0.00”刻度处。

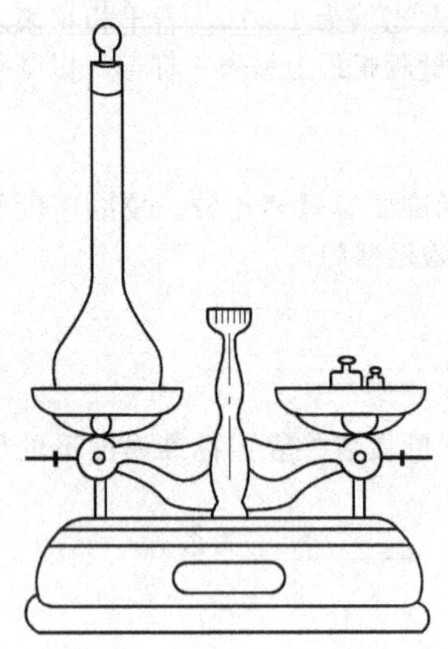
图 36-02-01　用托盘天平称量

② 用温度计测量纯水温度。

③ 将50mL具塞容量瓶用铬酸洗液洗净，在天平上称其质量 m_1 并记录。

④ 从滴定管中以滴定速度放出10mL纯水于50mL容量瓶中，称其质量 m_2（见图36-02-01）并记录，则放出纯水质量为 m_2-m_1。

⑤ 从滴定管再放出10mL纯水于具塞容量瓶中，于天平上称量，记录数据，计算第二次放出纯水的质量。如此逐段放出和称量，直到50mL刻度处为止。

⑥ 将测定数据代入公式计算各段真实容积。

⑦ 查表36-01-01判断滴定管的等级。

进度检查

一、填空题

1. 校正滴定管应选用分度值为__________的天平。

2. 测定水温的温度计其分度值应为__________℃。

二、根据滴定管校准操作方法，检查学生下列操作技能（正确的在括号内划“√”，错误的划“×”）

1. 纯水倒入滴定管的操作。（　　）
2. 用温度计测量水温，读数方法。（　　）
3. 用天平称具塞容量瓶的步骤。（　　）
4. 从滴定管放出水的操作。（　　）

三、操作题

用衡量法校准滴定管。

学　习　单　元	编号	FJC-36-03
名　　称：移液管的校准操作		
职业领域：化工、石油、环保、医药、冶金、建材、煤炭等	课时	6
工作范围：分析	日期	

学习目标

完成本单元的学习之后，能够校准移液管。

所需仪器和药品

序号	名称及说明	数量	序号	名称及说明	数量
1	天平(分度值为0.01g)	1架	5	温度计(分度值为0.1℃,量程为50℃)	1支
2	烘箱	1台			
3	25mL单标线移液管	1支	6	洗耳球	1个
4	50mL具塞容量瓶	1个	7	铬酸洗液	100mL

相关学习单元

——双盘电光分析天平的称量方法 FJC-19-04
——移液管的准备及其操作 FJC-34-02
——滴定分析仪器校准的基本知识 FJC-36-01

学习单元内容

① 将洗净并干燥的具塞容量瓶放在天平上称量其质量 m_1 并记录。

② 用洗净的 25mL 单标线移液管吸取纯水至标线以上并调节液面至标线处。

③ 用温度计测量纯水的温度。

④ 将单标线移液管垂直地移至容量瓶中，管尖靠内壁，容量瓶倾斜 45℃，放开手指，使水沿瓶壁流下，当流至瓶口不流时，等待 15s。

⑤ 将容量瓶放于天平上称容量瓶加水的总质量 m_2 并记录，则放出纯水质量为 m_2-m_1。

⑥ 将测定数据代入计算公式计算出移液管的真实容积。

⑦ 反复进行上述操作及计算，取其平均值。

进度检查

一、问答题

1. 校准移液管选用分度值为 0.01g 的托盘天平进行称量，为什么不选用分度值更高的分析天平？

2. 校准移液管测定水的温度时，要选用分度值为 0.1℃、量程为 50℃ 的温度计，为什么？

二、操作题

用称量法校准移液管。

学习单元	编号	FJC-36-04
名　　称：容量瓶的校准操作		
职业领域：化工、石油、环保、医药、冶金、建材、煤炭等	课时	6
工作范围：分析	日期	

学习目标

完成本单元的学习之后，能够校准容量瓶。

所需仪器和药品

序号	名称及说明	数量	序号	名称及说明	数量
1	托盘天平(最大称量为 2000g)	1台	5	滤纸	2片
2	250mL 容量瓶	1个	6	滴管	1个
3	250mL 烧杯	1个	7	温度计(分度值为 0.1℃)	1支
4	玻璃棒	1根	8	铬酸洗液	100mL

相关学习单元

——容量瓶的操作 FJC-35-02
——滴定分析仪器校准的基本知识 FJC-36-01

学习单元内容

一、绝对法校准容量瓶

① 用托盘天平称取洁净而干燥的 250mL 容量瓶的质量 m_1（称准至 0.1g），见图 36-02-01。

② 将 250mL 烧杯内与室温平衡的纯水沿玻璃棒倒入 250mL 容量瓶中，见图 35-02-02，至标线下 5mm 处，停留 1～2min，用滴管逐滴加水至标线。

③ 用滤纸吸干瓶颈内壁的水珠随即盖紧瓶塞，并仔细将瓶外壁擦干。

④ 用托盘天平称取容量瓶加水的质量 m_2，m_2-m_1 即为容量瓶所容纳纯水的质量。

⑤ 用温度计测定纯水的温度。

⑥ 将测定数据代入公式计算容量瓶的真实容积。

二、相对法校准容量瓶和移液管

① 用洁净的 25mL 移液管吸取纯水至标线以上，见图 34-02-07，并调节好液面，见图 34-02-09。

② 将调好液面的纯水放入洁净而干燥的 250mL 容量瓶中，见图 34-02-10。

③ 重复以上操作，共进行 10 次。

④ 观察容量瓶中水的弯月面下缘的位置是否与容量瓶标线相切，见图 33-02-21。若正好相切，该移液管与容量瓶容积关系比例为 1∶10，可配套使用。若不相切，再进行以下操作。

⑤ 将容量瓶中纯水倒出，干燥容量瓶（不可加热干燥）。

⑥ 重复①～④步操作，确定容量瓶标线的位置。若跟原标线不相切，应另做标记，以新标线为准。

进度检查

一、问答题

1. 校准 250mL 容量瓶时，为什么不用分析天平称量而用托盘天平称量？

2. 校准 250mL 容量瓶时，往容量瓶中加入纯水至标线下 5mm 处停留 1～2min 后再用滴管调节液面，为什么？

二、计算题

1. 在 15℃时，以黄铜砝码称量某 250mL 容量瓶所容纳的水的质量为 249.52g，则该容量瓶在 20℃容积为多少？

2. 欲使容量瓶在 20℃容积为 500mL，则在 16℃于空气中以黄铜砝码称量时应称水多少克？

三、操作题

1. 用绝对法校准容量瓶。

2. 用相对法校准容量瓶和移液管。

滴定分析仪器的校准技能考试内容及评分标准

一、考试内容

（一）绝对法校准容量瓶

1. 用托盘天平称取洁净且干燥的 250mL 容量瓶的质量 m_1。

2. 将 250mL 烧杯内与室温平衡的纯水沿玻璃棒倒入 250mL 容量瓶中，至标线下 5mm 处，停留 1～2min，再用滴定管逐滴加水至标线。

3. 用滤纸吸干瓶颈内壁的水珠，盖好瓶塞，并擦干瓶外壁。

4. 用托盘天平称取容量瓶加水的质量 m_2，m_2-m_1 即为容量瓶所容纳纯水的质量。

5. 用温度计测定纯水的温度。

6. 将测定数据代入公式计算容量瓶的容积。

（二）相对法校准容量瓶和移液管

1. 用洁净的 25mL 移液管吸取纯水至标线以上，并调节好液面。

2. 将调好液面的纯水放入洁净而干燥的 250mL 容量瓶中。

3. 重复以上两步操作共 10 次。

4. 观察容量瓶中水的弯月面下缘的位置。

5. 倒出容量瓶中的水，干燥容量瓶。

6. 重复 1～4 步的操作，确定容量瓶标线的位置。

二、评分标准

（一）绝对法校准容量瓶（50 分）

1～5 步操作各 8 分，计算 10 分。

（二）相对法校准容量瓶和移液管（50 分）

1～5 步各 8 分，第 6 步确定容量瓶标线位置 10 分。

MU37　滴定分析基本操作

<table>
<tr><td>学　习　单　元
名　　称：滴定分析的基本知识
职业领域：化工、石油、环保、医药、冶金、建材、煤炭等
工作范围：分析</td><td>编号</td><td>FJC-37-01</td></tr>
<tr><td></td><td>课时</td><td>4</td></tr>
<tr><td></td><td>日期</td><td></td></tr>
</table>

学习目标

完成本单元的学习之后，能够掌握滴定分析的基本知识。

学习单元内容

一、滴定分析的过程及方法特点

1. 滴定分析

滴定分析是通过滴定操作，根据滴定剂的浓度和体积，以确定试样中待测组分含量的一种分析方法。

滴定分析的过程是将一种已知准确浓度的试剂溶液（标准溶液）用滴定管滴加到被测物质的溶液中，或者是将被测物质的溶液滴加到标准溶液中，直到所加的试剂与被测物质按化学计量关系定量反应为止。然后根据试剂溶液的浓度和用量，计算被测物的含量。

2. 滴定分析有关术语

这种已知准确浓度的试剂溶液叫标准溶液，又叫滴定剂。它是用标准物质标定或配制的已知浓度的溶液。将滴定剂通过滴定管滴加到试样溶液中，与待测组分进行化学反应，达到化学计量点时，根据所需滴定剂的体积和浓度计算待测组分含量的操作叫滴定。滴定过程中，待滴定组分的物质的量和滴定剂的物质的量达到相等时的点叫化学计量点。在实际操作时，常在溶液中加入一种辅助试剂，借它的颜色变化作为化学计量点到达的信号，这种辅助试剂称为指示剂。用指示剂或终点指示器判断滴定过程中化学反应终了时的点称为滴定终点，简称终点。由于化学计量点是根据化学计量关系算得的理论值，而滴定终点是实际测定值，两者不一定完全相符，由此造成的误差称为滴定误差或终点误差。滴定误差的大小决定于滴定反应和指示剂的性能及用量。因此必须选择适当的指示剂才能使终点尽可能地接近化学计量点。

3. 滴定分析的方法特点

滴定分析是化学分析中最基本最重要的分析方法，主要用于一些中等含量和高含量组分（含量在1%以上）的测定，有时也能测定微量组分。其测定准确度较高（测定相对误差一般为±0.2%）而且所用仪器简单，操作简便快速，用途广泛，可适于多种化学反应类型的测定。因此，在生产实践和科学实验中有很高的使用价值。

二、滴定分析法的分类

滴定分析法根据所用溶剂的不同，可分为水溶液滴定法和非水溶液滴定法。

1. 水溶液滴定法

根据标准溶液和被测物质间反应类型的不同，滴定分析可分为四类。

(1) 酸碱滴定法　是利用酸、碱之间质子传递反应进行的滴定，其反应实质为

$$H^+ + OH^- \rightleftharpoons H_2O$$

(2) 氧化还原滴定法　是利用氧化还原反应进行滴定的方法。其中包括高锰酸钾法、重铬酸钾法、碘量法、硫酸铈法、溴酸钾法等。它们的反应分别为

$$MnO_4^- + 5e + 8H^+ \rightleftharpoons Mn^{2+} + 4H_2O$$

$$Cr_2O_7^{2-} + 6e + 14H^+ \rightleftharpoons 2Cr^{3+} + 7H_2O$$

$$I_2 + 2e \rightleftharpoons 2I^-$$

$$Ce^{4+} + e \rightleftharpoons Ce^{3+}$$

$$BrO_3^- + 6e + 6H^- \rightleftharpoons Br^- + 3H_2O$$

(3) 配位滴定法　是以配位反应进行滴定的分析方法。应用最广泛的是 EDTA 法，用来测定金属离子。其反应为

$$M^{n+} + Y^{4-} = [MY]^{n-4}$$

其中，M^{n+} 为 n 价的金属离子，Y^{4-} 为 EDTA 的阴离子。

(4) 沉淀滴定法　是利用沉淀的产生或消失进行滴定的方法。如银量法，反应为

$$Ag^+ + SCN^- \rightleftharpoons \underset{\text{(白色)}}{AgSCN}\downarrow$$

2. 非水溶液滴定法

在非水溶液中进行的滴定称为非水溶液滴定法。此方法被广泛应用于有机弱酸、有机弱碱的测定及水分的测定。

各种滴定分析方法有其特点和局限性。同一种物质的测定有时可用几种不同的分析方法，应对试样的组成、被测物的性质、含量多少和对分析准确度的要求进行全面考虑，选用适当的方法。

三、滴定分析对化学反应的要求

滴定分析是以化学反应为基础的，但并不是所有的化学反应都可用来进行滴定分析。适用于滴定分析的化学反应应满足以下要求。

① 反应要定量地完成。即标准溶液与被测物质之间的反应要按一定的化学方程式进行，而且反应必须接近完全，通常要求达到 99.9%以上。这是定量计算的基础。

② 要有较快的反应速率。滴定反应要求在瞬间完成，对于速率较慢的反应，可通过加热或使用催化剂等方法来提高反应速率。

③ 要有简便可靠的方法确定滴定终点。有合适的指示剂或适当的方法确定终点。

四、滴定方式

在滴定分析中，常用的滴定方式有以下四种。

1. 直接滴定

即用标准溶液直接滴定被测物质或用被测物质溶液直接滴定基准物质的方法。标准溶液与被测物质间的反应能满足以上要求，即可使用直接滴定法。如用氢氧化钠滴定盐酸等。直接滴定是滴定分析中最常用和最基本的方式。

2. 返滴定

即用一种准确过量的标准溶液加入被测物溶液中，待反应完全后，用另一种标准溶液回滴前一种剩余标准溶液，通过两种标准溶液的用量计算被测物的含量的方法。当标准溶液和被测物的反应速度较慢或缺乏合适指示剂等原因不能采用直接滴定方式时，便可采用返滴定的方式。如在测 Al^{3+} 时，由于 Al^{3+} 跟 EDTA 反应很慢，不宜采用直接滴定的方式。可先加入准确过量的 EDTA 标准溶液，待反应完成后，再用 Zn^{2+} 的标准溶液回滴剩余的 EDTA，通过 Zn^{2+}、EDTA 两种标准溶液的用量求出 Al^{3+} 的含量。

3. 置换滴定

即先用适当的试剂跟被测物发生反应，使其定量地置换为可被标准溶液直接滴定的另一

种物质，然后进行滴定的方式。当被测物跟标准溶液不按一定的反应式进行或伴有副反应时，不能采用直接滴定，可采用置换滴定。如用 $K_2Cr_2O_7$ 基准物标定 $Na_2S_2O_3$ 标准溶液时，由于 $K_2Cr_2O_7$ 跟 $Na_2S_2O_3$ 的反应没有定量关系，不能直接滴定。但 $Na_2S_2O_3$ 溶液跟 I_2 可定量反应，于是在 $K_2Cr_2O_7$ 酸性溶液中，加入过量的KI，使 $K_2Cr_2O_7$ 还原并产生一定量的 I_2，即可用 $Na_2S_2O_3$ 溶液滴定生成的 I_2，从而可求出 $Na_2S_2O_3$ 溶液的浓度。

4. 间接滴定

即标准溶液跟被测物质不能直接滴定，可通过另外的化学反应，以滴定法间接测定的方法。如用 $KMnO_4$ 法测定 Ca^{2+} 的含量，由于 Ca^{2+} 不能直接用 $KMnO_4$ 标准溶液滴定，可先用 $C_2O_4^{2-}$ 将 Ca^{2+} 沉淀为 CaC_2O_4，沉淀分离后再用硫酸溶解，最后用 $KMnO_4$ 标准溶液滴定为 $C_2O_4^{2-}$，便可求得 Ca^{2+} 的含量。

由于上述滴定方式的应用，扩展了滴定分析的使用范围。

进度检查

一、问答题

1. 何为滴定分析？其特点有哪些？

2. 什么是滴定的化学计量点？什么是滴定终点？二者有何不同？

3. 滴定分析对化学反应有哪些要求？

二、填空题

1. 滴定分析法按其所用溶剂的不同可分为__________滴定法和__________滴定法，按标准溶液和被测物质间的反应类型不同可分为__________滴定法、__________滴定法、__________滴定法、__________滴定法。

2. 滴定分析的方式有__________滴定__________滴定__________滴定__________滴定。

学　习　单　元	编号	FJC-37-02
名　　称：标准溶液的基本知识	课时	4
职业领域：化工、石油、环保、医药、冶金、建材、煤炭等		
工作范围：分析	日期	

学习目标

完成本单元的学习后，能够掌握标准溶液的基本知识。

学习单元内容

在滴定分析中不论采用什么类型的测定方法及哪种滴定方式，都要使用标准溶液。所以标准溶液在滴定分析中是一个很重要的问题。

一、标准溶液浓度的表示方法及其大小

标准溶液的浓度用物质的量浓度表示，符号是 c，单位为 mol/L。

常用标准溶液的浓度一般为 0.01～0.2mol/L，以 0.1mol/L 应用最多。其数字要求准确到 4 位有效数字，如 0.1000mol/L 的盐酸标准溶液。

二、标准溶液的制备方法

标准溶液的制备方法可根据所用溶质级别的不同分为直接法和间接法两种。

1. 直接法

当溶质为基准物质时，采用直接法配制。

（1）基准物质应具备的条件

① 试剂纯度高，杂质含量少。一般要求纯度在99.9%以上，杂质含量少到可以忽略不计。

② 试剂的组成必须与化学式（包括结晶水在内）完全相符。

③ 试剂必须稳定。烘干时不分解，称量时不吸湿，不吸收空气中的CO_2，不易被空气氧化，配制、贮存时不发生变化。

④ 试剂最好有较大的摩尔质量，以便称量值较大，称量的相对误差较小。

⑤ 试剂参加反应时，应按一定的反应式进行。

常用的基准物质有纯金属和纯化合物，使用前要进行干燥处理。常用基准物质的干燥条件及应用范围见表37-02-01。

表37-02-01 常用基准物质的干燥条件及应用范围

基准物质		干燥后的组成	干燥条件/℃	标定对象
名称	分子式			
碳酸氢钠	$NaHCO_3$	Na_2CO_3	270～300	酸
无水碳酸钠	Na_2CO_3	Na_2CO_3	270～300	酸
十水合碳酸钠	$Na_2CO_3 \cdot 10H_2O$	Na_2CO_3	270～300	酸
碳酸氢钾	$KHCO_3$	K_2CO_3	270～300	酸
草酸钠	$Na_2C_2O_4$	Na_2CO_3	270～300	酸
二水合草酸	$H_2C_2O_4 \cdot 2H_2O$	$H_2C_2O_4 \cdot 2H_2O$	室温空气干燥	酸或$KMnO_4$
硼砂	$Na_2B_4O_7 \cdot 10H_2O$	$Na_2B_4O_7 \cdot 10H_2O$	放在装有NaCl和蔗糖饱和溶液的干燥器中	酸
邻苯二甲酸氢钾	$KHC_8H_4O_4$	$KHC_8H_4O_4$		碱
重铬酸钾	$K_2Cr_2O_7$	$K_2Cr_2O_7$	140～150	还原剂
溴酸钾	$KBrO_3$	$KBrO_3$	150	还原剂
碘酸钾	KIO_3	KIO_3	130	还原剂
铜	Cu	Cu	室温干燥器中保存	还原剂
三氧化二砷	As_2O_3	As_2O_3	室温干燥器中保存	氧化剂
碳酸钙	$CaCO_3$	$CaCO_3$	110	EDTA
锌	Zn	Zn	室温干燥器中保存	EDTA
氧化锌	ZnO	ZnO	800	EDTA
氯化钠	NaCl	NaCl	500～600	$AgNO_3$
氯化钾	KCl	KCl	500～600	$AgNO_3$
硝酸银	$AgNO_3$	$AgNO_3$	220～250	氯化物
草酸钠	$Na_2C_2O_4$	$Na_2C_2O_4$	130	$KMnO_4$

（2）直接法配制标准溶液　准确称取一定量的干燥处理过的基准物质，溶解于适量的水中并定量转入容量瓶，用水稀释至刻度。

如欲配制$c(\frac{1}{2}Na_2CO_3)=0.1000mol/L$的标准溶液1L时，首先在分析天平上准确称取于270～300℃灼烧至恒重的无水碳酸钠5.3000g，置于烧杯中，加适量的水使其溶解后定量转移到1000mL的容量瓶中，然后加水稀释至刻度，摇匀。其浓度为

$$c(\frac{1}{2}Na_2CO_3)=\frac{m(Na_2CO_3)\times 1000}{V(Na_2CO_3)\times 53.00}$$

$$=\frac{5.3000\times 1000}{1000\times 53.00}$$

$$=0.1000(mol/L)$$

直接法配制的标准溶液可直接用于滴定分析，这种方法简便、快速，但必须使用基准物质。基准物质有的价格太高，可采用间接法配制。

2. 间接法

间接法也叫标定法。

许多化学试剂不符合基准物质的条件，如 NaOH 很容易吸收空气中的水分和 CO_2，又如 $KMnO_4$、$Na_2S_2O_3$ 等性质不稳定、见光易分解、不易提纯，都不宜使用直接法配制标准溶液，只能采用间接法。

间接法是先将试剂配制成近似所需浓度的溶液，然后用基准物质或另一种已知浓度的标准溶液确定其准确浓度。确定其准确浓度的操作叫标定。

（1）配制　若用固体溶质配制时，先在托盘天平上称量比理论计算值稍高的溶质，溶解后稀释至所需体积，转入试剂瓶，摇匀，待标定。以液体溶质或浓溶液配制时，先用量筒或量杯量取所需要体积的液体或浓溶液，然后在烧杯内稀释至所需体积，转入试剂瓶，摇匀，待标定。

（2）标定　标定标准溶液一般可用基准物质标定或用另一种标准溶液相互滴定的方法进行。

a. 用基准物质标定。准确称取一定质量的基准物质，溶解后用待标定的溶液进行滴定，根据基准物质的质量和待标定溶液消耗的体积计算待标定溶液的浓度。计算公式为

$$c_{待标}=\frac{m_{基准}\times 1000}{M_{基准}V_{待标}}$$

式中　$m_{基准}$——基准物质的质量，g；

$M_{基准}$——基准物质的摩尔质量，g/mol；

$V_{待标}$——待标定溶液的用量，mL；

$c_{待标}$——待标定溶液的浓度，mol/L。

一般平行测定 3 次，取平均值为标定结果。

b. 用另一种标准溶液标定。准确吸取一定量（一般为 25.00mL）待标定溶液用另一种已知准确浓度的标准溶液滴定，或准确吸取一定量的已知准确浓度的标准溶液用待标定溶液滴定，根据相互滴定中两种溶液所消耗的体积及浓度计算待标溶液的浓度。平行测定 3 次，取其平均值。计算公式为

$$c_{待标}=\frac{c_{已知}V_{已知}}{V_{待标}}$$

式中　$c_{待标}$，$V_{待标}$——分别为待标定溶液的浓度（mol/L）和体积（mL）；

$c_{已知}$，$V_{已知}$——分别为已知准确浓度溶液的浓度（mol/L）和体积（mL）。

（3）标准溶液浓度的调整　在实际工作中，为了计算方便，常使用某一指定浓度的溶液，如 0.1000mol/L 的溶液。标定后，如不合格，可加水或加浓溶液进行调整。

a. 当标定溶液较指定浓度略高时，可按下式加水调整。因为

$$c_1V_1=c_2(V_1+V_{水})$$

所以

$$V_{水}=\frac{c_1V_1-c_2V_1}{c_2}$$

式中　c_1——标定后溶液的浓度，mol/L；

c_2——欲配制标液的指定浓度，mol/L；

V_1——标定后溶液的体积，mol/L；

$V_{水}$——稀释至指定浓度时所加水体积，mL；

$V_1+V_{水}$——加水稀释后溶液的总体积，mL。

b. 当标定溶液略低于指定浓度时，可按下式加浓溶液进行调整。因为

$$c_1V_1+c_{浓}V_{浓}=c_2(V_1+V_{浓})$$

所以

$$V_{浓}=\frac{c_2V_1-c_1V_1}{c_{浓}-c_2}=\frac{V_1(c_2-c_1)}{c_{浓}-c_2}$$

式中 c_1——标定后溶液的浓度，mol/L；

V_1——标定后溶液的体积，mL；

c_2——欲配制溶液的指定溶度，mol/L；

$c_{浓}$——浓溶液的浓度，mol/L；

$V_{浓}$——需加浓溶液的体积，mL；

$V_1+V_{浓}$——调整到指定浓度时标准溶液的总体积，mL。

三、标准溶液的贮存

① 标准溶液要密封贮存，防止水分蒸发。

② 对见光易分解、易挥发、不稳定的标准溶液，如 $KMnO_4$、$Na_2S_2O_3$、$AgNO_3$、I_2 等标准溶液，应贮存于棕色玻璃瓶中并放于暗处。

③ 对于易腐蚀玻璃、易吸收 CO_2 的标准溶液，如 KOH、NaOH、EDTA 等标准溶液，应贮存于聚乙烯塑料瓶中，并在瓶口装碱石灰干燥管，使用橡皮塞。

④ 使用前，若发现瓶内壁有水珠，应将溶液摇匀。性质不稳定的溶液，应定期复标。

进度检查

一、填空题

1. 标准溶液的浓度用__________浓度表示，单位为__________。

2. 标准溶液的制备有__________法、__________法。

二、判断题（正确的在括号内划“√”，错误的划“×”）

1. KOH 溶液存放于磨口塞玻璃瓶中。（　　）

2. NaOH 溶液存放于塑料瓶中。（　　）

3. $AgNO_3$ 溶液存放于棕色玻璃瓶中。（　　）

4. $KMnO_4$ 溶液存放于无色透明的玻璃瓶中。（　　）

三、选择题（将正确答案的序号填入括号内）

1. 可用直接法，也可以用间接法制备标准溶液的是（　　）。

2. 只能用间接法制备标准溶液的是（　　）。

A. $KMnO_4$　　B. $AgNO_3$　　C. $K_2Cr_2O_7$　　D. NaOH

四、问答题

1. 基准物质应具备的条件是什么？

2. 如何贮存标准溶液？

3. 标定标准溶液常用的方法有哪些？

学　习　单　元	编号	FJC-37-03
名　　称：滴定分析的计算		
职业领域：化工、石油、环保、医药、冶金、建材、煤炭等	课时	6
工作范围：分析	日期	

学习目标

完成本单元的学习之后，能够初步掌握滴定分析的计算。

相关学习单元

——滴定分析的基本知识　　FJC-37-01

学习单元内容

一、等物质的量规则

在化学反应中，相互反应的物质的量相等。或者说在滴定分析中，反应达化学计量点时，标准物质的量等于被测物的物质的量。这就是等物质的量规则。

等物质的量规则用式子表示为

$$n_T = n_B \quad (37\text{-}03\text{-}01)$$

此式为等物质的量规则的定义式。

因为 $n=cV$，所以上式还可表示为

$$c_T V_T = c_B V_B \quad (37\text{-}03\text{-}02)$$

此式适合于两种溶液间的反应。

又因 $n=\frac{m}{M}\times 1000$，所以又可表示为

$$c_T V_T = \frac{m_B}{M_B}\times 1000 \quad (37\text{-}03\text{-}03)$$

式中 n_T, n_B——分别表示标准物质与被测物质的物质的量，mol；

c_T, c_B——分别表示标准溶液与被测溶液的物质的量浓度，mol/L；

V_T——滴定终点时消耗标准溶液的体积，mL；

V_B——被测溶液的体积，mL；

m_B——被测物质的质量，g；

M_B——被测物质的摩尔质量，g/mol。

此式适合于一种溶液跟另一种溶质间的反应。

二、标准溶液的计算

1. 由基准物质直接配制标准溶液所需溶质的计算

例 1 欲配制 $c(\frac{1}{6}K_2Cr_2O_7)=0.1000$mol/L 的重铬酸钾标准溶液 500mL，需称取基准 $K_2Cr_2O_7$ 多少克？

［分析］这类计算可根据式（37-03-03），进行公式变型。

因为
$$c_T V_T = \frac{m_B}{M_B}\times 1000$$

所以
$$m_B = \frac{c_T V_T M_B}{1000} \quad (37\text{-}03\text{-}04)$$

解
$$m(K_2Cr_2O_7) = \frac{c(\frac{1}{6}K_2Cr_2O_7)VM(\frac{1}{6}K_2Cr_2O_7)}{1000}$$
$$= \frac{0.1000\times 500\times 49.032}{1000}$$
$$= 2.4516\ (\text{g})$$

2. 标准溶液浓度的计算

例 2 称取邻苯二甲酸氢钾（$KHC_8H_4O_4$）基准物 0.5125g，标定 NaOH 时，用去此溶液 25.00mL，求 NaOH 溶液的浓度。

［分析］这类问题仍然是式（37-03-03）的应用。

因为
$$c_T V_T = \frac{m_B}{M_B}\times 1000$$

所以
$$c_T = \frac{m_B}{M_B V_T}\times 1000$$

解 邻苯二甲酸氢钾跟 NaOH 的反应为

$$KHC_8H_4O_4 + NaOH \longrightarrow KNaC_8H_4O_4 + H_2O$$

计量关系为 1∶1，$M(KHC_8H_4O_4) = 204.2g/mol$

$$c(NaOH) = \frac{m(KHC_8H_4O_4)}{M(KHC_8H_4O_4)V(NaOH)} \times 1000$$

$$= \frac{0.5125}{204.2 \times 25.00} \times 1000$$

$$= 0.1004\ (mol/L)$$

3. 标定标准溶液所需基准物质质量的计算

例 3 标定 NaOH 标准溶液，要求在滴定时消耗 0.1000mol/L NaOH 溶液 20～25mL，问应称取基准邻苯二甲酸氢钾多少克？

［分析］在滴定分析中，为了减少滴定管的读数误差，一般消耗标准溶液的量应在 20～25mL 之间，称取基准物质的质量可由式（37-03-03）求得。

解

$$m_1 = \frac{c(NaOH)V_1}{1000} \times M(KHC_8H_4O_4)$$

$$= \frac{0.1 \times 20.00}{1000} \times 204.2$$

$$= 0.4(g)$$

$$m_2 = \frac{c(NaOH)V_2}{1000} \times M(KHC_8H_4O_4)$$

$$= \frac{0.1 \times 25.00}{1000} \times 204.2$$

$$= 0.5(g)$$

即分析室标定 0.1mol/L NaOH 溶液可称取 2～3 份 0.4～0.5g 的基准物邻苯二甲酸氢钾，或称取 4×0.5＝2g 左右的基准物，溶解转入 100mL 容量瓶，摇匀后移取 25mL 基准物溶液 2～3 份，进行标定。

三、被测物质含量的计算

1. 被测物质质量的计算

一般情况下，试样的质量是已知的，所以只要计算出被测物质的质量，被测物质含量的计算就很容易了。滴定分析中的直接滴定、间接滴定、置换滴定的被测物质质量都按式（37-03-04）计算，即

$$m_B = \frac{c_T V_T M_B}{1000}$$

返滴定时，按

$$m_B = \frac{(c_{过} V_{过} - c_T V_T)M_B}{1000}$$

计算。

式中 m_B, M_B——分别表示被测物质的质量（g）和摩尔质量（g/mol）；

$c_{过}, V_{过}$——分别表示所加第一种过量标准溶液的浓度（mol/L）和体积（mL）；

c_T, V_T——分别表示所加第二种标准溶液的浓度（mol/L）和体积（mL）。

2. 被测物质质量分数的计算

被测物质的质量分数等于被测物质的质量与试样的质量之比，以 $w(A)$ 表示。

$$w(A) = \frac{m(A)}{m_s} \times 100\% = \frac{c_T V_T M_B}{1000 m_s} \times 100\% \quad (37\text{-}03\text{-}05)$$

$$w(A) = \frac{m(A)}{m_s} \times 100\% = \frac{(c_{过} V_{过} - c_T V_T)M_B}{1000 m_s} \times 100\% \quad (37\text{-}03\text{-}06)$$

式中 $w(A)$——物质 A 的质量分数，%；

$m(A)$——样品中组分 A 的质量，g；

m_s——试样的质量，g。

式（37-03-05）适用于直接滴定、间接滴定、置换滴定时试样分析结果的计算，而式（37-03-06）适用于返滴定时分析结果的计算。

例 4 称取 1.3608g 的 Na_2CO_3 试样溶于水，用浓度为 0.1000mol/L 的盐酸标准溶液滴定至终点，消耗 25.02mL，求试样中 Na_2CO_3 的质量分数。

[分析] 这是直接滴定法，可根据化学方程式中的计量关系用式（37-03-05）计算。

解 滴定反应为

$$2HCl+Na_2CO_3 = 2NaCl+H_2O+CO_2\uparrow$$

$$2n(HCl)=n(Na_2CO_3)$$

$$M(\frac{1}{2}Na_2CO_3)=\frac{106.0}{2}=53.0(g/mol)$$

$$c(HCl)=0.1000mol/L$$

$$V(HCl)=25.02mL$$

$$m(Na_2CO_3)=1.3608g$$

$$w(Na_2CO_3)=\frac{0.1000\times 25.02\times 53.0}{1000\times 1.3608}\times 100\%$$

$$=9.75\%$$

例 5 移取 25.00mL 含 Ca^{2+} 试液，先将 Ca^{2+} 定量地转化为 CaC_2O_4 沉淀，经过滤洗净后，再将沉淀溶于 H_2SO_4，最后用 0.02000mol/L 的 $KMnO_4$ 标准溶液滴定至终点，耗去 21.08mL，求试样中 Ca^{2+} 的含量（用 g/mL 表示）。

[分析] 这是间接滴定法。其反应为

$$Ca^{2+}+C_2O_4^{2-} = CaC_2O_4$$

$$CaC_2O_4+2H^+ = Ca^{2+}+H_2C_2O_4$$

$$2MnO_4^-+5C_2O_4^{2-}+16H^+ = 2Mn^{2+}+10CO_2\uparrow+8H_2O$$

由以上三个反应式可知，Ca^{2+} 与 $C_2O_4{}^{2-}$ 的计量关系为 1∶1，$H_2C_2O_4$ 与 $KMnO_4$ 的计量关系 5∶2。

草酸作为中间产物只起到一个等量代换的媒介作用，不参与分析结果的计算。

解 Ca^{2+} 的含量$=\frac{c_T V_T M_B}{1000V_{样}}$

$$=\frac{0.02000\times 21.08\times 40.08\times 5}{1000\times 2\times 25.00}$$

$$=0.001690\ (g/mL)$$

例 6 测定铜矿石中铜的含量。称取试样 0.7000g，酸溶后在溶液中加入过量的 KI 与之反应，析出 I_2，再用 $c(Na_2S_2O_3)=0.2006mol/L$ 的 $Na_2S_2O_3$ 标准溶液滴定生成的 I_2，消耗 $V(Na_2S_2O_3)=29.11mL$，计算矿石中铜的质量分数。

[分析] 这是置换滴定，计算方法跟间接滴定大致相同。

解 各步反应为

$$2Cu^{2+}+4I^- = 2CuI+I_2$$

$$I_2+2S_2O_3^{2-} = 2I^-+S_4O_6^{2-}$$

计量关系为

$$2Cu^{2+}\sim I_2\sim 2I^-\sim 2S_2O_3^{2-}$$

即

$$n(Cu^{2+})=n(S_2O_3^{2-})$$

$$w(Cu)=\frac{m(Cu^{2+})}{m_{样}}\times 100\%$$

$$=\frac{c(Na_2S_2O_3)V(Na_2S_2O_3)M(Cu^{2+})}{1000m_{样}}\times 100\%$$

$$=\frac{0.2006\times 29.11\times 63.55}{1000\times 0.7000}\times 100\%$$

$$=53.01\%$$

例 7 测定试样中铝的含量时，称取试样 0.2689g，溶解后加入过量的 EDTA 标准滴定溶液 30.00mL，浓度为 0.02010mol/L。调节酸度并加热使 Al^{3+} 与 EDTA 完全配合，然后以 0.02030mol/L 的 Zn^{2+} 标准溶液返滴定过量的 EDTA，消耗 Zn^{2+} 溶液 6.50mL，求试样中 Al_2O_3 的质量分数。

[分析] 这是返滴定法。在返滴定法中，待测定物质的物质的量等于所加第一种（过量的）标准溶液的物质的量减去（返滴定时用）第二种标准溶液的物质的量。

解 EDTA（H_2Y^{2-}）与 Al^{3+} 和 Zn^{2+} 的反应为

$$Al^{3+}+H_2Y^{2-}=\!=\!=AlY^{-}+2H^{+}$$

$$Zn^{2+}+H_2Y^{2-}=\!=\!=ZnY^{2-}+2H^{+}$$

由于 1mol Al_2O_3 相当于 2mol Al^{3+}，所以

$$1Al_2O_3\sim 2Al^{3+}\sim 2EDTA$$

$$1Zn^{2+}\sim 1EDTA$$

所以 $M(\frac{1}{2}Al_2O_3)=\frac{1}{2}M(Al_2O_3)=\frac{102.0}{2}=51.0(g/mol)$

$$w(Al_2O_3)=\frac{[c(EDTA)V(EDTA)-c(Zn^{2+})V(Zn^{2+})]M(\frac{1}{2}Al_2O_3)}{1000m_{样}}\times 100\%$$

$$=\frac{(30.00\times 0.02010-0.02030\times 6.50)\times 51.0}{1000\times 0.2693}\times 100\%$$

$$=8.90\%$$

进度检查

一、问答题

什么叫等物质的量规则？其表达式是什么？

二、计算题

1. 称取 $Na_2C_2O_3$ 基准物 1.7023g 溶于水，用容量瓶准确稀释至 250mL，求 $Na_2C_2O_3$ 溶液的浓度。

2. 称取 $Na_2C_2O_3$ 基准物质 0.1771g，溶解后用 H_2SO_4 溶液滴定，耗去 34.08mL，求 H_2SO_4 溶液的浓度。

3. 22.12mL NaOH 溶液用 0.0987mol/L 的 HCl 溶液滴定，耗去 25.87mL，计算 NaOH 溶液的浓度。

4. 25.00mL 0.05081mol/L 的 $Na_2C_2O_3$ 溶液用 $KMnO_4$ 溶液滴定，耗去 25.09mL，求 $KMnO_4$ 溶液的浓度。

5. 分析室欲配制 $c(NaOH)=0.1mol/L$ 800mL，应称取固体 NaOH 多少克？标定 NaOH 溶液时，每次 NaOH 溶液的用量控制在 25mL 左右，问应称取基准物质邻苯二甲酸氢钾（$KHC_8H_4O_4$）多少克？

6. 称取铁矿石试样 0.3030g，溶于酸并还原为 Fe^{2+}。用 0.01592mol/L 的 $K_2Cr_2O_7$ 溶液滴定，消耗了 25.90mL。计算试样中 Fe 的质量分数。用 Fe_2O_3 表示时，其质量分数是多少？

7. 测定试样中含铝量时，称取试样 0.2000g，溶解后加入 0.05010mol/L 的 EDTA 标准溶液 25.00mL，控制条件使 Al^{3+} 与 EDTA 配合完全，然后以 0.05005mol/L 的标准锌滴定溶液返滴定，消耗 5.50mL，计算试样中 Al_2O_3 的质量分数。

学　习　单　元	编号	FJC-37-04
名　　称：滴定操作	课时	6
职业领域：化工、石油、环保、医药、冶金、建材、煤炭等		
工作范围：分析	日期	

学习目标

完成本单元的学习之后，能够进行滴定分析的规范化操作。

所需仪器和药品

序号	名称及说明	数量	序号	名称及说明	数量
1	250mL 容量瓶	1个	8	50mL 酸式滴定管	1支
2	250mL 烧杯	1个	9	50mL 碱式滴定管	1支
3	滴管、洗耳球	各1个	10	托盘天平	1架
4	玻璃棒	1根	11	NaOH、浓硫酸	各1瓶
5	洗瓶	1个	12	甲基橙指示剂、酚酞指示剂	各1瓶
6	25mL 单标线移液管	1支	13	5mL 量筒	1个
7	5mL 分度移液管	1支			

相关学习单元

——滴定管及其选择　FJC-33-01
——滴定管的准备及其操作　FJC-33-02
——移液管及其选择　FJC-34-01
——移液管的准备及其操作　FJC-34-02
——容量瓶及其选择　FJC-35-01
——容量瓶的操作　FJC-35-02
——滴定分析的基本知识　FJC-37-01

学习单元内容

一、溶液的配制（容量瓶的操作）

1. 0.1mol/L HCl 溶液的配制

① 用 5mL 量筒量取 2.3mL 浓 HCl 于烧杯中。

② 加蒸馏水溶解烧杯中的 HCl，并定量转入 250mL 容量瓶中，按 FJC-35-02 的操作方法进行。

③ 加蒸馏水于容量瓶中，进行稀释，定容，摇匀操作，按 FJC-35-02 的操作进行。

④ 将配制的 0.1mol/L 的 HCl 溶液转入试剂瓶，盖紧瓶塞并贴上标签。

2. 0.1mol/L NaOH 溶液的配制（按 FJC-35-02 操作进行）

① 用表面皿在托盘天平上迅速称取 1.3～1.5g NaOH 固体，置于 250mL 烧杯中。

② 用煮沸并冷却的蒸馏水迅速洗涤 NaOH 固体 2～3 次，以除去 NaOH 表面上少量的 Na_2CO_3，并弃去洗涤液。

③ 将洗涤后的固体 NaOH 加适量水在 250mL 烧杯中溶解。

④ 将冷却至室温的 NaOH 溶液转入容量瓶。

⑤ 加蒸馏水稀释并进行定容、摇匀操作。

⑥ 将配制好的0.1mol/L NaOH溶液转入试剂瓶，盖紧橡皮塞并贴好标签。

二、试液的移取（移液管的操作）

1. HCl溶液的移取（按FJC-34-02操作进行）

① 将洗净的25mL单标线移液管用0.1mol/L的HCl溶液润洗3次。

② 用润洗好的单标线移液管从试剂瓶中吸取0.1mol/L的HCl溶液至标线以上，并调好液面。

③ 将吸取的25.00mL HCl溶液放入锥形瓶中。

2. NaOH溶液的移取

方法与步骤同HCl溶液的移取。

三、滴定操作

1. 以甲基橙为指示剂，用HCl溶液滴定NaOH溶液（按酸式滴定管的操作方法进行）

① 将洗净的酸式滴定管用0.1mol/L HCl溶液润洗3次。

② 将0.1mol/L HCl溶液直接倒入酸式滴定管"0.00"刻度线以上。

③ 排除尖端的气泡，将液面调至零位。

④ 往盛有25mL NaOH溶液的锥形瓶中加入1～2滴0.1%的甲基橙指示剂。

⑤ 用HCl溶液滴定锥形瓶中的NaOH溶液至溶液由黄色变为橙色为终点。

⑥ 读取滴定管中的液面体积并记录。

⑦ 反复进行上述操作达到能准确判断终点，每次消耗的HCl体积相差不超过0.02mL。

滴定结束后，完成下表。

项　目	滴定次数				
	1	2	3	4	5
最初读数 $V(HCl)$/mL 终点读数 $V(HCl)$/mL 消耗体积 $V(HCl)$/mL					
$V(HCl)/V(NaOH)$					
$V(HCl)/V(NaOH)$平均值					

2. 以酚酞为指示剂，用NaOH溶液滴定HCl溶液（按碱式滴定管的操作方法进行）

① 将洗净的碱式滴定管用0.1mol/L NaOH溶液润洗3次。

② 将0.1mol/L的NaOH溶液直接装入碱式滴定管至最高标线以上。

③ 排除尖嘴管和橡胶管内的气泡并调整液面为零。

④ 往盛着25mL HCl溶液的锥形瓶中加两滴0.1%的酚酞指示剂。

⑤ 用0.1mol/L的NaOH溶液滴定锥形瓶中的HCl溶液至溶液由无色到浅粉红色半分钟不褪为终点。

⑥ 读取并记录滴定管液面数据。

⑦ 再滴加半滴NaOH溶液，若溶液的红色加深，则证明上面的终点判定正确。

⑧ 反复进行以上操作。要求所用NaOH溶液的体积相差不超过0.02mL，并能准确判断终点。

完成滴定并填写下表。

项　目	滴定次数				
	1	2	3	4	5
最初读数 $V(NaOH)$/mL 终点读数 $V(NaOH)$/mL 消耗体积 $V(NaOH)$/mL					
$V(NaOH)/V(HCl)$					
$V(NaOH)/V(HCl)$平均值					

进度检查

一、问答题

1. 在滴定分析前，滴定管、移液管都需用所盛的操作液润洗 3 次，锥形瓶是否要用操作液润洗？为什么？

2. 上述实验中，用两种不同的指示剂滴定，所得的结果是否相同？为什么？

二、操作题

1. 配制 0.1mol/L 500mL HCl 溶液（进行容量瓶操作）。

2. 配制 0.1mol/L 500mL NaOH 溶液（进行容量瓶操作）。

3. 以甲基橙为指示剂，用 0.1mol/L HCl 溶液滴定 25mL 的 NaOH 溶液。

4. 以酚酞为指示剂，用 0.1mol/L 的 NaOH 溶液滴定 25mL 的 HCl 溶液。

滴定分析基本操作技能考试内容及评分标准

一、考试内容：以甲基橙为指示剂，用自己配制的盐酸溶液（0.1mol/L、250mL）**滴定 0.1mol/L NaOH 溶液 25mL**

二、评分标准

（一）配制 0.1mol/L HCl 溶液 250mL（30 分）

1. 用 5mL 量筒量取 2.3mL 的浓盐酸于烧杯中。（5 分）

2. 加适量蒸馏水溶解烧杯中的盐酸。（5 分）

3. 将烧杯中的盐酸定量转入容量瓶。（5 分）

4. 加蒸馏水于容量瓶中，进行稀释并定容。（5 分）

5. 摇匀。（5 分）

6. 将配制好的 0.1mol/L 的盐酸溶液转入试剂瓶并贴好标签。（5 分）

（二）NaOH 溶液的移取（30 分）

1. 将洗净的 25mL 单标线移液管用 0.1mol/L 的 NaOH 溶液润洗 3 次。（5 分）

2. 用润洗好的单标线移液管从试剂瓶中吸取 0.1mol/L 的 NaOH 溶液至标线以上。（8 分）

3. 调节液面至刻度线。（10 分）

4. 将吸取的 25mL 的 NaOH 溶液放入锥形瓶中。（7 分）

（三）滴定操作（40 分，前 4 步每步 3 分，第 5 步 8 分，填表格 20 分）

1. 将涂好油并洗净的酸式滴定管用 0.1mol/L 的盐酸溶液润洗 3 次。（3 分）

2. 将 0.1mol/L 的 HCl 溶液直接倒入酸式滴定管“0.00”刻度线以上。（3 分）

3. 排除滴定管尖端的气泡，将液面调至零位。（3 分）

4. 往盛有 25mL NaOH 溶液的锥形瓶中加入 1～2 滴 0.1%的甲基橙指示剂。（3 分）

5. 滴定至溶液由黄色变为橙色为终点。（8 分）

6. 读取滴定管液面体积并记录。

平行操作 2 次，并完成下表。（20 分）

项　目	滴定次数				
	1	2	3	4	5
最初读数 V(HCl)/mL 终点读数 V(HCl)/mL 消耗体积 V(HCl)/mL					
V(HCl)/V(NaOH)					
V(HCl)/V(NaOH)平均值					

附录　常见危险化学品标志

底色：橙红色
图形：正在爆炸的炸弹（黑色）
文字：黑色

标志 1　爆炸品标志

底色：正红色
图形：火焰（黑色或白色）
文字：黑色或白色

标志 2　易燃气体标志

底色：绿色
图形：气瓶（黑色或白色）
文字：黑色或白色

标志 3　不燃气体标志

底色：白色
图形：骷髅头和交叉骨形（黑色）
文字：黑色

标志 4　有毒气体标志

底色：红色
图形：火焰（黑色或白色）
文字：黑色或白色

标志 5　易燃液体标志

底色：红白相间的垂直宽条（红 7、白 6）
图形：火焰（黑色）
文字：黑色

标志 6　易燃固体标志

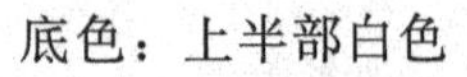

底色：上半部白色
　　　下半部红色
图形：火焰（黑色）
文字：黑色

标志 7　自燃物品标志

底色：蓝色
图形：火焰（黑色或白色）
文字：黑色或白色

标志 8　遇湿易燃物品标志

底色：柠檬黄色
图形：从圆圈中冒出的火焰（黑色）
文字：黑色

标志 9　氧化剂标志

底色：柠檬黄色
图形：从圆圈中冒出的火焰（黑色）
文字：黑色

标志 10　有机过氧化物标志

底色：白色
图形：骷髅头和交叉骨形（黑色）
文字：黑色

标志 11　有毒品标志

底色：白色
图形：骷髅头和交叉骨形（黑色）
文字：黑色

标志 12　剧毒品标志

底色：白色
图形：上半部三叶形（黑色）
　　　下半部一条垂直的红色宽条
文字：黑色

标志 13　一级放射性物品标志

底色：上半部黄色
　　　下半部白色
图形：上半部三叶形（黑色）
　　　下半部两条垂直的红色宽条
文字：黑色

标志 14　二级放射性物品标志

底色：上半部黄色
　　　下半部白色
图形：上半部三叶形（黑色）
　　　下半部三条垂直的红色宽条
文字：黑色

标志 15　三级放射性物品标志

底色：上半部白色
　　　下半部黑色
图形：上半部两个试管中液体分别向金属板和手上滴落（黑色）
文字：下半部白色

标志 16　腐蚀品标志

参　考　文　献

1　胥朝禔．分析工．北京：化学工业出版社，1997
2　王瑛．分析化学操作技能．北京：化学工业出版社，1995
3　楼书聪，杨玉玲．化学试剂配制手册．南京：江苏科学技术出版社，2002
4　化学工业部化学试剂质量监测中心．化学试剂标准大全．北京：化学工业出版社，1995
5　刘珍．化验员读本．第3版．北京：化学工业出版社，1998
6　杭州大学化学系分析化学教研究．分析化学手册．北京：化学工业出版社，1997
7　刘世纯．分析化验工．北京：化学工业出版社，1993

内 容 提 要

本书是中等职业学校分析专业创新教材《分析技术与操作》的第一分册，包括 37 个模块、110 个学习单元。主要介绍化学药品（分类、管理、包装、贮存、取用）、分析室各种事故（火灾、爆炸、中毒、灼伤等）的预防和处理、化学器皿的使用、常用仪表仪器的使用、玻璃棒（管）的加工、化验室的基本操作（加热、过滤、溶解与重结晶、蒸馏与回流、萃取、气体净化、纯水制备）、天平的使用（双盘、单盘电光天平，电子天平）、试样的采集和制备（固体、液体、气体）、物理常数的测定（凝固点、熔点、沸点和沸程、密度、黏度、闪点、燃点、旋光度、折射率）、常用滴定仪器（滴定管、移液管、容量瓶）的操作和校准、滴定分析的基本操作以及误差和分析数据的记录和计算等知识。在每个模块的学习单元中，都安排了一定数量的技能操作单元，供学员练习操作、掌握操作技能之用。

本书既可作为职业学校分析、环保等专业的教材，又可作为从事分析、环保检测等专业工作的在职初、中、高级技术人员的培训教材，还可作为相关人员自学参考之用。